博碩文化

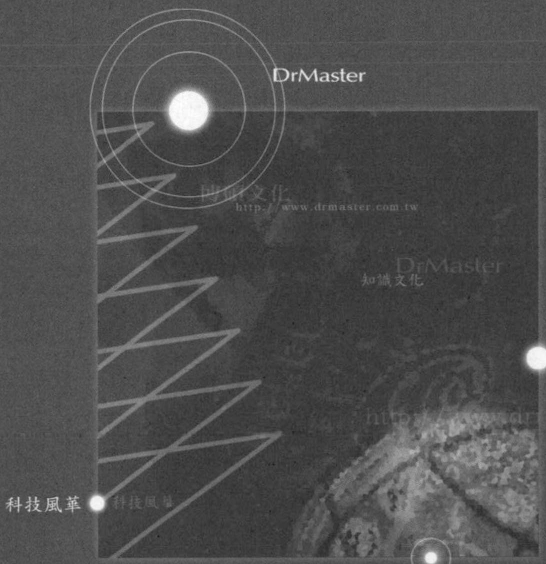
DrMaster
博碩文化
http://www.drmaster.com.tw
DrMaster
知識文化
知識文化
科技風華
科技風華
http://www.drmaster.com.tw
深度學習資訊新領域

DrMaster

深度學習資訊新領域

35天 人工智慧大現場 實用篇

從入門到完成專案

ARTIFICIAL INTELLIGENCE

黃義軒、吳書亞 著
Kaven Na Yang

**活用深度學習及實用案例，
讓您在最短時間
可以開始參與AI專案。**

**循序漸進的從系統環境、資料爬蟲分析，
到熟悉Python/Django/Tensor Flow/Keras
基本應用。**

博碩文化

作　　者：黃義軒、Kavin Na Yang、吳書亞 著
責任編輯：賴彥穎

董 事 長：陳來勝
總 編 輯：陳錦輝

出　　版：博碩文化股份有限公司
地　　址：221 新北市汐止區新台五路一段 112 號 10 樓 A 棟
電話 (02) 2696-2869 傳真 (02) 2696-2867

發　　行：博碩文化股份有限公司
郵撥帳號：17484299 戶名：博碩文化股份有限公司
博碩網站：http://www.drmaster.com.tw
讀者服務信箱：dr26962869@gmail.com
訂購服務專線：(02) 2696-2869 分機 238、519
（週一至週五 09:30 ～ 12:00；13:30 ～ 17:00）

版　　次：2021 年 5 月初版

建議零售價：新台幣 690 元
I S B N：978-986-434-782-7
律師顧問：鳴權法律事務所 陳曉鳴律師

國家圖書館出版品預行編目資料

人工智慧大現場 . 實用篇：35 天從入門到完成專案 / 黃義軒、Kavin Na Yang、吳書亞著 . -- 初版 . -- 新北市：博碩文化股份有限公司, 2021.05

面；　公分

ISBN 978-986-434-782-7(平裝)

1. 人工智慧

312.83　　110006680

Printed in Taiwan

前言

AI（人工智慧，以下簡稱 AI）的技術來自軟體工程的演進，一個優秀的 AI 工程師要經由程式設計、資料採礦、系統分析、數理演算等紮實的科學訓練；甚至還有企業管理、流程改善、財務金融及消費行為等商務思考的訓練。

以一個碩士畢業生為例，至少要加上 5-7 年的實務工作訓練，才能成為 AI 專業人仕。筆者多年來與 IBM/HP/ 麥肯錫等顧問公司一同工作為客戶提供專案服務，客戶不乏國際一流企業如阿里巴巴、富士康、雅虎等公司，發現台灣在這 AI 領域的人才的培養已落後國外一段距離。偏偏台灣又是全世界競爭最激烈的科技重鎮，也是全球最需要 AI 服務的地方之一，逼得台灣一流企業在進行 AI 升級時（如智慧製造、智慧金融、產品智慧化、智慧城市）還要向國外 AI 服務公司求援。

目前這些國際級的 AI 服務公司中，投入第一線 AI 工程技術的人才仍以來自美國、中國、韓國、印度、加拿大的人才為主，在各種中大型專案中幾乎看不到台灣人的身影。

台灣人是否可以縮短學習時間並且後來居上？這是我寫這本書的緣由。

幸運的是，AI 的發展在 2020 年來到了一個轉型期，AI 技術的轉型期間帶給台灣很好的機會，理由如下：

1. AI 開發環境由繁入簡：AI 是多環境及多面向的整合，經過 10 年不斷演進，系統環境由繁入簡，進入技術集中化的成熟階段。Linux、Android、IOS、MS 等系統整合已在後端完成且低價化，開發人員不用再花費鉅資及大量時間人力去處理系統端的問題，只要一行引入指令就可完成跨平台設定；這是過去 10 年系統公司近乎免費服務的提昇效能產生的成果。這個成果也是眾多公司前扑後繼不計成本，聯合打造出來的；雖然這些公司並不一定有從中獲利，但無形中創造了現在 AI 成熟的工作環境。
2. 台灣在 AI 發展初期階段參與不多，但也因此沒有賠大錢，讓台灣保有實力進入下一階段。雖然現在開始全力加入 AI 技術的開發行列有點抄捷徑或說是不勞而獲，但確實是個好機會。

3. 產業需求明朗化：五年前談 AI 需求，連張忠謀、郭台銘都無法清楚說出企業到底需要什麼 AI 服務，但最近所有企業家都能說出具體需求了：

   (1) 在製造業，用 AI 機器人用在工廠立體化及無人化（關燈工廠），廠房面積縮小三分之二（資產活化），勞工減少 80%，毛利提昇 50% 等要求都能很明確提出來。

   (2) 在服務業方面，中國成立了全球最大物流控制中心，用 AI 運算將貨物進行更有效率的分流分送，趁疫情將客機改成貨機，縮短運送流程。在消費行為方面，消費者因疫情不願逛百貨公司，也大力推昇電子商務業績，終結了中盤商及貿易商的命運，使 AI 應用提前進入普及化階段，更宣告國際大型電子商務無國界時代來臨。這是需求明確化的證明。這個改變對 AI 技術人員及顧問算鬆了一口氣，因為 AI 顧問長年到處向客戶說明服務功能，每年有大部分時間花在飛機上的時代也終於結束了。

4. AI 技術進入主升段：如果以股票的漲跌節奏來說明，台灣在全球 AI 發展中的初升段並沒有什麼貢獻，還錯把雲端服務當做 AI 服務，電子五哥等大公司停留在賣硬體設備的階段，對 AI 技術沒有投入足夠研發，充其量當個旁觀者而已。台灣在過去幾年甚至還弄不清楚機器學習和深度學習的差別；但最近已有進步了，今年連高中生都能提出「用 AI 來預測病毒突變的方向」等科展題目，表示 AI 的應用已經在台灣起飛，應用也越來越明確。

AI 的重點不在 Python 或 Tensor Flow，而在分析方法及演算邏輯；不在創造奇蹟而在滿足基本需求；不在浩瀚的尖端技術，而在探求基本運作方式；如果台灣企業或技術人員可以掌握到重點，那麼以台灣眾多資工人才及研究機構，及企業使用者（光電生技產業等最需要 AI 的公司）是個全球找不到的 AI 商機集中地。

筆者整理一些技術性內容，協助台灣有志從事 AI 工作人仕快速學習並進階為專業人仕；避免浪費時間去摸索無用的知識，加入許多實務演練實例，從需求角度看技術，在工作之前妥善規劃。

AI 如果不能預測及主動除錯，就只是較高端的程式設計而已。本書希望協助你正確理解人工智慧的力量，不用做重複的事或錯誤的事；加上許多可執行的實例。不只強調高速且大量運算的舊觀念，更不會抵觸了 CPU ／ GPU 的硬體邏輯判斷，實例都可以在實務上直接使用。

本書的特色是用實務來帶出技術，減少系統端的篇幅，不浪費時間探討程式來源及系統演進。希望協助讀者能縮短學習時間，並讓台灣人快速跟上國際 AI 的發展的節奏。本書亦訂出學習日程時間表，讓讀者可以照表操課，先掌握必要知識再發展進階能力。

台灣有全球最高密度的軟體研發人員，但 AI 技術在國際上並不突出。要注意，除了上述國際五強（美中印韓加）積極投入 AI 技術外，東南亞各國也急起直追，台灣要加油了。

作者簡介

黃義軒

工作經歷：遠傳電信網路事業協理、光寶科技公司系統資深處長、美國聯合科技公司技術總監、阿里巴巴資料科學家。工程與財金雙碩士，IT 相關產業經驗 23 年。

Kavin Na Yang

工作經歷：美國籍，IBM 美國企業服務總監。資工博士，IT 相關產業經驗 28 年。

吳書亞

工作經歷：擎邦科技公司專案經理、IBM 等系統服務及工業製程顧照。IT 相關產業經驗 20 年。

以上作者來自「人工智慧大現場」團隊。

人工智慧大現場聯絡方式：igreener.tw@gmail.com

4-4 之後各章節，較長內容之明細及適用讀者

本書適用二種人閱讀：

1. 專案人員：對 AI 有興趣或公司的專案人員，如企業管理人員、行銷人員、工廠廠務或股票證券等非資訊工程的技術人員。想要用 AI 解決問題或用 AI 來預測股票，或用 AI 來進行檢驗成果等人仕。
2. 技術人員：AI 工程師或資料工程師等有資工背景的人仕，想要從實例來深入瞭解 AI 的或是想要現成的程式庫來包裝手上的專案或加速完成公司交付的 AI 任務等。

就這二種人士，我們對內容做了一個簡單的分類；將內容細節列出，再就內容是否涉及較深入演算的部分來分類。

專案人員，可以不必深入瞭解演算法及科學驗證的內容；因為那部分只要會引用即可，先求有學習成果，再求精進學問。如果你的專案要求有 95% 以上的準確度或 98% 的信賴度，那麼就要精進演算法的部分。如果並沒有要求那麼高或貴公司只做趨勢分析及大數法則，那麼就不需要深入數學統計的部分。

但如果你是技術人員，或公司內部資工人員，那麼你就要深入探索資料工程的部分，並進入數學理論的部分，完成每一個章節的作業，相信你會在 28 天後在 AI 技術的領域大有進步。

4-4 全新 AI 資料架構觀念：以鐵達尼號事件為例		專案人員	技術人員
前言		✓	✓
一、專案背景		✓	✓
二、AI 知識	1. 探索性數據分析（EDA）	✓	✓
	2. 特徵工程（Feature）和資料純化（Data Cleaning）	✓	✓
	3. 預測建模	✓	✓
三、程式說明	1. 讀取檔案	✓	✓
	2. 優化記憶體使用量	✓	✓
	3. 資料處理與資料純化	✓	✓
	4. 樞紐分析法：pivot_table(),groupby()	✓	✓
	4. 交叉分析 crosstab	✓	✓
	5. 使用 groupby 進行統計分析	✓	✓
	6. 進行較複雜的邏輯性分析：（先定假設，再驗證假設是否成立）		✓
	7. groupby 統計分析	✓	✓
	8. 用 tramsform 輔助 groupby 進行統計	✓	✓
	9. DataFrame 顯示強調重點：style 函式	✓	✓
	10. 進階篩選：條件式選取		✓
	11. 用 Plot 視覺化進行探索型數據分析	✓	✓
	12. 視覺同步分析技巧	✓	✓
	13. apply：增加欄位一次取出做運算	✓	✓
	14. 篩選高頻率資料技巧（str 下的 contains 函式）		✓
	15. 分析結果總結	✓	✓
	16. AI 資料架構總整理	✓	✓

4-5 智慧製造專案－產能，效率與費用 -（附完整程式）		專案人員	技術人員
前言		✓	✓
一、專案敘述		✓	✓
二、專案目的		✓	✓
三、專案知識			✓
四、分析項目		✓	✓
五、程式前置	1. 分析方法	✓	✓
	2. 思考	✓	✓
	3. 經驗	✓	✓
六、程式說明	1. 導入模組及資料庫	✓	✓
	2. 基本資料分析：describe	✓	✓
	3. 資料純化：用最簡易方法，排除所有分析後為 NaN 值。		✓
	4. 觀察一整年（2019/9/1~2020/8/31）中各廠交期（Lead Time），和品質（QAIndex）的整體狀況		✓
	5. 觀察一整年（2019/9/1~2020/8/31）中按月份各廠交期（LeadTime），和品質（QAIndex）的整體狀況		✓
	6. 觀察一整年（2019/9/1~2020/8/31）中各月份，和品質（QAIndex）的整體狀況		✓
	7. 分析工廠和 AI 啟動的關係	✓	✓
	8. 分析間接部門和 AI 啟動的關係	✓	✓
	9. LCM 廠 , 品質燈號 QAIndex 與每月費用之矩陣分析	✓	✓
	10. 觀察淡旺季，LeadTime（交期急迫性）的狀況	✓	✓
	11. 觀察月份，和 LeadTime（交期急迫性）的情況	✓	✓
	12. 觀察星期，LeadTime（交期急迫性）的相關分析狀況	✓	✓
	13. 觀察 QAIndex（品質），LeadTime（交期急迫性）的狀況		✓
七、專業智慧製造分析	1. 淡季和旺季，與品質系統指標（QAIndex）是否相關。	✓	✓
	2. 分析良率曲線，那一個月份的品質最佳。	✓	✓
	3. AI 啟動和產能利用率的相關性。	✓	✓
	4. AI 啟動和品質系統指標的相關性。	✓	✓
	5. 組裝廠在旺季時是有較高產能利用率。	✓	✓

	6. 部件廠和組裝廠是否具有生產費用的正相關性。	✓	✓
	7. 間接部門與生產部門的費用是否有相關。	✓	✓
八、專案結論		✓	✓

5-1 資料庫的進化－美國車輛測試中心的互動顯示系統（附完整程式）		專案人員	技術人員
前言		✓	✓
一、知識背景		✓	✓
二、專案描述		✓	✓
三、專案目標			✓
四、專案分析		✓	✓
五、程式分析	1. 分析方法	✓	✓
	2. 思考	✓	✓
	3. 經驗	✓	✓
六、程式說明	1. 視覺規劃	✓	
	2. 程式庫及設定引用	✓	✓
	3. 資料庫選定及相關網頁呈現的設定及引用		✓
	4. 引入資料庫		✓
	5. 底色及文字的色彩設定，及大量色彩呈現時要用到的調色盤設定		✓
	6. 在網頁上呈現的 Layout		✓
	7. 標題部分		✓
	8. 視覺部分：散點圖區（Scatter）	✓	✓
	9. 視覺部分：線圖區（Line）	✓	✓
	10. 視覺部分：文字區（Line）有二個，分別位於畫面最右的部分。	✓	✓
	11. 視覺部分：長條圖區（bar）有二個，分別位於畫面最右的部分。	✓	✓
	12. 互動部分：有三個互動部分		✓
	13. 完整程式		✓
	14. 作業		✓

5-2 程式模組化 - 基金經理人 線上即時系統（附完整程式）		專案人員	技術人員
前言		✓	✓
一、知識背景		✓	✓
二、專案描述		✓	✓
三、專案目標			✓
四、專案分析		✓	✓
五、程式分析			✓
六、程式説明			✓
作業	台股指數（^TWII）	✓	✓
	美股 IBM 公司（IBM）	✓	
	港股恒生指數（^HSI）	✓	
	比亞迪股份（1211.HK）	✓	
	上證綜合指數（000001.SS）	✓	
	浦發銀行（600000.SS）	✓	

5-3 Covid - 19: 巨量資料的過濾與分析（附完整程式）		專案人員	技術人員
前言		✓	✓
一、知識背景		✓	✓
二、專案描述		✓	✓
三、專案目標			✓
四、專案分析		✓	✓
五、程式分析			✓
六、程式說明	篩選和排序，群組	✓	✓

6-1 發航追蹤即時系統 - 全球飛機追蹤即時看板（附完整程式）		專案人員	技術人員
前言		✓	✓
一、專案背景	飛航座標，全球定位	✓	✓
二、專案分析		✓	✓
三、系統分析			✓
四、程式說明		✓	✓

6-2 全球 Covid-19 即時看板（附完整程式）		專案人員	技術人員
前言		✓	✓
一、專案目標		✓	✓
二、專案分析		✓	✓
三、系統分析		✓	✓
四、程式說明	1. 視覺程式庫引用	✓	✓
	2. 資料處理程式庫引用		✓
	3. 互動視覺程式庫的引用		✓
	4. 網址標題		✓
	5. 色彩規劃		✓
	6. 讀取檔案及資料整理		✓
	7. 視覺呈現	✓	✓
五、專案結論		✓	✓

6-3 全球幸福指數大解析（附完整程式）		專案人員	技術人員
前言		✓	✓
一、專案目標		✓	✓
二、專案分析		✓	✓
三、系統分析		✓	✓
四、程式說明	1. 資料程式庫引用	✓	✓
	2. 互動視覺程式庫的引用		✓
	3. 讀取檔案		✓
	4. 特徵工程相關性分析		✓
	5. 視覺分析熱力圖		✓
	6. 計量分析用 scatter() 函數繪製氣泡圖進行分析	✓	✓
	7. 子彈（Bullet）分析	✓	✓
	8. 圓餅圖（Pie）分析	✓	✓
	9. 地理圖形呈現方式分析	✓	✓
	10. 情感指標綜合分析	✓	✓
	11. 經濟滿意度指標	✓	✓
	12. 經濟滿意指標和健康滿意度指標的綜合比較	✓	✓
	13. 幸福指數和自由度指數的綜合比較	✓	✓
	14. 2020 年全球幸福指數總排名如下	✓	✓
五、專案結論		✓	✓

6-4 股票即時分析預測系統－（附完整程式）		專案人員	技術人員
前言		✓	✓
一、專案目標		✓	✓
二、專案分析		✓	✓
三、系統分析		✓	✓
四、程式說明	1. 資料程式庫引用	✓	✓
	2. 讀取檔案		✓
	3. 視覺呈現		
	(1) 炫彩互動圖		

	① 四合一股價趨勢圖（FourInOne_plot_stock）		✓
	② 二合一價量圖（TwoInOne_plot_stock）		✓
	(2) 簡單趨勢圖呼叫函式 Target.plot_stock()		✓
	(3) 價量變化圖 Target.plot_stock()	✓	✓
	(4) 持有期間獲利圖 buy_and_hold()	✓	✓
	(5) 歷史經驗模型圖 create_prophet_model()	✓	✓
	(6) 趨勢分析 model.plot_components(model_data)	✓	✓
	(7) 轉折點分析 changepoint_date_analysis()	✓	✓
	(8) 預測股價 create_prophet_model(days=30)	✓	✓
	(9) 預測綜合評估 evaluate_prediction()	✓	✓
	(10) 互動預測綜合評估 Interactive_Prediction()	✓	✓
	(11) 季節 / 年度波動分析 Season_Prediction()	✓	✓
五、專案結論		✓	✓

7-1 用 AI 及 Apple Mobility 預測 Covid－19 病毒擴散速度（附完整程式）		專案人員	技術人員
前言		✓	✓
一、專案目標		✓	✓
二、專案分析		✓	✓
三、系統分析		✓	✓
四、AI 專業知識	1. 數學演算法	✓	✓
	(1) SVM（support vector machine）「支援向量機器」	✓	✓
	(2) Polynomial Regression Predictions「多項式迴歸」		✓
	(3) Bayesian Ridge Regression「貝葉斯線性迴歸」		✓
	2. 機器學習模組 Scikit-learn	✓	✓
	(1) 分類（Classification）– 識別對象屬於哪個類別		✓
	(2) 回歸（Regression）– 預測與對象關聯的連續值屬性		✓
	(3) 聚類（Clustering）– 將相似對象自動分組為集合	✓	✓
	(4) 降維（Dimensionality reduction）– 減少要考慮的隨機變量的數量	✓	✓

	(5) 模型選擇（Model selection）– 比較，驗證和選擇參數和模型	✓	✓
	(6) 預處理（Preprocessing）– 特徵擷取和模組化	✓	✓
五、系統分析		✓	✓
六、程式説明	1. 程式庫及設定引用	✓	✓
	2. 資料擷取及初步查驗		
	(1) COVID-19 Global Database – Johns Hopkins Coronavirus Resource Center 讀取二天前資料。	✓	✓
	(2) US CDC 讀取二天前資料。	✓	✓
	(3) Apple Maps Application – mobility tracking 讀取二天前資料。	✓	✓
	(4) 資料匯整－6 個檔－3 個從 JHC，3 個從 Local	✓	✓
	(5) 資料純化及排序	✓	✓
	3. 資料純化及排序		
	(1) 全球「確診統計」資料	✓	✓
	(2) 全球「死亡統計」資料	✓	✓
	(3) 全球「復原統計」資料	✓	✓
	(4) 全球「WHO 最新更新」按國家排序	✓	✓
	(5) 美國「防疫指揮中心」統計資料，按各州資料進行排序	✓	✓
	(6) Apple Maps「全球使用者移動統計」資料庫	✓	✓
	4. 特徵工程	✓	✓
	5. 預測		
	(1) SVM「支援向量機器」		✓
	(2) polynomial regression「多項式迴歸演算」		✓
	(3) Bayesian Ridge Regression「貝葉斯線性迴歸」		✓
	(4) 參數最佳化		✓
	(5) 增加數的移動平均計算		✓
	(6) 模型驗證 LOG		✓
	(7) 預測結果	✓	✓
	6. 交叉驗證	✓	✓

	7. 超前預測參數最佳化		
	(1) SVM（support vector machine）「支援向量機器」		✓
	(2) Polynomial Regression Predictions「多項式回歸」		✓
	(3) Bayesian Ridge Regression「貝葉斯線性迴歸」		✓
	8. 超前預測 - 視覺化	✓	✓
	9. 超前預測 - 全球總計	✓	✓
	10. 匯總全球各國疫情	✓	✓
	11. 美國各州疫情分析	✓	✓
	12. 美國與其他各國比較	✓	✓
	13. 前 15 大確診國家	✓	✓
	14. 各國人口移動即時資訊（Apple Mobility）	✓	✓
5. 專案結論		✓	✓

7-2 Airbnb 全球客戶 AI 分析系統（附完整程式）		專案人員	技術人員
前言		✓	✓
一、專案背景		✓	✓
二、專案目標		✓	✓
三、專案分析		✓	✓
四、系統分析		✓	✓
五、程式說明	1. 程式庫及設定引用		✓
	2. 讀取檔案		✓
	3. 資料純化		✓
	4. 特徵工程		✓
	5. EDA 探索性資料分析	✓	✓
	6. 創意特徵	✓	✓
	7.「指尖行為」分析	✓	✓
六、專案結論		✓	✓

7-3 用 AI 預測飛機航班誤點的機率（附完整程式）		專案人員	技術人員
前言		✓	✓
一、專案背景		✓	✓
二、專案目標		✓	✓
三、專案分析		✓	✓
四、AI 演算法	1. 數學演算法		✓
	2. 交叉驗證 K-fold CV		✓
	3. 機器學習模組 Scikit-learn		✓
五、數學模型	1. Perceptron		✓
	2. Logistic Regression（邏輯斯迴歸）		✓
六、評估方式	1. ROC 曲線（Receiver operating characteristic curve）	✓	✓
七、系統分析		✓	✓
八、程式説明	1. 程式庫及設定		✓
	2. 讀取檔案		✓
	3. 定義問題	✓	✓
	4. 匯整資料		✓
	5. 初始數據		✓
	6. 資料純化及離散化		✓
	7. 探索性資料分析（EDA）	✓	✓
	8. 建立模型		✓
	9. 訓練模型		✓
	10. 驗證模型		✓
	11. 測試集評估		✓
	12. ROC 曲線檢驗模型結果		✓
	13. PR 曲線檢驗模型結果		✓
	14. ROC，PR 分析結論		✓
九 . 專案結論		✓	✓

7-4 用機器學習協助提昇航班準點率（附完整程式）		專案人員	技術人員
前言		✓	✓
一、專案背景		✓	✓
二、專案目標		✓	✓
三、專案分析		✓	✓
四、AI 演算法	1. 超參數搜尋 Randomized Search CV 隨機搜尋。		✓
	2. 超參數搜尋 GridSearchCV 網格搜尋。		✓
	3. 交叉驗證 K-fold CV		✓
	4. 統計驗證		
	(1) MAE（平均絕對誤差）		✓
	(2) MSE（均方誤差）		✓
	(3) RMSE（均方根誤差）	✓	✓
	(4) R Squared	✓	✓
五、系統分析			✓
六、程式說明	1. 程式庫及設定		✓
	2. 讀取巨量資料庫	✓	✓
	3. 資料純化 mono		✓
	4. 特徵工程		✓
	5. 資料純化		✓
	6. 探索性資料分析（EDA）	✓	✓
	7. 進階探索性資料分析（EDA）		✓
	8. 機器學習		
	(1) 資料匯整		✓
	(2) 分割母體檔案成訓練集和測試集		✓
	(3) ML 隨機森林迴歸分類（RandomForestRegressor）		✓
	(4) RandomForestRegressor 評價指標 MAE、MSE、RMSE		✓
	(5) RandomForestRegressor 評價指標 R square		✓
	(6) RandomForestRegressor 預測結果		✓
	(7) 超參數搜尋 Randomized Search CV 隨機搜尋。	✓	✓

	(8) RandomizedSearchCV 預測結果		✓
	(9) RandomizedSearchCV 評價指標 MAE，MSE，RMSE		✓
	(10) RandomizedSearchCV 評價指標 R Square		✓
	(11) ML 用 GradientBoostingRegressor		✓
	(12) GradientBoostingRegressor 評價指標 MAE，MSE，RMSE		✓
	(13) GradientBoostingRegressor 評價指標 R Square		✓
	(14) GradientBoostingRegressor 預測結果		✓
七、專案結論		✓	✓

7-5 用機器學習預測全球幸福指數（附完整程式）		專案人員	技術人員
前言		✓	✓
一、專案背景		✓	✓
二、專案目標		✓	✓
三、專案分析		✓	✓
五、系統分析			✓
六、程式說明	1. 程式庫引用		✓
	2. 讀取巨量資料庫		✓
	3. 資料純化		✓
	4. 基本統計分析		✓
	5. 特徵工程	✓	✓
	6. 機器學習		
	(1) 分割資料測試集，訓練集		✓
	(2) 用 RandomForest 建模進行機器學習在 RandomForest 迴歸模型中擬合數據		✓
	(3) 驗證模型均方差（MSE）		✓
	(4) 預測之迴歸線		✓
	(5) 各種驗證方式總整理	✓	✓
	(6) 三種迴歸一次學完	✓	✓
	① 線性迴歸（Linear Regression）	✓	✓
	② 隨機森林迴歸（Random Forest Regression）	✓	✓

	③ 決策樹迴歸（Decision Tree Regression）	✓	✓
七、專案結論		✓	✓

7-6 AI 預測幸運之子：鐵達尼號的生存機率預測（附完整程式）		專案人員	技術人員
前言		✓	✓
一、專案目標		✓	✓
二、專案分析	1. 資料純化	✓	✓
	2. 特徵工程	✓	✓
	3. 融合模型		✓
	(1) Voting Classifier		✓
	(2) Bagging		✓
	(3) Boosting		✓
	(4) AdaBoost (Adaptive Boosting)		✓
三、程式架構	1. 探索性數據分析（EDA）		✓
	2. 特徵工程（Feature）和資料純化 (Data Cleaning)	✓	✓
	3. ML 預測性建模		✓
	4. 程式編輯		✓
	5. 資料轉檔		✓
四、程式說明	1. 資料庫引入及視覺背景設定		✓
	2. 資料純化	✓	✓
	3. 探索資料分析（EDA）	✓	✓
	4. 就「可篩選特徵」進行分析 - 倖存者 Survived	✓	✓
	5. 就「可篩選特徵」進行分析 - 性別 Sex	✓	✓
	6. 就「可排序特徵」進行分析：票價 Fare	✓	✓
	7. 就「可排序特徵」進行分析：票價等級 Pclass。	✓	✓
	8. 就「連續性特徵」進行分析：年齡 Age	✓	✓
	9. 就「連續性特徵」進行分析：稱謂 initial	✓	✓
	10. 就「可篩選特徵」進行分析：出發城市 Embarked	✓	✓

	11. 就「離散性特徵」進行分析：同行人數「SibSp」	✓	✓
	12. 就「離散性特徵」進行分析：同行人數「Parch」	✓	✓
	13. 就「連續性特徵」進行分析：票價「Fare」	✓	✓
	14. 二次特徵工程		✓
	15. 新增「年齡層」特徵：Age_band	✓	✓
	16. 新增「家庭大小」及「單獨旅遊」特徵：Family_Size，Alone	✓	✓
	17. 就「家庭大小」特徵分析：Family_Size	✓	✓
	18. 就「單獨旅遊」特徵分析：Alone	✓	✓
	19. 新增「票價等級」特徵：Fare_Range,:Fare_cat	✓	✓
	20. 機器學習準備工作	✓	✓
	21. 機器學習－預測模型		✓
	(1) Radial Support Vector Machines(rbf-SVM)		✓
	(2) Support Vector Machines(Linear and radial)		✓
	(3) Random Forest		✓
	(4) K-Nearest Neighbors		✓
	(5) Naive Bayes		✓
	(6) Decision Tree		✓
	(7) Logistic Regression		✓
	(8) 進一步更改 KNN Model 的 n-neighbours（初始值），來看看準確率如何		✓
	(9) 交叉驗證 (Cross Validation)		✓
	(10) 混淆矩陣 Confusion Matrix：		✓
	(11) 超參數調整	✓	
	(12) Ensemble learning:（模型融合、模型合奏、多重辨識器、集成學習）		✓
五 . 專案結論		✓	✓

7-7 人工智慧在自然科學應用－聽聲音辨別性別（附完整程式）		專案人員	技術人員
前言		✓	✓
一、領域專業知識	1. 聲音信號（acoustic signal）	✓	✓
	2. 聲音取樣	✓	✓
二、專案目標		✓	✓
三、AI 演算法及系統分析	1. 「單變量分析」（univariate analysis）		✓
	2. 「雙變量分析」（bivariate analysis）		✓
	3. 在大數據中進行單變量分析		✓
	4. 在大數據中進行特徵標準化和歸一化		✓
	5. 探索性數據分析（EDA）		✓
	6. 特徵工程（Feature）和資料純化（Data Cleaning）	✓	✓
	7. ML 預測性建模（本範例用了十個模型）		✓
	8. 超參數調整		✓
	9. 模型評估指標分迴歸評估，分類評估二種指標		✓
	10. 程式編輯		✓
	11. 資料轉檔	✓	✓
四、程式說明	1. 程式庫引入	✓	✓
	2. 視覺化設定	✓	✓
	3. 資料庫引入	✓	✓
	4. 資料庫檢查	✓	✓
	5. 資料純化		✓
	6. 資料庫分析		✓
	7. 單變量分析（Univariate Analysis）		✓
	8. 特徵工程		✓
	9. 目標特徵「label」資料狀況		✓
	10. 雙變量分析（Bivariate Analysis）		✓
	11. 所有特徵相關係數圖		✓
	12. 創建新特徵		✓
	13. 分割資料訓練集（train）、測試集		✓
	14. 機器學習（單特徵）		✓

五、結論		✓	✓
六、進階練習	1. 建模		✓
	2. 分割訓練集及測試集		✓
	3. kNN		✓
	4. Naive Bayes（貝葉斯）		✓
	5. Decision Tree		✓
	6. Decision Tree by pruning（決策樹修剪）		✓
	7. Random Forest		✓
	8. Gradient Boosting（梯度提升）		✓
	9. Support Vector Machine（支援向量機）		✓
	10. Neural Network		✓
	11. XgBoost		✓
七、進階練習結論		✓	✓

目錄

CHAPTER 01

AI 網路資源及開發環境－ Python/Anaconda/ 創建虛擬環境 /Django

CHAPTER 02

2 天：建構最佳 AI 開發環境

CHAPTER 03

3 天：AI 專案基本功－三部曲完成專案

CHAPTER 04

5 天：強化資料結構基本功

CHAPTER 05

3 天：進化版大數據網路爬蟲技巧

CHAPTER 06

6 天：熟悉即時系統的操作

CHAPTER 07

9 天：AI 原理與實作

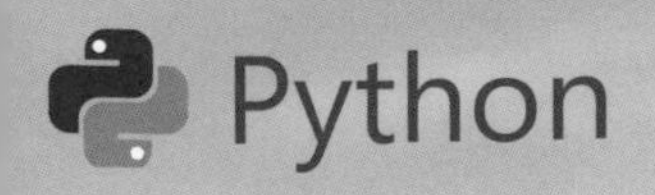

01 CHAPTER

AI 網路資源及開發環境－Python/Anaconda/ 創建虛擬環境 /Django

進入 AI 領域第一步是先建立一個 AI 環境，這個環境同時也是為客戶建立一個未來的使用環境，如果你是專案經理或 AI 使用者並不是實際開發程度的工程師，那麼就不需深入瞭解太多數學或資料結構的理論，只要瞭解環境即可。照著下面的方法，按部就班的建立好三個必要的 AI 環境：

- **Python**：請按照下本章後面的步驟建立。
- **Anaconda/Jupter/VS Code**：

1. 依下列步驟建立：用 Anaconda 當作整合套件，Anaconda 是 90%AI 工程師及使用者使用的環境。
2. 用 Anacoda 當作 Python 的編寫環境，已經集合絕大部分程式庫和工具庫，不需要多餘的安裝和調試。
3. Python 版本建議 3.0 以上，不要選擇 2.7 的版本，否則你會被無盡的中文編碼問題困擾。本書作者建議建立 3.6 版及 3.8 版共二個環境，靈活切換使用，因為 3.8 是最新版本，層出不窮的新 AI 創作（程式庫）是不支援過去舊版的，但是深度學習這個領域是基礎科學，進步不快，所以千萬不要用 3.8 去執行，建議用 3.6 來執行。所以你必須建立二個 Python 環境（3.6 和 3.8），這樣你才可以隨心所欲的執行各種程式。
4. Anaconda 在官網下載，選擇最新版本，約 400MB。完成安裝後，Win 版本會多出幾個程序，Mac 版本只有一個 Navigator 導航。數據分析最常用的程序叫 Jupyter，以前被稱為 IPython Notebook，是一個交互式的筆記本，能快速創建程序，支持實時代碼、可視化和 Markdown 語言。Jupyter/VS Code 會出現在 Anaconda 的應用程式選單中。若未出現，請自行在 Anaconda 中安裝。

- **Django**：為了直接執行小網頁套件或和其他瀏覽器合併使用，需要先安裝好 Django，以便日後可引用。Python 是計算機語言，邏輯和自然語言不同，語言的目的是執行任務，為了規避各種歧義，人們創造了語法規則，只有正確的語法，才能被轉換成 CPU 執行的機器碼。

Python

Python 入門只需要掌握幾個關鍵就可以，先學會安裝環境、瞭解數據結構、函數這些東西，再配合實際進行操作，就可以入門了。

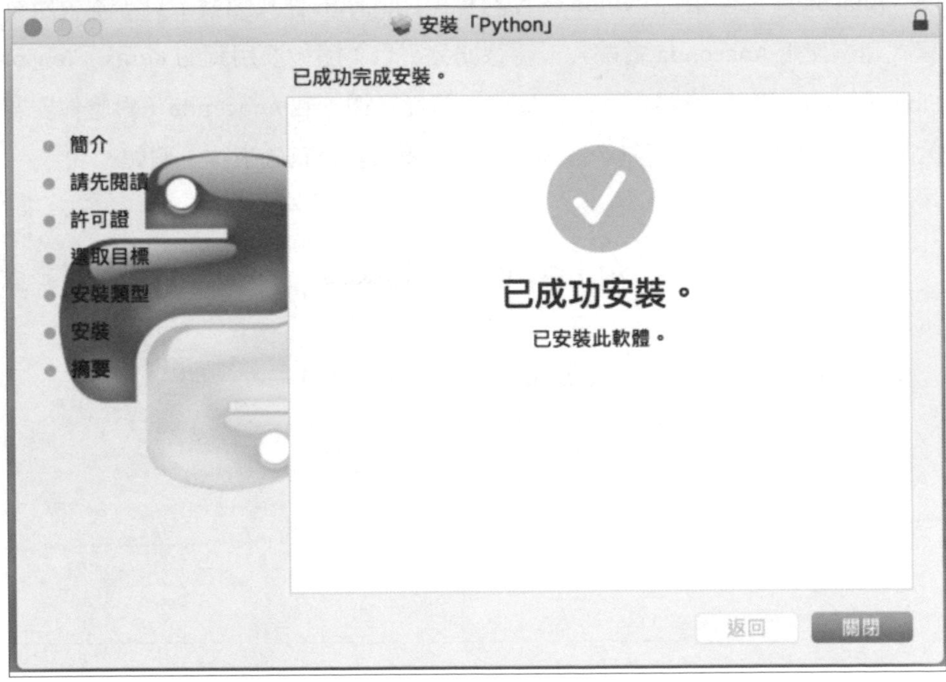

開啟命令提示視窗，輸入【python】或【python3】，即可看到安裝的版本。

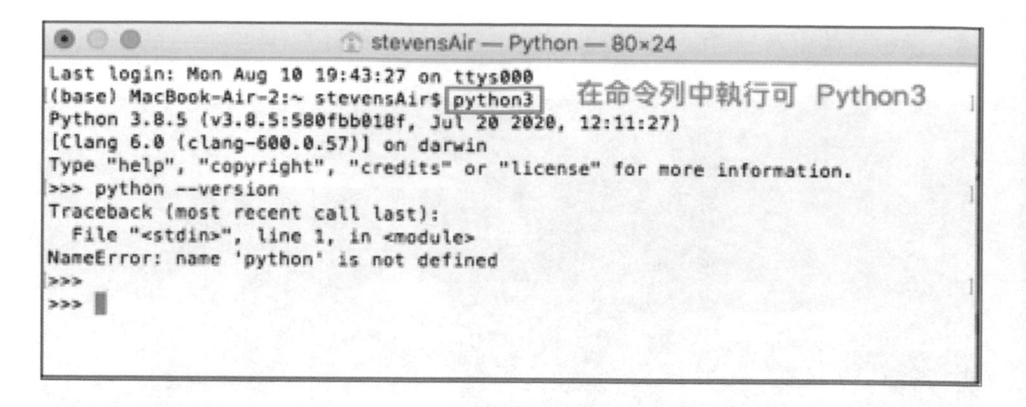

Anaconda

Anaconda 是個集合 Python 套件與標準函式庫的程式開發工具，本書所有程式建議使用 Anaconda 當做人工智慧開發平台；隨後要用到的 Keras、Tensor Flow 及 Plotly 等都會掛到 Anaconda 中。請從官網下載 Anaconda（對應你安裝的 python 版本），依畫面指示按你的系統環境來安裝正確版本，例如：

Anaconda Installers

Windows	MacOS	Linux
Python 3.8	Python 3.8	Python 3.8
64-Bit Graphical Installer (457 MB)	64-Bit Graphical Installer (435 MB)	64-Bit (x86) Installer (529 MB)
32-Bit Graphical Installer (403 MB)	64-Bit Command Line Installer (428 MB)	64-Bit (Power8 and Power9) Installer (279 MB)

一、IOS

就選 Mac OS，64-Bit Graphical Command Line Installer(454MB)。

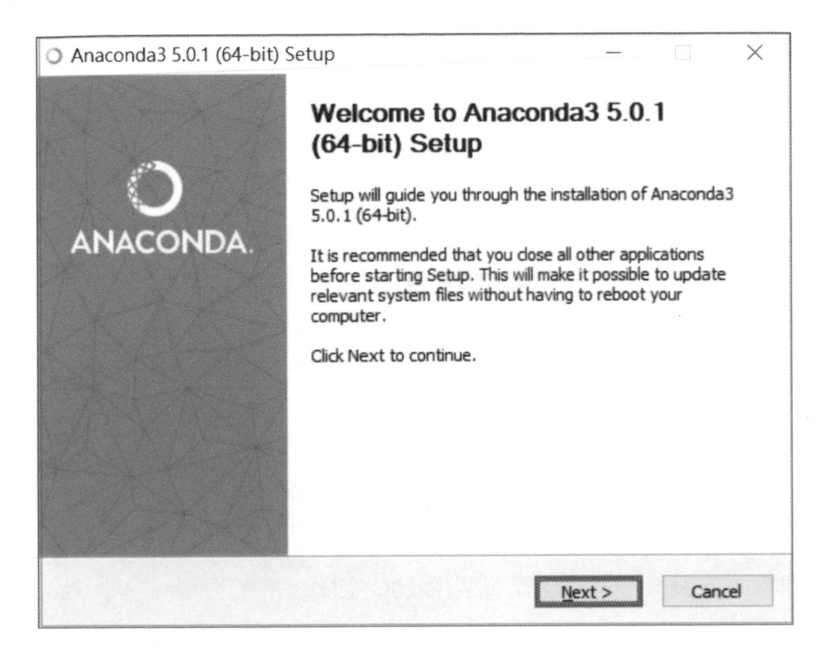

二、Windows

就選 Windows，64-Bit Graphical Command Line Installer(466MB)。安裝時有一個 add environment path 默認，記得勾起來。

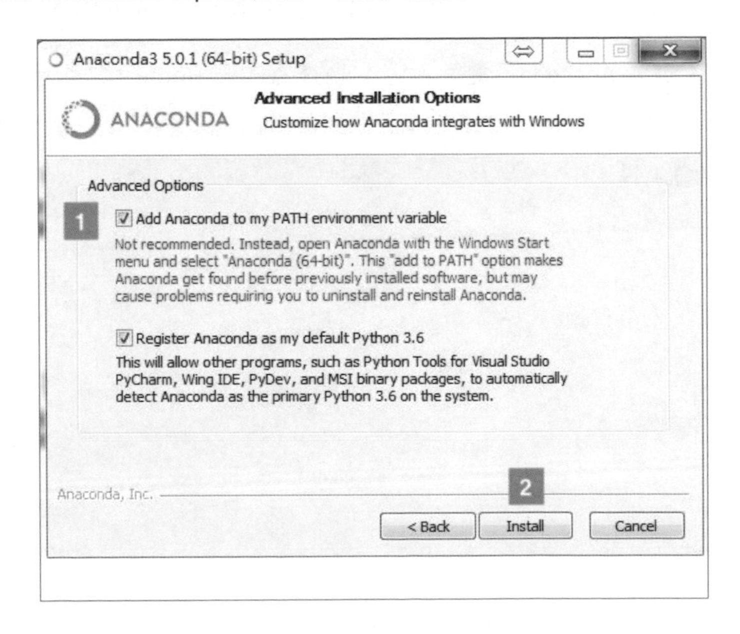

三、Linux

和 Windows 步驟差不多，wget 官網下載 sh 檔並執行。記得他會問是否要加入 path，記得按 y。成功後你的 linux 前面會出現一個（base）。如下所示：

```
(base)huang@Stevens:~$
```

如果沒有 base，表示沒有成功加入環境，輸入 conda 會出現 conda not found。這是因為 bash 無法辨識 conda 指令、找不到 conda 位置。

請在根目錄底下輸入：vim .bashrc

拉到最底下寫下 export PATH（下圖）並保存，就可以使用 conda 了。

有了 conda 後就可以輕鬆安裝 lib 了。

```
export PATH="$HOME/anaconda3/bin:$PATH"
```

請注意，安裝後，電腦仍要有至少 10G 空間。

四、建立 conda 環境

1. 方式一：打開 Anaconda prompt。

   輸入：conda create –n AIDev python=3.8.5

   （AIDev 是你的環境名稱，python=X.X 是指定環境 python 版本）

2. 方式二：進入 Anacoda，進行設定：先查看一下 Home，是否已有 Jupyter Notebook 及 VS Code；如果沒有請先到二者官網安裝。這二個程式是重要的 AI 開發工具。

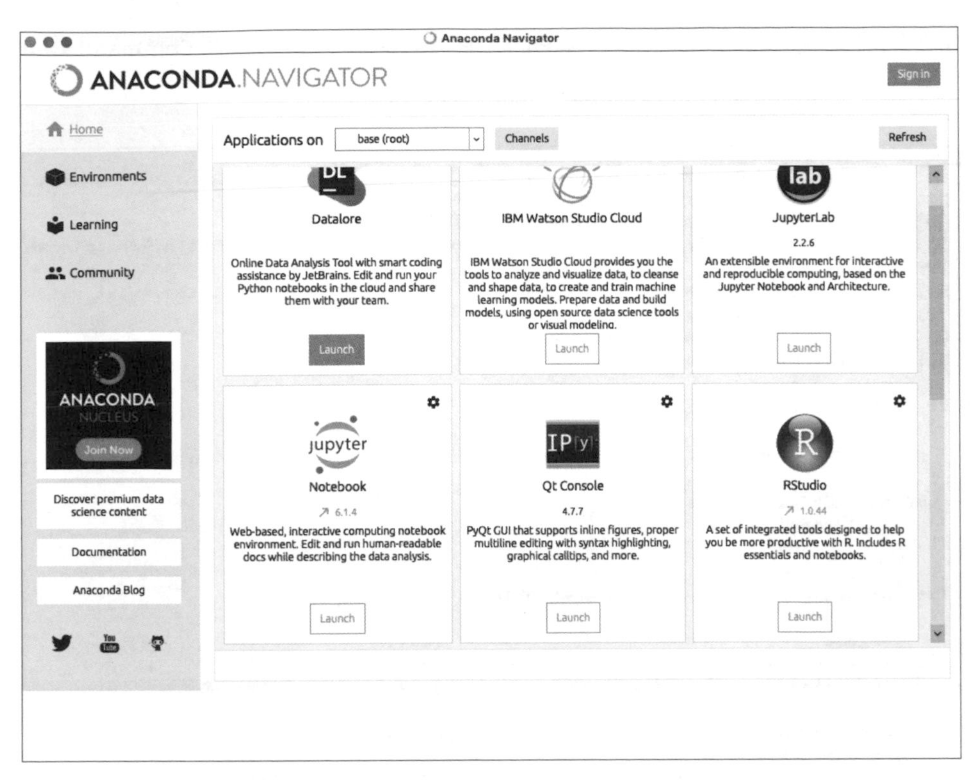
Anaconda Navigator
ANACONDA.NAVIGATOR
Sign in
Home
Environments
Learning
Community
Applications on
base (root)
Channels
Refresh
Datalore
Online Data Analysis Tool with smart coding assistance by JetBrains. Edit and run your Python notebooks in the cloud and share them with your team.
Launch
IBM Watson Studio Cloud
IBM Watson Studio Cloud provides you the tools to analyze and visualize data, to cleanse and shape data, to create and train machine learning models. Prepare data and build models, using open source data science tools or visual modeling.
Launch
JupyterLab
2.2.6
An extensible environment for interactive and reproducible computing, based on the Jupyter Notebook and Architecture.
Launch
ANACONDA
NUCLEUS
Join Now
Discover premium data science content
Documentation
Anaconda Blog
Notebook
6.1.4
Web-based, interactive computing notebook environment. Edit and run human-readable docs while describing the data analysis.
Launch
Qt Console
4.7.7
PyQt GUI that supports inline figures, proper multiline editing with syntax highlighting, graphical calltips, and more.
Launch
RStudio
1.0.44
A set of integrated tools designed to help you be more productive with R. Includes R essentials and notebooks.
Launch

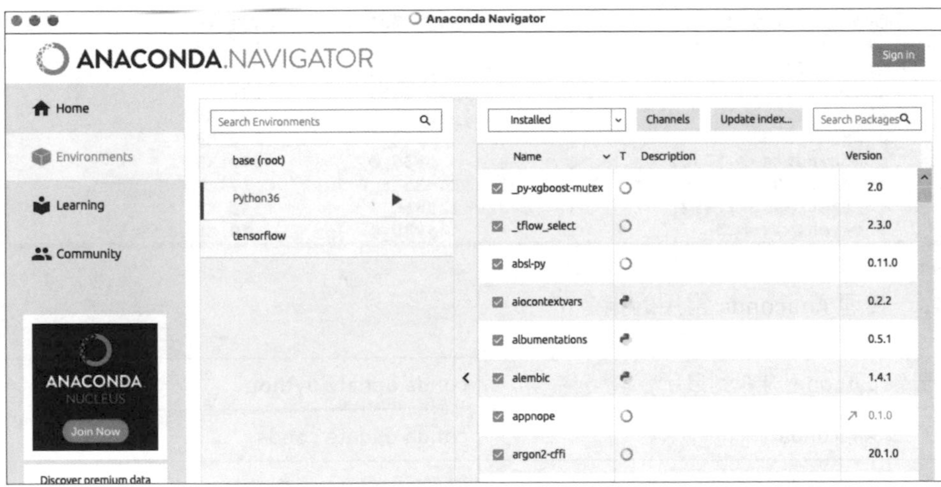
Anaconda Navigator
ANACONDA.NAVIGATOR
Sign in
Home
Environments
Learning
Community
Search Environments
base (root)
Python36
tensorflow
Installed
Channels
Update index...
Search Packages
Name
T
Description
Version
_py-xgboost-mutex
2.0
_tflow_select
2.3.0
absl-py
0.11.0
aiocontextvars
0.2.2
albumentations
0.5.1
alembic
1.4.1
appnope
0.1.0
argon2-cffi
20.1.0
ANACONDA
NUCLEUS
Join Now

3. 隨時維護 Anaconda 下的各種 Package 最新版本，如下圖在 Command Line 下執行 Conda install Python==3.8.5，如下圖：

```
stevensAir — -bash — 80×36
MacBook-Air-2:~ stevensAir$ conda install Python==3.8.5
Collecting package metadata (current_repodata.json): done
Solving environment: failed with initial frozen solve. Retrying with flexible so
lve.
Solving environment: failed with repodata from current_repodata.json, will retry
 with next repodata source.
Collecting package metadata (repodata.json): done
Solving environment: done

## Package Plan ##

  environment location: /opt/anaconda3

  added / updated specs:
    - python==3.8.5


The following packages will be downloaded:

    package                    |            build
    ---------------------------|-----------------
    _ipyw_jlab_nb_ext_conf-0.1.0|          py38_0         192 KB
    anaconda-client-1.7.2      |          py38_0         154 KB
    anaconda-navigator-1.9.12  |          py38_0         5.8 MB
    appnope-0.1.0              |       py38_1001           9 KB
    beautifulsoup4-4.9.1       |          py38_0         160 KB
    brotlipy-0.7.0             |py38haf1e3a3_1000         331 KB
    certifi-2020.6.20          |          py38_0         156 KB
    cffi-1.14.1                |  py38hed5b41f_0         219 KB
    chardet-3.0.4              |       py38_1003         174 KB
    clyent-1.2.2               |          py38_1          20 KB
    conda-4.8.3                |          py38_0         2.8 MB
    conda-build-3.18.11        |          py38_0         512 KB
    conda-package-handling-1.6.1|  py38h1de35cc_0         1.3 MB
    cryptography-2.9.2         |  py38ha12b0ac_0         540 KB
    entrypoints-0.3            |          py38_0          10 KB
```

4. 整理 Anaconda 常用的指令：

更新 python：升級到最新版本	conda update python
升級 Anaconda	conda update conda
升級 Anaconda 所有 Package	conda update --all
升級單一個 package(以 Pandas 為例)	conda update pandas
同時升級多個 Package	conda install numpy scipy pandas
安裝單個 package(以 dbus 為例)	conda install dbus
安裝指定版本的 package(以 numpy 為例)	conda install numpy=1.11

刪除單個 package(以 pygments 為例)	conda remove pygments
查看當前環境下所有 Package	conda list
根據關鍵字搜尋 Package 並從源頭安裝	anaconda search -t conda pandas

5. Anaconda 下的命令：

(1) 在所在系統中安裝 Anaconda：打開命令行輸入 conda –V（檢驗是否安裝以及當前 conda 的版本）

(2) conda 常用的命令：

conda list 查看安裝了哪些包。

conda env list 或 conda info -e 查看當前存在哪些虛擬環境

conda update conda 檢查更新當前 conda

conda update --all 更新本地已安裝的包

(3) 創建 Python 虛擬環境。

使用 conda create -n env_name python=XX（2.7、3.8.5 等，一定要指定版本）

anaconda 命令創建 python 版本為 XX、名字為 env_name 的虛擬環境。env_name 文件可以在 Anaconda 安裝目錄 envs 文件下找到。

(4) 啟用虛擬環境。(或切換不同 Python 版本的虛擬環境)

打開命令行輸入 python —version（檢查當前 Python 的版本）

使用如下命令即可啟用你的虛擬環境（Python 的版本將改變）。

Linux : conda activate your_env_name(虛擬環境名稱)

Windows: activate your_env_name(虛擬環境名稱)

這時再使用 python --version 可以檢查當前 python 版本是否為想要的。

(5) 對虛擬環境，安裝額外的 Package。

conda install -n env_name [package]

(6) 關閉虛擬環境（從當前環境退出返回使用 PATH 環境中的默認 python 版本)。

linux : conda deactivate

Windows: deactivate

(7) 刪除虛擬環境。

使用命令 conda remove -n env_name（虛擬環境名稱）--all，即可刪除。

(8) 刪除環境中的某個 Package。

使用命令 conda remove --name env_name package_name 即可。

(9) 如果想把自己的環境打包，然後給別人，再解壓使用，請看官網的說明。

在 Anaconda 中，創建虛擬環境

先到 Environment 查看一下：如下圖右邊是已安裝的 Package（在開發程式要用到的公用程式）。

1. 可在此建立將來要用的虛擬環境，在下方按下 Create，再輸入名稱及使用的主程式 (Python, R)。虛擬環境可指定 Packages(Python,R) 的版本，完成後，如下圖：

完成虛擬環境後，如下圖：

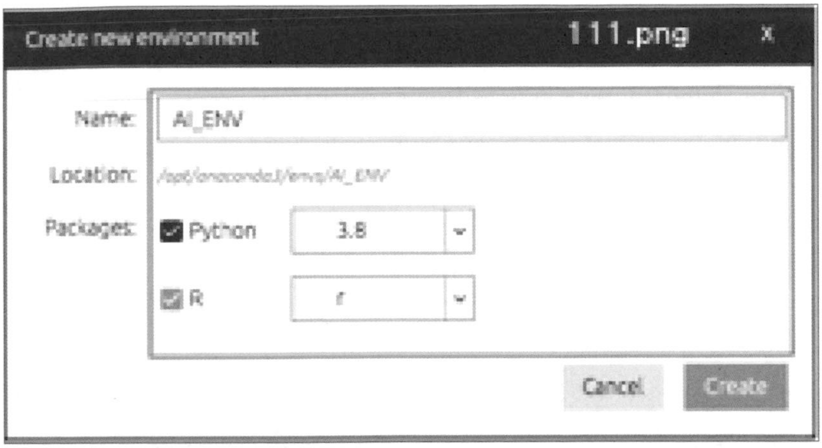
Create new environment
111.png
x
Name:
AI_ENV
Location:
Packages:
Python
3.8
R
r
Cancel
Create

2. Command Line（終端機）安裝虛擬環境：

Tensor Flow

關於 Tensorflow 和支援的 Python 版本必須一致的問題：建議利用 Anaconda 虛擬環境來產生全新的 Python 環境，以避免 Anaconda 裡新版 Python 版本可能與 Tensorflow 發生相容性問題。

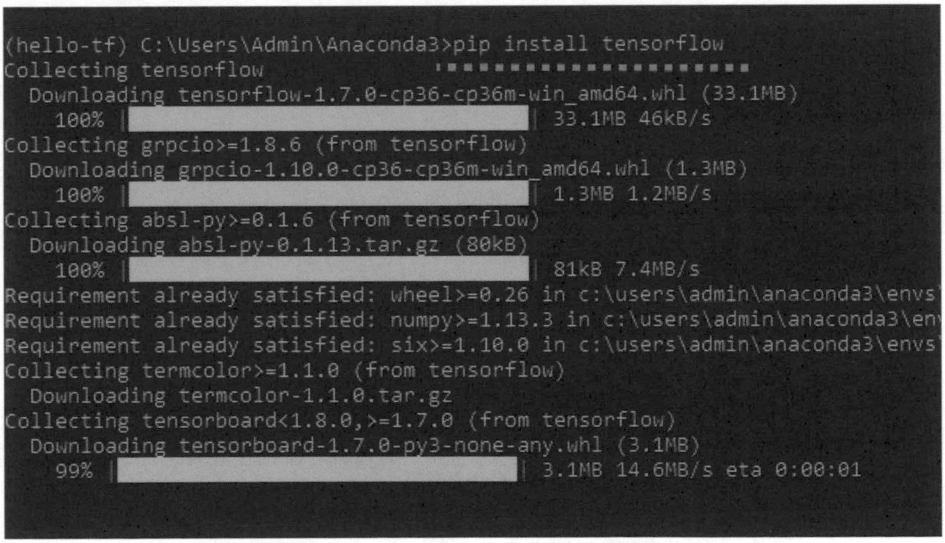
(hello-tf) C:\Users\Admin\Anaconda3>pip install tensorflow
Collecting tensorflow
Downloading tensorflow-1.7.0-cp36-cp36m-win_amd64.whl (33.1MB)
100% | | 33.1MB 46kB/s
Collecting grpcio>=1.8.6 (from tensorflow)
Downloading grpcio-1.10.0-cp36-cp36m-win_amd64.whl (1.3MB)
100% | | 1.3MB 1.2MB/s
Collecting absl-py>=0.1.6 (from tensorflow)
Downloading absl-py-0.1.13.tar.gz (80kB)
100% | | 81kB 7.4MB/s
Requirement already satisfied: wheel>=0.26 in c:\users\admin\anaconda3\envs
Requirement already satisfied: numpy>=1.13.3 in c:\users\admin\anaconda3\en
Requirement already satisfied: six>=1.10.0 in c:\users\admin\anaconda3\envs
Collecting termcolor>=1.1.0 (from tensorflow)
Downloading termcolor-1.1.0.tar.gz
Collecting tensorboard<1.8.0,>=1.7.0 (from tensorflow)
Downloading tensorboard-1.7.0-py3-none-any.whl (3.1MB)
99% | | 3.1MB 14.6MB/s eta 0:00:01

Django

一、安裝

Django 是 Python Web 框架，由於 AI 從 2019 年大幅度進步，大量引用新的程式庫及封包，建議使用最新 Python 版本來練習本書的範例。

從 https://www.python.org/downloads/ 或使用操作系統的軟件包管理器獲取最新版本的 Python。

二、資料庫引用

1. 如果使用 Django 的數據庫 API 功能，要確保數據庫服務正在運行。Django 支援 PostgreSQL、MariaDB、MySQL、Oracle 和 SQLite 等。
2. 如果開發小型項目或實驗性專案，SQLite 是最佳選擇，因為它不需要運行服務器。

   除了官方支持的數據庫外，還有第三方提供的後端程式，經由簡單安裝，可以將其他數據庫與 Django 一起使用。
3. 安裝 Python 數據庫綁定：

   (1) 如果使用 SQLite，請閱讀 SQLite 官方說明。

   (2) 如果使用 PostgreSQL，則需要 psycopg2 軟件包。

   (3) 如果使用 MySQL 或 MariaDB，則需要 DB API 驅動程序，例如 mysqlclient。

   (4) 如果使用 Oracle，則需要一份 cx_Oracle 的副本，請閱讀 Oracle 後端說明，獲取 Oracle 和的支援版本的 cx_Oracle。

   (5) 如果使用非官方的第三方後端，請參閱官方文件以了解其要求。

   如果使用 Django 的命令為模型自動創建數據庫表（在首次安裝 Django 並創建項目之後），則需要確保 Django 有權在您使用的數據庫中創建和更改表；如果您打算手動創建表，您可以授予的 Django 和權限。創建具有這些權限的數據庫用戶之後，您將在項目的設置文件中指定詳細信息，有關詳細信息，請參見 manage.py migrateSELECTINSERTUPDATEDELETEDATABASES。

如果您使用 Django 的測試框架來測試數據庫查詢，則 Django 將需要權限來創建測試數據庫。

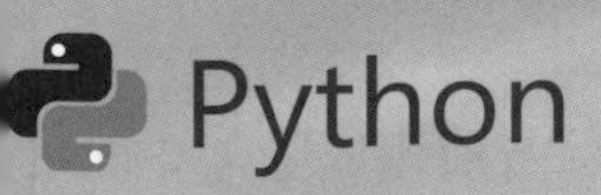

02 CHAPTER

2 天：建構最佳 AI 開發環境

2-1 簡易分析

2-2 一張表協助你設定開發環境

2-3 一個程式協助你完成中大型 AI 專案系統分析

2-4 系統分析範例

當您要開始一個 AI 專案，第一件是進行開發環境設定，設定環境有二個基本方向要決定客戶使用環境及專案開發環境：

2-1 簡易分析

可依本文以簡易分析方式，分述如下。

■ 先確定客戶使用環境：是封閉式或開放式。

■ 再決定專案開發環境：有三個決定因素：資料機密程度、運算限制（邊緣運算或集中運算）、開發者能力限制。

分別說明如下：

1. **封閉式**：如果專案只限企業內部人員使用，不上網際網路使用；就算在公司外透過網路監控運算結果或同步資料，亦只限定是有密碼認證的使用者或進行授權的使用者使用。這種專案就是客戶端封閉式環境。

2. **開放式**：可由外部人員或廣大客戶在公司外經由網際網路或 APP 來連線，使用者環境無法限定（例如瀏覽器是用 Chrome 或 IE 無法預知，使用手機或平板亦無法預知），這種專案就是客戶端開放式環境。在 2020 年 6 月以後，因國際主要 AI 後端服務提供者，在 AI 環境的整合，出現重大改變，已為 AI 工程師省掉許多開放環境的設定工作。所以未來 AI 工程師，不用再糾結在 AWD/RWD 等網頁前端表現或流量無法集中而影響 SEO 廣告效應的問題，也不需要再煩惱不同環境的相容因素；面對 2020 年後的新 AI 開發環境，可漸漸拋棄前端的限制因素，只要專注 AI 的效能及結果即可；在後面章節的實例中，我會提醒讀者注意這些巨大改變。

3. **資料機密**：根據需求決定資料庫格式，Python 資料分析中常用的 Package 有 numpy、scipy、pandas 還有 matplotlib，分別介紹如下。

   - NumPy：是 Python 數值運算最佳 Package，特別是用於科學計算方面，是容易進行保密的資料格式。

- Scipy：是以 numpy 為基礎的科學計算 Package，包括財務統計、線性代數等工具中這種格式容易上手也容易保密。
- Pandas：是以 numpy 為基礎的資料分析工具，可快速處理結構化資料，特別是巨量資料結構和函數，但這種格式是網路爬蟲的標準，如果你的專案是可供外界人任自由下載資料，可以使用這種格式，但完全沒有機密可言。
- matplotlib：主要是用在繪製資料圖表，方便使用者觀看並在顯示器上互動式的操作，如擷取某一時段資料，或即時顯示相關資料，例移動滑鼠即可自動顯示股價及交易量等互動功能。如果專案有高度使用者互動的功能，就需多練習 matplotlib 的活用。

4. **運算限制**：AI 專案一定要考慮電腦及網路實際的執行效能，由於 AI 可能是龐大的運算結果，特別在回測運算時（計算實際與預測結果之比對）非常耗記憶體及時間，如果是雲端資料更要考慮網路處理時間，許多 AI 程式（如生產線風險預測）需離線大量運算，要計算一下資料處理的效能（時間及暫存記憶體）。
5. **開發者能力**：AI 涉及的程式語言太多，而環境因素太複雜。如果不能在規劃時就化繁為簡，專案很容易失敗。大略分為前端、後端、運算三個部分來自我檢視：
   - 內部使用的封閉式專案不太需要完整前端工程能力，用互動功能來滿足前端的視覺需要。
   - 如果專案有繁雜的使用者互動及外部人使用需要（開放式）就要具備 HTML/Dash 等前端工程能力。

2-2 一張表協助你設定開發環境

將 AI 涵蓋的數十種程式及環境因素用二個表格來說明，協助你進行 AI 專案規劃：

1. **第一層分析**：封閉式／開放式／需求導向／資料機密／開發者能力（分 6 個等級）

	資料機密	運算限制	開發者能力
封閉式	CSV/JAON(A1)	數理運算 /AI 運算 / 巨量料循環運算 (A2)	前端 / 後端 /AI 演算 (A3)
開放式	CSV/JAON/Pandas(B1)	數理運算 /AI 運算 / 巨量資料循環運算 (B2)	前端 / 後端 /AI 演算 / 網際巨量運算 (B3)

2. **第二層分析**：複雜度／安全性（橫列是複雜度，縱列是安全性，分 12 個等級）

	內部資料無運算	外部資料有運算	外部資料無運算	外部資料有運算
低度安全	C1	C2	C3	C4
中度安全	D1	D2	D3	D4
高度安全	E1	E2	E3	E4

例如 A1D2 表示封閉式低度安全性的專案，類似某公司生產線內部品管控制的專案；B3E4 表示開放式高度安全性的專案，類似股票人工智慧分析預測專案。

2-3 一個程式協助你完成中大型 AI 專案系統分析

由於上述二層式分析較難一目了然的訂出「最佳」系統需求，所以我們寫了一個簡單的系統分析程式，只要將你的需求勾選好，就可跑出最佳系統配置；再來決定你要配置多少人力來完成工作。

系統分析（SA）是一個極專業的工作，為了讓讀者可以快速進入開發 AI 專案，我們設計了一個程式，在此先不逐行說明程式如何撰寫，你只要會使用即可，這有助於你快速進入「人工智慧」的核心。

先在你的電腦安裝 Python 環境及 Desh。然後執行 command Line（終端機）:

```
Python 2-1.py
```

在瀏覽執行：http://127.0.0.1:8050/

程式執行畫面如下：

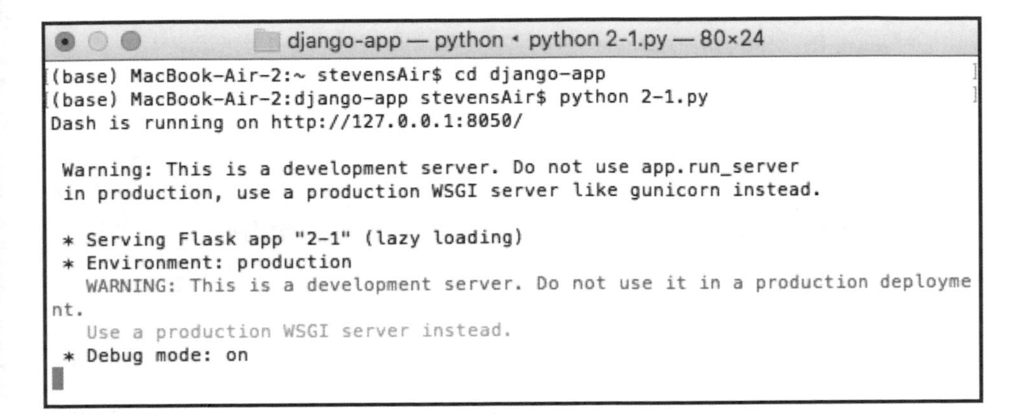

依序輸入六項客戶需求，會立刻計算出系統分析結果（程式最下方），說明如下：

127.0.0.1:8050

《 人工智慧 專案 系統分析 》

依序輸入下列選項，本程式將自動算分析結果：

1. AI專案最終呈現方式：
○APP ●HTML(網際網路或本地網址) ○Intranet(企業網路) ○Plug-IN(SAP/IBM/Oracle等) ○Command Line(系統端執行或.exe)

2. AI開發時使用系統：
○Android ●IOS ○Microsoft Windows ○IBM OS ○Android / IOS / MS

3. AI 運算法:
○統計（例如：迴歸，3D陣列，外插趨勢..等規則資料數學運算） ○科學離散（例如：循環收殮，平衡趨近..等不規則資料運算） ○機器學習（例如：機器人除錯或比對，人臉辨識，基因比對..等固定範圍大數據資料運算） ●機器學習＋深度學習（例如：資安防駭，金融預測，基因突變..等預測性大數據資料運算等） ○機器學習＋深度學習＋智慧製造（例如：生產品管預測及經驗累積，地震預測..等未來事件運算等大數據資料運算等） ○以上各項＋無限資料運算（例如：消費行為，金融風暴，民意預測..等多變因之大範圍不斷增加資料的重覆學習及運算）

4. 資料庫分類：
○全封閉式（公司內部資料，非網際網路或公司外部） ●半開放式（公司內部資料+網際網路/外部資料爬蟲） ○全開放式（採全雲端資料庫，資料來源：網際網路/外部資料爬蟲）

5. 資料分流配置:
○本地運算：本地或爬蟲後進行機器端運算，結果顯示到Web或APP ○本地＋雲端運算：機器端收集資料，雲端運算後，結果顯示到Web或APP ●本地＋雲端＋邊緣運算：機器學習後進行邊緣運算，資料庫由遠端管理並分流到各地終端顯示 ○本地＋雲端＋邊緣運算＋中央管理配置：機器學習後離行中央深度學習，資料庫由遠端管理並分流到各地終端顯示

6. 內部(機器端)資料量：

7. 外部(網路爬蟲)資料量：

SA(系統分析)結果：
(1) 前端顯示系統：HTML 後端程式系統： IOS =》建議系統：Python + Flask + SQL System + JSON/SQL Data crawling +HTML Plotly, Dash/Flask 1.0/OS + JSON Data mining
(2) AI 運算法：Deep-Learning 資料型態： Inbound-Outbound-Data =》建議運算後台：Tensor Flow + Keras, COS+DDB2
(3) AI 資料串流方式：Global-Edge-Computing 根據內部運算資料量（K）：[5, 10] 計算分析，資料串流與資料庫之配置如下：雲端資料庫＋邊緣運算並即時滙流至本地及雲端備份＋應用程式中央管理＋分時分流＋資料庫二處異地備援
(4) 根據外部運算資料量（K）：[50, 100] 計算分析 =》資安及智慧監控配置如下：中央資料庫＋爬蟲資料運算後備份至雲端＋爬蟲資料即時分流＋資料庫至少二處異地備援＋異地資安防駭

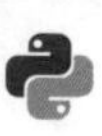

1. 專案平台：

- APP：程式或專案最終由什麼方式呈現（是網頁？還是內部分析用），APP 是指手機的應用程式。
- HTML（網際網路或本地網址）：由各種瀏覽器顯示。
- Intranet（企業網路）：由 ERP 軟體外掛顯示。
- Plug-IN（SAP/IBM/Oracle 等）：由大型 SI 系統軟體外掛顯示。
- Command Line（系統端執行或 .exe）：執行檔在系統命令列執行。

2. **AI 開發時使用系統：**

- Android/IOS/Microsoft Windows/IBM OS：視開發環境決定。
- Android/IOS/MS：三系統都含在內。

3. **AI 運算法：**

- 統計分析：例如，迴歸、3D 陣列、外插趨勢等數學運算，屬有限範圍的數學運算。
- 科學離散：例如，循環收斂、平衡趨近值等資料運算，屬本地主機的大型運算。
- 機器學習：例如，機器人除錯比對、人臉辨識、基因比對…等固定範圍學習性質的大數據資料運算，即資料因學習而放大資料量，學習次數越多或時間越長，資料庫越大。
- 機器學習＋深度學習：例如，資安防駭、金融預測、基因突變…等預測性大數據資料運算等。即互動式學習，可能因學習而產生無預算的資料量；屬耗記憶體及資料庫資源的高級運算法層級。
- 機器學習＋深度學習＋智慧製造：例如，生產品管預測及經驗累積、地震預測…等未來事件運算等大數據資料運算等。將生產線上即時資料併入計算，用到邊緣運算功能。

- 以上各項＋無限資料運算：例如，消費行為、金融風暴、民意預測…等多變因之大範圍不斷增加資料的重覆學習及運算。

4. 資料庫分類：

- 封閉式：僅公司內部資料，無網際網路或來自公司外部；運算只限固定範圍資料，故 AI 運算時間可計算控制。
- 半封閉式：公司內部資料及外部網際網路資料均有；大部分 AI 專案均屬此類。
- 開放式：資料來自網際網路或外部資料爬蟲，在資料分流時其實較單純，只要做好異地備援即可。

5. 資料分流配置：

- 本地運算：本地或爬蟲後進行機器端運算，結果顯示到 Web 或 APP。
- 本地＋雲端運算：機器端收集資料，雲端運算後，結果顯示到 Web 或 APP。
- 本地＋雲端＋邊緣運算：機器學習後進行邊緣運算，資料庫由遠端管理並分流到各地終端顯示。
- 本地＋雲端＋邊緣運算＋中央管理配置：機器學習後進行中央深度學習，資料庫由遠端管理並分流到各地終端顯示。

6. 內部（機器端）資料量：

不經由網際網路傳送的資料，如中央機房的內部資料，生產線上收集的品管資料（只做邊緣運算），連鎖店面收集而不會傳送到中央的資料（只做邊緣運算或分散管理用）。

7. 外部（網路爬蟲）資料量：

網路爬蟲而來資料，或從遠端機器或店面傳送到中央資料庫。

2-4 系統分析範例

以「美國基金經理人盤前分析程式」為例

一、專案描述

- **系統**：這個專案是高度機密的內部高階經理人使用的 AI 程式，每個股票基金經理人，都有一套設定好的交易邏輯；例如，當投資標的（如台積電）的獲利超出預期，即自動調高目標價；所以經理人就要有一套系統來自動運算交易價。而通常股價將前一天收集到最新股票資訊，經過運算，計算並預測今日可能的股價（或成交量，同樣亦可計算債券等其他有價證券）。
- **資料**：除了要綜合內部之前累積資料，也要加入即時資料（當日），再加上各種與運算有關的判斷模型（例如當亞股大跌時會連動台積電股價下跌，或半導體同業不景氣而帶動台積電股價下挫等），這些模型來自經驗累積，也是經驗值。所有資料有內部資料，來自亞股的外部資料。
- **使用者**：使用者是瀏覽器及 APP 顯示 AI 運算結果，可在公司外部使用。
- **運算**：由資料經過專業證券人員純化，在預測及分析過程中，只要選擇運算要用到金融統計，再進行深度學習，最後產生預測結果。
- **分流**：分流與效率有關，因運算要花很長時間，故可能因為運算而造成資料不連貫；而使用的資料可能來自港股、上證、日股（亞洲）及美股（美洲）的即時資料；在資料庫配置上，除了中央要有主資料庫，中央資料庫交由 Google 或 IBM 等大型資料代管商管理；在亞洲及美洲要有備援資料庫；除了提升運算時效率，讓使用者不會受到超時運算造成的資料不同步的影響。

二、系統分析結果（將上述專案描述用 2-1.py 程式來分析）

分析項目	需求		說明
AI 專案最終呈現方式	HTML		
AI 開發時使用系統	IOS		
AI 運算法	機器學習	深度學習	
資料庫分類	公司內部資料	網際網路 / 外部資料爬蟲	
資料分流配置	中央資料庫	系統端資料庫	
內部（中央及運算端）資料數量	5,000-10,000 筆		
外部（網路爬蟲）資料數量	50,000~10,000 筆		
SA（系統分析）結果	(1) 建議系統：Python + Flask + SQL System + JSON/SQL Data crawling ＋ HTML Plotly, Dash/Flask 1.0/OS + JSON Data mining		所有系統：主伺服器／運算伺服器／各地資料庫
	(2) 演算法：Deep-Learning 資料型態：Inbound-Outbound-Data , =》建議運算後台：Tensor Flow + Keras, COS+DDB2		由於 outbound 的即時資料達 10K，故深度學習必須另行配置深度學習伺服器。即在亞洲及美洲另設置深度學習伺服器。
	(3) 資料串流：Global-Edge-Computing 根據內部運算資料量 (K)：[5, 10] 計算分析，資料串流與資料庫之配置如下：雲端資料庫＋邊緣運算並即時滙流至本地及雲端備份＋應用程式中央管理＋分時分流＋資料庫二處異地備援		5-10K 內部資料由中央控管。
	(4) 資料分流：根據外部運算資料量 (K)：[50, 100] 計算分析 =》資安及智慧監控配置如下：中央資料庫＋爬蟲資料運算後備份至雲端＋爬蟲資料即時分流＋資料庫至少二處異地備援＋異地資安防駭系統		5 萬到 10 萬每日新增爬蟲資料由外部遠端資料庫控管。並在中央與遠端之間架設資訊安全防駭系統。

三、把上述系統分析結果畫成圖

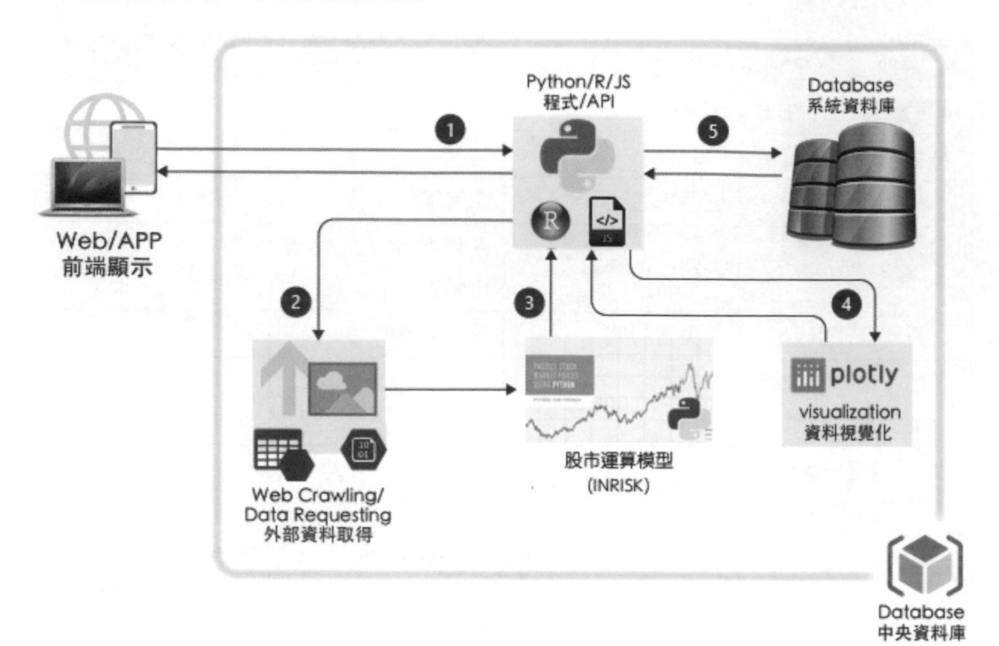

四、說明

由前端發出請求→經由程式進行整合①資料爬蟲②→運算③→進行視覺化④→資料分流至系統資料庫及中央資庫⑤→經由程式顯示到前端（HTML）。

以「約翰霍普金斯大學的 Covid-19 基因定序資料」為例

一、專案描述

- **系統**：這個專案是台灣研究機構，參與美國約翰霍普金斯大學的大數據中心的 AI 專案，將 2020 年 COVID-19 的確診者身上採集的病毒基因收集起來，用 AI 來進行突變預測；因 AI 工程師來自全球各地，故開發系統是採開放式。
- **資料**：除了中央資料庫外，並無來自網際網路爬蟲資料。
- **使用者**：使用者是經由瀏覽器分享 AI 運算結果。

■ **運算**：經過專業股票債券專業人員分析，在預測及分析過程中的運算要用到金融統計，深度學習的預測功能。

■ **分流**：本專案由於資料量不大，不用考慮分流。

二、系統分析結果（將上述專案描述用 2-1.py 程式來分析）

分析項目	需求		說明
AI 專案最終呈現方式	APP		
AI 開發時使用系統	Android ／ IOS ／ MS		
AI 運算法	科學離散		
資料庫分類	公司內部資料		
資料分流配置	本地運算	系統端資料庫	
內部（中央及運算端）資料數量	0-10,000 筆		
外部（網路爬蟲）資料數量	0-50,000 筆		
SA（系統分析）結果	(1) 建議系統：Python + Flask + SQL System + JSON/SQL Data crawling ＋ HTML Plotly, Dash/Flask 2.0/OS + JSON Data mining		這是標準的封閉 AI 專案的系統配置，幾乎科學研究的專案都使用類似系統配置
	(2) 演算法：Scientific-Discrete-Type-Random		基因的突變分析，屬不定序不規則的不連續資料分析，故使用離散隨機分析
	(3) 資料串流：Local-to-Web 根據內部運算資料量計算分析，資料串流與資料庫之配置如下：本地資料庫＋本地運算＋應用程式中央管理＋分時分流＋資料庫異地備援		本地或爬蟲後進行機器端運算，結果顯示到 Web 或 APP
	(4) 資料分流：資料量計算分析，中央資料庫＋爬蟲資料運算後備份至雲端＋爬蟲資料即時分流＋資料庫異地備援		5 萬每日新增資料由外部遠端資料庫控管。並在中央與遠端之間架設資訊安全防駭系統。

三、把上述系統分析結果畫成圖

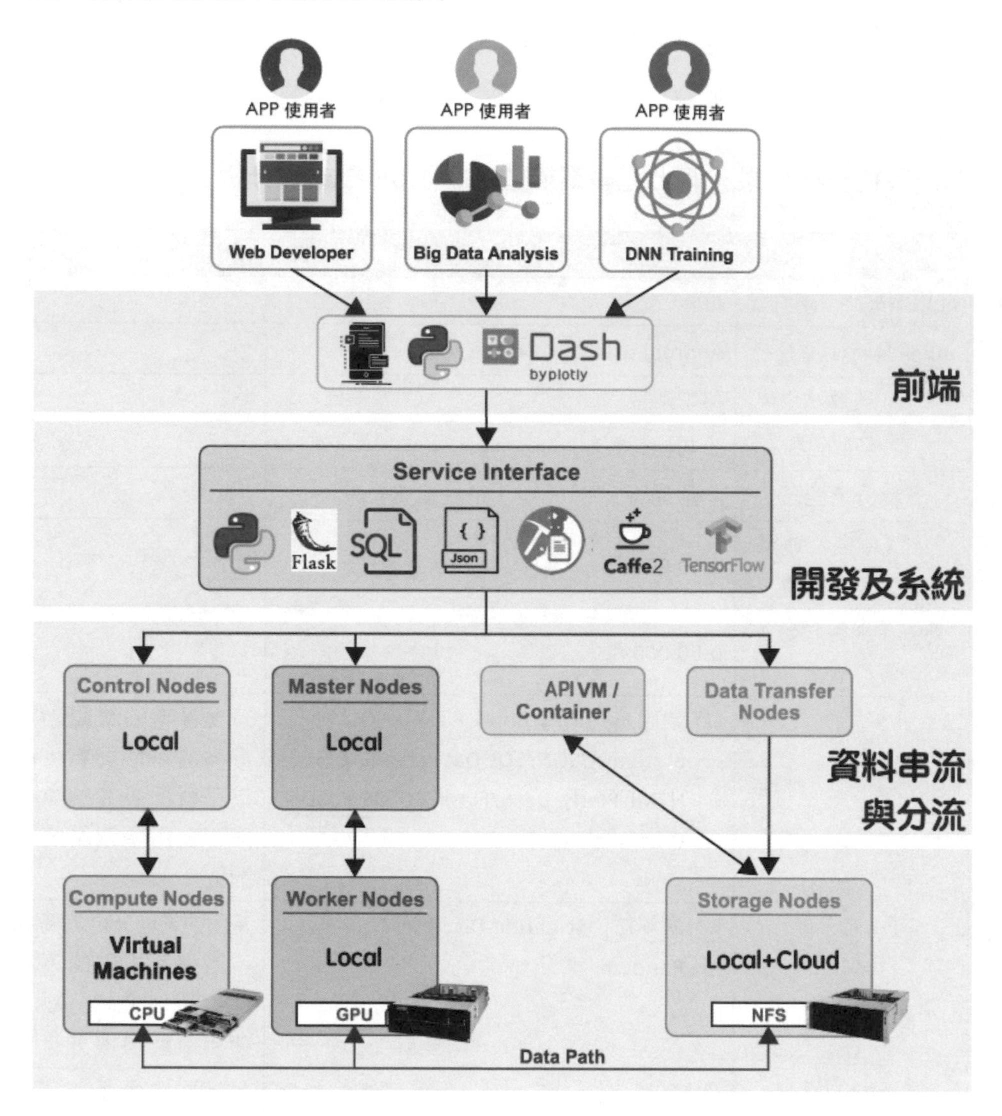

四、說明

由使用者在前端（Dash）發出請求→經由資料庫及應用程式→送到各個工作站→將工作站產生的資料或運算結果進行分流→再送到中央資料庫或雲端資料庫。

以「手機生產線資料來進行深度學習」為例

一、專案描述

這個專案也是高度機密的內部人員使用的 AI 程式，想像一個 iPhone 手機組裝生線，每日產量 5 － 10 萬支，生產線上有 20 個資料收集點，現在的生產良率是 97%，希望經由 AI 程式來計算失誤出現的地方並提前預防，並提昇良率到 99.5%；且公司總部要能即時看到 AI 分析結果，公司主管不論在飛機上或在 Hotel 只要打開手機或筆電都可即時掌握 AI 運算的結果。

- **系統**：為了和過去已安裝的大型 ERP 系統相容，使用 Command Line 方式執行 AI 系統。AI 開發人員散居全球各地（台灣總部、中國工廠及美國顧問公司）故系統使用涵蓋三者：Android ／ IOS ／ MS。
- **運算**：由於預測生產線品質不良發生，本專案有二個層次的運算，邊緣運算使用 CNN 大數據資料運算之類神經演算法，但最終報表產生使用數學統計。
- **使用者**：使用者是經由執行程式（Command Line）分享 AI 運算結果，因要與原系統（ERP）相容。
- **資料庫**：機器端即生產線取得之數據資料是封閉式，而運算後之資料由各地工廠及公司企業總部共同使用及儲存；充分運用中央及分散二者資料庫的特點。
- **分流**：本專案由於資料量大且即時更新；機器端資料用於邊緣運算，運算結果合併即時更新之資料並送回中央總部進行報表生成及分析；故資料分流量少，可集中使用單一雲端資料庫存放邊緣運算資料。

二、系統分析結果（將上述專案描述用 2-1.py 程式來分析）

<table>
<tr><th>分析項目</th><th colspan="2">需求</th><th>說明</th></tr>
<tr><td>AI 專案最終呈現方式</td><td colspan="2">Command Line</td><td>（系統端執行或 .exe）</td></tr>
<tr><td>AI 開發時使用系統</td><td colspan="2">Android ／ IOS ／ MS</td><td></td></tr>
<tr><td>AI 運算法</td><td colspan="2">機器學習＋深度學習＋智慧製造</td><td>例如：生產品管預測及經驗累積等未來事件運算等大數據資料運算</td></tr>
<tr><td>資料庫分類</td><td colspan="2">半開放式</td><td>邊緣資料庫由工廠端儲存；運算結果由中央管理</td></tr>
<tr><td>資料分流配置</td><td>本地運算</td><td>系統端資料庫</td><td></td></tr>
<tr><td>內部（中央及運算端）資料數量</td><td colspan="2">5,000-10,000 筆</td><td></td></tr>
<tr><td>外部（網路爬蟲）資料數量</td><td colspan="2">50,00 － 100,000 筆</td><td>中央集中管理及分享數量</td></tr>
<tr><td rowspan="4">SA（系統分析）結果</td><td colspan="2">(1) 建議系統：Python + Flask + SQL System + JSON/SQL Data crawling ＋ HTML Plotly, Dash/Flask 2.0/OS + JSON Data mining</td><td>標準 AI 專案的系統配置</td></tr>
<tr><td colspan="2">(2) 演算法：AI-Manufacturing</td><td>智慧製造之 AI-Manufacturing 包含 CNN，線性及對數迴歸等演算法</td></tr>
<tr><td colspan="2">(3) 資料串流：Global-Edge-Computing</td><td>雲端資料庫＋邊緣運算並即時滙流至本地及雲端備份＋應用程式中央管理＋分時分流＋資料庫二處異地備援</td></tr>
<tr><td colspan="2">(4) 資料分流：資料量計算分析，中央資料庫＋爬蟲資料運算後備份至雲端＋爬蟲資料即時分流＋資料庫異地備援</td><td>10 萬每日新增資料由外部遠端資料庫控管。並在中央與遠端之間架設資訊安全防駭系統。</td></tr>
</table>

三、把上述系統分析結果畫成圖

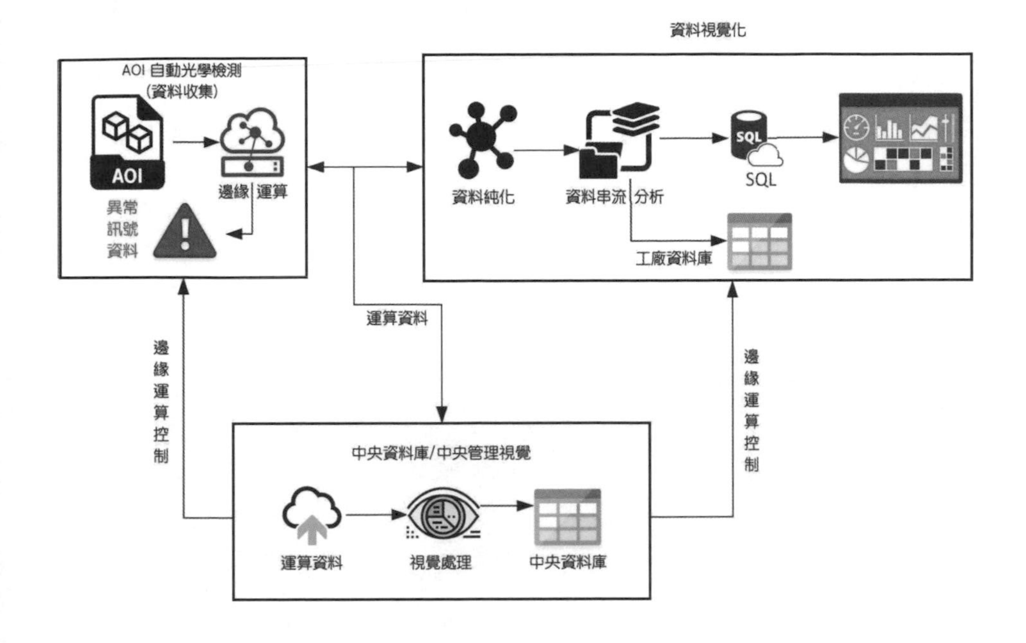

四、說明

由前端（生產線上的檢測設備）或前端邊緣運算的結果發出請求訊號→經由資料庫應用程式整理成報表送到中央資料庫→將 AI 運算出來的改良建議回送到前端設備中，進行微調設備或提出警訊→如此成為一個迴路式的循環。

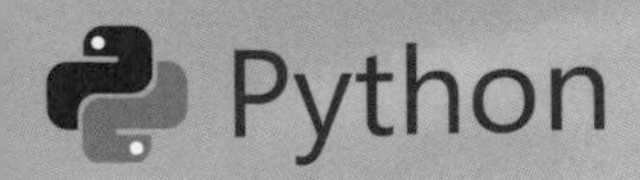

03 CHAPTER

3 天：AI 專案基本功－三部曲完成專案

要如何開始一個 AI 專案？

例如：當老闆或客戶交給你一堆經濟數字（各國平均數字、人均 GDP 及人口成長…等）；要求你整理成一個畫面豐富，並且要有互動功能的監視系統，要時時自動更新，可以自由選取資料範圍自由放大縮小等等互動功能，要如何進行呢？

例如，每天有許許多多的財經資訊，對一個投資人是很繁雜的工作，要從數十個資訊平台得到資訊；是否可以用一個程式一次將所有資訊從各個資訊平台即時的顯示出來。

- **專案描述**：這是一個大型跨國電子商務公司的市場部內部專案，公司要針對全球不同國家的制定不同的產品組合策略，故每月要針對最新經濟數據來調整策略，並且要預測未來五年的各國經濟狀況來進行新產品開發；公司要建立一個程式（或系統）來執行這個工作。如果你是專案成員中的 AI 工程師，建議以下方式完成專案。
- **資料處理**：取得各資訊平台的經濟數據（人口、壽命、人均 GDP 等），可以用網路爬蟲取得即時資料；也可註冊一些經濟平台（如世界銀行或美國經濟研究機構取得定期資料，來進行分析及運算。
- **運算要求**：經濟數據的運算，如果要做預測或新知識的建立，就要使用人工智慧的運算（深度學習），要加入 Keras 或 TensorFlow 等工具。
- **視覺化要求**：本專案要以互動模式來顯示，要經由網路顯示讓各國行銷人員自由取用資料，要加入時間序列刻畫來進行即時的比較研究。

接下來用二個專案例子來教你一步一步演練如何完成人工智慧專案。

3-1 封閉性系統專案：熟悉各種不同的開發平台

快速建置一個巨量資料的經濟分析系統（程式：3-1.ipynb）

1. 以 Python 為開發系統，用 Anaconda 開發平台中的 Jupter Notebook 為編輯工具。

2. 使用最直觀的 seaborn 進行視覺化，在 Python 中進行二維經濟數據比對及圖形繪製：

(1) 建立引人入勝的圖表非常重要，賞心悅目的圖形能讓數據重要的細節更容易被挖掘，有利於呈現出分析的結果。

(2) Matplotlib 是高度定製的程式庫，但使用上有些複雜，所以我們加入 Seaborn，Seaborn 是帶著定製靈活及高級界面控制的 Matplotlib 擴展程式包，可以讓繪圖變得輕鬆。

3. 本程式重點是 sns.pairplot，學習使用 sns.PairGrids 自定義繪圖的功能。

4. **程式說明**：（環境：Anaconda，編輯器：Jupter notebook 為檔名：3-1.ipynb）

(1) 引各項要用到的 Package：

- Pandas，NumPy：AI 運算要用到的資料庫。
- Matplotlib：繪圖程式庫。
- seaborn：本程式要用到矩陣分析，是目前最強的經濟分析工具。

```
import pandas as pd                # 使用 Pandas 及 numpy $ 進行資料庫處理
import numpy as np

import matplotlib.pyplot as plt          # 使用 matplotlib 繪圖功能
import matplotlib
matplotlib.rcParams['font.size'] = 12    # 設定繪圖時文字大小
import seaborn as sns   # 使用 Seaborn 做圖形陣列 (pairplots)

sns.set_context('talk', font_scale=0.6) # 設置顯示比例尺度：全體一致性的放大
或縮小
                                        # 選項：'paper','notebook','tal
k','poster', 不影響整體樣式。預設值 notebook
```

(2) WDDataCH-5y.csv：資料取自世銀公開資料庫，欄位說明如下：

- Country：國家
- Continent：大洲名，如亞洲、歐洲、美洲、非洲、大洋洲
- Year：年份 1950-2032，從世界銀行建立資料開始，到 2020 年是實際資料，2021-2032 年是用 AI 運算預測

- life_expendency：the life expectancy at birth，即一般稱平均壽命。
- pop：population（人口數）以每年六月底為計算日。
- gdp_per_cap：人均生產毛額，一般經濟分析當作為年收入；實為每人每年能產生的經濟性質之能力。

```
df = pd.read_csv('WBDataCH-5y.csv')    # 開啟世銀資料庫
df.head()
```

	Unnamed: 0	country	continent	year	lifeExp	pop	gdpPercap	Two_Letter_Country_Code	iso_alpha	iso_num
0	0	Afghanistan阿富汗	Asia	1950	29.22	8221506	728	AF	AFG	4
1	5	Afghanistan阿富汗	Asia	1955	30.02	8949669	794	AF	AFG	4
2	10	Afghanistan阿富汗	Asia	1960	31.33	9856623	840	AF	AFG	4
3	15	Afghanistan阿富汗	Asia	1965	33.21	11029613	843	AF	AFG	4
4	20	Afghanistan阿富汗	Asia	1970	35.26	12462862	778	AF	AFG	4

(3) 進行統計基本運算：使用 describe 指令進行基本統計分析，資料量（count）、mean（平均數）、std（標準差）、min（最小值）、25%（即 25% 位值）、50%()、75%()、max（最大值 100%）。

```
df.describe()
```

	Unnamed: 0	year	lifeExp	pop	gdpPercap	iso_num
count	2431.00000	2431.000000	2431.000000	2.431000e+03	2431.000000	2431.000000
mean	5933.00000	1990.000000	62.780169	3.568627e+07	9164.858494	427.223776
std	3426.99388	24.499937	13.358208	1.263355e+08	13458.524724	247.710019
min	0.00000	1950.000000	29.170000	1.617000e+03	202.000000	4.000000
25%	2967.50000	1970.000000	52.040000	3.165952e+06	1321.000000	208.000000
50%	5933.00000	1990.000000	65.700000	8.439140e+06	3949.000000	410.000000
75%	8898.50000	2010.000000	73.695000	2.469935e+07	10496.000000	642.000000
max	11866.00000	2030.000000	88.150000	1.503642e+09	111467.000000	894.000000

(4) 接下來使用散點矩陣（pairplot）進行兩個變量之間的關係分析：用矩陣式對比，來顯示四項資料（年度、壽命、人口、人均 GDP）的相關性。本例使用散點矩陣（pairplot），可看出兩個變量之間的關係，進行分析趨勢。

```
sns.pairplot(df);
```

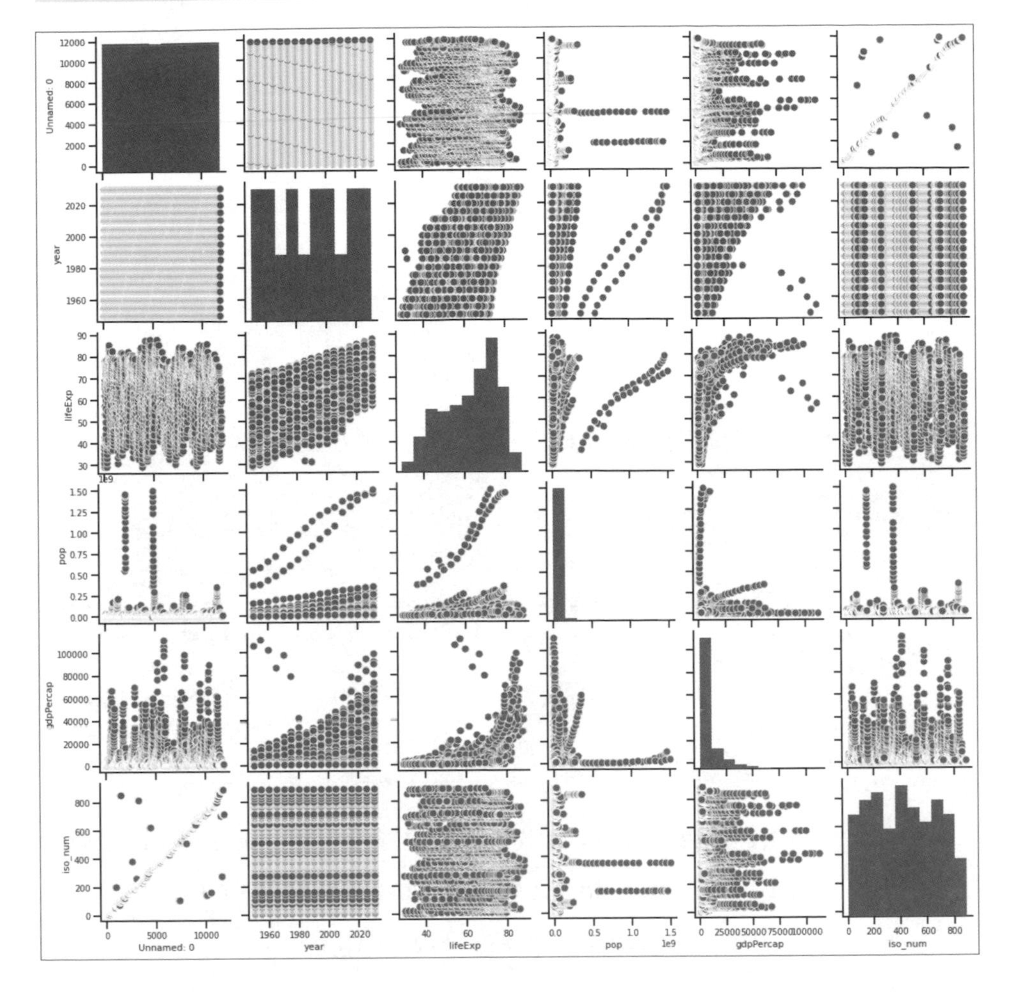

A. 用 seaborn 視覺程式庫在 Python 中進行繪製分析。學習如何創建配對圖，以及如何自定義視覺功能以便更深入的觀察數據變化。

B. pairplot 可建立在兩個基本圖形（直方圖和散點圖），對角線上的直方圖顯示出單個變量的分佈，而上下三角形上的 pairplot 顯示兩個變量之間的關係。例如，第二行中最左邊的圖表顯示 life_exp 與年份的關係。

C. pairplot 提供有價值的視覺觀察：如人均預期壽命和人均 GDP 是正相關的，說明高收入國家的人們似乎更長壽。

D. 而預測後，發現未來（2021-2032）全世界的壽命會隨著時間的推移而增加。

E. 為了清楚顯示未來（2021-2032）這些變量，在統計上使用對數來進行轉換：

- 進行對數運算。

```
df['log_pop'] = np.log10(df['pop'])
df['log_gdp_per_cap'] = np.log10(df['gdpPercap'])

df = df.drop(columns = ['pop', 'gdpPercap'])
```

- 進行對數運算後結果：

```
df.head(5)
```

	Unnamed: 0	country	continent	year	lifeExp	Two_Letter_Country_Code	iso_alpha	iso_num	log_pop	log_gdp_per_cap
0	0	Afghanistan阿富汗	Asia	1950	29.22	AF	AFG	4	6.914951	2.862131
1	5	Afghanistan阿富汗	Asia	1955	30.02	AF	AFG	4	6.951807	2.899821
2	10	Afghanistan阿富汗	Asia	1960	31.33	AF	AFG	4	6.993728	2.924279
3	15	Afghanistan阿富汗	Asia	1965	33.21	AF	AFG	4	7.042560	2.925828
4	20	Afghanistan阿富汗	Asia	1970	35.26	AF	AFG	4	7.095618	2.890980

- pairplot 顯示結果：修改各子圖之顯示參數 Plot_kws：設定圖中小圓圖的細節，alpha（透明度，0-1 之間數字，0.5 即半透明，s（大小），edgecolor（框色）:k/w）。如下圖：

```
matplotlib.rcParams['font.size'] = 20
sns.pairplot(df, hue = 'continent');  # 以 Continent 為主顯示標題，右方標示亦
以 hue 的設定為顯示項目
```

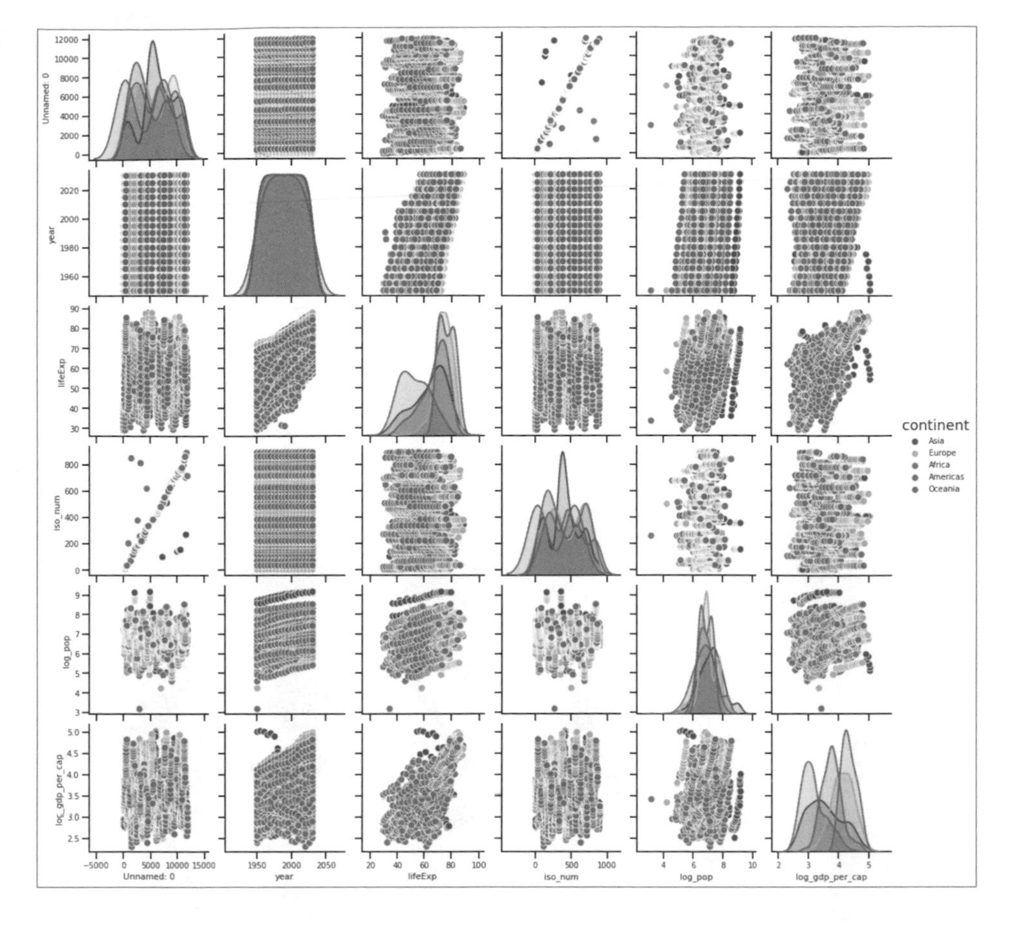

(5) 分析上圖：

A. 可進一步觀察圖中大洋洲和歐洲的人均預期壽命最高，亞洲人口最多。

B. 可以改用疊加的直方圖，在對角線上方向，對觀察趨勢會更易於理解。

C. 可以改用密度圖顯示多個不同類別的變量分佈。

D. 可進一步設定矩陣散點圖（pairplot），強化大圖視覺效果以下說明：

- Size：設定圖形比，一般設為 4（以電腦顯示最大寬為極限）
- diag_kind：子圖 subplots 顯示方式，可設 auto/hist/kde/None

- 預設值啟動必須先設定主標題 "hue"
- auto：依系統值，以本例為 kde
- hist：基準圖為堆疊圖
- kde：曲線圖
- none：不顯示
- 對角線方向上的密度圖（下圖所示）比堆積條更容易比較各大洲之間的分布。改變 scatter 的透明度可提高可讀性，因數字有相當多的重疊處。結果如下：

```
sns.pairplot(df, hue = 'continent');  # 以 Continent 為主顯示標題，右方標示亦以 hue 的設定為顯示項目
sns.pairplot(df,hue='continent',diag_kind='kde',plot_kws={'alpha':
0.3,'s':200,'edgecolor':'k'},height=4);
```

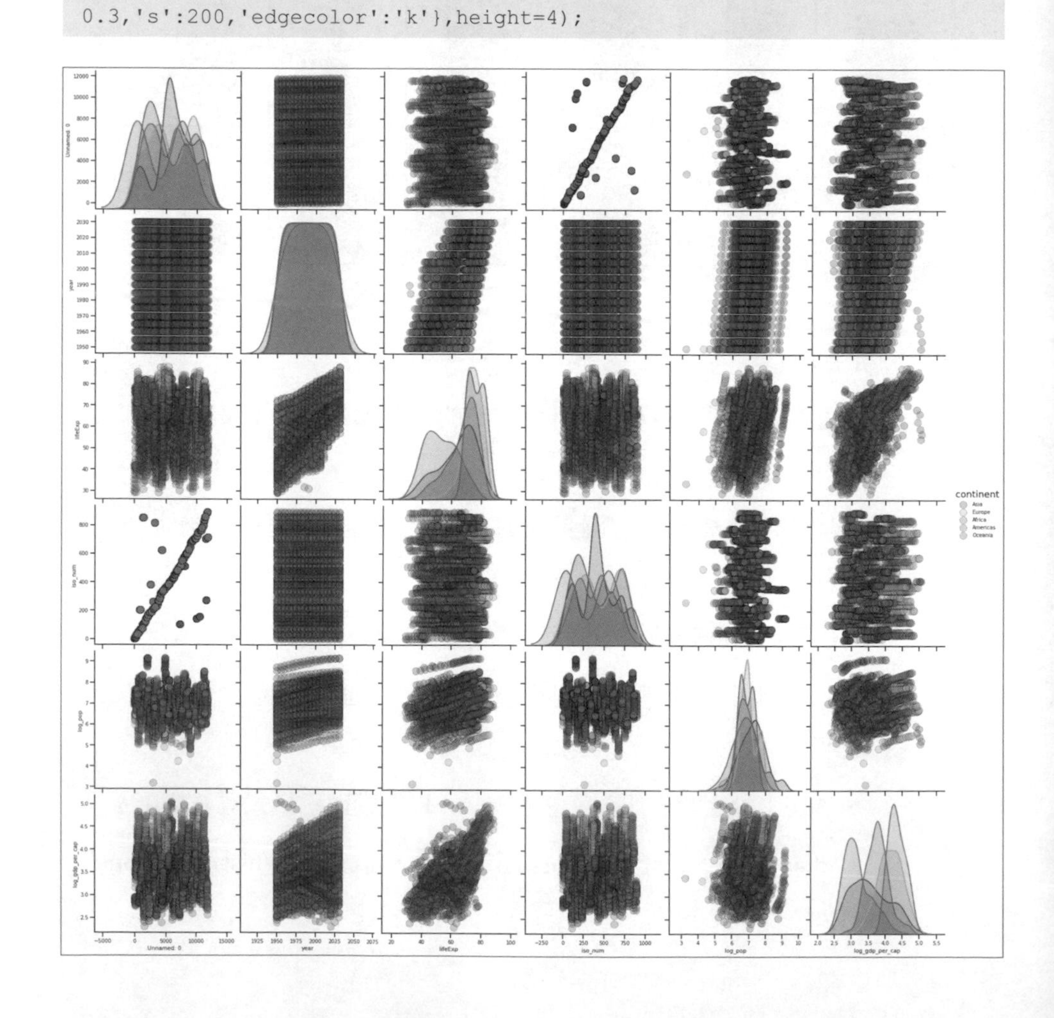

(6) 為了減少數據混亂，縮小範圍只觀察 2000 年後（2000-2032）的資料，減少為三項資料（傳遞 vars 函數），只有壽命、人口對數值、GDP 對數值，三項資料進行矩陣比對 vars = ['life_exp', 'log_pop', 'log_gdp_per_cap']。另外添加標題（最後一行）。

```
sns.pairplot(df[df['year'] >= 2000],
        vars = ['lifeExp', 'log_pop', 'log_gdp_per_cap'],
        hue = 'continent', diag_kind = 'kde',
        plot_kws = {'alpha': 0.6, 's': 80, 'edgecolor': 'k'},
        height = 4);

plt.suptitle('Pair Plot of Socioeconomic Data for 2000-2032',size = 28);
```

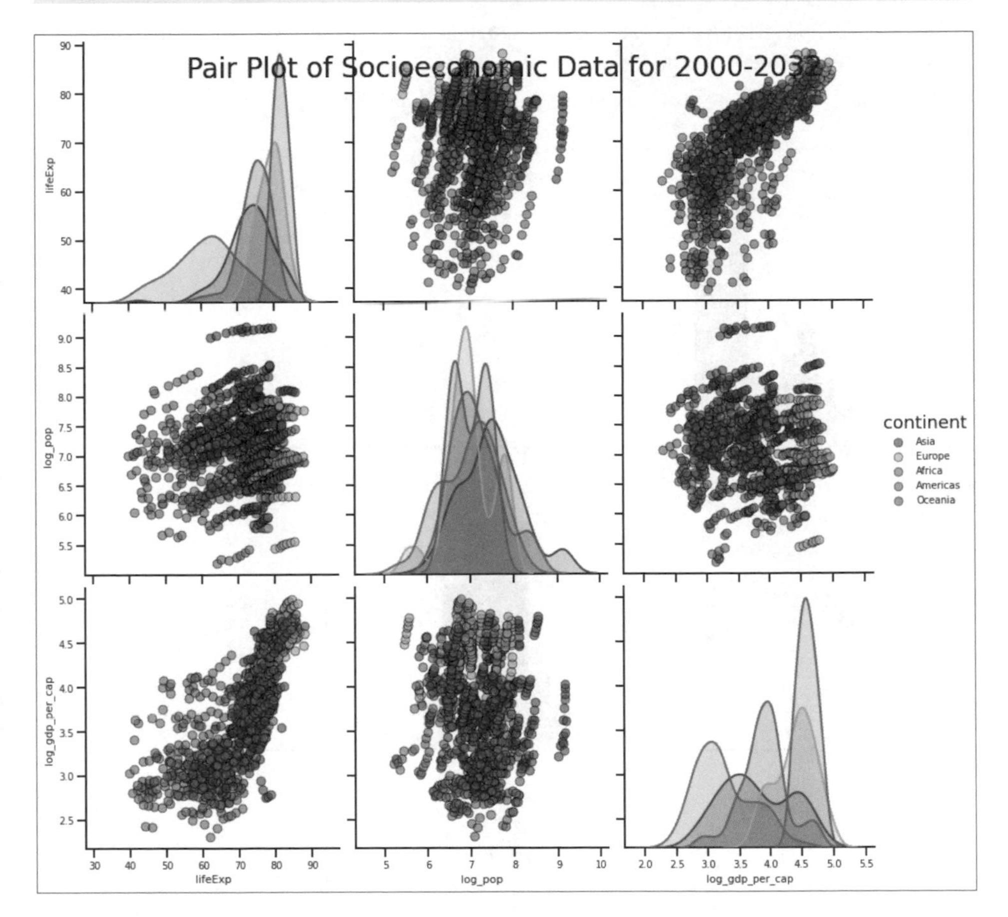

(7) 深入學習 PairGrid 建模方式：若想進一步分析 log_gdp_per_cap 與 life_exp 是否正相關，可以創建一個線性模型來量化關係分析。原理如下：

- 使用 PairGrid 類進行自定義散點圖矩陣。與 sns.pairplot 函數不同，sns.PairGrid 是一個類，它不會自動填入資料。
- 產生一個空白圖，設定好網格框架（上三角形、下三角形和對角線）。
- 用單個陣列（對角線僅示出了一個變量），如下圖例子 plt.hist 我們用來填寫下面的對角線部分。
- 在下三角形中使用 2-D（密度圖）的核密度值。

```
grid = sns.PairGrid(data= df[df['year'] == 2020],
            vars = ['lifeExp', 'log_pop',
            'log_gdp_per_cap'], height = 4)
# 將直方圖 (hist) 填入下對角線成 ( 共三個圖 )
grid = grid.map_diag(plt.hist, bins = 10, color = 'darkred', edgecolor = 'k')
# 將密度圖填入下三角形成 ( 共三個圖 )
grid = grid.map_lower(sns.kdeplot, cmap = 'Reds')
```

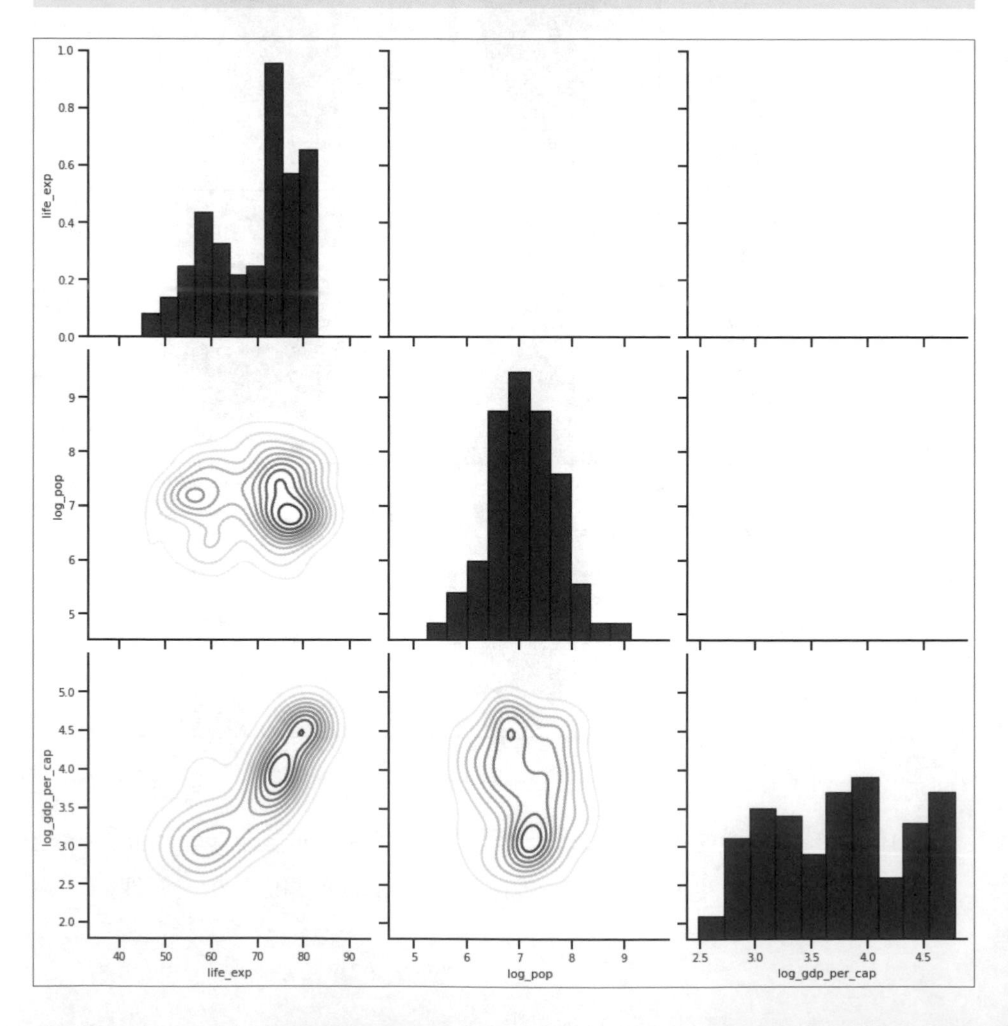

(8) 使用 PairGrid 類創建自定義函數。例如，將兩個變量之間的 Pearson 相關係數添加到散點圖中。編寫一個函數（corr）：使用兩個數組、計算統計量（Pearson 相關係數），並繪出圖放在上三角形位置：

```
# 創建函數：Pearson 相關性分析
def corr(x, y, **kwargs):

    # 定義相關係數
    coef = np.corrcoef(x, y)[0][1]
    # 子圖標籤
    label = r'$\rho$ = ' + str(round(coef, 2))
    ax = plt.gca()
    ax.annotate(label, xy = (0.2, 0.95), size = 20, xycoords = ax.transAxes)

# 產生比對數據
# 創建 PairGrid 類型（class）：以 2020 年為基準，選用壽命，人口對數，GDP 對數三個數列進行矩陣比對（共產生 9 個圖）每個子圖高為 4
grid = sns.PairGrid(data= df[df['year'] == 2020],
            vars = ['lifeExp', 'log_pop', 'log_gdp_per_cap'], height = 4)

# 圖點位置
grid = grid.map_upper(plt.scatter, color = 'darkred')
grid = grid.map_upper(corr)
grid = grid.map_lower(sns.kdeplot, cmap = 'Reds')
grid = grid.map_diag(plt.hist, bins = 10, edgecolor =  'k', color =
'darkred');
grid = sns.PairGrid(data= df[df['year'] == 2020],
            vars = ['lifeExp', 'log_pop', 'log_gdp_per_cap'], height = 4)
# 繪出圖形
grid = grid.map_upper(plt.scatter, color = 'darkred')
grid = grid.map_upper(corr)
grid = grid.map_lower(sns.kdeplot, cmap = 'Reds')
grid = grid.map_diag(summary);

# 自訂函數 summary: 將對角線換成基本統計數據
def summary(x, **kwargs):
    # 將資料進行轉換成 pandas series
    x = pd.Series(x)
    # 基本統計運算
    label = x.describe()[['mean', 'std', 'min', '50%', 'max']]
    # 將資料轉成整數以便顯示
    label = label.round()
    ax = plt.gca()
    ax.set_axis_off()
```

```
# 創建子圖（以 2020 年為基準）
grid = sns.PairGrid(data= df[df['year'] == 2020],
            vars = ['lifeExp', 'log_pop', 'log_gdp_per_cap'], height = 4)
# 繪出圖形
grid = grid.map_upper(plt.scatter, color = 'darkred')
grid = grid.map_upper(corr)
grid = grid.map_lower(sns.kdeplot, cmap = 'Reds')
grid = grid.map_diag(summary);
grid = grid.map_upper(corr)
grid = grid.map_lower(sns.kdeplot, cmap = 'Reds')
grid = grid.map_diag(summary);
```

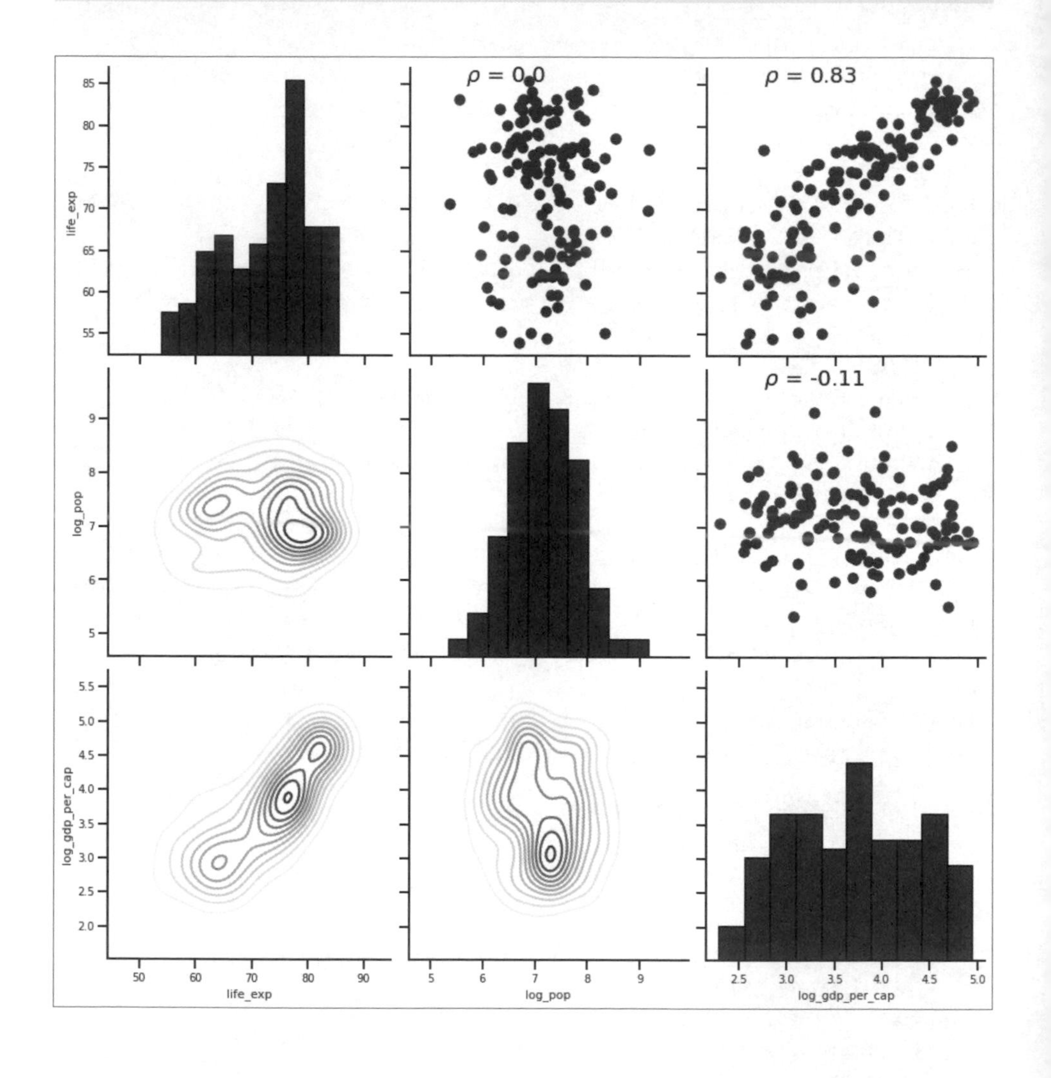

(9) 接下來，可任意修改圖中內容，例如將對角線三個圖，改成統計運算結果：

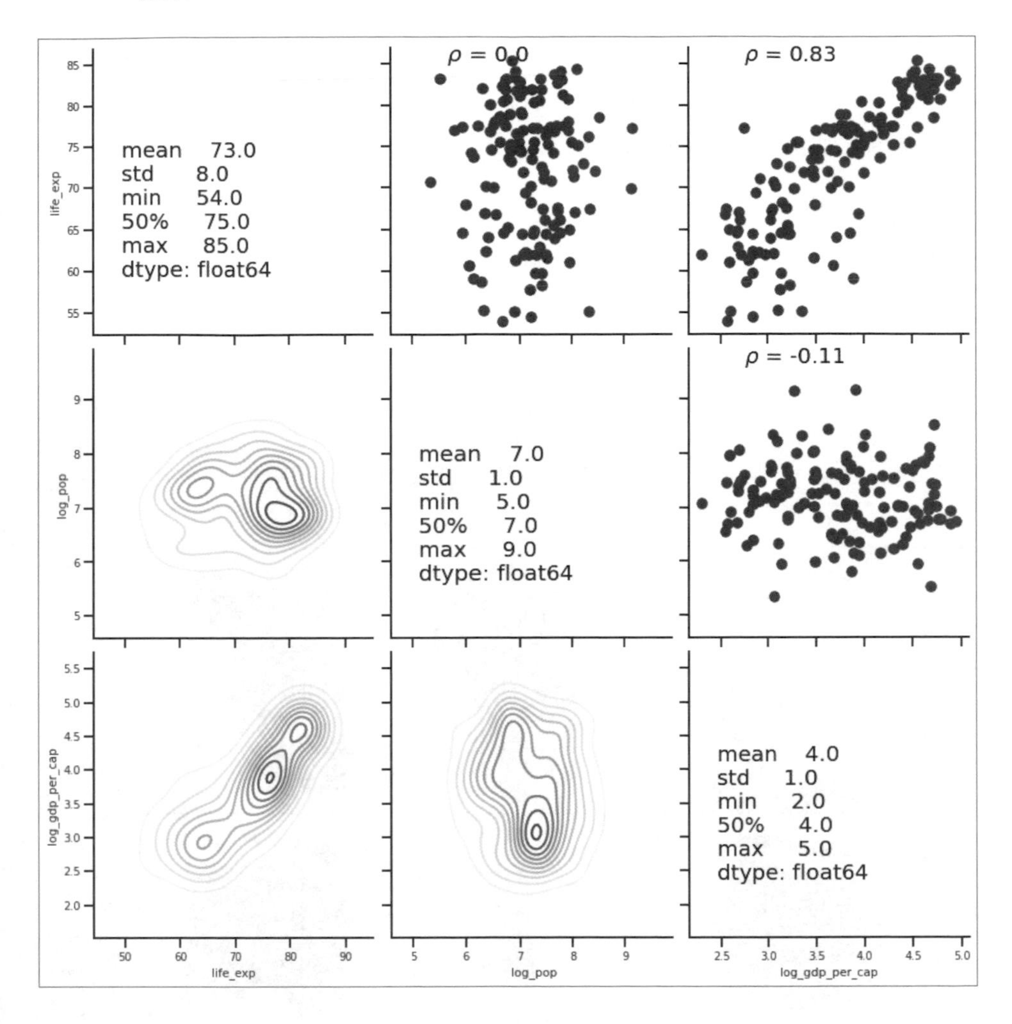

(10) 結論：

A. 用自訂函數計算後再映射到上三角形，例如用兩個數列來計算相關係數，可以將任何函數映射到圖中。

B. 進一步思考：除了使用庫中的任何現有功能（例如 matplotlib 將數據映射到圖上）之外，還可以編寫自己的函數來顯示自定義資訊。

C. 散點圖矩陣（pairplot）是快速探索數據集中的分佈和關係的強大工具。Seaborn 提供了一個簡單方法，可以通過 Pair Grid 類來定制和擴展散點圖矩陣。

D. 在數據分析，pairplot 主要價值不在機器學習，而在數據視覺並同時提供全面的數據分析。

練習 1：調整散點矩陣（pairplot）之散點大小（s:160），散點邊框顏色（edgecolor:'r'）及子圖對比大小（height=4）。

程式如下：

```
sns.pairplot(df, hue = 'continent', diag_kind = 'kde', vars = ['lifeExp',
'log_pop', 'log_gdp_per_cap'],
   plot_kws = {'alpha': 0.5, 's': 160, 'edgecolor': 'r'}, height = 4);
```

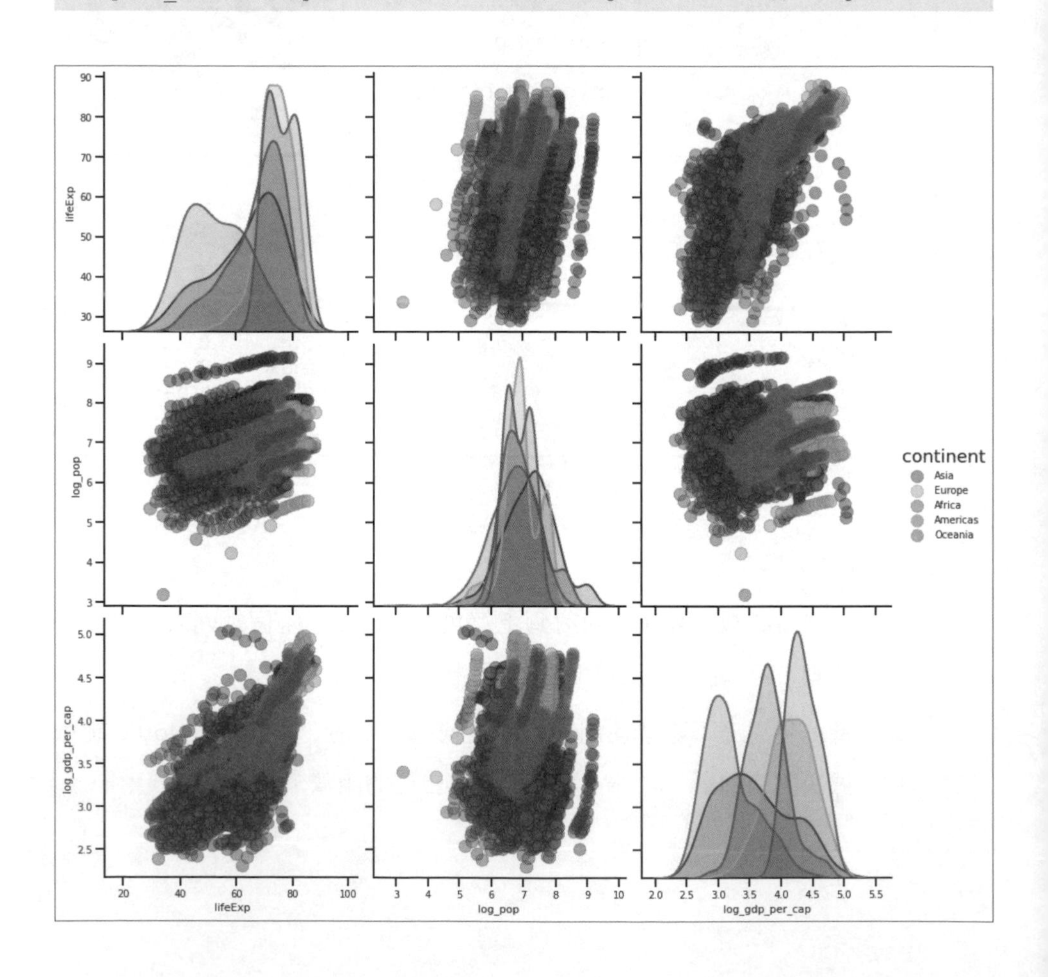

練習 2：利用調整散點矩陣（pairplot）及世界銀行資料庫（WBData1.csv），繪出 2030 年後，全球五大洲之壽命、人口、GDP 之矩陣對比圖。

程式如下：

```
sns.pairplot(df[df['year'] >= 2030], vars = ['lifeExp', 'log_pop', 'log_
gdp_per_cap'],
        hue = 'continent', diag_kind = 'kde', plot_kws = {'alpha': 0.6,
's': 80, 'edgecolor': 'k'}, height = 4);
plt.suptitle('Pair Plot of Socioeconomic Data for 2030-2032', size =
12);
```

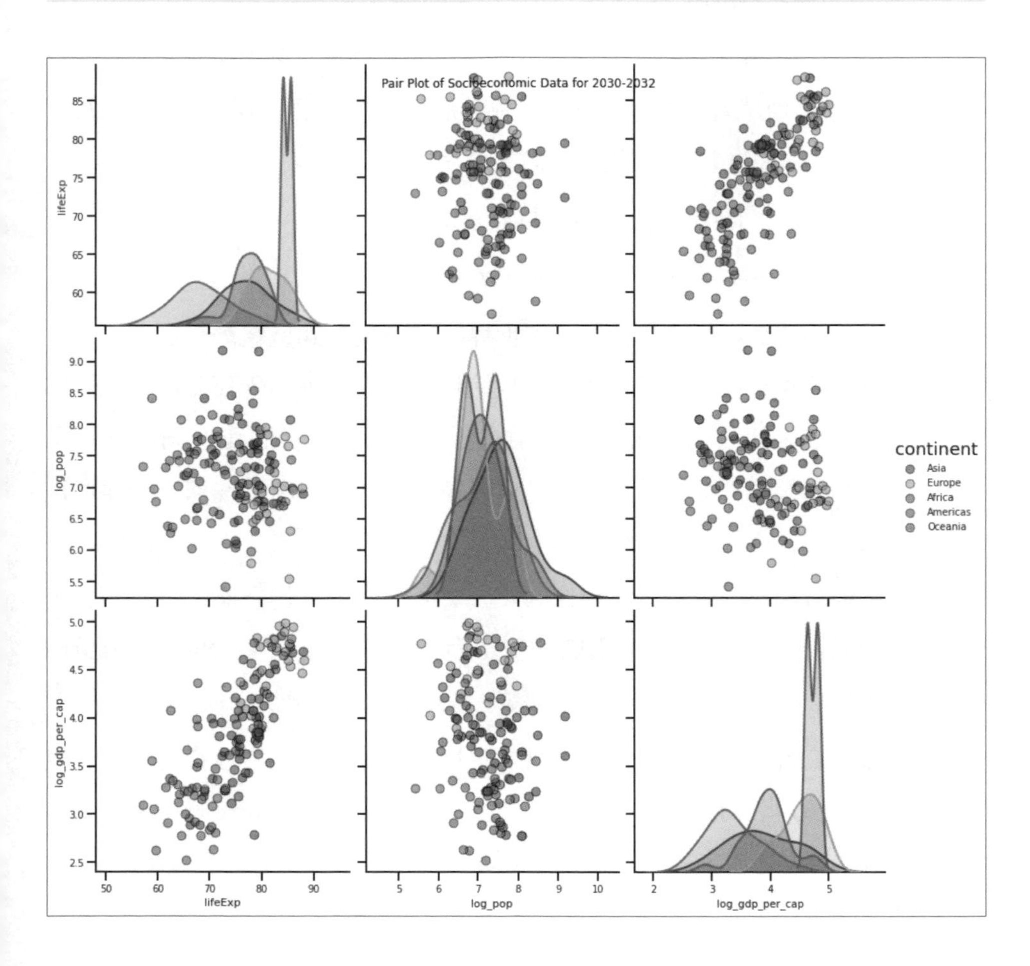

3-2 開放性系統專案：自己建立程序

快速建置一個互動式並具有高級的視覺直觀的巨量資料分析系統（程式名：3-2.py）：

1. 以 Python 為開發系統，用 Visual Studio Code 為編輯工具；完成編輯後，直接用終端機（即 MicroSoft Windows 下的命令列）進行程式編譯，完成後直接在瀏覽器上執行。故本程式是無地域使用限制的，可在全球各地直接使用瀏覽器器使用。

2. 本專案使用的經濟資料主要來自世界銀行的資料庫及華爾街時報經濟資料庫；為了方便讀者，先行將資料下載並進行資料純化，排除無效資料後，最後整理成 CSV 檔，免費提供給讀者使用。

3. 而預測部分（2021 年以後）採用的統計方式如下：

   (1) 預測人口資料採用線性迴歸來運算。

   (2) GDP 預測資料是非線性的，因世界銀行分類方式是經濟分類方式，而每個分類有複雜的經濟背景，故使用對數迴歸來進行預測運算；例如拉美加勒比海國家的 GDP 長期在零成長附近上下移動，同時非洲受援助國家因戰亂卻是負成長，這種多元數據無法用慣性理論來進行預測；所以將全球國家進行 26 種分類。

   (3) 平均壽命預測資料是非線性的（因壽命不會一直隨醫療進步而無止盡增加），故採用羅吉斯對數分析；而人工智慧運算採 CNN/Centralized 演算法，本書專注專案完成步驟，在此不討論演算法細節。

   (4) 環保資料（如二氧化碳排放量、平均等）等科學技術性資料，主要取自 WHO 世界衛生組織；而人工智慧運算採 RNN/Notes 演算法，本書專注專案完成步驟，在此不討論演算法細節。

   (5) 經濟資料各項目來源及說明如下：

經濟指標（Economics Indicators）	資料來源
Agriculture, value added (% of GDP) 農林生產淨值比	WHO
CO2 emissions (metric tons per capita) 二氧化碳排放量（人均噸）	WHO
Domestic credit provided by financial sector (% of GDP) 銀行業提供的國內信貸（佔 GDP 的百分比）	World Bank
Electric power consumption (kWh per capita) 電力消耗（人均千瓦時）	GNPC
Energy use (kg of oil equivalent per capita) 能源消耗（人均油當量公斤）	GNPC
Exports of goods and services (% of GDP) 商品和服務出口（佔 GDP 百分比）	World Bank
Total Fertility Rate (TFR) 生育率	WHO
GDP growth (annual %) GDP 年增長率	World Bank
GNI per capita, PPP (current international $)- 人均 GNI 購買力平價（當前國際美元）	World Bank
Gross enrollment ratio, primary, both sexes (%) 男女小學總入學率	UN
Gross enrolment ratio, secondary, both sexes (%) 男女中學總入學率	UN
High-technology exports (%of manufactured exports)- 高科技出口（佔製成品出口的百分比）	World Bank
Imports of goods and services (% of GDP) - 商品和服務進口（GDP 的佔比）	World Bank
Income share held by lowest 20%- 收入最低 20%	World Bank
Industry, value added (% of GDP) - 工業產值（GDP 佔比）	World Bank
Inflation, GDP deflator (annual %)- 通貨膨脹國內生產總值平減指數（年百分比）	World Bank
Internet users (per 100 people) - 網路使用者（每百人中人數）	WSJ
Life expectancy at birth, total (years) 平均壽命	WHO
Military expenditure (% of GDP) - 軍事支出（GDP 佔比）	GNPC
Mobile cellular subscriptions (per 100 people)- 手機使用人數（每 100 人中人數）	IDC
Net lending (+)/net borrowing (-)(%of GDP) - 淨貸款 / 淨借貸（GDP 佔比）	World Bank
Population density (people per sq. km of land area) - 人口密度（每平方公里人數）	World Bank
Prevalence of HIV,total (%of population ages 15-49) - 艾滋病毒感染率（15-49 歲百分比）	WHO
Revenue, excluding grants (% of GDP) - 收入不包括贈款（佔 GDP 的百分比）	World Bank

經濟指標（Economics Indicators）	資料來源
Services,etc., value added (%of GDP) - 服務等增加值（GDP 佔比）	WSJ
Tax revenue (%of GDP) - 稅收（佔 GDP 的百分比）	WSJ
Time required to start a business (days) - 開業所需時間（天）	World Bank

4. 程式總覽（3-2.py）：

執行結果：

(1) GDP 成長率及平均壽命的相關分析：按世銀自 1950 年統計，各國平均壽命逐年增加，估計到 2030 年，全球平均壽命達 80 歲以上，主要原因除了醫療進步及戰亂減少以外，也因環境保護意識強化，環境污染逐年改善。這些趨勢可以從完整圖表中看出；以下是程式顯示的結果。

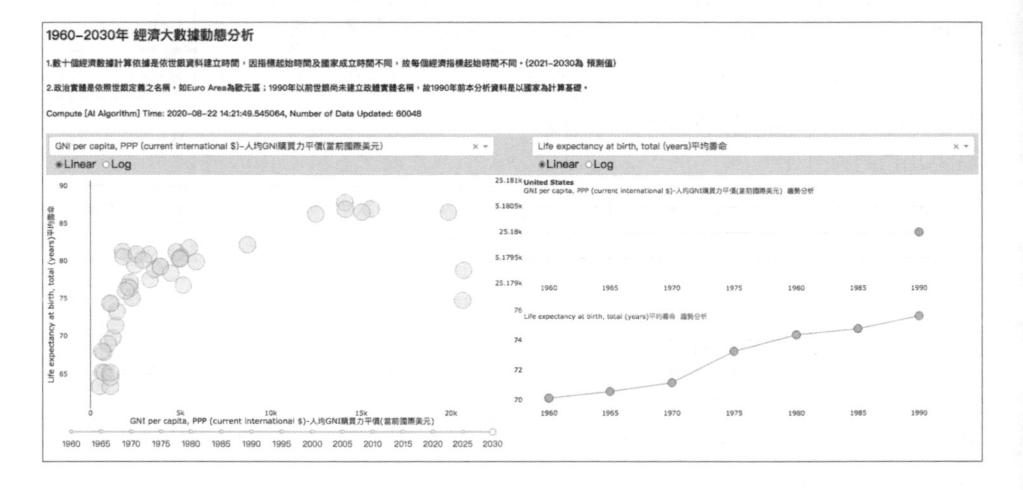

(2) GNI 與平均壽命的相關分析：GNI per capita, PPP (current international $)- 人均 GNI 購買力平價，是不連續且無法用線性迴歸進行預測的經濟指標，所以進行分析時，建議使用 LOG 重塑線圖。

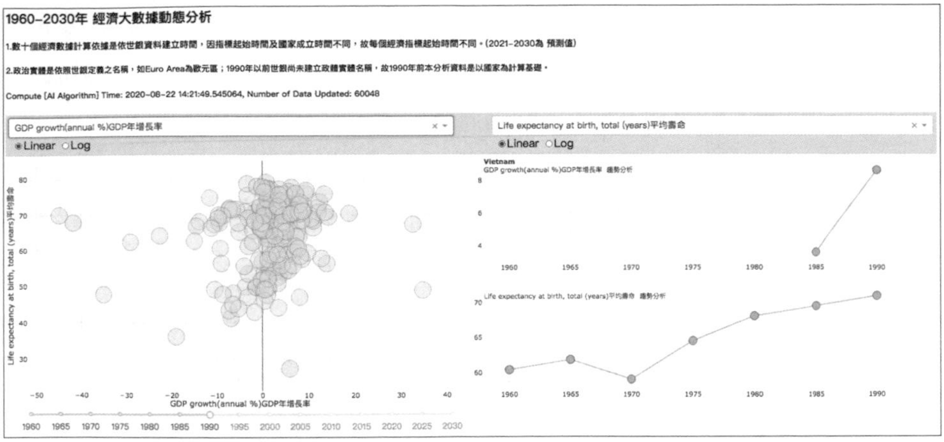

```
# 左半邊：
# 建立下拉式選單 (Dropdown)，選項來自資料庫中的經濟指標，共 27 項。
# 而以生育率做為初始值。
# 建立圓圖選單 (RadioItem) - 根據資料特性及大數據資料量，採 Linear - Log 對數迴歸分析

html.Div([
     dcc.Dropdown(
     id='crossfilter-xaxis-column',
     options=[{'label': i, 'value': i} for i in available_indicators],
     # 引入經濟指標
     # 下拉式選單的初始值
     value='GDP growth(annual %)GDP 年增長率',
     #Multi=True, # 本例為經濟指標的分析，故不使用這個設定
     ),
     dcc.RadioItems(
     id='crossfilter-xaxis-type',
     options=[{'label': i, 'value': i} for i in ['Linear', 'Log']],
     value='Linear',              # 初始值
     labelStyle={
     'display': 'inline-block', # 選項水平排列
     'margin-right': '7px',     # 按鈕大小
     'font-size': '20px',       # 字大小
     'font-color':'purple',     # 字顏色
     'font-weight': 300,        # 字強化
     },
     style={
     'display': 'inline-block',
     'margin-left': '7px'
     }
)
style={'width': '48%','display': 'inline-block'}), # 左半邊的畫面調整
```

(3) 局部放大說明：上方：下拉式選單及統計計算（Linear、Log），當使用者選取 Linear 即將圖表立即改成線性迴歸運算；而當使用者選取 Log 即將圖表立即改成羅吉斯回歸運算。

Linear Regression 線性迴歸運算，是用最佳化線性迴歸來建立應變數 Y 和一個（或多個）自變數 X 間的關係，並可以此線性迴歸方程式，使用給定自變數 X 的值來預測依變數 Y 值。統計學的描述是線性迴歸方程式的建立則是使用最小平方法 Least Sqaures Method 來找尋 X 和 Y 之間的關係與趨勢。Linear Regression 線性迴歸方程式：$Y=\beta1+\beta2*X+\varepsilon$。

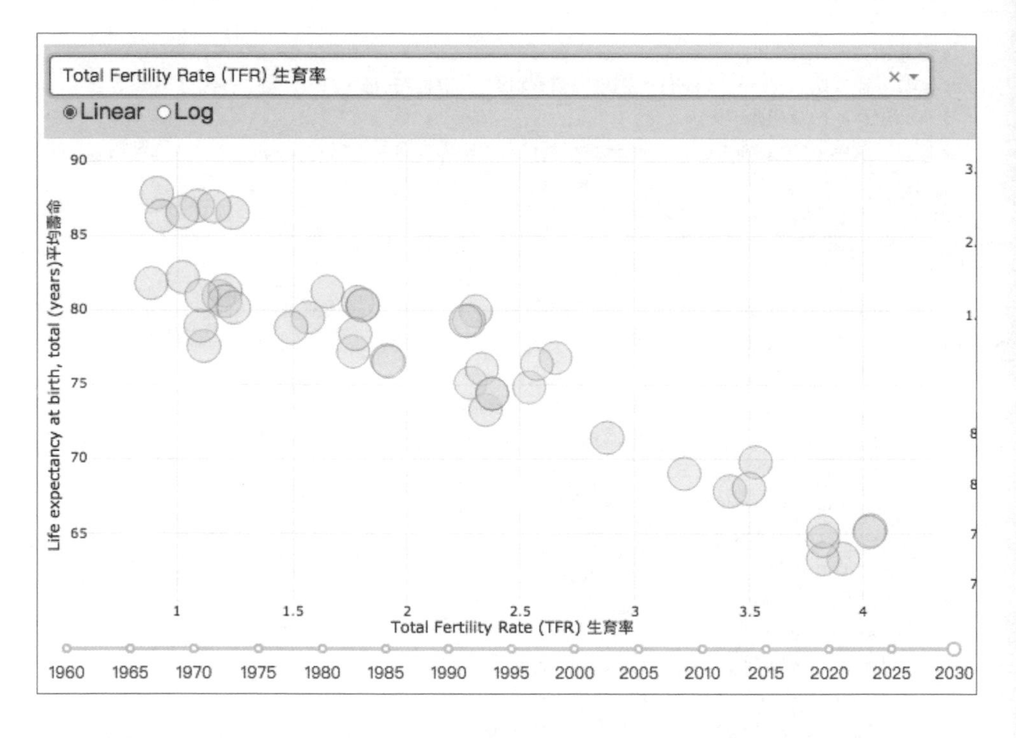

線性迴歸模型是用來預測連續型變數，而羅吉斯迴歸則是用來預測類別型變數。

羅吉斯迴歸和線性迴歸模型類似，不過預測類別目標變數是經過 log 函數轉換才重新放入線性模型中。羅吉斯迴歸方程式將類別目標變數轉換為 log odds 值，來預測 Z 與預測變數間 (X1~Xn) 的線性關係。羅吉斯迴歸目標，主要是做二分類。羅吉斯迴歸方程式：

若目標變數為二元變數，則適用羅吉斯迴歸；線性迴歸模型是用來預測連續型變數，而羅吉斯迴歸則是用來預測類別型變數。

羅吉斯迴歸和線性迴歸模型類似，只不過預測類別目標變數是經過 log 函數轉換才投入線性模型中的。羅吉斯迴歸方程式將類別目標變數轉換為事件的 log odds 值，也就是 [Math ProcessingError]，來預測 Z 與預測變數間 (X1~Xn) 的線性關係。羅吉斯迴歸方程式：

$$P(y=1|x)=\pi(x)=\frac{1}{1+e^{-g(x)}}$$

在此先簡單說明一下程式作法，詳細程式會在專章時介紹：

- Sigmoid 函數，即 f(x)=1/(1+ex)。是神經元的非線性作用函數。廣泛應用在人工智慧的神經網路（CNN/RNN）相關的深度學習中。

```
# 圖形產生器：
#1. 右上圖之初始值為 United States
#2. 調整書面為佔全畫面 48%
#3. 逐點畫出

html.Div([
    dcc.Graph(
    id='crossfilter-indicator-scatter',
    hoverData={'points': [{'customdata': 'United States'}]}
                                            # 初始值為 United States
    )
], style={'width': '48%', 'display': 'inline-block', 'padding': '0 20'}),

html.Div([
    dcc.Graph(id='x-time-series'),
    dcc.Graph(id='y-time-series'),
], style={'display': 'inline-block', 'width': '48%'}),
```

- 神經網路（CNN/RNN）的學習是根據一組最初樣本進行的，它包括輸入和輸出（先用期望輸出表示），輸入和輸出有多少個數量就有多少個輸入和輸出神經元與之對應。起始神經網路的權值（Weight）和閾值（Threshold，是令對象發生變化所需的條件值）是任意給定的，學習就是

逐漸調整權值和閾值使得網絡的實際輸出和期望輸出一致。以本例的程式運行，約運算 600 次可得到一個輸出，一個經濟指標約 3000 筆資料，約 1,800,000 次，實際測試約 0.16 秒完成。

```
# 滑動軸：可點選年份，並由互動區程式立即更新所有圖形
html.Div(dcc.Slider(
        id='crossfilter-year-slider',
        min=df['Year'].min(),                    # 滑動軸最小值
        max=df['Year'].max(),                    # 滑動軸最大值
        value=df['Year'].max(),                  # 以該指標的最大值為初始值
        step=None,
        marks={str(year): str(year) for year in df['Year'].unique()}
                                                 # 滑動軸的標示資料（年份）
    ), style={'width': '98%', 'padding': '0px 20px 20px 20px'} # 畫面調整
),
    html.Hr(),                                   # 調整畫面：畫分隔線
```

- 在不斷的調整權值和閾值後，會得到一個近似線性的直線，也許只是一個區間的直線也沒有關係，在經濟學等社會科學上及大部分的自然科學上（醫學除外，因醫學分析精準度要達 99% 以上）是足夠的。
- 在本例中 27 個經濟指標預測中，x 的取值範圍始終在前後 5 年之間，利用 sigmoid 函數，我們就可以得到一個帶有一定斜率的線性輸出結果（即預測值）。

```
互動控制（針對左半邊）：下拉式選單及按鈕選項產生改變時，立即重新整理圖形
@app.callback(
    dash.dependencies.Output('crossfilter-indicator-scatter', 'figure'),
    [dash.dependencies.Input('crossfilter-xaxis-column', 'value'),
     dash.dependencies.Input('crossfilter-yaxis-column', 'value'),
     dash.dependencies.Input('crossfilter-xaxis-type', 'value'),
     dash.dependencies.Input('crossfilter-yaxis-type', 'value'),
     dash.dependencies.Input('crossfilter-year-slider', 'value')])
```

```
# 自訂函數－互動控制（針對左半邊）：根據使用者對指標的更改，重新畫出左邊散點圖
def update_graph(xaxis_column_name, yaxis_column_name,
            xaxis_type, yaxis_type,
            year_value):
    dff = df[df['Year'] == year_value]
```

```
    # 以下是回傳最後結果給圖形產生器 (return)：
    #1. 散點的值
    #2. 散點大小
    #3. Linear/Log 的最新選擇並重新運算

    return {
        'data': [go.Scatter(
            x=dff[dff['Indicator'] == xaxis_column_name]['Value'],
            y=dff[dff['Indicator'] == yaxis_column_name]['Value'],
            text=dff[dff['Indicator'] == yaxis_column_name]
['PoliticalEntity'],
            customdata=dff[dff['Indicator'] == yaxis_column_name]
['PoliticalEntity'],
            mode='markers',
            # 設定圓形小圖的規格，大小 :30, 透明度 :50% 即半透明，圓圖外框為 0.5 線寬框
色為紅色
            marker={
                'size': 30,
                'opacity': 0.5,
                'color': 'rgb(255,204,203)',
                'line': {'width': 1, 'color': 'red'}})],

        'layout': go.Layout(
            xaxis={
                'title': xaxis_column_name,
                'type': 'linear' if xaxis_type == 'Linear' else 'log'
            },
            yaxis={
                'title': yaxis_column_name,
                'type': 'linear' if yaxis_type == 'Linear' else 'log'
            },
            margin={'l': 40, 'b': 30, 't': 10, 'r': 0},
            height=450,
            hovermode='closest')}
```

■ **左半邊散點圖**：當滑鼠移動散點處，即同步出現相關標示資料。

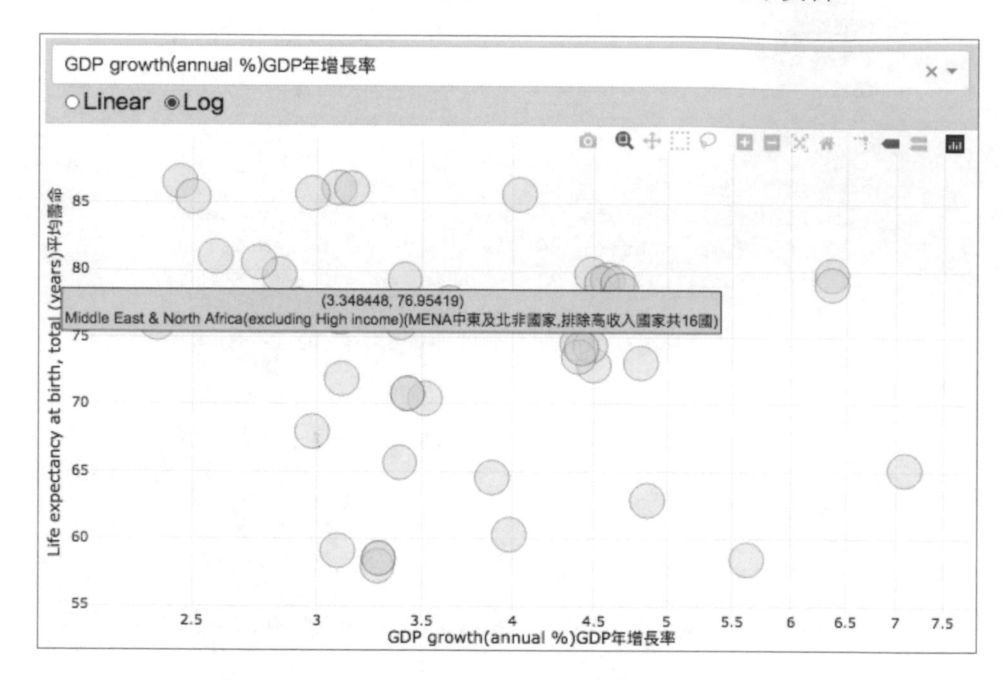


```
# 自訂函數一互動控制（針對左半邊）：創建圖形對象的函數
def create_time_series(dff, axis_type, title):
    return {
        'data': [go.Scatter(
            x=dff['Year'],
            y=dff['Value'],
            mode='lines+markers',
            # 設定圓形小圖的規格，大小：30，透明度：50% 即半透明，圓圖外框為 0.5 線寬，
框色為藍色
            marker={
                'size': 15,
                'opacity': 1,
                'color': 'rgb(122, 213, 230)',
                'line': {'width': 1, 'color': 'red'}})],
        'layout': {
            'height': 225,
            'margin': {'l': 50, 'b': 30, 'r': 10, 't': 10},
            'annotations': [{
                'x': 0, 'y': 0.85, 'xanchor': 'left', 'yanchor': 'bottom',
                'xref': 'paper', 'yref': 'paper', 'showarrow': False,
                'align': 'left', 'bgcolor': 'rgba(255, 255, 255, 0.5)',
                'text': title+'  趨勢分析 '}],
            'yaxis': {'type': 'linear' if axis_type == 'Linear' else 'log'},
            'xaxis': {'showgrid': True}}}
```

■ **右半邊曲線圖**：當滑鼠移動散點處，即同步出現相關標示資料。

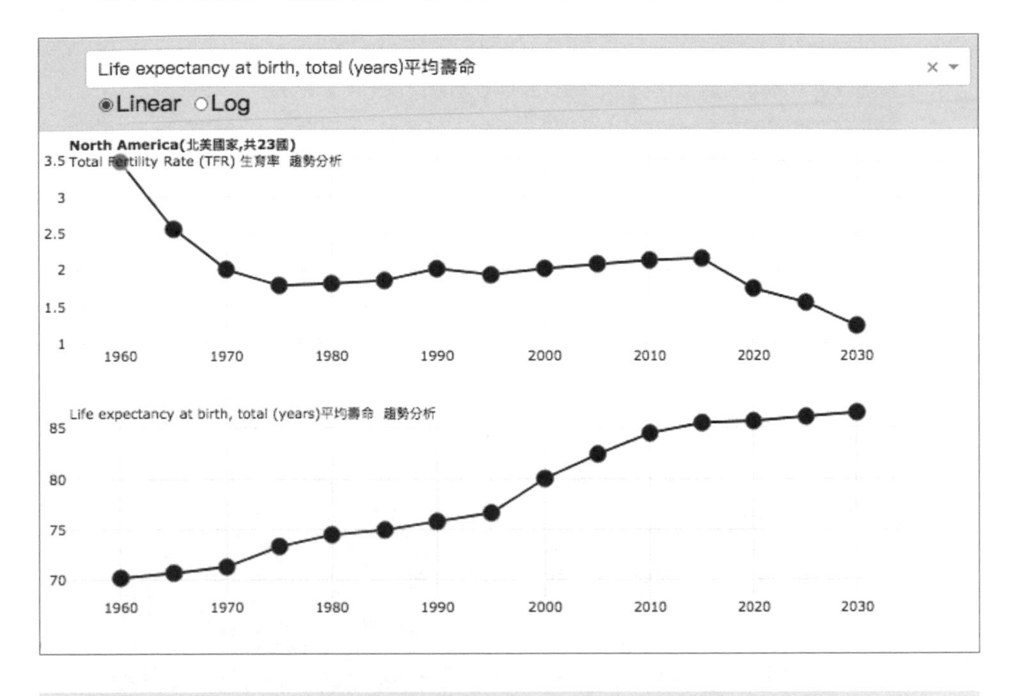


```
# 互動控制（針對右半邊上半）：當滑鼠移動到圖中白動產生標示數據
@app.callback(
   dash.dependencies.Output('x-time-series', 'figure'),
   [dash.dependencies.Input('crossfilter-indicator-scatter', 'hoverData'),
    dash.dependencies.Input('crossfilter-xaxis-column', 'value'),
    dash.dependencies.Input('crossfilter-xaxis-type', 'value')])

# 當滑鼠移動到任意點時，顯示項目、類型或圖形會更改
def update_y_timeseries(hoverData, xaxis_column_name, axis_type):
   country_name = hoverData['points'][0]['customdata']
   dff = df[df['PoliticalEntity'] == country_name]
   dff = dff[dff['Indicator'] == xaxis_column_name]
   title = '<b>{}</b><br>{}'.format(country_name, xaxis_column_name)
   return create_time_series(dff, axis_type, title)     'yaxis': {'type':
'linear' if axis_type == 'Linear' else 'log'},
          'xaxis': {'showgrid': True}
       }
   }
```

```
 # 互動控制（針對右半邊下半）：當滑鼠移動到圖中自動產生標示數據
@app.callback(
    dash.dependencies.Output('y-time-series', 'figure'),
    [dash.dependencies.Input('crossfilter-indicator-scatter', 'hoverData'),
     dash.dependencies.Input('crossfilter-yaxis-column', 'value'),
     dash.dependencies.Input('crossfilter-yaxis-type', 'value')])

# 當滑鼠移動到任意點時，顯示項目，類型或圖形會更改
def update_x_timeseries(hoverData, yaxis_column_name, axis_type):
    dff = df[df['PoliticalEntity'] == hoverData['points'][0]
['customdata']]
    dff = dff[dff['Indicator'] == yaxis_column_name]
    return create_time_series(dff, axis_type, yaxis_column_name)

# 備用欄設定：本例不顯示
def generate_talbe(dataframe, max_rows=4):
    return html.Table(
        # Header
        [html.Tr([html.Th(col) for col in dataframe.columns])] +
        # Body
        [html.Tr([
        html.Td(dataframe.iloc[i][col]) for col in dataframe.columns
        ]) for i in range(min(len(dataframe), max_rows))]
        )

# 程式完成宣告－即本網頁結束，8050 可改為 8010 或其他虛擬位址
if __name__ == '__main__':
    app.run_server(port=8050)
```

■ **下方滑動軸**：點選滑動軸的年份，可自動更新上方所有圖形資料。

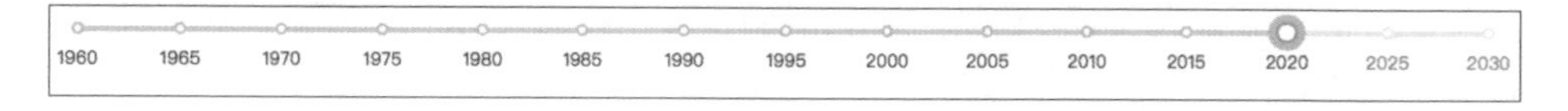

(1) 程式細節：

A. 宣告及引入程式庫：

B. 執行成功（終端機畫面）：

- 使用 Python 最新 dash Package，三個宣告（dash/core/html）缺一不可。
- 引用 plotly.graph_objs 作為繪圖工具。

- 資料處理使用 Pandas。
- 使用日期時間程式庫 datatime：因要使用到微秒（千分之一秒）故不使用 time。

```
import dash
import dash_core_components as dcc
import dash_html_components as html
import dash_daq as daq

import plotly.graph_objs as go

import pandas as pd
import datetime          # 日期時間程式庫引用，用於：datetime.datetime.now()
```

C. 資料庫：

```
#1. 資料準備區：讀取資料並準備好經濟指標
app = dash.Dash()                    # 宣告 Dash

df = pd.read_csv("WBIndexCH.csv")
# 為了方便使用，作者將檔案自世銀下載。資料庫已完成資料純化及並在開啟時進行 AI 運算。
# 取出經濟指標名稱做為搜尋工具。
available_indicators = df['Indicator'].unique()
```

- WBData2.csv 是一完整經濟分析資料庫，具體 27 個經濟指標及世界銀行定義的 60 個經濟體（如東亞 East Asia，石油國家 ODEC 等）。

```
#2. 標題區：

html.H2(children='1960-2030 年  經濟大數據動態分析 '),
html.H4(children='1. 數十個經濟數據計算依據是依世銀資料建立時間，因指標起始時間及
國家成立時間不同，故每個經濟指標起始時間不同。(2021-2030 為 預測值 )'),
html.H5(children='2. 政治實體是依照世銀定義之名稱，如 Euro Area 為歐元區；1990 年
以前世銀尚未建立政體實體名稱，故 1990 年前本分析資料是以國家為計算基礎。'),
html.H6('Compute [AI Algorithm] Time: ' + str(datetime.datetime.
now())+', Number of Data Updated: '+str(len(df))),
html.Hr(), # 調整畫面：畫分隔線
```

D. 標題區：加入一些必要的說明。

E. 視覺化：這部分用到很多微調的工作，建議初學者先使用別人或本書範例來建立自己初始畫面，說明如下。

- Value 值是初始設定（value='GNI per capita, PPP (current international $) - 人均 GNI 購買力平價 (當前國際美元)），後面的文字是索引資料的真實內容，不可更改。
- # 井號之後的文字均說明，不影響程式運作。
- dcc 有許多選單，本程式引用下拉選單（Dropdown）及圓形按鈕（RadioItems），這二個都可使用複選（二個選項以上），本例中因要進行資料相關性分析，故用單選，如日後要使用複選功能可改為 Multi='True'。

```
# 全畫面的調整
style={
      'borderBottom': 'thin lightgrey solid',
      'backgroundColor': 'rgb(255,204,203)', # 上方橫框底色
      'padding': '5px 5px' # 調整畫面邊緣空間
}
```

F. 互動控制（左半邊）：根據下拉式選單，按鈕選單及滑動軸之更改進行重新繪

```
# 自訂函數－互動控制 ( 針對左半邊 )：創建圖形對象的函數
def create_time_series(dff, axis_type, title):
    return {
        'data': [go.Scatter(
            x=dff['Year'],
            y=dff['Value'],
            mode='lines+markers',
            # 設定圓形小圖的規格，大小：30, 透明度：50% 即半透明，圓圖外框為 0.5 線寬，
框色為藍色
            marker={
                'size': 15,
                'opacity': 1,
                'color': 'rgb(122, 213, 230)',
                'line': {'width': 1, 'color': 'red'}})],
        'layout': {
```

```
            'height': 225,
            'margin': {'l': 50, 'b': 30, 'r': 10, 't': 10},
            'annotations': [{
                'x': 0, 'y': 0.85, 'xanchor': 'left', 'yanchor': 'bottom',
                'xref': 'paper', 'yref': 'paper', 'showarrow': False,
                'align': 'left', 'bgcolor': 'rgba(255, 255, 255, 0.5)',
                'text': title+'  趨勢分析 '}],
            'yaxis': {'type': 'linear' if axis_type == 'Linear' else 'log'},
            'xaxis': {'showgrid': True}}}
```

G. 互動控制（右半邊上半）：

```
# 互動控制（針對右半邊上半）：當滑鼠移動到圖中自動產生標示數據
@app.callback(
    dash.dependencies.Output('x-time-series', 'figure'),
    [dash.dependencies.Input('crossfilter-indicator-scatter', 'hoverData'),
     dash.dependencies.Input('crossfilter-xaxis-column', 'value'),
     dash.dependencies.Input('crossfilter-xaxis-type', 'value')])

# 當滑鼠移動到任意點時，顯示項目，類型或圖形會更改
def update_y_timeseries(hoverData, xaxis_column_name, axis_type):
    country_name = hoverData['points'][0]['customdata']
    dff = df[df['PoliticalEntity'] == country_name]
    dff = dff[dff['Indicator'] == xaxis_column_name]
    title = '<b>{}</b><br>{}'.format(country_name, xaxis_column_name)
    return create_time_series(dff, axis_type, title)     'yaxis': {'type':
'linear' if axis_type == 'Linear' else 'log'},
            'xaxis': {'showgrid': True}
        }
    }
```

H. 互動控制（右半邊下半）：

```
# 右半邊：
html.Div([

# 建立下拉式選單 (Dropdown)，選項來自資料庫中的經濟指標，共 27 項。
# 而以生育率做為初始值。
# 建立圓圖選單 (RadioItem) - 根據資料特性及大數據資料量，採 Linear,Log 對數迴歸分析

dcc.Dropdown(
    id='crossfilter-yaxis-column',
```

```
    options=[{'label': i, 'value': i} for i in available_indicators], #引
入經濟指標
    value='Life expectancy at birth, total (years) 平均壽命',
                                # 下拉式選單初始值
    #Multi=True,                # 本例為經濟指標的分析，故不使用這個設定
),
# 建立按鈕選項
    dcc.RadioItems(
    id='crossfilter-yaxis-type',
    options=[{'label': i, 'value': i} for i in ['Linear', 'Log']],
    value='Linear',             # 初始值
    labelStyle={
        'display': 'inline-block',              # 選項水平排列
        'margin-right': '7px',                  # 按鈕大小
        'font-size': '20px',                    # 字大小
        'font-weight': 300},
    style={
    'display': 'inline-block',
    'margin-left': '7px'})
], style={'width': '48%', 'float': 'right', 'display': 'inline-block'})
# 右半邊的畫面調整
```

I. 執行成功（終端機畫面）

```
django-app — python 3-2.py — 80×24
(base) MacBook-Air-2:~ stevensAir$ cd django-app
(base) MacBook-Air-2:django-app stevensAir$ python 3-2.py
Dash is running on http://127.0.0.1:8050/

 Warning: This is a development server. Do not use app.run_server
 in production, use a production WSGI server like gunicorn instead.

 * Serving Flask app "3-2" (lazy loading)
 * Environment: production
   WARNING: This is a development server. Do not use it in a production deployme
nt.
   Use a production WSGI server instead.
 * Debug mode: off
 * Running on http://127.0.0.1:8050/ (Press CTRL+C to quit)
```

J. 瀏覽器畫面（http://127.0.0.1:8050/）

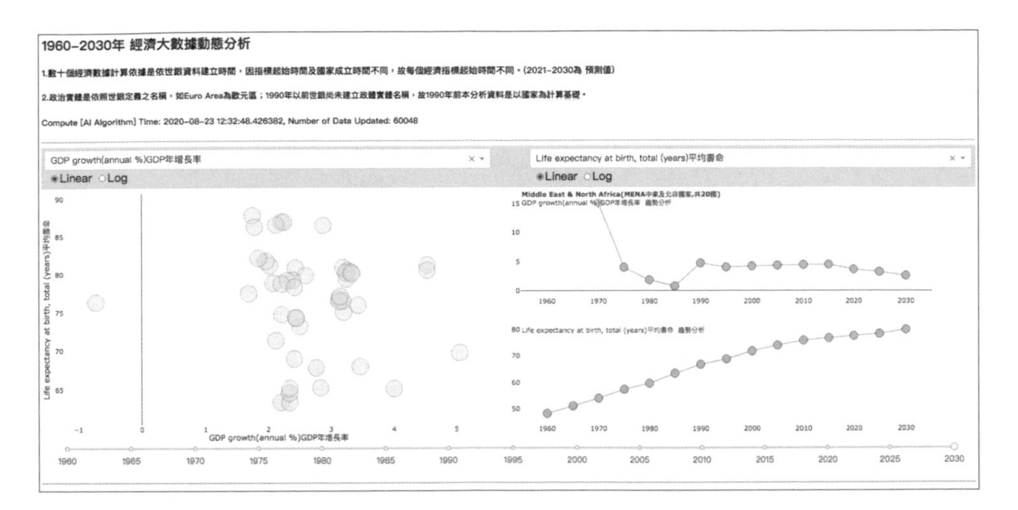

練習：根據 3-2.py 的執行結果，修改為出生率與 GDP 的相關分析。

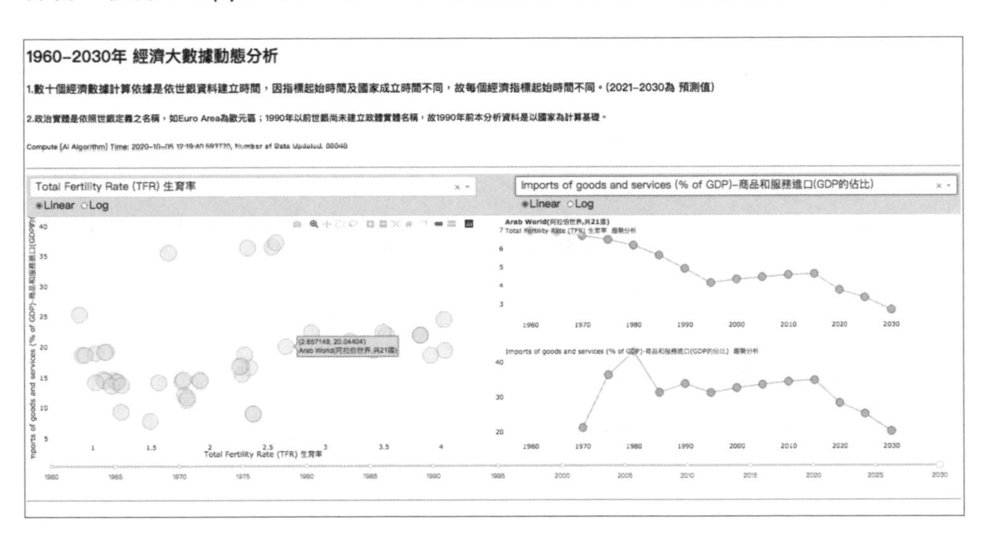

練習：根據 3-2.py 的執行結果，將 Dcc.slider（滑動軸）的初始值，改為今年的年份（如 2020 或 2021 等）。

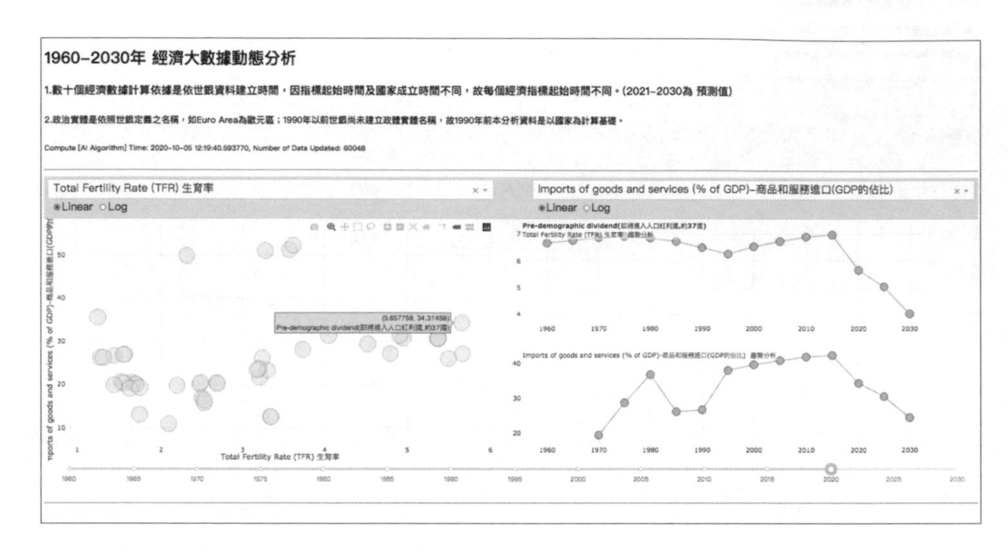

1960-2030年 經濟大數據動態分析
1.數十個經濟數據計算依據是依世銀資料建立時間，因指標起始時間及國家成立時間不同，故每個經濟指標起始時間不同。(2021-2030為 預測值)
2.政治實體是依照世銀定義之名稱，如Euro Area為歐元區；1990年以前世銀尚未建立政體實體名稱，故1990年前本分析資料是以國家為計算基礎。
Total Fertility Rate (TFR) 生育率
Linear
Log
Imports of goods and services (% of GDP)-商品和服務進口(GDP的佔比)
Total Fertility Rate (TFR) 生育率

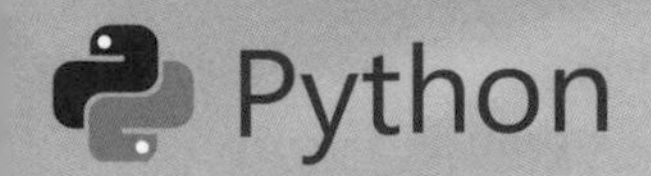

04 CHAPTER

5 天：強化資料結構基本功

使用 Python 實作資料結構和演算法的優點是什麼？ Python 並不是運行快速的軟體，就算演算法並沒有缺陷，用 Python 作實務演練仍速度不快。

在知名 AI 學者的名著：Data Structure and Algorithmic Thinking with Python（CareerMonk Publications, 2015），使用 C、Java、Python、Ruby、JavaScript 等語言用相同演算法，做出來的結果證明 Python 並非最實用的軟體。

但使用 Python 這種高階的語言，可減少因語言特性所造成語法上的錯誤；也就是說，Python 最接近人類語言的表達；一般工程師在處理語法上錯誤用掉 80% 的工作時間，常常為了找一個隱形錯誤（例如在行末少了一個逗號）浪費好幾天的時間；而重要的抽象思考及邏輯判斷上佔時間反而不多。

不過，如果你是從事資訊或工程相關工作，還是要學 C（或 C++）。

因為 Python 或 Ruby 或其他高階語言有時還是會碰到一些效率的部分（如大量重複的運算及視覺辨識等），還是要用 C（或 C++）來處理。

另外，在安裝一些高階語言的延伸模組（Pakcage/Module）時，仍是 C（或 C++）所寫的程式在幕後運作，這時候相關的 C 或 C++ 知識就會很有幫助。

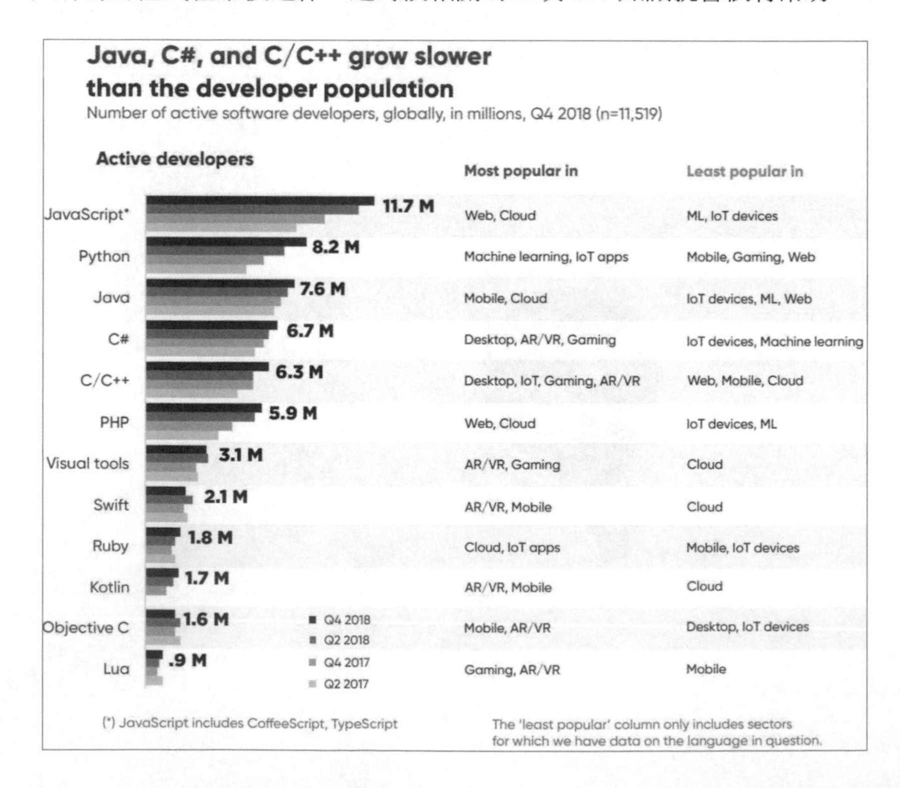

還有，像 Visual Tools、Kotlin、Swift、Go、Ruby、ObjectiveC 等新興語言（如上圖），在和其他語言合作時，仍需使用 C 作為接口。

使用 C（或 C++）寫程式需要程式設計上非常嚴格的紀律，新興語言的編譯器（complier）已大幅度的簡化這些工作，像 D 語言或 Go 語言（golang）和 Rust。

這些新興語言並不能取代 C，但會提供 C 的引用接口；所以用新興語言撰寫程式，會比直接用 C/C++ 來得容易。

接下來，用資料處理實來說明 Python 的好處並協助你系統地使用 pandas 技術。

4-1 進行 Data Science 必學的 pandas 處理技巧

```
import pandas as pd # 引用套件並縮寫為 pd
name = ["Afghanistan", "Afghanistan", "Afghanistan", "Afghanistan"]
CT=["Asia","Asia","Asia","Asia"]
yr = [1950,1951,1952,1953]
life=[29.22,29.83,29.54,29.7]
population=[8221506,8367138,8512771,8658404]
gdpPercap=[801,741,754,768]


dict = {"country": name,
        "continent": CT,
        "year":yr,
        "lifeExp":life,
        "pop":population,
        "gdpPercap":gdpPercap
       }

df = pd.DataFrame(dict)
df
```

	country	continent	year	lifeExp	pop	gdpPercap
0	Afghanistan	Asia	1950	29.22	8221506	801
1	Afghanistan	Asia	1951	29.83	8367138	741
2	Afghanistan	Asia	1952	29.54	8512771	754
3	Afghanistan	Asia	1953	29.70	8658404	768

我們而將前章用的全球經濟資料拿來，深入講解 pandas 資料庫的技巧：

一、基本資料型態

用建立一個基本資料並觀察各項資料分析（程式碼：4-1.ipynb）

二、資料描述

經過下列五種方法查看資料資訊

1. .shape
2. .describe()
3. .head()/tail()
4. .columns
5. .index/.info()

```
print("回傳列數與欄數:")
print(df.shape)
print("--------------------------------------------------------------------")

print("回傳基本描述性統計:")
print(df.describe())
print("--------------------------------------------------------------------")

print("回傳最前三筆:"),
print(df.head(3))
print("--------------------------------------------------------------------")

print("回傳最後三筆:")
print(df.tail(3))
print("--------------------------------------------------------------------")

print("回傳欄位名稱:")
print(df.columns)
print("--------------------------------------------------------------------")

print("回傳Index:")
print(df.index)
print("--------------------------------------------------------------------")

print("回傳資料內容:")
print(df.info)
print("--------------------------------------------------------------------")
```

```
回傳列數與欄數:
(4, 6)
-------------------------------------------------------------------
回傳基本描述性統計:
              year    lifeExp           pop   gdpPercap
count     4.000000   4.000000  4.000000e+00    4.000000
mean   1951.500000  29.572500  8.439955e+06  766.000000
std       1.290994   0.263233  1.880110e+05   25.806976
min    1950.000000  29.220000  8.221506e+06  741.000000
25%    1950.750000  29.460000  8.330730e+06  750.750000
50%    1951.500000  29.620000  8.439954e+06  761.000000
75%    1952.250000  29.732500  8.549179e+06  776.250000
max    1953.000000  29.830000  8.658404e+06  801.000000
-------------------------------------------------------------------
回傳最前三筆:
       country continent  year  lifeExp      pop  gdpPercap
0  Afghanistan      Asia  1950    29.22  8221506        801
1  Afghanistan      Asia  1951    29.83  8367138        741
2  Afghanistan      Asia  1952    29.54  8512771        754
-------------------------------------------------------------------
回傳最後三筆:
       country continent  year  lifeExp      pop  gdpPercap
1  Afghanistan      Asia  1951    29.83  8367138        741
2  Afghanistan      Asia  1952    29.54  8512771        754
3  Afghanistan      Asia  1953    29.70  8658404        768
-------------------------------------------------------------------
```

```
回傳欄位名稱:                                                          405.png
Index(['country', 'continent', 'year', 'lifeExp', 'pop', 'gdpPercap'], dtype='object')
-------------------------------------------------------------------
回傳Index:
RangeIndex(start=0, stop=4, step=1)
-------------------------------------------------------------------
回傳資料內容:
<bound method DataFrame.info of         country continent  year  lifeExp      pop  gdpPercap
0  Afghanistan      Asia  1950    29.22  8221506        801
1  Afghanistan      Asia  1951    29.83  8367138        741
2  Afghanistan      Asia  1952    29.54  8512771        754
3  Afghanistan      Asia  1953    29.70  8658404        768>
-------------------------------------------------------------------
```

三、資料篩選

可以透過下列方法選擇元素。

1. 中括號 [] 選擇元素：①將變數當作屬性選擇。② .loc .iloc 方法選擇。
2. Pandas 使用中括號 [] 與 .iloc 可以很靈活地從 data frame 中選擇想要的元素。
3. 指定範圍選擇資料 0:1 時不包含 1，在指定 0:2 時不包含 2。

```
print(df.iloc[0, 1]) # 第一列第二欄：組的人數
print("==================================================================")
print(df.iloc[0:1,:]) # 第一列：組的組名與人數
print("==================================================================")
print(df.iloc[:,1]) # 第二欄：各組的人數
print("==================================================================")
print(df["pop"]) # 各組的人數
print("==================================================================")
print(df.pop) # 各組的人數
print("==================================================================")
```

```
Asia
================================================================================
       country continent  year  lifeExp      pop  gdpPercap
0  Afghanistan      Asia  1950    29.22  8221506        801
================================================================================
0    Asia
1    Asia
2    Asia
3    Asia
Name: continent, dtype: object
================================================================================
0    8221506
1    8367138
2    8512771
3    8658404
Name: pop, dtype: int64
================================================================================
<bound method NDFrame.pop of        country continent  year  lifeExp      pop  gdpPercap
0  Afghanistan      Asia  1950    29.22  8221506        801
1  Afghanistan      Asia  1951    29.83  8367138        741
2  Afghanistan      Asia  1952    29.54  8512771        754
3  Afghanistan      Asia  1953    29.70  8658404        768>
================================================================================
```

4. 使用布林值篩選 - 選出平均壽命（lifeExp）超過 29.69 的資料。

```
out_df = df[df.loc[:,"lifeExp"] > 29.69]
print(out_df)
```

```
       country continent  year  lifeExp      pop  gdpPercap
1  Afghanistan      Asia  1951    29.83  8367138        741
3  Afghanistan      Asia  1953    29.70  8658404        768
```

四、資料排序

1. sort_index()：透過索引值做排序，axis 可以指定第幾欄，ascending 用於設定升冪（True）或降冪（False）。
2. sort_values()：透過指定欄位的數值排序。

五、資料純化

判斷是否為空值，可以使用下列兩種方法來判斷：

1. isnull()
2. notnull()
3. 下列程式引導您先讀取 CSV 檔案，檔案內的欄位部分會有空值，故進行資料純化。

```
df.sort_index(axis = 1, ascending = True)
```

	continent	country	gdpPercap	lifeExp	pop	year
0	Asia	Afghanistan	801	29.22	8221506	1950
1	Asia	Afghanistan	741	29.83	8367138	1951
2	Asia	Afghanistan	754	29.54	8512771	1952
3	Asia	Afghanistan	768	29.70	8658404	1953

```
df.sort_values(by = 'gdpPercap',ascending = False)
```

	country	continent	year	lifeExp	pop	gdpPercap
0	Afghanistan	Asia	1950	29.22	8221506	801
3	Afghanistan	Asia	1953	29.70	8658404	768
2	Afghanistan	Asia	1952	29.54	8512771	754
1	Afghanistan	Asia	1951	29.83	8367138	741

4. 填入空值：df=dftest1.fillna(0)，可以先看看資料中的空值數量，再決定如何進行資料純化。

```
# 讀取 CSV File
import pandas as pd                                          # 引用套件並縮寫為 pd
df = pd.read_csv('WBtestEN-10y.csv')

#如果不要原來DataFrame df受到函式的影響，則可以將處理結果交給一個新DataFrame (例如dftest1)

dftest1=df                                                    #將資料複製到dftest1
print(df.head())
print("共有多少國家："+str(dftest1['country'].nunique())) #找出相異資料
df=dftest1.fillna(0)                                          #把NaN資料替換成0

print(df.head())
```

```
   Unnamed: 0      country continent    year  lifeExp       pop  gdpPercap
0           0  Afghanistan      Asia  1950.0    29.22   8221506        728
1          10  Afghanistan      Asia     NaN    31.33   9856623        840
2          20  Afghanistan      Asia  1970.0    35.26  12462862        778
3          30  Afghanistan      Asia  1980.0    39.29  13681238        901
4          40  Afghanistan      Asia     NaN    41.33  15337935        731
共有多少國家：142
   Unnamed: 0      country continent    year  lifeExp       pop  gdpPercap
0           0  Afghanistan      Asia  1950.0    29.22   8221506        728
1          10  Afghanistan      Asia     0.0    31.33   9856623        840
2          20  Afghanistan      Asia  1970.0    35.26  12462862        778
3          30  Afghanistan      Asia  1980.0    39.29  13681238        901
4          40  Afghanistan      Asia     0.0    41.33  15337935        731
```

5. 如此操作前提是先確定在當前資料分析情境下：將不存在的值視為 0 這件事情是沒有問題的。兼顧 DataFrame 的數據品質，最好將空值設定成任何容易識別的值，例如，將 NaN 空值放入前後兩欄之平均值，或放入固定值等。

6. 如果是更複雜的順序或最大值或取統計的「線性分析之對數值」(Log)，為了排序或更進一步的機器學習，就必須有一套更有效的分析方法，將在本書後面章節的實例中詳細敘述。

7. 資料分析後，填入有意義的值，方法如下：

   - 前後項平均值算法：dftest['year'].fillna(method='bfill', inplace=True)
   - 用前後二值的平均值填入 nan 值，使用 fillna 和 shif() 得到值：df.year = df.year.fillna（(df.year.shift()+ df.year.shift(-1))/2)

8. 資料儲存格式與程式：整理如下，本書在後面章節將大量使用。

```
# 讀取後放入 DataFrame
dftest3 = pd.DataFrame(df)
# 找出哪些是空值,哪些不是空值
print("numbers of row that year is NAN: %i" % sum(dftest3['year'].isnull()))
print("numbers of row that year is not NAN: %i" % sum(dftest3['year'].notnull()))
```

```
numbers of row that year is NAN: 4
numbers of row that year is not NAN: 1274
```

```
# 讀取 CSV File
import pandas as pd                                    #引用套件並縮寫為pd
df = pd.read_csv('WBtestEN-10y.csv')

dftest2=df                                             #將資料複製到dftest
print(df.head(6))
print("共有多少國家："+str(dftest2['country'].nunique()))   #找出相異資料
                                     #把NaN資料替換成0
dftest2.year = df.year.fillna((df.year.shift() + df.year.shift(-1))/2)
print(dftest2.head(6))
```

```
   Unnamed: 0      country continent    year  lifeExp       pop  gdpPercap
0           0  Afghanistan      Asia  1950.0    29.22   8221506        728
1          10  Afghanistan      Asia     NaN    31.33   9856623        840
2          20  Afghanistan      Asia  1970.0    35.26  12462862        778
3          30  Afghanistan      Asia  1980.0    39.29  13681238        901
4          40  Afghanistan      Asia     NaN    41.33  15337935        731
5          50  Afghanistan      Asia  2000.0    41.98  24052009        690
共有多少國家：142
   Unnamed: 0      country continent    year  lifeExp       pop  gdpPercap
0           0  Afghanistan      Asia  1950.0    29.22   8221506        728
1          10  Afghanistan      Asia  1960.0    31.33   9856623        840
2          20  Afghanistan      Asia  1970.0    35.26  12462862        778
3          30  Afghanistan      Asia  1980.0    39.29  13681238        901
4          40  Afghanistan      Asia  1990.0    41.33  15337935        731
5          50  Afghanistan      Asia  2000.0    41.98  24052009        690
```

6. 常用資料格式儲存和讀取的指令總整理：

Pandas 檔案存取（text,CSV,HDF5） 一覽表

The pandas I/O API is a set of top level `reader` functions accessed like `pandas.read_csv()` that generally return a pandas object. The corresponding `writer` functions are object methods that are accessed like `DataFrame.to_csv()`. Below is a table containing available `readers` and `writers`.

Format Type	Data Description	Reader	Writer
text	CSV	read_csv	to_csv
text	JSON	read_json	to_json
text	HTML	read_html	to_html
text	Local clipboard	read_clipboard	to_clipboard
binary	MS Excel	read_excel	to_excel
binary	OpenDocument	read_excel	
binary	HDF5 Format	read_hdf	to_hdf
binary	Feather Format	read_feather	to_feather
binary	Parquet Format	read_parquet	to_parquet
binary	Msgpack	read_msgpack	to_msgpack
binary	Stata	read_stata	to_stata
binary	SAS	read_sas	
binary	Python Pickle Format	read_pickle	to_pickle
SQL	SQL	read_sql	to_sql
SQL	Google Big Query	read_gbq	to_gbq

4-2 互動介面：兼顧各種顯示設備及系統一次到位

本節用六個小型程式來說明互動介面的做法，自 2018 年以後的商業性專案，幾乎都要求有互動介面；不論是移動滑鼠，點選動作或拖拉文字都要有相應的資料顯示出來，或新資訊產生並顯示。

AI 工程已進入視覺時代：所有的程式都要表現出完美的視覺表現，才能讓使用者一目瞭然，進入「搶救眼球大作戰」的競爭時代。

經濟型互動圖表（程式：4-2.py）

使用 Dash 與 Python 來製作同一個互動經濟圖表，讓使用者操控元件的氣泡圖，同時具備常見的介面工具。

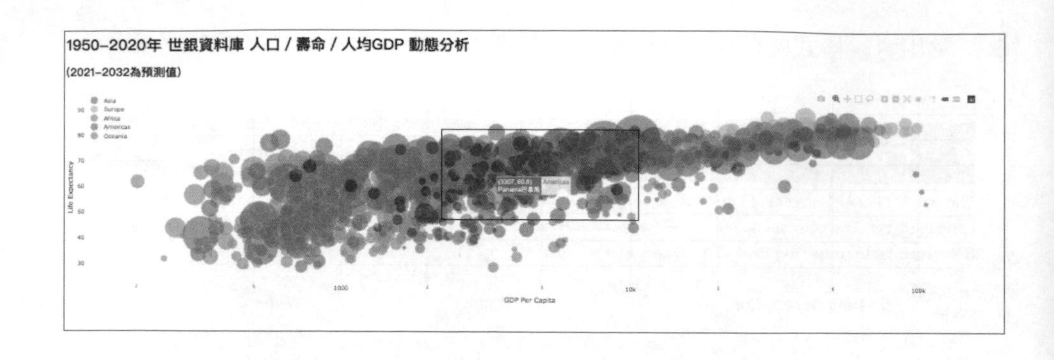

一、先瀏覽最終結果

資料來源：世界銀行每月發表各種人口，GDP 等資料，我們下載了完整資料後，再進行統計模擬 AI 處理後。

資料內容有各國預期平均壽命，人均 GDP 與國家人口數等變數；有 1847 個觀測值、6 個變數，時間包括 1950 至 2032 年。其中 2021-2032 年的資料是以線性迴歸及對數計算出來的資料；計算及模擬預估的部分在後面的章節會說明；本節先就互動介面的部分說明：

先熟悉下列 Python 名詞。

- **Hover**：滑鼠游標移至圖形上會提示資訊
- **Zoom In/Out**：將圖形放大或縮小
- **Filter**：選取部分資料觀察
- **Slider**：單選呈現不同年份的資料快照或以動畫依時序播放
- **Checkbox List**：篩選呈現不同洲別的資料點

接著介紹 Dash 工具列、取得 World Bank 摘錄版本資料、安裝 Dash、Dash 網頁應用程式的用法、繪製氣泡圖、加入時間軸滑桿篩選年份、加入複選框清單或下拉式選單篩選洲別。

二、接著來進行實際操作

本程式以 Python 為開發系統，用 VS Code 或 Anaconda 平台的 Jupter Notebook 為編輯工具，完成後可用瀏覽器直接使用。

1. 安裝 Dash 三箭客（Dash,core,html），在終端機以 pip install 指令安裝三個模組，安裝後才可在程式中引入並使用：

```
#4-2.py
import dash
import dash_core_components as dcc
import dash_html_components as html
import math
import pandas as pd
import plotly.graph_objs as go
```

導入資料（WBDataCHO-3y.csv）是 1950-2032 年每三年一期的經濟資料，為了求畫面不要太擁擠，建議選用三年一期的資料。本書同時附上一年一期、五年一期、十年一期的檔案，有興趣的讀者可以隨意使用。

2. 程式主體，從 app=dash.Dash() 開始；將人口資料轉成圓圈大小，這裡用了一些美觀的調整。

> **技巧** 在 X 軸用 log scale 避免散點都擠在左邊，並利用圓面積公式調整散點口大小。

```
app = dash.Dash()

df = pd.read_csv("WBDataCHO-3y.csv")
bubble_size = [math.sqrt(p / math.pi) for p in df["pop"].values]
df['size'] = bubble_size
sizeref = 2*max(df['size'])/(100**2)
```

3. 接下來將畫面分成三個部分（上方標題、中間散點圖、下方滑動軸）來進行程式設計：

   - layout：網頁應用程式主題、外觀及使用者介面元件。
   - 以後進階部分會用到 R 及 Shiny 套件，其對照就是在 ui.R 中撰寫的程式碼。
   - callbacks：負責產生網頁應用程式的互動。
   - 接著用 layout 繪製散點（Scatter）圖 。
   - 加入 callbacks 建立與氣泡圖連動的滑桿（Slider）或其他複選框清單（Checkbox list 等）互動元件。

- 繪製散點圖：外觀設定是用一個 div 區塊。
- 在散點圖包含一個 h1 標題與一個圖形，以 dash_html_components 模組中的 Div() 與 H1() 函數創建，圖形呼叫 dash_core_components 模組中的 Graph() 函數創建，而圖形區塊裡包含一個散點圖，是用 plotly.graph_objs 模組中的 Scatter() 函數來創建出來，散點圖與資料的對應關係為：

  X 軸變數：gdpPercap

  Y 軸變數：lifeExp

  氣泡大小：pop

  氣泡顏色：continent

4. 最後用 server 指向瀏覽器做結束：app.run_server（debug=True）

```
app.layout = html.Div([
    html.H1(children='1950-2020 年 世銀資料庫 人口／壽命／人均 GDP 動態分析
'),
    html.H2(children= '(2021-2032 為預測值)'),

    dcc.Graph(
        id='gapminder',
        figure={
            'data': [
                go.Scatter(
                    x=df[df['continent'] == i]['gdpPercap'],
                    y=df[df['continent'] == i]['lifeExp'],
                    text=df[df['continent'] == i]['country'],
                    mode='markers',opacity=0.7,
                    marker={
                        'size': df[df['continent'] == i]['size'],
                        'line': {'width': 0.5, 'color': 'white'},
                        'sizeref': sizeref,'symbol': 'circle',
                        'sizemode': 'area'},
                    name=i
                ) for i in df.continent.unique()],
            'layout': go.Layout(
                xaxis={'type': 'log', 'title': 'GDP Per Capita'},
                yaxis={'title': 'Life Expectancy'},
                margin={'l': 40, 'b': 40, 't': 10, 'r': 10},
                legend={'x': 0, 'y': 1},
                hovermode='closest')},
```

```
        style={'width': '95%', 'float': 'center'}
    )])

if __name__ == '__main__':
    app.run_server(debug=True)
```

5. 將程式碼編寫在 4-2.py 檔案之中，從終端機（Terminal）執行：

```
python app.py
Running on http://127.0.0.1:8050/ (Press CTRL+C to quit)
```

6. 將 http:// 127.0.0.1:8050 複製貼到瀏覽器位址，可看到繪製完成的散點圖。由於我們是在 debug 模式下啟動伺服器 app.run_server（debug=True）如果改動程式碼，會自動重啟服務，只要至 http://127.0.0.1:8050 按重新整理就可以觀看更新過後的網頁應用程式。

7. 這是以 plotly.graph_objs 模組繪製出來的圖形包含基礎的互動效果：

   Hover：滑鼠游標移至圖形上會提示資訊（如下）。

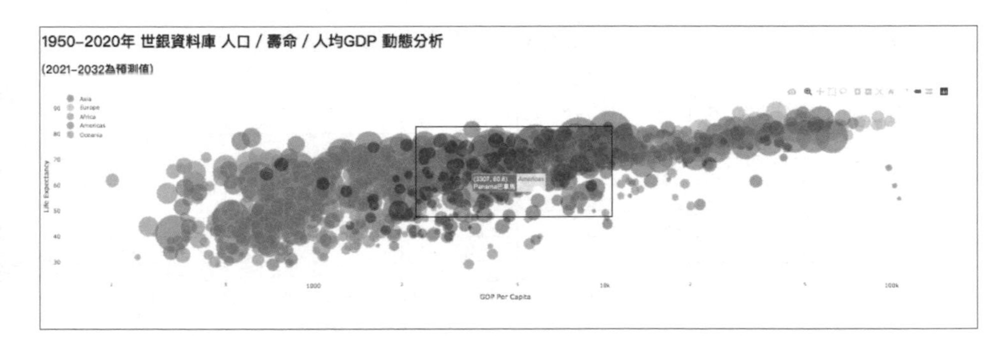

   Zoom In/Out：可以將圖形放大或縮小（如下）。

   Filter：可以選取部分資料觀察。

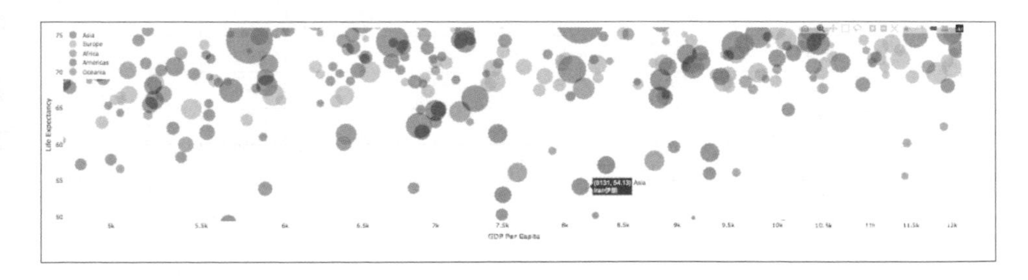

在終端機按下 Ctrl + C 可停止 Dash 網頁在執行中的應用程式。

進階型互動圖表（程式：4-3.py）

在上例中加入一些互動的介面

一、加入時間軸滑桿篩選年份：

滑動軸是利用 dash_core_components 模組中的 Slider() 函數創建的，加上 callback 的設定操作連動圖形更新的功能。

Dash 的 callback 是以 Python Decorator 將 update_figure() 函數包在一起，時間軸滑桿的年份一改變就會觸發 update_figure() 函數更新散點圖。

> **技巧** 在 Graph() 函數中加入參數 animate=True 讓連動圖形更新的時候更加平滑。

- **id**：顯示資料，本例是年份（year）
- **min**：從那裡開始，即左邊起始點，本例是最小值（1950）
- **max**：右邊結束點，本例是最大值（2030）。
- **step**：增分減分值，本例設為 None（因為軸值已固定）。

設定軸上的值或文字：

marks={str(year): str(year) for year in df['year'].unique()},

```
    dcc.Graph(id='gapminder',
          animate=True,
          style={'width': '100%', 'float': 'center'}
          ),

dcc.Slider(
    id='year-slider',
    min=df['year'].min(),
    max=df['year'].max(),
    value=2020,     #df['year'].min(),
    step=None,      # 增分、減分值
    updatemode='drag',
    marks={str(year): str(year) for year in df['year'].unique()},
),
```

不要忘記在 callback 加上滑動軸的啟動（input 滑動軸並得到 Return 值），再去 output 散點圖上的重畫工作。

```
@app.callback(
    dash.dependencies.Output('gapminder', 'figure'),
    [dash.dependencies.Input('year-slider', 'value'),
     dash.dependencies.Input('continent-dropdown', 'value')])
```

二、加入色彩調整

1. 在程式前設好各種色彩代號：

```
colors = {
    'background': '#000000',
    'text': '#EEBEBE',
    'grid': '#AAAAAA',
    'red': '#BF0000',
    'blue': '#466fc2',
    'green': '#5bc246'}
```

2. 在後面所有的元件都加上色彩及畫面調整的參數（如：label 的設定）：

```
#   Label:
    html.P([
        html.Label("1950-2020 年所有資料 ",style={'color':'lightblue'}),
            ], style = {'width': '50%',
                        'height':'20px',   # 框上下高度，文字框仍依照字大小自
動調整，不會依框大小調整而改變
                        'fontSize' : '25px',
                        'padding-left' : '0px',
                        'color':'white',
                        'display': 'inline-block'}),
```

3. html 最後面補上全畫面的色彩參數：（如程式 130 行：背景改為黑色）

```
],style={'backgroundColor':colors['background'],
         'width': '98%',
         'padding': '20px 20px 0px 20px',
         'font-size':'28px'})
```

4. 將程式碼編寫在 4-3.py 檔案之中，從終端機（Terminal）執行：

```
python 4-3.py
Running on http://127.0.0.1:8050/ (Press CTRL+C to quit)
```

執行結果如下：（完整程式：4-3.py）

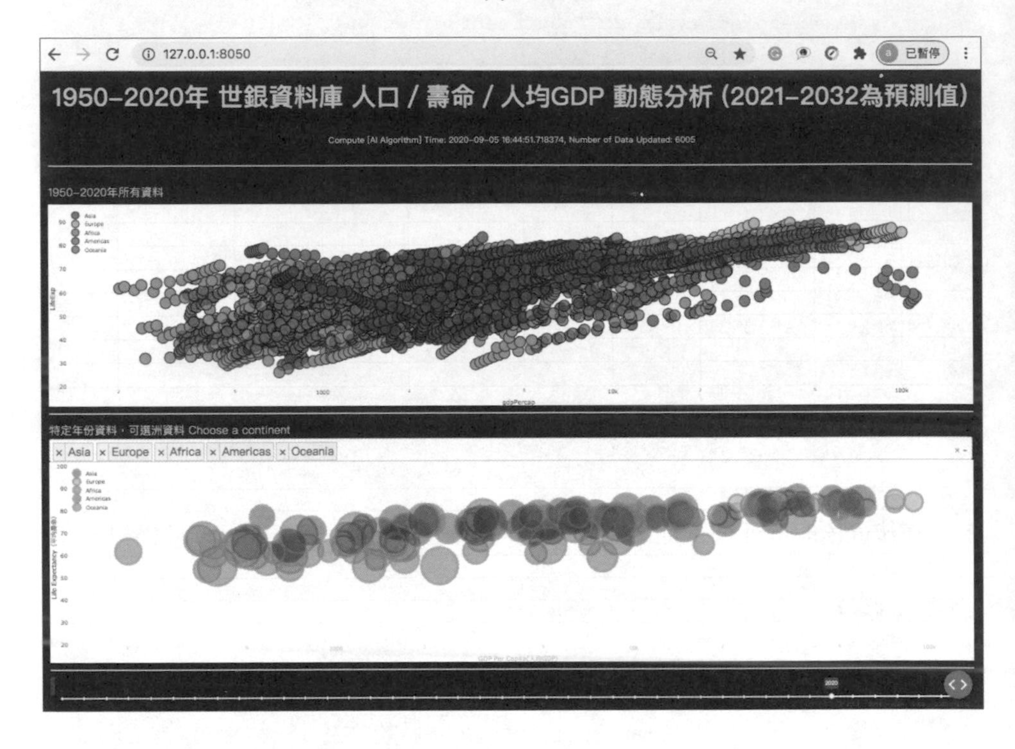

三、股票看盤互動程式（程式 4-4.py）

Dash 是一個開源 Python 庫，使我們能夠使用 Plotly 來建立 Web 環境下的應用程序，重點技巧如下：

- 使用簡單的互動式工具（如下拉菜單、滑動軸和文字數據框），可以輕鬆構建出互動式的視覺效果。甚至可以根據上述工具輸入的數據並使用 Callback 來更新繪圖。
- 這些工具可直接使用 Javascript 或 HTML。使我們能以便捷的方式進行信息豐富且有效的繪圖，而 Dash 可以視為展示出色可視化效果的舞台。

本節向您展示如何使用 Plotly 創建股票儀表板。然後，我們將繪製一個時間序列線圖，並添加一個下拉列表和一個與該圖進行交互的滑塊。先看一眼完成結果：

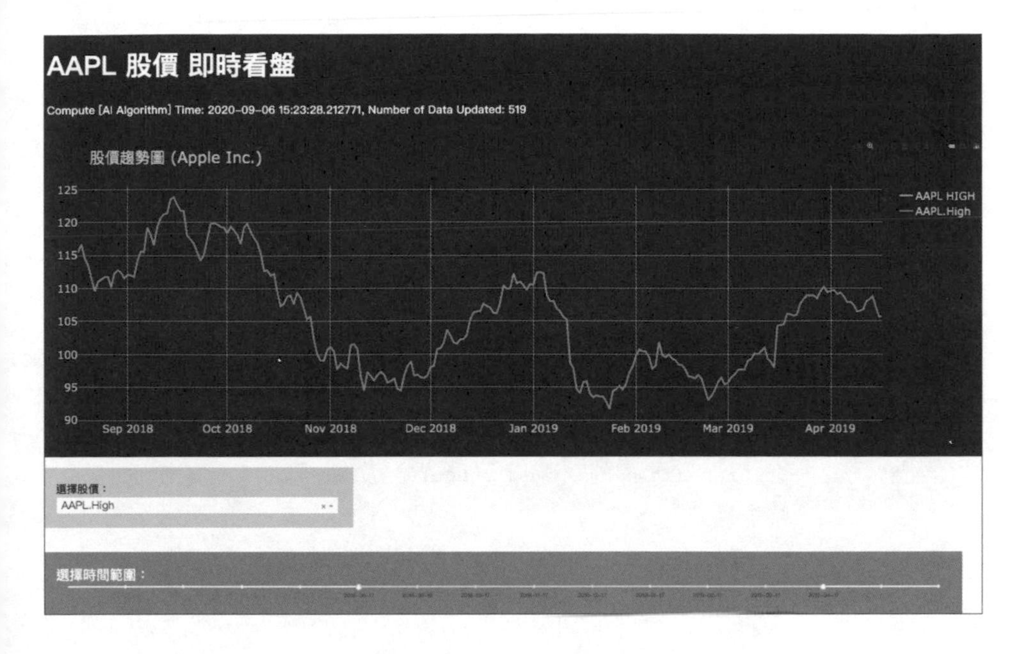

安裝程式庫：這些版本可以省略，系統會自動安裝最新版本。

```
pip install plotly == 2.5.2
pip install dash == 0.21.3
pip install dash-core-components == 0.23.1
pip install dash-html-components == 0.10.4
pip install dash-renderer == 0.12.3
```

dash-core-components 不僅可以構建圖形，還可以構建下拉菜單和文本框。

dash-html-components 使我們能夠在 Python 中使用 HTML 和 CSS。用來將 HTML 組件（例如 Div、H1 和 H2）放置在儀表板上。

如果是您第一次使用 Dash 和 HTML 語法，可能有點複雜且難以閱讀。因此，建議您將以下腳本作為 Dash 的框架指南。從現在開始，逐步填寫程式並測試。

```
import dash
import dash_core_components as dcc
import dash_html_components as html
from dash.dependencies import Input, Output

import pandas as pd
import plotly.graph_objs as go

# Step 1. Launch the application
app = dash.Dash()

# Step 2. Import the dataset
df = pd.read_csv(filepath)

# Step 3. Create a plotly figure

# Step 4. Create a Dash layout
app.layout = html.Div([
             dcc.Graph(id = 'plot_id', figure = fig)
             ])

# Step 5. Add callback functions

# Step 6. Add the server clause
if __name__ == '__main__':
      app.run_server(debug = True)
```

1. 啟動應用程序：在我們的桌子上放一塊空白的白板，而我們正在做的是在該板上建立其他應用程序。
2. 導入資料庫－本例使用：

```
# Step 1. Launch the application
app = dash.Dash()

# Step 2. Import the dataset
url='Stock_AAPL/stock_aapl.csv'
st = pd.read_csv(url)
```

使用 pandas 從 CSV 文件中獲取資料。要使用的數據集是 Apple 股票價格數據。

Date	AAPL.Open	AAPL.High	AAPL.Low	AAPL.Close	AAPL.Volume	AAPL.Adjusted	DN(下軌線)	MAVG(移動平均)	UP(上軌線)
2018-03-17	127.4900	128.8800	126.9200	127.8300	63152400	122.9053	106.7411	117.9277	129.1143
2018-03-18	127.6300	128.7800	127.4500	128.7200	44891700	123.7610	107.8424	118.9403	130.0382
2018-03-19	128.4800	129.0300	128.3300	128.4500	37362400	123.5014	108.8942	119.8892	130.8841
2018-03-20	128.6200	129.5000	128.0500	129.5000	48948400	124.5109	109.7854	120.7635	131.7416
2018-03-21	130.0200	133.0000	129.6600	133.0000	70974100	127.8761	110.3725	121.7202	133.0678
2018-03-22	132.9400	133.6000	131.1700	132.1700	69228100	127.0780	111.0949	122.6648	134.2348

3. 建立儀表板（Dashboard）上的簡單散點圖（Scatter）：Plotly scatter 本身的詳細信息留待後面視覺章節再介紹。在這裡，我們將製作一個折線圖，顯示股價波動。

```
def update_figure(input1, input2):
    # filtering the data
    st2 = st[(st.Date >= dates[input2[0]]) & (st.Date <=
dates[input2[1]])]
    # updating the plot
    trace_1 = go.Scatter(x = st2.Date, y = st2['AAPL.High'],
                    name = 'AAPL HIGH',
                    line = dict(width = 4,
                    color = 'rgb(229, 151, 50)'))
    trace_2 = go.Scatter(x = st2.Date, y = st2[input1],
                    name = input1,
                    line = dict(width = 4,
                    color = 'rgb(106, 181, 135)'))
    fig = go.Figure(data = [trace_1, trace_2], layout = {"title": "股價
趨勢圖 (Apple Inc.) ",
"height": 700})
    return fig
```

4. 建立儀表板（Dashboard）輸出畫面：dash-html-components 開始工作了。首先將圖形放入其中：id 為組件命名，以便我們通過其名稱來使用它。然後，使 Server 運行：如果將除錯模式設置為 true，可以在 Server 運行時輕鬆更改和更新應用程序。

```
# Step 4. 建立儀表板 (Dashboard) 輸出畫面
app.layout = html.Div([
        dcc.Graph(id = 'plot', figure = fig)
                      ])
# Step 6. 完成 Server 工作
if __name__ == '__main__':
    app.run_server(debug = True)
```

使用 4-4.py 的名稱保存此程式，然後將其導入終端機畫面（若使用 anaconda 編輯，就在 anaconda 提示符）。請注意！工作目錄應與文件保存位置相同。

```
C：\ Users \ desktop\ python> python app.py
```

如果沒有輸入錯誤或語法錯誤，將看到本地主機地址。您可以複製貼上，也可以只在新的 Web 選項卡上鍵入 localhost：8050。

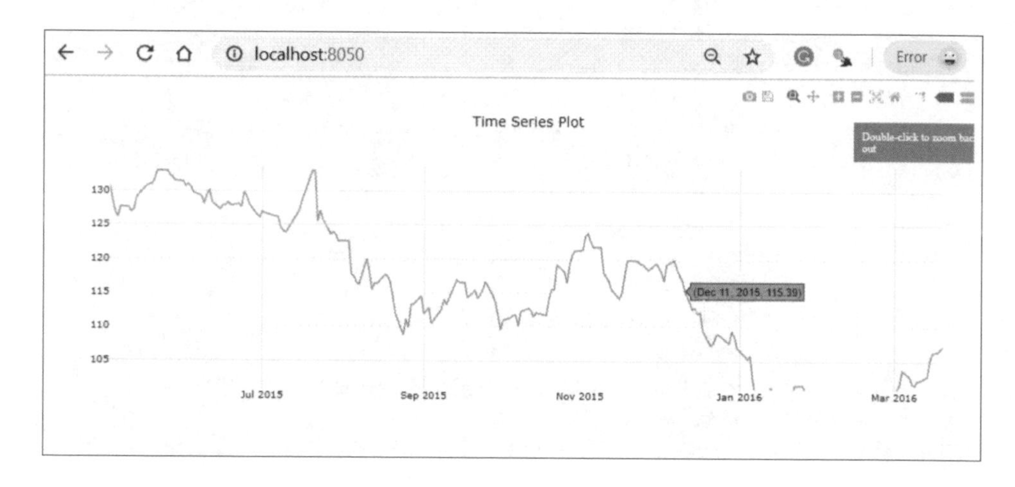

添加標題和子標題，有其他組件，例如像 HTML 一樣放置文字或數據。

在頁面上放置一個簡單的標題和一段文字。

這個部分，簡單而極為重要：

- 兩個主要組件，html.Div 及 dcc.Graph.Inside html.Div。
- 兩個附加組件，header（html.H1）和一段（html.P）。

```
# 標題及子標題
        html.Div([
            html.H1("AAPL 股價 即時看盤"),
            html.H5('Compute [AI Algorithm] Time: ' + str(datetime.
datetime.now())+', Number of Data Updated: '+str(len(st))),
                ],
            style = {'padding' : '10px' ,
                'backgroundColor' : 'black','color':'white','fontSize
':'30px'}),
```

使用 style 屬性更改組件的邊距或背景顏色，是以支持 CSS 屬性的標準格式而指定。

請特別注意括號的開始和結束位置，了解每個組件的段落範圍很重要。由於括號和方括號太多，一開始可能會造成混淆，很容易犯語法錯誤。

然後查看執行的結果，如果服務器沒有關閉，只需按 F5 即可檢查執行結果。

5. Dropdown 下拉式選單：

添加一個下拉菜單，我們將製作另一個根據給定選項更改其 y 軸的圖。通過儀表板組件的文檔，我們可以 Dropdown 得出以下結論。

```
# 下拉式選單的選項設定
features = st.columns[2:11]
opts = [{'label' : i, 'value' : i} for i in features]
```

將代替 HTML 組件，將下拉組件放在繪圖的底部。首先看一下粗體字體，因為其他字體僅用於裝飾主要的兩個應用程序。value 是下拉菜單的默認值。

```
# 下拉式選單；
html.P([
    html.Label("選擇股價："),
    dcc.Dropdown(id = 'opt', options = opts,value = 'AAPL.High')
    ], style = {'padding' : '30px' ,
                'backgroundColor' : '#6aeeb2',
                'width': '30%',
                'fontSize' : '24px',
                'display': 'inline-block'}),
```

滑動軸部分：

```
# 滑動軸 range slider
        html.P([
            html.Label("選擇時間範圍："),
            dcc.RangeSlider(id = 'slider',
                marks = {i : dates[i] for i in range(1, 18)},
                min = 0,
                max = 15,
                value = [5, 13],
                updatemode='drag',
                step=None
                )
                ], style = {
                    'padding' : '30px' ,
                    'backgroundColor' : '#3aaab2',
                    'width' : '95%',
                    'fontSize' : '30px',
                    'color':'white',
                    'display': 'inline-block'}
                ),])
```

就像我們之前所做的一樣，輸入此代碼，並檢查結果。

6. 使用 callback 來更新圖形：

```
# Step 3. 建立儀表板 (Dashboard) 上的簡單散點圖 (scatter)
trace_1 = go.Scatter(x = st.Date, y = st['AAPL.High'],
           name = 'AAPL HIGH',
           line = dict(width = 4,
               color = 'rgb(100, 151, 50)'))
layout = go.Layout(title = '收盤 趨勢圖',
           hovermode = 'closest')
fig = go.Figure(data = [trace_1], layout = layout)

# Step 4. 建立儀表板 (Dashboard) 輸出畫面
app.layout = html.Div([
           # 標題及子標題
           html.Div([
               html.H1("AAPL 股價 即時看盤"),
               html.H5('Compute [AI Algorithm] Time: ' + str(datetime.
datetime.now())+', Number of Data Updated: '+str(len(st))),
                   ],
                   style = {'padding' : '10px' ,
                       'backgroundColor' : 'black','color':'white','fo
ntSize':'30px'}),
```

根據下拉式選單的選擇更新圖表，在輸入數據（下拉式選單）和輸出數據（圖表）之間建立連接表，用 callback 函數來完成。

```
# Step 5. 互動更新
@app.callback(Output('plot', 'figure'),
    [Input('opt', 'value'),
    Input('slider', 'value')])
```

以下拉式選單（opt）及滑動軸（slider）的名稱從選項中獲取輸入數據，並以 plot 的名稱將輸出提供給折線圖（figure）。

這部分看起來很複雜，只是大部分是視覺調整的部分。

獲取輸入（下拉式選單，滑動軸）數據，通過創建更新函數（callback）返回所需的輸出。我們在這裡輸入什麼數據？

下圖從下拉列表中選擇的特徵變量的名稱，將其設為第二條線圖的 y 軸。由於無需更改，因此 trace_1 我們可以簡單地將其添加 trace_2 到數據列表中。

程式碼輸入並重新運行 app.py，結果將顯示如下。

```
import dash
import dash_core_components as dcc
import dash_html_components as html
from dash.dependencies import Input, Output

import pandas as pd
import plotly.graph_objs as go

import datetime
#external_stylesheets = ['Dash.css']

colors = {
    'background': '#111111',
    'text':'#35DB00'
}
# Step 1. 啟動應用程序
app = dash.Dash()

# Step 2. 導入資料庫
#url = 'https://raw.githubusercontent.com/plotly/datasets/master/
finance-charts-apple.csv'
url='Stock_AAPL/stock_aapl.csv'
st = pd.read_csv(url)
```

```
# 下拉式選單的選項設定
features = st.columns[2:11]
opts = [{'label' : i, 'value' : i} for i in features]

# 滑動軸的選項設定
st['Date'] = pd.to_datetime(st.Date)
dates = ['2018-03-17', '2018-04-17', '2018-05-17', '2018-06-17',
'2018-07-17', '2018-08-17',
         '2018-09-19', '2018-10-17', '2018-11-17', '2018-12-17',
'2019-01-17', '2019-02-17',
         '2019-03-17', '2019-04-17', '2019-05-17', '2019-06-17',
'2019-07-17', '2019-08-17']
```

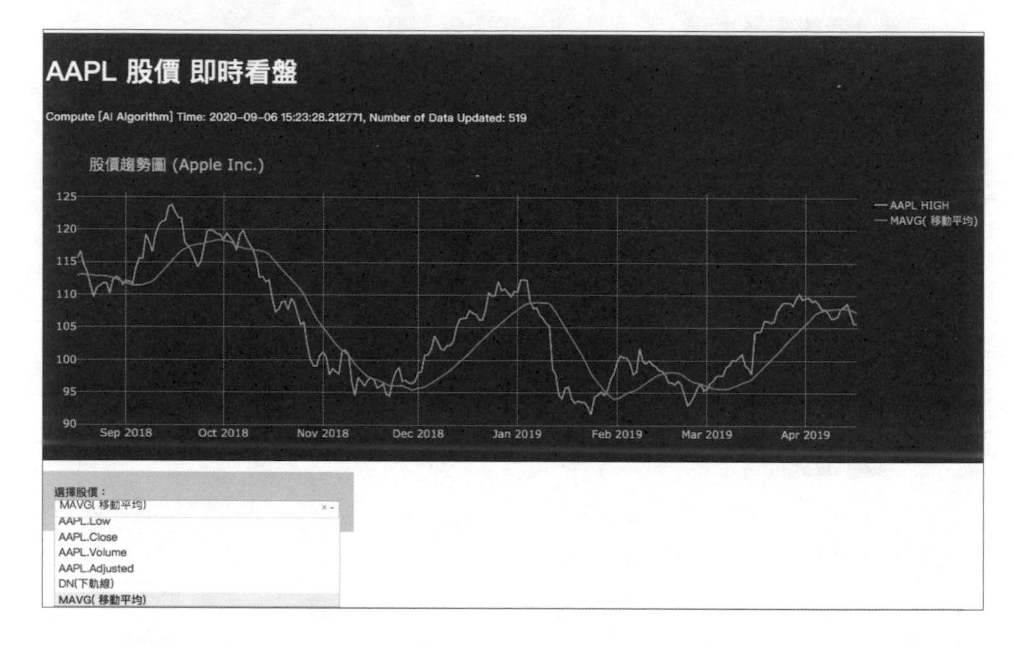

在繼續下一部之前，深入的瞭解一下 callback 函數。因為它是任何類型的應用程序進行編程時最常用的功能。

callback 函數 是一個在收到實際執行命令後才執行的函數，通常用於更新。callback 函數收到命令後無法立即使用。其他命令行執行後，呼叫他們回來執行 callback 命令一次。

例如 update_figure(), 導入此函數後，不會立即執行其工作，而是在通過 "callback 函數 " 向其提供實際輸入信號時才執行此功能。這就是 callback 函數的運作方式。

7. 滑動軸：

```
# 滑動軸 range slider
        html.P([
           html.Label("選擇時間範圍："),
              dcc.RangeSlider(id = 'slider',
                       marks = {i : dates[i] for i in range(1, 18)},
                       min = 0,max = 15,value = [5, 13],
                       updatemode='drag',step=None)
                 ], style = {
                       'padding' : '30px' ,
                       'backgroundColor' : '#3aaab2',
                       'width' : '95%',
                       'fontSize' : '30px','color':'white',
                       'display': 'inline-block'}
                 ),
])
```

8. 與下拉列表非常相似。讓我們先看看使用方式：

有了前面的基礎，您現在可以很容易地理解滑動軸用法。這裡有個關鍵是如何製作標記（label，出現在滑動軸的年份）。由於日期範圍從（Mar 17 2018 ）到（Aug 17 2019），因此要先設定好時間標記：

```
# 滑動軸的選項設定
st['Date'] = pd.to_datetime(st.Date)
dates =['2018-03-17','2018-04-17','2018-05-17','2018-06-17',
        '2018-07-17', '2018-08-17',
        '2018-09-19','2018-10-17','2018-11-17','2018-12-17',
        '2019-01-17', '2019-02-17',
        '2019-03-17','2019-04-17', '2019-05-17','2019-06-17',
        '2019-07-17', '2019-08-17']
```

在滑動軸設定中加入：marks = {i : dates[i] for i in range(1, 18)},

min 和 max 是滑動軸的最小值和最大值，並且 value 是滑塊的默認設置。其他部分都在設計具有 CSS 樣式的 HTML 組件，在此不多敘述。

選擇時間範圍：

將上面所有程式碼組合後，完整程式如 4-4.py。

9. 將程式碼編寫在 4-3.py 檔案之中，從終端機（Terminal）執行：

```
python 4-4.py
Running on http://127.0.0.1:8050/ (Press CTRL+C to quit)
```

執行結果如下（完整程式：4-4.py）：

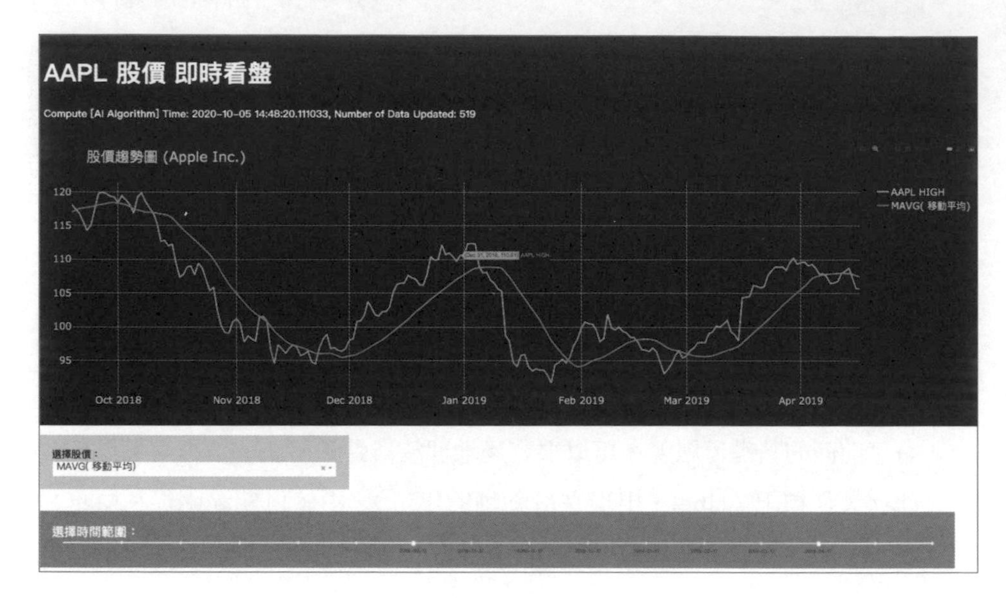

部署 Dash 網頁應用程式到公開瀏覽器

截至目前為止，我們的互動在 localhost 上運行的 Dash 網頁應用程式，如果希望透過一個網址來分享給其他團隊、部門的成員，最簡易的方式為將網頁應用程式部署到雲端服務。

Dash 背後的伺服器引擎是 Flask，一個使用 Python 編寫的輕量級網站應用框架（microframework），這也是部署 Dash 網頁應用程式很簡單原因，因為幾乎每個雲端服務商都支援 Flask 的部署；其中又以雲端服務商 Heroku 所提供的部署方式最為簡單，只需要準備妥當這三個前置作業：

1. 申請一組 Heroku 帳號

Git

Python 虛擬環境 virtualenv（或 conda env）

依照以下各步驟將互動 python_test 圖表部署至 Heroku 雲端伺服器。

2. 建立新的資料夾

Terminal 在終端機上操作：

```
mkdir python_test
cd python_test
```

3. 啟動 git 與名稱為 dash 的虛擬環境，並且在虛擬環境中安裝所有 dash 網頁應用程式所依賴的套件、模組

Terminal 在終端機上操作：

```
git init
virtualenv dash
source dash/bin/activate
pip install dash dash-renderer dash-core-components dash-html-
components plotly
pandas
pip install gunicorn
```

git init # 在 git 起始一個新的專案

virtualenv dash # 給 dash 一個專用的虛擬空間

source dash/bin/activate # 在這個虛擬空間中啟動所有 Python 的源碼

將一系列要用到的程式庫全部放入電腦中。

pip install dash dash-renderer dash-core-components dash-html-components plotly

pandas

pip install gunicorn 安裝一個空白檔，用來記錄版本

```
gitignore
venv
*.pyc
stock_aapl.csv
env
Procfile
freeze > requirements.txt
```

4. 在資料中建立 app.py 、.gitignore 、requirement.txt 與 Procfile 這四個檔案

.gitignore：註記不需要 git 版本管控的檔案

.gitignore

venv

*.pyc

.stock_aapl.csv

.env

Procfile：要先創建一個空白檔，Heroku 雲端服務所需要的檔案

Procfile

web: gunicorn app:server

requirement.txt：註記 Python 虛擬環境所使用模組與套件的檔案，在終端機使用 pip freeze > requirements.txt 指令來建立

完成步驟四，資料夾會有四個檔案，其中 .gitignore 是隱藏檔案。

接下來，安裝 Heroku CLI、登入 Heroku、部署 Dash 應用程式。

(1) 安裝 Heroku CLI

(2) 參考 https://devcenter.heroku.com/articles/heroku-cli 依不同作業系統安裝 Heroku CLI。

(3) 登入 Heroku：在終端機輸入 heroku login 指令。

```
heroku login
```

heroku login

Enter your Heroku credentials.

Email: YOUREMAIL@example.com

Password(typing will be hidden）:

Authentication successful.

(4) 部署 Dash 網頁應用程式

Terminal

```
heroku create Python_test
git add .
git commit -m 'Initial app boilerplate'
git push heroku master
heroku ps:scale web=1
heroku open
```

heroku create Python_test

git add . # add all files to git

git commit -m 'Initial app boilerplate'

git push heroku master # 部署程式到 heroku

heroku ps:scale web=1 # 設定最少一個 app

heroku open # 在瀏覽器開啟您部署好的程式

成功完成了部署 Dash 網頁應用程式：https://python_test.herokuapp.com ！

4-3 資料分流：網路流量及速度的考量

當資料大（巨量資料）且涉及人工智慧的運算時，在個人筆電上寫程式或進行數據分析，常常會當機怎麼辦？例如要分析一筆 20G，100G 甚至 200G 的資料，你只有一台 8G 筆電。

在雲端上使用 Jupyter notebook– Google Cloud Platform

Google Cloud Datalab 結合了 Jupyter notebook、SQL 及 Javascript 的雲端分析環境，圖片來源 https://pse.is/AHBLZ

雲端分析環境：目前有兩個主流雲端服務 Google Cloud Platform（GCP）及 Amazon Website Services（AWS）有提供 Jupyter notebook（Ipython）作為平台的服務：

- **GCP**：方案為一年內使用 300 美金，對於一般項目充裕的，但若要開發叢集程式等多方合作系統，需要更多付費；GCP 上面又有相當多的產品，對應到本地端 Jupyter notebook 分析工作得產品為 Cloud Datalab。
- **AWS**：有 AWS Educate 項目，每一年提供 100 美金的折扣，只有學生才能享受，本地端 Jupyter notebook 分析工作的產品為 Amazon SageMaker。

Cloud Datalab 環境建置

1. GCP 及 AWS 都有繁體中文頁面，可先選用免費試用；登入 google 帳號及填信用卡資料後，輸入之後官方會先扣 1 元美金，只是要證明你的帳戶為合法使用中，接著可進入 GCP 主頁。
2. 新增專案：GCP 會要求建立一項專案，接著再把各項產品套用進來。
   例如名稱為 new-AI。

Google Cloud Platform

新增專案

您的配額可供建立 7 項專案。瞭解詳情

專案名稱

new-AI

您的專案 ID 為「new-AI-20200825」 編輯

建立 取消

3. 申請成功後會自動導向到 GCP 的主控頁面，或是由以下網址進入控制台，接下來點選上方新增專案，建立成功後會進入該專案的主控台，可以一覽所有服務資訊。進入專案畫面，主頁專案資訊有一些預設訊息可以看右上自訂可以調整。

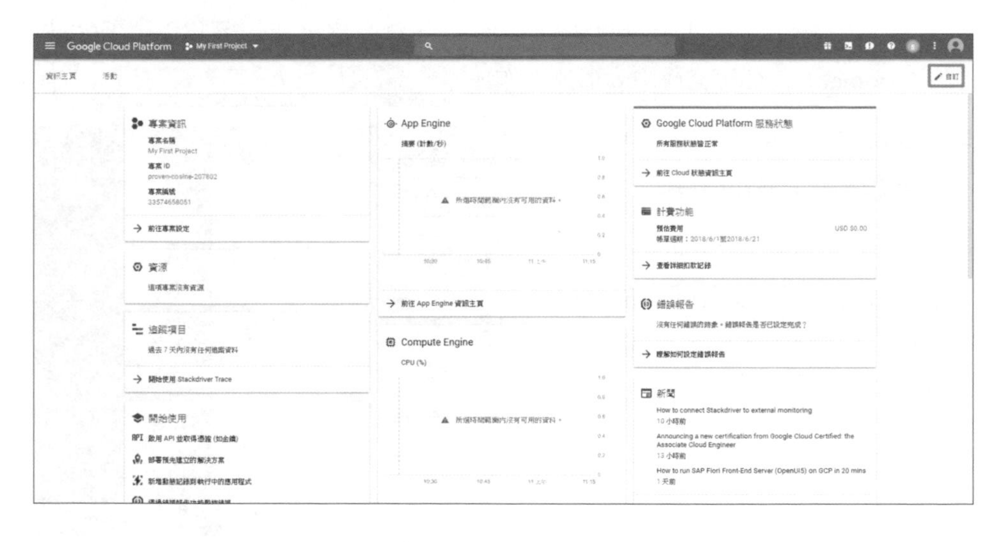

4. 啟動 Cloud Shell：在 GCP 控制台中，點擊右上角工具欄上的 Cloud Shell 圖標。第一次啟動需點選 啟動 CLOUD SHELL 如圖。

5. Cloud Shell 虛擬機安裝好了所有您需要的開發工具。它提供了一個永久的 5GB 主目錄，並可以在 Google Cloud 上運行。只需使用瀏覽器或 Google Chromebook 即可完成中大部分工作。

6. Cloud Shell 啟動畫面後，可試著熟悉一下操作環境：

   (1) 開啟專案：gcloud projects create（專案 ID）—name=（專案名稱）ex：gcloud projects create new-ai —name=123456789

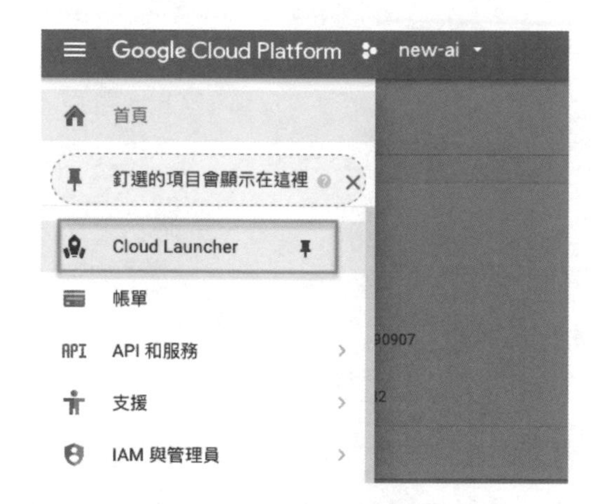

(2) 查看帳戶：gcloud auth list

7. 更換專案指令

gcloud config set project(專案 ID)

ex：gcloud config set project stevens-ai-20200825

8. 查看你的專案名稱及 ID：建好專案後也可以從 GUI 左上點 ▼ 。

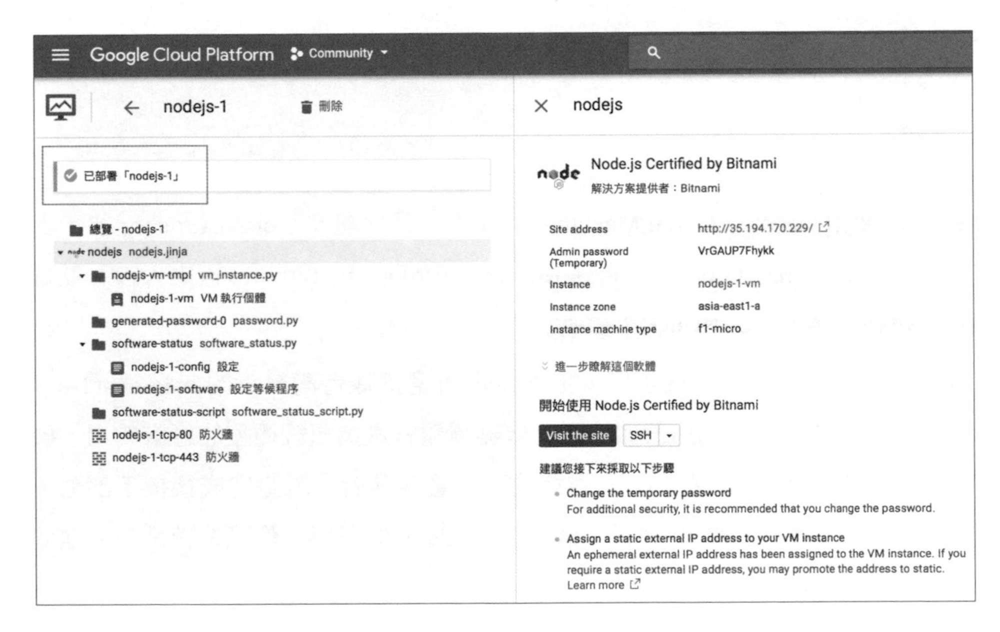

9. 新增虛擬環境（Virtual Machine）：左邊工具列進入 Cloud Launcher 後，上方搜尋列輸入 node.js 會看到 Node.js Certified by Bitnami 再點入後，並選擇在 COMPUTE ENGINE 上啟動。

10. 進入後設定的虛擬機環境，主機位址可選擇離台灣最近的 asia-east1-a，若考慮費用可以選擇其他地區，機器種類就選擇預設微型的應該夠用，硬碟可以選擇 HDD 或 SSD 想省錢的可以選擇前者，設定完成後按下部署，Google 自己就會幫你建置一個具有 Node.js 的環境，作業系統是使用他們提供的 Debian Linux。

11. 預約靜態 IP 位址：

    於左邊選單點選網路 >VPC 網路 > 外部 IP 位址，會有一個預設的臨時 IP 位址（剛剛部署）VM 成功後所產生的位址。

    臨時 IP 有個缺點是：過段時間就失效並且要重新上來後台取得新的 IP 位址，若不想麻煩可按以下一步驟新增一個靜態 IP 位址。

如圖在類型的臨時點下去選擇靜態，並馬上跳出預約視窗，資料填寫完畢後點選預約即可立馬生效。

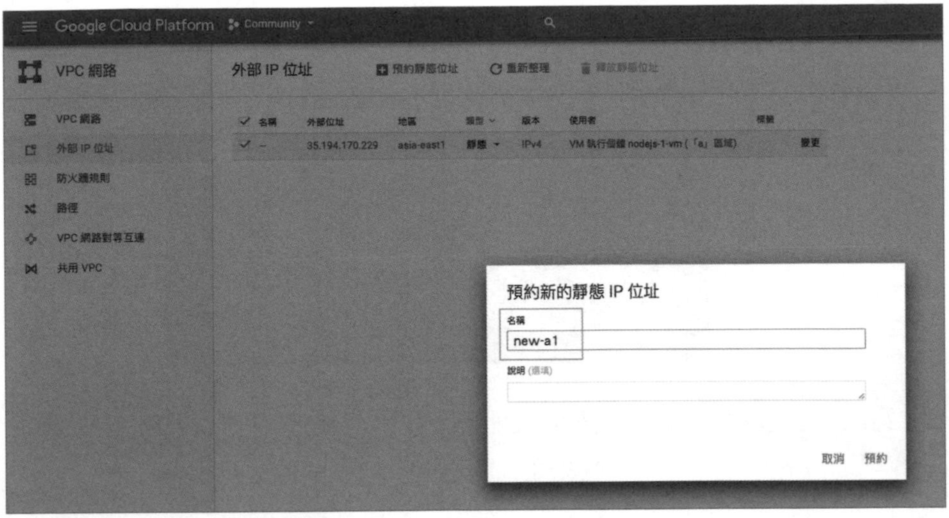

12. 執行 VM 個體：左邊選單目錄中點選 Compute Engine>VM 執行個體，可看到建立的虛擬環境，上面的外部 IP 位址也設定成靜態了。

    完成後可以點選連線並在瀏覽器視窗中開啟。

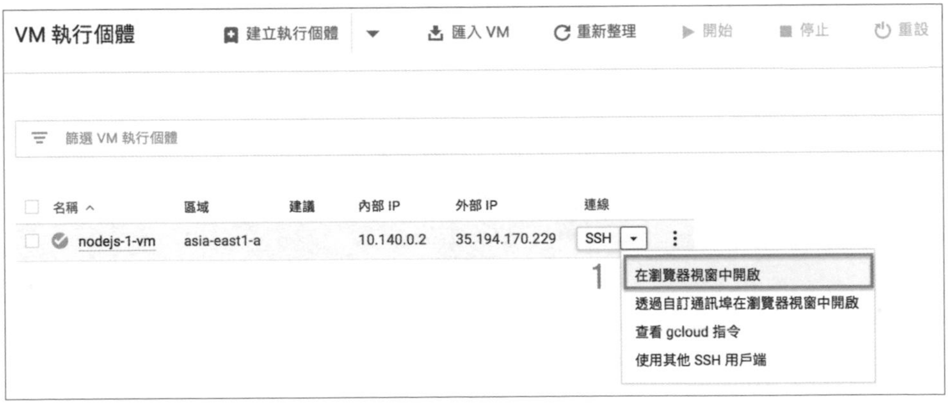

13. clone 專案到（虛擬個體）：開啟虛擬機後會出現一個終端機的畫面，

    (1) 將專案 git clone 到 VM：即進入該專案資料夾。

    (2) 輸入 npm install 把 node_modules 下載到電腦。圖例：將 GitHub 上的專案下載至 VM。

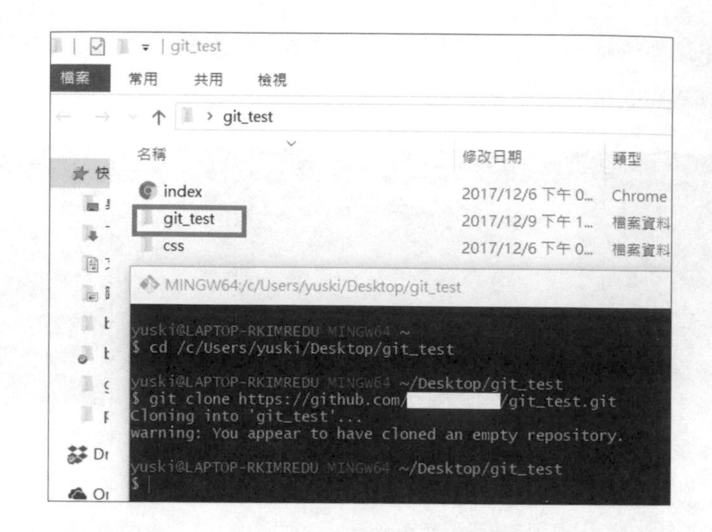

(3) 此時在瀏覽器輸入外部 IP 位址，會發現沒反應。在此提醒你要先設定防火牆，如下圖紅色圈起部分要新增一個 tcp:3000 的標籤。

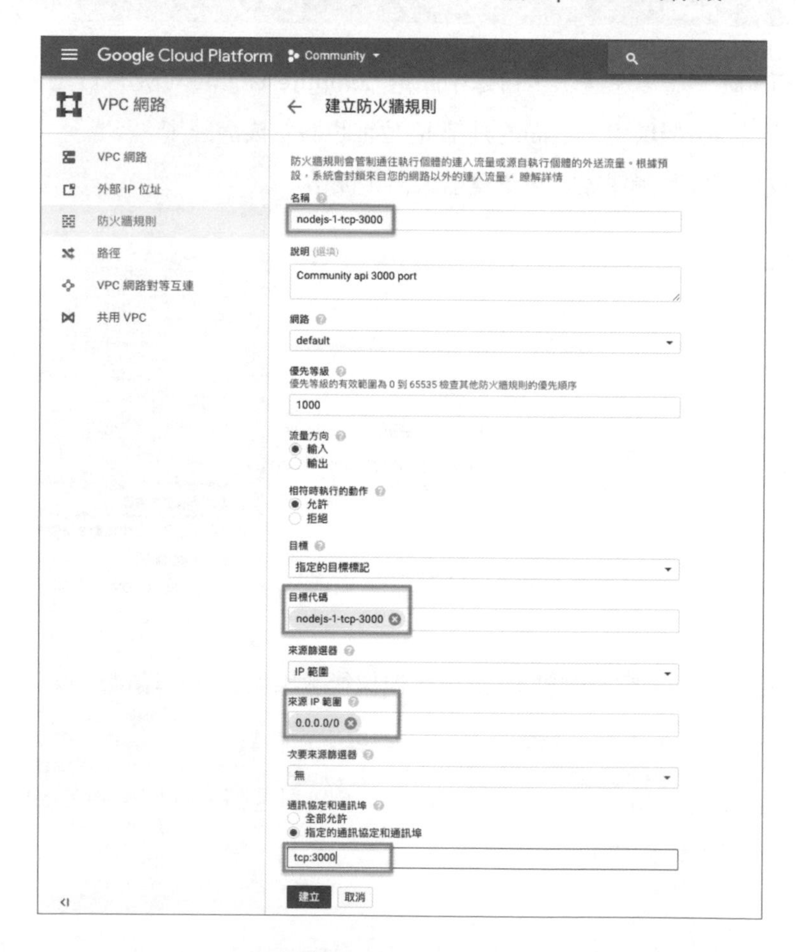

14. 建立防火牆規則：在選單 VPC 網路 > 選擇防火牆規則，建立一個防火牆規則，並依序填上 名稱、目標代碼、來源 ip 範圍、通訊協定和通訊埠，如果是使用 3000 PORT 所以通訊協定和通訊埠填上 tcp:3000。

15. 建立防火牆完成，返回 Compute Engine 點選 VM 執行個體詳細資料進入編輯，並在網路標記中新增一個剛剛所建立的網路標記 nodejs-1-tcp-5000 ，之後儲存等待幾分後再將網頁重新整理就可成功監聽 5000 PORT 了。

結論

在 AI 的世界，沒有分流就沒有生意，因為巨量資料的處理要同時注意效率及安全。如果你是一個專案工程師，在接到客戶需求時，第一件事就是設好環境及安全機制。

練習

在 Google Cloud Platform 建立一個自己的帳戶及 VM，並設好 Google 內建的防火牆。

4-4 全新 AI 資料架構觀念：以鐵達尼號事件為例

前言

2020 年八月全球資料庫研發大會因疫情而改為線上會議，這次大會因 Covid-19 而第一次進行視訊會議，雖然少了大型會議的氣勢，但會中資料科學專家卻史無前例的對資料科學提出三個重大的變革，說明如下：

1. 因人工智慧的盛行，資料庫格式種類將大量減少到 10 － 15 種：科學家認為不需要多花時間去進行不同資料格式之間的轉換工作；過去的實務經驗中，發現 70% 資料處理時間是用在資料格式間的轉換，這是 AI 工程中最沒有效率的工作。希望未來不會再發生這樣的情況；如自駕車及安全監控 AI 設備，需在 0.01 秒內完成出 AI 運算結果並且要求準確度要達到 99.999％，在運算過程中，根本不允許浪費時間在資料轉換的工作上。
2. 因資料爬蟲的介面單一化：對資料科學家而言這是個大福音，特別是對社會科學的採礦工作如關鍵字搜尋管理、即時網路聲量分析、熱門新聞排行、消費者行為預測、未來政治事件預測等，涉及資料採礦的工作將大有幫助。也讓 Python 在社會科學的發展上加上了翅膀任意飛行，專攻採礦的工程師將要失業了，因為採礦工作變成只是一行程式。
3. 因機器學習和深度學習的 IC 設計架構，也在軟體大廠的協議中分家，以後智慧製造等機器學習的領域將是一門單獨的科學領域，機器學習將向應用普及邁出大步。不久的將來，機器學習 APP 將大量出現在手機的 APP 中，如現在流行的人臉預測：拍一張年輕人的照片就可預測 40 年後年老時面貌。將來也會有習慣預測 APP，如上班出門前，手機 APP 提供你一條過去到公司常走的路徑。或到了服裝店，手機 APP 自動提醒你最近常關注的服裝樣式，等等由機器學習平常從你的習慣中分析出來的資料庫，在你可能夠需要時，提供即時服務。這個領域因 IC 設計廠介入後變得低價且容易貼近消費者，讓 AI 服務時代提前來臨。

4. 深度學習將轉變成是數學家及系統分析師的工作：深度學習的工作將由軟體大廠如微軟、IBM、Google 等大廠進行模組化並大量銷售。就像現在大家常用的 Excel 一樣，甚至深度學習程式只是 Excel 中的一個工具而已。

   系統分析師的工作將大幅加重，在專案未進行前，系統分析師就要將所有生產線上的變數鉅細彌遺的輸入，再由深度學習的程式進行大量重複的自我學習並進行預測（或除錯、警示）工作。

   這次 Covid-19 的防疫在歐洲先進國家已建立有社區預警系統，可預測將發生社區感染的城市，雖然準確度只有 55%，但至少已提高大家的警覺性了，並且驗證深度學習深入日常生活了。

   本節，將根據這些重要的科學發展編寫內容，讓讀者可與世界趨勢接軌。

專案背景：鐵達尼號船難事件薄。

鐵達尼號事件發生距今已 108 年，年齡最小的倖存者也已不在人世。

1912 年 4 月 14 日，這艘當時世界上體積最龐大、內部設施最豪華的客運輪船鐵達尼號，與一座冰山相撞，2224 名船員及乘客中，逾 1500 人喪生，其中僅 333 具罹難者遺體被尋回。

百年以後，將當時的資料數據上進行分析，除了「物競天擇，適者生存」的自然生存法則以外，人類在災難事件上還能有什麼新的啟示呢。

隨著科技的發展、先進的探測、預警工具完備、人工智慧投入，以這樣大型的意外事件有可能會越來越少發生。經由分析或人工智慧運算後，發現有些因素或特徵是會影響存活的；當然在資料探索的過程中除了科技發展協助發掘新知識外，還帶來人類的文明發展的深思。

似乎科技發展的速度超過文明發展，由於人工智慧是沒有感性只有理性的機器運算、由人工智慧來決定最佳的生存選擇的策略時，又會是一種什麼情況呢。

鐵達尼號沉沒後，在 1920 年完成調查後建立了完整乘客資料；而「鐵達尼號船難事件」在近年因機器學習而重新成為資料分析及人工智慧預測的題目，也成為著名的數據分析競賽題目，主要原因為其資料有明確而有規則的特性，十分適合機器學習及深度學習的運算嘗試。

本節資料集提供了鐵達尼號乘客的相關資訊，根據這些相關資訊，找出死亡與生還之旅客的特徵並進行重組，運算，模擬且預測未來船難發生時，在那一艙等或那一個年齡層，甚至是否單獨出遊或集體出遊等的生存機率較高。

在後面章節會介紹許多演算或分析，本章先進行資料處理的技巧，並進行分析，作成初步結論。步驟及程式說明如后。

AI 知識

本節重點：如何將資料進行處理或純化並按照資料類型與探索需求，再對應至圖形類型。

其次再進行資料無關的調整，像是圖表標題、色系或者刻度標籤等，強化探索性資料分析（Exploratory Data Analysis）的目的。讓讀者能一目瞭然資料特徵及背後深意。

1. Part 1：探索性數據分析（EDA）
   (1) 特徵分析。
   (2) 思考多種特徵尋找任何可能的關係或趨勢。
2. Part 2：特徵工程（Feature）和資料純化（Data Cleaning）
   (1) 添加一些特徵。
   (2) 刪除冗餘特徵。
   (3) 將特徵轉換為適合建模之型式。如將年齡數字分為五大年齡層（嬰兒、兒童、青少年、青壯年、老年）。
3. Part3：預測建模
   (1) 運行基本算法。

(2) 交叉驗證。

(3) 融合模型運算。

(4) 重要特徵提取：將特徵依重要性程度列出，以利 AI 運算時減少浪費時間在不重要的因素上。例如，影響存活的最重要因素可能是：年齡、艙等、性別。而其他不重要的因素如登船港口或姓氏，就必須捨棄以節省時間並聚焦在重要的事務上。

本節中將先針對 Part1、Part2 說明。

機器學習部分待下章說明。

程式說明

一、讀取檔案

1. 線上 CSV 檔，只要有正確的 URL 以及網路連線就可以將網路上的任意 CSV 檔案轉成 DataFrame。

```
import pandas as pd
# 讀取本書附檔
df = pd.read_csv("titanic/train.csv")
df.head(5)
```

2. 將鐵達尼號的 CSV 檔案從網路上下載並轉成 DataFrame：

	PassengerId	Survived	Pclass	Name	Sex	Age	SibSp	Parch	Ticket	Fare	Cabin	Embarked
0	1	0	3	Braund, Mr. Owen Harris	male	22.0	1	0	A/5 21171	7.2500	NaN	S
1	2	1	1	Cumings, Mrs. John Bradley (Florence Briggs Th...	female	38.0	1	0	PC 17599	71.2833	C85	C
2	3	1	3	Heikkinen, Miss. Laina	female	26.0	0	0	STON/O2. 3101282	7.9250	NaN	S
3	4	1	1	Futrelle, Mrs. Jacques Heath (Lily May Peel)	female	35.0	1	0	113803	53.1000	C123	S
4	5	0	3	Allen, Mr. William Henry	male	35.0	0	0	373450	8.0500	NaN	S
...	...	...	...	...	...	...	...	...	...	...	...	...
95	96	0	3	Shorney, Mr. Charles Joseph	male	NaN	0	0	374910	8.0500	NaN	S
96	97	0	1	Goldschmidt, Mr. George B	male	71.0	0	0	PC 17754	34.6542	A5	C
97	98	1	1	Greenfield, Mr. William Bertram	male	23.0	0	1	PC 17759	63.3583	D10 D12	C
98	99	1	2	Doling, Mrs. John T (Ada Julia Bone)	female	34.0	0	1	231919	23.0000	NaN	S
99	100	0	2	Kantor, Mr. Sinai	male	34.0	1	0	244367	26.0000	NaN	S

100 rows × 12 columns

3. 資料型態說明如下：

Sex - 性別 Sex	Age - 年齡 Age	Name - 姓名 Name
Survived - 是否存活（0= 否 ;1 = 是）	Pclass - 票價等級／旅客等級（1=1st;2=2nd;3=3rd）	Sibsp - 兄弟姐妹 / 配偶人數 Number of Siblings/Spouses Aboard
parch - 父母 / 子女人數 Number of Parents/Children Aboard	Ticket - 票號 Ticket Number	Fare - 客運票價 Passenger Fare
cabin - 客艙 Cabin	Embarked - 登船港（C = 瑟堡；Q = 皇后鎮；S = 南安普敦）（C = Cherbourg; Q = Queenstown; S = Southampton）	

二、優化記憶體使用量

用 df.info 查看 DataFrame 當前的記憶體用量：

```
df.info(memory_usage="deep")
```

```
<class 'pandas.core.frame.DataFrame'>
RangeIndex: 891 entries, 0 to 890
Data columns (total 12 columns):
 #   Column       Non-Null Count  Dtype
---  ------       --------------  -----
 0   PassengerId  891 non-null    int64
 1   Survived     891 non-null    int64
 2   Pclass       891 non-null    int64
 3   Name         891 non-null    object
 4   Sex          891 non-null    object
 5   Age          714 non-null    float64
 6   SibSp        891 non-null    int64
 7   Parch        891 non-null    int64
 8   Ticket       891 non-null    object
 9   Fare         891 non-null    float64
 10  Cabin        204 non-null    object
 11  Embarked     889 non-null    object
dtypes: float64(2), int64(5), object(5)
memory usage: 315.0 KB
```

看出鐵達尼號這個小 DataFrame 只佔了 315 KB。

（Jupyter notobook 操作 pandas 時，可以用 Variable Inspector 插件來觀察包含 DataFrame 等變數的大小）。

本例使用的 df 不佔什麼記憶體，如果讀入的 DataFrame 很大，情況就非常嚴重了。

就要把握「斤斤計較」的觀念來進行資料處理：

```
dtypes = {"Embarked": "category"}                    # 欄位轉成 category 型態以節省記憶體
cols = ["PassengerId", "Name", "Sex", "Embarked"] # 只選要用的欄位
df = pd.read_csv("titanic/test.csv")
df.info(memory_usage="deep")
```

```
<class 'pandas.core.frame.DataFrame'>
RangeIndex: 891 entries, 0 to 890
Data columns (total 4 columns):
 #   Column       Non-Null Count  Dtype
---  ------       --------------  -----
 0   PassengerId  891 non-null    int64
 1   Name         891 non-null    object
 2   Sex          891 non-null    object
 3   Embarked     889 non-null    category
dtypes: category(1), int64(1), object(2)
memory usage: 135.0 KB
```

可以只讀入特定的欄位並將已知的型態欄位轉成 category 型態以節省記憶體（只在分類數量數小時有效）。

1. 減少讀入的欄位數並將 object 轉換成 category 欄位，讀入的 df 只剩 135 KB。只需剛剛的 40 % 記憶體用量。
2. 若讀者無網際網路或網站流量太大，可直接讀取本書附檔：df=pd.read_csv（"titanic/test.csv"）。
3. 如果你正在處理巨大 CSV 檔案，要控制記憶體的用量，也可以透過 chunksize 參數來限制一次讀入的列數（rows）：例如每 4 筆資料作一組，每次只讀取 1-2 組即可。

三、資料處理與資料純化

1. 讀入並合併多個 CSV 檔案成單一 DataFrame：很多時候因為企業內部 ETL 或是數據處理的方式（比方說利用 Airflow 處理批次數據），相同類型的數據可能會被分成多個不同的 CSV 檔案儲存，就要用到合併檔案。

```
from IPython.display import display

# chunksize=4 表示一次讀入 4 筆樣本
reader = pd.read_csv('titanic/train.csv',
                     chunksize=4, usecols=cols)
# 秀出前兩個 chunks
for _, df_partial in zip(range(2), reader):
    display(df_partial)
```

	PassengerId	Name	Sex	Embarked
0	1	Braund, Mr. Owen Harris	male	S
1	2	Cumings, Mrs. John Bradley (Florence Briggs Th...	female	C
2	3	Heikkinen, Miss. Laina	female	S
3	4	Futrelle, Mrs. Jacques Heath (Lily May Peel)	female	S

	PassengerId	Name	Sex	Embarked
4	5	Allen, Mr. William Henry	male	S
5	6	Moran, Mr. James	male	Q
6	7	McCarthy, Mr. Timothy J	male	S
7	8	Palsson, Master. Gosta Leonard	male	S

假設在本地端 dataset 資料夾內有 2 個 CSV 檔案，分別儲存鐵達尼號上不同乘客的數據：

```
pd.read_csv("titanic/List1.csv")
```

	PassengerId	Pclass	Name	Sex	Age	SibSp	Parch	Ticket	Fare	Cabin	Embarked
0	914	1	Flegenheim, Mrs. Alfred (Antoinette)	female	NaN	0	0	PC 17598	31.6833	NaN	S
1	915	1	Williams, Mr. Richard Norris II	male	21.0	0	1	PC 17597	61.3792	NaN	C
2	916	1	Ryerson, Mrs. Arthur Larned (Emily Maria Borie)	female	48.0	1	3	PC 17608	262.3750	B57 B59 B63 B66	C
3	917	3	Robins, Mr. Alexander A	male	50.0	1	0	A/5. 3337	14.5000	NaN	S
4	918	1	Ostby, Miss. Helene Ragnhild	female	22.0	0	1	113509	61.9792	B36	C
5	919	3	Daher, Mr. Shedid	male	22.5	0	0	2698	7.2250	NaN	C

```
pd.read_csv("titanic/List2.csv")
```

	PassengerId	Pclass	Name	Sex	Age	SibSp	Parch	Ticket	Fare	Cabin	Embarked
0	1014	1	Schabert, Mrs. Paul (Emma Mock)	female	35.0	1	0	13236	57.7500	C28	C
1	1015	3	Carver, Mr. Alfred John	male	28.0	0	0	392095	7.2500	NaN	S
2	1016	3	Kennedy, Mr. John	male	NaN	0	0	368783	7.7500	NaN	Q
3	1017	3	Cribb, Miss. Laura Alice	female	17.0	0	1	371362	16.1000	NaN	S
4	1018	3	Brobeck, Mr. Karl Rudolf	male	22.0	0	0	350045	7.7958	NaN	S

2. 二個 DataFrames 的內容雖然分別代表不同乘客，其格式卻是一模一樣。這種時候你可以使用 pd.concat 將分散在不同 CSV 的乘客數據合併成單一 DataFrame，方便之後處理，步驟如下：

A. 使用 reset_index 函式來重置串接後的 DataFrame 索引。

B. pandas 函式預設的 axis 參數為 0，代表著以列（row）為單位做特定的操作。

C. pd.concat 中語法是將 2 個同樣格式的 DataFrames 依照列串接起來。

```
from glob import glob
files = glob("titanic/List*.csv")

df = pd.concat([pd.read_csv(f) for f in files])
df.reset_index(drop=True)
```

	PassengerId	Pclass	Name	Sex	Age	SibSp	Parch	Ticket	Fare	Cabin	Embarked
0	914	1	Flegenheim, Mrs. Alfred (Antoinette)	female	NaN	0	0	PC 17598	31.6833	NaN	S
1	915	1	Williams, Mr. Richard Norris II	male	21.0	0	1	PC 17597	61.3792	NaN	C
2	916	1	Ryerson, Mrs. Arthur Larned (Emily Maria Borie)	female	48.0	1	3	PC 17608	262.3750	B57 B59 B63 B66	C
3	917	3	Robins, Mr. Alexander A	male	50.0	1	0	A/5. 3337	14.5000	NaN	S
4	918	1	Ostby, Miss. Helene Ragnhild	female	22.0	0	1	113509	61.9792	B36	C
5	919	3	Daher, Mr. Shedid	male	22.5	0	0	2698	7.2250	NaN	C
6	1014	1	Schabert, Mrs. Paul (Emma Mock)	female	35.0	1	0	13236	57.7500	C28	C
7	1015	3	Carver, Mr. Alfred John	male	28.0	0	0	392095	7.2500	NaN	S
8	1016	3	Kennedy, Mr. John	male	NaN	0	0	368783	7.7500	NaN	Q
9	1017	3	Cribb, Miss. Laura Alice	female	17.0	0	1	371362	16.1000	NaN	S
10	1018	3	Brobeck, Mr. Karl Rudolf	male	22.0	0	0	350045	7.7958	NaN	S

3. 同一筆數據的不同特徵值（Features）常會放在不同檔案裡頭。以鐵達尼號的數據集舉例，要如何組合成一個檔案（水平串接）：

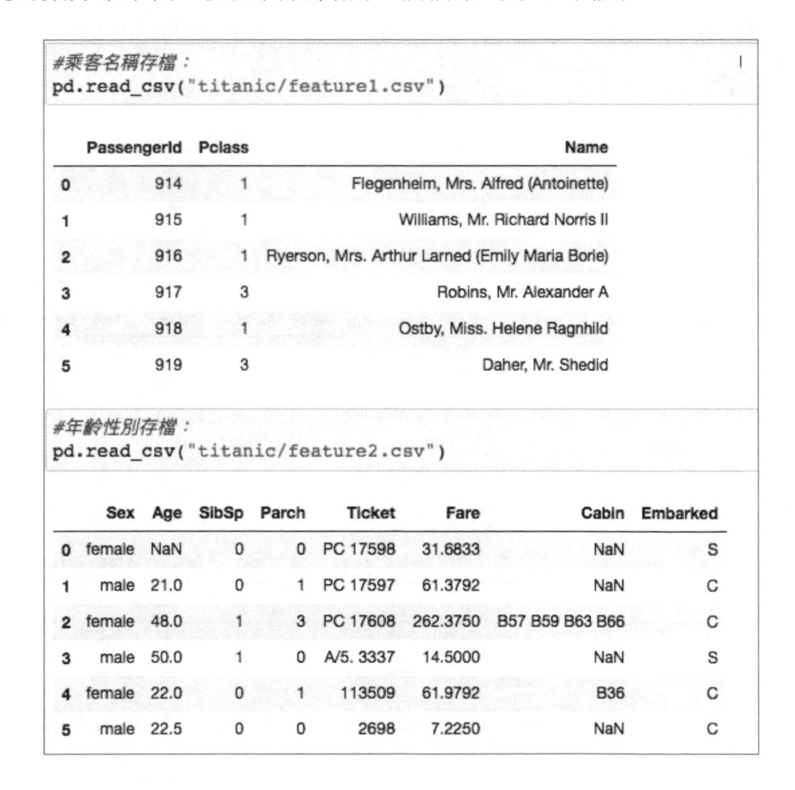

```
#乘客名稱存檔：
pd.read_csv("titanic/feature1.csv")
```

	PassengerId	Pclass	Name
0	914	1	Flegenheim, Mrs. Alfred (Antoinette)
1	915	1	Williams, Mr. Richard Norris II
2	916	1	Ryerson, Mrs. Arthur Larned (Emily Maria Borie)
3	917	3	Robins, Mr. Alexander A
4	918	1	Ostby, Miss. Helene Ragnhild
5	919	3	Daher, Mr. Shedid

```
#年齡性別存檔：
pd.read_csv("titanic/feature2.csv")
```

	Sex	Age	SibSp	Parch	Ticket	Fare	Cabin	Embarked
0	female	NaN	0	0	PC 17598	31.6833	NaN	S
1	male	21.0	0	1	PC 17597	61.3792	NaN	C
2	female	48.0	1	3	PC 17608	262.3750	B57 B59 B63 B66	C
3	male	50.0	1	0	A/5. 3337	14.5000	NaN	S
4	female	22.0	0	1	113509	61.9792	B36	C
5	male	22.5	0	0	2698	7.2250	NaN	C

4. 將這 2 個 CSV 檔案，同列對應到同個乘客，可用 pd.concat 函式搭配 axis=1 將不同 DataFrames 依照行（column）串接：

```
files = glob("titanic/Feature*.csv")  # 在Python，""引號內大小寫要區分
files
pd.concat([pd.read_csv(f) for f in files], axis=1)
```

	PassengerId	Pclass	Name	Sex	Age	SibSp	Parch	Ticket	Fare	Cabin	Embarked
0	914	1	Flegenheim, Mrs. Alfred (Antoinette)	female	NaN	0	0	PC 17598	31.6833	NaN	S
1	915	1	Williams, Mr. Richard Norris II	male	21.0	0	1	PC 17597	61.3792	NaN	C
2	916	1	Ryerson, Mrs. Arthur Larned (Emily Maria Borie)	female	48.0	1	3	PC 17608	262.3750	B57 B59 B63 B66	C
3	917	3	Robins, Mr. Alexander A	male	50.0	1	0	A/5. 3337	14.5000	NaN	S
4	918	1	Ostby, Miss. Helene Ragnhild	female	22.0	0	1	113509	61.9792	B36	C
5	919	3	Daher, Mr. Shedid	male	22.5	0	0	2698	7.2250	NaN	C

5. DataFrame 客製化顯示設定：

- pandas 具智慧型處理能力，原本設定上，會盡可能地將 DataFrame 完整呈現出來，但可以改變預設的顯示方式，「儘量」完整顯示所有欄位。
- 若 DataFrame 裡頭的欄位多，pandas 會自動省略某些中間欄位以保持頁面整潔。
- display.max_columns/display.max_rows：如果想要恢復顯示所有欄位，可以使用 pd.set_option 函式 display.max_rows 來進行改變，注意 ... 消失了。

```
import pandas as pd
df = pd.read_csv("titanic/train.csv")
df
```

	PassengerId	Survived	Pclass	Name	Sex	Age	SibSp	Parch	Ticket	Fare	Cabin	Embarked
0	1	0	3	Braund, Mr. Owen Harris	male	22.0	1	0	A/5 21171	7.2500	NaN	S
1	2	1	1	Cumings, Mrs. John Bradley (Florence Briggs Th...	female	38.0	1	0	PC 17599	71.2833	C85	C
2	3	1	3	Heikkinen, Miss. Laina	female	26.0	0	0	STON/O2. 3101282	7.9250	NaN	S
3	4	1	1	Futrelle, Mrs. Jacques Heath (Lily May Peel)	female	35.0	1	0	113803	53.1000	C123	S
4	5	0	3	Allen, Mr. William Henry	male	35.0	0	0	373450	8.0500	NaN	S
...	...	...	...	...	...	...	...	...	...	...	...	...
886	887	0	2	Montvila, Rev. Juozas	male	27.0	0	0	211536	13.0000	NaN	S
887	888	1	1	Graham, Miss. Margaret Edith	female	19.0	0	0	112053	30.0000	B42	S
888	889	0	3	Johnston, Miss. Catherine Helen "Carrie"	female	NaN	1	2	W./C. 6607	23.4500	NaN	S

這部分表示隱藏部分資料

```
pd.set_option("display.max_rows", None)
df
```

	PassengerId	Survived	Pclass	Name	Sex	Age	SibSp	Parch	Ticket	Fare	Cabin	Embarked
0	1	0	3	Braund, Mr. Owen Harris	male	22.00	1	0	A/5 21171	7.2500	NaN	S
1	2	1	1	Cumings, Mrs. John Bradley (Florence Briggs Th...	female	38.00	1	0	PC 17599	71.2833	C85	C
2	3	1	3	Heikkinen, Miss. Laina	female	26.00	0	0	STON/O2. 3101282	7.9250	NaN	S
3	4	1	1	Futrelle, Mrs. Jacques Heath (Lily May Peel)	female	35.00	1	0	113803	53.1000	C123	S
4	5	0	3	Allen, Mr. William Henry	male	35.00	0	0	373450	8.0500	NaN	S
5	6	0	3	Moran, Mr. James	male	NaN	0	0	330877	8.4583	NaN	Q
6	7	0	1	McCarthy, Mr. Timothy J	male	54.00	0	0	17463	51.8625	E46	S

- 行列互換：使用 T 來轉置（transpose）當前 DataFrame，垂直顯示所有欄位：

```
df.T.head(5)
```

	0	1	2	3	4	...	886	887	888	889	890
PassengerId	1	2	3	4	5	...	887	888	889	890	891
Survived	0	1	1	1	0	...	0	1	0	1	0
Pclass	3	1	3	1	3	...	2	1	3	1	3
Name	Braund, Mr....	Cumings, Mr...	Heikkinen, ...	Futrelle, M...	Allen, Mr. ...	...	Montvila, R...	Graham, Mis...	Johnston, M...	Behr, Mr. K...	Dooley, Mr....
Sex	male	female	female	female	male	...	male	female	female	male	male

5 rows × 891 columns

- DataFrame 其他顯示設定在 pandas 官方文件裡：https://pandas.pydata.org/pandas-docs/stable/user_guide/options.html#frequently-used-options

6. 減少顯示的欄位長度。

使用 pd.set_option 函式來限制鐵達尼號資料 Name 欄位的顯示長度。

```
from IPython.display import display
df = pd.read_csv( "titanic/train.csv")
print("display.max_colwidth 預設值：",pd.get_option("display.max_
colwidth"))
display(df)
print(" 欄位的長度改變，這樣比較方便閱讀及目視分析：")
# 客製化顯示（global）
pd.set_option("display.max_colwidth",12)
display(df)
```

display.max_colwidth 預設值： 20

	PassengerId	Survived	Pclass	Name	Sex	Age	SibSp	Parch	Ticket	Fare	Cabin	Embarked
0	1	0	3	Braund, Mr. Owen...	male	22.0	1	0	A/5 21171	7.25	NaN	S
1	2	1	1	Cumings, Mrs. Jo...	female	38.0	1	0	PC 17599	71.28	C85	C
2	3	1	3	Heikkinen, Miss....	female	26.0	0	0	STON/O2. 3101282	7.92	NaN	S

欄位的長度改變,這樣比較方便閱讀及目視分析：

	PassengerId	Survived	Pclass	Name	Sex	Age	SibSp	Parch	Ticket	Fare	Cabin	Embarked
0	1	0	3	Brau...	male	22.0	1	0	A/5 ...	7.25	NaN	S
1	2	1	1	Cumi...	female	38.0	1	0	PC 1...	71.28	C85	C
2	3	1	3	Heik...	female	26.0	0	0	STON...	7.92	NaN	S

7. 改變浮點數顯示位數：

- 除了欄位長度以外，你常常會想要改變浮點數（float）顯示的小數點位數。
- 結果：Fare 欄位顯示小數點後二位數值。
- 只要設定過的 Option 參數，會一直延用下去。如上例：max_colwidth 會被套用到後面 DataFrame 的。DataFrame 的 Name 欄位顯示寬度跟上一個 DataFrame 顯示是相同的（都被縮減）。

```
pd.set_option("display.precision", 2)  #precision表示小數位數
df.head(3)
```

	PassengerId	Survived	Pclass	Name	Sex	Age	SibSp	Parch	Ticket	Fare	Cabin	Embarked
0	1	0	3	Brau...	male	22.0	1	0	A/5 ...	7.25	NaN	S
1	2	1	1	Cumi...	female	38.0	1	0	PC 1...	71.28	C85	C
2	3	1	3	Heik...	female	26.0	0	0	STON...	7.92	NaN	S

8. 想要將所有調整過的設定還原初始化，可以執行（"use_inf_as_na"）：

```
pd.reset_option("use_inf_as_na")  #將所有上面的Option設定 恢復成初始值
df.head(3)
```

	PassengerId	Survived	Pclass	Name	Sex	Age	SibSp	Parch	Ticket	Fare	Cabin	Embarked
0	1	0	3	Brau...	male	22.0	1	0	A/5 ...	7.25	NaN	S
1	2	1	1	Cumi...	female	38.0	1	0	PC 1...	71.28	C85	C
2	3	1	3	Heik...	female	26.0	0	0	STON...	7.92	NaN	S

9. 其他常用的 options 包含：

- max_rows 最多顯示列數（橫）
- max_columns 最多顯示行數（縱）
- date_yearfirst（日期在前）

```
from IPython.display import display
# 重新讀取原始鐵達尼號乘客數據
df = pd.read_csv("titanic/train.csv")

pd.reset_option("use_inf_as_na")    # 將所有上面 Option 設定恢復成初始值
pd.set_option("max_rows", 5)        # 最多顯示 8 列
print(" 最多顯示 3 列 ( 筆 ) 資料 ")
display((df))
pd.set_option("max_columns", 5)     # 最多顯示 2 列
print(" 最多顯示 10 行 ( 筆 ) 資料 ")
display((df))
```

最多顯示3列(筆)資料

	PassengerId	Survived	Pclass	Name	Sex	...	Parch	Ticket	Fare	Cabin	Embarked
0	1	0	3	Braund, ...	male	...	0	A/5 21171	7.25	NaN	S
1	2	1	1	Cumings,...	female	...	0	PC 17599	71.28	C85	C
...	...	...	...	...	...	...	...	...	...	...	...
889	890	1	1	Behr, Mr...	male	...	0	111369	30.00	C148	C
890	891	0	3	Dooley, ...	male	...	0	370376	7.75	NaN	Q

891 rows × 12 columns

最多顯示10行(筆)資料

	PassengerId	Survived	...	Cabin	Embarked
0	1	0	...	NaN	S
1	2	1	...	C85	C
...	...	...	...	...	...
889	890	1	...	C148	C
890	891	0	...	NaN	Q

891 rows × 12 columns

四、樞紐分析法：pivot_table()、groupby()

1. 統計分析上，找出一二個索引欄進行群組，用 groupby() 已經足夠。但大量欄位的群組，建議使用 pivot_table()。

2. pivot_table()（樞紐分析表）是各種電子表格程序和數據分析中一種常見的工具。它根據一個或多個鍵對數據進行樞紐，並根據行和列上分組將數據分配到各個矩形區域中。在 Python 和 pandas 中，可以通過 groupby 功能以及（能夠利用層次化索引的）重建運算製作透視表。

3. 除了能為 groupby 提供便利之外，pivot_table() 還可以添加分項小計（margins）：假設我們只想樞紐 lifeExp（平均壽命）和 pop（人口），而且想根據 year（年份）進行分組。

4. 假設我們只想聚合 tip_pct 和 size，而且想根據 day 進行分組。可將 smoker 放到列上，把 day 放到行上。

5. 假設我想要根據 sex 和 smoker 計算分組平均數（pivot_table 的默認聚合類型），並將 sex 和 smoker 放到行上。

```
pd.options.display.max_columns = 14
pd.options.display.max_rows = 8
```

```
# 讀取 CSV File
import pandas as pd  # 引用套件並縮寫為 pd
df = pd.read_csv('WBDataEN-10y.csv')
df_1=df
```

```
# 方法一：使用 groupby
df_1.groupby(['continent','country']).mean()
```

		Unnamed: 0	year	lifeExp	pop	gdpPercap
continent	**country**					
Africa	**Algeria**	206.0	1990.0	63.4...	2.64...	4497...
	Angola	289.0	1990.0	44.8...	1.56...	3668...
	Benin	870.0	1990.0	52.1...	6.43...	1234...
	Botswana	1119.0	1990.0	58.9...	1.34...	5923...
...	**...**	...	...	...	...	...
Europe	**Turkey**	10913.0	1990.0	64.0...	5.54...	7809...
	United Kingdom	11079.0	1990.0	75.7...	5.92...	2692...
Oceania	**Australia**	455.0	1990.0	76.9...	1.75...	2994...
	New Zealand	7593.0	1990.0	76.2...	3.51...	2302...

```
# 方法二：使用pivot_table
#現在假設我們只想聚合tip_pct和size，而且想根據day進行分組。我將smoker放到列上，把day放到行上：
df_1.pivot_table(values=['pop','lifeExp'], index=['year'], columns='country')
```

	lifeExp							...	pop						
country	Afghanistan	Albania	Algeria	Angola	Argentina	Australia	Austria	...	Uruguay	Venezuela	Vietnam	West Bank and Gaza	Yemen, Rep.	Zambia	Zimbabwe
year															
1950	29.22	53.61	42.03	29.22	61.72	68.64	66.53	...	2232565	5419168	2622...	1010185	4943429	2651600	3060507
1960	31.33	62.60	47.26	33.20	64.84	70.69	68.72	...	2529063	7567092	3187...	1108056	5871285	3259000	4025178
1970	35.26	67.10	53.27	37.15	66.49	71.60	70.43	...	2797147	1079...	4257...	1110798	7140559	4263898	5514854
1980	39.29	69.82	60.03	39.76	69.36	74.24	72.78	...	2921806	1477...	5389...	1359962	9156167	5746864	8584460
...	...	...	...	...	...	...	...	...	...	...	...	...	...	...	...
2000	41.98	74.57	70.26	40.99	73.91	79.75	78.39	...	3322986	2352...	7896...	3164165	1755...	1012...	1215...
2010	75.82	75.28	74.94	55.35	75.28	81.70	80.58	...	3359275	2843...	8796...	4103...	2315...	1360...	1269...
2020	77.15	76.82	77.08	61.59	76.82	83.25	81.79	...	3473730	2843...	9733...	4459...	2982...	1838...	1486...
2030	78.48	78.30	79.02	65.62	78.30	85.73	82.28	...	3569471	3362...	1041...	4895...	3640...	2432...	1759...

9 rows × 284 columns

6. margins，ALL 參數的應用：

- 傳入 margins=True 添加加分小計。
- 會添加標籤為 ALL 的行和列（初始值為 mean 平均值），其值對應於單個等級中所有數據的分組統計。
- 在下面這個例子中，ALL 值為平均數。

```
df_1.pivot_table(values=['pop','lifeExp'], index=['year'], columns='country',margins=True)
```

	lifeExp							...	pop						
country	Afghanistan	Albania	Algeria	Angola	Argentina	Australia	Austria	...	Venezuela	Vietnam	West Bank and Gaza	Yemen, Rep.	Zambia	Zimbabwe	All
year															
1950	29.2...	53.6...	42.0...	29.2...	61.7...	68.6...	66.5...	...	5419168	2622...	1.01...	4.94...	2.65...	3.06...	1.67...
1960	31.3...	62.6...	47.2...	33.2...	64.8...	70.6...	68.7...	...	7567092	3187...	1.10...	5.87...	3.25...	4.02...	1.97...
1970	35.2...	67.1...	53.2...	37.1...	66.4...	71.6...	70.4...	...	1079...	4257...	1.11...	7.14...	4.26...	5.51...	2.41...
1980	39.2...	69.8...	60.0...	39.7...	69.3...	74.2...	72.7...	...	1477...	5389...	1.35...	9.15...	5.74...	8.58...	2.92...
...	...	...	...	...	...	...	...	...	...	...	...	...	...	...	...
2010	75.8...	75.2...	74.9...	55.3...	75.2...	81.7...	80.5...	...	2843...	8796...	4.10...	2.31...	1.36...	1.26...	4.72...
2020	77.1...	76.8...	77.0...	61.5...	76.8...	83.2...	81.7...	...	2843...	9733...	4.45...	2.98...	1.83...	1.48...	5.31...
2030	78.4...	78.3...	79.0...	65.6...	78.3...	85.7...	82.2...	...	3362...	1041...	4.89...	3.64...	2.43...	1.75...	5.85...
All	49.9...	69.9...	63.4...	44.8...	70.9...	76.9...	75.2...	...	1910...	6556...	1.60...	1.62...	1.00...	9.95...	3.60...

10 rows × 286 columns

7. 樞紐函數將其傳給參數 aggfunc（默認為 'mean', 平均值）。

例如，使用 count（筆數）或 len（資料量）可以得到有關分組大小的交叉表。

加上 aggfunc 參數，結果如下：

```
1  pd.options.display.max_colwidth=13       #單一資料欄位內容顯示之長度
2  pd.options.display.max_columns = 11      #最多顯示多少筆資料
3  pd.options.display.max_rows =6           #最多顯示多少欄位
4  df_1.pivot_table(values=['pop','lifeExp'], index=['year'], columns='country',margins=True, aggfunc=['mean'])
```

這裡的ALL 因顯示寬度限制而隱藏

	mean										
	lifeExp					...	pop				
country	Afghanistan	Albania	Algeria	Angola	Argentina	...	West Bank and Gaza	Yemen, Rep.	Zambia	Zimbabwe	All
year											
1950	29.220000	53.610000	42.030000	29.220000	61.720000	...	1.010185e+06	4.943429e+06	2.651600e+06	3.060507e+06	1.676462e+07
1960	31.330000	62.600000	47.260000	33.200000	64.840000	...	1.108056e+06	5.871285e+06	3.259000e+06	4.025178e+06	1.975966e+07
1970	35.260000	67.100000	53.270000	37.150000	66.490000	...	1.110798e+06	7.140559e+06	4.263898e+06	5.514854e+06	2.418164e+07
...	...	...	...	...	...	...	...	...	...	...	...
2020	77.150000	76.820000	77.080000	61.590000	76.820000	...	4.459803e+07	2.982596e+07	1.838396e+07	1.486292e+07	5.316901e+07
2030	78.480000	78.300000	79.020000	65.620000	78.300000	...	4.895403e+07	3.640689e+07	2.432550e+07	1.759645e+07	5.859971e+07
All	49.984444	69.983333	63.428889	44.803333	70.905556	...	1.603106e+07	1.628434e+07	1.003323e+07	9.958234e+06	3.602430e+07

10 rows × 286 columns

LifeExp（平均壽命）、pop（人口）二組資料同時顯示，視覺上太多太亂，只選一個項目（pop）再看一次。各國人口數從 1950 年到 2030 年都增加三倍以上。

再觀察平均壽命，從 1960 年到 2020 年，可得分析結果：

不論落後國家或先進國家都增加 8~20 歲。主因應是戰亂減少及醫療進步。

```
pd.options.display.max_colwidth=8       #單一資料欄位內容顯示之長度
pd.options.display.max_columns = 12     #最多顯示多少筆資料
pd.options.display.max_rows = 8         #最多顯示多少個欄位
df_1.pivot_table(values=['lifeExp'], index=['year'], columns='country',margins=True, aggfunc=['mean'])
```

	mean												
	lifeExp												
country	Afghanistan	Albania	Algeria	Angola	Argentina	Australia	...	Vietnam	West Bank and Gaza	Yemen, Rep.	Zambia	Zimbabwe	All
year													
1950	29.2...	53.6...	42.0...	29.2...	61.7...	68.6...	...	39.42	42.1...	31.9...	41.2...	47.6...	48.0...
1960	31.3...	62.6...	47.2...	33.2...	64.8...	70.6...	...	44.37	47.1...	34.7...	45.2...	51.6...	52.7...
1970	35.2...	67.1...	53.2...	37.1...	66.4...	71.6...	...	49.29	54.5...	38.7...	49.1...	54.9...	56.8...
1980	39.2...	69.8...	60.0...	39.7...	69.3...	74.2...	...	57.60	62.9...	47.1...	51.6...	61.5...	60.7...
...	...	...	...	...	...	...	...	...	...	...	...	...	...
2010	75.8...	75.2...	74.9...	55.3...	75.2...	81.7...	...	74.84	72.7...	65.5...	55.6...	50.6...	69.5...
2020	77.1...	76.8...	77.0...	61.5...	76.8...	83.2...	...	75.47	74.2...	66.1...	64.4...	61.9...	72.6...
2030	78.4...	78.3...	79.0...	65.6...	78.3...	85.7...	...	76.23	75.7...	66.2...	69.1...	65.7...	75.0...
All	49.9...	69.9...	63.4...	44.8...	70.9...	76.9...	...	61.67	63.3...	51.5...	51.5...	54.2...	62.7...

10 rows × 143 columns

再分析各國人口數，逐年增加的情況：

```
pd.options.display.max_colwidth=13      #單一資料欄位內容顯示之長度
pd.options.display.max_columns = 11    #最多顯示多少筆資料
pd.options.display.max_rows = 8        #最多顯示多少個欄位
df_1.pivot_table(values=['pop'], index=['year'], columns='country',margins=True, aggfunc=['mean'])
```

	mean										
	pop										
country	Afghanistan	Albania	Algeria	Angola	Argentina	...	West Bank and Gaza	Yemen, Rep.	Zambia	Zimbabwe	All
year											
1950	8.221506e+06	9.914320e+05	8.988260e+06	3.940830e+06	1.758569e+07	...	1.010185e+06	4.943429e+06	2.651600e+06	3.060507e+06	1.676462e+07
1960	9.856623e+06	1.627484e+06	1.070891e+07	4.720153e+06	2.061448e+07	...	1.108056e+06	5.871285e+06	3.259000e+06	4.025178e+06	1.975966e+07
1970	1.246286e+07	2.151756e+06	1.396067e+07	5.635902e+06	2.404157e+07	...	1.110798e+06	7.140559e+06	4.263898e+06	5.514854e+06	2.418164e+07
1980	1.368124e+07	2.671677e+06	1.888137e+07	6.674900e+06	2.839836e+07	...	1.359962e+06	9.156167e+06	5.746864e+06	8.584460e+06	2.921036e+07
...	...	...	...	...	...	...	...	...	...	...	...
2010	2.918551e+07	2.948023e+06	3.597746e+07	2.335625e+07	4.089575e+07	...	4.103493e+07	2.315486e+07	1.360598e+07	1.269772e+07	4.729476e+07
2020	3.892835e+07	2.877797e+06	4.385104e+07	3.286627e+07	4.519577e+07	...	4.459803e+07	2.982596e+07	1.838396e+07	1.486292e+07	5.316901e+07
2030	4.809358e+07	2.786974e+06	5.036075e+07	4.483471e+07	4.905616e+07	...	4.895403e+07	3.640689e+07	2.432550e+07	1.759645e+07	5.859971e+07
All	2.220218e+07	2.528610e+06	2.646784e+07	1.565444e+07	3.292129e+07	...	1.603106e+07	1.628434e+07	1.003323e+07	9.958234e+06	3.602430e+07

10 rows × 143 columns

整理樞紐分析表（pivot_table()）的各項參數設定：

parameters	introduction
data	DataFrame
values	待樞紐的列的名稱。 默認樞紐所有數值列
index	用於分組的列名或其他分組鍵，出現在結果透視表的行
columns	用於分組的列名或其他分組鍵，出現在結果透視表的列
aggfunc	樞紐函數或函數列表，默認為 'mean'。 可對 groupby 有效的函數
fill_value	用於替換結果表中的缺失值
dropna	boolean，默認為 True
margins_name	string，默認為 'ALL'，當參數 margins 為 True 時，ALL 行和列名字

五、交叉分析 crosstab

crosstab 其實只算是一種特殊的 pivot_table()，專用於計算分組頻率。交叉表 tabulation（簡稱 crosstab）是一種用於計算分組頻率的特殊樞紐表。

實例：先創建一個簡單檔的資料。

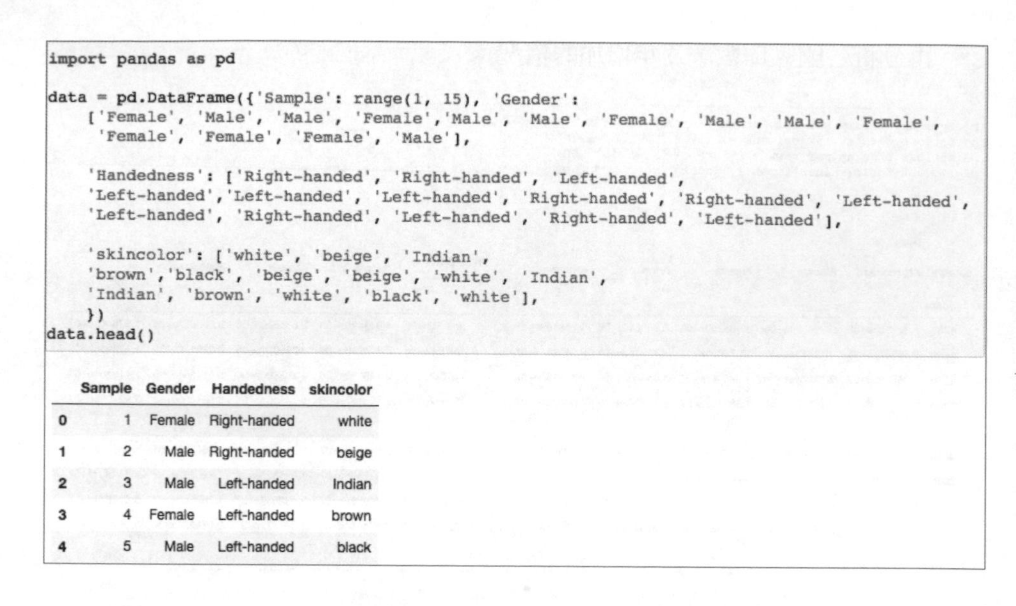

```
import pandas as pd

data = pd.DataFrame({'Sample': range(1, 15), 'Gender':
    ['Female', 'Male', 'Male', 'Female','Male', 'Male', 'Female', 'Male', 'Male', 'Female',
     'Female', 'Female', 'Female', 'Male'],

    'Handedness': ['Right-handed', 'Right-handed', 'Left-handed',
    'Left-handed','Left-handed', 'Left-handed', 'Right-handed', 'Right-handed', 'Left-handed',
    'Left-handed', 'Right-handed', 'Left-handed', 'Right-handed', 'Left-handed'],

    'skincolor': ['white', 'beige', 'Indian',
    'brown','black', 'beige', 'beige', 'white', 'Indian',
    'Indian', 'brown', 'white', 'black', 'white'],
    })
data.head()
```

	Sample	Gender	Handedness	skincolor
0	1	Female	Right-handed	white
1	2	Male	Right-handed	beige
2	3	Male	Left-handed	Indian
3	4	Female	Left-handed	brown
4	5	Male	Left-handed	black

直接引用 crosstab，以 Gender 為索引，根據索引列出 Handedness，並進行 All 統計（Count）加總。如圖所示，只有一行完成交叉分析表。

```
pd.crosstab(data.Gender,data.Handedness,margins=True)
```

Handedness	Left-handed	Right-handed	All
Gender			
Female	3	4	7
Male	5	2	7
All	8	6	14

六、進行較複雜的邏輯性分析：（先定假設，再驗證假設是否成立）

鐵達尼號船難事件背景：1912 年 4 月 14 日深夜至 15 日凌晨在北大西洋發生船難的，在 1920 年調查終結後，法院將乘客資料建檔；以這個資料來進行數據進行分析。

分析前，先進行假說設立；即定義分析的目標：什麼樣特徵的乘客，在船難發生時的存活率最大？

假設如下：

(1) 越有錢的人，存活率越高。

(2) 男性會優先讓女性下船，因此女性的存活率較高。

(3) 團體乘客因危險發生時可能會互幫忙，故存活率較單獨乘客高。

先把檔案引入，並看一下檔案結構：

```
import pandas as pd
import numpy as np
import seaborn as sns

df = pd.read_csv("titanic/train.csv")

#Dataframe 顯示設定
pd.set_option("display.max_colwidth", 15)   # 單一資料欄位內容顯示之長度
pd.set_option("max_rows", 20)               # 最多顯示多少筆資料
pd.set_option("max_columns", 100)           # 最多顯示多少個欄位

df.info()
df.head()
```

```
<class 'pandas.core.frame.DataFrame'>
RangeIndex: 891 entries, 0 to 890
Data columns (total 12 columns):
 #   Column       Non-Null Count  Dtype
---  ------       --------------  -----
 0   PassengerId  891 non-null    int64
 1   Survived     891 non-null    int64
 2   Pclass       891 non-null    int64
 3   Name         891 non-null    object
 4   Sex          891 non-null    object
 5   Age          714 non-null    float64
 6   SibSp        891 non-null    int64
 7   Parch        891 non-null    int64
 8   Ticket       891 non-null    object
 9   Fare         891 non-null    float64
 10  Cabin        204 non-null    object
 11  Embarked     889 non-null    object
dtypes: float64(2), int64(5), object(5)
memory usage: 83.7+ KB
```

	PassengerId	Survived	Pclass	Name	Sex	Age	SibSp	Parch	Ticket	Fare	Cabin	Embarked
0	1	0	3	Braund, Mr....	male	22.0	1	0	A/5 21171	7.2500	NaN	S
1	2	1	1	Cumings, Mr...	female	38.0	1	0	PC 17599	71.2833	C85	C
2	3	1	3	Heikkinen, ...	female	26.0	0	0	STON/O2. 31...	7.9250	NaN	S
3	4	1	1	Futrelle, M...	female	35.0	1	0	113803	53.1000	C123	S
4	5	0	3	Allen, Mr. ...	male	35.0	0	0	373450	8.0500	NaN	S

七、groupby 統計分析：

1. 搭配 describe 函式來匯總各組的統計數據，觀察不同性別的基本統計資料：

```
df.groupby("Sex").Survived.describe()
```

Sex	count	mean	std	min	25%	50%	75%	max
female	314.0	0.742038	0.438211	0.0	0.0	1.0	1.0	1.0
male	577.0	0.188908	0.391775	0.0	0.0	0.0	0.0	1.0

2. 將所有乘客（列）依照它們的艙等（Pclass）欄位值進行分組（groupby）：

```
df.groupby('Pclass').Age.mean()

Pclass
1     38.233441
2     29.877630
3     25.140620
Name: Age, dtype: float64
```

3. 加入不同欄位（Sex）再進行分組，並利用 size 函式取得各組人數：

```
df.groupby(["Sex", 'Pclass']).size().unstack()
```

Pclass / Sex	1	2	3
female	94	76	144
male	122	108	347

4. 用 agg 函式（aggregate，匯總）搭配 groupby 函式。

```
df.groupby(["Sex", 'Pclass']).Age.agg(['min', 'max', 'count'])
```

Sex	Pclass	min	max	count
female	1	2.00	63.0	85
	2	2.00	57.0	74
	3	0.75	63.0	102
male	1	0.92	80.0	101
	2	0.67	70.0	99
	3	0.42	74.0	253

5. 使用樞紐分析表 pivot_table() 函式來匯總各組數據：

```
df.pivot_table(index='Sex',
               columns='Pclass',
               values='Age',
               aggfunc=['min', 'max', 'count'])
```

	min			max			count		
Pclass	1	2	3	1	2	3	1	2	3
Sex									
female	2.00	2.00	0.75	63.0	57.0	63.0	85	74	102
male	0.92	0.67	0.42	80.0	70.0	74.0	101	99	253

6. 用 groupby 的 unstack 函式也能產生跟 pivot_table() 函式相同的結果：

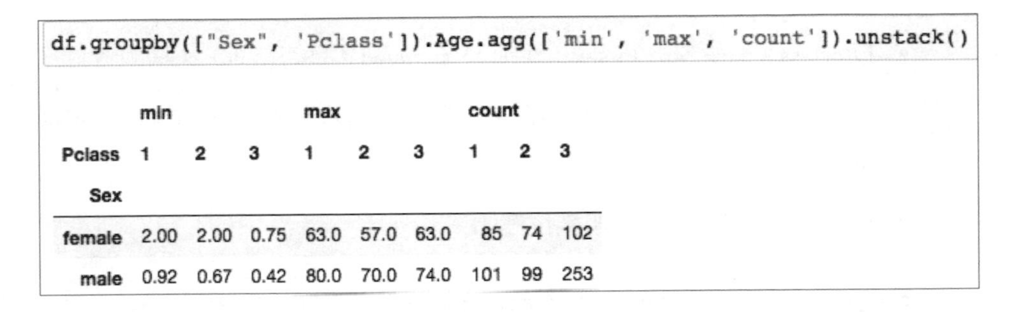

```
df.groupby(["Sex", 'Pclass']).Age.agg(['min', 'max', 'count']).unstack()
```

	min			max			count		
Pclass	1	2	3	1	2	3	1	2	3
Sex									
female	2.00	2.00	0.75	63.0	57.0	63.0	85	74	102
male	0.92	0.67	0.42	80.0	70.0	74.0	101	99	253

7. 用 tramsform 輔助 groupby 進行統計：用 groupby 函式來結合原始數據，進行匯總。不管是 groupby 搭配 agg 還是 pivot_table()，匯總結果都會以另一個全新的 DataFrame 表示。若想直接把各組匯總的結果放到原本的 DataFrame 中，方便比較原始樣本與匯總結果的差異。這時可以用 transform 函式，用法如下：

```
#Dataframe顯示設定
pd.set_option("display.max_colwidth", 18)   #單一資料欄位內容顯示之長度
pd.set_option("max_rows", 8)                #最多顯示多少筆資料
pd.set_option("max_columns", 20)            #最多顯示多少個欄位

df['Avg_age'] = df.groupby("Sex").Age.transform("mean")
df['Over_avg_age'] = df.apply(lambda x:'yes' if x.Age>x.Avg_age else 'no',
                              axis=1)
df
```

	PassengerId	Survived	Pclass	Name	Sex	Age	SibSp	Parch	Ticket	Fare	Cabin	Embarked	Avg_age	Over_avg_age
0	1	0	3	Braund, Mr. Ow...	male	22.0	1	0	A/5 21171	7.2500	NaN	S	30.726645	no
1	2	1	1	Cumings, Mrs. ...	female	38.0	1	0	PC 17599	71.2833	C85	C	27.915709	yes
2	3	1	3	Heikkinen, Mis...	female	26.0	0	0	STON/O2. 3101282	7.9250	NaN	S	27.915709	no
3	4	1	1	Futrelle, Mrs....	female	35.0	1	0	113803	53.1000	C123	S	27.915709	yes
...	...	...	...	...	...	...	...	...	...	...	...	...	...	...
887	888	1	1	Graham, Miss. ...	female	19.0	0	0	112053	30.0000	B42	S	27.915709	no
888	889	0	3	Johnston, Miss...	female	NaN	1	2	W./C. 6607	23.4500	NaN	S	27.915709	no
889	890	1	1	Behr, Mr. Karl...	male	26.0	0	0	111369	30.0000	C148	C	30.726645	no
890	891	0	3	Dooley, Mr. Pa...	male	32.0	0	0	370376	7.7500	NaN	Q	30.726645	yes

891 rows × 14 columns

- 將年齡進行平均後再放入 Avg_age，並列在最後一欄，以便比較。
- 將平均年齡和真實年齡進行比較，並註明 yes/no 列在最後一欄，以便比較。
- 再計算出各組平均年齡 Age，用 transform 函式將各組結果放入對應的乘客（列）資料。

你會發現兩名男乘客跟平均男性壽命 Avg_age 欄位正好一上一下，這差異則反映到 Above_avg_age。

為了證明假說是否成立，觀察在不同的船艙，性別與生存關係，是否有明確的差異：

- 以 pclass（船艙等級）、sex（性別）、survived（是否存活）來檢視資料。
- 以三個欄位（艙等、性別、存活與否）進行樞紐分析（index 以固定欄位）。
- 再將乘客依性別 Sex 分組欄位裡頭。

```
titanic_age = df.pivot_table(index=['Pclass','Sex', 'Survived'])
titanic_age
```

Pclass	Sex	Survived	Age	Fare	Parch	PassengerId	SibSp
1	female	0	25.666667	110.604167	1.333333	325.000000	0.666667
		1	34.939024	105.978159	0.428571	473.967033	0.549451
	male	0	44.581967	62.894910	0.259740	413.623377	0.272727
		1	36.248000	74.637320	0.311111	527.777778	0.377778
2	female	0	36.000000	18.250000	0.166667	423.500000	0.500000
		1	28.080882	22.288989	0.642857	444.785714	0.485714
	male	0	33.369048	19.488965	0.142857	454.010989	0.307692
		1	16.022000	21.095100	0.647059	415.588235	0.529412
3	female	0	23.818182	19.773093	1.097222	440.375000	1.291667
		1	19.329787	12.464526	0.500000	359.083333	0.500000
	male	0	27.255814	12.204469	0.213333	456.750000	0.523333
		1	22.274211	15.579696	0.297872	447.638298	0.340426

8. DataFrame 顯示強調重點：style 函式

```
(df.loc[:10, 'Sex':]                                              #只列出10筆索引出來資料
 .style
 .highlight_max(subset=['Avg_age'],color='pink')                  #標示出最大值並用底色強化
 .applymap(lambda x: 'background-color: rgb(52, 244, 247)',       #標示索引底色
           subset=pd.IndexSlice[[0, 7], ['Age','Over_avg_age']]))  #標示索引範圍 (0-10筆)
```

	Sex	Age	SibSp	Parch	Ticket	Fare	Cabin	Embarked	Avg_age	Over_avg_age
0	male	22.000000	1	0	A/5 21171	7.250000	nan	S	30.726645	no
1	female	38.000000	1	0	PC 17599	71.283300	C85	C	27.915709	yes
2	female	26.000000	0	0	STON/O2. 3101282	7.925000	nan	S	27.915709	no
3	female	35.000000	1	0	113803	53.100000	C123	S	27.915709	yes
4	male	35.000000	0	0	373450	8.050000	nan	S	30.726645	yes
5	male	nan	0	0	330877	8.458300	nan	Q	30.726645	no
6	male	54.000000	0	0	17463	51.862500	E46	S	30.726645	yes
7	male	2.000000	3	1	349909	21.075000	nan	S	30.726645	no
8	female	27.000000	0	2	347742	11.133300	nan	S	27.915709	no
9	female	14.000000	1	0	237736	30.070800	nan	C	27.915709	no
10	female	4.000000	1	1	PP 9549	16.700000	G6	S	27.915709	no

細緻的視覺呈現，使用 pandas Style 下的 format 函式來完成：

pd.DataFrame. style 會回傳一個 Style。

除了 format 函式以外，尚有其他函式為 DataFrame 添加樣式。使用 format 函式的好處是不會如 round 等函式將修改數值，只是改變呈現結果而已。

```
(df.style
     .format('{:.1f}', subset='Age')                              #將 Age 欄位的數值顯示限制到小數後第一位
     .format('{:.2f}', subset='Fare')                             #將 Fare 欄位的數值顯示限制到小數後第二位
     .highlight_max(subset=['Avg_age'],color='pink')              #標示Ave_age欄位最大值並用底色強化

     .set_caption('★☆★☆== 根據1920年鐵達尼號 船難事件 調查報告 乘客資料表 ==☆★☆★') #添加一個標題輔助說明
     .hide_index()                                                #隱藏索引欄 (最左邊)

     .bar('Age', vmin=0,color='black')                            #將Age欄位依數值大小畫條狀圖(黑色)
     .highlight_max('Survived',color='lightblue')                 #標示出特定欄位(Survived)最大值並底色強化
     .highlight_min('Pclass',color='lightgreen')                  #標示出特定欄位(Pclass)最大值並底色強化
     .background_gradient('Greens', subset='Fare')
     .highlight_null()                                            #將整個 DataFrame 的空值顯示底色為紅色
)
```

style 技巧的重要性是：不需畫圖就能分享分析結果，凸顯重要的數據。

將所有可能的 DataFrame Style 技巧在以下的例子說明：

★☆★☆== 根據1920年鐵達尼號 船難事件 調查報告 乘客資料表 ==☆★☆★

PassengerId	Survived	Pclass	Name	Sex	Age	SibSp	Parch	Ticket	Fare	Cabin	Embarked	Avg_age	Over_avg_age
1	0	3	Braund, Mr. Owen Harris	male	22.0	1	0	A/5 21171	7.25	nan	S	30.726645	no
2	1	1	Cumings, Mrs. John Bradley (Florence Briggs Thayer)	female	38.0	1	0	PC 17599	71.28	C85	C	27.915709	yes
3	1	3	Heikkinen, Miss. Laina	female	26.0	0	0	STON/O2. 3101282	7.92	nan	S	27.915709	no
4	1	1	Futrelle, Mrs. Jacques Heath (Lily May Peel)	female	35.0	1	0	113803	53.10	C123	S	27.915709	yes
5	0	3	Allen, Mr. William Henry	male	35.0	0	0	373450	8.05	nan	S	30.726645	yes
6	0	3	Moran, Mr. James	male	nan	0	0	330877	8.46	nan	Q	30.726645	no

9. 進階篩選 filter：條件式選取

篩選條件一：女性且年齡 60 歲以上且住在頭等艙且存活者。共有四個條件同時成立。

即經濟條件好的乘客並存活者。

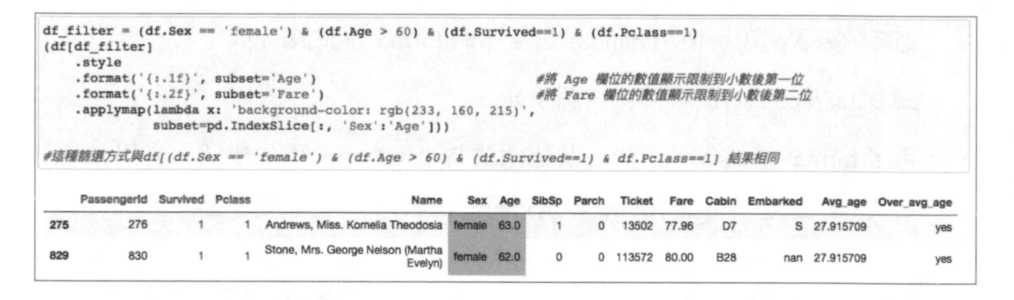

```
df_filter = (df.Sex == 'female') & (df.Age > 60) & (df.Survived==1) & (df.Pclass==1)
(df[df_filter]
    .style
    .format('{:.1f}', subset='Age')                                    #將 Age 欄位的數值顯示限制到小數後第一位
    .format('{:.2f}', subset='Fare')                                   #將 Fare 欄位的數值顯示限制到小數後第二位
    .applymap(lambda x: 'background-color: rgb(233, 160, 215)',
              subset=pd.IndexSlice[:, 'Sex':'Age']))

#這種篩選方式與df[(df.Sex == 'female') & (df.Age > 60) & (df.Survived==1) & df.Pclass==1] 結果相同
```

	PassengerId	Survived	Pclass	Name	Sex	Age	SibSp	Parch	Ticket	Fare	Cabin	Embarked	Avg_age	Over_avg_age
275	276	1	1	Andrews, Miss. Kornelia Theodosia	female	63.0	1	0	13502	77.96	D7	S	27.915709	yes
829	830	1	1	Stone, Mrs. George Nelson (Martha Evelyn)	female	62.0	0	0	113572	80.00	B28	nan	27.915709	yes

篩選條件二：男性且住在低等艙且不幸死亡者，經濟條件差的乘客並死亡者。

綜合這二個篩選，可分析得到初步結論：越有錢的人，在鐵達尼號船難發生時，越容易存活。

```
df_filter = (df.Sex == 'male') & (df.Survived==0) & (df.Pclass==3)
(df[df_filter]
    .style
    .format('{:.1f}', subset='Age')                                    #將 Age 欄位的數值顯示限制到小數後第一位
    .format('{:.2f}', subset='Fare')                                   #將 Fare 欄位的數值顯示限制到小數後第一位
    .applymap(lambda x: 'background-color: rgb(233, 160, 215)',
              subset=pd.IndexSlice[:, 'Sex':'Age']))

# 與 df[(df.Sex == 'male') & (df.Survived ==0) & df.Pclass==3] 結果相同
```

10. 用 Plot 視覺化進行探索型數據分析（Exploratory Data Analysis，EDA）時，進行簡單的視覺化。這是 kind='bar' 的結果直立長條圖。

278	279	0	3	Rice, Master. Eric	male	7.0	4	1	382652	29.12	nan	Q	30.726645	no
280	281	0	3	Duane, Mr. Frank	male	65.0	0	0	336439	7.75	nan	Q	30.726645	yes
281	282	0	3	Olsson, Mr. Nils Johan Goransson	male	28.0	0	0	347464	7.85	nan	S	30.726645	no
282	283	0	3	de Pelsmaeker, Mr. Alfons	male	16.0	0	0	345778	9.50	nan	S	30.726645	no
285	286	0	3	Stankovic, Mr. Ivan	male	33.0	0	0	349239	8.66	nan	C	30.726645	yes
287	288	0	3	Naidenoff, Mr. Penko	male	22.0	0	0	349206	7.90	nan	S	30.726645	no
294	295	0	3	Mineff, Mr. Ivan	male	24.0	0	0	349233	7.90	nan	S	30.726645	no
296	297	0	3	Hanna, Mr. Mansour	male	23.5	0	0	2693	7.23	nan	C	30.726645	no
302	303	0	3	Johnson, Mr. William Cahoone Jr	male	19.0	0	0	LINE	0.00	nan	S	30.726645	no
304	305	0	3	Williams, Mr. Howard Hugh "Harry"	male	nan	0	0	A/5 2466	8.05	nan	S	30.726645	no
313	314	0	3	Hendekovic, Mr. Ignjac	male	28.0	0	0	349243	7.90	nan	S	30.726645	no

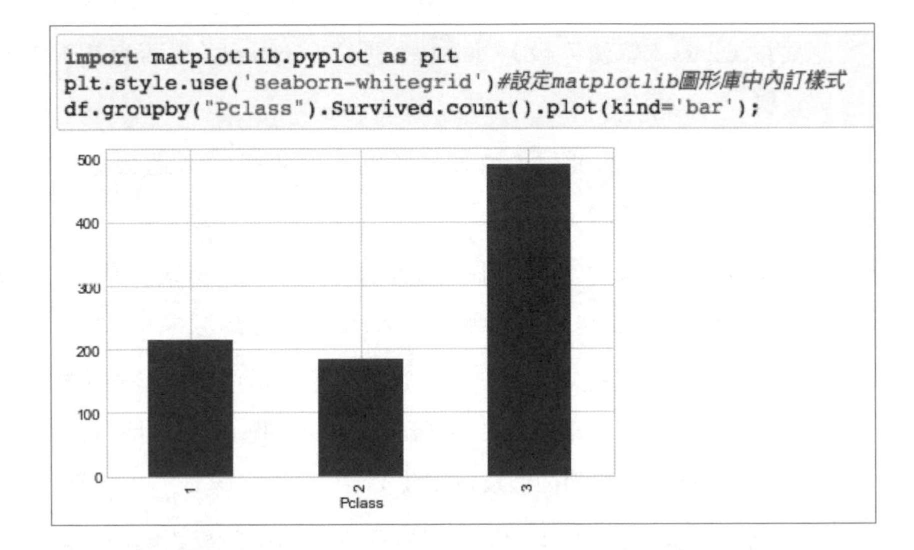

import matplotlib.pyplot as plt
plt.style.use('seaborn-whitegrid')#設定matplotlib圖形庫中內訂樣式
df.groupby("Pclass").Survived.count().plot(kind='bar');
500
400
300
200
100
0
1
2
3
Pclass

kind 其他用法如下：

kind:str	
'line':line plot(default)	折線圖
'bar':vertical bar plot	直立長條圖
'barh':horizontal bar plot	橫向長條圖
'hist':histogram	柱狀圖
'box':boxplot	箱線圖
'kde':Kernel Density Estimation plot	Kernel 的密度估計圖，主片要對柱收圖添加 Kernel 機率密度線

kind:str	
'density' : same as 'kde'	
area':area plot	折線陰影圖
pie':pie plot	圓餅圖
scatter' : scatter plot	散點圖 需要傳入 columns 方向的索引

11. 視覺分析技巧：先就資料結構及分析敘述。

(1) df.pivot_tabe() 函式，value：可用來觀察特定數據，作法如下：觀察分析艙等（Pclass）、性別（Sex）、是否存活（三項變數）對年齡（age）的影響。根據假說，觀察在不同的船艙，年齡是否有明確的差異？

想要以 pclass（船艙等級）、sex（性別）、survived（是否存活）來檢視資料。

程式思考：以三個欄位（艙等、性別、存活與否）進行樞紐分析（index 以固定欄位）。

(2) 設定樞紐條件 index：設定一個欄位並以 index='age' 方式呈現，也可設定複數個參數，並以 List 以階層狀的方式呈現數據。

發現，有些欄位沒有被顯示出來。原因是因為這些數據是無法被統計的欄位，計算中會被當成遺棄值（redundent）拋棄，因此不會顯示。可得到下列結論並和前面假設做比較：

- 頭等艙（pclass = 1）：存活的男性與女性年紀差異不明顯，未能存活的年紀女性明顯比男性為低。
- 商務艙（pclass = 2）：多由年紀明顯較小的乘客存活，也許該層的家庭出遊人數較多？此處就能夠在繼續往下進行數據探索。
- 經濟艙（pclass = 3）：經濟艙的平均年齡（19-22）明顯較頭等艙與商務艙低，可能年紀會影響消費能力，因此年紀較輕的乘客選擇搭乘經濟艙較多。

```
df_pclass_age = df.pivot_table(index=['Pclass', 'Sex', 'Survived'], values='Age')
df_pclass_age
```

			Age
Pclass	**Sex**	**Survived**	
1	**female**	**0**	25.666667
		1	34.939024
	male	**0**	44.581967
		1	36.248000
...	**...**	**...**	...
3	**female**	**0**	23.818182
		1	19.329787
	male	**0**	27.255814
		1	22.274211

12 rows × 1 columns

(3) 善用樞紐表的參數來協助分析：為了分析不同性別與年齡的乘客存活率－以性別（Sex）為索引，列出是否存活（Survived）的比較資料。這樞紐表看不出性別和生存率的關係；亦可說性別和是否存活無關。

```
df_sex_sur = df.pivot_table(index=['Sex'], columns='Survived')
df_sex_sur
```

	Age		Avg_age		Fare		Parch		PassengerId		Pclass		SibSp	
Survived	**0**	**1**	**0**	**1**	**0**	**1**	**0**	**1**	**0**	**1**	**0**	**1**	**0**	**1**
Sex														
female	25.046875	28.847716	27.915709	27.915709	23.024385	51.938573	1.037037	0.515021	434.851852	429.699571	2.851852	1.918455	1.209877	0.51502
male	31.618056	27.276022	30.726645	30.726645	21.960993	40.821484	0.207265	0.357798	449.121795	475.724771	2.476496	2.018349	0.440171	0.38532

(4) 統計分析：describe() 函式，設定樞紐表中的 aggfunc 以統計存活人數，分別以性別（Sex）及艙等（Pclass）為索引，對是否存活（Survived）進行樞紐分析。

```
df.describe()
```

	PassengerId	Survived	Pclass	Age	SibSp	Parch	Fare	Avg_age
count	891.000000	891.000000	891.000000	714.000000	891.000000	891.000000	891.000000	891.000000
mean	446.000000	0.383838	2.308642	29.699118	0.523008	0.381594	32.204208	29.736034
std	257.353842	0.486592	0.836071	14.526497	1.102743	0.806057	49.693429	1.343599
min	1.000000	0.000000	1.000000	0.420000	0.000000	0.000000	0.000000	27.915709
25%	223.500000	0.000000	2.000000	20.125000	0.000000	0.000000	7.910400	27.915709
50%	446.000000	0.000000	3.000000	28.000000	0.000000	0.000000	14.454200	30.726645
75%	668.500000	1.000000	3.000000	38.000000	1.000000	0.000000	31.000000	30.726645
max	891.000000	1.000000	3.000000	80.000000	8.000000	6.000000	512.329200	30.726645

(5) 設定 aggfunc 以統計存活人數，分別以性別（Sex）及艙等（Pclass）為索引，對是否存活（Survived）進行樞紐分析。

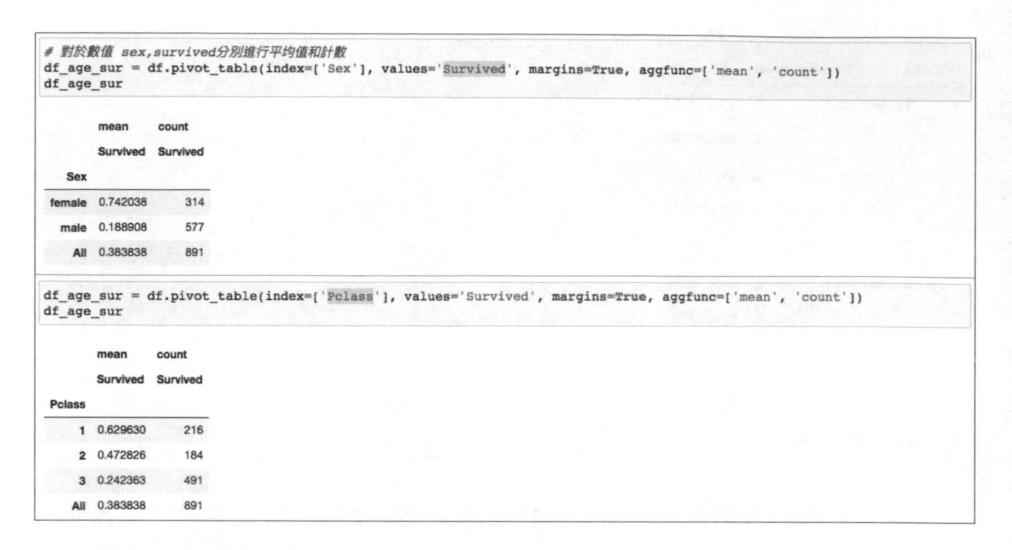

```python
# 對於數值 sex,survived分別進行平均值和計數
df_age_sur = df.pivot_table(index=['Sex'], values='Survived', margins=True, aggfunc=['mean', 'count'])
df_age_sur
```

	mean	count
	Survived	Survived
Sex		
female	0.742038	314
male	0.188908	577
All	0.383838	891

```python
df_age_sur = df.pivot_table(index=['Pclass'], values='Survived', margins=True, aggfunc=['mean', 'count'])
df_age_sur
```

	mean	count
	Survived	Survived
Pclass		
1	0.629630	216
2	0.472826	184
3	0.242363	491
All	0.383838	891

(6) 分析結果：

- 女性的存活率高，再進一步思考女性存活人數是不是佔存活人數的多數，這時可用 aggfunc 來協助。
- 發現女性雖然生存率較高，雖然只佔存活人數的少數 25%，部分原因應是因為原先乘客的性別比率，男性就佔了 64.7%；女性存活率只是略少於男性。
- 由性別和生存率的關係，女生的生存率是男生的好幾倍，也許就像電影中描述的一樣，男性讓女性先下船。

(7) 加輔助數據欄及註記欄（insert）函式：為了進行較複雜的分析，有時會適度加上一些輔助數據欄及註記欄，再回頭重複進行上述分析，看看是否可以發現新結果。insest 的用法如下：

- 對某一軸（columns）套用相同來運算：對 DataFrame 裡頭的每一個欄位（縱軸）或是每一列（橫軸）做相同的運算。
- 再回頭取用「鐵達尼號船難」資料內的 Survived 數值欄位轉換較容易理解的字串。

```
import pandas as pd
import numpy as np
import seaborn as sns

# 重新讀取原始鐵達尼號乘客數據
# 若無網際網路，可直接讀取本書附檔 df = pd.read_csv("titanic/test.csv")
df_titanic = pd.read_csv('http://bit.ly/kaggletrain')
df_titanic = df_titanic.drop("Name", axis=1)

# 複製一份副本 DataFrame
df_change1 = df_titanic.copy()

print("原始檔案：")
display(df_change1.head())

columns = df_change1.columns.tolist()[:4] #只留下4個欄位

# 創建新的欄位名稱「存活」
new_col = '是否存活'

columns.insert(2, new_col)  # 將新欄位放在編號2的欄位
df_change1[new_col] = df_change1.Survived.apply(lambda x: '存活' if x else '死亡')
print("用apply函數增加欄位「Memo備註欄」之後，檔案改成：")
df_change1

# 排序切割後的 categorical 欄位
(df_change1.sort_values(new_col, ascending=False)
   .reset_index()
   .loc[:12, columns])
```

原始檔案：

	PassengerId	Survived	Pclass	Sex	Age	SibSp	Parch	Ticket	Fare	Cabin	Embarked
0	1	0	3	male	22.0	1	0	A/5 21171	7.2500	NaN	S
1	2	1	1	female	38.0	1	0	PC 17599	71.2833	C85	C
2	3	1	3	female	26.0	0	0	STON/O2. 3101282	7.9250	NaN	S
3	4	1	1	female	35.0	1	0	113803	53.1000	C123	S
4	5	0	3	male	35.0	0	0	373450	8.0500	NaN	S

用apply函數增加欄位「Memo備註欄」之後，檔案改成：

	PassengerId	Survived	是否存活	Pclass	Sex
0	1	0	死亡	3	male
1	532	0	死亡	3	male
2	520	0	死亡	3	male
3	522	0	死亡	3	male
...	...	...	...	...	...
9	530	0	死亡	2	male
10	533	0	死亡	3	male
11	553	0	死亡	3	male
12	535	0	死亡	3	female

13 rows × 5 columns

12. apply：增加欄位一次取出做運算並產生一個新的值，最重要的技巧之一。

(1) apply 作法如下：

- 定義一個 Python function 並將 apply 函式套用到 DataFrame 上。

- 根據原有欄位之值（age, sex），加上一些文字，再放到一個最新欄位中「Memo 備註欄」。
- apply 函式將 generate_desc 函式套用到 DataFrame 中的每一個樣本（row），結合 Sex 及 Age 兩欄位內的資訊，生成新的欄位「Memo 備註欄」。
- 將 axis 設置為 1，對每一個欄位分別套用自定義的 Python function。結果如下：

```
import pandas as pd
import numpy as np
import seaborn as sns

# 重新讀取鐵達尼號數據
# 若無網際網路，可直接讀取本書附檔 df = pd.read_csv("titanic/test.csv")
df_titanic = pd.read_csv('http://bit.ly/kaggletrain')
df_titanic = df_titanic.drop("Name", axis=1)

df_change2 = df_titanic.copy()
print("原始檔案：")
display(df_change2.head())

# apply function
d = {'male':'男性', 'female': '女性'}
def generate_desc(row):
    return f" {row['Age']} 歲{d[row['Sex']]}"

print("用apply函數增加欄位「Memo備註欄」之後，檔案改成：")
df_change2['Memo備註欄'] = df_change2.apply(generate_desc, axis=1)
df_change2
```

原始檔案：

	PassengerId	Survived	Pclass	Sex	Age	SibSp	Parch	Ticket	Fare	Cabin	Embarked
0	1	0	3	male	22.0	1	0	A/5 21171	7.2500	NaN	S
1	2	1	1	female	38.0	1	0	PC 17599	71.2833	C85	C
2	3	1	3	female	26.0	0	0	STON/O2. 3101282	7.9250	NaN	S
3	4	1	1	female	35.0	1	0	113803	53.1000	C123	S
4	5	0	3	male	35.0	0	0	373450	8.0500	NaN	S

用cut函數運算後增加欄位「年齡區間」之後，檔案改成：

	PassengerId	Survived	Pclass	Sex	年齡區間	Age	SibSp	Parch	Ticket	Fare	Cabin	Embarked
0	631	1	1	male	群組10	80.0	0	0	27042	30.000	A23	S
1	852	0	3	male	群組10	74.0	0	0	347060	7.775	NaN	S
2	457	0	1	male	群組9	65.0	0	0	13509	26.550	E38	S
3	673	0	2	male	群組9	70.0	0	0	C.A. 24580	10.500	NaN	S
4	117	0	3	male	群組9	70.5	0	0	370369	7.750	NaN	Q
5	281	0	3	male	群組9	65.0	0	0	336439	7.750	NaN	Q

(2) cut 函式：將連續數值轉換成分類數據。

- 把連續數值（numerical）的欄位分類成多個 groups 以便對每個 groups 做統計。
- 用 pd.cut 函式建立出來的每個分類：族群 X 有大小之分，可以使用 sort_values 函式排序樣本。
- pd.cut 函式用法如下：

```
import pandas as pd
import numpy as np
import seaborn as sns

# 重新讀取鐵達尼號數據
# 若無網際網路，可直接讀取本書附檔 df = pd.read_csv("titanic/test.csv")
df_titanic = pd.read_csv('http://bit.ly/kaggletrain')
df_titanic = df_titanic.drop("Name", axis=1)

df_change3 = df_titanic.copy()
print("原始檔案：")
display(df_change3.head())

# 為了方便比較新舊欄位
columns = df_change3.columns.tolist()
new_col = '年齡區間'
columns.insert(4, new_col)

# 將 numerical 轉換成 categorical 欄位
labels = [f'群組{i}' for i in range(1, 11)]
df_change3[new_col] = pd.cut(x=df_change3.Age,
                              bins=10,
                              labels=labels)

print("用cut函數運算後增加欄位「年齡區間」之後，檔案改成：")
# 排序切割後的 categorical 欄位, 列出0-5筆(columns)資料
(df_change3.sort_values(new_col, ascending=False)
   .reset_index()
   .loc[:5, columns]
)
```

原始檔案：

	PassengerId	Survived	Pclass	Sex	Age	SibSp	Parch	Ticket	Fare	Cabin	Embarked
0	1	0	3	male	22.0	1	0	A/5 21171	7.2500	NaN	S
1	2	1	1	female	38.0	1	0	PC 17599	71.2833	C85	C
2	3	1	3	female	26.0	0	0	STON/O2. 3101282	7.9250	NaN	S
3	4	1	1	female	35.0	1	0	113803	53.1000	C123	S
4	5	0	3	male	35.0	0	0	373450	8.0500	NaN	S

用cut函數運算後增加欄位「年齡區間」之後，檔案改成：

	PassengerId	Survived	Pclass	Sex	年齡區間	Age	SibSp	Parch	Ticket	Fare	Cabin	Embarked
0	631	1	1	male	群組10	80.0	0	0	27042	30.000	A23	S
1	852	0	3	male	群組10	74.0	0	0	347060	7.775	NaN	S
2	457	0	1	male	群組9	65.0	0	0	13509	26.550	E38	S
3	673	0	2	male	群組9	70.0	0	0	C.A. 24580	10.500	NaN	S
4	117	0	3	male	群組9	70.5	0	0	370369	7.750	NaN	Q
5	281	0	3	male	群組9	65.0	0	0	336439	7.750	NaN	Q

(3) 將連續數據的資料隨機分拆：用 sample,drop 函式將 DataFrame 隨機切成兩個子集。為何在資料處理過程中，要將 DataFrame 隨機切成兩個獨立的子集，將資料分成二組，以便選取其中一個子集來進行不同的訓練機器學習模型。

sample 用法：	
DataFrame.sample(n=none,frac=none,replace=False,weight=none,random_random_state=None, axis=None)	
參數：	
n：	int 值，要生成的隨機行數。
frac：	浮點值，返回（浮點值 * 數據幀值的長度）。 frac 不能與 n 一起使用。
replace：	布林值，如果為 True，則返回帶有替換值的樣本。
random_state：	int 值或 numpy.random.RandomState，等二種設定方式。 如果為特定整數，則每次迭代將返回與 sample 相同的行。
axis：	0 或 'row' 表示行，1 或 'column' 表示列。

pandas 的 sample 函式，前提是原來的 DataFrame df_titanic 的索引是獨一無二的。另外設定 random_state 以便日後重現結果。

sample 用法程式及執行結果如下：

```
# sample,drop:從原始檔案中分割成二個檔案
df_train = df_titanic.sample(frac=0.8, random_state=5743) #0.8即從原始檔隨機取樣80%的資料,5566是在記錄此次選用資料
df_test = df_titanic.drop(df_train.index) #直接將原始檔中的取樣值丟掉，留下的是未被取樣的

print("將原始檔案 DataFrame 分割成二個不同大小的DataFrame：原始檔案：%i  分割成二個檔案大小分別為：%i 及 %i"
    % (len(df_titanic),len(df_train),len(df_test)))

#Dataframe顯示設定
pd.set_option("display.max_colwidth", 15)  #單一資料欄位內容顯示之長度
pd.set_option("max_rows", 5)               #最多顯示多少筆資料
pd.set_option("max_columns", 11)           #最多顯示多少個欄位

# 顯示分割結果
display(df_train)
display(df_test)
```

將原始檔案 DataFrame 分割成二個不同大小的DataFrame：原始檔案：891 分割成二個檔案大小為：713 及 178

	PassengerId	Survived	Pclass	Sex	Age	SibSp	Parch	Ticket	Fare	Cabin	Embarked
686	687	0	3	male	14.0	4	1	3101295	39.6875	NaN	S
535	536	1	2	female	7.0	0	2	F.C.C. 13529	26.2500	NaN	S
...	...	...	...	...	...	...	...	...	...	...	...
240	241	0	3	female	NaN	1	0	2665	14.4542	NaN	C
481	482	0	2	male	NaN	0	0	239854	0.0000	NaN	S

713 rows × 11 columns

	PassengerId	Survived	Pclass	Sex	Age	SibSp	Parch	Ticket	Fare	Cabin	Embarked
4	5	0	3	male	35.0	0	0	373450	8.050	NaN	S
7	8	0	3	male	2.0	3	1	349909	21.075	NaN	S
...	...	...	...	...	...	...	...	...	...	...	...
884	885	0	3	male	25.0	0	0	SOTON/OQ 39...	7.050	NaN	S
889	890	1	1	male	26.0	0	0	111369	30.000	C148	C

178 rows × 11 columns

13. 篩選高頻率資料技巧（str 下的 contains 函式）。

- 針對欄位「Ticket」，取出最常出現（7 次，6 次）。
- 當時鐵達尼號上有 7 位乘客使用官員票（1601 是官員用票）。

```
df = df_titanic.copy()
print("原始資料：")
display(df)
print("用count函式，取出出現頻率最高的資料：")
display(df.Ticket.value_counts().head(5).reset_index())

#Dataframe顯示設定
pd.set_option("display.max_colwidth", 15)  #單一資料欄位內容顯示之長度
pd.set_option("max_rows", 8)               #最多顯示多少筆資料
pd.set_option("max_columns", 11)           #最多顯示多少個欄位

#查詢資料：str下的contains函式
print("用contains函式，取出所有船票為1601的乘客資料：")
df[df.Ticket.str.contains("1601")].head(10) #票種最常出現的(Ticket=1601)查看其存活狀況
```

原始資料：

	PassengerId	Survived	Pclass	Sex	Age	SibSp	Parch	Ticket	Fare	Cabin	Embarked
0	1	0	3	male	22.0	1	0	A/5 21171	7.2500	NaN	S
1	2	1	1	female	38.0	1	0	PC 17599	71.2833	C85	C
2	3	1	3	female	26.0	0	0	STON/O2. 31...	7.9250	NaN	S
3	4	1	1	female	35.0	1	0	113803	53.1000	C123	S
...	...	...	...	...	...	...	...	...	...	...	...
887	888	1	1	female	19.0	0	0	112053	30.0000	B42	S
888	889	0	3	female	NaN	1	2	W./C. 6607	23.4500	NaN	S
889	890	1	1	male	26.0	0	0	111369	30.0000	C148	C
890	891	0	3	male	32.0	0	0	370376	7.7500	NaN	Q

891 rows × 11 columns

用count函式，取出出現頻率最高的資料：

	index	Ticket
0	CA. 2343	7
1	347082	7
2	1601	7
3	347088	6
4	3101295	6

官員票有七人

- 只有二名存活（PassengerId=169,826）。

用contains函式，取出所有船票為1601的乘客資料：

	PassengerId	Survived	Pclass	Sex	Age	SibSp	Parch	Ticket	Fare	Cabin	Embarked
74	75	1	3	male	32.0	0	0	1601	56.4958	NaN	S
169	170	0	3	male	28.0	0	0	1601	56.4958	NaN	S
509	510	1	3	male	26.0	0	0	1601	56.4958	NaN	S
643	644	1	3	male	NaN	0	0	1601	56.4958	NaN	S
692	693	1	3	male	NaN	0	0	1601	56.4958	NaN	S
826	827	0	3	male	NaN	0	0	1601	56.4958	NaN	S
838	839	1	3	male	32.0	0	0	1601	56.4958	NaN	S

1601官員票中，有二位乘客死亡

- 分析結果：

  再看一眼，對照之前假設，結論如下：

  - 越有錢的人，存活率越高。
  - 男性會優先讓女性下船，但女性的存活率並無明顯較高。
  - 團體乘客因危險發生時可能會互幫忙，團體乘客的存活率較單獨乘客高。

14. 分析結果總結：

(1) 若以艙等來區分有錢人和窮人，確實艙等 1（頭等艙）的生存率高一些。

(2) 若以人數區分，艙等 3（經濟艙）的死亡人數佔絕大多數。

(3) 若以性別來看，扣除原本船上男女乘客比率失衡的因素後（男女比率約 3:2），男女的存活率並無明顯不同。

(4) 以年齡區分，年輕人並沒有特別待遇，因為年輕人大多住在經濟艙，是最後跳上救生艇的一批可憐人，根本沒什麼生存機會。

(5) 再按年齡層細分（用 cut 函數運算後增加欄位「年齡區間」之後，進行篩選後），各年齡層生存比率並無明顯差異。

(6) 再以頭等艙且老年人且死亡者，符合這三個條件只有二人，這情節和 2000 年拍攝的電影「鐵達尼號」中的情節一樣；還記得那一對老夫妻一同面對死亡的感人畫面嗎？

(7) 若以票種區分，並無法看出買不同票種對生存與否有何影響，例如官員票（1601）者並沒特別待遇，災難來臨時，死神都一視同仁並不特別寬待。

(8) 細細觀察團體票生存機率比單獨旅行者高，但這部分要用進階分析功能來區分團體票和個人票。從資料上並不能看出團體票，只能看出很多人買一種特殊票。例如票種 W./C. 6608 有三人持有，應該是這三人共同買團體票，而這三人也都住經濟艙且最後也都死亡了。這情節也和 2000 年拍攝的電影「鐵達尼號」中的情節一樣，還記得其中一位是男主角，且最後時間搭上船的三位打工年輕人，電影中這三位年輕人都沒有存活。

以上分析是利用 Pandas 作成的直觀式數字分析，可否用 Pandas 或 Python 的強大分析功能，將生存機會拉到最高；即用 Pandas 或 Python 的強大分析功能，找出一個定律，讓生存機會拉高到底 70-80% 以上。

（1912 年時，鐵達尼號在救生艇不足的情況下，生存機率只有 30%）。

這是進階分析是機器學習；深度學習的範圍，在後面的章節敘述之。

15. AI 資料架構總整理：

(1) Pandas 資料處理。

處理 Nan 資料	
df.isnull()	判斷是否有遺失值
df.isnull().any()	迅速查看是否有遺失值（大筆數資料）
df.isnull().sum()	查看每個欄位有幾個缺失值
df.dropna()	刪除 NaN 的資料
df=df.dropna()	將刪除後的資料存到變數
df.dropna(axis=1)	除所有包含空值的列
df.dropna(axis=0)	除所有包含空值的行
df.dropna(how='all')	只刪除全部 row 都是 NaN 的列
df.dropna(thresh=4)	刪除小於 4 項缺失值的行
df.drop(['b'],axis=1)	drop 函數默認是刪除行（axis=0 可不寫），要刪除列時要加 axis=1

處理 Nan 資料	
df.dropna(axis=1,thresh=3)	將在列的方向上三個為 NaN 的項刪除
df.dropna(subset=['PM25'])	只刪除 PM25 欄位中的缺失值 df=df.fillna(0) 把 NaN 資料替換成 0
df=df.fillna(method='pad')	填入前一筆資料的數值
df=df.fillna(method='bfill')	填入下一筆資料的數值
pad/ffill：用前一個非缺失值去填充該缺失值 backfill/bfill：用下一個非缺失值填充該缺失值	
df['PM25']=df['PM25'].fillna((df['PM25'].mode()))	填入眾數
df['PM25'] = df['PM25'].interpolate()	使用插值法填入數字（用函數方式）
df.fillna({ 1:0, 2:0.5})	對第一列 nan 值賦 0，第二列賦值 0.5
df['PM25'].fillna(value=df['PM25'].mean())	把 NaN 值改成該屬性的所有平均值
inplace 參數 1.df.drop('column_name',axis=1)； 2.df.drop('column_name',axis=1,inplace=True) 3.df.drop([df.columns[0,1,3]],axis=1,inplace=True) 對原資料作出修改並返回一個新數組，往往有一個 inplace 參數： 手動設定為 True（默認為 False），那麼原資料直接就被替換。 即用 inplace=True 之後，原資料對應的值直接改變（如 2 和 3 情況所示）； 若用 inplace=False 之後，原資料對應的值並不改變，需要將新的結果指定一個新的資料或者覆蓋原資料的內存位置（如 1 情況所示）。	
綜合上述，data.dropna() 和 data[data.notnull()] 結果一樣	

(2) 結構函式：

存檔	
df.to_csv('New_Data.csv',encoding='utf8')	存檔至 New_Data.csv 中
df.to_json('New_Data.json', encoding='utf8')	存檔至 New_Data.json
df.to_excel('New_Data.xlsx', encoding='utf8')	存檔至 New_Data.xlsx
df.to_html('New_Data.html', encoding='utf8')	存檔至 New_Data.html
df.to_markdown('New_Data.md')	存檔至 New_Data.md（新功能）
	必須安裝 pip install tabulate

存檔	
con = sqlite3.connect('mydatabase.db')	存檔至 mydatabase.db
df.to_sql('users', con)	
解決儲存的中文 csv 檔用 Excel 打開是亂碼	
df.to_csv('New_Data.csv', encoding='utf_8_sig')(或是 cp950)	

(3) 資料純化函式：

資料純化函式	
df.head(10)	顯示出前 10 筆資料，預設值為 5 筆資料
df.tail(10)	顯示倒數 10 筆資料
df.shape()	顯示出資料共有（X 行 ,Y 列）
len(df)	顯示資料總筆數
df.dtypes	顯示資料類型
df.select_dtypes("string"	選取字串類型的資料（新功能）
df.describe()	顯示統計數字（最大、最小、平均 ...... 等）
df[['AQI']]	顯示 Columns（列）為 AQI 的數據
df.AQI	顯示 Columns（列）為 AQI 的數據
df.rename(columns={' 舊欄位名稱 ': ' 新欄位名稱 '})	修改欄位名稱
df.columns	顯示有哪些欄位
df.columns = ['XXX','XXX', 'XXX']	新增欄位
df.T	行與列互換，等同於 df.transpose()
df.info()	顯示資料的狀態與資訊
df.info(memory_usage='deep')	顯示記憶體使用狀況
df.query('A < 0.5 and B < 0.5')	查詢 A<0.5 且 B<0.5 的資料
df.corr()['PM25'].sort_values()	顯示 PM2.5 與其他欄位間的相關係數
df.get_dummies	One-hot 編碼
df.AQI.values	將資料轉成 numpy 的 array
df.Danger.unique()	找出唯一值
df.duplicated()	顯示重複的資料
df.drop_duplicates()	刪除重複的資料

資料純化函式	
df.drop_duplicates(['Name'])	刪除 Name 欄位重複的資料
df.value_counts()	查看有哪些不同的值，並計算每個值有多少個重複值

(4) 資料分析函式：

groupby 方法	
dfTotal=df.groupby(['AQI','PM25']).sum()	合併種類的名稱，並顯示該名稱欄位的所有數量總合
dfTotal.sum()	加總所有欄位成一數字
df_Danger_PM25=df[df.PM25>35.5].groupby("Danger_Air")	
# 合併所有 PM2.5 數值 >35.5 以上的資料成一個新欄位「Danger_Air」df_Danger_PM25["AQI"].sum()	
# 查詢 Danger_Air 中，所有的 AQI 值總合	
iloc,loc,ix 方法	
df.iloc[4]	顯示第 4 筆資料的所有數據
df1 = df.set_index(['year'])	將 year 欄位設定為索引（即擺到第一行第一列）
df1 = df1.reset_index(['year'])	恢復 year 欄位為原本設置
df1.loc['pop']	列出所有 pop 欄位的數據
df.loc[df['name'] == 'Jason']	列出 Name 為 Jason 的資料
iloc: 以第幾筆來選擇資料（只對數值類型有用）iloc: 以第幾筆來選擇資料（只對數值類型有用）（ix 已停用）	
Sort 排序	
df.sort_index(ascending=True).head(100)	升階排序
df.sort_index(ascending=False).head(100)	降階排序
dfSort=df.sort_values(by='物種中文名',ascending=False).head(100)	指定欄位進行由小到大的排序
dfSort=df.sort_values(by=['名稱1','名稱2'], ascending=False)	指定多個欄位進行由小到大的排序

groupby 方法	
找極端的排序	
（例如：前 n 個大的值或 n 個最小的值，實例：查詢班上的前三名是誰）	
df.nlargest(3,'HEIGHT')	查詢 HEIGHT 欄位中數值前 3 大的
df.nsmallest(3,'WEIGHT')	查詢 WEIGHT 欄位中數值前 3 小的

刪除資料	
df.drop(labels=['SO2','CO'],axis='columns')	刪除 SO2 和 CO 這兩個欄位
df.drop(labels=['SO2','CO'],axis='columns',inplace=True)	
df=df.drop_duplicates()	刪除重複的資料
df.drop(df.index[-1])	刪除最後一筆資料
axis=0 和 asxis='row' 一樣	
axis=1 和 axis='columns' 一樣	
使用 inplace=True 才會把原本的資料改變	

【練習一】

針對鐵達尼號的乘客資料，不分船員及乘客，即將船員及乘客（cabin=NaN）混合在一起，分析人員、年齡與生存關係，是否有明確的差異？

以 pclass（船艙等級）、sex（性別）、survived（是否存活）來檢視資料。

1. 以三個欄位（艙等、性別、存活與否）進行樞紐分析（index 以固定欄位）
2. 敘述一下，你觀察到的結果。

對數值 Pclass,survived 分別進行平均值和計數

```
# 對數值 Pclass,survived分別進行平均值和計數
df_age_sur = df.pivot_table(index=['Pclass','Sex'], values='Survived',
                            margins=True, aggfunc=['mean', 'count'])
df_age_sur
```

		mean	count
		Survived	Survived
Pclass	Sex		
1	female	0.97	94
	male	0.37	122
2	female	0.92	76
	male	0.16	108
3	female	0.50	144
	male	0.14	347
All		0.38	891

```
df_filter =(df.Survived==0)  #(df.Sex == 'male') & & (df.Pclass==3)
(df[df_filter]
    .style
    .format('{:.1f}', subset='Age')                    #將 Age 欄位的數值顯示限制到小數後第一位
    .format('{:.2f}', subset='Fare')                   #將 Fare 欄位的數值顯示限制到小數後第一位
    .applymap(lambda x: 'background-color: rgb(233, 160, 215)',
              subset=pd.IndexSlice[:, 'Sex':'Age']))
# 與 df[(df.Sex == 'male') & (df.Survived ==0) & df.Pclass==3] 結果相同
```

	PassengerId	Survived	Pclass	Sex	Age	SibSp	Parch	Ticket	Fare	Cabin	Embarked
0	1	0	3	male	22.0	1	0	A/5 21171	7.25	nan	S
4	5	0	3	male	35.0	0	0	373450	8.05	nan	S
5	6	0	3	male	nan	0	0	330877	8.46	nan	Q
6	7	0	1	male	54.0	0	0	17463	51.86	E46	S
7	8	0	3	male	2.0	3	1	349909	21.07	nan	S
12	13	0	3	male	20.0	0	0	A/5. 2151	8.05	nan	S
13	14	0	3	male	39.0	1	5	347082	31.27	nan	S
14	15	0	3	female	14.0	0	0	350406	7.85	nan	S
16	17	0	3	male	2.0	4	1	382652	29.12	nan	Q
18	19	0	3	female	31.0	1	0	345763	18.00	nan	S
20	21	0	2	male	35.0	0	0	239865	26.00	nan	S

【練習二】

針對鐵達尼號的乘客資料，對於數值艙等 Pclass,survived 分別進行平均值和計數？

敘述一下，你觀察到的結果。

解答：titanic_age = df.pivot_table(index=['Cabin','Age', 'Survived'])

```
#解答：titanic_age = df.pivot_table(index=['Cabin','Age', 'Survived'])
titanic_age
```

Pclass	Sex	Survived	Age	Avg_age	Fare	Parch	PassengerId	SibSp
1	female	0	25.67	27.92	110.60	1.33	325.00	0.67
		1	34.94	27.92	105.98	0.43	473.97	0.55
	male	0	44.58	30.73	62.89	0.26	413.62	0.27
		1	36.25	30.73	74.64	0.31	527.78	0.38
...	...	...	...	...	...	...	...	...
3	female	0	23.82	27.92	19.77	1.10	440.38	1.29
		1	19.33	27.92	12.46	0.50	359.08	0.50
	male	0	27.26	30.73	12.20	0.21	456.75	0.52
		1	22.27	30.73	15.58	0.30	447.64	0.34

12 rows × 6 columns

4-5 智慧製造專案－產能，效率與費用《附完整程式》

專案背景

本案來自位於中國的一個大型企業，負責生產全球品牌手機的大型製造商，位於製造重鎮深圳市，廠區遼闊，廠區內有工廠數十間，每間自成一個完整製造系統。

這是一個真正的專案，可以學習到，一個龐大的公司是如何利用 AI 來昇級生產效率的，如何利用 AI 來預測公司未來獲利。

專案目的

1. 完成一個線上即時分析系統，協助集團總部能每日掌握生產狀況，以便總部決定是否要調撥產能；例如台灣廠區，印度廠區都有可能隨時加入，以分擔深圳廠區的生產工作。
2. 由於這個大型企業的經營型態是屬毛利率（2.5%）低且大量生產的型態；公司在爭取訂單時幾乎沒有利潤，故必須賭上生產效率，看看能否在設計產品及生產過程中擠出一點點利潤；故生產效率是決定是否獲利的唯一因素。
3. 從長年的財務數字顯示，當產能利用率達到 80% 以上才會獲利，所以要有一個有效率的監控系統來監控生產線上的產能利用率；也就是說，這個監控系統扮演了公司存亡非常重要的關鍵角色。
4. 分析 AI 部門要在何時投入工作，使用線上機器人或自動檢測設備來提高產能。這裡用到一些 AI 機器學習的計算，這部分在後面的章節詳細敘述。

專案知識

這個專案需要一點工業工程的知識，身為一個 AI 專案管理師，並不一定要有廠長經驗，不過至少要聽得懂工廠主管的語言，以下用淺顯的用語，將專案詳細描述一下：

1. 深圳廠區的工廠，生產型態分為組裝廠（龍華一廠、龍華二廠、龍華三廠）、部件廠（LCM 廠）、測試廠（觀瀾廠）。
2. 橫向組織（不分廠區，提供全體各廠服務）：模具部、製工部、製程部、QA 部、AI 部、總經理室、財務部、管理部、業務一部、業務二部。橫向組織的費用準確無法分攤到各工廠，在財務上通常只能概略分攤，只有財務總帳的核對有點意義，其實在管理上分攤數字容易失真。

3. 總產能：即深圳廠區的生產最大極限。各廠區在建置初期，已決定好廠能，而總產能就是所有工廠加總的總和；並且產能轉換成財務的費用數字，這是很進步的管理方法，即將所有直接人工加費用的總和。而總產能是固定的數字，即所有工廠，全天候開工，沒有停線下的加總費用數字，不含間接費用，如總經理室或財務部的費用；這裡不用成品數量來計算工廠產能，原因是現代工廠，製程複雜，若要每天結算的廠能，有些是半成品，有些是待修理的不良品等，這些數字並未呈現在日報結算中，會讓產能利用率數字失真，使工廠效率無法管理；故現代化工廠在 2010 年後，多改用財務數字來進行管理。

4. 產能利用率（CapaUtilization）：即廠區的產能利用率加總平均值，在實務上 100% 是不可能達成的，因為不可能生產過程中沒有等待，不用換料等浪費時間的情況。一個非常優秀的工廠，其產能利用率大約是 80-85%。

5. 運算用的指標：日期可做分類用，如按日，按星期，或按月，都可群組成可運算的部分，以便進行精確的分析。

6. LeadTime：可當作「交貨急迫性」的指標，急單下的效率和計劃性生產的效率是不同的；有些工廠的急單效率較差，因為急單往往供料不順，生產線的材料來自上千供應商，在急（交期短）要求下，供應商往往不能 100% 供料，造成等待材料的空等時間及換線換料的浪費時間，故效率常會降低不少。所以為了計算效率，將工廠每日生產狀況分為急單及計劃以便分析。

7. QAIndex：生產線的品質系統指標，不同的數字或文字（本案例用紅燈，綠燈）表示不同的品質狀況，數字或燈號決定是以當天的產品良率（成功生產完成的比率），重工率（如果不良品中有部分是可以再利用或維修成正常良品的比率）及 QA 投入費用等加成計算出來的。QAIndex 亦決定是否獲利，就算產能利用率很高但 QAIndex 很低仍可能無法獲利，做得多也修得多並不是好事。本例將 QAIndex 放入分析系統中，表示這個集團是全球非常頂尖的管理型公司。

8. AI 啟動：AI 是否啟動是這個公司是否獲利的重要關鍵，80% 是一個獲利與否的分水嶺；因為產能不高但卻因 AI 啟動，可能會大幅低費用（因人工減少或不開燈），會誤認為產能不高是不好的。但如果 AI 啟動那麼好用，為何不全天候啟動 AI 呢？因為 AI 在大部分工廠的前期投入成本非常高，並不是所有工廠都有 AI 系統；以深圳廠區而言，機器人有限且十分昂貴，到 2020 年止，仍未完全建置，只能擇重要性高的產品來啟動 AI，且 AI 必須用在大量少樣的產品線，如 iPhone 等產品，具高度一致性且設計產品時，已將機器人在工作時的彈性因素考慮進去，在產品設計時就考慮進去，在製造時，才有可能啟動 AI 來協助生產產品。

分析項目

1. 淡季和旺季，與品質系統指標（QAIndex）是否相關。
2. 分析各廠良率曲線，那一個廠的品質最佳。
3. AI 啟動和產能利用率的相關性。
4. AI 啟動和品質系統指標（QAIndex）的相關性。
5. 組裝廠在旺季時是否一定有較高的產能利用率。
6. 部件廠和組裝廠是否具有生產費用的正相關性。部件廠和組裝擇一廠進行分析即可。
7. 間接部門與生產部門的費用是否有相關。

程式前置作業

1. 分析方法：利用前面學習的諸多函式如樞紐表和交叉表來立即顯示費用分析的數據。例如：活用 Groupy、pivot 樞紐分析、crosstab 交叉表三種工具來進行實務上的分析工作。
2. 思考：

   (1) 如果只有二個特徵要進行矩陣分析，用 groupby 來分析即可。

(2) 不要任意轉換空值，因為空值是有意義的。例如品質系統指標 QAIndex：「紅燈」在轉換時會出現空值 NaN。而月份值：9 表示 9 月在轉換上就沒有出現 NaN 空值的問題。

(3) 特別在「生物醫學」之資料純化處理過程中，千萬不要任意轉換空值 (fill_value=0)。因為空值可能代表無症狀感染，反而是最重要的臨床訊息，所以一定要深入瞭解特徵的意義，再決定是否轉換空值。

(4) 分析時，同時在第一列列出原始資料，是很好的習慣，這樣可以檢查是否數值有異常，例如，啟動 AI 管理，應該同時 AI 部門費用會同時增加。

(5) 善用曲線圖，如費用部分，可一目瞭然看出費用起伏的狀況。

3. 經驗：

(1) 樞紐表（pivot）可以轉換成交叉表（crosstab）來使用（設定 margins 數即可），在分析時比較容易看懂。如果沒有時間，就直接用樞紐表（pivot_table）吧。

(2) 樞紐表和交叉表的差異：pivot_table() 是 dataframe 下的方法，crosstab 是 pandas 下的方法。如此而已，其實使用上根本沒有差別。

(3) 創建樞紐表的方法 pivot()、參數和交叉圖 corsstab 的方法大約一致，但是是屬於 pandas 下的函數。

程式說明（程式 4-5.ipynb）

1. 導入模組及資料庫：

```
import pandas as pd

#Dataframe顯示設定
pd.set_option("display.max_colwidth", 13)  #單一資料欄位內容顯示之長度
pd.set_option("max_rows", 5)               #最多顯示多少筆資料
pd.set_option("max_columns", 12)           #最多顯示多少個欄位

df = pd.read_csv("factory/FABExp.csv")
display(df)
```

	date	月份	星期	淡旺季	LeadTime	QAIndex	...	財務部	管理部	業務一部	業務二部	深圳總產能下之總費用	CapaUtilization
0	2019/8/1	8	4	旺季	急單	紅	...	29,085.000	88,243.000	33,493.000	45,250.000	50,000,00...	86.02%
1	2019/8/2	8	5	旺季	急單	紅	...	33,499.000	86,518.000	27,652.000	44,417.000	50,000,00...	83.12%
...	...	...	...	...	...	...	...	...	...	...	...	...	...
406	2020/9/10	9	4	淡季	計劃	綠	...	24,250.000	2,082,039...	36,669.000	45,643.000	50,000,00...	73.14%
407	2020/9/11	9	5	淡季	計劃	綠	...	22,053.000	2,189,217...	29,602.000	44,713.000	50,000,00...	75.01%

408 rows × 24 columns

2. 基本資料分析：describe

```
#Dataframe顯示設定
pd.set_option("display.max_colwidth", 13)  #單一資料欄位內容顯示之長度
pd.set_option("max_rows", 11)              #最多顯示多少筆資料
pd.set_option("max_columns", 12)           #最多顯示多少個欄位

df.describe(include='all',percentiles=[.25, .5, .75]) #回傳25%,50%,75%
```

	date	月份	星期	淡旺季	LeadTime	QAIndex	...	財務部	管理部	業務一部	業務二部	深圳總產能下之總費用	CapaUtil
count	408	408.000000	408.000000	408	408	408	...	408	408	408	408	408	
unique	408	NaN	NaN	2	2	2	...	341	407	350	326	1	
top	2019/12/20	NaN	NaN	旺季	急單	綠	...	24,550	49,302	26,835	45,643	50,000,000	7
freq	1	NaN	NaN	229	256	330	...	3	2	3	5	408	
mean	NaN	6.693627	4.002451	NaN	NaN	NaN	...	NaN	NaN	NaN	NaN	NaN	
std	NaN	3.318737	1.998155	NaN	NaN	NaN	...	NaN	NaN	NaN	NaN	NaN	
min	NaN	1.000000	1.000000	NaN	NaN	NaN	...	NaN	NaN	NaN	NaN	NaN	
25%	NaN	4.000000	2.000000	NaN	NaN	NaN	...	NaN	NaN	NaN	NaN	NaN	
50%	NaN	7.000000	4.000000	NaN	NaN	NaN	...	NaN	NaN	NaN	NaN	NaN	
75%	NaN	9.000000	6.000000	NaN	NaN	NaN	...	NaN	NaN	NaN	NaN	NaN	
max	NaN	12.000000	7.000000	NaN	NaN	NaN	...	NaN	NaN	NaN	NaN	NaN	

11 rows × 24 columns

include='all'：顯示所有欄位。

percentiles=[.25, .5, .75]：回傳 25％ ,50％ ,75％。

```
#Dataframe顯示設定
pd.set_option("display.max_colwidth", 13)  #單一資料欄位內容顯示之長度
pd.set_option("max_rows", 14)              #最多顯示多少筆資料
pd.set_option("max_columns", 11)           #最多顯示多少個欄位

df.describe(include='all',percentiles=[.25, .5, .75]) #回傳25%,50%,75%
```

	date	月份	星期	淡旺季	LeadTime	...	管理部	業務一部	業務二部	深圳總產能下之總費用	CapaUtilization
count	408	408.000000	408.000000	408	408	...	408	408	408	408	408
unique	408	NaN	NaN	2	2	...	407	350	326	1	360
top	2019/12/20	NaN	NaN	旺季	急單	...	49,302	26,835	45,643	50,000,000	73.45%
freq	1	NaN	NaN	229	256	...	2	3	5	408	3
mean	NaN	6.693627	4.002451	NaN	NaN	...	NaN	NaN	NaN	NaN	NaN
std	NaN	3.318737	1.998155	NaN	NaN	...	NaN	NaN	NaN	NaN	NaN
min	NaN	1.000000	1.000000	NaN	NaN	...	NaN	NaN	NaN	NaN	NaN
25%	NaN	4.000000	2.000000	NaN	NaN	...	NaN	NaN	NaN	NaN	NaN
50%	NaN	7.000000	4.000000	NaN	NaN	...	NaN	NaN	NaN	NaN	NaN
75%	NaN	9.000000	6.000000	NaN	NaN	...	NaN	NaN	NaN	NaN	NaN
max	NaN	12.000000	7.000000	NaN	NaN	...	NaN	NaN	NaN	NaN	NaN

11 rows × 24 columns

3. 資料純化：用最簡易方法，排除所有分析後為 NaN 值。

```
df.describe()
```

	月份	星期
count	366.00...	366.00...
mean	6.513661	4.000000
std	3.455958	2.009566
min	1.000000	1.000000
25%	4.000000	2.000000
50%	7.000000	4.000000
75%	9.750000	6.000000
max	12.000000	7.000000

4. 觀察一整年（2019/9/1~2020/8/31）中各廠交期（LeadTime），和品質（QAIndex）的整體狀況：

(1) Groupby：參數設定如下。

- Columns：表示要以此作為樞紐表的列
- Index：表示以此作為樞紐表的行索引
- Values：表示需要以此進行求和、求平均等一系列操作的列
- Aggfunc：可以是一個聚合操作也可以是多個聚合操作，以列表形式
- fill_value：當值為空值 NaN 時的替代值
- margins：於各行各列分別進行 aggfunc 操作
- margins_name：當 margins 為 True 時，margins_name 默認為 'all'

(2) 分析結果：

- 各廠區的急單生產及計劃生產完全一致，表示這五個廠及所有相關部門都在服務同一個客戶或製造同一個產品。

- 這與實際情況相符，因為這個大企業的華南廠區確實是在服務同一個國際手機品牌客戶。
- 這個廠區的品質指標（紅燈、綠燈）與 LeadTime（急單生產、計劃生產）相比；31.7% 品質指標為紅燈，表示品質不錯。

```
df.groupby(['LeadTime','QAIndex']).count()
```

LeadTime	QAIndex	date	月份	星期	淡旺季	AI啟動	龍華一廠	龍華二廠	龍華三廠	LCM廠	...	製工部	製程部	QA部	AI部	總經理室	財務部	管理部	業務一部	業務二部
急單	紅	39	39	39	39	39	39	39	39	39	...	39	39	39	39	39	39	39	39	39
	綠	184	184	184	184	184	184	184	184	184	...	184	184	184	184	184	184	184	184	184
計劃	紅	31	31	31	31	31	31	31	31	31	...	31	31	31	31	31	31	31	31	31
	綠	112	112	112	112	112	112	112	112	112	...	112	112	112	112	112	112	112	112	112

4 rows × 20 columns

5. 觀察一整年（2019/9/1~2020/8/31）中按月份各廠交期（LeadTime），和品質（QAIndex）的整體狀況：

   (1) 各廠區的急單生產及計劃生產完全一致，表示這五個廠及所有相關部門都在服務同一個客戶或製造同一個產品。

   (2) 與實際情況相符，因為這個大企業的華南廠區確實是在服務同一個國際手機品牌客戶。

   (3) 這個廠區的品質指標（紅燈、綠燈）與 LeadTime（急單生產、計劃生產）相比；31.7% 品質指標為紅燈，表示品質不錯。

```
#Dataframe顯示設定
pd.set_option("display.max_colwidth", 13)  #單一資料欄位內容顯示之長度
pd.set_option("max_rows", 5)               #最多顯示多少筆資料
pd.set_option("max_columns", 11)           #最多顯示多少個欄位

df.groupby(['月份','QAIndex']).count()
```

月份	QAIndex	date	星期	淡旺季	LeadTime	AI啟動	...	管理部	業務一部	業務二部	深圳總產能下之總費用	CapaUtilization
1	紅	6	6	6	6	6	...	6	6	6	6	6
	綠	25	25	25	25	25	...	25	25	25	25	25
...	...	...	...	...	...	...	...	...	...	...	...	...
12	紅	6	6	6	6	6	...	6	6	6	6	6
	綠	25	25	25	25	25	...	25	25	25	25	25

24 rows × 22 columns

6. 觀察一整年（2019/9/1~2020/8/31）中各月份，和品質（QAIndex）的整體狀況：

(1) 各廠區按月份品質指標完全一致，表示這五個廠及所有相關部門都在服務同一個客戶或製造同一個產品。

(2) 這與實際情況相符，因這個大企業的華南廠區是在服務同一個國際手機品牌客戶。

(3) 廠區的品質指標（紅燈、綠燈）與月份對比；24% 品質指標為紅燈，表示品質不錯。

```
df.groupby(['月份','QAIndex']).count()
```

		date	星期	淡旺季	LeadTime	AI啟動	...	管理部	業務一部	業務二部	深圳總產能下之總費用	CapaUtilization
月份	QAIndex											
1	紅	6	6	6	6	6	...	6	6	6	6	6
	綠	25	25	25	25	25	...	25	25	25	25	25
...	...	...	...	...	...	...	...	...	...	...	...	...
12	紅	6	6	6	6	6	...	6	6	6	6	6
	綠	25	25	25	25	25	...	25	25	25	25	25

24 rows × 22 columns

7. 分析工廠和 AI 啟動的關係：

(1) 分析龍華一廠，AI 啟動與否與每月費用之矩陣分析。

(2) values 是作交叉運算用，故要有二個項目，而 columns 是作平行參考用，故只能有一個項目。

(3) 表中是「AI 啟動」的月份。

(4) AI 啟動，造成龍華一廠費用增加，說明 AI 啟動並沒降低費用，而是大幅增加生產量。

```
df.pivot_table(values=['LeadTime','月份'], index=['AI啟動'], columns='龍華一廠')
```

	月份												
龍華一廠	1,042,796	320,756	321,118	331,351	331,407	333,858	336,506	339,155	340,589	...	838,259	840,070	845,168	852,076
AI啟動													
OFF	NaN	5.0	5.0	5.0	NaN	5.0	6.0	5.0	NaN	...	NaN	NaN	NaN	NaN
ON	9.0	NaN	NaN	NaN	5.0	NaN	NaN	NaN	7.0	...	9.0	9.0	9.0	9.0

2 rows × 366 columns

8. 分析間接部門和 AI 啟動的關係：

(1) 分析龍華一廠，AI 啟動與否與每月費用之矩陣分析。

(2) values 是作交叉運算用，故要有二個項目，而 columns 是作平行參考用，故只能有一個項目。

(3) 表中是 AI 啟動的月份。

(4) AI 啟動與月份無關，無論那一個月啟動 AI 不是影響費用的重點。

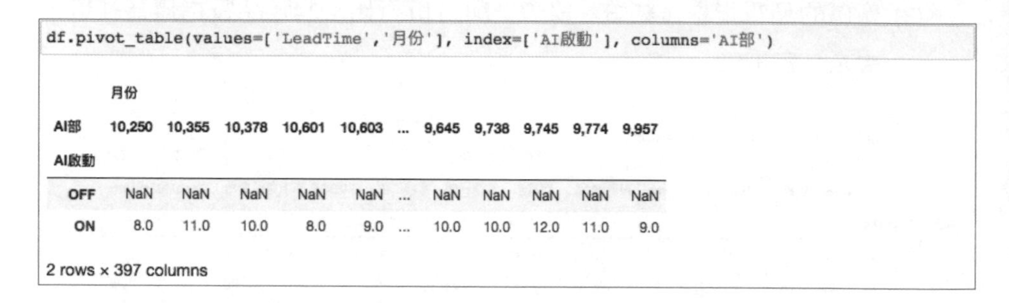

```
df.pivot_table(values=['LeadTime','月份'], index=['AI啟動'], columns='AI部')
```

	月份										
AI部	10,250	10,355	10,378	10,601	10,603	...	9,645	9,738	9,745	9,774	9,957
AI啟動											
OFF	NaN	NaN	NaN	NaN	NaN	...	NaN	NaN	NaN	NaN	NaN
ON	8.0	11.0	10.0	8.0	9.0	...	10.0	10.0	12.0	11.0	9.0

2 rows × 397 columns

9. LCM 廠，品質燈號 QAIndex 與每月費用之矩陣分析：

(1) LCM 廠費用和品質指標有關，如果是品質綠燈費用明顯較低。

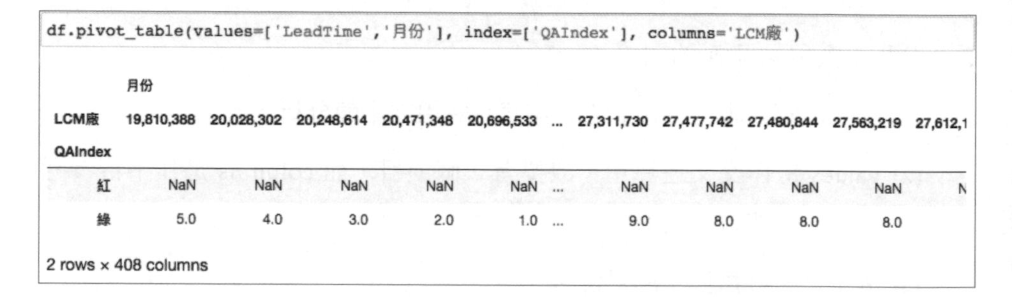

```
df.pivot_table(values=['LeadTime','月份'], index=['QAIndex'], columns='LCM廠')
```

	月份										
LCM廠	19,810,388	20,028,302	20,248,614	20,471,348	20,696,533	...	27,311,730	27,477,742	27,480,844	27,563,219	27,612,1
QAIndex											
紅	NaN	NaN	NaN	NaN	NaN	...	NaN	NaN	NaN	NaN	N
綠	5.0	4.0	3.0	2.0	1.0	...	9.0	8.0	8.0	8.0	

2 rows × 408 columns

10. 觀察淡旺季，LeadTime（交期急迫性）的狀況：

(1) 旺季時，急單為計劃性生產的 2 倍，全月旺季為淡季的 3.836 倍（1447+444/151+342）=3.836，這個大企業集團生意真的很好。

```
monthly_pivot = df.pivot_table(columns=['淡旺季','LeadTime'],aggfunc=['sum','mean'],fill_value=0
monthly_pivot
```

	淡旺季	LeadTime	sum	mean
星期	旺季	急單	639	3.944444
		計劃	287	4.283582
...	...	...	...	...
月份	淡季	計劃	431	5.070588
	All		2731	6.693627

10 rows × 2 columns

11. 觀察月份，和 LeadTime（交期急迫性）的情況：

(1) 1 月份，急單為計劃性生產的 4 倍，9 月 － 12 月全月都在急單生產。

(2) 此分析結果 LeadTime 與淡旺季有關，與月份沒有明顯相關。

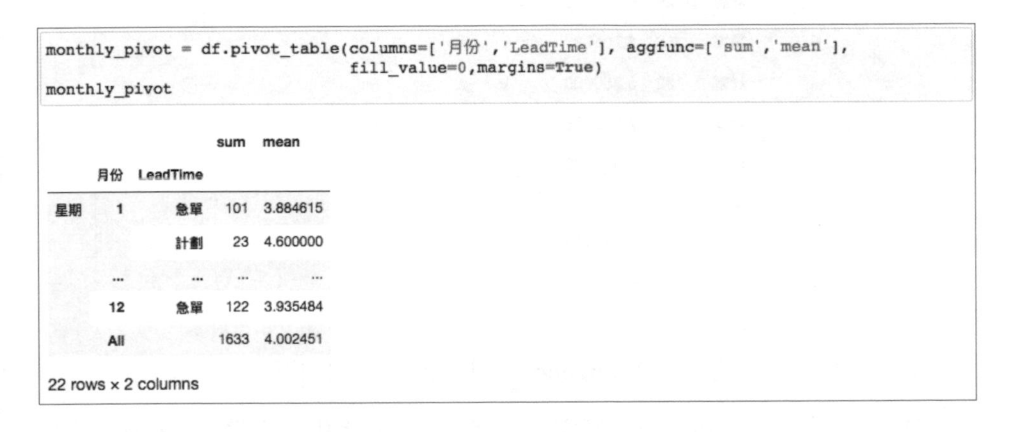

```
monthly_pivot = df.pivot_table(columns=['月份','LeadTime'], aggfunc=['sum','mean'],
                               fill_value=0,margins=True)
monthly_pivot
```

	月份	LeadTime	sum	mean
星期	1	急單	101	3.884615
		計劃	23	4.600000
	...	...	...	...
	12	急單	122	3.935484
	All		1633	4.002451

22 rows × 2 columns

12. 觀察星期，LeadTime（交期急迫性）的相關分析狀況：

(1) 1 月份，急單為計劃性生產的 4 倍，9 月 － 12 月全月都在急單生產。

(2) 星期一是工廠最忙的時間，真的嗎？

(3) 此分析結果與淡旺季有關，與月份無明顯相關。

```
pd.set_option("max_rows", 20)              #最多顯示多少個欄位
monthly_pivot=df.pivot_table(columns=['星期','LeadTime'],
                              aggfunc=['sum','mean'],
                              fill_value=0,margins=True)
monthly_pivot
```

			sum	mean
	星期	LeadTime		
月份	1	急單	280	7.000000
		計劃	111	6.166667
	2	急單	271	7.527778
		計劃	122	5.545455
	3	急單	268	6.871795
		計劃	116	6.105263
	4	急單	263	7.108108
		計劃	129	5.863636
	5	急單	262	7.705882
		計劃	132	5.280000
	6	急單	274	7.210526
		計劃	113	5.650000
	7	急單	246	7.687500
		計劃	144	5.538462
	All		2731	6.693627

13. 觀察 QAIndex（品質）、LeadTime（交期急迫性）的狀況：

(1) 品質指標在紅燈（警示狀況下），製工部的費用也同步增加，表示品質指標在紅燈時，防錯的工作非常繁重。

(2) 費用發生在製造工程部，表示一大群工程師在日以繼夜的處理品質不良的警示情況，這是好現象嗎？

(3) 不論紅綠燈，急單生產或計劃性生產的比率差不多（急單：計劃大約2:1），表示訂單急迫與否並不影響品質，急單只是生產作業先後問題不是品質影響因素。

```
pd.set_option("max_rows", 20)            #最多顯示多少個欄位
monthly_pivot = df.pivot_table(columns=['QAIndex','LeadTime'],
                               aggfunc=['sum','mean'],
                               fill_value=0,margins=True)
monthly_pivot
```

	QAIndex	LeadTime	sum	mean
星期	紅	急單	177	3.765957
		計劃	135	4.354839
	綠	急單	822	3.933014
		計劃	499	4.123967
	All		1633	4.002451
月份	紅	急單	365	7.765957
		計劃	158	5.096774
	綠	急單	1499	7.172249
		計劃	709	5.859504
	All		2731	6.693627

專業智慧製造分析

讓我們來嘗試一下，進行專業的分析。

1. 淡季和旺季，與品質系統指標（QAIndex）是否相關。

```
df.pivot_table(values=['月份'], index=['淡旺季'], columns='QAIndex')
```

	月份	
QAIndex	紅	綠
淡旺季		
旺季	7.255814	7.290323
淡季	6.028571	5.916667

```
df.groupby(['淡旺季','QAIndex']).count()
```

淡旺季	QAIndex	date	月份	星期	LeadTime	AI啟動	...	管理部	業務一部	業務二部	深圳總產能下之總費用	CapaUtilization
旺季	紅	43	43	43	43	43	...	43	43	43	43	43
	綠	186	186	186	186	186	...	186	186	186	186	186
淡季	紅	35	35	35	35	35	...	35	35	35	35	35
	綠	144	144	144	144	144	...	144	144	144	144	144

4 rows × 22 columns

(1) 淡旺季和品質系統指標（QAIndex）關係變化，並沒有明顯差異。可能淡季有較多時間進行不良品維修等，故稍微拉低品質水準。

(2) 各廠一致性高，而一年有 75% 時間處在旺季中，顯示生意很好，訂單暢旺。

2. 分析良率曲線，那一個月份的品質最佳。

```
pd.set_option("max_rows", 12)#最多顯示多少筆資料
#pd.set_option("display.max_rows", None)
pd.set_option("display.max_columns", None)
df.groupby(['月份','QAIndex']).count()
```

(1) 8、9 月品質最佳（83% 的生產日，品質指標是綠燈），原因和電子業的週期有關，8、9 月計劃生產比率最高。

(2) 1-3 月品質最差（70% 的生產日，品質指標是綠燈），原因和電子業的週期有關，1-3 月逢中國春節，且計劃生產比率最低。

(3) 從樞紐分析表（每月的急單或計劃天數）看，是否急單與廠無關。所以深圳廠區各廠品質水準表現隨月份或急單無關。

(4) 原因是各廠都在為同一客戶服務，且產品也相同（iphone）。供應商很穩定，所以一致性高。

		date	星期	淡旺季	LeadTime	AI啟動	龍華一廠	龍華二廠	龍華三廠	LCM廠	觀瀾廠	模具部	製工部	製程部	QA部	AI部	總經理室	財務部	管理部	業務一部	業務二部	總產能下之總費用	CapaUtilizatio
月份	QAIndex																						
1	紅	6	6	6	6	6	6	6	6	6	6	6	6	6	6	6	6	6	6	6	6	6	
	綠	25	25	25	25	25	25	25	25	25	25	25	25	25	25	25	25	25	25	25	25	25	2
2	紅	6	6	6	6	6	6	6	6	6	6	6	6	6	6	6	6	6	6	6	6	6	
	綠	23	23	23	23	23	23	23	23	23	23	23	23	23	23	23	23	23	23	23	23	23	2
3	紅	6	6	6	6	6	6	6	6	6	6	6	6	6	6	6	6	6	6	6	6	6	
...	...	...	...	...	...	...	...	...	...	...	...	...	...	...	...	...	...	...	...	...	...	...	.
10	綠	24	24	24	24	24	24	24	24	24	24	24	24	24	24	24	24	24	24	24	24	24	2
11	紅	6	6	6	6	6	6	6	6	6	6	6	6	6	6	6	6	6	6	6	6	6	
	綠	24	24	24	24	24	24	24	24	24	24	24	24	24	24	24	24	24	24	24	24	24	2
12	紅	6	6	6	6	6	6	6	6	6	6	6	6	6	6	6	6	6	6	6	6	6	
	綠	25	25	25	25	25	25	25	25	25	25	25	25	25	25	25	25	25	25	25	25	25	2

24 rows × 22 columns

```python
pd.set_option("max_rows", 12)#最多顯示多少筆資料
pd.set_option("display.max_rows", None)
pd.set_option("display.max_columns", None)
df.groupby(['LeadTime','QAIndex']).count()
```

		date	月份	星期	淡旺季	AI啟動	龍華一廠	龍華二廠	龍華三廠	LCM廠	觀瀾廠	模具部	製工部	製程部	QA部	AI部	總經理室	財務部	管理部	業務一部	業務二部
LeadTime	**QAIndex**																				
急單	**紅**	47	47	47	47	47	47	47	47	47	47	47	47	47	47	47	47	47	47	47	4
	綠	209	209	209	209	209	209	209	209	209	209	209	209	209	209	209	209	209	209	209	20
計劃	**紅**	31	31	31	31	31	31	31	31	31	31	31	31	31	31	31	31	31	31	31	3
	綠	121	121	121	121	121	121	121	121	121	121	121	121	121	121	121	121	121	121	121	12

```python
df.pivot_table(index='LeadTime',
               columns='月份',
               values='LCM廠',
               aggfunc=['count'])
```

	count											
月份	1	2	3	4	5	6	7	8	9	10	11	12
LeadTime												
急單	26.0	22.0	17.0	13.0	8.0	6.0	5.0	35.0	32.0	31.0	30.0	31.0
計劃	5.0	7.0	14.0	17.0	23.0	24.0	26.0	27.0	9.0	NaN	NaN	NaN

3. AI 啟動和產能利用率的相關性。

(1) AI 啟動與否決定了產能利用率。啟動 AI 使產能提昇 25% 以上，絕對是獲利的關鍵。

(2) AI 啟動，同時增加了一些費用。每月約增 700 萬人民幣左右。

```
pd.set_option("max_rows", 12)#最多顯示多少筆資料
#pd.set_option("display.max_rows", None)
pd.set_option("display.max_columns", None)
df.groupby(['AI啟動','CapaUtilization']).sum()
```

		月份	星期
AI啟動	CapaUtilization		
OFF	61.05%	5	4
	62.24%	4	2
	62.48%	5	5
	63.52%	3	7
	63.99%	5	1
...	...	...	...
ON	88.28%	8	2
	88.45%	8	7
	88.59%	8	4
	90.17%	8	3
	90.32%	8	6

375 rows × 2 columns

```
df.groupby(['AI啟動','AI部']).sum()
```

		月份	星期
AI啟動	AI部		
OFF	2,214	5	6
	2,397	5	3
	2,405	4	4
	2,503	5	3
	2,543	9	4
...	...	...	...
ON	9,645	10	1
	9,738	10	5
	9,745	12	7
	9,774	11	1
	9,957	9	2

397 rows × 2 columns

4. AI 啟動和品質系統指標的相關性。

AI 啟動並不會提高品質，甚至會降低品質。因為 AI 是機器人擔任生產工作，機器人進行機器學習只是減少人工費用，但機器人目前在該公司中並不能提高品質。

```
df.pivot_table(index='QAIndex',
               columns='AI啟動',
               values='龍華一廠',
               aggfunc=['count'])
```

	count	
AI啟動	OFF	ON
QAIndex		
紅	5	73
綠	255	75

5. 組裝廠在旺季時是有較高產能利用率。

(1) 非常驚訝的發現，產能利用率與費用沒有絕對相關，可見工廠都有基本費用，就算產能利用率不高，也要支付基本費用。

(2) 但產能利用率超過 85%，就有明顯的線性相關。

```
df.groupby(['龍華二廠','CapaUtilization']).sum()
```

龍華二廠	CapaUtilization	月份	星期
1,003,698	72.09%	8	7
1,005,263	61.05%	5	4
1,008,831	75.51%	1	4
1,011,052	72.76%	6	7
1,013,874	74.74%	3	7
...	...	...	...
986,073	71.73%	2	5
993,513	70.05%	5	6
993,736	71.39%	1	2
994,075	74.86%	1	5
997,442	77.21%	9	7

408 rows × 2 columns

(3) 也可以一行命令就搞定，方法是先進行排序，然後使用 head 取每組的前 3 個。

```
#也可以一行命令就搞定，方法是先進行排序，然後使用head取每組的前3個。
#pd.set_option("display.max_rows", 8)
pd.set_option("display.max_columns", 12)
df.sort_values(['CapaUtilization','龍華二廠'],ascending=False).groupby('CapaUtilization').head(3
```

	date	月份	星期	淡旺季	LeadTime	QAIndex	...	財務部	管理部	業務一部	業務二部	深圳總產能下之總費用	CapaUtilization
9	2019/8/10	8	6	旺季	急單	綠	...	19,448	50,438	31,402	44,970	50,000,000	90.32%
27	2019/8/28	8	3	淡季	急單	綠	...	23,685	73,146	41,396	46,170	50,000,000	90.17%
7	2019/8/8	8	4	旺季	急單	綠	...	21,361	49,413	29,374	44,680	50,000,000	88.59%
24	2019/8/25	8	7	淡季	急單	綠	...	25,679	75,022	43,580	46,393	50,000,000	88.45%
26	2019/8/27	8	2	淡季	急單	綠	...	25,799	70,608	40,436	46,068	50,000,000	88.28%
...	...	...	...	...	...	...	...	...	...	...	...	...	...
244	2020/4/1	4	3	淡季	急單	紅	...	18,702	49,943	64,986	48,128	50,000,000	63.66%
220	2020/3/8	3	7	旺季	急單	綠	...	17,810	45,040	72,452	48,601	50,000,000	63.52%
274	2020/5/1	5	5	淡季	計劃	紅	...	18,462	49,302	64,152	48,072	50,000,000	62.48%
250	2020/4/7	4	2	淡季	急單	綠	...	17,581	44,462	71,522	48,544	50,000,000	62.24%
280	2020/5/7	5	4	淡季	計劃	綠	...	17,356	43,891	70,604	48,488	50,000,000	61.05%

408 rows × 24 columns

6. 部件廠和組裝廠是否具有生產費用的正相關性。部件廠和組裝擇一廠進行分析即可。

   (1) 以最大的組裝廠「龍華一廠」和部件廠「LCM 廠」進行比對，相關性不明顯。

   (2) 從熱力圖看，各組裝廠（龍華一廠、龍華二廠、龍華三廠）和部件廠（LCM 廠、觀瀾廠）之間並沒有明顯相關性。

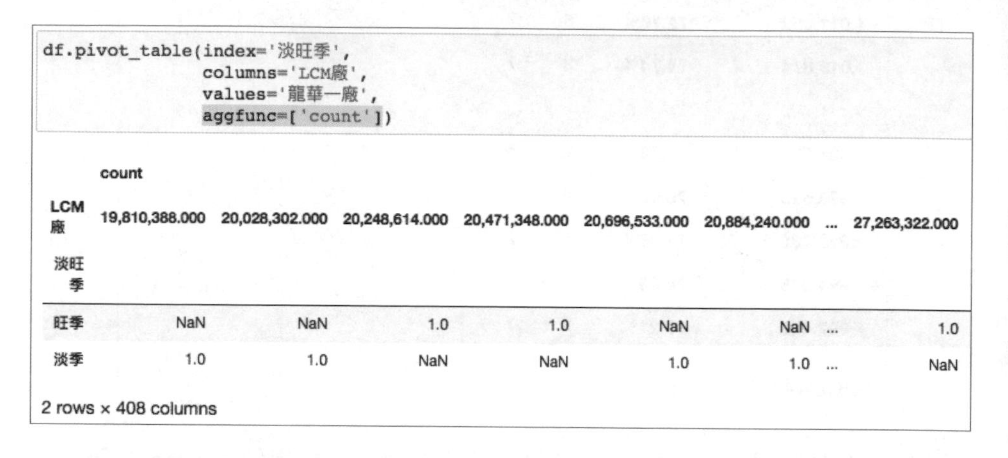

```
df.pivot_table(index='淡旺季',
               columns='LCM廠',
               values='龍華一廠',
               aggfunc=['count'])
```

	count							
LCM廠	19,810,388.000	20,028,302.000	20,248,614.000	20,471,348.000	20,696,533.000	20,884,240.000	...	27,263,322.000
淡旺季								
旺季	NaN	NaN	1.0	1.0	NaN	NaN	...	1.0
淡季	1.0	1.0	NaN	NaN	1.0	1.0	...	NaN

2 rows × 408 columns

上述二點與實際情況不符，因為明明深圳廠區各工廠就是同一時期進行同一客戶同一產品（iPhone）的生產，為何會各廠費用卻沒有相關性。

進一步將所有工廠及間接部門進行相關性分析：

```
import seaborn as sns
import numpy as np
import pandas as pd
import matplotlib.pyplot as plt

df1 = pd.read_csv("factory/FABExptest.csv")

df1.drop(['date','月份','星期','淡旺季','AI啟動','LeadTime','QAIndex','深圳總產能下之總費用'],
        axis='columns',inplace=True) #刪除不分析欄位

#因為熱力圖只能顯示英文，故更改一下欄位名稱為英文
df1=df1.rename(columns={'龍華一廠':'LongWhua1','龍華二廠':'LongWhua2','龍華三廠':'LongWhua3',
                        'LCM廠':'LCM','觀瀾廠':'GuanFactory',
                        '模具部':'Module','製工部':'ME','製程部':'MP','AI部':'AIDep',
                        'QA部':'QADep','總經理室':'GM',
                        '財務部':'FinanceDep','管理部':'ManageDep','業務一部':'Sales1',
                        '業務二部':'Sales2'})

#display(df1.info())
display(df1.corr())
```

	LongWhua1	LongWhua2	LongWhua3	LCM	GuanFactory	Module	...	AIDep	GM	FinanceDep
LongWhua1	1.000000	0.988201	0.418870	0.122621	0.992368	-0.023938	...	0.496455	0.197131	-0.035199
LongWhua2	0.988201	1.000000	0.387505	0.127680	0.999546	-0.043864	...	0.495165	0.193477	-0.047490
LongWhua3	0.418870	0.387505	1.000000	0.462859	0.394371	0.080650	...	0.232830	0.173962	0.097704
LCM	0.122621	0.127680	0.462859	1.000000	0.126933	0.098470	...	0.133052	0.121695	-0.017195
GuanFactory	0.992368	0.999546	0.394371	0.126933	1.000000	-0.040041	...	0.496327	0.194558	-0.045162
...	...	...	...	...	...	...	...	...	...	...
GM	0.197131	0.193477	0.173962	0.121695	0.194558	-0.032040	...	0.059696	1.000000	0.152208
FinanceDep	-0.035199	-0.047490	0.097704	-0.017195	-0.045162	0.263196	...	0.124177	0.152208	1.000000
ManageDep	-0.328063	-0.296924	-0.235119	0.355327	-0.303580	-0.055931	...	-0.214863	-0.099131	-0.071859
Sales1	0.186727	0.168419	-0.191384	-0.371001	0.172324	0.107089	...	0.084620	0.069525	-0.003675
Sales2	0.127168	0.116342	-0.237038	-0.263587	0.118680	0.139839	...	0.065890	0.086293	0.089205

15 rows × 15 columns

(3) 由於資料庫時間軸的問題（以每天為單位），造成分析上的迷思；如果把時間軸範圍以一個月或一個星期來重新整理資料（每天一筆資料太密集），再做分析，應該就可以找到答案了。這部分留給讀者來做分析吧。答案其實沒有改變，仍是相關性不明顯。

(4) 實務上，工廠並一定生產馬上要出貨的產品，可能今天生產下個月要出貨的產品。發生時間軸對不上的資料性迷失。

(5) 實務上，工廠會在淡季時進行預備性生產，以平衡產能利用率，避免大量裁員及大量招聘等不穩定情況發生。

(6) 用熱力圖來視覺化，以上的分析說明。這是資料工程師很重要的工作，如果做了很多工作，卻畫不出圖來或畫出很醜的圖，說服力會因此大為降低。

(7) 熱力圖的設定：

Annot：顯示右方色軸，相關係數相色顏色表

Vmax：最大值

Vmin：最小值

Xticklabels：x 軸標籤顯示

Yticklabels：y 軸標籤顯示

Square：是否顯示成正方形，當圖形比例設 20:9（非 18:8 這種 1:1 的數字），才有效。

Cmap：調色盤代號

```
fig, ax = plt.subplots(figsize = (20,9)) #熱力圖顯示比例

sns.heatmap(pd.DataFrame(df1.corr()),
                         annot=True, vmax=1,vmin = 0, xticklabels= True,
                         yticklabels= True, square=False, cmap="YlGnBu")

ax.set_title('Heatmap of Corr', fontsize = 18)
ax.set_ylabel('Site Name', fontsize = 18)
ax.set_xlabel('Site Name', fontsize = 18)        #橫軸成縱軸，跟矩陣原始一樣
plt.savefig('factory/output.png')
plt.show()
```

7. 間接部門與生產部門的費用是否有相關。

(1) 從上面的熱力圖可以看出，間接部門（AI 部、QA 部、總經理室、財務部、業務一部、業務二部）與生產部門（龍華一廠、龍華二廠、龍華三廠、LCM 廠、模具廠）的費用，也沒有相關性。

(2) 從管理的常態分析，這是一般工廠正常的現象；因為第一線生產線並不一定需要間接部門天天協助。

(3) 而 AI 部、QA 部、模具部的費用一定會發生在生產前，因為這些部門是在做生產前的準備工作。

專案結論

這是一個跨國企業的大型製造商案例，讀者可以進行多種演練及分析，不過內行人看這個專案和郭董的看法應該重點會聚焦在以下三點：

1. AI 的啟動對大型工廠的影響：AI 啟動包括機器人檢測、自動換線、預測進料不良的風險程度，演算法決定抽樣檢測比例是否影響良率。
2. 間接部門對各工廠，包括組裝廠和零件廠的費用是否有連動。
3. 淡旺季和產能利用率，如何評估計劃急單和產能利用率的關係。

綜合分析結論如下：

- AI 啟動與 AI 部門的費用從分析圖上看來，二者並沒有直接關係，可見 AI 部門的費用發生點與生產線的 AI 是否啟動並沒有時間上的關聯。
- AI 啟動與各組裝廠費用是同步的，表示組裝廠費用主要來自零件廢料及不良品，並不是人工費用，依該公司財務上的費用比率來看，人工費用佔總費用很低，表示該公司人工極為精簡；在 AI 啟動後人工費用更低。
- 而產能利用率與 AI 啟動卻有密切關係，因為 AI 啟動同時增加產能，也就是說 AI 啟動同時拉高產能，但這個深圳廠區的產能是採絕對產能計算的，即在工廠開工時已訂好產能，隨著 AI 啟動，很可能產能利用率會超過 100%，即超過原工廠成立時設計的產能，這有點不合理，怎麼會超過 100% ？因為產能因 AI 啟動而大幅超過原定最大產能，所以日後產能利用率會常態的出現在報表上。
- 依相關性分析結果，組裝廠之間相關性很高，也就是說龍華一廠和龍華二廠幾乎同步進行組裝手機，即手機訂單是同一個客戶或型號，只是同一產品分別由二個工廠生產。從淡旺季的同步狀況可得到證明。而間接部門的費用是分攤的，且有時間遞延，例如在旺季來臨前要提前部署。
- 從分析圖上看，淡旺季的產能利用率差距很明顯，當然 AI 啟動在淡季時幾乎派不上用場，AI 只對旺季有用；在淡季人工尚且閒置，根本用不上 AI 協助提昇產能利用率。這樣大大降低 AI 的利基。該企業該改善的是產能平均化，減少淡旺季之間的大幅度產能利用率變化。

MEMO

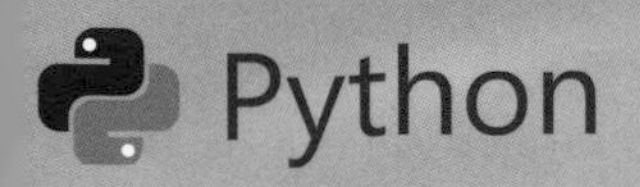

05 CHAPTER

3 天：進化版大數據網路爬蟲技巧

5-1 資料庫的進化－美國車輛測試中心的互動顯示系統（附完整程式）

5-2 程式模組化－基金經理人 線上即時系統（附完整程式）

5-3 Covid-19：巨量資料的過濾與分析（附完整程式）

經過前面章節的學習，相信讀者們對資料庫及 Python 程式語言的使用上，已有一定的經驗了；但在使用 python 資料處理時仍會遇到瓶頸，常見的瓶頸及解決方式如下：

1. **資料庫之間沒有系統性的整合**：由於專案的執行環境不同、執行步驟的差異也導致許多問題，所以 python 在資料分析上雖然容易上手，也因為使用便利，程式機制就會更複雜。

   解決方式：Pandas 是最通用格式，雖然速度不是最快的，在初學或測試期間仍是佳選擇，不要懷疑，用 Pandas 就對了，因為在這個階段，您要解決的是其他問題，不要被資料庫限制住。就算要用到 Numpy 或其他，進行轉換就好。等到正式上線再做一次選擇日期。

2. **Python 語言的設定太多**：包括基本的語法、變量和程式類型，都有許多選項；太多選項等於沒有選項，一般工程師在短時間內很難弄清楚在什麼情況下要用什麼設定，只能從做中學，嘗試錯誤。

   解決方式：由於函數與開發套件很多，且 Python 是透過列表方式建立子集，如何利用 Python 函數結合目前已知的模組套件，將 Python 效能發揮最大化；所以要隨時學習新套件。本章會引導您熟悉 30 個基本套件，熟練這 30 個套件可以完成 90% 的專案。

3. **資料視覺化是重要課題嗎**：學習運用實際數據創建任務和自定義各類圖表，並將大量資料透過系統進行視覺化處理，已成 AI 工程師的重中之重。因為資料庫經過長時間編碼、純化及運算，到最後呈現的結果卻十分單調，這是 AI 工程師不受企業主管們歡迎的原因；因為這些高階主管們根本看不懂資料在表達什麼訊息。

   解決方式：本書用的視覺化基本上都是模組的，不論套用什麼資料庫或運算都可以使用，可以暫時解決專案報告時的 90% 需要。至於是否要另外學習美美的視覺化程式，就看工程師有沒有興趣了，因為那屬於美學領域，不是工程領域。

接下來要進入實用的階段，作者用真正實例來進行理論說明，程式解說及視覺呈現，其內容都是模組化的；只要換掉資料庫及文字設定，就可立刻產生新專案，相信對立即上手的工程師有很大助益。

5-1 資料庫的進化－美國車輛測試中心的互動顯示系統（附完整程式）

一、知識背景

這是一個非常有趣的實例。

國際汽車產業聯盟，因應全球的環保要求，對車輛油耗效率有訂出一個很高的標準，即在 2025 年以前每輛車要達到 54.5mpg（mile per gallon）的嚴苛標準。即在 2025 年前，車輛的油耗效率要達到每加侖 54.5 英哩這個標準，才可以上路。

每加侖 54.5 英哩相當於每公升油要行走 42.5 公里。請問你的車子每公升可以走多少公里呢？相信看到標準，在台灣或美國馬路上，大部分的車輛都離這個標準很遙遠；即 90% 的開車族要準備在 2025 年前換車了。

這個標準看似非常高，但因車輛電氣化程度逐步增加，帶動電動車商機迅速攀升，各車廠面對這個新標準將會更容易達成。因為電動車完全不耗油。

預計 2025 年時，市面上將只有小型節能車（達到標準的）與大型商用車是引擎動力，其他強調性能或是豪華取向的車款，都將改為環保節能的動力來源來提昇油耗效率的車，2025 年唯有合格的車輛才能上路。

依照現有數據來估計，2025 年美國環保節能車（電動車及油電混合車）市場比例將逾 65%。而所有車廠在這段時間要加緊腳步，讓所有出廠引擎車都進入合格範圍。

MPG 的測試是以秒為單位，對汽車的尾氣排放物 - 二氧化碳、氮氧化物、一氧化碳和碳氫化合物進行採樣，並收集每個測試階段的袋裝樣品以進行燃料消耗計算。總結為不同階段的駕駛 - 如城鎮、高速公路和農村，燃油經濟性數據是根據總體排放結果依權重值計算出來，得到 MPG 值。

我們常在車商廣告上看見的標示數據如 16.5km/L，這是該車平均油耗測試數值（即每公升燃油可跑 16.5km），在台灣是由經濟部能源局公佈，數據愈高表示該車輛愈省油，當然會降低在日後油錢上的支出。由於採公制或英制單位的不同，各國在計量車輛油耗量的表示方法也有所不同；在台灣所慣用的單位是 km/L，而像歐洲等許多國家則是採用 L/100km 的標示，美國地區則會使用 MPG（miles per gallon 一加侖跑多少英哩）這種單位，與 km/L 及 L/100km 之間的換算為 1 MPG = 0.425 km/L、1 MPG= 235 L/100 km。

不過要注意的是，車廠所公佈的油耗測試數據並非車輛實際上路所測量而出的數據，而是在實驗室，控制溫度、濕度、車速及行駛時間等參數，並依規定的行車型態於車體動力計上所測得。

也就是說在此測試環境條件下，乃排除了車輛在實際道路行駛時，可能會遭遇到的如天候、路況、載重、駕駛習慣及車輛維護保養等影響因素，因此實驗室所測得的油耗數值會比實際行駛的油耗還來得漂亮。

表格中是 2020 年 9 月統計當時 MPG 名列前茅的車款，這樣讀者們對 MPG 的重要性及專業知識有概念。

The best cars for MPG are reviewed below:(2020-09-30,US)	MPG
Toyota Prius	94.1
Ford Focus 1.5 TDCi	85.0
Skoda Octavia 1.6 TDI	74.3
Honda Civic 1.6 iDTEC	67.7
Peugeot 208 1.5 BlueHDi	65.1
Renault Clio dCi 90	91.1
Hyundai Ioniq Hybrid	83.1
Volkswagen Golf GTE	72.9
Citroen Grand C4 Spacetourer BlueHDi 130	70.6
Suzuki Celerio	78.4

現在車輛有各種環保節能車種多元化發展，有混合動力車、插電式混合動力車與純電動車等，都在進行測試，而美國的車輛測試中心每年要對數百種汽車測試。

本案例目標是：呈現這個位於美國的測試中心的 MPG 專業報告，用瀏覽器方式將資料整合好並做成高級的視覺呈現效果。但資料庫中資料有部分是未公開資料，故用代號方式儲在資料庫中。

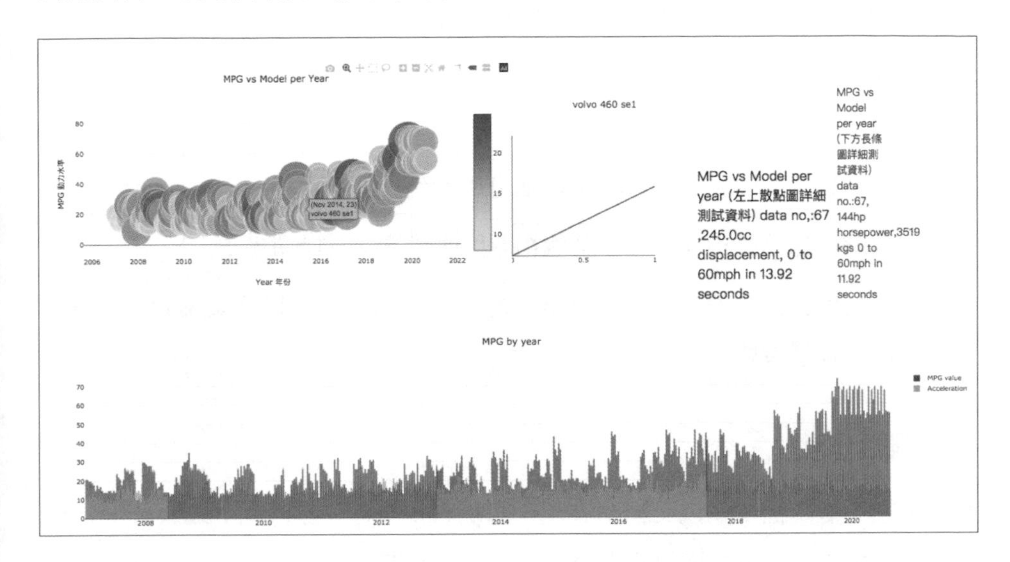

二、專案描述

這是一個位於美國田納西州的車輛引擎測試中心的專案，這個車輛測試中心每年要對數百新車或改良車進行測試；主要是測量車子的加速度表現，也就是要產生「9.3 秒從靜止到 60 哩」的數據。同時也記錄 MPG 及其他各項數據，作為國家指定的車輛的檢驗中心。

三、專案目標

1. 將所有接受測試的車子進行資料匯整，並用車輛測試的專業計算進行運算，再進行美觀的視覺化將資料轉成圖表，最後只用一頁網頁呈現出所有數據。

2. 由於汽車行業有許多專門知識（Domain Knowhow）的限制，工程師不可能也不用去深入瞭解這些汽車行業的術語及其計算方法。只要知道如何將公式轉成程式即可。

四、專案分析

1. 由於有三個不同資料要呈現：歷史資料匯整，每輛車的單獨測試結果各車種間的比較圖，其中車輛性能的圖形化比對。
2. 圖形部分可用長條圖或曲線圖，甚至類似股票的柱狀圖（Candle）來呈現。
3. 要有互動性的效果，如移動滑鼠就可以看到重要資訊。
4. 資料選取採移動指標，並在其他相關圖表中同步即時更新。
5. 且在呈現畫面中最重要的位置呈現最重要測試數據，以便使用者一次掌握全面性及最重要的資料。

五、程式分析

1. 要在一個頁面中呈現三組圖表及一組資料，我們先預設用 Dash Component 程式庫來做，分割適當的畫面百分比來呈現四個圖表。
2. 因為是公司內部及外部人仕都要使用；所以就用網頁來呈現。考慮到資料庫的即時性，在更新上採每小時一次。
3. 資料庫中資料累積到 50000 筆時，將資料轉成 Pandas，並進行上傳圖片並存在雲端。

為了讀者有這個專案的具體概念，先看一下完成的畫面，畫面配置如下：

1. 散點圖佔畫面寬度的 60%。
2. 線圖用於呈現加速測試（0~100 km/hr）的時間，佔畫面 20%。
3. 文字框（藍色字）佔畫面 10%。用於呈現重要資訊，是互動式的，在滑鼠移動到散點圖中之圓圖中，才會出現該圓圖所代表的車輛之重要資訊。

4. 文字框（紫色字）佔畫面 10%。用於呈現重要資訊，是互動式的，在滑鼠移動到下方長條圖中之長條中，才會出現該圓圖所代表的車輛之重要資訊。

5. 而下方整個版面用於歷年來資料的比較，用長條圖來呈現。

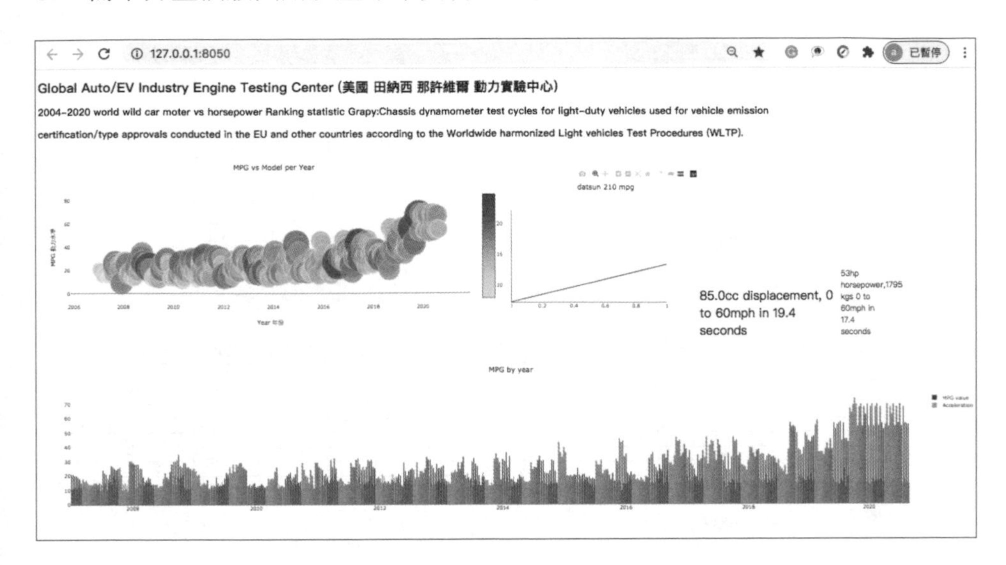

六、程式說明：(5-1.ipynb, 5-1.py)

1. 視覺規劃

<table>
<tr><td colspan="4">標題區</td></tr>
<tr><td>散點圖區</td><td>線圖區</td><td>文字區</td><td>文字區</td></tr>
<tr><td colspan="4">長條圖區</td></tr>
</table>

2. **程式庫及設定引用**：除 Dash 三箭客之外，再引入 plotly 互動圖形程式庫。

```
import dash
import dash_core_components as dcc
import dash_html_components as html
import plotly.graph_objs as go
```

3. 資料庫選定及相關網頁呈現的設定及引用：由於會用到視覺呈現的調色盤引用，為了該使用者有互動感覺，所以會用亂數產生器來進行未知的顏色調色盤之選定。

```
import pandas as pd
from dash.dependencies import Input, Output
from numpy import random
```

4. 引入資料庫：完成資料下載並檢查一下資料庫是否正常 :df.head()

```
df = pd.read_csv('US_Oil/mpg.csv')
print("2020年，總共測試車種：",len(df))
df.head()
```

5. 底色及文字的色彩設定，及大量色彩呈現時要用到的調色盤設定。

```
app = dash.Dash()
colors = {
    'background': '#EEEEEE',
    'text':               #7FDBFF'
}
df['year'] = random.randint(-4,5,len(df))*0.10 + df['model_year']
```

6. 在網頁上呈現的 Layout：

```
app.layout = html.Div(children=[
```

```
import dash
import dash_core_components as dcc
import dash_html_components as html
import plotly.graph_objs as go
import pandas as pd
from dash.dependencies import Input, Output
from numpy import random

df = pd.read_csv('Euro_auto/MPG_Autos.csv')
print("測試車輛總數：",len(df))
df.tail()
```

測試車輛總數： 470

	mpg	cylinders	displacement	horsepower	weight	acceleration	model_year	origin	name
465	69.0	4	265.0	113	2680	14.43	2020	3	Jaguar 911vsa
466	73.3	4	245.0	119	3101	13.92	2020	3	volvo 560 se1
467	69.1	4	230.0	113	3909	14.10	2020	2	toyota crown 370 t
468	54.0	4	140.0	86	2790	15.60	2020	4	ford mustang gl
469	66.0	4	97.0	52	2130	24.60	2020	3	vw pickup

7. **標題部分**：這用不同格式（H1~H6）來呈現上方標題文字。（文字內容屬專業汽車行業術語）這樣做就完成了畫面呈現的主要部分，可以先執行看看結果。

```
html.H1(children='          Global Auto/EV Industry Engine Testing
Center   （美國 田納西 那許維爾 動力實驗中心）'),
   html.H3(children='2004-2020 world wild car moter vs horsepower
Ranking statistic Group:Chasses dynamometer cycles testing for light-
duty vehicles used for vehicle emission '),
   html.H3(children='certification/the approvals conducted in the
EU and other countries according to the Worldwide harmonized Light
vehicles Test Procedures (WLTPQE code standard).'),
```

8. **視覺部分**：散點圖區（Scatter）

為何採用散點圖？這和您使用的資料庫及呈現多少資料項目有關，以本例來說，要同時呈現年日期，動力水準，其參考數據等三項資料，其中參考數據可能會非常多項目；且要有漸層色彩可一眼看出動力水準（色彩越深動力水準越高）。除了使用散點圖似乎也沒有其他選項了。散點圖佔畫面寬度的 60%。

```
html.Div([
   dcc.Graph(id='mpg-scatter',
       figure={
          'data':[go.Scatter(
             x=df['year'],
             y=df['mpg'],
             text=df['name'],
             mode='markers',
             marker=dict(size=df['acceleration']*2,
color=df['acceleration'],showscale=True),
          )],
          'layout':go.Layout(
             title='MPG vs Model per Year',
             xaxis={'title':'Year 年份 '},
             yaxis={'title':'MPG 動力水準 '},
             hovermode='closest'
          )}
   )
], style={'width':'60%','display':'inline-block','font-size':'28px'}),
# 調整畫面
```

散點圖的結果：

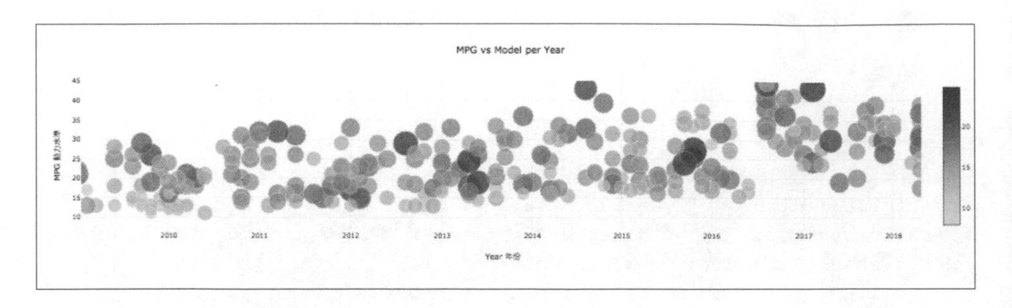

9. **視覺部分**：線圖區（Line）

這個部分呈現出很簡潔，但在圖形設定上卻有點繁瑣；理論上，所有的圖形都要這樣繁瑣的設定。每個括號都要是成對的，只要詳細核對，就不會出錯。

10. 視覺部分：文字區（Line）有二個，分別位於畫面最右的部分。這部分很單純，只要知道文字框是 Markdown 即可。

```
html.Div([
    dcc.Markdown(id='mpg-metrics')
    ],style={'width':'20%','display':'inline-block'}),# 調整畫面

html.Div([
    dcc.Markdown(id='mpg-metrics2')
    ],style={'width':'5%','display':'inline-block','color':'purple','font-size':'20px'}),# 調整畫面
```

11. 視覺部分：長條圖區（bar）有二個，分別位於畫面最右的部分。 設定如下：

type:bar，二個不同顏色的長條分別顯示，MPG 及 Acceleration（加速時間）。

```
html.Div([
    dcc.Graph(id='mpg-acceleration',
        figure={
            'data':[go.Scatter(x=[0,1],
                        y=[0,1],
                        mode='lines') # 設定線圖
            ],
            'layout':go.Layout(title='Acceleration',
```

```
                    margin={'l':0},
                    xaxis=dict(title='x Axis',
                        titlefont=dict(family='Courier New, monospace',
                                size=18,
                                color='#7f7f7f') # 調整畫面
                        ),
                    )

        }
    )
],style={'width':'20%','height':'100%','display':'inline-block'} # 調整
畫面
),
```

```
dcc.Graph(
    id='graphid',
    figure={
    'data': [
        {'x':df['dates'],'y':df['mpg'],'type': 'bar', 'name': 'MPG value'},
        {'x':df['dates'],'y':df['acceleration'],'type': 'bar', 'name':
'Acceleration'},],
    'layout': {
        'title':'MPG by year','color':'blue',# 調整畫面
    })
```

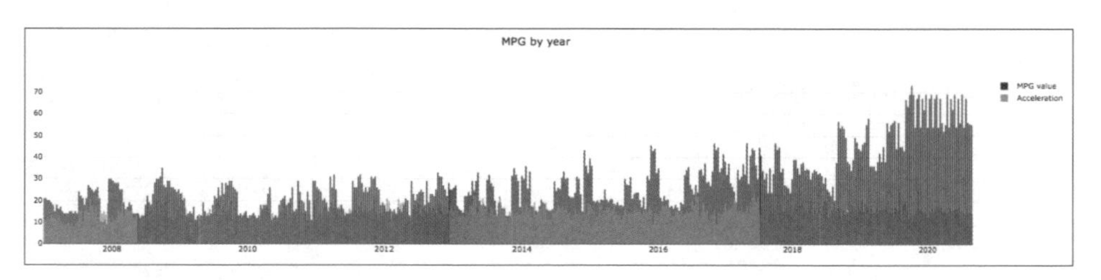

12. 互動部分：有三個互動部分：

A. 左上的散點圖，滑鼠移動時啟動改變加速圖。

```
@app.callback(Output('mpg-acceleration','figure'),    #啟動重新繪圖
    [Input('mpg-scatter','hoverData')])                # input 啟動 output
def callback_graph(hoverData):
    df_index = hoverData['points'][0]['pointIndex'] #由左上圖的點去資料庫找
對應資料
     figure = {'data':[go.Scatter(x=[0,1],
                        y=[0,60/df.iloc[df_index]['acceleration']],   # 確定
直線終點位置
                        mode = 'lines',)],
        'layout':go.Layout(title=df.iloc[df_index]['name'],
```

```
                    xaxis={'visible':True},                # x 軸顯示
                    yaxis={'visible':True,'range':[0,60/
df['acceleration'].min()]},
                    margin={'l':0},height = 400
                    )}  # 圖形的視覺調整
   return figure
```

B. 左上的散點圖，滑鼠移動時啟動改變右上方的文字框（藍色字）。

```
@app.callback(Output('mpg-metrics','children'),
     [Input('mpg-scatter','hoverData')])

def callback_stats(hoverData):
   df_index = hoverData['points'][0]['pointIndex']   #將文字放入 metrics
中，並回傳文字框
   metrics = """
      {}cc displacement,
      0 to 60mph in {} seconds
      """.format(df.iloc[df_index]['displacement'],
            df.iloc[df_index]['acceleration'])
   return metrics
```

C. 下方長條圖，滑鼠移動時啟動改變右上方的文字框（紫色字）。

```
@app.callback(Output('mpg-metrics2','children'),
     [Input('mpg-scatter','hoverData')])

def callback_stats(hoverData):
   df_index = hoverData['points'][0]['pointIndex']   #將文字放入 metrics
中，並回傳文字框
   metrics = """
      {}cc displacement,
      0 to 60mph in {} seconds
      """.format(df.iloc[df_index]['displacement'],
            df.iloc[df_index]['acceleration'])
   return metrics}
```

13. 完整程式：如（5-1.ipynb, 5-1.py）

14. 作業：請將上圖的下方長條圖改為折線圖，並產生互動到上方加速圖中。

在 Line 88 的位置 ('name':'Acceleration')，將 'bar' 改為 'line'。

```
dcc.Graph(
    id='graphid',
    figure={
        'data': [
            {'x':df['dates'],'y':df['mpg'],'type': 'line', 'name': 'MPG 
value'},
            {'x':df['dates'],'y':df['acceleration'],'type': 'bar', 
'name': 'Acceleration'},
        ],
        'layout': {
            'title':'MPG by year','color':'blue',# 調整畫面
        }
    }
)
```

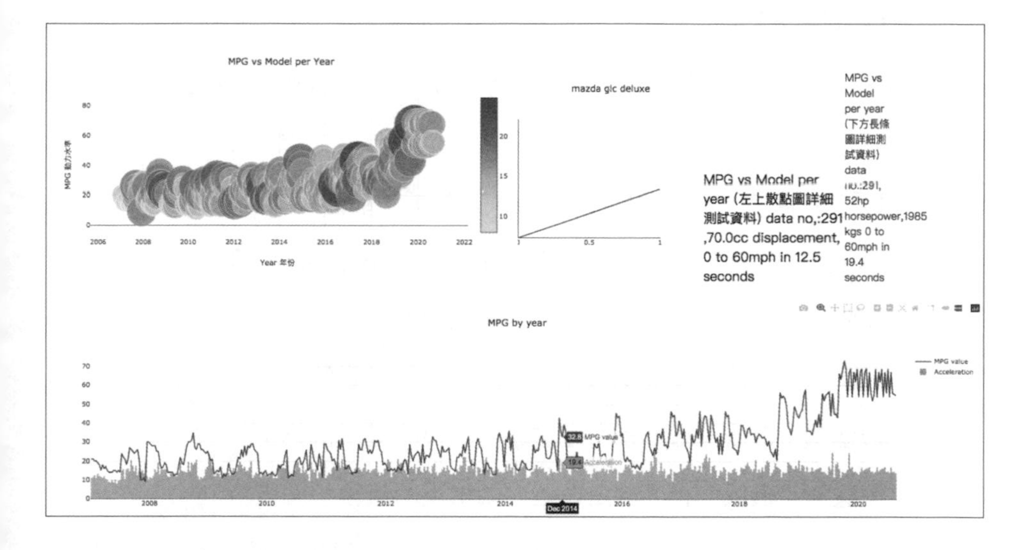

5-2 程式模組化－基金經理人 線上即時系統（附完整程式）

一、知識背景

在股票市場上，有一群專業人仕在協助客戶操作股票，就是幫客戶買賣股票。如同台灣政府會委託一群專業的證券公司代為管理政府的存款，這些存款

往往金額很大，政府沒有專業的股票買賣人員，只好請民間證券業者來買賣股票。就是所謂的代操；而這群買賣人員，就是所謂的基金經理人。

除了政府的錢，如勞退基金，郵政基金會請證券公司的基金經理人來買賣股票。這群人並不只是靠著直覺或消息就進行買賣股票，他們都有一套追踪及預測系統，來協助他們判斷何時進行買賣。這是個艱難的工作，因為判斷會常有不準確的情形發生；所以這種即時預測系統有幾個基本要求。

1. 即時且正確。
2. 有預測功能。
3. 重點強化的視覺處理。
4. 可即時分享給客戶或公司主管。
5. 有直覺的互動功能。

這裡要提一下股票常見的呈現方式如 K 線圖、移動平均、KDJ、布林通道等基本知識：

1. **K 線圖**：K 線圖又稱「蠟燭圖」，是技術分析中最流行的圖表。

   一根 K 線由最高價、最低價、開盤價和收盤價繪制而成，形如蠟燭得名：

   - 開盤價：此價格是形成一根 K 線所在週期內出現的第一個價格；
   - 最高價：形成一根 K 線所在週期內出現的最高價格；
   - 最低價：形成一根 K 線所在週期內出現的最低價格；
   - 收盤價：形成一根 K 線所在週期內出現的最後一個價格。

   如果收盤價高於開盤價，是一根陽燭，用藍色呈現，燭體的上方是收盤價，下方是開盤價；如果收盤價低於開盤價，是一根陰燭，用黑色呈現，燭體上方是開盤價，下方是收盤價。

   有時會發現圖表上某 K 線沒有影線，這是因為開盤或收盤價與最高或最低價重合了；如果燭體非常短，則代表 K 線的開盤價和收盤價非常相近。

2. **移動平均線（Simple Moving Average, SMA）**：又稱為移動平均線（MA），計算方式為 N 天的收盤價總和再除以 N，得到第 N 天的平均數值。MA 線是以 N 日內收盤價最計算，代表一段時間內投資人所持有的股票成本。並且 MA 線是一條平滑的曲線，所以可以利用斜率來判斷目前股價的發展趨勢。本例用十日平均線來呈現。

3. **KDJ 指標**：亦稱為隨機指標，根據一個特定的周期（一般為 9 日、9 週）內出現過的最高價、最低價及最後一個計算週期的收盤價以及三者之間的比例關係計算最後一個週期的未成熟隨機值 RSV，再根據平滑移動平均線的方法來計算出 K 值、D 值與 J 值，從而繪製成曲線來表示股價的走勢。

4. **布林通道**：是預測未來趨勢用的，布林通道又稱（Bollinger Bands, BBands），布林格帶狀或保力加通道，由約翰・布林格（John Bollinger）所提出的概念。可以看出買賣訊號、進場及出場的時機。計算方式如下：

   - 帶狀上限 = 帶狀中心線 + 2 個標準差
   - 帶狀中心線 = 20 期移動平均線（即 20MA）帶狀下限 = 帶狀中心線 - 2 個標準差

   布林格結合了移動平均線和統計學的標準差的概念，基本的型態，是由 3 條軌道線組成的帶狀通道。

   其在分析股票的意義是：

   - 中軌道 = 平均成本
   - 上軌 = 股價的壓力線
   - 下軌 = 股價的支撐線

二、專案描述

這是美國華爾街要提供給客戶的簡單操作系統，主要是讓客戶可以一目了然的判斷手中股票的趨勢。這個一頁式頁面，要能呈現二個部分：即時資訊及預測區間。

三、專案目標

1. 可由使用者自行輸入股票代號，並立即呈現圖形。

2. 在內部使用時，用封閉軟體來監看即時資訊，再進行美觀的視覺化將資料轉成圖表，最後只用一頁網頁呈現出所有數據。並將此頁傳給主管或客戶。
3. 其中用到統計及財務金融的運算，如 KDJ 值，移動平均等，都要呈現在同一頁面。

四、專案分析

1. 由於資料庫建立在即時股票價格上，有用到一點網路爬蟲的程式。
2. 圖形部分可用長條圖或曲線圖，K 線圖（Candle）來呈現。
3. 要有互動性的效果，如移動滑鼠就可以看到重要資訊。
4. 資料選取採移動指標，並在其他相關圖表中同步即時更新。
5. 且在呈現畫面中最重要的位置呈現最重要測試數據，以便使用者一次掌握全面性及最重要的資料。

五、程式分析

1. 要在一個頁面中呈現複合圖表及使用一組即時資料，我們用 Annaconda/Jupter 開發平台來進行分割畫面來呈現圖表。
2. 因為是公司內部及外部人仕都要使用；所以就用網頁來呈現。

   且資料庫要有即時性。
3. 資料庫中資料累積到 1000 筆時，將轉成 Pandas，並進行上傳圖片並存在雲端。
4. 最後呈現的圖表，將儲存在用戶端，以便隨時記錄及調閱。

   為了讀者有這個專案的具體概念，先看一下完成的畫面，畫面配置如下：

1. K 線圖＋成交量＋移動平均＋ KDJ 曲線圖，全放在上方佔畫面高度的 70%。
2. 互動區，放在下方，佔畫面 25%。
3. 呈現重要資訊，是互動式的，在滑鼠移動到散點圖中之圓圖中，才會出現該時間軸所代表的股價之重要資訊。

4. 文字框（紫色字）佔畫面 10%。用於呈現重要資訊，是互動式的，在滑鼠移動到下方長條圖中之長條中，才會出現該圓圖所代表的車輛之重要資訊。

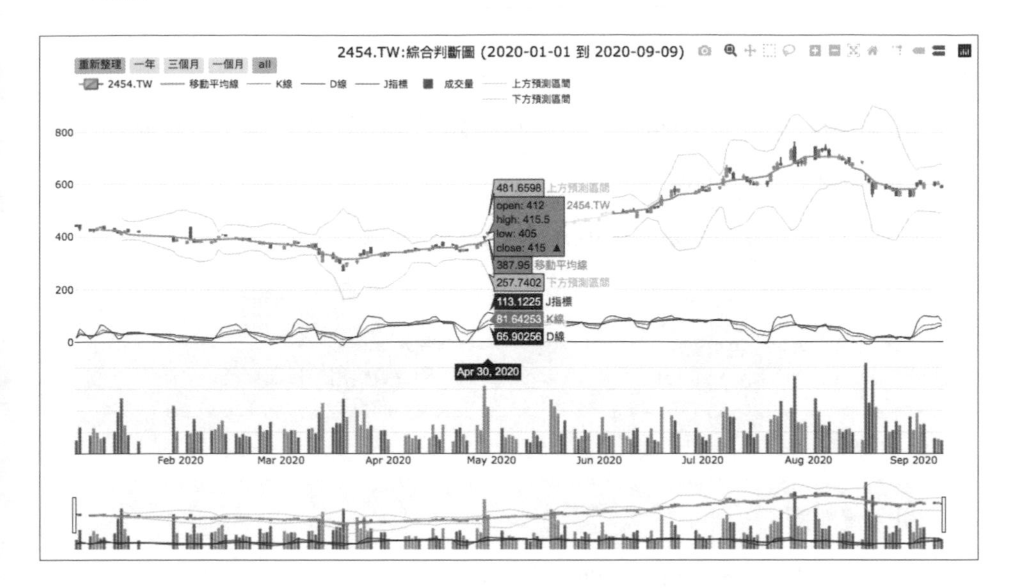

六、程式說明：(5-2.ipynb)

1. **視覺規劃**：

主圖區
互動區（可用拖拉放大局部時間軸）

2. **程式庫及繪圖設定引用**：再引入資料程式庫（Pandas,numpy）及互動圖形程式庫（matplotlib,plotly），加上一個時間計算的程式庫（datetime）。

```
import pandas_datareader.data as web
from datetime import datetime
import numpy as np
import pandas as pd

import matplotlib.pyplot as plt # 繪圖設定用
import plotly.offline as py
```

3. 股票選定（2454.TW, 是台股的聯發科），可改選美股（AAPL, 蘋果公司）。

```
stock_ID="2454.TW"
print(" 資料擷取，AI 運算中 .....")
```

4. **資料時間軸設定**：tStart 是為了計算資料處理時間。

   A. 起始日期設為 2020 年 1 月 1 日：如果選美股或台股，資料庫從 1980 年 12 月 12 日開始。

   B. 結束日期設今天 end=date.today()。

```
import time
tStart = time.time()                     # 計時開始
from datetime import date                # 為了爬取資料用的日期資料
start = date(2020,1,1)                   # 美股資料起點為 1980,12,12
end = date.today()
```

5. **引入資料庫**：

   A. 從美國 Yahoo 股市平台即時資料庫取得資料。

   B. 完成資料下載並檢查一下資料庫是否正常：df.tail()

```
df = web.DataReader(stock_ID, 'yahoo', start, end)
display(df.tail())
```

6. 重要數據 K，D，J 的計算。

   A. Low：以滾動式將前 9 天最小值為範圍，並在空值的資料填入前 9 天的最小值。

   B. High：以滾動式將前 9 天最大值為範圍，並在空值的資料填入前 9 天的最小值。

   C. RSV：結合上二項進行計算。

   RSV 計算方式：(今日收盤價 - 近九天的最低價)/(近九天的最高價 - 近九天最低價）

   K 值是 RSV 和前一日的 K 的加權平均 K = 2/3 X (昨日 K 值) + 1/3 X (今日 RSV)

D 值是 K 和前一日的 D 的加權平均 D = 2/3 X (昨日 D 值) + 1/3 X (今日 K 值)

```
# 計算 K，D，J 並放入 df 中備用
low_list = df['Low'].rolling(9, min_periods=9 ).min()
low_list.fillna(value = df['Low'].expanding().min(), inplace = True)
high_list = df['High' ].rolling(9, min_periods=9 ).max()
high_list.fillna(value = df['High'].expanding().max(), inplace = True)
rsv = (df['Close']-low_list)/(high_list-low_list) * 100

df['K'] = pd.DataFrame(rsv).ewm(com=2).mean()
df['D'] = df['K'].ewm(com=2 ).mean()
df['J'] = 3* df['K']-2*df['D']
df = df.fillna(0) # 把空白值補滿
```

計算後，看一下資料狀況，在網頁上呈現的 Layout：

```
df.tail()
```

```
df.tail()
```

Date	High	Low	Open	Close	Volume	Adj Close
2020-09-03	615.0	598.0	614.0	603.0	13478883.0	603.0
2020-09-04	610.0	582.0	589.0	603.0	13800424.0	603.0
2020-09-07	613.0	593.0	608.0	598.0	7040189.0	598.0
2020-09-08	614.0	598.0	602.0	604.0	6683057.0	604.0
2020-09-09	599.0	586.0	594.0	593.0	8416000.0	593.0

7. K 線圖：

將顏色改為台灣熟悉的顏色：上漲紅色，下跌綠色。

```
#K 線圖 candlestick chart
INCREASING_COLOR = 'red'  #17BECF'
DECREASING_COLOR = 'green'#'#7F7F7F'
```

type：圖形類別及相關必要設定。

```
data = [ dict(
    type = 'candlestick',
    open = df.Open,
    high = df.High,
    low = df.Low,
    close = df.Close,
    x = df.index,
    yaxis = 'y2',
    name = stock_ID,
    increasing = dict( line = dict( color = INCREASING_COLOR ) ),
    decreasing = dict( line = dict( color = DECREASING_COLOR ) ),
        )
    ]
layout=dict()
fig = dict( data=data, layout=layout )
```

8. **視覺部分**：照之前配置，將二個圖區進行設定。

```
loc='left'
font_dict={'fontsize': 14,'fontweight' : 8.2,'verticalalignment': 'bas
eline','horizontalalignment': loc}

#Create the layout object
fig['layout'] = dict()
fig['layout']['title'] =stock_ID+":綜合判斷圖 ("+str(start)+" 到
"+str(end)+")"
fig['layout']['fontdict']=font_dict
fig['layout']['loc']=loc
fig['layout']['plot_bgcolor'] = 'rgb(250, 250, 250)'
fig['layout']['xaxis'] = dict( rangeselector = dict( visible = True ) )
fig['layout']['yaxis'] = dict( domain = [0, 0.25], showticklabels =
False )
fig['layout']['yaxis2'] = dict( domain = [0.25, 0.95] ) #0.2,0.8
fig['layout']['yaxis3'] = dict( domain = [0.25, 0.5] ) #KD
fig['layout']['legend'] = dict( orientation = 'h', y=0.90, x=0.0,
yanchor='bottom' )
fig['layout']['margin'] = dict( t=40, b=40, r=40, l=40 )
```

為何採用 K 線圖：這和使用的資料庫及呈現多少資料項目有關，以本例來說，要同時呈現日期上下振幅等，只有 Candle 可用了。

9. 視覺部分：左上角選擇鈕。

```
# 增加範圍選擇鈕：Add range buttons rangeselector
rangeselector=dict(
    visibe = True,
    x = 0, y =1, # 顯示位置在左上角（絕對座標 0,1)
    bgcolor = 'rgba(150, 200, 250, 0.4)',
    font = dict( size = 13 ),
    buttons=list([
        dict(count=1,
             label=' 重新整理 ',#'reset',
             step='all'),
        dict(count=1,
             label=' 一年 ',#'1yr',
             step='year',
             stepmode='backward'),
        dict(count=3,
            label=' 三個月 ',#'3 mo',
            step='month',
            stepmode='backward'),
        dict(count=1,
            label=' 一個月 ',#'1 mo',
            step='month',
            stepmode='backward'),
        dict(step='all')
    ]))

fig['layout']['xaxis']['rangeselector'] = rangeselector
```

10. 視覺部分：畫出移動平均線。

A. 利用 numpy 來進行十日資料整理。

B. 進行前 5 及後 5 的數據擷取。

C. 然後一段一段畫出移動平均線。

```
# 移動平均線 Add moving average-10 days
def movingaverage(interval, window_size=10):
    window = np.ones(int(window_size))/float(window_size)
    return np.convolve(interval, window, 'same')
```

```
mv_y = movingaverage(df.Close)
mv_x = list(df.index)

# Clip the ends
mv_x = mv_x[5:-5]
mv_y = mv_y[5:-5]

fig['data'].append( dict( x=mv_x, y=mv_y, type='scatter', mode='candles
tick',#mode='lines',
                    line = dict( width = 2 ),
                    marker = dict( color = '#E377C2' ),#hoverinfo='none',
                    xanchor = 'left',
                    showarrow = True,
                    yaxis = 'y2', name='移動平均線' ) ) #Moving Average
```

11. 視覺部分：畫出K，D，J圖。

```
#畫出 K，D，J chart 共3條線
fig['data'].append( dict( x=df.index, y=df.K,type='scatter',
mode='lines',
                    line = dict( width = 1 ),
                    marker=dict( color='red' ),#hoverinfo='none',
                    yaxis='y2', name='K線' ) ) #K
fig['data'].append( dict( x=df.index, y=df.D,type='scatter', mode='lines',
                    line = dict( width = 1 ),
                    marker=dict( color='blue' ),#hoverinfo='none',
                    yaxis='y2', name='D線' ) ) #D
fig['data'].append( dict( x=df.index, y=df.J,type='scatter', mode='lines',
                    line = dict( width = 1 ),
                    marker=dict( color='purple' ),#hoverinfo='none',
                    yaxis='y2', name='J指標' ) ) #J
```

12. 視覺部分：畫出成交量長條圖。

```
#畫出成交量長條圖：
colors = []
for i in range(len(df.Close)):
    if i != 0:
        if df.Close[i] > df.Close[i-1]:
            colors.append(INCREASING_COLOR)
     else:
            colors.append(DECREASING_COLOR)
    else:
        colors.append(DECREASING_COLOR)
#Add volume bar chart
fig['data'].append( dict( x=df.index, y=df.Volume,
                         marker=dict( color=colors ),
                         type='bar', yaxis='y', name='成交量' ) )
```

13. 視覺部分：畫出布林通道區間。

A. 帶狀上限 = 帶狀中心線 + 2 個標準差

```
#Add bollinger bands
def bbands(price, window_size=10, num_of_std=5):
    rolling_mean = price.rolling(window=window_size).mean()
    rolling_std  = price.rolling(window=window_size).std()
    upper_band = rolling_mean + (rolling_std*num_of_std)
    lower_band = rolling_mean - (rolling_std*num_of_std)
    return rolling_mean, upper_band, lower_band
bb_avg, bb_upper, bb_lower = bbands(df.Close)
colors = []
for i in range(len(df.Close)):
    if i != 0:
        if df.Close[i] > df.Close[i-1]:
            colors.append(INCREASING_COLOR)
     else:
            colors.append(DECREASING_COLOR)
    else:
        colors.append(DECREASING_COLOR)
#Add volume bar chart
fig['data'].append( dict( x=df.index, y=df.Volume,
                         marker=dict( color=colors ),
                         type='bar', yaxis='y', name=' 成交量 ' ) )
```

B. 帶狀中心線 = 20 期移動平均線（即 20MA）帶狀下限 = 帶狀中心線 - 2 個標準差

C. 上區間，下區間的運算：

```
# 上區間：bb_upper
fig['data'].append( dict( x=df.index, y=bb_upper, type='scatter', 
yaxis='y2',
                    line = dict( width = 1),
                    marker=dict(color='#777'), #hoverinfo='none',
                    legendgroup='Bollinger Bands', name=' 上方預測區
                間 ',showlegend=True))
# 下區間：bb_lower
fig['data'].append( dict( x=df.index, y=bb_lower, type='scatter', yaxis='y2',
                    line = dict( width = 1),
                    marker=dict(color='#777'), #hoverinfo='none',
                         legendgroup='Bollinger Bands',name=' 下方預測區
                間 ',showlegend=True ))
```

14. 將圖儲存在使用者電腦中。

在檔案儲存中有許多不同的方式：如果您在離線工作，則將 plotly.offline.plot(fig, filename='name.html')html 文件保存在計算機上，然後可以在瀏覽器中打開它，但通常會立即打開。

若只想保存 HTML 文件，而不想在運行時打開圖表：auto_open=False。

以下二種方式，無法儲存標題及左上方控制項。

A. py.offline.plot(fig, filename='Final_Range.html',auto_open=True)

B. py.offline.plot(fig['data'],filename='Final_Range_0611.html',auto_open=True)

C. 效果與上面二行存檔用的結果一樣：

py.offline.plot(fig,filename='fig20200712-Poly.html',auto_open=True)

```
# 將該圖發送到 Plotly cloud，並且不將文件保存在您的系統上。
#Plot
Saved_Name='fig20200911-4in1.html'
py.iplot( fig, filename = Saved_Name, validate = False)
```

15. 將圖儲存在使用者電腦中。

```
import plotly.io as pio
pio.write_html(fig, file=Saved_Name, validate = False,auto_open=True)

print(" 完成了 ",end='')
tEnd = time.time()# 計時結束
print(f'{len(df):.0f} 個交易日 ,{(tEnd - tStart):.2f} 秒 ') # 數字顯示規格設定
import os
print(" 本圖存檔位置 :"+str(os.getcwd())+str("/")+str(Saved_Name)) # 取得當
前路徑
```

16. 程式存檔及資料處理的時間。

```
import plotly.io as pio
pio.write_html(fig, file=Saved_Name, validate = False,auto_open=True)

print(" 完成了 ",end='')
tEnd = time.time()# 計時結束
print(f'{len(df):.0f} 個交易日 ,{(tEnd - tStart):.2f} 秒 ') # 數字顯示規格設定
import os
print(" 本圖存檔位置 :"+str(os.getcwd())+str("/")+str(Saved_Name)) # 取得當
前路徑
```

17. 完整程式（5-2.ipynb）：

18. 作業：請將股票改為下列指數及股票：

A. 台股指數（^TWII）：在股票號碼地方更改 stock_ID="^TWII"

```
stock_ID="^TWII"
```

結果如下：

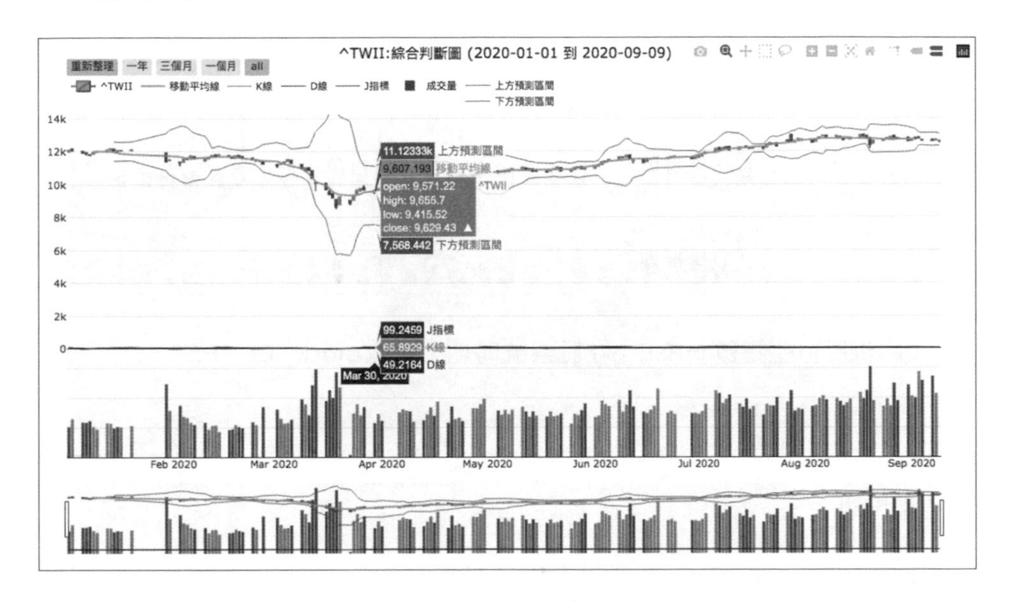

B. 美股 IBM 公司（IBM）：在股票號碼地方更改 stock_ID="^IBM"

```
stock_ID="^IBM"
```

結果如下：

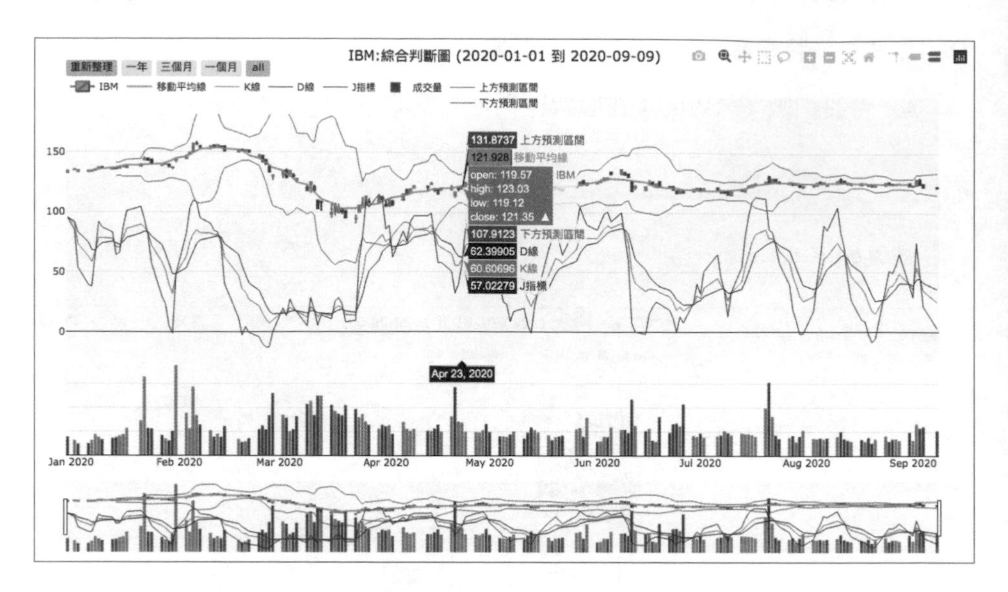

C. 港股恒生指數 (^HSI)：在股票號碼地方更改 stock_ID="^HSI"

```
stock_ID="^HSI"
```

結果如下：

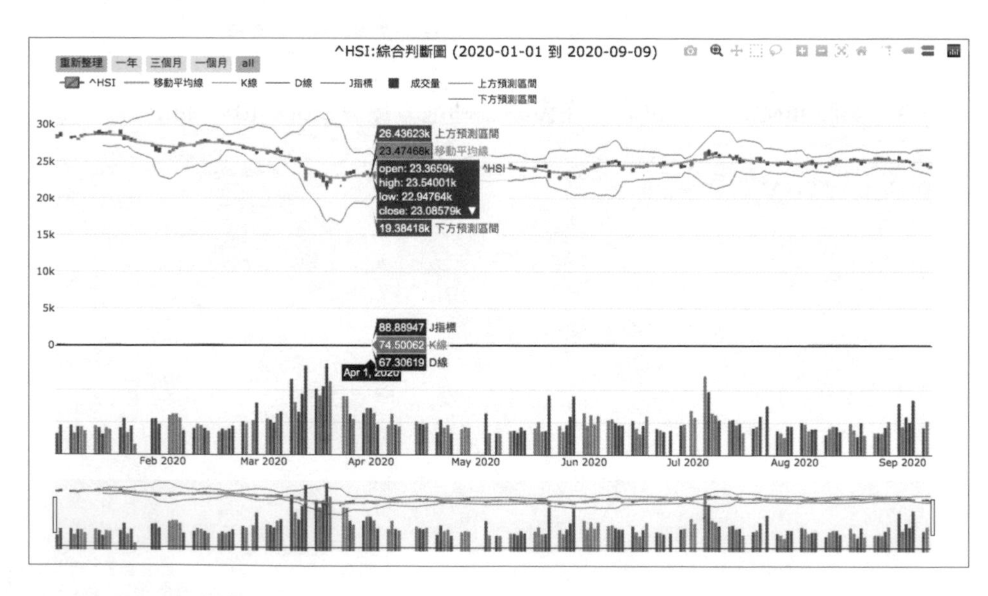

D. 比亞迪股份 (1211.HK)：在股票號碼地方更改 stock_ID="1211.HK"。

```
stock_ID="1211.HK"
```

結果如下：

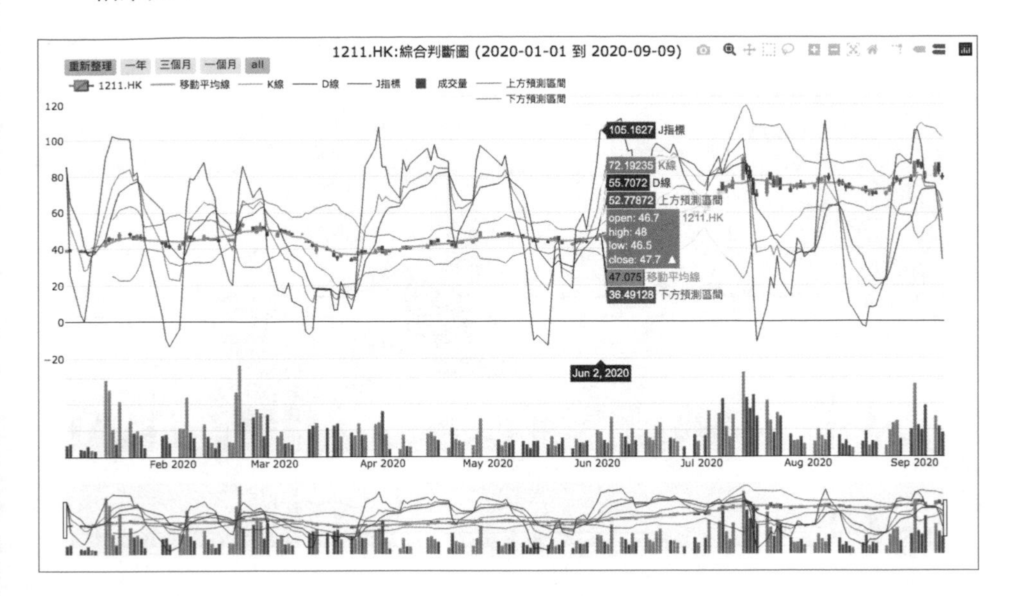

E. 上證綜合指數 (000001.SS)：在股票號碼地方更改 stock_ID="000001.SS"

```
stock_ID="000001.SS"
```

結果如下：

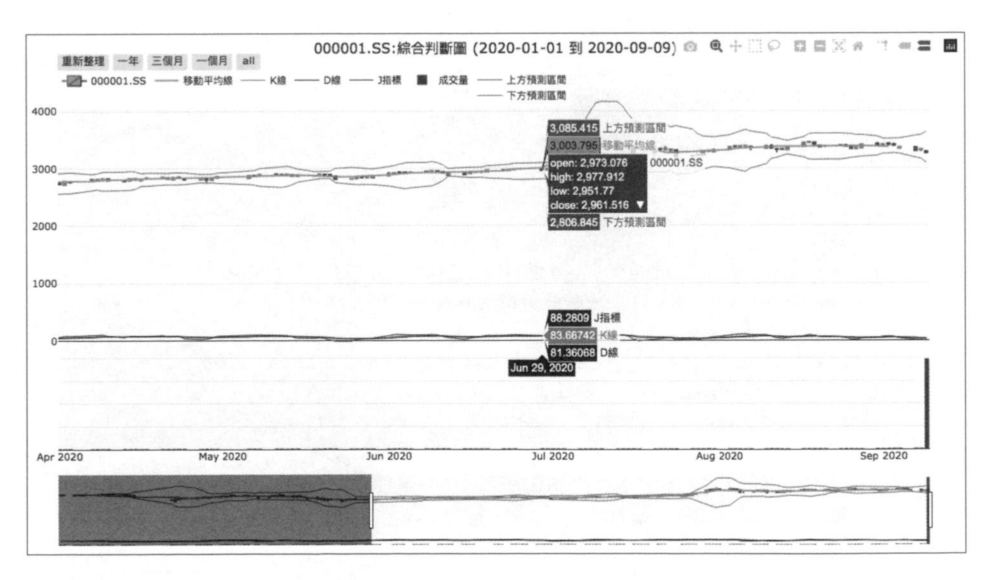

F. 浦發銀行 (600000.SS)：在股票號碼地方更改 stock_ID="600000.SS"

```
stock_ID="600000.SS"
```

結果如下：

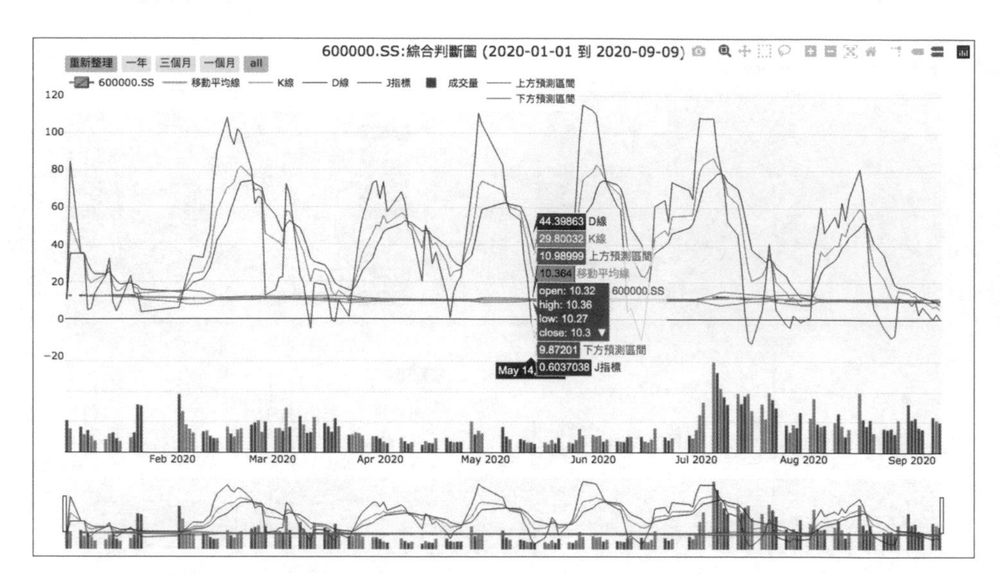

19. 作業：在二個圖同時顯示在一個網頁上（5-2-1.ipynb）

```
from plotly import tools
import plotly.graph_objs as go
from plotly.offline import init_notebook_mode, iplot
init_notebook_mode(connected=True)
import pandas_datareader.data as web # 擷取資料用
import plotly

stock_ID="2330.TW"

print(" 資料擷取，AI 運算中 .....")
import time
tStart = time.time() # 計時開始

from datetime import datetime # 處理時間日期用
start = datetime(2019,1,1) # 美股資料起點為 1980,12,12
nowdate=time.localtime()
end = datetime(nowdate.tm_year, nowdate.tm_mon, nowdate.tm_mday,
nowdate.tm_hour, nowdate.tm_min, nowdate.tm_sec)
df = web.DataReader(stock_ID, 'yahoo', start, end)
# print(df) #debug
```

```
trace1 = go.Scatter(x=df.index, y=df['Close'],name=" 收盤價 ")
trace2 = go.Bar(x=df.index, y=df['Volume'],name=" 成交量 ")
data = [trace1, trace2]

fig = tools.make_subplots(rows=1, cols=2)
fig.append_trace(trace1, 1, 1)
fig.append_trace(trace2, 1, 2)

title_name=stock_ID+' 收盤價 / 成交量 ('+str(start)+' ~ '+str(end)+')'
fig['layout'].update(height = 800, width = 1000, title = title_name)
iplot(fig)

import os
# 可以在瀏覽器中打開它，但通常會立即打開。
# 只想保存 HTML 文件，而不想在運行時打開圖表 :auto_open=False

Saved_Name='Stock-2in1.html'
plotly.offline.plot(fig, filename=Saved_Name,auto_open=True)
print(" 完成了 ",end='')
tEnd = time.time()# 計時結束
print(f'{len(df):.0f} 個交易日 ,{(tEnd - tStart):.2f} 秒 ') # 數字顯示規格設定
print(" 本圖存檔位置 :"+str(os.getcwd())+str("/")+str(Saved_Name)) # 取得當
前路徑
```

結果顯示如下：

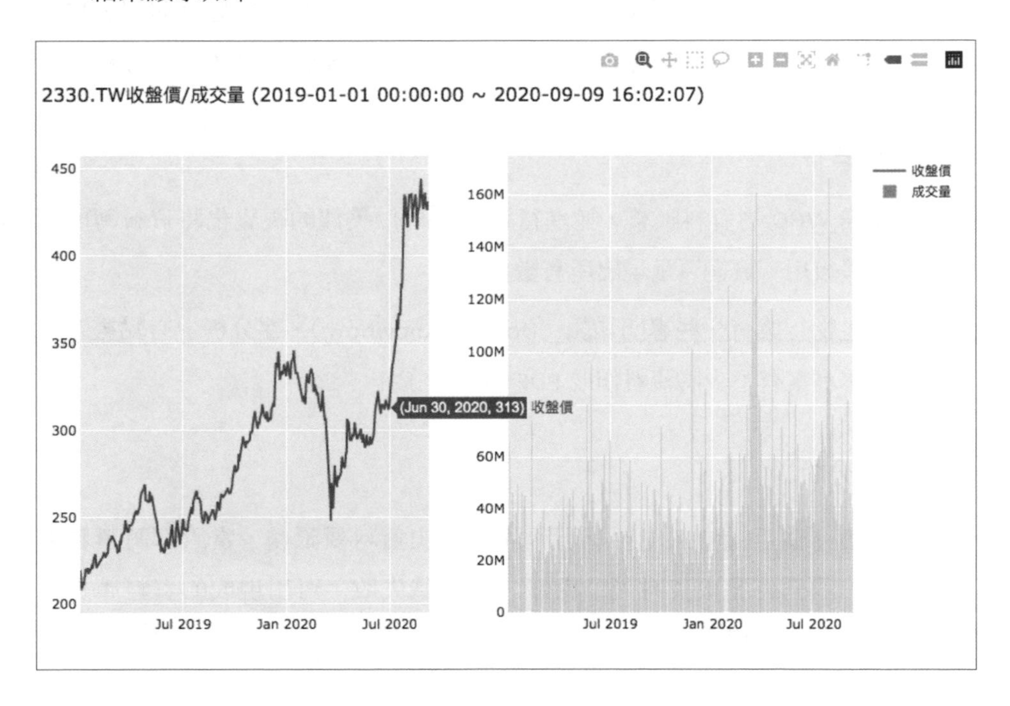

5-3 Covid-19：巨量資料的過濾與分析（附完整程式）

一、知識背景

2020 年真是特別的一年，從一月二十三日起爆發的全球性 Covid-19 疫情，大大撼動了經濟及日常生活，數百萬人死亡，超過一億人確診。這是台灣一個生物中心的專案，希望從病毒的擴散軌跡及群聚人口等方面，來分析 Covid-19 是否對地域，人口數，及國家別等不同因素，是否有相關性及顯著性。

本專案使用 WHO 的同步數據來建立分析資料庫，WHO 的數據是由 IBM 或微軟的專業團隊管理，通常資料非常乾淨，沒有太多資料純化的工作要做。

因為是定期論壇的主要發表專案，故使用最新的 Python 互動工具進行程式編寫。

二、專案描述

這是一個內部研究及外部分享二種用途的專案，主要用於定期醫學論壇，除了資料要是每日最新，而分析工具及結果畫面，也要能在網頁上呈現。

三、專案目標

1. 將來自 WHO 的資料匯整，並進行運算，再以美觀的視覺化將資料轉成圖表，最後用一頁網頁呈現出所有數據。
2. 由於生物行業有一些專門知識（Domain Knowhow），在分析上有點複雜，所以本專案有不少將資料作成 PDF 樣式的工作。

四、專案分析

1. 由於有一個巨量資料庫要呈現：除了歷史資料要匯整，當天即時資料要下載，我們將歷史資料先準備好，若下載失敗，可用現成的資料庫進行 Python 及 AI 的學習。

2. 圖形部分用了至少十種類型，因為是大型論壇報告用的，必須呈現高品質的視覺化結果。
3. 網頁及分析程式要有互動性的效果，如移動滑鼠就可以看到重要資訊。
4. 資料選取採移動指標，並在其他相關圖表中同步即時更新。
5. 呈現畫面中最重要的位置呈現最重要測試數據，以便使用者一次掌握全面性及最重要的資料。
6. 隨時可將分析程式執行結果，進行網頁化呈現，以便遠距分享。

五、程式分析

1. 由於資料量大，呈現多組圖表，預設用 Anaconda/Jupter 來進行編寫，再直接用 Jupter 來進行網頁化（Dash）。
2. 資料庫中資料累積到 10000 筆時，將資料轉成 Pandas，並進行上傳圖片並存在雲端。
3. 資料庫的結構分析如下：

   A. "dateRep" 是日期欄位，但不是系統預設為 datetime，並且因分析之需，要從最新到最早的順序重新排序，此為資料合理化的工作。如果不進行資料合理化，會在以後進行運算時發生問題。將 " dateRep" 項目轉換為日期時間 , 並對每個國家的數據進行重新排序按時間順序，重新索引數據以防止在創建聚合（aggregates）時出錯。

   B. 排序 Data.sort.value：

   - axis 參數的初始值為 0，是和 index 搭配使用，axiz=0 跨行排序，axis=1，columns，跨列排序。
   - by 參數要求傳入一個字串或者是一個字串列表，用來指定按照 axis 的中的哪個元素來排序。
   - scending 參數的初始值是 True，按照升序排序，設為 False，按照降序排列。
   - kind 參數：排序算法，初始值是 quicksort（快速排序），mergesort（歸並排序）或者是 heapsort（堆排序）。

- inplace 參數：In-place algorithm（原地算法），初始值為 0，運算後不存入原稿，設為 1，存入原稿。
- na_position：定義 DataFrame 中的空缺值的順序，初始值 last 表示將空缺值放在排序的最後一個，first 放在最前。
- pandas.Series 也有 sort_values 方法，但是和 Dataframe.sort_values 的用法很接近。

4. 由於使用大量的視覺程式庫，記憶體至少要 50GB 空間備用。

為了讀者有這個專案的具體概念，先看一下完成的畫面，畫面配置如下：

- 散點圖佔畫面寬度的 60%。
- 線圖用於呈現加速測試 (0~100 km/hr) 的時間，佔畫面 20%。
- 文字框（藍色字）佔畫面 10%。
- 用於呈現重要資訊，是互動式的，在滑鼠移動到散點圖中之圓圖中，才會出現該圓圖所代表的車輛之重要資訊。
- 文字框（紫色字）佔畫面 10%。
- 用於呈現重要資訊，是互動式的，在滑鼠移動到下方長條圖中之長條中，才會出現該圓圖所代表的車輛之重要資訊。
- 而下方整個版面用於歷年來資料的比較，用長條圖來呈現。

六、程式說明：如下（5-3-1.ipynb)

1. 程式庫及繪圖設定引用：

除了資料庫外，引入 plotly 互動圖形程式庫。

```
import plotly.express as px
import pandas as pd
print("資料擷取，AI 運算中.....")
import time
tStart = time.time()#計時開始
data = pd.read_csv('https://opendata.ecdc.europa.eu/covid19/
casedistribution/csv',usecols=list(range(0,11)))
data.to_csv('Covid19/WHO.csv')
```

```
# 如果無法讀取 WHO 資料，請直接用本書附檔練習
#data = pd.read_csv('Covid19/WHO.csv')

Saved_Name='Covid19/WHO.csv'

print(" 完成了 ",end='')
tEnd = time.time()                                          # 計時結束
print(f'{len(data):.0f} 筆資料，{(tEnd - tStart):.2f} 秒 ') # 數字顯示規格設定

import os
print(" 本圖存檔位置 :"+str(os.getcwd())+str("/")+str(Saved_Name)) # 取得當前路徑
print(" 共有多少國家納入 WHO 統計："+str(data['countriesAndTerritories'].nunique()))  # 找出相異資料
print(" 共統計多少天："+str(data['dateRep'].nunique()))
# 找出相異資料

#data.year = df.year.fillna((data.year.shift() + data.year.shift(-1))/2)
# 資料純化：把 NaN 資料替換成 0
data.head()
```

檢查一下資料狀況：

```
資料擷取，AI運算中.....
完成了41628 筆資料,24.49秒
本圖存檔位置:/Users/stevensAir/Desktop/0INRisk/Python/Covid19/WHO.csv
共有多少國家納入WHO統計：210
共統計多少天：254
```

	dateRep	day	month	year	cases	deaths	countriesAndTerritories	geoId	countryterritoryCode	popData2019	continentExp
0	09/09/2020	9	9	2020	26	3	Afghanistan	AF	AFG	38041757.0	Asia
1	08/09/2020	8	9	2020	96	3	Afghanistan	AF	AFG	38041757.0	Asia
2	07/09/2020	7	9	2020	74	2	Afghanistan	AF	AFG	38041757.0	Asia
3	06/09/2020	6	9	2020	20	0	Afghanistan	AF	AFG	38041757.0	Asia
4	05/09/2020	5	9	2020	16	0	Afghanistan	AF	AFG	38041757.0	Asia

2. 資料純化及排序：為了該使用者有節奏性的互動感覺，故先使用年月日順序進行排序。

```
data['dateRep'] = pd.to_datetime(data['dateRep'], dayfirst=True) # 將欄位「DateRep」格式轉換 datatime 格式
data.sort_values(by=['dateRep','countriesAndTerritories'],        # 按國家碼，及日期進行排序
                 ascending=True, inplace=True)

data = data.reindex() # 排序結果放回 Data 中
display(data.tail())
```

查看結果：

```
data['dateRep'] = pd.to_datetime(data['dateRep'], dayfirst=True) #將欄位「DateRep」格式轉換datatim
data.sort_values(by=['dateRep','countriesAndTerritories'],        #按國家碼，及日期進行排序
                 ascending=True, inplace=True)

data = data.reindex() #排序結果放回Data中
display(data.tail())
```

	dateRep	day	month	year	cases	deaths	countriesAndTerritories	geoId	countryterritoryCode	popData2019	continer
40740	2020-09-09	9	9	2020	5	0	Vietnam	VN	VNM	96462108.0	
40990	2020-09-09	9	9	2020	0	0	Western_Sahara	EH	ESH	582458.0	/
41127	2020-09-09	9	9	2020	3	3	Yemen	YE	YEM	29161922.0	
41280	2020-09-09	9	9	2020	116	1	Zambia	ZM	ZMB	17861034.0	/
41455	2020-09-09	9	9	2020	90	8	Zimbabwe	ZW	ZWE	14645473.0	/

3. 視覺的資料顯示：

A. 特定資料著色進行視覺強化：ighlight_null('')

B. 資料旁加條狀圖：bar('deaths', vmin=0,color='gray')

C. 篩選資料著色進行數字整理：format('{:.0f}', subset='cases')

D. 特定欄位排序後用漸層色強化：

E. background_gradient('Reds', subset='popData2019')

```
df1 = data.query("dateRep == '08/09/2020'")
df2 = df1.query("cases > 100")
df3 = df2.sort_values(by=['cases','deaths'],ascending=False)
#依二個欄位為指標進行排序並降冪(大到小)排序

import datetime
|
print(f'共 {len(df3):.0f} 個國家 於今日 ({datetime.date.today()}) 確診數超過100人') #數字顯示設定
title1='★☆★☆== 今日('+str(datetime.date.today())+')全球Covid-19確診人數超過100人之國家，共有'+str
(df3.style
    .format('{:.0f}', subset='cases')                               #將欄位的數值顯示限制到小數後第幾位
    .format('{:.0f}', subset='deaths')                              #將欄位的數值顯示限制到小數後第幾位
    .format('{:.0f}', subset='popData2019')                         #將欄位的數值顯示限制到小數後第幾位

    .highlight_max(subset=['cases'],color='pink')                   #標示欄位最大值並用底色強化
    .set_caption(title1) #添加標題
    .hide_index()                                                   #隱藏索引欄 (最左邊)

    .bar('deaths', vmin=0,color='gray')                             #將欄位依數值大小畫條狀圖(黑色)
    .highlight_max('cases',color='lightblue')                       #標示出欄位最大值並底色強化
    .highlight_min('deaths',color='red')                            #標示出特定欄位最大值並底色強化
    .background_gradient('Reds', subset='popData2019')              #將欄位依數值大小在背景著色
    .highlight_null('')                                             #將空值顯示底色為紅色
)
```

執行結果如下：

共 82 個國家 於今日 (2020-09-09) 確診數超過100人

★☆★☆== 今日(2020-09-09)全球Covid－19確診人數超過100人之國家，共有82個 ==☆★☆★

dateRep	day	month	year	cases	deaths	countriesAndTerritories	geoId	countryterritoryCode	popData2019	continentExp
2020-08-09 00:00:00	9	8	2020	64399	861	India	IN	IND	1366417756	Asia
2020-08-09 00:00:00	9	8	2020	56221	1069	United_States_of_America	US	USA	329064917	America
2020-08-09 00:00:00	9	8	2020	49970	905	Brazil	BR	BRA	211049519	America
2020-08-09 00:00:00	9	8	2020	9674	290	Colombia	CO	COL	50339443	America

4. 篩選（query）資料並排序（sort_values），再繪圖：亞洲國家台灣，越南。

```
import plotly.express as px
df4 = data.query("countriesAndTerritories =='Taiwan' or
countriesAndTerritories =='Vietnam' ")
df5 = df4.sort_values(by=['year','month','day'],ascending=True) # 依欄位
為指標進行排序，並升冪（大到小）排序
fig = px.line(df5, x='dateRep', y='cases', color='countriesAndTerritor
ies',
        hover_data=['countriesAndTerritories','cases','popData2019'],
        title='今日 '+str(datetime.date.today())+' 亞洲防疫績優國家確診人數',
        labels={'continentExp':'洲名','countriesAndTerritories':'國家
','cases':'今日確診人數','popData2019':'人口數'},height=500)
fig.show()
```

加上 Hovermode：可產生同步互動資計（紅框中顯示越南之人口數及確診數）。

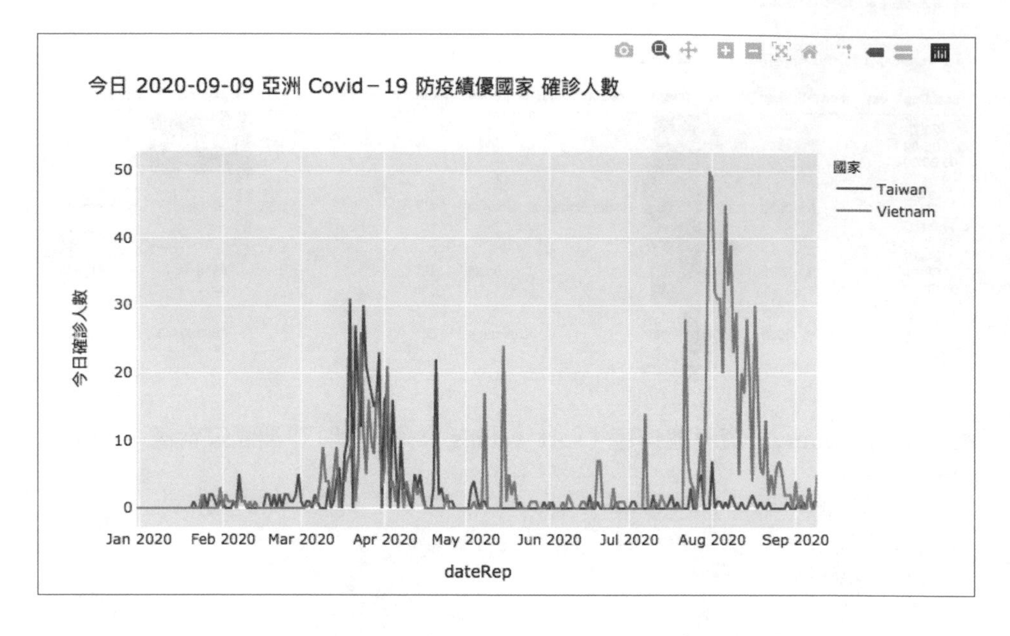

篩選（query）資料並排序（sort_values），再繪圖：美洲國家。

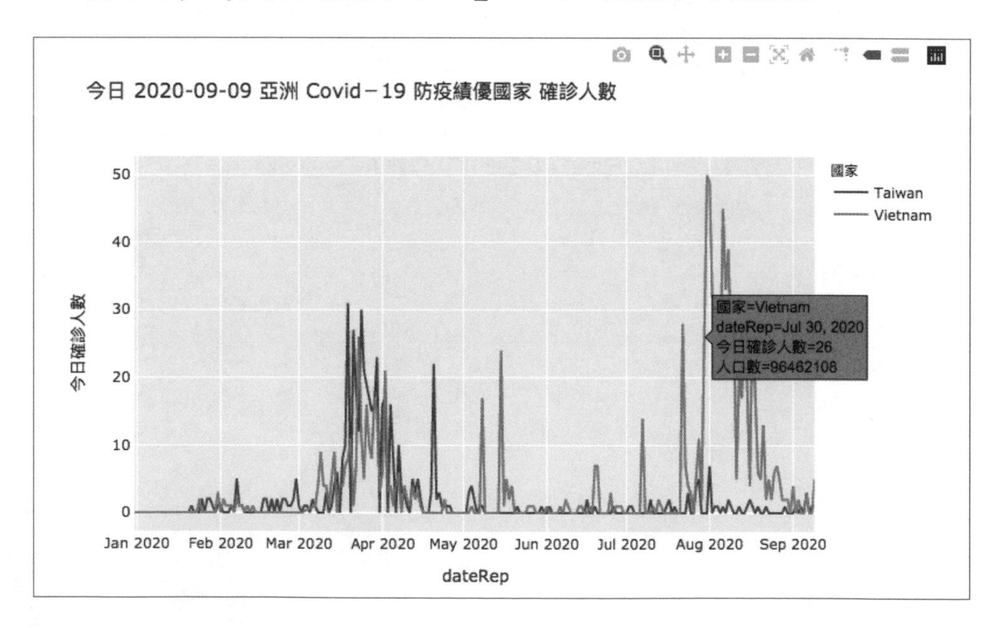

```
import plotly.express as px
df4 = data.query("continentExp == 'America'")
df5 = df4.sort_values(by=['year','month','day'],ascending=True)# 依欄位
排序，升冪（大到小）
#display(df5)
fig = px.line(df5, x='dateRep', y='cases', color='countriesAndTerritor
ies',
        hover_data=['countriesAndTerritories','cases','popData2019'],
        title='今日 '+str(datetime.date.today())+' 美洲國家 Covid－19
確診人數',
        labels={'continentExp':'洲名','countriesAndTerritories':'國家
','cases':'今日確診人數','popData2019':'人口數'},
        height=500
        )
fig.show()
```

執行結果：

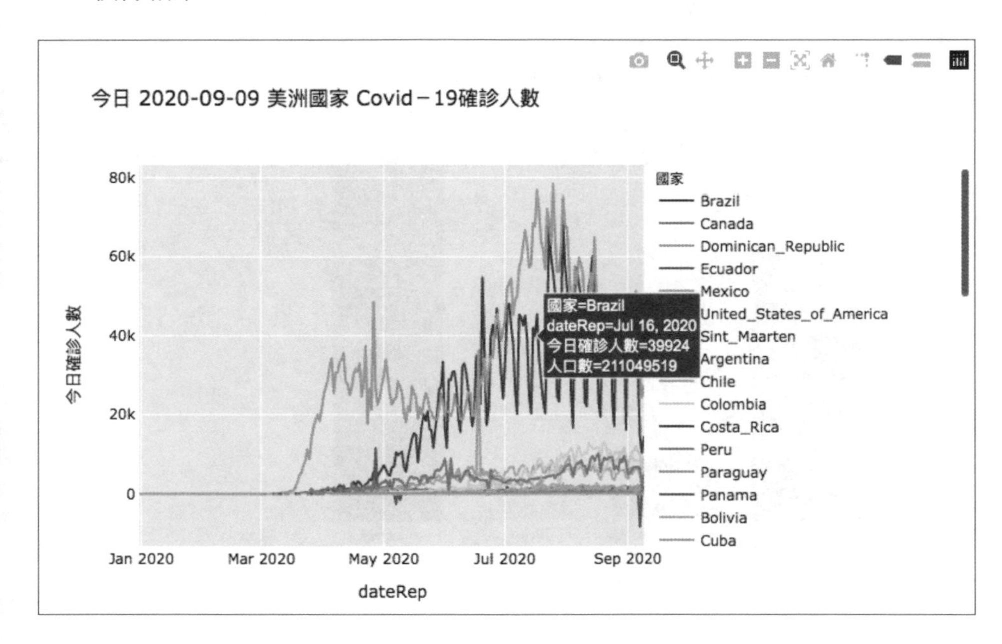

篩選（query）資料並排序（sort_values），再繪圖：五大洲。

```
data_taiwan = data.query("dateRep == '09/09/2020'")

fig = px.bar(data_taiwan,
        x='continentExp', y='cases',
        color='continentExp',
        hover_data=['countriesAndTerritories','cases','popData2019'],
        title='今日 '+str(datetime.date.today())+' 全球 五大洲 Covid－
19確診人數',
        labels={'continentExp':'洲名','countriesAndTerritories':'國家
','cases':'今日確診人數','popData2019':'人口數'},
        height=500
        )
fig.show()
```

執行結果：

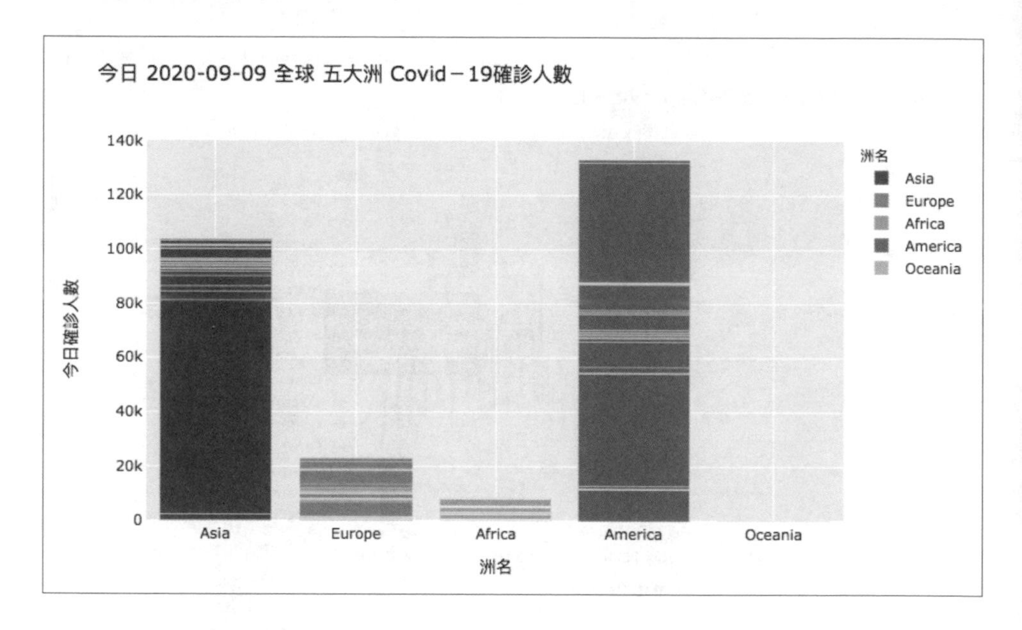

5. **較複雜的篩選和排序**：這裡有用一些新的做法，將列出的數據特別設定一位小數及二位小數。這種用法很好用，直覺式的設計，是2020年以後資料工程的必備能力。

A. 台灣 Covid-19 死亡紀錄：篩選出台灣死亡病例的發生時間及人數。

執行結果：

```
#台灣Covid-19死亡紀錄：篩選出台灣死亡病例的發生時間及人數
data_filter = (data.countriesAndTerritories == 'Taiwan') & (data.deaths > 0)
data_filter
(data[data_filter]
    .style
    .format('{:.1f}', subset='deaths')                         #將欄位的數值顯示限制到小數後第一位
    .format('{:.2f}', subset='popData2019')                    #將欄位的數值顯示限制到小數後第二位
    .applymap(lambda x: 'background-color: rgb(233, 160, 215)', #強化視覺在二個特定欄位加底色
            subset=pd.IndexSlice[:, ['deaths','popData2019']]))
```

	dateRep	day	month	year	cases	deaths	countriesAndTerritories	geoId	countryterritoryCode	popData2019	continer
37256	2020-02-17 00:00:00	17	2	2020	2	1	Taiwan	TW	CNG1925	23773881	
37223	2020-03-21 00:00:00	21	3	2020	27	1	Taiwan	TW	CNG1925	23773881	
37214	2020-03-30 00:00:00	30	3	2020	23	3	Taiwan	TW	CNG1925	23773881	
37201	2020-04-12 00:00:00	12	4	2020	5	1	Taiwan	TW	CNG1925	23773881	
37171	2020-05-12 00:00:00	12	5	2020	0	1	Taiwan	TW	CNG1925	23773881	

B. 中國 Covid-19 確診及死亡紀錄：篩選「死亡病例大於 120 人」的發生時間及人數。

```
data_filter = (data.countriesAndTerritories == 'China') & (data.deaths
> 120)
data_filter
(data[data_filter]
    .style
    .format('{:.1f}', subset='deaths')        # 將欄位的數值顯示限制到小數後
第一位
    .format('{:.0f}', subset='popData2019')  # 將欄位的數值顯示限制到小數後
第二位
    .applymap(lambda x: 'background-color: rgb(133, 160, 215)',
         subset=pd.IndexSlice[:, ['deaths','popData2019']]))
```

執行結果：

	dateRep	day	month	year	cases	deaths	countriesAndTerritories	geoId	countryterritoryCode	popData2019	continentExp
9463	2020-02-13 00:00:00	13	2	2020	15141	254.0	China	CN	CHN	1433783692	Asia
9461	2020-02-15 00:00:00	15	2	2020	2538	143.0	China	CN	CHN	1433783692	Asia
9460	2020-02-16 00:00:00	16	2	2020	2007	142.0	China	CN	CHN	1433783692	Asia
9457	2020-02-19 00:00:00	19	2	2020	1750	139.0	China	CN	CHN	1433783692	Asia
9452	2020-02-24 00:00:00	24	2	2020	218	150.0	China	CN	CHN	1433783692	Asia
9399	2020-04-17 00:00:00	17	4	2020	352	1290.0	China	CN	CHN	1433783692	Asia

C. 看中國從 2020/4/17 之後資料。可從 2020/4/17-2020/4/30 的資料得到佐證。

```
data_filter=(data.countriesAndTerritories=='China') & (data.month ==4)
& (data.day >16)
data_filter
(data[data_filter]
    .style
    .format('{:.1f}', subset='deaths')          # 將欄位的數值顯示限制到小數後
第一位
    .format('{:.1f}', subset='popData2019')     # 將欄位的數值顯示限制到小數後
第一位
    .applymap(lambda x: 'background-color: rgb(233, 160, 215)',
         subset=pd.IndexSlice[:, 'deaths']))
```

執行結果：

	dateRep	day	month	year	cases	deaths	countriesAndTerritories	geoId	countryterritoryCode	popData2019	continentExp
9399	2020-04-17 00:00:00	17	4	2020	352	1290.0	China	CN	CHN	1433783692.0	Asia
9398	2020-04-18 00:00:00	18	4	2020	31	0.0	China	CN	CHN	1433783692.0	Asia
9397	2020-04-19 00:00:00	19	4	2020	18	0.0	China	CN	CHN	1433783692.0	Asia
9396	2020-04-20 00:00:00	20	4	2020	14	0.0	China	CN	CHN	1433783692.0	Asia
9395	2020-04-21 00:00:00	21	4	2020	32	0.0	China	CN	CHN	1433783692.0	Asia
9394	2020-04-22 00:00:00	22	4	2020	15	0.0	China	CN	CHN	1433783692.0	Asia
9393	2020-04-23 00:00:00	23	4	2020	12	0.0	China	CN	CHN	1433783692.0	Asia
9392	2020-04-24 00:00:00	24	4	2020	8	0.0	China	CN	CHN	1433783692.0	Asia
9391	2020-04-25 00:00:00	25	4	2020	15	0.0	China	CN	CHN	1433783692.0	Asia
9390	2020-04-26 00:00:00	26	4	2020	10	0.0	China	CN	CHN	1433783692.0	Asia
9389	2020-04-27 00:00:00	27	4	2020	3	1.0	China	CN	CHN	1433783692.0	Asia
9388	2020-04-28 00:00:00	28	4	2020	26	0.0	China	CN	CHN	1433783692.0	Asia
9387	2020-04-29 00:00:00	29	4	2020	2	0.0	China	CN	CHN	1433783692.0	Asia
9386	2020-04-30 00:00:00	30	4	2020	4	0.0	China	CN	CHN	1433783692.0	Asia

6. **群組資料（groupby）**：累計各國 Covid-19 到今天為止的確診人數，及確診天數。

```
display(data.groupby(['countriesAndTerritori
es']).agg({'cases': ['sum', 'count']}))
```

執行結果：

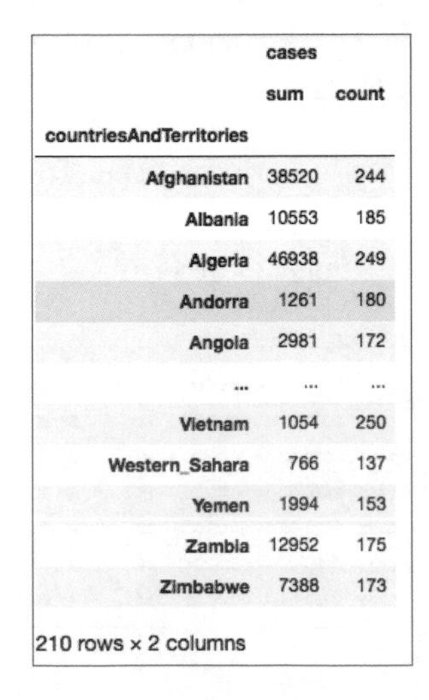

	cases	
	sum	count
countriesAndTerritories		
Afghanistan	38520	244
Albania	10553	185
Algeria	46938	249
Andorra	1261	180
Angola	2981	172
...	...	...
Vietnam	1054	250
Western_Sahara	766	137
Yemen	1994	153
Zambia	12952	175
Zimbabwe	7388	173

210 rows × 2 columns

7. **群組資料（groupby）同時做樞紐分析（矩陣式）**：對五大洲各國家分別進行 Covid-19 計算：每日平均值和累計總數和發生天數（有確診例發生的天數）。

```
df_cases = data.pivot_table(index=['countriesAndTerritories','continentExp'], values='cases', margins=True, aggfunc=['mean', 'sum','count'])
df_cases
```

執行結果：

ALL：中間是平均每個國家每天確診數、全球總數及總發生天數（加總每個國家有確診的總天數，這個數字沒有統計上的意義）。

		mean	sum	count
		cases	cases	cases
countriesAndTerritories	continentExp			
Afghanistan	Asia	157.868852	38520	244
Albania	Europe	57.043243	10553	185
Algeria	Africa	188.506024	46938	249
Andorra	Europe	7.005556	1261	180
Angola	Africa	17.331395	2981	172
...	...	...	...	...
Western_Sahara	Africa	5.591241	766	137
Yemen	Asia	13.032680	1994	153
Zambia	Africa	74.011429	12952	175
Zimbabwe	Africa	42.705202	7388	173
All		663.241280	27609408	41628

211 rows × 3 columns

8. 使用地圖視覺程式庫 (5-3-2.iphnb)：用 pip install plotly_express 命令安裝 Plotly Express。

   A. Python 地圖視覺庫有 pyecharts、plotly、folium，還有 bokeh、basemap、geopandas，也是地圖視覺呈現的利器。

   B. Plotly Express 是高級 Python 可視化庫：是 Plotly.py 高級封裝，為複雜的圖表提供了一個簡單的語法。

C. Seaborn 和 ggplot2 特別強調是：具有簡潔且易於學習的 API，只要導入一次，可以在一個函數利用中創建出豐富的互動式繪圖，包括分面繪圖（faceting）、地圖、動畫和趨勢線。

```
df5 = data.sort_values(by=['year','month','day'],ascending=True)# 依欄位為指標進行排序，並升冪（大到小）排序
#display(df5)
fig = px.choropleth(df5,
            locations ='countryterritoryCode',color='cases',
            animation_frame="dateRep",
            color_continuous_scale=px.colors.sequential.solar_r,#colors.diverging.RdBu,
            projection = 'natural earth')
title2='2019/12/31 ~ '+str(datetime.date.today())+' (WHO 日內瓦時間）各國每日確診數變態動畫圖'
fig.update_layout(title=title2,font=dict(family="Arial, monospace",size=14,color="#2f2faf"))
fig.show()
```

執行結果：按下左下方啟動鈕，可自動循環播放動態確診人數的時間軸變化。

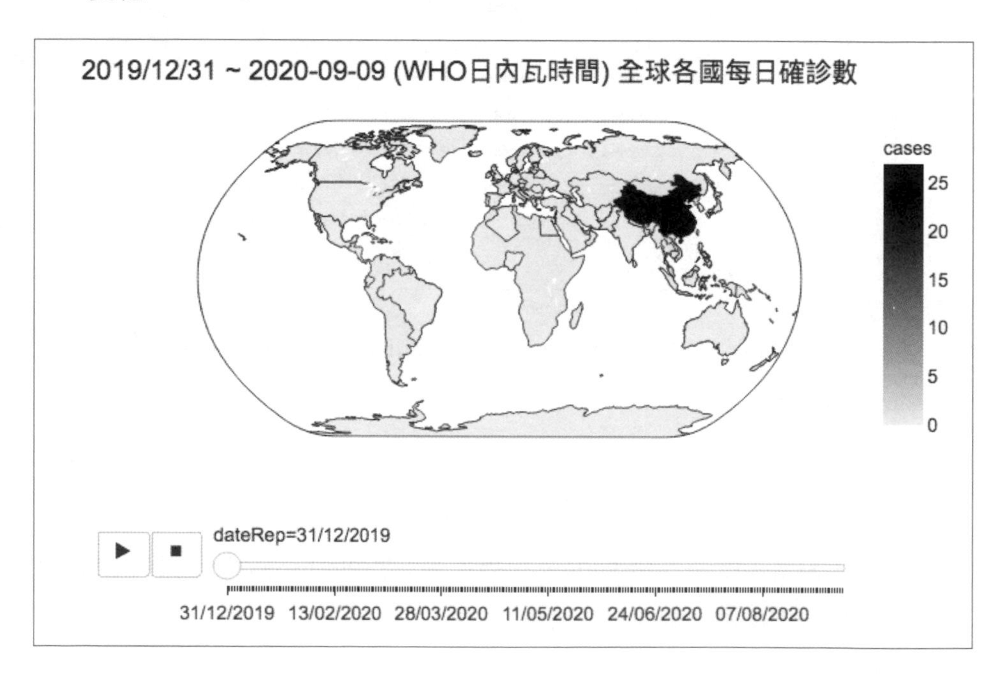

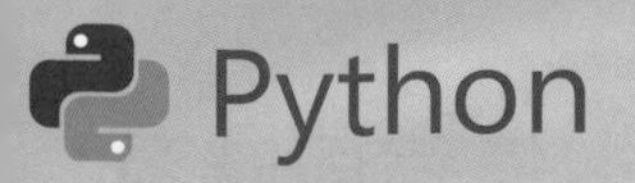

06 CHAPTER

6 天：熟悉即時系統的操作

6-1　飛航追踪即時系統－全球飛機追踪即時看板（附完整程式）

6-2　全球 Covid-19 即時看板（附完整程式）

6-3　全球幸福指數大解析（附完整程式）

6-4　股票即時分析預測系統（附完整程式）

6-1 飛航追踪即時系統－全球飛機追踪即時看板（附完整程式）

這是一個網路爬蟲和視覺呈現一次完成的實例。

2020 年是全球鉅變的一年，不僅是因為 Covid-19 的大流行，經濟發展也因 Covid-19 的衝擊而發生史上最大變化。而台灣所在的東亞地區也因各國軍事的因素而有動盪不安的情況，在日本海、東海、南海區域的天空，不斷有各國軍用戰鬥機或偵察機巡航；在日本、台灣、菲律賓、美國、中國等軍用飛機在這裡頻繁出入。

本書作者之一所指導的「人工智慧飛航識別與偵察研究」也在協助國內外飛航機構，進行有關飛航軌跡大數據的研究，希望發掘大數據背後的動機，例如是經濟動機還是軍事動機；是正常飛行，還是異常飛行；是集結行為，還是獨立飛行。這些分析結果對飛航管制及區域安全很重要。

而「飛航軌跡大數據」的最主要經濟價值在於私人航空公司及直昇機的管理，管理在南海油田及印尼外海的天然氣作業直升機及船隻，每天經由即時飛航軌跡察看自己公司的小型飛機或直昇機，進行管理調度的工作。

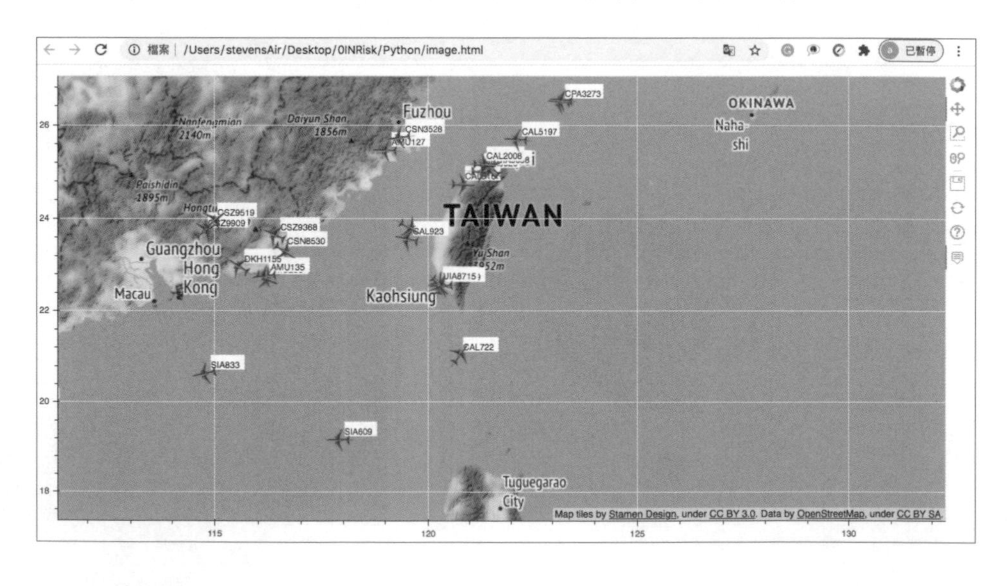

本書僅使用其中部分程式資料（爬蟲及資料庫技術的部分），做詳細解說，希望讀者能從簡明的程式碼中學習即時性資料工程的技術。

配合本書另一章節的，民航機誤點因素分析的內容，讓讀者對人工智慧有整體概念。

一、專案背景

生活在當今的數位時代，AI 技術工作者應具有第六感：數位感，即在應用程式中實現技術的方向感；根據數位感，可以直覺的判斷資料意涵及使用價值。本節是有關飛航追踪（Flight Tracking）的題目，市面上飛行跟踪應用程式，例如 flightradar24、FlightAware、flightview 等，使我們能夠監視飛機在地球上的位置。資料工程師用數位感，直覺的將 Json 檔轉換成 MERCATOR 系統，便可以隨心所欲的將地理座標（經緯度）呈現在螢幕上。

本文討論這些應用程式背後的運算及資料處理，如何使用 python 製作有實用價值的航班跟踪程式。

根據筆者（IBM 資深顧問）的直覺，這種位置資訊直接關係到國家安全；軍事專家眼中的位置資訊和你我眼中的位置資訊，絕對不一樣；因為從位置資料中，經由資料科學家的分析，可以分析出數百個資訊，如預測某時間會在某地點，路徑正常或異常，目的地也可以經由資料庫分析，經由模擬而定義出來。

何況資料中並不只有位置資訊，還有重要的時間及移動資訊，再加入航空公司的班機時間表就可以準確的預測路徑。

如果恐怖主義份子有這種資料分析能力，就可以用小型肩射火箭命中飛行中的飛機。

而機師在緊要關頭所能做的只有關閉 AIS 衛星即時傳送，來防止曝露自己駕駛的飛機行踪，以保護飛機安全。

各國的總統所搭乘的空軍一號就常做這種事，包括台灣的總統出訪時也遇到過這種事，你還記得阿扁總統的中南美洲的迷航之旅嗎？

本節的學習重點：

- 巨量資料的匯整及資料純化。
- 視覺化的編排與呈現。
- 互動機制的設定。

二、專案分析

如何使用 python 使用公開的交通資料庫，獲取巨量資料。

導入需要的程式庫，如加入或下載底圖，以便繪製飛機位置並製作 " 即時 " 飛行跟踪應用程式。專案分述如下：

- **使用 OpenSky Network 公開的交通數據**：OpenSky Network 是個非營利性組織，專門為民眾提供開放的空中交通數據，以用於研究和非商業目的。
- 經由 REST API、Python API 和 Java API 等方式來取得大數據資料。本節中我們將用 REST API，來搜尋即時空中交的大數據；用最小和最大坐標區來框定範圍，然後發送查詢要求來擷取該座標區域內的所有飛機數據。例如，我們要在美國以最小坐標 -125.833,29.021 和最大坐標 -67.744,52.233 來獲取數據。
- **在確定座標時使用全球座標轉換系統**：https://gps-coordinates.org/taiwan-latitude.php，例如台灣，最小坐標 100.653,10.343 最大坐標 160.974,60.038。
- **資料整理及資料純化**：得到上述資料格式應是帶有兩個 Key 的 JSON 結構。第一個 Key 是時間，第二個用於陣列運算中的每個飛機的即時數值。例如：ICAO24 地址碼、飛機編號、出發國家、時間位置、最後聯繫方式、經度、緯度、氣壓計高度等。
- 有關數據欄位各項目的完整說明及有關 OpenSky Network API 的更多資訊，請參考 OpenSky Network API 文件檔。

三、系統分析

- 使用 Python 建立飛行跟踪應用程式，繪圖使用 Pandas 和繪圖用的 Bokeh 程式庫。

- 數據取得則因應讀者的方便性，選擇 Opensky Network 作為資料庫來源，以便日後可自行發展後續程式或練習。
- Python 的模組版本使用最新版本，以便隨時更新繪圖的程式庫。
- 地理位置的運算採用：全球地表測量系統 WGS84，這是最新且是全球定位系統所使用的參考系統。WGS84 是以地心為質心進行測量的，精確度在 ±1m 之內。由聯合國 IERS 組織維護。
- 開發工具：將 Jupyter Notebook 與 Python 3.8.3 和其他程式庫平行使用，故需要大量記憶體，如果你是用 Mac 或 Microsoft 作業系統電腦，請確保記憶有 16G 閒置空間可用及硬碟 20G 的空間可用。
- 程式庫的最低要求版本：Bokeh 2.1.1、Pandas 0.25.3、requests、json 和 numpy。使用最新的 Python 互動工具進行程式編寫。
- 由於結果會呈現很多組圖表，故程式預設用 Anaconda/Jupter 來進行編寫。
- 不作資料庫中儲存，直接呈現在螢幕上。
- 視覺規劃如下：在進行程式 Coding 前一定要做好視覺規劃，這部分不一定要由美工或視覺處理專業人員來進行。可以依客戶的要求由專案經理隨手畫出（如上所示）。

四、程式說明（6-1.ipynb）：

1. **程式庫及繪圖設定引用**：導入所需的程式庫，例如 Request、json 和 Pandas。
2. **經緯度設定**：在 WGS84 中使用各自的變量 lon_min、lat_min、lon_max 和 lat_max 定義範圍坐標。
3. **取得 API 授權**：
    - 根據坐標，進行請求查詢。
    - 如果您是註冊用戶，請在 user_name 和 password 變量中輸入用戶名和密碼。
    - 取得數據並對數據進行處理：根據坐標和數據，在 url_data 中創建一個 request 查詢，並以 json 格式獲取資料。

4. 資料處理：

- 將得到的數據儲存到 Pandas DataFrame 中。
- 並將空白 / 無效數據儲存為空值 ("NaN")，這樣後面在計算時會以「無數據」處理。
- 最後查看數據的前 5 項。

5. 引入繪圖程式庫 Bokeh：

引用 Bokeh 程式庫及將在坐標轉換中使用的 NumPy 程式庫。

	icao24	callsign	origin_country	time_position	last_contact	long	lat	baro_altitude	on_ground	velocity	true_track	vertical_rate	sensors	geo_a
0	780627	CSN8530	China	1601807289	1601807289	116.5865	23.3186	9479.28	False	235.70	77.91	0	No Data	1
1	89904d	UIA8626	Taiwan	1601807288	1601807289	121.2605	25.0056	1257.3	False	119.11	47.98	-2.93	No Data	1
2	780e0e	CSZ9368	China	1601807264	1601807269	116.4249	23.6259	8412.48	False	241.69	249.83	0	No Data	8
3	899047	UIA8826	Taiwan	1601807288	1601807288	121.4527	25.0729	495.3	False	75.15	91.96	-1.63	No Data	
4	89901d	CAL722	Taiwan	1601807289	1601807290	120.7500	21.0259	11277.6	False	256.31	351.69	0	No Data	1

6. 函式：將 GCS WGS84 轉換為 Web Mercator Point。坐標系的轉換是自定函數 wgs84_web_mercator _point。

- 函數將用於將 WGS84 坐標轉換為 Web 墨卡托（Mercator）坐標系統。
- 之所以需要進行這種轉換，是因為我們在具有 Web Mercator 投影（EPSG：3857）的 Web 瀏覽器中使用了 STAMEN_TERRAIN 做為底圖。而這個底圖無法辨識 WGS84 的座標值。

7. 經由指定 x 和 y 坐標範圍定出繪圖區域，飛機將根據帶有 x 和 y 坐標以及將飛機圖標在底圖上繪製出來。

8. 座標轉換為螢幕上的圖點位置，並指定 Icon 作為顯示時的移動方向。

9. 為什麼同時使用點和圖像來繪製飛機圖？經由飛機圖像，圖像將提供更好的可視化效果，並且可以按照各自的航跡角度旋轉圖像。但無法顯示懸停工具顯示更多資訊。為了克服這個問題，我們同時使用圖像和圓形對象指向，以獲得漂亮的可視化效果並啟用選擇和懸停工具。

10. 建立航班追蹤應用程式：

- 在 Web 瀏覽器上運行的航班跟踪應用程式，在指定時間間隔（本程式設定 5 秒鐘）後自動到網上檢查是否有新數據，並在地圖上重繪製出來。

- 引入其他 Bokeh 程式庫，例如：Server、Application 和 FunctionHandler。
- 建立主函數 flight_tracking：當執行主要功能，例如：更新航班數據、轉儲到 Pandas 數據框、轉換為 Bokeh 數據以串流方式傳輸、每 5 秒 CallBack 更新地圖。

執行程式結果：台灣座標。

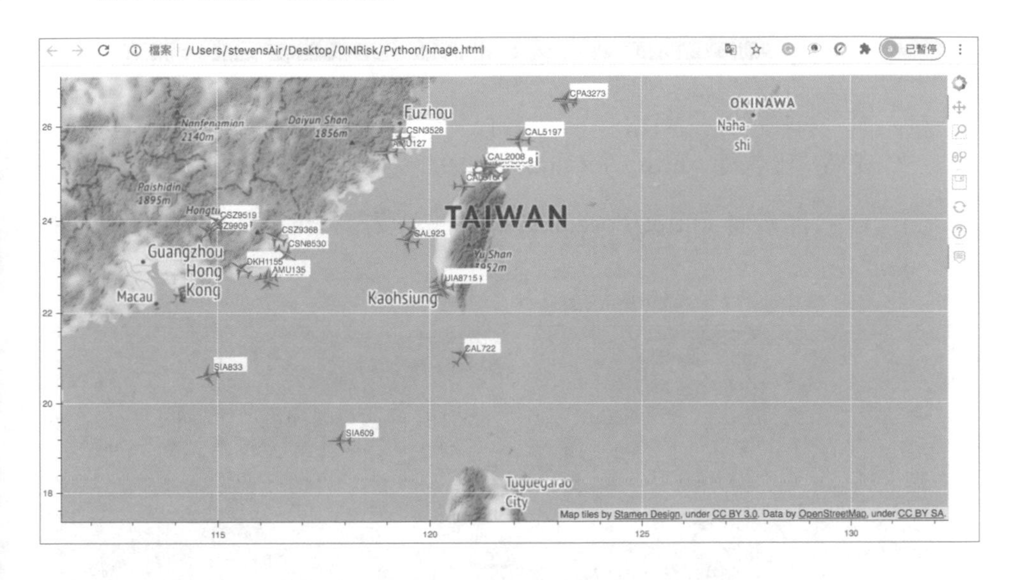

執行程式結果：換成美國座標。

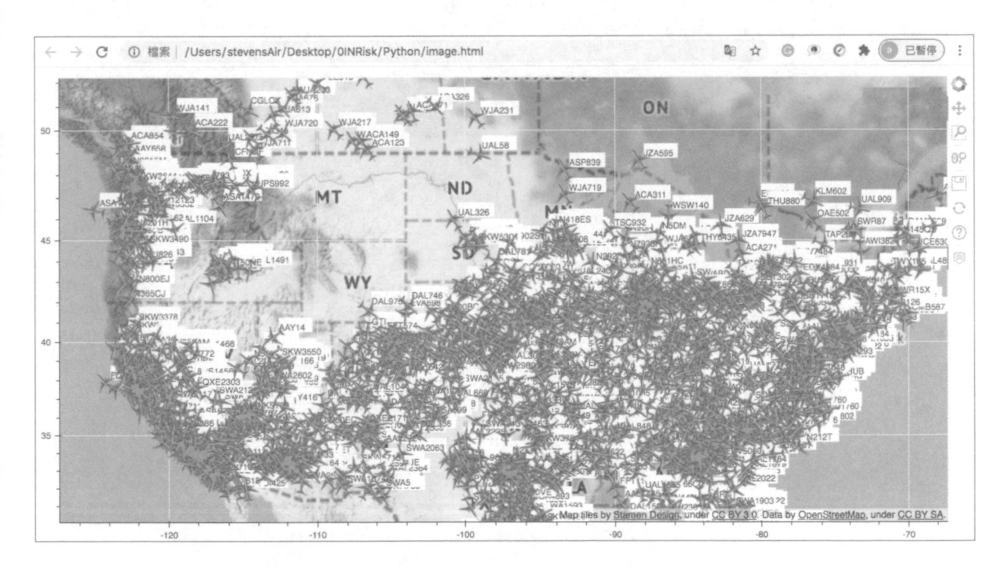

11. 將程式改成每五秒更新一次：

- 重新讀取最新飛機的定位檔案。
- 轉換資料，並在螢幕上畫出位置。
- 每五秒更新一次。
- 依定位資料，畫出飛機位置。
- 依滑鼠移動，顯示飛機資訊：起飛地、起飛國家、飛行速度、飛行高度。
- 在網頁上執行：http://localhost:8059/。

第一次打開畫面（http://localhost:8059/），要等待十秒左右；之後每五秒更新一次。

五、專案結論

從本節內容，你可學習到人工智慧的二個核心能力：

- 國外機構平台的即時資料的收集與整合能力。
- 利用地圖資料庫，強化視覺呈現出頂級的頁面或報告。

6-2 全球 Covid-19 即時看板（附完整程式）

這是一個網路爬蟲和視覺呈現一次完成的實例。以 Covid-19 全球即時的確診、死亡及復原等數據；按分區、分時間軸來進行非常專業的呈現。並讓使用者可行調整互動的操作畫面上的圖例。本程式只有十個步驟，只要讀者按步就班的完成，可用很短的時間學會其中技術。如圖所示：

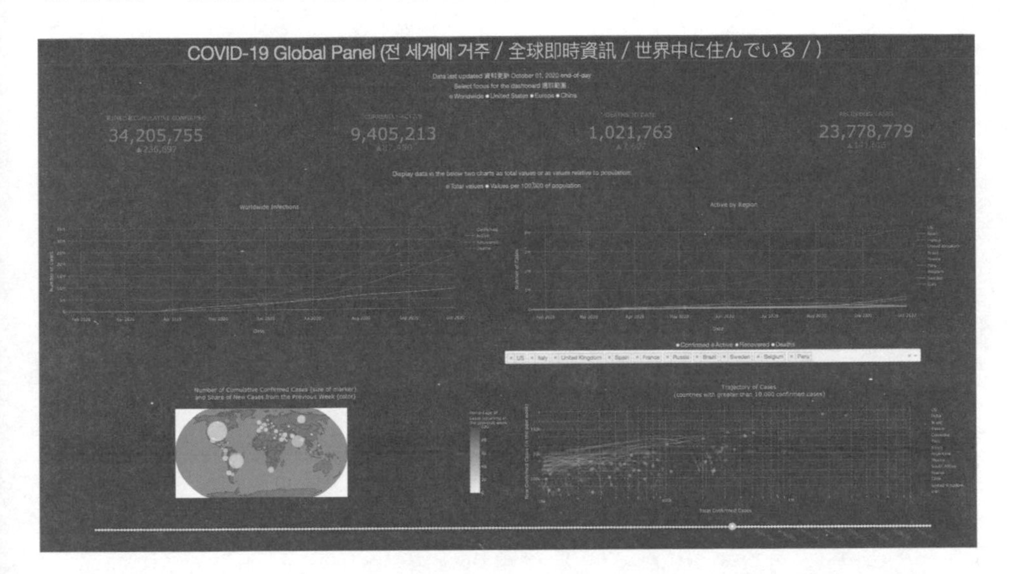

關於 Covid-19 以人工智慧來協助防疫，結合科技進行人群移動預測，提前發現未來疫情爆發區，讓防疫人員提前部署，我們在下一章的人工智慧機器學習章節來說明。

而最關鍵的 rNA 基因重組的人工智慧預測，是一個美國哈佛大學的最新計劃，有用到一些微生物的知識，本書作者之一也有參與其中。

詳細程式及中文說明，將在進階版中介紹。

一、專案目標

這是一個精簡而有效率的專案，用程式完成一個高品質的專案，不要懷疑，初學者也很容易上手，這是 Python 的魅力所在。

- 巨量資料的匯整及資料純化。

■ 視覺化的編排與呈現。

■ 互動機制的設定。

二、專案分析

■ 巨量資料庫的呈現。

■ 圖形部分至少要十種類型，呈現高品質的視覺化結果。

三、系統分析

1. 使用最新的 Python 互動工具進行程式編寫。
2. 由於結果會呈現很多組圖表，故程式預設用 Anaconda/Jupter 來進行編寫。
3. 不作資料庫中儲存，直接呈現在螢幕上。
4. 視覺規劃如下：在進行程式 Coding 前一定要做好視覺規劃，這部分不一定要由美工或視覺處理專業人員來進行。

<table>
<tr><td colspan="4">大標題 H1</td></tr>
<tr><td colspan="4">小標題 Div</td></tr>
<tr><td colspan="4">資料選取（全球．美國．歐洲．中國）RadioItems(global_forma)</td></tr>
<tr><td>資料呈現（累積確診）
Graph(confirmed_ind)</td><td>資料呈現（治療中）
Graph(active_ind)</td><td>資料呈現（死亡）
Graph(deaths_ind)</td><td>資料呈現（復原）
Graph(recovered_ind)</td></tr>
<tr><td colspan="2" rowspan="2">資料呈現（分項統計）
Graph(worldwide_trend)</td><td colspan="2">資料呈現（分國家 / 區域統計）
Graph(active_countries)</td></tr>
<tr><td colspan="2">資料選取（確診．治療中．死亡．復原）
RadioItems(column_select)</td></tr>
<tr><td colspan="4">資料選取 Dropdown (country_select)
id='country_select'</td></tr>
<tr><td colspan="2">資料呈現（地圖分佈）
Graph(world_map)</td><td colspan="2">資料呈現（各國趨勢）
Graph(trajectory)</td></tr>
<tr><td colspan="4">資料選取（時間軸）Slider(date_slider)</td></tr>
</table>

可以依客戶的要求由專案經理隨手畫出（如上所示），至於是否可以真的如客戶要求的完成，在此先不要下定論。只要逐一完成下列 15 個方框的工作即可。

互動規劃分為二個部分：視覺選取及視覺呈現。

互動變化如下：

- 資料選取一

  全球、美國、歐洲、中國 global_format 產生下列結果：confirmed_ind（繪圖）、active_ind（繪圖）、recovered_ind（繪圖）、deaths_ind（繪圖）、worldwide_trend（繪圖）、country_select（選項）、country_select（繪圖）、active_countries（繪圖）、world_map（繪圖）、trajectory（繪圖）。

- 資料選取二

  人口級數 population_select 產生下列結果：

  worldwide_trend（繪圖）、active_countries（繪圖）。

- 資料選取三

  確診、治療中、死亡、復原 column_select 產生下列結果：

  active_countries（繪圖）。

- 資料選取四

  國家選取 country_select 產生下列結果：

  country_select（選項）、active_countries（繪圖）。

- 資料選取五

  時間軸選取 date_slider 產生下列結果：

  world_map（繪圖）、trajectory（繪圖）。

依照上面的視覺規劃，及互動變化進行程式編寫如下：

四、程式說明（6-2.py）

使用互動視覺來呈現 Covid-19 即時疫情。

1. **網址標題**：啟動網頁連結，啟動互動機制並設定網頁中英文標題（便於搜尋）。

```
server = app.server
app.config.suppress_callback_exceptions = True
app.title = 'COVID-19 Global Panel （全球即時資訊）'
```

2. **色彩規劃**：設定文字、背景、格點及各種標準色。
   後面程式要用到時只要指定色彩函數名稱 (red,blue,green) 即可。

3. **讀取檔案及資料整理**：
   - 資料更新時間。
   - 資料整理：過濾國家資料成單一結果，以便視覺呈現。
   - 資料整理：美國各州名稱對應。
   - 資料整理：歐洲各國名稱對應。
   - 資料整理：中國各省名稱對應。
   - 資料整理：將上述 9-11 的名稱，匯入資料中。

```
region_options = {'Worldwide': available_countries,
                  'United States': states,
                  'Europe': eu,
                  'China': china}
```

   - 資料整理：讀取最新州（美國）、國（歐洲）、省（中國）、鄉鎮（美國地圖顯示時的各鄉鎮）名稱，並匯入資料中。

4. **視覺呈現**：

   A. 互動程式一：資料呈現（累積確診）confirmed_ind。
      - 根據選項（global_format）進行索引。
      - 互動程式的呈現內容，進行統計並呈現。

      主要程式及結果如下：

```
@app.callback(
    Output('confirmed_ind', 'figure'),
    [Input('global_format', 'value')])
```

累計確診數 CUMULATIVE CONFIRMED
34,826,671
▲244,070

B. 互動程式二：資料呈現（治療中）active_ind。

- 根據選項（global_format）進行索引。
- 互動程式的呈現內容，進行統計並呈現。

主要程式及結果如下：

```
@app.callback(
    Output('active_ind', 'figure'),
    [Input('global_format', 'value')])
```

C. 互動程式三：資料呈現（復原）recovered_ind。

- 根據選項（global_format）進行索引。
- 互動程式的呈現內容，進行統計並呈現。

主要程式及結果如下：

```
@app.callback(
    Output('recovered_ind', 'figure'),
    [Input('global_format', 'value')])
```

死亡 DEATHS TO DATE
1,032,235
▲4,410

D. 互動程式四：資料呈現（死亡）deaths_ind。

- 根據選項（global_format）進行索引。
- 互動程式的呈現內容，進行統計並呈現。

主要程式及結果如下：

```
@app.callback(
    Output('deaths_ind', 'figure'),
    [Input('global_format', 'value')])
```

已復原 RECOVERED CASES
24,205,369
▲175,870

E. 互動程式五：資料呈現（分項統計）worldwide_trend。

- 根據選項（global_format）進行索引。
- 根據選項（population_select）進行索引。

- 互動程式的呈現內容，進行統計並呈現（Infections 圖中的四條曲線）。
- 完成 Infections 圖的座標及相對應的數字。

F. 互動程式六：資料選取 Dropdown（country_select）選項更新部分。

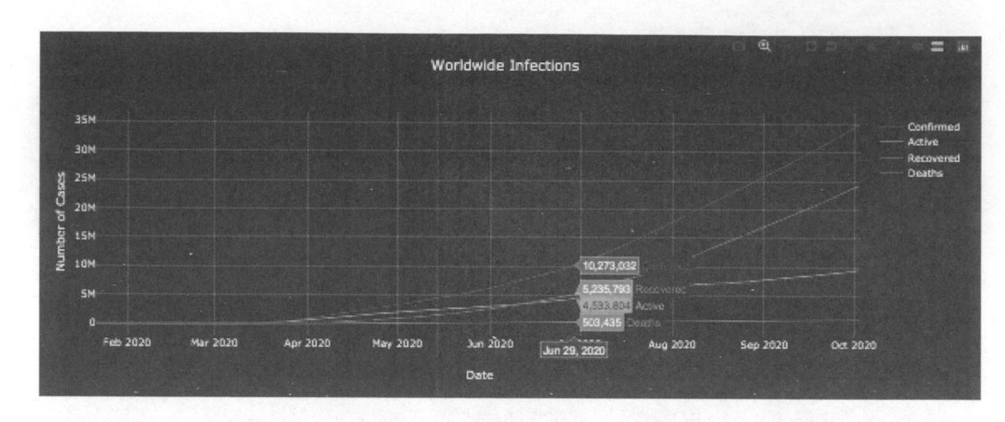

- 這是本程式最難的部分，因為 country_select 本身是 Input，且又是 Output（由 global_format 啟動對應的國家）。
- 為下拉式選單（country_select）更換不同的國家選項。
- 不同選項下的國家列表。

G. 互動程式七：資料呈現（分國家 / 區域統計）active_countries 繪圖部分。這圖是本程式最多 Input 的部分，有四個 Input 可啟動這個圖：

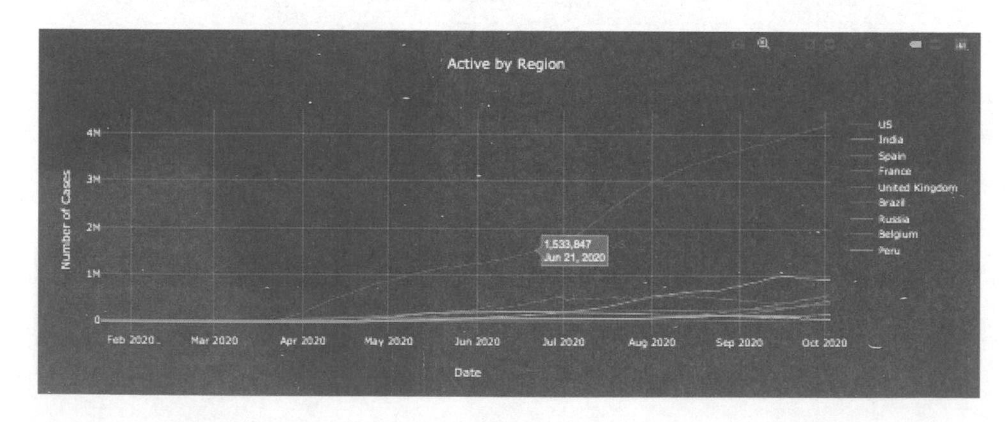

- 根據選項（global_format）進行索引。
- 根據選項（population_select）進行索引。
- 根據選項（column_select）進行索引。
- 根據選項（country_select）進行索引。

H. 互動程式八：資料呈現（地圖分佈）部分 world_map。world_map 由 global_format 和 date_slide 二者呼叫，程式如下：

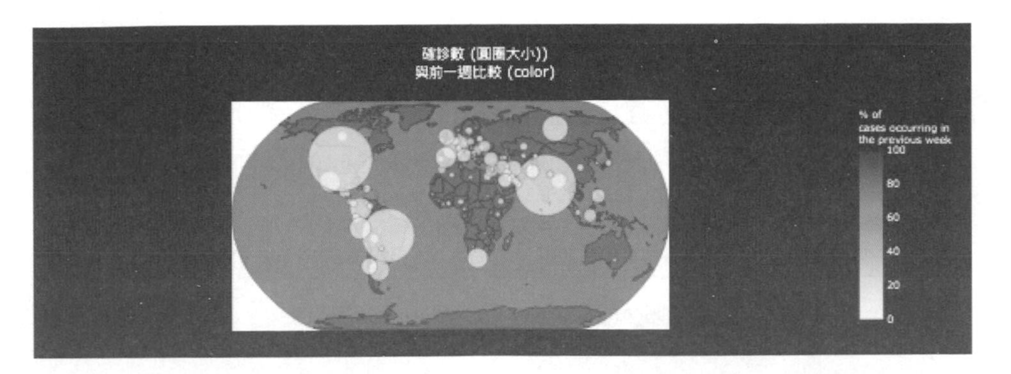

- 根據選項（global_format）及時間軸（date_slider）進行索引。
- 在地圖上找出座標。
- 在地圖上畫出圓圈。
- 決定圓圈的顏色。

I. 互動程式九：資料呈現（趨勢彈道圖）trajectory。彈道圖由 global_format、date_slide 二個函式呼叫而來，程式如下：

- 根據選項（global_format）進行索引。
- 根據時間軸（date_slider）進行索引。
- 根據國家（date_slider）進行索引。
- 根據國家名稱，計算確診數，畫出彈道圖。

```
def hex_to_rgba(h, alpha=1):
    return tuple([int(h.lstrip('#')[i:i+2], 16) for i in (0, 2, 4)] + [alpha])
```

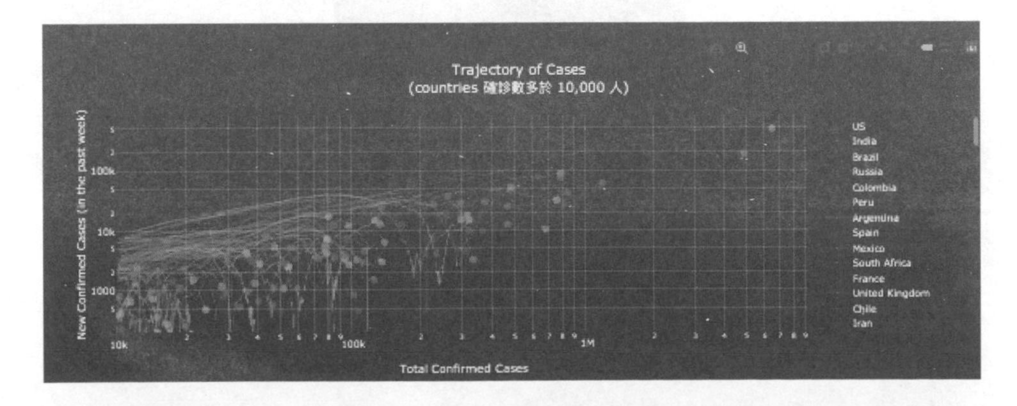

J. 頁面佈局一：上方大小標題、資料選單、數字呈現、按人口統計選單。

<table>
<tr><td colspan="4">大標題 H1</td></tr>
<tr><td colspan="4">小標題 Div</td></tr>
<tr><td colspan="4">資料選取（全球 . 美國 . 歐洲 . 中國）RadioItems(global_forma)</td></tr>
<tr><td>資料呈現（累積確診）
Graph(confirmed_ind)</td><td>資料呈現（治療中）
Graph(active_ind)</td><td>資料呈現（死亡）
Graph(deaths_ind)</td><td>資料呈現（復原）
Graph(recovered_ind)</td></tr>
<tr><td colspan="4">資料選取 RadioItems (population_select）</td></tr>
</table>

- 數字看板：確診數

- 數字看板：治療中

- 數字看板：死亡

- 數字看板：復原

- 人口級數選取：

Display data as total or as relative to population(數字呈現之級數):

Total values(總數) Values per 100,000 of population(每十萬人數字)

K. 頁面佈局二：全球疫情趨勢圖，各區趨勢圖 - 全球各國 / 歐洲各國、美國各州 / 中國各省。

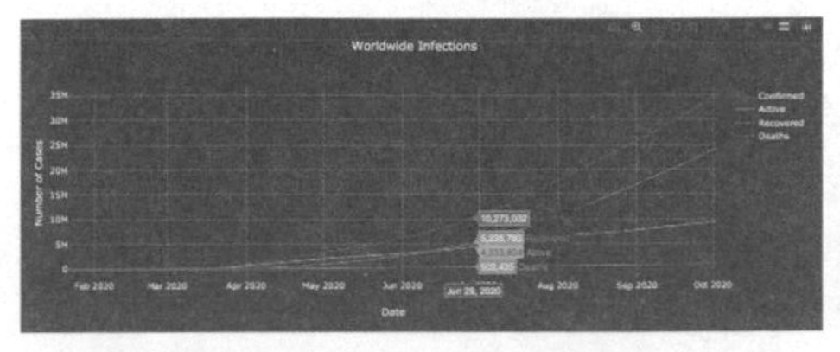

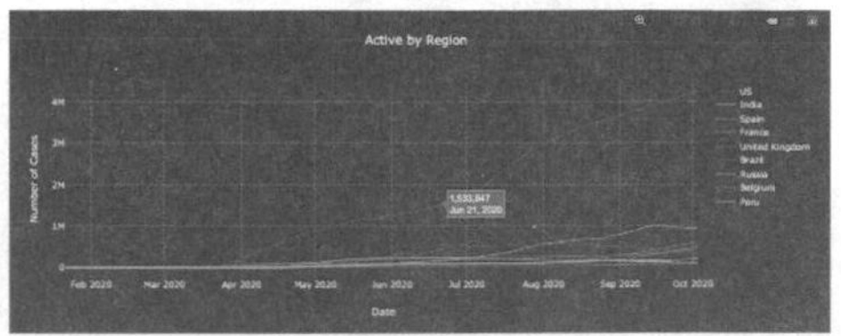

L. 頁面佈局三：選單，全球地圖、彈道圖（疫情反轉圖）。

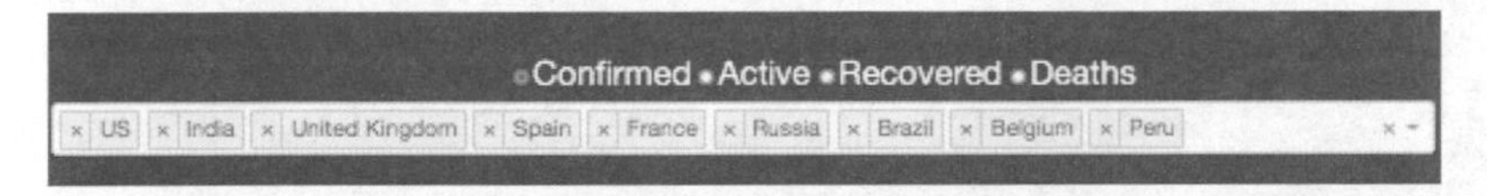

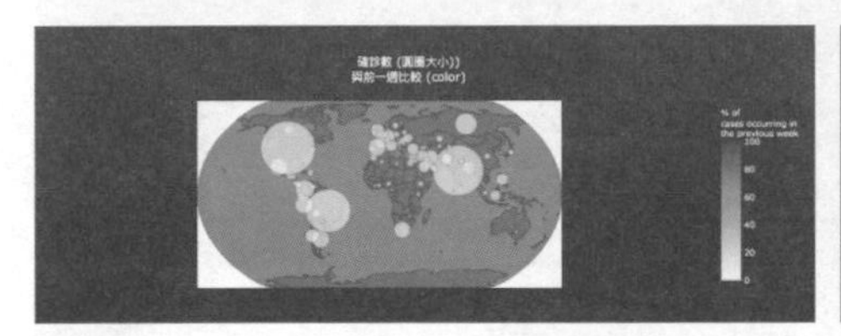

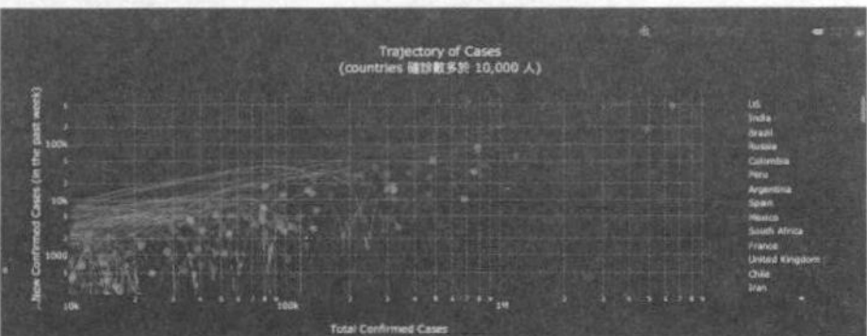

M. 頁面佈局四：時間軸選單。

N. 最後視覺呈現如下：

COVID-19 Global Panel (전 세계에 거주 / 全球即時資訊 / 世界中に住んでいる /)

Data updated 資料更新 October 03, 2020 end-of-day

Select focus on：選取範圍(全球 / 美國 / 歐洲 / 中國)

● Worldwide(全球) ● United States(美國) ● Europe(歐洲) ● China(中國)

累計確診數 CUMULATIVE CONFIRMED	治療中 CURRENTLY ACTIVE	死亡 DEATHS TO DATE	已復原 RECOVERED CASES
34,826,671	9,589,067	1,032,235	24,205,369
▲244,070	▲63,790	▲4,410	▲175,870

Display data as total or as relative to population(數字呈現之級數):

○ Total values(總數) ● Values per 100,000 of population(每十萬人數字)

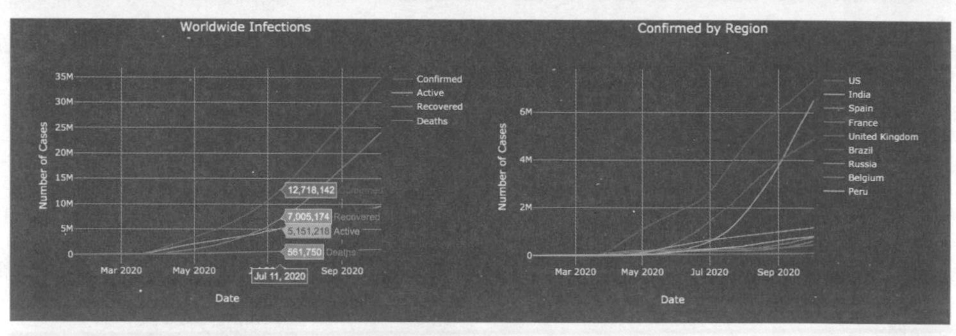

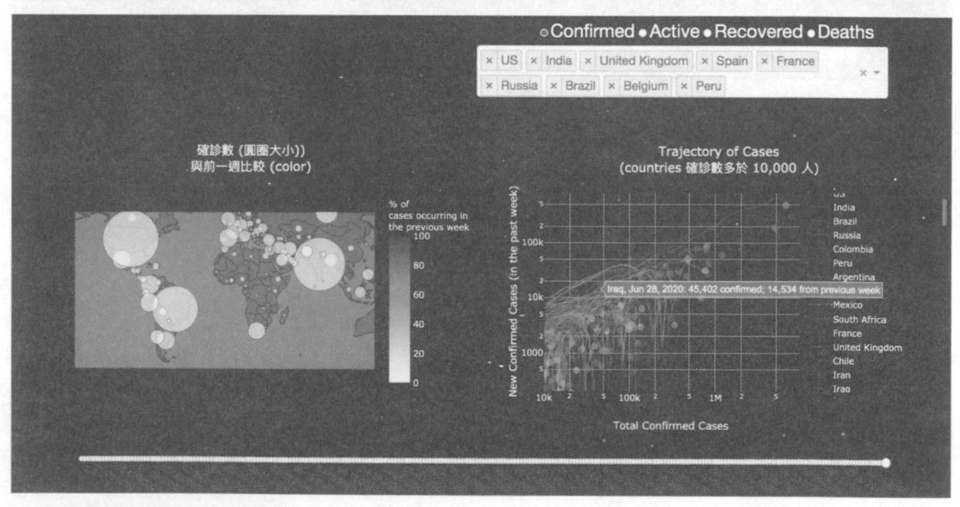

五、專案結論

Polly Dash 是建立數據分析性應用的 Python 框架，使用它不需要直接使用 JavaScript。基於 Plotly.js、React 和 Flask，可以直接結合你的數據分析代碼，構建酷炫的 UI Web 應用，適用於 Python 的分析 Web 應用程式。在 Python 領域，建立 web 應用的常用框架是 Django，但 Django 不是數據呈現的最佳工具，而 Dash 的重點是實現簡單的打造數據分析應用，提供數據分析師一把搭建 web 利器。

在程式架構上 Dash 構建於 Plotly.js、React 和 Flask 之上，將現有 UI 元素（如下拉列表、滑塊和圖形）直接綁定到您的分析 python 代碼，無論從模塊安裝還是代碼設計上，都已經變的相對比較簡潔，同時也有目前也已經開放了 R 語言的接口。Dash 應用是基於 Web 構建與發布的，所以完全支持 CSS。

從本節內容，你可學習到人工智慧的二個核心能力：

- 國外機構平台的即時資料的收集與整合能力。
- 利用地圖資料庫，強化視覺呈現出頂級的頁面或報告。

6-3 全球幸福指數大解析（附完整程式）

Happiness Index《世界幸福指數報告》是全球幸福狀態的關注焦點。於 2012 年首次發佈報告，此後每年三月發佈，最近一次是 2020 年三月發佈。

Happiness Index 對國家的幸福和福祉水平進行排名，排名的數據主要來自蓋洛普民意測驗，加上一些其他輔助資料，例如世界價值調查。

其指數的評估的範圍有 14 個領域：

1. 商業與經濟（business & economic）
2. 公民參與（citizen engagement）
3. 通訊與技術（communications & technology）
4. 多樣性（社會問題）diversity（social issues）

5. 教育與家庭（education & families）

6. 情緒 emotions（well-being）

7. 環境與能源（environment & energy）

8. 飲食與住所（food & shelter）

9. 政府與政治（government and politics）

10. 法律與秩序（安全）law & order（safety）

11. 健康（health）

12. 宗教與道德（religion & ethics）

13. 運輸（transportation）

14. 工作（work）

數據是從 150 多個國家 / 地區的人們進行調查收集而來。所測量的每個變數都用加權平均得分的方式記錄下來，得分的範圍是從 0 到 10，隨時間軸的推移進行追踪，並與其他國家進行比較。

排名是用 Cantril 梯度調查方式：要求各國具有代表性的受訪者去想像階梯的觀念，例如最佳壽命是 10，而最差的壽命是 0。

然後要求他們以 0 到 10 的等級對自己的當前壽命進行評分。

這些數字反映出人們對下列六大經濟及社會數據的看法：

- 人均實際 GDP（income）
- 社會救助機制（social support）
- 健康的預期壽命（healthy life expectancy）
- 自由度（freedom）
- 信任程度（trust）
- 慷慨度（generosity）

再將每個國家調查結果與一個極端值進行比較。

此極端值是最低全國平均水準，並且將極端值之殘差（Dystopia Residual）一起進行迴歸運算，得出六大數據的加權平數字。

在幸福指數測定的模型裡，dystopia residual 代表每個國家擁有全世界最不快樂人的數量，是一個虛擬的 benchmark 來進行比較式指數的計算及呈現。

調查及運算後，結果如下表所示（2016 年），幸福指數全球前五名的國家：

Country	Region	Happiness Rank	Happiness Score	Lower Confidence Interval	Upper Confidence Interval	Economy (GDP per Capita)	Family
Denmark	Western Europe	1	7.526	7.460	7.592	1.44178	1.16374
Switzerland	Western Europe	2	7.509	7.428	7.590	1.52733	1.14524
Iceland	Western Europe	3	7.501	7.333	7.669	1.42666	1.18326
Norway	Western Europe	4	7.498	7.421	7.575	1.57744	1.12690
Finland	Western Europe	5	7.413	7.351	7.475	1.40598	1.13464

Country	Region	Happiness Rank	Health (Life Expectancy)	Freedom	Trust (Government Corruption)	Generosity	Dystopia Residual
Denmark	Western Europe	1	0.79504	0.57941	0.44453	0.36171	2.73939
Switzerland	Western Europe	2	0.86303	0.58557	0.41203	0.28083	2.69463
Iceland	Western Europe	3	0.86733	0.56624	0.14975	0.47678	2.83137
Norway	Western Europe	4	0.79579	0.59609	0.35776	0.37895	2.66465
Finland	Western Europe	5	0.81091	0.57104	0.41004	0.25492	2.82596

指標的迷思：許多經濟學家及社會學家認為，一般人對生活狀況的主觀想法會超過收入方面的直覺，而不是真正的幸福數值的表達。例如，哥倫比亞在2018 年世界幸福指數中排名第 37 位，但在日常情感體驗上排名第 1 位。2012 年 " 蓋洛普（Gallup）對最幸福國家的調查的名單完全不同（與世界幸福指數相比），首先是巴拿馬，其次是巴拉圭、薩爾瓦多和

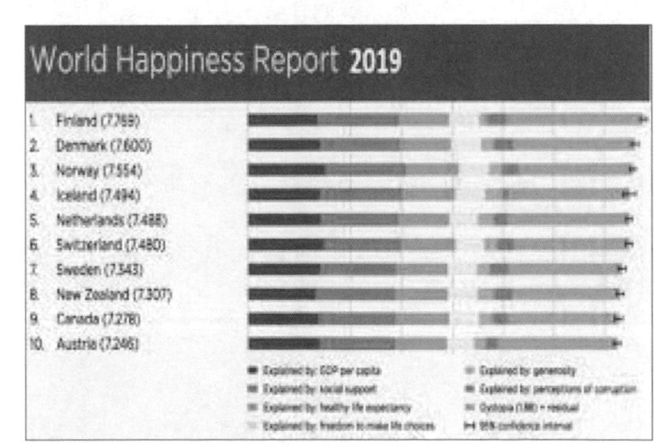

委內瑞拉 "。同樣，皮尤（Pew）在 2014 年對 43 個國家（不包括歐洲大部分地區）進行的調查顯示，墨西哥、以色列和委內瑞拉分別排名第一、第二和第三。這些結果十分分歧，沒有定論。

從心理學角度分析，這個排名結果是違反直覺的，例如：如果自殺率被用作衡量不幸福感（幸福感的對立面）的指標，最幸福的 20 個國家也是世界上自殺率最高的 20 個國家。本節使用這個社會科學的範例，目的是引導讀者使用 AI 的方法來解析社會科學的現象。本範例中，AI 特徵選取及分析工具的使用，將是本章的重點。而機器學習的部分，有較深入的 AI 專業理論，將在下一章詳細說明。

一、專案目標

這是社會科學領域的 AI 分析，要先進行的資料庫的整合；2012-2016 年的格式及項目與 2017-2021 年以後的資料不同。

- 巨量資料的匯整及資料純化。
- 幸福指數的來源指標之間的相關性分析。
- 二次特徵（經數學方或合理性分析得出的特徵）的比對，並分析結果的一致性。

二、專案分析

- 巨量資料庫的呈現。
- 圖形部分至少要十種類型，呈現高品質的視覺化結果。

三、系統分析

- 使用最新的 Python 互動工具進行程式編寫。
- 由於結果會呈現很多組圖表，故本程式用 Anaconda/Jupter 來編寫。
- 資料庫中資料累積到 1000 筆時，將資料轉成 Pandas，並進行上傳圖片並存在雲端。

四、程式說明（6-3.ipynb）

1. **程式庫說明**：增加一個繪圖的套件 bubbly，bubbly 套件是運用 Plotly 套件的子功能套件，能畫出動態泡泡圖，讓使用者可以不用撰寫繁複的語法。

2017年 Happiness Index 排名：

	Country	Region	Happiness Rank	Happiness Score	Lower Confidence Interval	Upper Confidence Interval	Economy (GDP per Capita)	Family	Health (Life Expectancy)	Freedom	Trust (Government Corruption)	Generosity	Dystopia Residual
0	Denmark	Western Europe	1	7.526	7.460	7.592	1.44178	1.16374	0.79504	0.57941	0.44453	0.36171	2.73939
1	Switzerland	Western Europe	2	7.509	7.428	7.590	1.52733	1.14524	0.86303	0.58557	0.41203	0.28083	2.69463
2	Iceland	Western Europe	3	7.501	7.333	7.669	1.42666	1.18326	0.86733	0.56624	0.14975	0.47678	2.83137
3	Norway	Western Europe	4	7.498	7.421	7.575	1.57744	1.12690	0.79579	0.59609	0.35776	0.37895	2.66465
4	Finland	Western Europe	5	7.413	7.351	7.475	1.40598	1.13464	0.81091	0.57104	0.41004	0.25492	2.82596

2019年 Happiness Index 排名：

	Overall rank	Country or region	Score	GDP per capita	Social support	Healthy life expectancy	Freedom to make life choices	Generosity	Perceptions of corruption
0	1	Finland	7.769	1.340	1.587	0.986	0.596	0.153	0.393
1	2	Denmark	7.600	1.383	1.573	0.996	0.592	0.252	0.410
2	3	Norway	7.554	1.488	1.582	1.028	0.603	0.271	0.341
3	4	Iceland	7.494	1.380	1.624	1.026	0.591	0.354	0.118
4	5	Netherlands	7.488	1.396	1.522	0.999	0.557	0.322	0.298

2. **讀取檔案**：2017 年和 2019 年的 Happiness Index 的報告及統計方法略有不同，分析前要進行資料匯整。

3. **特徵工程**：相關性分析

A. 幸福指數和自由度的蜂巢相關圖：

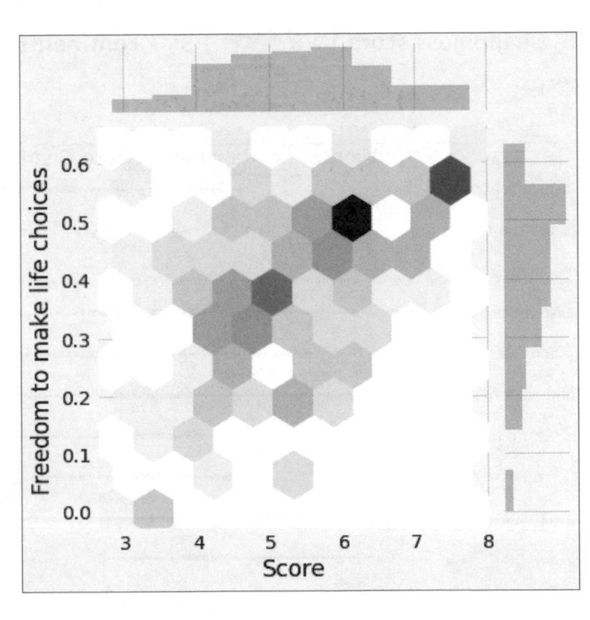

用「蜂巢」(hex)型態呈現幸福指數與自由度的相關性，可以看出二者明顯正相關。

B. 幸福指數和社會救助的密度相關圖：

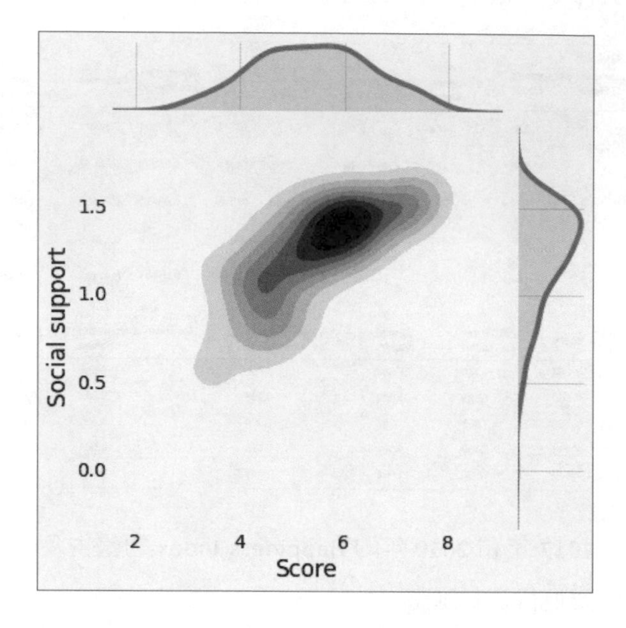

用「密度」(kde)型態呈現幸福指數與社會救助的相關性，可以看出二者明顯正相關。

C. 幸福指數(happiness score)VS 全球分區(continents)：提琴分佈圖(2016 年)。

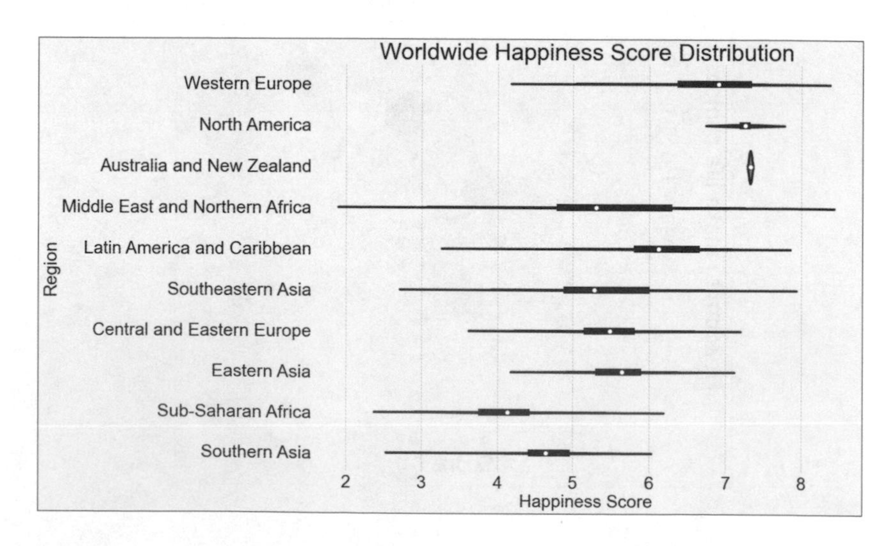

分析結果一：

- 北美地區是生活滿意度很高的地區：美國、加拿大幸福指數都很高，且這個地區普遍的「幸福感」一致性也很高。也就是大家的感受都在平均值附近，少有特別的離群值。
- 中東和北非：幸福指數範圍大，表示有些國家幸福指標很高，但有些國家指標很低，呈現兩極化的現象。

D. 幸福指數（happiness score）VS 全球分區（continents）：提琴分佈圖（2020 年）。

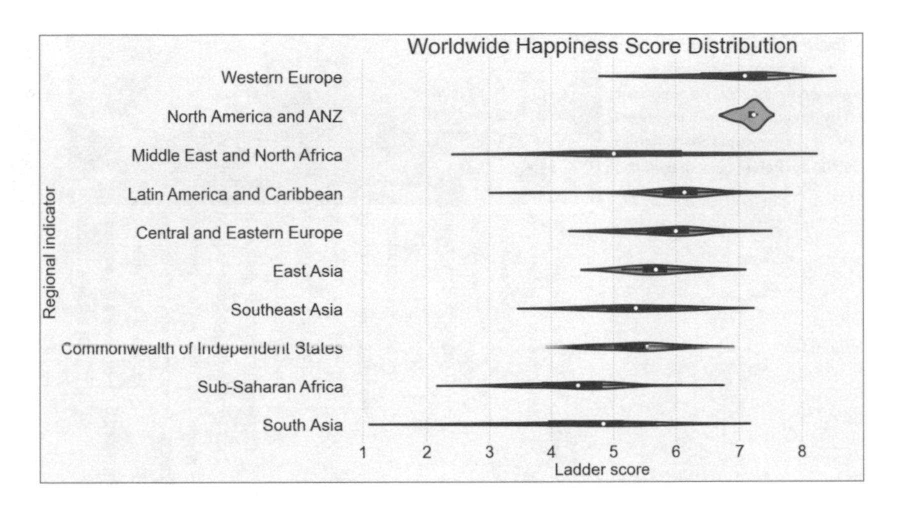

分析結果二：

- 北美及紐澳是生活滿意度最佳的地區：美國、加拿大幸福指數都很高且人民感受的一致性也高。而紐澳地區雖不是收入最高的地區，但生活滿意度也是很高的地區。
- 中東和北非：從 2012 年到 2020 年，這個地區的幸福指數範圍大，有些國家幸福指標很高，有些國家指標很低；呈現兩極化的現象。而東亞地區雖然生活滿意度不低，但受限信任及經濟的指標分數不高，使幸福指標整體表現不高。

4. **視覺分析**：熱力圖

A. 全球「Happiness Index」各指標間熱力圖：

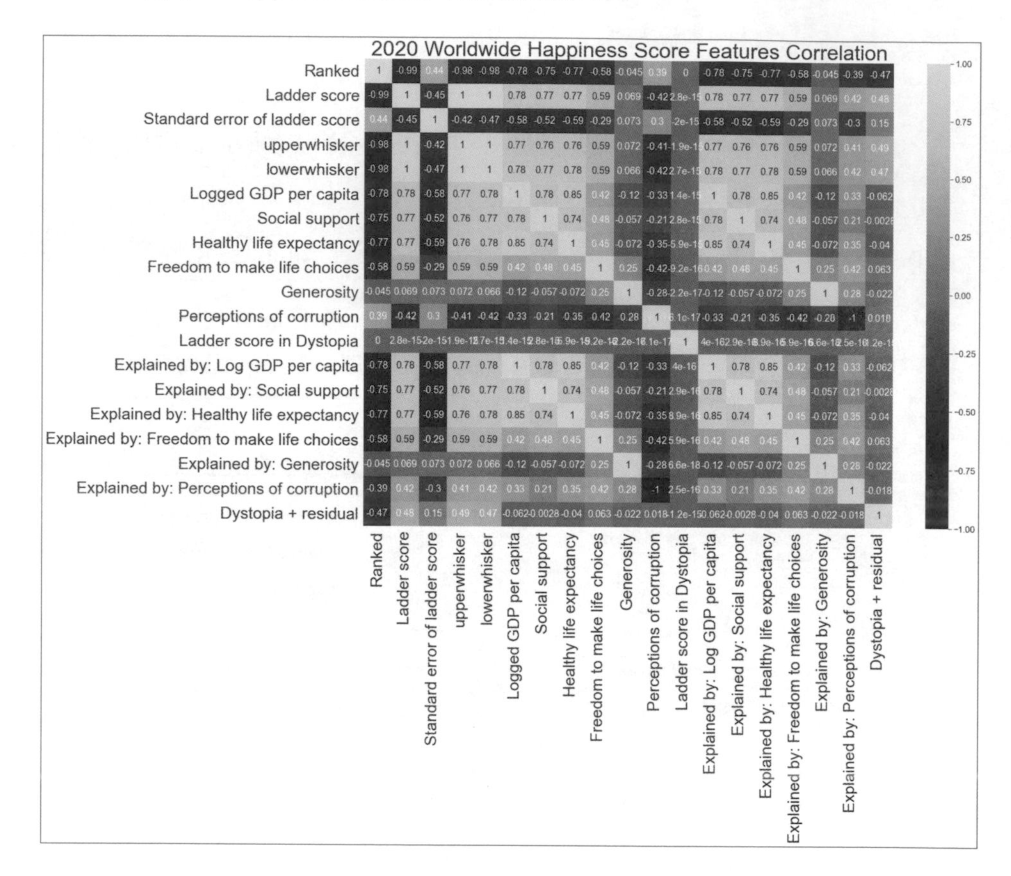

分析結果二：

- 慷慨度（generosity）指標：與其他指標沒有明顯相關，所以慷慨度這項指標是個平衡性的指標。避免產生 Happiness Index 幸福指標的偏誤。
- 另外可以看出幸福指數與經濟，健康，和家庭滿意度有明顯正相關，與自由也有一定正相關。

B. 「西歐」各項指標的相關性：

2020 Western Europe Happiness Score Features Correlation

	Ranked	Ladder score	Standard error of ladder score	upperwhisker	lowerwhisker	Logged GDP per capita	Social support	Healthy life expectancy	Freedom to make life choices	Generosity	Perceptions of corruption	Ladder score in Dystopia	Explained by: Log GDP per capita	Explained by: Social support	Explained by: Healthy life expectancy	Explained by: Freedom to make life choices	Explained by: Generosity	Explained by: Perceptions of corruption	Dystopia + residual
Ranked	1	-0.97	0.62	-0.97	-0.97	-0.71	-0.88	0.18	-0.72	-0.63	0.72	1.5e-16	-0.71	-0.88	0.18	-0.72	-0.63	-0.72	-0.78
Ladder score	-0.97	1	-0.62	1	1	0.72	0.86	-0.28	0.77	0.62	-0.81	-1.1e-15	0.72	0.86	-0.28	0.77	0.62	0.81	0.79
Standard error of ladder score	0.62	-0.62	1	-0.61	-0.64	-0.55	-0.44	0.29	-0.33	-0.17	0.75	-4.5e-16	-0.55	-0.44	0.29	-0.33	-0.17	-0.75	-0.51
upperwhisker	-0.97	1	-0.61	1	1	0.71	0.86	-0.28	0.78	0.63	-0.81	2.6e-16	0.71	0.86	-0.28	0.78	0.63	0.81	0.79
lowerwhisker	-0.97	1	-0.64	1	1	0.72	0.85	-0.29	0.77	0.62	-0.82	-3.2e-15	0.72	0.85	-0.29	0.77	0.62	0.82	0.79
Logged GDP per capita	-0.71	0.72	-0.55	0.71	0.72	1	0.56	-0.11	0.62	0.49	-0.7	5.7e-16	1	0.56	-0.11	0.62	0.49	0.7	0.33
Social support	-0.88	0.86	-0.44	0.86	0.85	0.56	1	-0.2	0.71	0.53	-0.61	-4e-15	0.56	1	-0.2	0.71	0.53	0.61	0.61
Healthy life expectancy	0.18	-0.28	0.29	-0.28	-0.29	-0.11	-0.2	1	-0.26	-0.095	0.31	1.6e-14	-0.11	-0.2	1	-0.26	-0.095	-0.31	-0.32
Freedom to make life choices	-0.72	0.77	-0.33	0.78	0.77	0.62	0.71	-0.26	1	0.6	-0.69	6.2e-16	0.62	0.71	-0.26	1	0.6	0.69	0.34
Generosity	-0.63	0.62	-0.17	0.63	0.62	0.49	0.53	-0.095	0.6	1	-0.45	-1.1e-16	0.49	0.53	-0.095	0.6	1	0.45	0.25
Perceptions of corruption	0.72	-0.81	0.75	-0.81	-0.82	-0.7	-0.61	0.31	-0.69	-0.45	1	2.3e-17	-0.7	-0.61	0.31	-0.69	-0.45	-1	-0.46
Ladder score in Dystopia	1.5e-16	.1e-15	.5e-16	.6e-16	.2e-15	5.7e-16	4e-15	1.6e-14	.2e-16	.1e-16	.3e-17	1	-1.1e-16	.5e-16	.7e-15	.5e-17	.2e-16	.1e-16	1e-15
Explained by: Log GDP per capita	-0.71	0.72	-0.55	0.71	0.72	1	0.56	-0.11	0.62	0.49	-0.7	-1.1e-16	1	0.56	-0.11	0.62	0.49	0.7	0.33
Explained by: Social support	-0.88	0.86	-0.44	0.86	0.85	0.56	1	-0.2	0.71	0.53	-0.61	-2.5e-15	0.56	1	-0.2	0.71	0.53	0.61	0.61
Explained by: Healthy life expectancy	0.18	-0.28	0.29	-0.28	-0.29	-0.11	-0.2	1	-0.26	-0.095	0.31	8.7e-15	-0.11	-0.2	1	-0.26	-0.095	-0.31	-0.32
Explained by: Freedom to make life choices	-0.72	0.77	-0.33	0.78	0.77	0.62	0.71	-0.26	1	0.6	-0.69	-6.5e-17	0.62	0.71	-0.26	1	0.6	0.69	0.34
Explained by: Generosity	-0.63	0.62	-0.17	0.63	0.62	0.49	0.53	-0.095	0.6	1	-0.45	-2.2e-16	0.49	0.53	-0.095	0.6	1	0.45	0.25
Explained by: Perceptions of corruption	-0.72	0.81	-0.75	0.81	0.82	0.7	0.61	-0.31	0.69	0.45	-1	2.1e-16	0.7	0.61	-0.31	0.69	0.45	1	0.46
Dystopia + residual	-0.78	0.79	-0.51	0.79	0.79	0.33	0.61	-0.32	0.34	0.25	-0.46	-1e-15	0.33	0.61	-0.32	0.34	0.25	0.46	1

1.00 0.75 0.50 0.25 0.00 −0.25 −0.50 −0.75 −1.00

分析結果三：

- 「西歐」地區，幸福指數的指標除了家庭滿意度之外，自由、經濟、慷慨，它也與對政府的信任高度正相關。
- 另外可以看出「西歐」地區，幸福指標反而和壽命的滿意度相關性不高，甚至還有點負相關（不明顯）；原因是這些高收入的西歐國家普遍壽命都高。反而對壽命的敏感度不高。所以並沒有反應在熱力相關圖上。
- 到目前為止，歐洲地區是最幸福的地區。

C. 「東亞」地區各項指標的相關性：

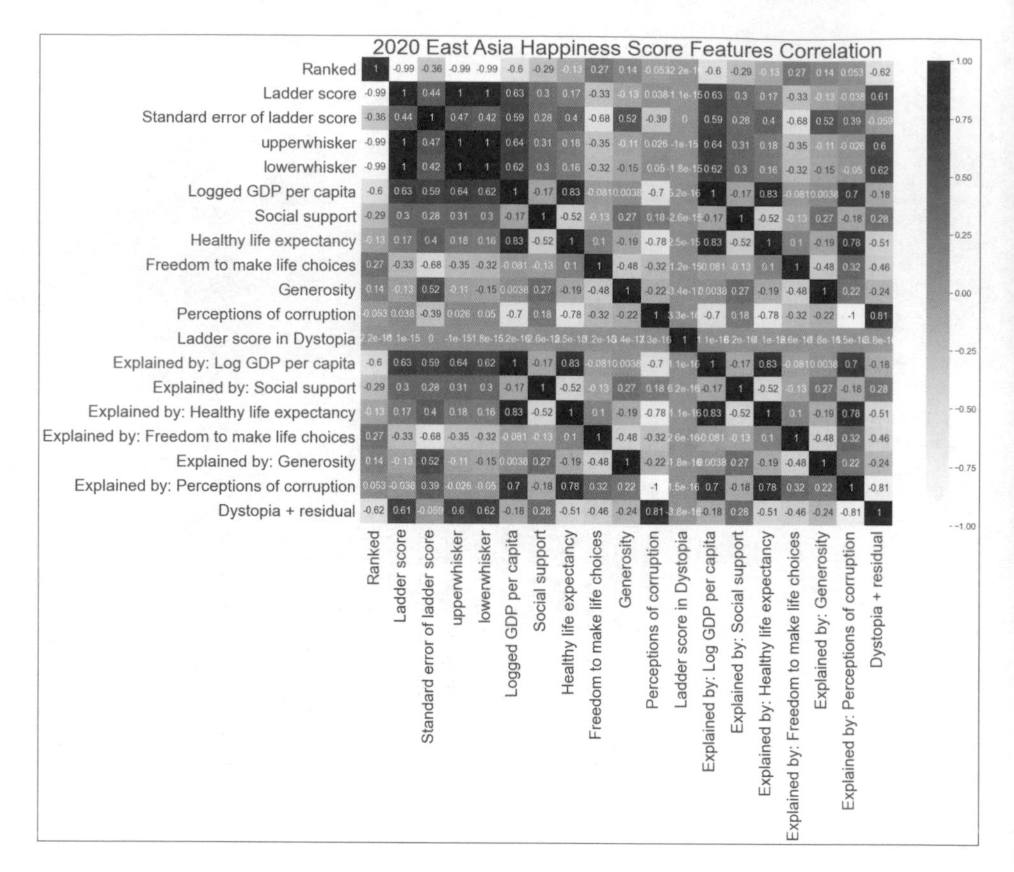

分析結果四：

- 在「東亞」地區，幸福指數和許多指標的相關性為負相關，如經濟、健康，對政府的信任之類的因素，使情況變得非常危急。幸福指數僅與自由和家庭滿意相關性一致。

D.「北美紐澳」地區各項指標的相關性：

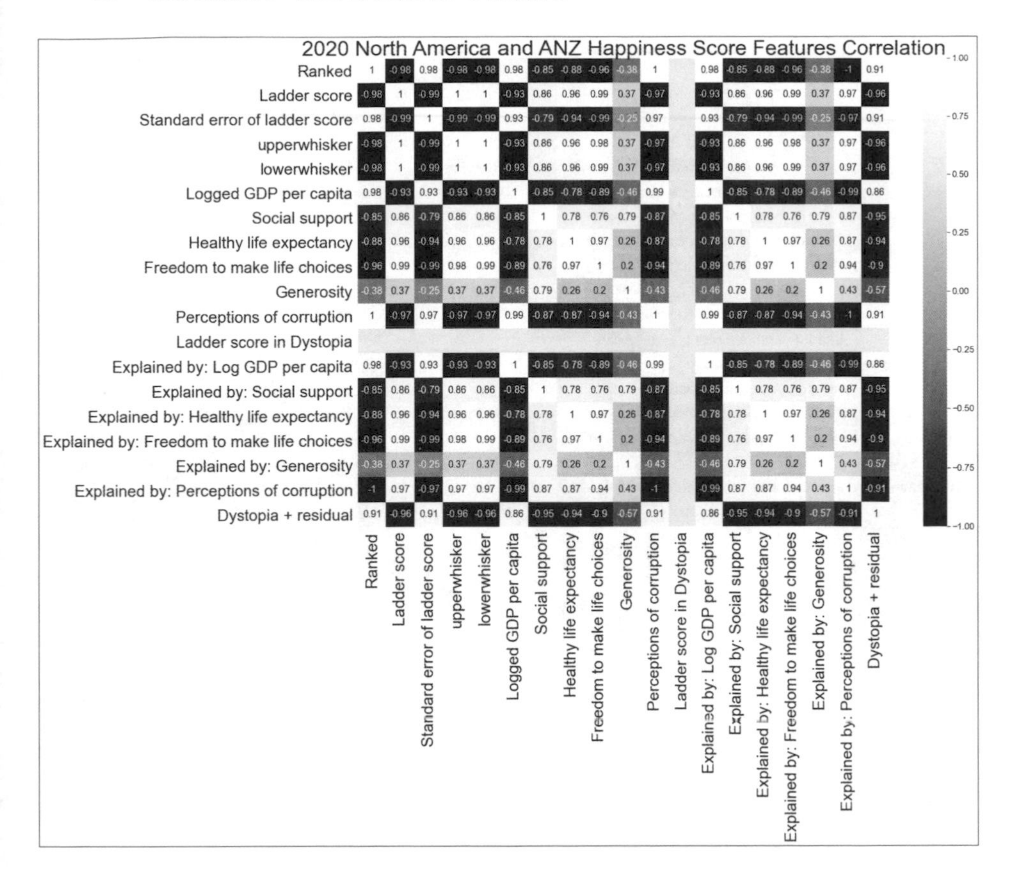

分析結果五：

- 在「北美紐澳」地區，幸福指數和所有指標都高度相關。在眾多的國家中美國作為一個大國，仍然能夠使他們的人民幸福。美在世界幸福排名中排名第 10。

E. 「中東和北非」地區各項指標的相關性：

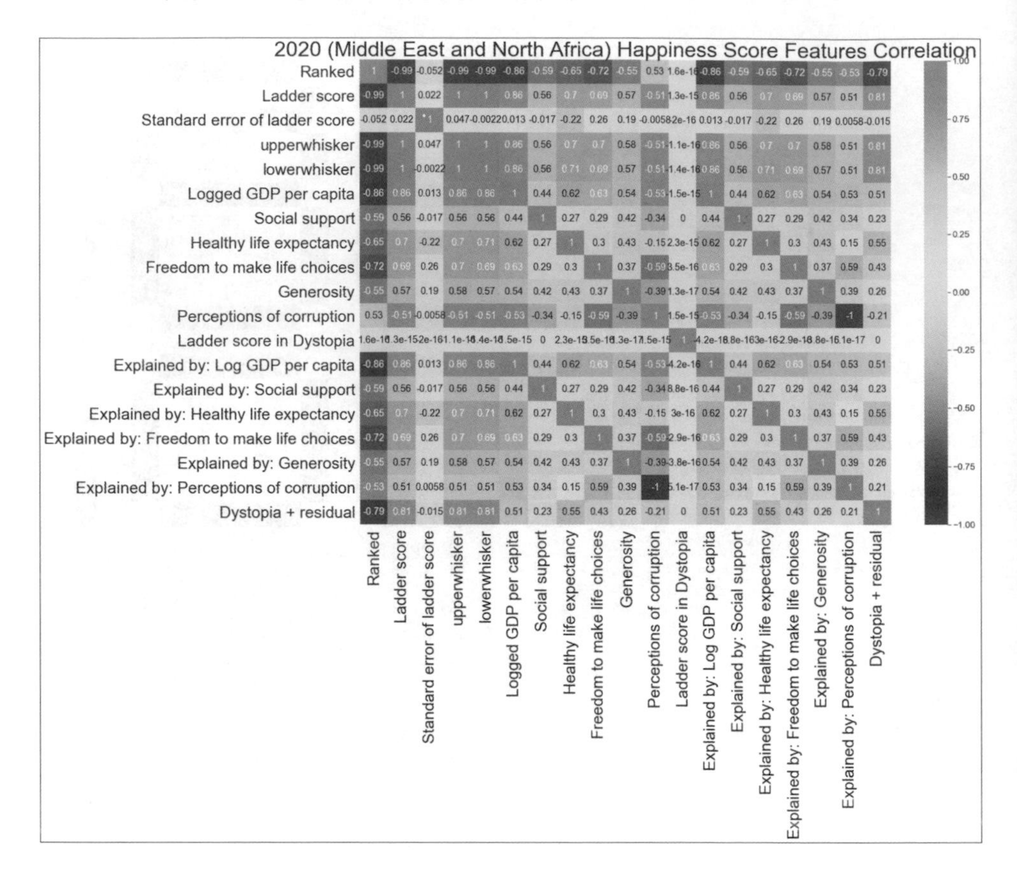

分析結果六：

- 在「中東和北非」地區，如眾所周知是個富裕的地區，幸福指數和所有指標的正相關性非常高，幾乎所有重要因素都很正面的和幸福指數正相關。其中家庭滿意度是最為明顯。
- 仔細觀察，該地區「慷慨度」在少數北非國家是明顯的問題。

F. 「撒哈拉以南非洲」地區各項指標的相關性：

2020 (Sub-Saharan Africa) Happiness Score Features Correlation

	Ranked	Ladder score	Standard error of ladder score	upperwhisker	lowerwhisker	Logged GDP per capita	Social support	Healthy life expectancy	Freedom to make life choices	Generosity	Perceptions of corruption	Ladder score in Dystopia	Explained by: Log GDP per capita	Explained by: Social support	Explained by: Healthy life expectancy	Explained by: Freedom to make life choices	Explained by: Generosity	Explained by: Perceptions of corruption	Dystopia + residual
Ranked	1	-0.95	0.2	-0.95	-0.95	-0.39	-0.3	-0.26	-0.27	0.04	-0.23	3.1e-16	-0.39	-0.3	-0.26	-0.27	0.04	0.23	-0.58
Ladder score	-0.95	1	-0.26	1	1	0.34	0.37	0.24	0.23	-0.0061	0.29	1.8e-15	0.34	0.37	0.24	0.23	-0.0061	-0.29	0.63
Standard error of ladder score	0.2	-0.26	1	-0.21	-0.3	-0.5	-0.58	-0.52	-0.39	0.13	0.073	3e-16	-0.5	-0.58	-0.52	-0.39	0.13	-0.073	0.33
upperwhisker	-0.95	1	-0.21	1	1	0.32	0.34	0.21	0.22	-9.4e-06	0.29	1.1e-15	0.32	0.34	0.21	0.22	-9.4e-06	-0.29	0.65
lowerwhisker	-0.95	1	-0.3	1	1	0.36	0.39	0.26	0.25	-0.012	0.28	2.3e-16	0.36	0.39	0.26	0.25	-0.012	-0.28	0.61
Logged GDP per capita	-0.39	0.34	-0.5	0.32	0.36	1	0.69	0.42	0.28	-0.55	0.18	-7.2e-16	1	0.69	0.42	0.28	-0.55	-0.18	-0.36
Social support	-0.3	0.37	-0.58	0.34	0.39	0.69	1	0.41	0.29	-0.33	0.29	0	0.69	1	0.41	0.29	-0.33	-0.29	-0.35
Healthy life expectancy	-0.26	0.24	-0.52	0.21	0.26	0.42	0.41	1	0.4	-0.015	-0.27	-5.8e-16	0.42	0.41	1	0.4	-0.015	0.27	-0.38
Freedom to make life choices	-0.27	0.23	-0.39	0.22	0.25	0.28	0.29	0.4	1	0.11	-0.24	9.3e-16	0.28	0.29	0.4	1	0.11	0.24	-0.27
Generosity	0.04	-0.0061	0.13	-9.4e-06	-0.012	-0.55	-0.33	-0.015	0.11	1	-0.12	1.9e-17	-0.55	-0.33	-0.015	0.11	1	0.12	0.19
Perceptions of corruption	-0.23	0.29	0.073	0.29	0.28	0.18	0.29	-0.27	-0.24	-0.12	1	7.4e-16	0.18	0.29	-0.27	-0.24	-0.12	-1	0.31
Ladder score in Dystopia	1e-16	1.8e-15	3e-16	1.1e-15	2.3e-16	7.2e-16	0	-5.8e-18	9.3e-16	1.9e-17	7.4e-16	1	1.1e-16	7.5e-17	4.9e-18	1.3e-16	5e-16	1.9e-16	2e-16
Explained by: Log GDP per capita	-0.39	0.34	-0.5	0.32	0.36	1	0.69	0.42	0.28	-0.55	0.18	1.1e-16	1	0.69	0.42	0.28	-0.55	-0.18	-0.36
Explained by: Social support	-0.3	0.37	-0.58	0.34	0.39	0.69	1	0.41	0.29	-0.33	0.29	7.5e-17	0.69	1	0.41	0.29	-0.33	-0.29	-0.35
Explained by: Healthy life expectancy	-0.26	0.24	-0.52	0.21	0.26	0.42	0.41	1	0.4	-0.015	-0.27	4.9e-18	0.42	0.41	1	0.4	-0.015	0.27	-0.38
Explained by: Freedom to make life choices	-0.27	0.23	-0.39	0.22	0.25	0.28	0.29	0.4	1	0.11	-0.24	1.3e-16	0.28	0.29	0.4	1	0.11	0.24	-0.27
Explained by: Generosity	0.04	-0.0061	0.13	-9.4e-06	-0.012	-0.55	-0.33	-0.015	0.11	1	-0.12	5e-16	-0.55	-0.33	-0.015	0.11	1	0.12	0.19
Explained by: Perceptions of corruption	0.23	-0.29	-0.073	-0.29	-0.28	-0.18	-0.29	0.27	0.24	0.12	-1	1.9e-16	-0.18	-0.29	0.27	0.24	0.12	1	-0.31
Dystopia + residual	-0.58	0.63	0.33	0.65	0.61	-0.36	-0.35	-0.38	-0.27	0.19	0.31	-2e-16	-0.36	-0.35	-0.38	-0.27	0.19	-0.31	1

1.00 0.75 0.50 0.25 0.00 -0.25 -0.50 -0.75 -1.00

分析結果七：

- 「撒哈拉以南非洲」地區的情況最差，是全世界最不幸福的地區。
- 各項指標功能對幸福指數的相關性都很低，例如慷慨度、家庭滿意度、自由度等。幾乎所有指標都有只小於 0.5 的正相關性。

5. 計量分析：

用 scatter() 函數繪製氣泡圖進行分析。氣泡圖的特點，除了二組數據的比較，氣泡大小亦加了上一個計量的顯示，為數據點的大小指定參數。

A. 計量氣泡圖一：依區域區分各組的「幸福指數」和「慷慨度指標」相對分佈圖（散點大小代表經濟收入）。

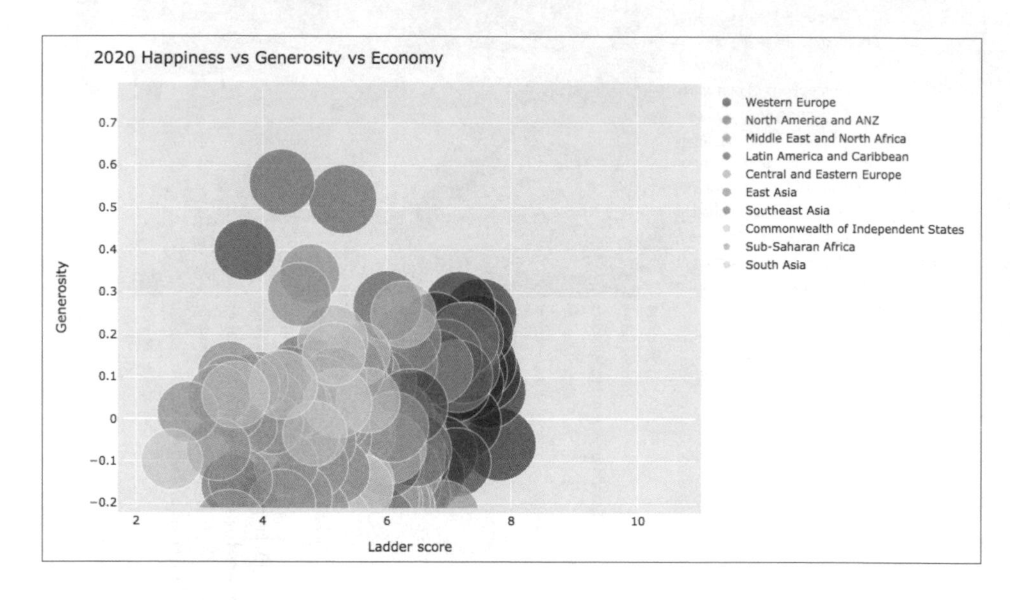

分析結果八：2020 年，在 153 個國家中排名，從 0（非常乾淨）到 1（高度腐敗）列表中。

- 丹麥、芬蘭、新西蘭、瑞典、新加坡和瑞士被認為是世界上腐敗程度最低的 5 個國家，在國際金融透明度方面一直名列前茅。
- 而公認全球腐敗程度最高的國家是索馬利亞，但並未列入 2020 的調查報告中。
- 阿富汗及南蘇丹由於不斷發生的社會和經濟危機，該國也被認為是世界上最腐敗的國家之一。

B. 計量氣泡圖二：依區域區分各組的「幸福指數」和「腐敗感受指標」Perceptions of corruption 相對分佈圖（散點大小代表經濟收入）。

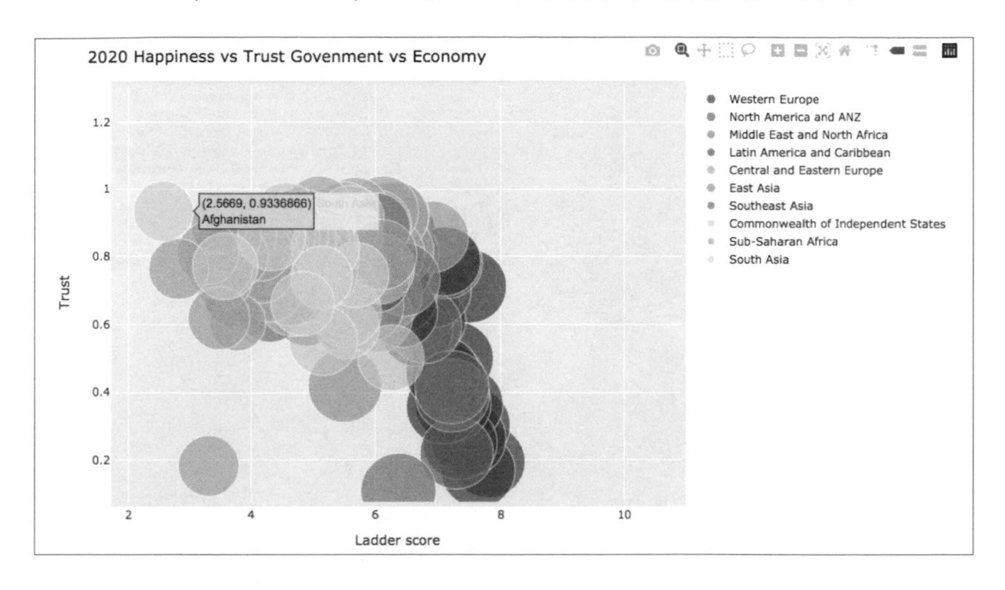

C. 計量氣泡圖三：依區域區分各組的「幸福指數」和「健康指標」相對分佈圖（散點大小代表經濟收入）。

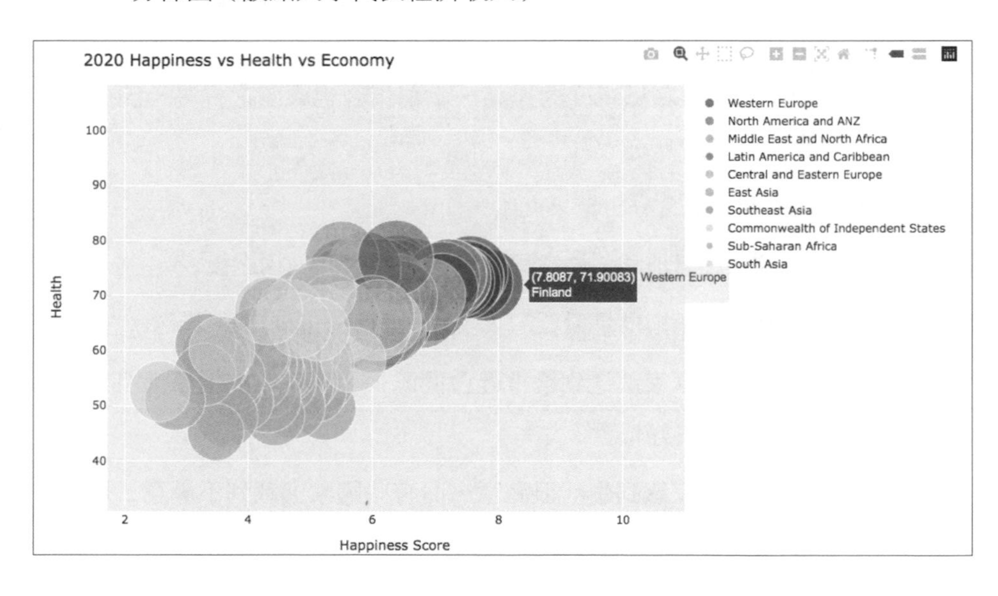

D. 計量氣泡圖四：依區域區分各組的「幸福指數」和「社會支援指標」相對分佈圖（散點大小代表經濟收入）。

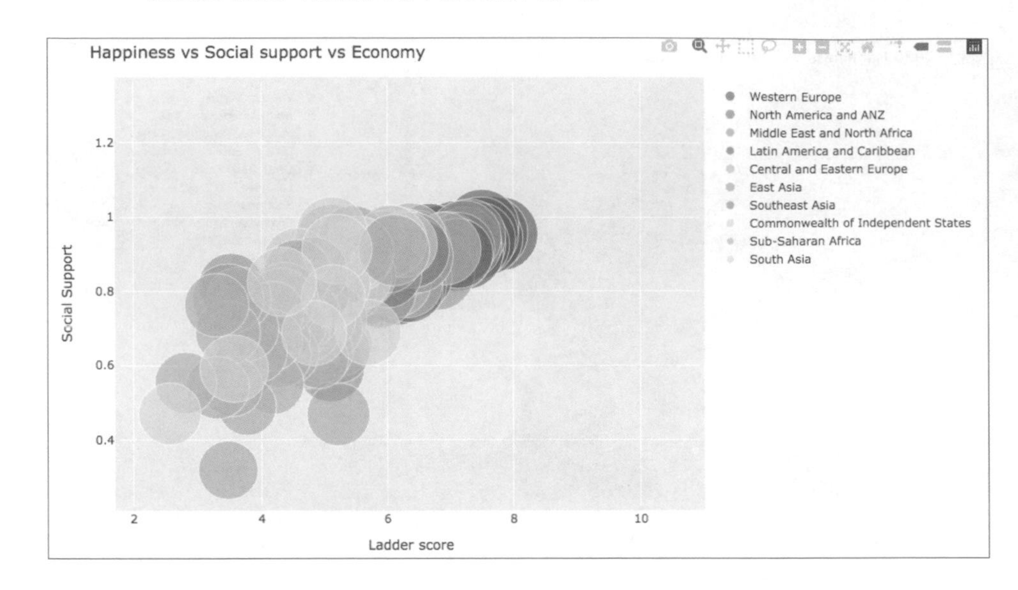

Bubble plot 描述幸福分數與家庭滿意度之間的關係。

氣泡的大小表示收入（經濟）指標，即人們對收入的滿意度。

氣泡的顏色代表世界不同地區。

很明顯，隨著家庭滿意度的提高，幸福指數也會隨之提高。因此二者之間有直接關係。

E. 計量氣泡圖，綜合分析結果九：

- 歐洲國家和奧地利是最幸福的地區，僅次於美國之後。
- 美國沒有一個指標是偏低的，美國人對每一面向都很滿意。
- 亞洲和非洲國家都遇到嚴重社會問題，亞洲或非洲國家都沒有一個指標是處於良好位置。
- 中東一些國家感到生活很滿意，而有些國家則感到不滿意，是差異最大的地區。

6. 子彈（Bullet）分析：

Bullet 圖用一條直線呈現原本十分複雜之分析的具體結論，除了該指標最佳表現者，眾數區間，涵蓋範圍，一目瞭然。

Bullet 圖表可以呈現出重要屬性的範圍。

在本例中，我們用幸福指數、經濟指標、家庭指標、健康指標、自由指標、信任指標和腐敗指標，並分析其範圍。

其圖形表達的意義是：

- 如果位於深藍色區域中，則為在眾數關鍵區域中。
- 如果位於淺藍色區域中，則為狀態良好。
- 如果位於菱形上方或附近，則為處於最佳狀態。
- 白色區域描繪了尚未實現的極佳狀態。

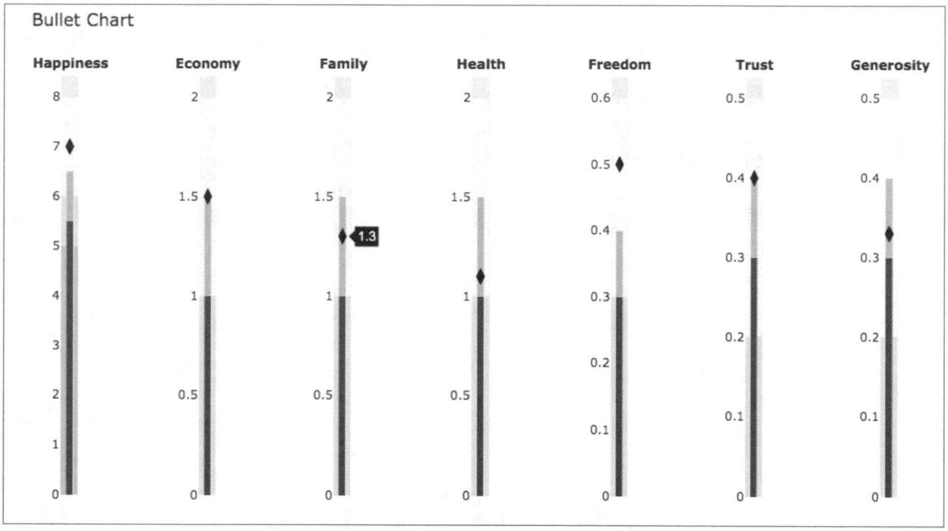

7. **圓餅圖（Pie）分析**：Pie Chart 在視覺上的呈現簡單而清晰。

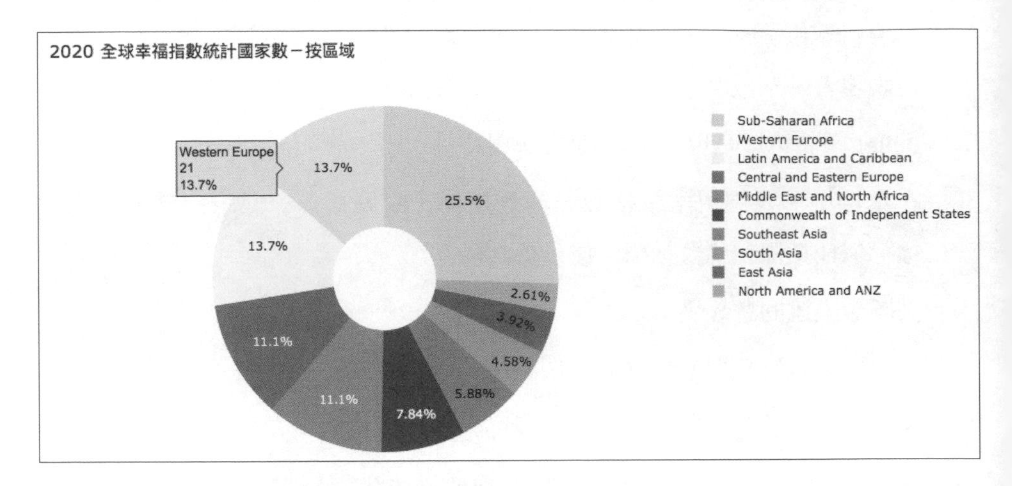

- 北美只有二個國家：North America（USA and Canada）。
- 澳紐區只有二個國家：Austrelia（Austrelia and New Zealand）Regions。
- 最多國家區域：撒哈拉南區非洲（Sub-Saharan Africa）35 個國家及中東歐洲區（Central and Eastern Europe）28 個國家。

8. **地理圖形呈現方式分析**

A. 慷慨度指標，這是 2020 年全球慷慨度的調查結果，非常有趣。作成地圖方式呈現，效果如下：

資料呈現由地理地圖為背景，以互動方式的視覺效果。

可自由 360 度移動地圖，亦可由左側下拉式選單選取地圖樣式。

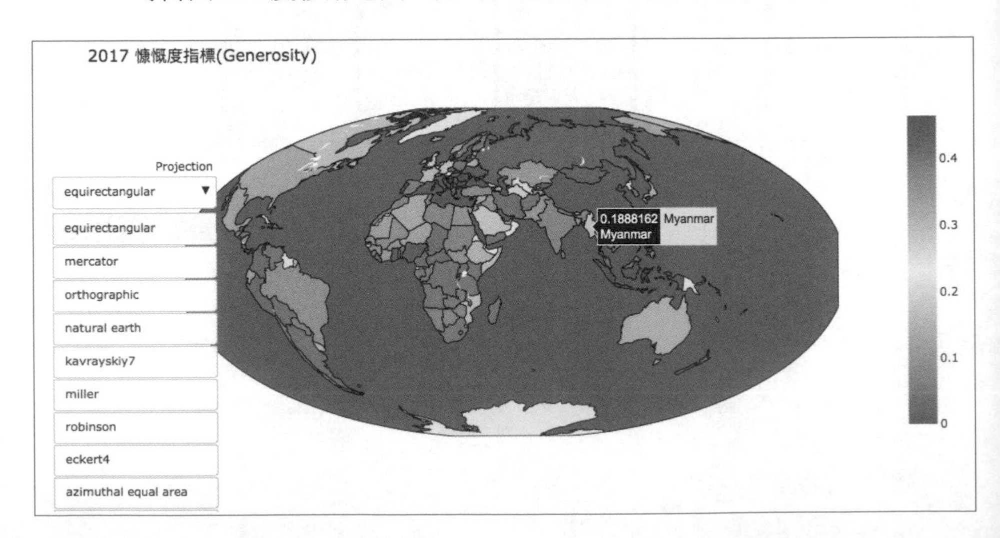

另一個範例，作成地圖方式呈現效果如下：

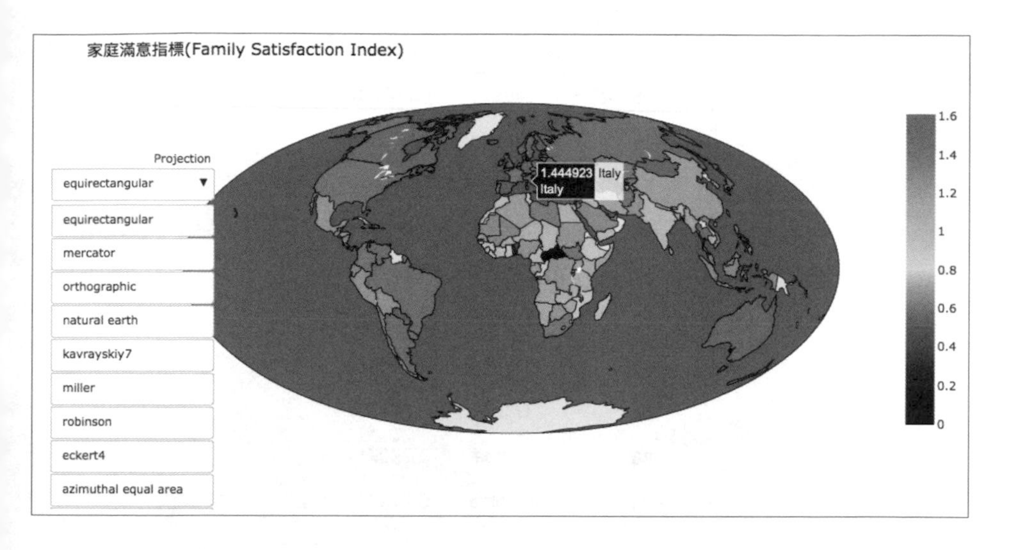

B. 情感指標綜合分析

2020 最快樂國家，近年「新冠肺炎」的新聞佔據大部分的新聞版面，令我們忘記了人生最重要的東西：快樂！早前聯合國發表了「世界最快樂國家報告 2020」（World Happiness Report 2020）！北歐國家繼續蟬聯榜首，而台灣成為亞洲第 1 名，排行全世界第 25 名，至於香港排名是多少？不過在查看排名前，或許可以先問自己快樂嗎？

- 慷慨度指標：最高排名前十。

```
data_2020[['Country name',
'Generosity']].sort_values(by =
'Generosity',ascending = False).head(10)
```

	Country name	Generosity
132	Myanmar	0.560664
83	Indonesia	0.519587
141	Haiti	0.400535
112	Gambia	0.343199
120	Kenya	0.294682
53	Thailand	0.268685
12	United Kingdom	0.263732
37	Uzbekistan	0.248427
3	Iceland	0.246944
21	Malta	0.214966

- 慷慨度指標：最低排名前十。

	Country name	Generosity
76	Greece	-0.300907
146	Botswana	-0.250394
61	Japan	-0.246910
96	Morocco	-0.240377
88	Azerbaijan	-0.240255
18	Czech Republic	-0.230862
116	Georgia	-0.228920
107	Gabon	-0.222262
58	Portugal	-0.220714
40	Lithuania	-0.219725

分析結果九：

- 緬甸（Myanmar）在民主化選出翁山蘇姬為總統後，近年的慷慨度指標高居第一。
- 印尼（Indonesia）則不遑多讓的慷慨度指標在全球 156 個調查國家中高居第二。
- 幾個出乎意料的國家如冰島，幸福指數高居全球第三，慷慨度指標也高居第八。
- 英國、澳洲及馬爾他的調查結果也和冰島類似。
- 滿意度是感覺問題，英國及冰島人民對這些慷慨度極度敏感；並不是客觀的科學數字。
- 再看一下，全球最不慷慨的國家；由於這是自己國家人民對自己國家評分，令人意外的希臘、中國及葡萄牙人民顯然對自己國家的慷慨度感到失望。

9. 經濟滿意度指標：

A. 這是 2020 年全球唯一的主觀性的對自己的經濟滿意度的調查結果，與 2020 年三月的世銀的實質 GDP 並不一致，非常有趣。

'2020年 全球經濟感覺最佳的前十名，與健康感覺(壽命)的綜合比較表－按經濟指標排名'

	Country name	Ranked	Ladder score	Logged GDP per capita	Healthy life expectancy
9	Luxembourg	10	7.2375	11.450681	72.599998
30	Singapore	31	6.3771	11.395521	76.804581
15	Ireland	16	7.0937	11.160978	72.300789
20	United Arab Emirates	21	6.7908	11.109999	67.082787
47	Kuwait	48	6.1021	11.089825	66.767647
4	Norway	5	7.4880	11.087804	73.200783
2	Switzerland	3	7.5599	10.979933	74.102448
77	Hong Kong S.A.R. of China	78	5.5104	10.934671	76.771706
17	United States	18	6.9396	10.925769	68.299500
5	Netherlands	6	7.4489	10.812712	72.300919

10. 經濟滿意指標和健康滿意度指標的綜合比較：

再看看平均壽命排名，分析經濟感覺和平均壽命是否一致。

	Country name	Healthy life expectancy
30	Singapore	76.804581
77	Hong Kong S.A.R. of China	76.771706
61	Japan	75.000969
27	Spain	74.402710
2	Switzerland	74.102448
22	France	73.801933
44	Cyprus	73.702225
75	North Cyprus	73.702225
11	Australia	73.604538
60	South Korea	73.602730

分析結果十：經濟滿意度指標，有些另人意外。

- 越南和柬埔寨這二個自由感覺排名前十的國家，幸福指數卻非常低。
- 未開發國家或政治動盪國家的「幸福指標」之異常狀況，需要人工智慧進行下一步分析。
- 美國、加拿大、澳洲、沙烏地阿拉伯，歐洲國家是經濟感最佳的國家。
- 小國如挪威、卡達、盧森堡，長期在實質 GDP 及人民經濟感都很一致的國家。
- 大部分的非洲國家人民長期對自我經濟情況非常不滿意。
- 印度、巴基斯坦、緬甸是經濟感很低的國家，同時在許多情感指標也非常低的。
- 幸福指數排名前十的國家只有一半的國家對自己經濟情況滿意度是高的；即說明，他們收入已經很高了（參考下頁的世界銀行同期報告中前十名的實質收入國家）但仍感覺錢不夠用。
- 這是社會科學的感知問題，也是不安全感的原因，可以進一步來探索，本書作者將在進階版的下一本書中用人工智慧來探索資料中的奧祕。
- 大致上和各國的健保制度及醫療費用有相關性，中東國家因個人的平均經濟情況佳，屬均富國家，結果並不意外。香港是特別的地方，明明經濟不錯，但幸福感不高，在全球排名只和開發中國家差不多。經濟滿意度也不高。

作成地圖方式呈現，效果如下：

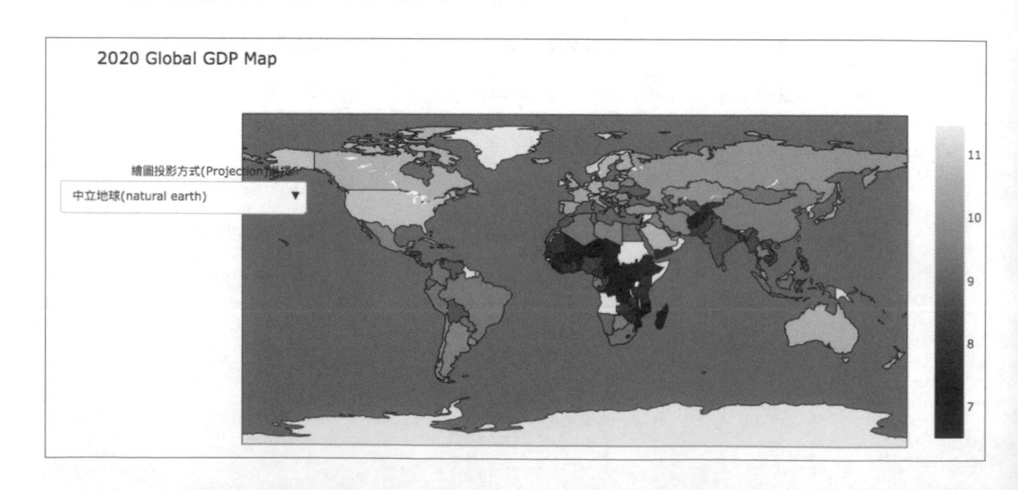

2020 年三月的世銀真的實質 GDP：

GDP (Nominal) per capita Ranking										
Country/ Economy	GDP per capita (Nominal) ($)						Growth (%)	GDP (Nominal) ($)		Continent
	2019	Rank	2020	Rank	% world	diff	2020	2020	Rank	
Luxembourg	113,196	1	116,727	1	985%	-	2.77	72.99	72	Europe
Switzerland	83,717	2	86,674	2	731%	30054	1.26	749.4	20	Europe
Ireland	77,771	5	80,265	3	677%	6409	3.50	402.1	33	Europe
Macao SAR	81,152	3	80,065	4	675%	200	-1.06	55.38	87	Asia
Norway	77,975	4	78,333	5	661%	1732	2.44	422.1	30	Europe
Qatar	69,688	6	70,737	6	597%	7596	2.76	195.2	54	Asia
United States	65,112	8	67,427	7	569%	3310	2.00	22,322	1	North America
Iceland	67,037	7	66,602	8	562%	825	1.63	24.24	109	Europe
Singapore	63,987	9	64,829	9	547%	1773	0.99	369.6	38	Asia
Denmark	59,795	10	61,733	10	521%	3097	1.91	360.5	39	Europe
Netherlands	52,368	12	53,873	11	454%	7859	1.64	931.0	17	Europe
Australia	53,825	11	52,952	12	447%	921	2.26	1,375	14	Oceania
Sweden	51,242	13	51,892	13	438%	1060	1.46	540.8	24	Europe
Austria	50,023	14	51,330	14	433%	562	1.70	462.6	28	Europe
Finland	48,869	16	50,774	15	428%	556	1.47	280.7	45	Europe
Hong Kong	49,334	15	50,460	16	426%	314	1.46	385.3	34	Asia
Germany	46,564	18	47,992	17	405%	2468	1.10	3,982	4	Europe
San Marino	47,280	17	47,932	18	404%	60.1	0.70	1.621	176	Europe
Canada	46,213	19	47,931	19	404%	0.75	1.76	1,812	10	North America
Belgium	45,176	20	45,980	20	388%	1952	1.30	529.6	25	Europe
Israel	42,823	21	44,474	21	375%	1506	3.07	410.5	32	Asia
Japan	40,847	24	43,043	22	363%	1431	0.70	5,413	3	Asia
France	41,761	22	42,644	23	360%	399	1.26	2,772	6	Europe
New Zealand	40,634	25	42,084	24	355%	560	2.70	216.2	53	Oceania
United Kingdom	41,030	23	40,392	25	341%	1693	1.45	2,717	7	Europe
United Arab Emirates	37,750	26	37,375	26	315%	3017	2.52	414.0	31	Asia
World	11,464		11,856				3.30	90,520		

11. 幸福指數和自由度指數的綜合比較：

結果如下：

'2020年 全球幸福指數和自由度感覺最佳的前十名－按自由度指標排名'

	Country name	Ranked	Freedom to make life choices
37	Uzbekistan	38	0.974998
105	Cambodia	106	0.959705
4	Norway	5	0.955750
1	Denmark	2	0.951444
0	Finland	1	0.949172
3	Iceland	4	0.948892
20	United Arab Emirates	21	0.941346
82	Vietnam	83	0.939593
6	Sweden	7	0.939144
7	New Zealand	8	0.936217

用地圖呈現如下：

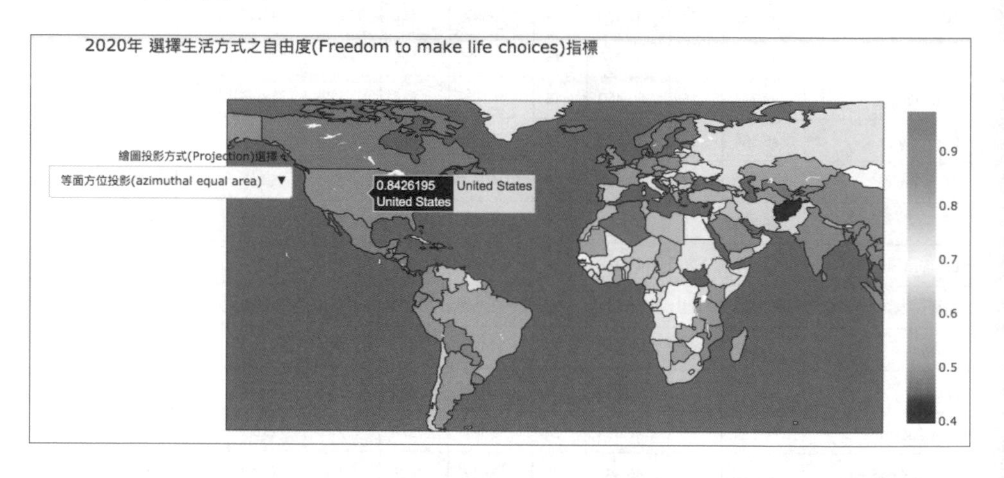

分析結果十：結果令人意外，

- 越南和柬埔寨這二個自由感覺排名前十的國家，幸福指數卻非常低。
- 未開發國家或政治動盪國家的「幸福指標」之異常狀況，需要人工智慧進行下一步分析。

12. 2020 年全球幸福指數總排名如下：

Country name	Ranked	Ladder score	Logged GDP per capita	Social support	Healthy life expectancy	Freedom to make life choices	Generosity	Perceptions of corruption
Finland	1	7.809	10.639	0.954	71.901	0.949	-0.059	0.195
Denmark	2	7.646	10.774	0.956	72.403	0.951	0.066	0.168
Switzerland	3	7.560	10.980	0.943	74.102	0.921	0.106	0.304
Iceland	4	7.505	10.773	0.975	73.000	0.949	0.247	0.712
Norway	5	7.488	11.088	0.952	73.201	0.956	0.135	0.263
Netherlands	6	7.449	10.813	0.939	72.301	0.909	0.208	0.365
Sweden	7	7.354	10.759	0.926	72.601	0.939	0.112	0.251
New Zealand	8	7.300	10.501	0.949	73.203	0.936	0.192	0.221
Austria	9	7.294	10.743	0.928	73.003	0.900	0.085	0.500
Luxembourg	10	7.238	11.451	0.907	72.600	0.906	-0.005	0.367
Canada	11	7.232	10.692	0.927	73.602	0.934	0.125	0.391
Australia	12	7.223	10.721	0.945	73.605	0.915	0.190	0.415
United Kingdom	13	7.165	10.600	0.937	72.302	0.835	0.264	0.436
Israel	14	7.129	10.418	0.914	73.200	0.748	0.103	0.781
Costa Rica	15	7.121	9.658	0.902	71.300	0.935	-0.102	0.786
Ireland	16	7.094	11.161	0.942	72.301	0.887	0.146	0.357
Germany	17	7.076	10.733	0.899	72.202	0.867	0.080	0.456
United States	18	6.940	10.926	0.914	68.300	0.843	0.150	0.700
Czech Republic	19	6.911	10.404	0.914	70.048	0.819	-0.231	0.858
Belgium	20	6.864	10.674	0.912	72.002	0.814	-0.079	0.612
United Arab Emirates	21	6.791	11.110	0.849	67.083	0.941	0.123	0.595
Malta	22	6.773	10.534	0.930	72.200	0.925	0.215	0.659
France	23	6.664	10.584	0.937	73.802	0.825	-0.131	0.584
Mexico	24	6.465	9.798	0.839	68.299	0.859	-0.175	0.807
Taiwan	25	6.455	10.776	0.894	69.600	0.772	-0.073	0.732

作成地圖方式呈現，效果如下：

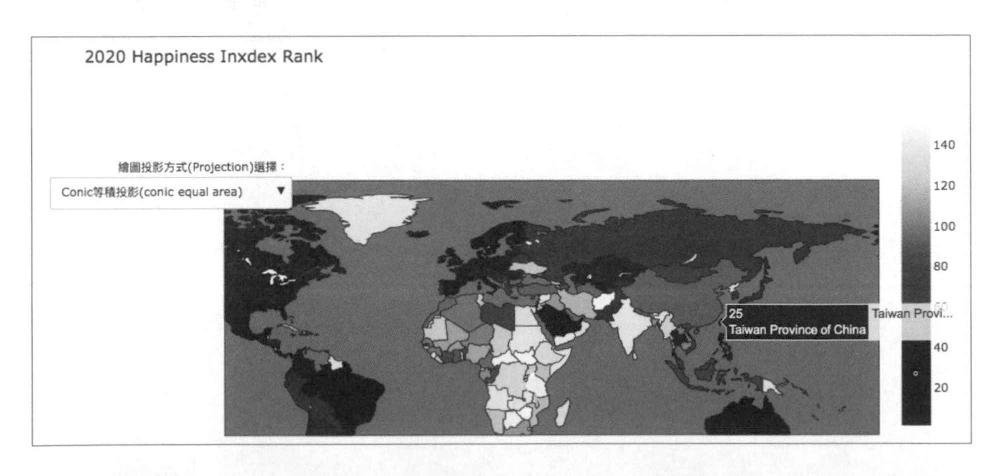

五、專案結論

再回頭看 2015 完整的矩陣分析：對照 2020 年的幸福指數。

1. 2015 矩陣分析

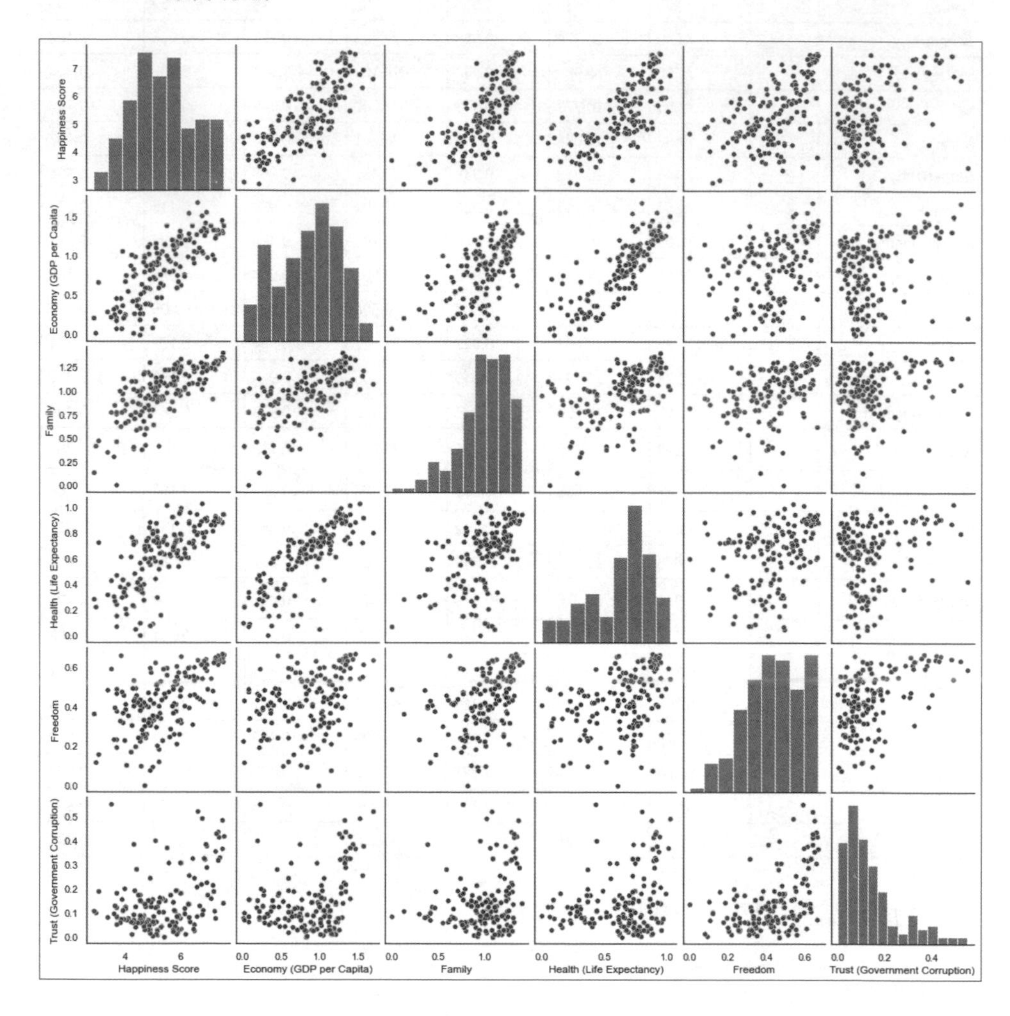

2. 2015 相關性分析

Happiness Score	1.00	0.78	0.74	0.72	0.57	0.40	0.18	0.53
Economy (GDP per Capita)	0.78	1.00	0.65	0.82	0.37	0.31	-0.01	0.04
Family	0.74	0.65	1.00	0.53	0.44	0.21	0.09	0.15
Health (Life Expectancy)	0.72	0.82	0.53	1.00	0.36	0.25	0.11	0.02
Freedom	0.57	0.37	0.44	0.36	1.00	0.49	0.37	0.06
Trust (Government Corruption)	0.40	0.31	0.21	0.25	0.49	1.00	0.28	-0.03
Generosity	0.18	-0.01	0.09	0.11	0.37	0.28	1.00	-0.10
Dystopia Residual	0.53	0.04	0.15	0.02	0.06	-0.03	-0.10	1.00

Color scale: 1.0, 0.8, 0.6, 0.4, 0.2, 0.0

3. 2015 軸線分析

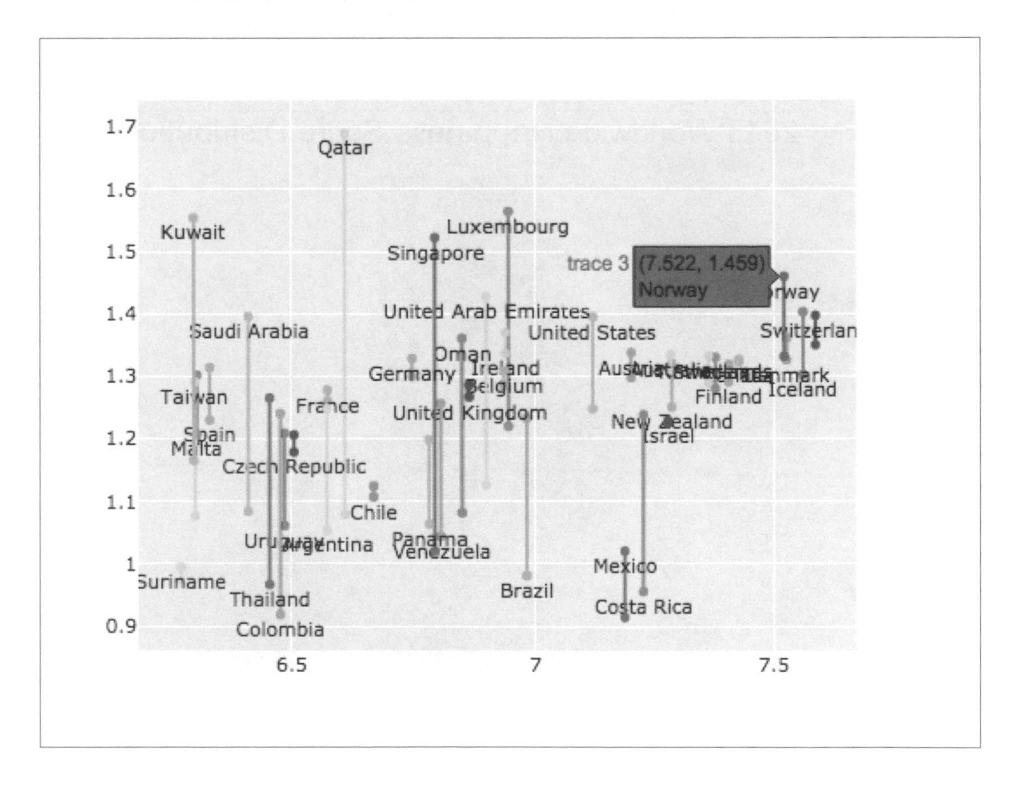

4. 2015 散點分析

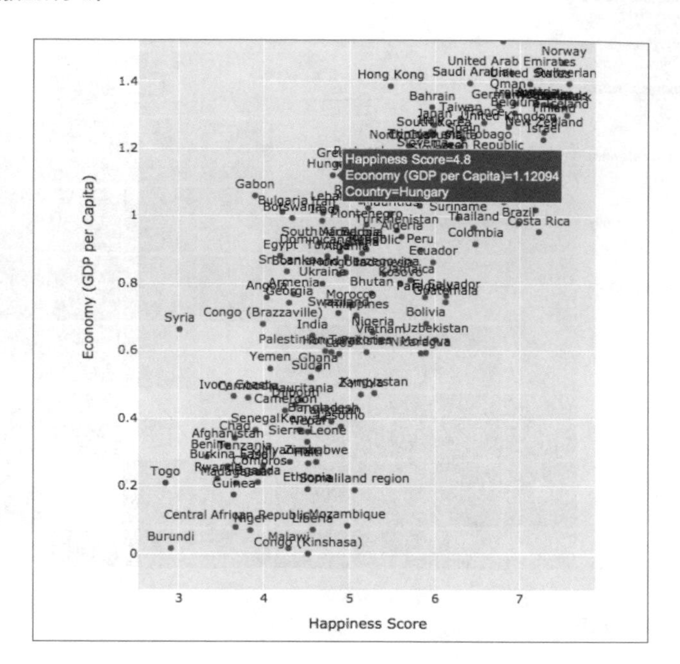

5. 2015 常態分佈分析

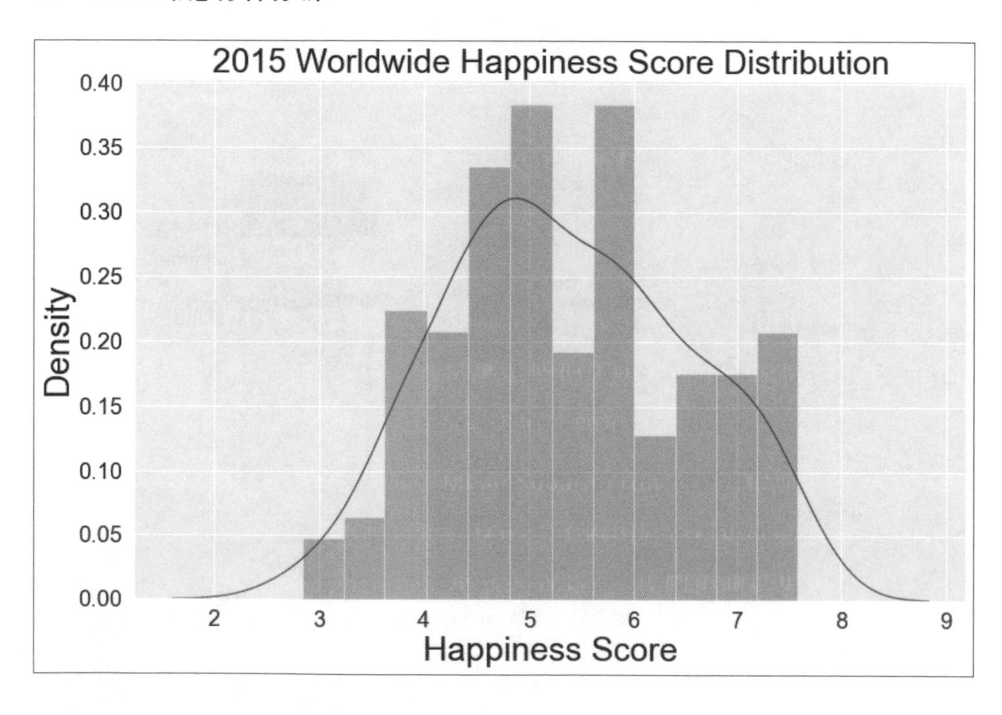

2015 年，經濟仍是與幸福指數相關性最高的指標，與 2020 年情況一樣。2020 年全球幸福指數的發表，剛好在「新冠肺炎」最嚴重的時間，Covid-19 讓我們忘記了人生最重要的東西：快樂！

在 World Happiness Report 2020 中，北歐國家繼續蟬聯榜首，而台灣成為亞洲第 1 名，排行全世界第 25 名，至於香港排名是 78。查看排名前，或許可以先問自己快樂嗎？

當病毒大流行席捲全球並殺死了數佰萬人時，全球都需要一些好消息。所以年度世界幸福報告中，訂定 3 月 20 日為聯合國「國際幸福日」。

細看本節前面的分析：

芬蘭連續第三年位居世界上最幸福的國家之首，丹麥緊隨其後。

儘管評估幸福指數是一個奇特而複雜的計算過程，但報告指出，充滿挑戰的時刻實際上是可以增加一些幸福感覺的。在全球大流行的態勢下，人們對於幸福的感覺，特別是健康和收入的感覺是面對困難的主要支撐力量。

正如對地震、洪水、風暴、海嘯乃至經濟危機的研究所揭示的，高度信任的社會很自然地會尋找「修復破壞的方式」並進而打起精神重建生活。

在原本是無法緩解痛苦的大災難期間，這種產生幸福感的力量，至為重要。

從本節內容，你可學習到人工智慧的四個核心能力：

- 國外機構平台的即時資料的收集與整合能力。
- 社會行為的資料特徵的指定，並經由分析方法解析人們的行為動機或未來發展。
- 發掘新資料特徵－經由數學方法找到有用的資料索引，並進一步經由分析方法解析行為或發掘經濟商機。
- 利用地圖型式的資料呈現方式，強化視覺呈現出頂級的頁面或報告。

6-4 股票即時分析預測系統（附完整程式）

股票價格的預測是人工智慧最熱門的題目，在美國紐約市專門做股價預測的公司就超過一千家，在 2016 年以後許多軟體或系統公司都轉型為人工智慧的公司，因為用人工智慧來包裝股票預測顯然好聽多了且好像更有學問。

不可否認，目前全球人工智慧的市場，以證券業的客戶最多，營收也最大；似乎每一個投資人都會想到用人工智慧預測功能，不是預則股票股價，就是預測債券等。舉凡所有具有規律性的資料大數據都可以作為人工智慧的題材。

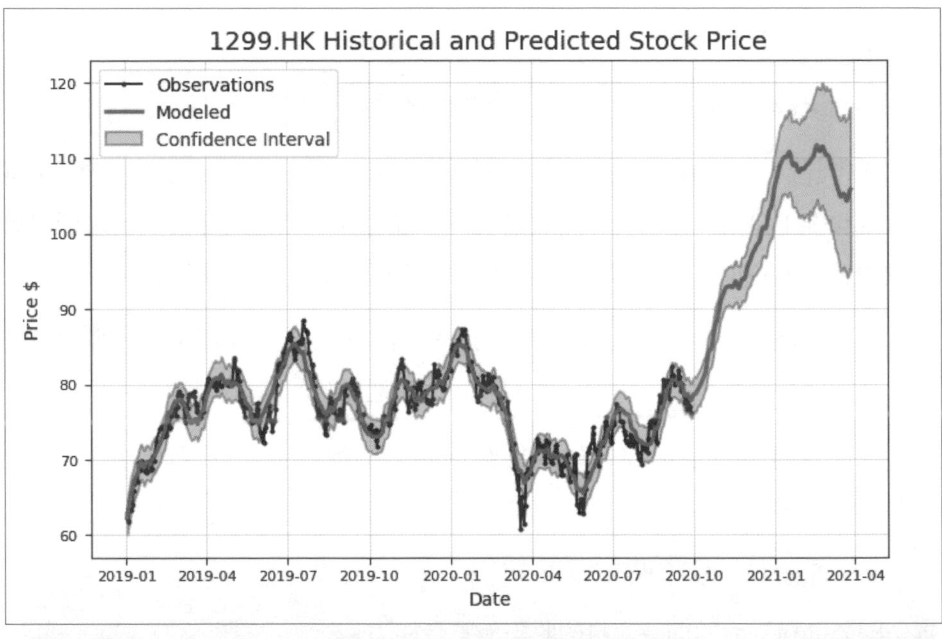

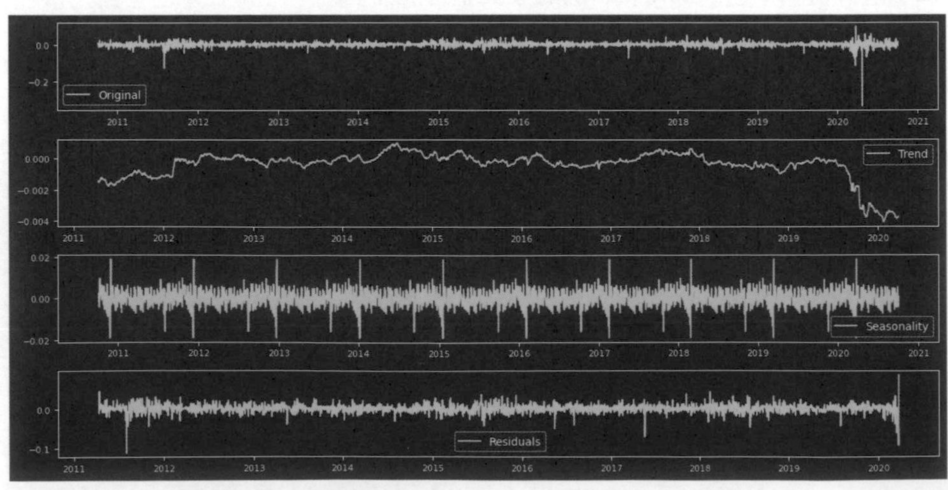

本文作者來自美國華爾街的知名軟體公司，自 2004 年起就開始專研股票數學模型的預測，直到現在該公司仍持續協助數百家證券公司進行公債開盤前的預測工作。

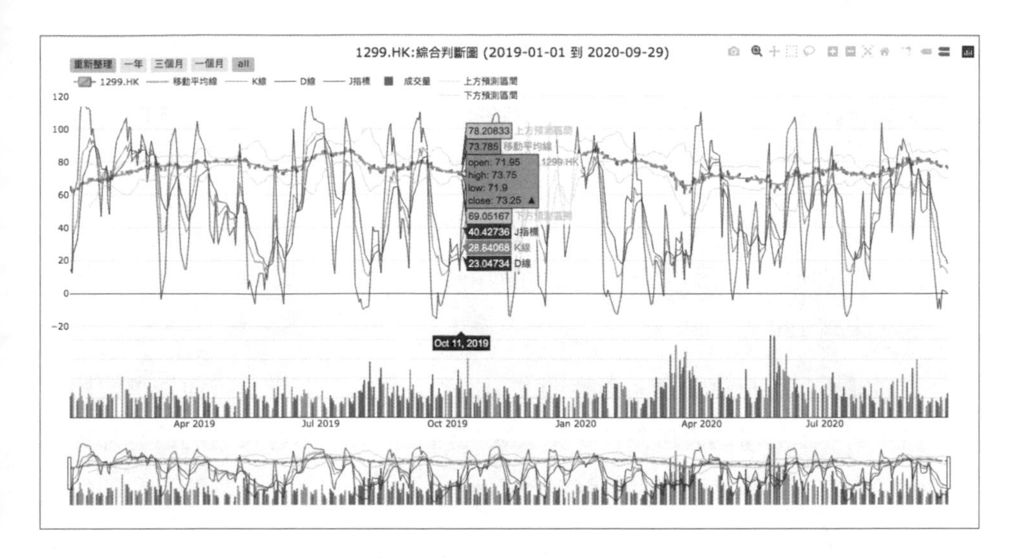

股價的預測是監督型的機器學習，只要收集足夠的資料數量，再將數百個影響股價的變因，經特徵工程的分析與歸納，將巨量資料及變因一起放入機器學習模型中進行演算，目標就是明天的股價。

現在市面上流行股價預測系統，大多是在開盤前半小時才開始進行演算的，而預測當天的股價走勢的最可能區間，結果會是一個範圍的區間。

為何要在半小時前才開始進行預測呢？很簡單，因為要控制變因，用專業人工智慧術語來說，是要確定最有影響力的特徵是那些；如果在開盤前半小時，發生大地震，那麼地震就成了重要變因，因為很可能地震帶來很大的災難損失，使股價大跌；越接近開盤越容易確定關鍵變因，所以股票（或債券）預測系統，都是選在開盤前半小時開始進行運算；有趣吧。

在本書，我們準備了一個小型的預測系統，讓讀者瞭解一下機器學習是如何辦到的。也可以讓讀者檢驗一下，到底預測得準不準。在進階版時，我們會教讀者自行設計自己專用的股票預測系統。

本節將視覺與網路爬蟲二個極重要的人工智慧技術，放在一起進行介紹，原因很簡單，因為二者早已密不可分。本節精彩的內容，將會學到以下技術：

- 股票爬蟲技巧：台股、美股、港股、陸股等都可以在任何時間隨時下載。
- 預測理論：對常用的規律性巨量資料的機器學習工具有基本的認識。
- 視覺化技術：本節使用了大量的繪圖程式庫，有互動式、直覺式的交互運用。

本範例是一個完整的股市盤前系統，讀者可以自行將程式安裝在電腦上，隨時掌握股市行情，可以隨心所欲的預測股價（明天、後天、未來 30 天、未來 180 天）。

作者並不打算在這個章節上詳細說明太多人工智慧的細節，而是讓使用者會使用一個完整的股市系統。至於要如何設計人工智慧後台的運算部分，我們將在本書後續進階版中詳細敘述。

這個隨書附上的完整程式，是歷經數年不修改而成的完整，也是許多華爾街國家大型基金及債券的經理人，每天早上開盤必看的分析預測系統。

請注意是大型基金及債券經理人的分析預測系統，並不是小型的股票或散戶分析系統。因為只有大型才有規律可言，只有規律才可以用人工智慧或統計模型來進行預測，請讀者要能分辨工具的使用時機與條件。

使用者可以自由的呼叫其中的函式，如呈現走勢圖，持有期間的獲利預估，預測股價，每年每月每星期中各種起伏預測等：

- FourInOne_plot_stock()：四合一股價技術趨勢圖。
- TwoInOne_plot_stock()：二合一價量圖。
- Target.plot_stock()：簡單趨勢圖。
- buy_and_hold()：持有期間獲利。
- create_prophet_model()：歷史經驗模型圖。
- model.plot_components(model_data)：趨勢分析。
- changepoint_date_analysis()：轉折點分析。

- create_prophet_model(days=30)：預測股價。
- evaluate_prediction()：預測綜合評估。
- Interactive_Prediction()：互動預測綜合評估。
- Season_Prediction()：季節 / 年度波動分析。

一、專案目標

用迴歸進行股票歷史資料的規律運算，故這是社會科學領域的 AI 分析，要先進行的資料庫的整合；2012-2016 年的格式及項目與 2017-2020 年以後的資料不同。

- 巨量資料的匯整及資料純化。
- 幸福指數的來源指標之間的相關性分析。
- 二次特徵（經數學方或合理性分析得出的特徵）的比對，並分析結果的一致性。

二、專案分析

- 巨量資料庫的呈現。
- 圖形部分至少要十種類型，呈現高品質的視覺化結果。

三、系統分析

- 使用最新的 Python 互動工具進行程式編寫。
- 由於結果會呈現很多組圖表，故程預設用 Anaconda/Jupter 來進行編寫。
- 資料庫中資料累積到 1000 筆時，將資料轉成 Pandas，並進行上傳圖片並存在雲端。

四、程式說明（6-4.ipynb）：

1. 資料程式庫引用及讀取檔案：

可讀取全球 20 個以上股市資料，包括指數及個股，都可由本程式讀取並完成預測。只要在每一行的前面 "#" 去掉，做為股票爬蟲的項目。

以下是美加股市的代表的指標：

```
# 美國加拿大主要指數
#StockID='^DJI'          # 道瓊斯工業平均指數 (^DJI)
#StockID='^IXIC'         # 納斯達克指數 (^IXIC)
#StockID='^GSPC'         # 史坦普指數 (^GSPC)
#StockID='^SOX'          # 費城半導體指數
#StockID='^RUT'          # 羅素 2000(^RUT)
#StockID='^GSPTSE'       # 加拿大綜合 (^GSPTSE)

# 美國加拿大主要指數
#StockID='^DJI'          # 道瓊斯工業平均指數 (^DJI)
#StockID='^IXIC'         # 納斯達克指數 (^IXIC)
#StockID='^GSPC'         # 史坦普指數 (^GSPC)
#StockID='^SOX'          # 費城半導體指數
#StockID='^RUT'          # 羅素 2000(^RUT)
#StockID='^GSPTSE'       # 加拿大綜合 (^GSPTSE)
```

以下是歐洲各國股市的代表的指標：

```
# 歐洲國家主要指數
#StockID='^FCHI'         # 法國 CAC
#StockID='^GDAXI'        # 德國 DAX
#StockID='^FTSE'         # 英國金融時報
```

以下是亞洲各國股市的代表：

```
# 亞洲國家主要指數
#StockID='^N225'         # 日經指數
#StockID='^HSI'          # 香港恆生
#StockID='000001.SS'     # 上海綜合
#StockID='000002.SS'     # 上海 A 股
#StockID='000003.SS'     # 上海 B 股
#StockID='399107.SZ'     # 深圳 A 股
#StockID='399108.SZ'     # 深圳 B 股
#StockID='^KS11'         # 南韓綜合
```

```
#StockID='^STI'             # 星股海峽
#StockID='^KLSE'            # 馬來西亞
#StockID='^AORD'            # 澳洲
#StockID='^BSESN'           # 印度
```

以下是美國股市主要上市的代表：

```
# 美股
#StockID='AMZN'             # 亞馬遜
#StockID='AAPL'             #Apple
#StockID='GOOG'             #Google
#StockID='TSLA'             #Tesla
#StockID='IBM'              #IBM
#StockID='TSM'              # 台積電 ADR
#StockID='BABA'             # 阿里巴巴
```

以下是中國主要上市公司的代表：

```
# 中國
#StockID='000001.SS'        # 上證綜合指數 (000001.SS)
#StockID='600000.SS'        # 浦發銀行 (600000.SS)
#StockID='600019.SS'        # 寶鋼 (600019.SH)
```

以下是香港主要上市公司的代表：

```
# 香港
#StockID='^HSI'             # 恒生指數 (^HSI)
#StockID='1211.HK'          # 比亞迪股份 (1211.HK)
#StockID='1299.HK'          #AIA 友邦保險集團 (SEHK：1299)
#StockID='0992.HK'          #LENOVO GROUP (0992.HK)
```

以下是日本及韓國主要上市公司的代表：

```
# 日本
#StockID='^N225'            # 日經股價指數
#StockID='9984.T'           # 日本軟銀
#StockID='6501.T'           # 日本日立 Hitachi
# 韓國
#StockID='005930.KS'        # 韓國三星
#StockID='051910.KS'        # 韓國 LG Display
#StockID='000270.KS'        #Kia Motors CorporationTarget = Stocker
                             (StockID,start,end)
```

以下是新加坡股市及台灣股市主要上市公司的代表：

```
# 新加坡
#StockID='STI'          # 海峽時報指數（英語：Straits Times Index；縮寫：STI）
#StockID='C6L.SI'       # 新加坡航空 Singapore Airlines Limited
#StockID='Z74.SI'       # 新加坡電信 Singapore Telecommunications Limited
# 台股
#StockID='^TWII'        # 台股集中加權指數
StockID='2330.TW'       # 台積電
#StockID='3008.TW'      # 大立光
#StockID='2454.TW'      # 聯發科
#StockID='2301.TW'      # 光寶科
#StockID='2354.TW'      # 鴻海
```

設定擷取股價資料的時間區間：

```
start = date(2019,1,1)
end = date.today()
```

讀取檔案結果：

```
設定系統啟始資料庫，從 Yahoo Finance US 取得： 2330.TW 資料
取得日期：從 2019-01-01 到 2020-10-09
資料純化前（期間交易日）：427
資料純化後（期間交易日）：427
統計：427 個交易日 ,26.63 秒
The 2330.TW Stocker Initialized. Data covers 2019-01-02 00:00:00 to
2020-10-08 00:00:00.
```

查看一下檔案內容：Target.stock.tail()

	Date	High	Low	Open	Close	Volume	Adj Close	ds	Adj. Close	Adj. Open	y	Daily Change
418	2020-09-24	429.0	423.0	425.5	423.0	79806381.0	423.0	2020-09-24	423.0	425.5	423.0	-2.5
419	2020-09-25	428.0	421.0	427.0	424.0	38775269.0	424.0	2020-09-25	424.0	427.0	424.0	-3.0
420	2020-09-28	431.5	424.5	427.0	431.5	34156973.0	431.5	2020-09-28	431.5	427.0	431.5	4.5
421	2020-09-29	435.0	428.0	432.5	431.0	32230502.0	431.0	2020-09-29	431.0	432.5	431.0	-1.5
422	2020-09-30	435.0	430.5	430.5	433.0	27155000.0	433.0	2020-09-30	433.0	430.5	433.0	2.5

2. 視覺呈現

■ 炫彩互動圖

一次呼叫二個函式，四合一股價趨勢圖（FourInOne_plot_stock）、二合一價量圖（TwoInOne_plot_stock）。

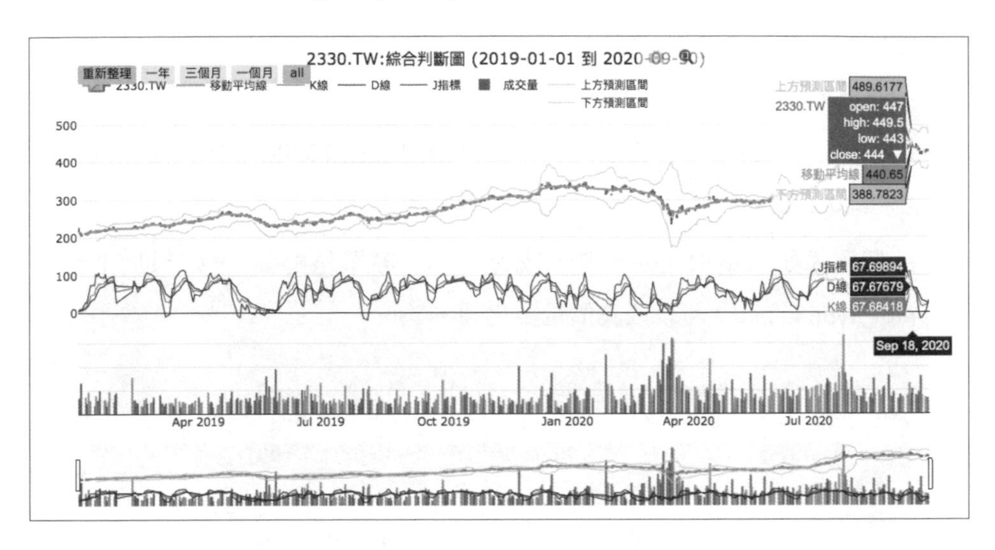

• 四合一股價趨勢圖（FourInOne_plot_stock）

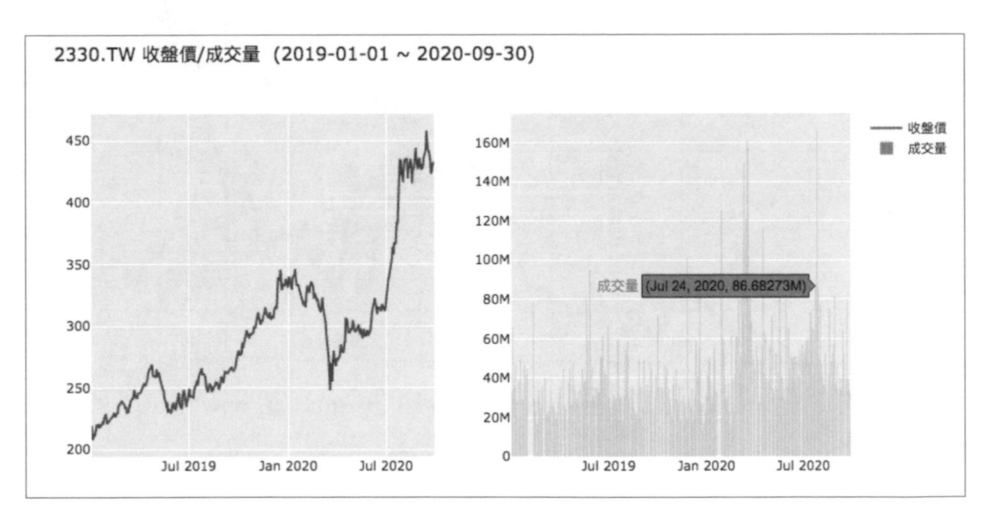

- 二合一價量圖（TwoInOne_plot_stock）

  這二個圖除了呈現在螢幕上並且另外打瀏覽器成為網頁版本；同時存檔，會顯示存檔位置。

■ 簡單趨勢圖

呼叫函式 Target.plot_stock()，這個函式除呈現期（2019.01.01~ 今日）間的股價走勢圖，也會算出在這個期間的最高收盤價及最低收盤價。

以台積電（2330.TW）股價為例，最高價出現在 2020-09-16；而最低價出現在 2019-01-04。

這個函式如果不加任何參數，就是一個「簡單趨勢圖」，如果加上參數 plot_type = 'pct'，可以成為價量變化圖。

```
Maximum Adj. Close = 458.00 on 2020-09-16 00:00:00.
Minimum Adj. Close = 208.00 on 2019-01-04 00:00:00.
Current Adj. Close = 433.00 on 2020-09-30 00:00:00.
```

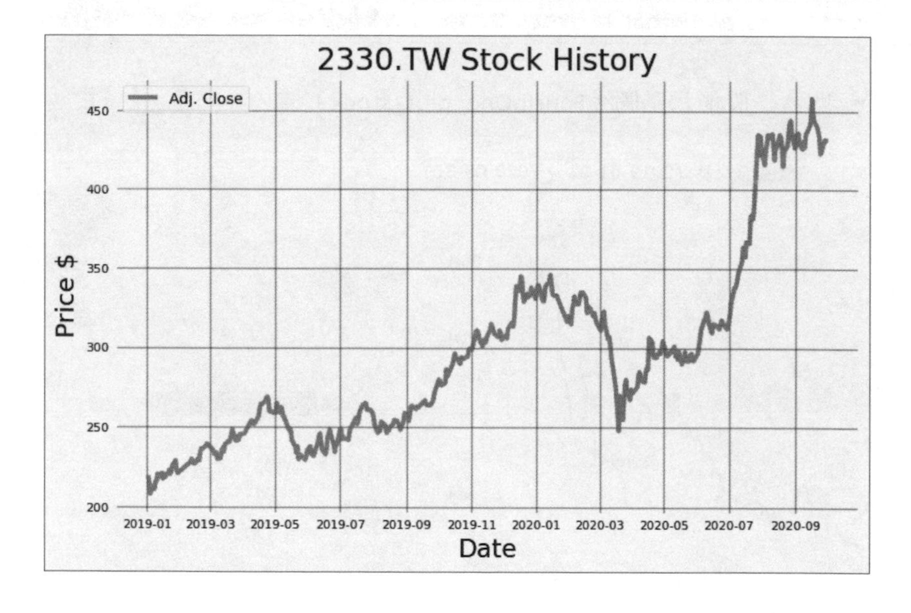

plot_type：初始值為 'basic', plot_type == 'pct'，y 軸座標以％呈現

```
Maximum Adj. Close = 458.00 on 2020-09-16 00:00:00.
Minimum Adj. Close = 208.00 on 2019-01-04 00:00:00.
Current Adj. Close = 433.00 on 2020-09-30 00:00:00.
```

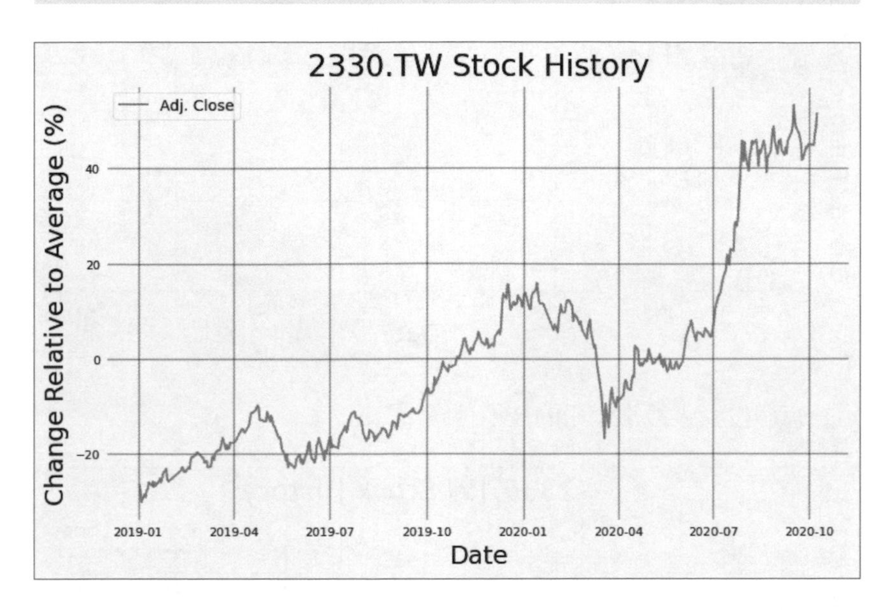

如果 plot_type == 'pct', stats: 可設為 ['Daily Change']，改成股價變化％。

```
Maximum Daily Change = 15.00 on 2020-03-13 00:00:00.
Minimum Daily Change = -29.00 on 2020-07-28 00:00:00.
Current Daily Change = 3.00 on 2020-10-08 00:00:00.
```

■ **價量變化圖**：Target.plot_stock()

參數設為 plot_type='pct'：呈現價量圖。stock() 其他 start_date, end_date 依原本設定即可，當然也可以在這裡指定其他日期，而 stats 可指定 1-6 個參數，只是看起來圖會有點亂，而 Y 座標軸是用變化％來呈現。

```
Maximum Adj. Close = 458.00 on 2020-09-16 00:00:00.
Minimum Adj. Close = 208.00 on 2019-01-04 00:00:00.
Current Adj. Close = 433.00 on 2020-09-30 00:00:00.
```

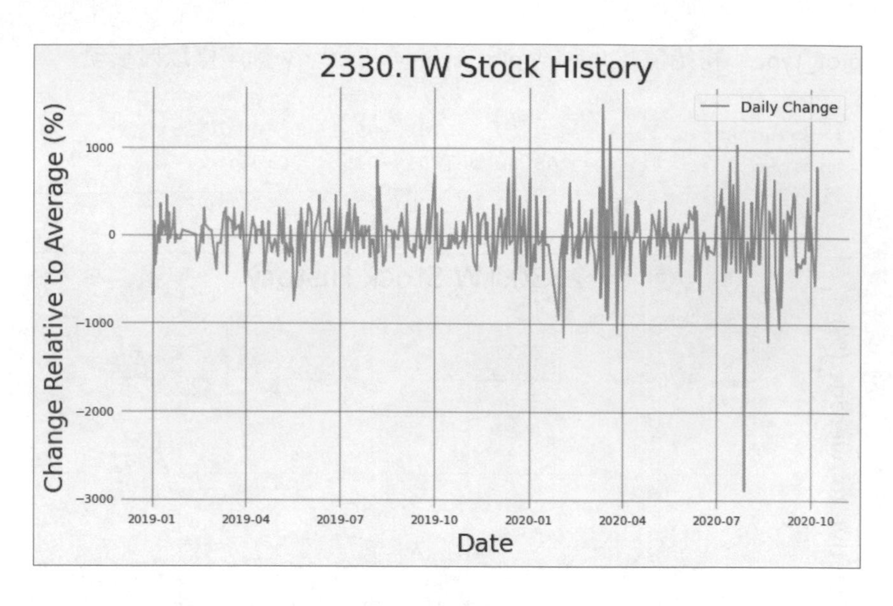

這是每個投資人最常使用的技術線圖。

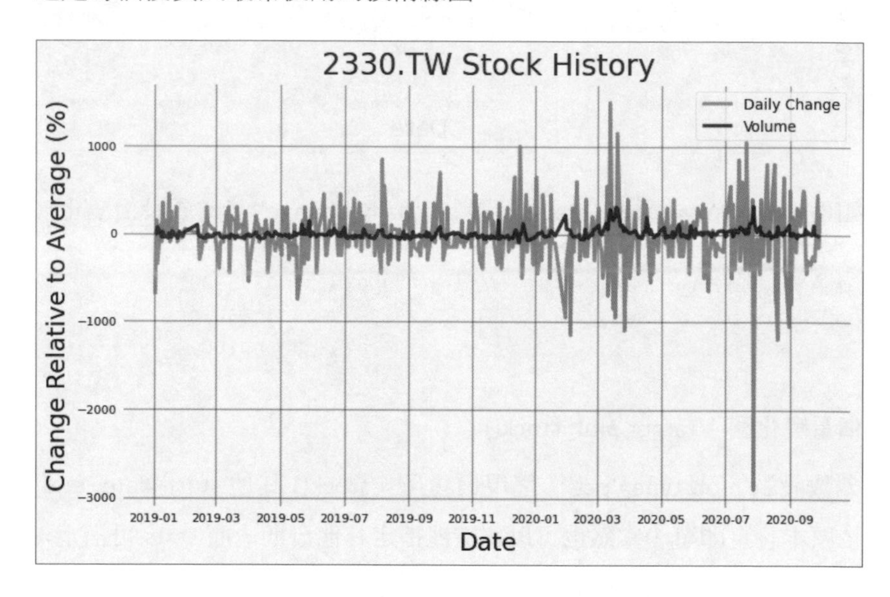

- **持有期間獲利圖**：buy_and_hold()。以 100 股為計算基礎（nshares= 100），算出這段期間的獲利情況。

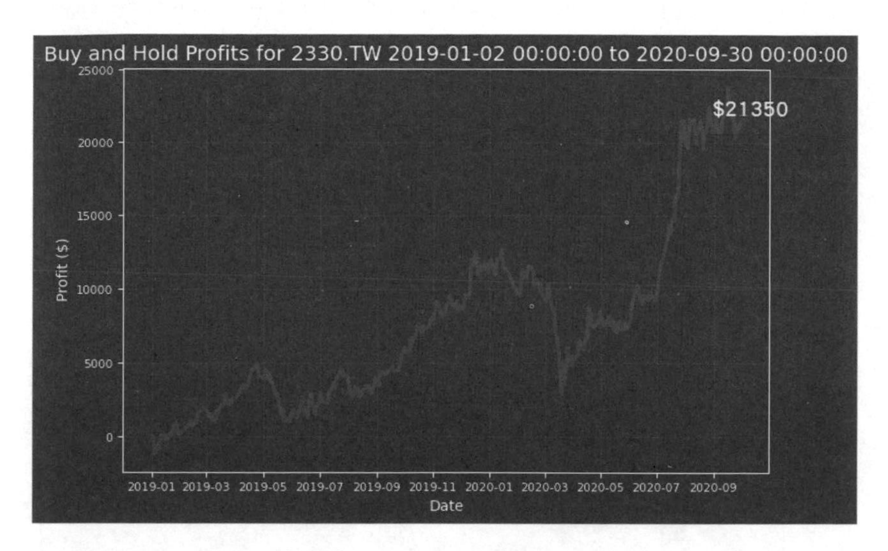

- **歷史經驗模型圖 create_prophet_model()**

將期間起始至今日為止的實際股價走勢軌跡圖加上股價區間，最後再模擬預測模式畫出觀測圖（綠色曲線）。歷史經驗模型圖是一個學習曲線圖，是要找出這支股票的股價特性：如風險、反應，股價、敏感性，波動性以及與大盤的連動關係等。

程式原理：將時間序列表示為不同時間範圍內的模式和整體趨勢的組合。台積電股價的長期趨勢是穩定成長，但也可能每年或每天都有不同的模式，例如每個星期二都有成長，這在經濟上的分析是有規律的。一個好的函式庫分析工可以有每日觀察數據以時間序列進行預測。這個程式庫由 Stocker 與 Prophet 在幕後完成了建模工作，經過多年人工智慧科學家不斷修改，因此我們可以用簡單的方法用來使用模型。

函式呼叫方法如下：

```
model, model_data = Target.model, model_data = Target.create_
prophet_model()
```

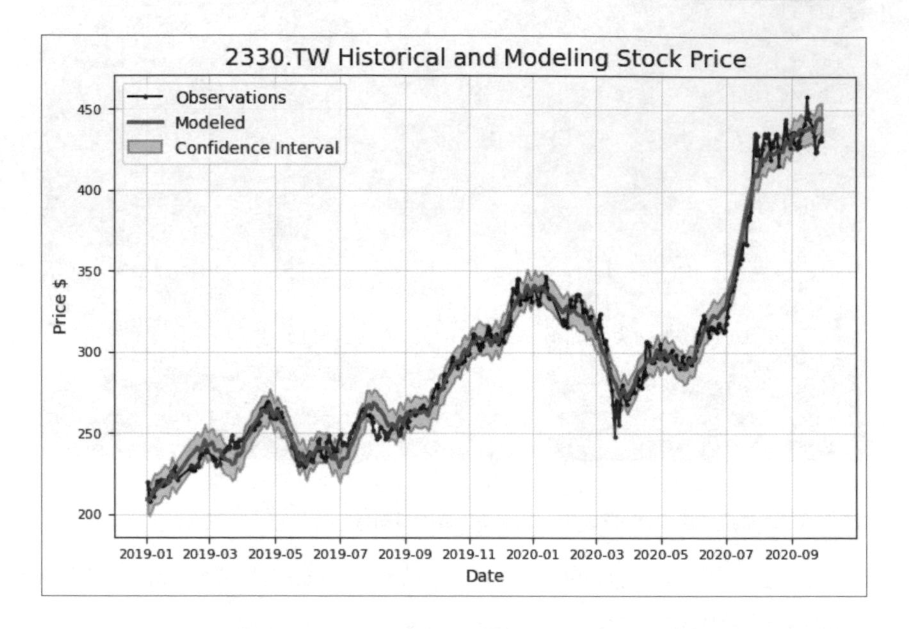

依股價歷史走勢線（黑色），畫出區間（灰色線包圍的淺綠色地帶），股價觀察趨勢曲線（綠色）。這是機器學習的第一階段，在這個階段找出最佳參數。以便後續預測演算使用。

這個模組可以加入每週轉折點因素，並可以直接指定一個預定天數（例如 10 天），直接顯示 10 天後的股價預測。

```
Target.weekly_seasonality = True
model, model_data = Target.create_prophet_model(days=10)
```

```
Predicted Price on 2020-10-10 00:00:00 = $502.84
```

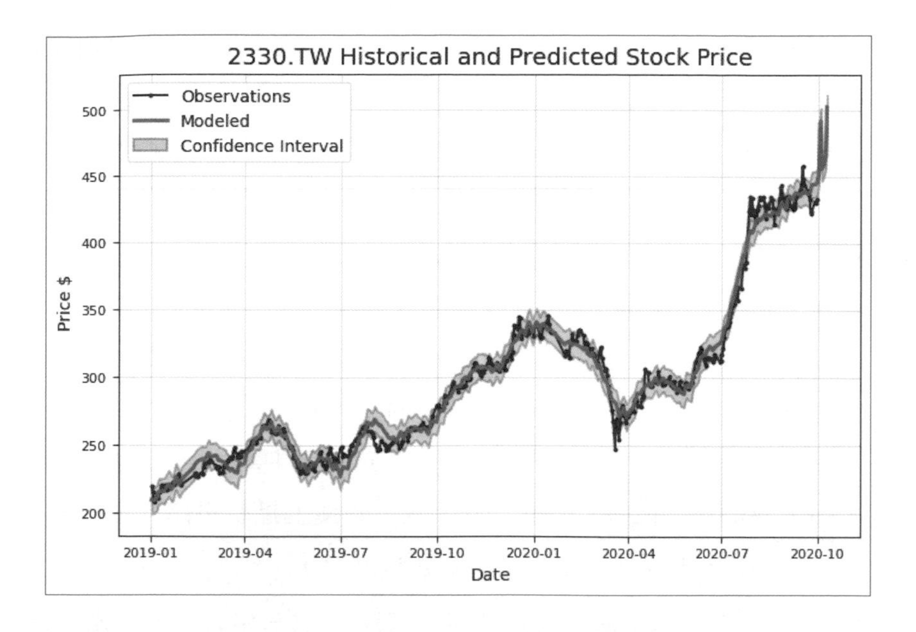

■ **趨勢分析 model.plot_components（model_data）**

按月份畫出該股票的長期趨勢線，這是基金經理人最重要的盤前分析圖，從這裡要做出資金佈署決策。

這四條是平滑線，有長中短期的內涵，有經驗的投資人會根據這支股票的趨勢線看出季節性變化。

這個趨勢分析模型可以消除數據中的雜音，這就是為什麼建模線與觀測值不完全一致的原因。

程式原理：Prophet 模型還加入計算不確定性，這是建模的重要部分，因為在處理波動的過程中永遠無法進行確定的預測。我們還可以使用 Prophet 模型對未來進行預測，此方法調用返回了兩個對象，一個模型和一些數據，我們已將它們分配給變數。呼叫函式方法如下：

- 以台積電（2330.tw）而言是很穩定的股票，獲利穩定、客戶穩定、技術領先；年度趨勢線很有用。到了七月就是修正期（不要忘了長期是向上趨勢），只要向下修正，就是找買點。另一支類似股性的股票鴻海（2354.tw），留給讀者當作業練習。（答案在本節最後面）

- 以大立光（3008.tw）是較活潑的股票，上下振幅比較大，是很好的練習股票，也是人工智慧工程師最喜歡的練習題目；可以用大立光來檢驗模型的準確率。而這四個趨勢圖是重要的工具。這支股票也留給讀者當作業練習。（答案在本節最後面）。
- 那麼找一支更活潑的生技公司或小公司來測試看看如何，你可以試試，乖離率非常大，完全不太準確。人工智慧的使用基本觀念是規律性分析模型，大自然中任何不規律的事務，都沒有分析的價值。如果這支股票本質上就是大股東操縱下的股票，根本不必浪費時間去作什麼人工智慧分析。全世界沒有任何人工智慧科學家會笨到去做這種沒有意義的事。但對大而穩定的公司，營運上是有規律可循的公司而言，一套人工智慧分析工具是電腦中必備工具。
- 以台積電（2330.tw）而言，總體趨勢是過去三年的「絕對成長」。並出現了明顯的年度模式（下圖），價格在 9 月觸底，並在 11 月和 1 月達到峰值。隨著時間尺度的減小，數據會變得更雜亂。在一個典型的月份中，信號多於噪音！如果我們認為每週模式可能有意義，可以更改 Target.weekly_seasonality=True, 將每週模式添加到 Prophet 模型中：

```
Target.weekly_seasonality = True
model.plot_components(model_data)
plt.show()
```

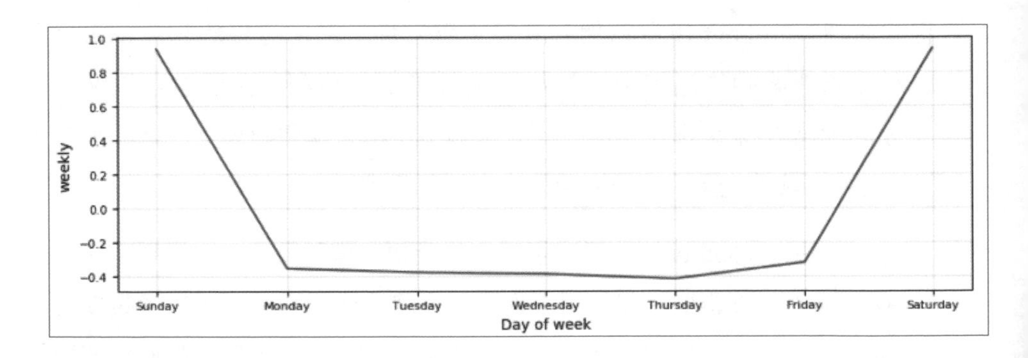

- weekly_seasonality 的初始值為 False，更改該值以便在模型中包含每週模式。然後，我們再次調用 create_prophet_model 並繪製結果圖。以下是模型的每周季節性趨勢分析。

* 絕大部分股市操盤人會忽略週末模型，因為價格在一周內價格變化很小。一周內沒有趨勢可言；所以我們建立自己的模型之前，建議將關閉「每週性模式」。在理論上這是非常合理的：因為隨著時間比例的減小，噪聲雜音會沖刷正常信號。只有將時間軸放大到年度才能看到趨勢。這個人工智慧理論可提醒您大家不要每日玩股票遊戲。

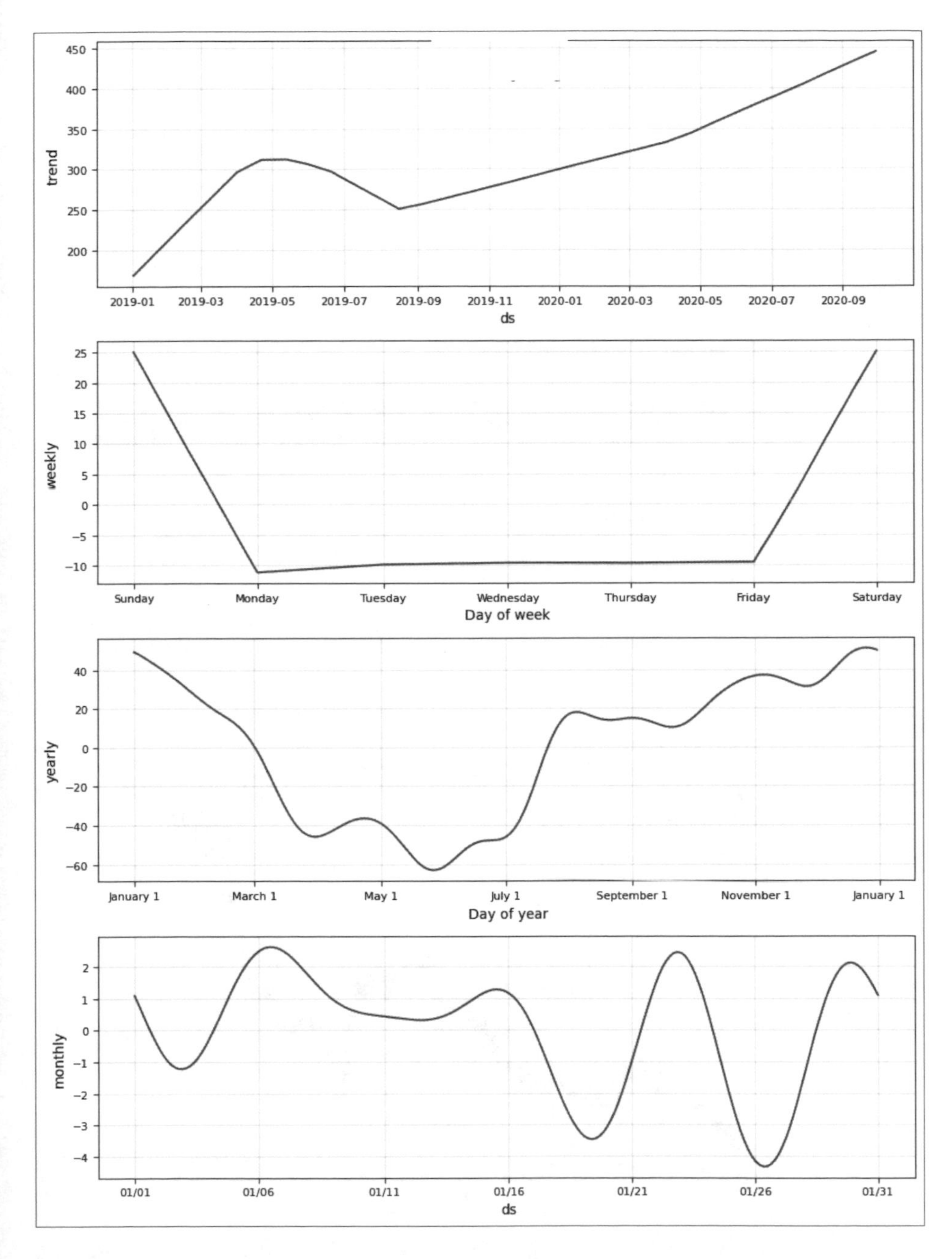

■ 轉折點分析 changepoint_date_analysis()

有了股價歷史資料，可依重要的價格變化時間點畫出轉折時間線，配合走勢圖合併比較。是專業人士天天在盤前一定會看的圖形分析，可協助專業操盤人提前看出轉折點。

程式原理：轉折點發生在時間序列，股價從增加到減少或反之時（股價在時間序列的速率變化最大的位置）。這些時間點非常重要，因為知道股票何時會達到頂峰或即將騰飛可能會帶來巨大的經濟利益。確定變化點的原因可能使我們能夠預測股票價值的未來波動。程式可以自動為找到 10 個最大的變更點。

函式呼叫如下：

```
Target.weekly_seasonality=False
Target.changepoint_date_analysis()
```

轉折點依斜率變化率排序（二階導數）			
	Date	Adj. Close	delta
148	2019-08-16	250.0	1.817797
67	2019-04-22	266.0	-1.046487
54	2019-04-01	245.5	-1.042110
108	2019-06-20	245.0	-0.611049
81	2019-05-13	250.5	-0.438960

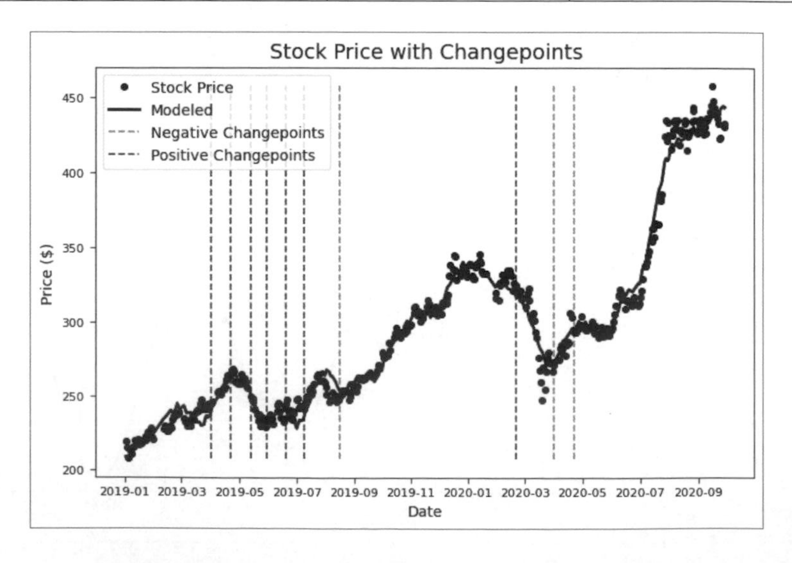

■ 預測股價 create_prophet_model(days=30)

根據指定的數據年數進行人工智慧訓練，對指定天數進行預測。呈現出預測結果以及預測的信心區間（灰色線涵蓋的淺綠色區域）。

- 函式呼叫如下：以預測 30 天後股價為例。

```
Target.create_prophet_model(days=30)
```

```
Predicted Price on 2020-10-30 00:00:00 = $483.24
```

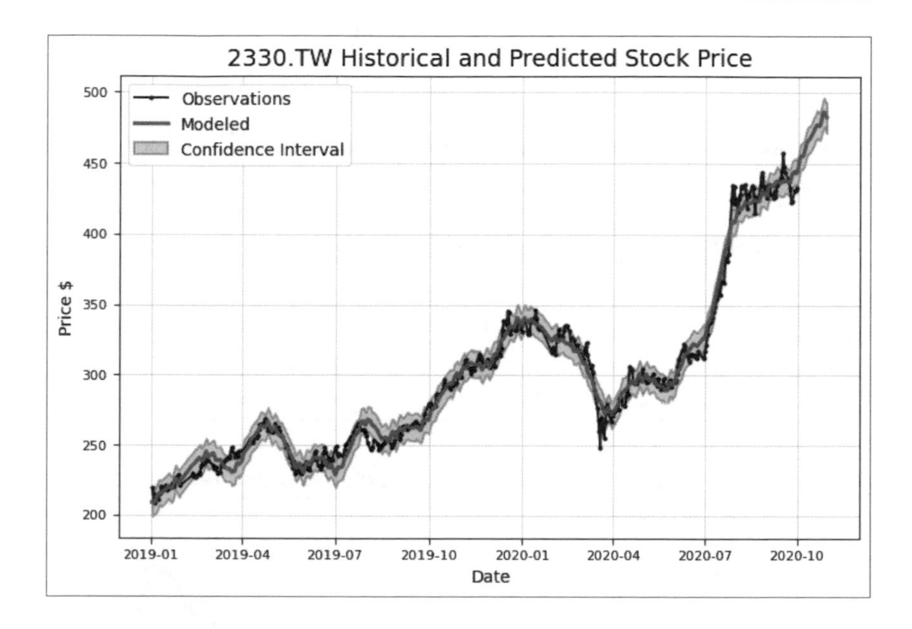

- 函式呼叫如下：以預測 60 天後股價為例。

```
Target.create_prophet_model(days=60)
```

```
Predicted Price on 2020-11-29 00:00:00 = $496.87
```

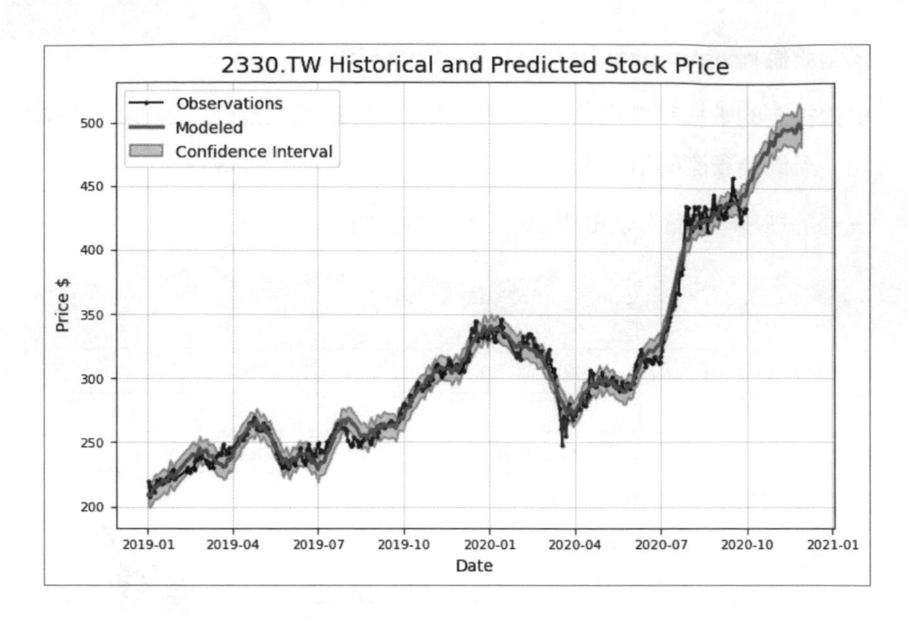

- 函式呼叫如下：以預測 180 天後股價為例。

```
model, future = Target.create_prophet_model(days=180)
```

```
Predicted Price on 2021-03-29 00:00:00 = $493.88
```

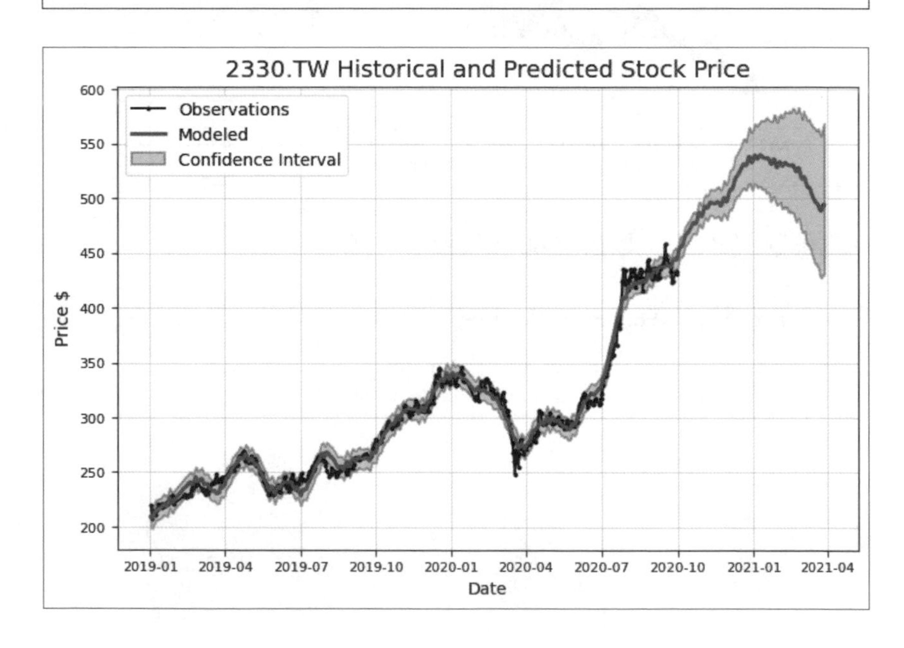

■ 預測綜合評估 evaluate_prediction()

評估 Prophet 模型對實際價格的預測，函式用法如下：

Target.evaluate_prediction(start_date=None, end_date=None, nshares=1000)

- 在指定的開始日和結束日之間評估股票策略。
- 這裡評估的開始和結束日期應與之前用於驗證的開始和結束日期不同，否則可能最終過度擬合測試集。在測試期間之前，根據指定的數據年數對模型進行訓練，並針對指定的日期範圍進行預測。如果沒有指定日期，初始值是：評估範圍是數據的最後一年。使用預測和已知測試設置值來計算數值性能指標。
- 評估結果：測試和訓練數據上的平均絕對誤差（MAE），模型預測股票正確方向的時間百分比以及實際值在預測的 80% 信賴區間內的時間百分比。
- 圖表顯示了具有不確定性的預測和實際值。
- 如果有給股份數量（nshares=1000）傳遞給該方法，則可以在測試期間以指定的股份數量參與股票市場。將提供的策略與簡單的購買及持有方法進行比較。因此，如果我們預測股票會上漲而價格確實會上漲，那麼我們將價格變動乘以股票數量。如果價格下跌，我們將損失價格變動乘以股份數量。
- 呈現的是最終預測價格，最終的實際價格，模型策略的利潤以及同期購買和持有策略的利潤。即隨時間顯示兩種策略的預期利潤圖。
- 函式呼叫如下：

```
model, future = Target.create_prophet_model(days=180)
```

```
預測區間： 2019-09-30 00:00:00 to 2020-09-30 00:00:00.
預測最大誤差： 2020-09-26 00:00:00 = $339.75.
實際價格： 2020-09-25 00:00:00 = $424.00.

人工智慧演算法評估 (Train Dateset)：MAE= 2.338567.
人工智慧演算法評估 (Test  Dateset)：MAE= 40.855335.
```

```
上漲準確率： 44.06%
下跌準確率： 34.34%.

在信心水準：  80.00% 下， 預測結果偏誤率 8.64%
```

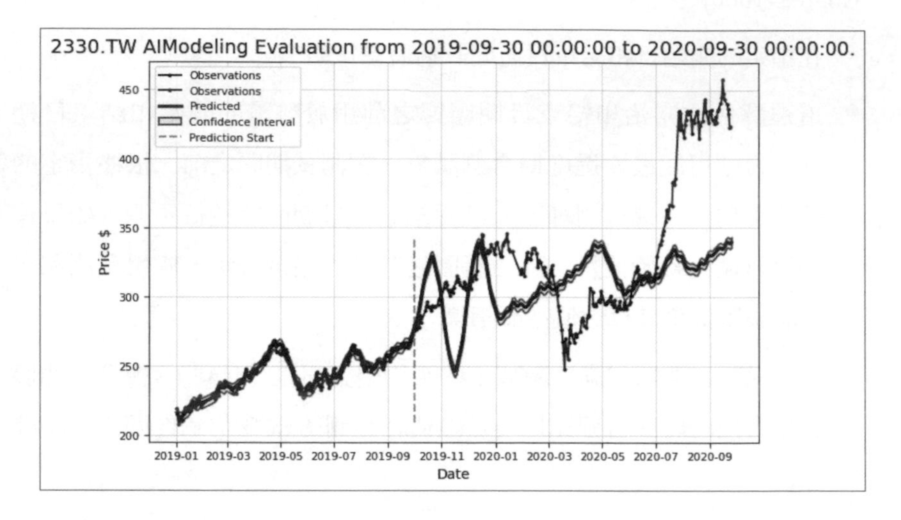

- 在呼叫函式時，加入股數（nshare=1000），即預測持有獲利預估：

```
Target.evaluate_prediction(nshares=1000)
```

```
You played the stock market in 2330.TW from 2019-09-30
00:00:00 to 2020-09-30 00:00:00 with 1000 shares.

人工智慧模型，預估股價漲的機率：44.06%
人工智慧模型，預估股價跌的機率：34.34%

The total profit using the Prophet model = $7000.00.
The Buy and Hold strategy profit =         $144000.00.
```

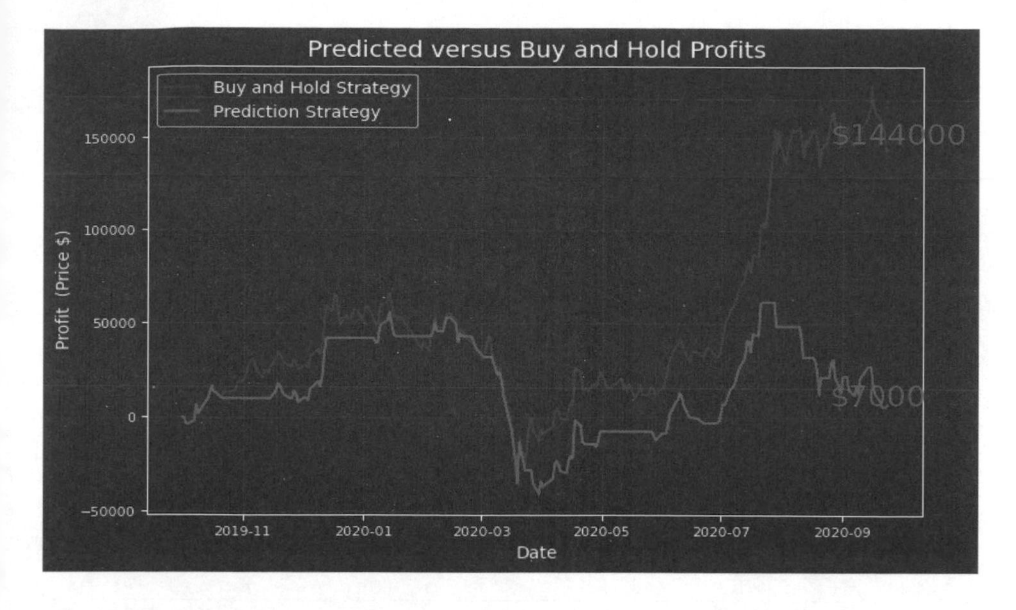

■ 互動預測綜合評估 Interactive_Prediction()

一次呈現二個圖，用歷史資料的分析，繪出股價上下區間及日 K 等綜合圖；再進行機器學習，繪出未來的預測圖。

例如：以過去五年的歷史資料繪出未來 12 個月的預測股價。

```
daily_seasonality=True
#use at least 5 years Data to predict future at least 3 months stock price
#準確率要求：用至少要 5 年歷史資料才能計算未來 6 個月的較為可信的預測股價
Target.Interactive_Prediction(StockID,start,end,5,12)
```

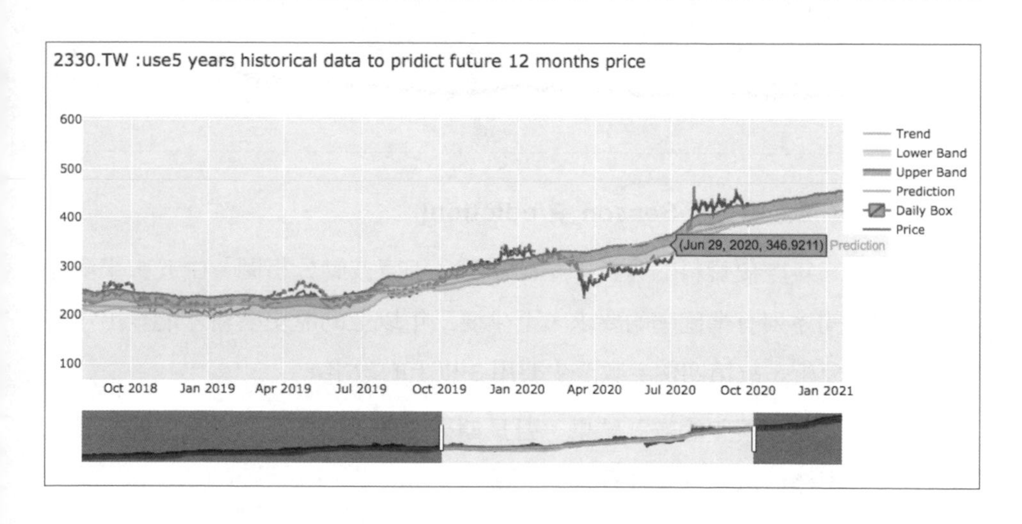

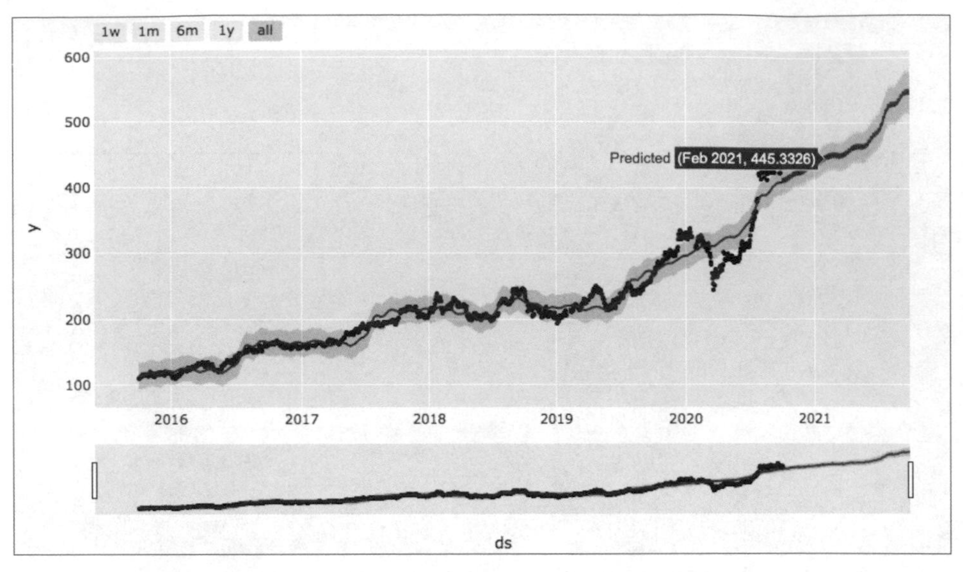

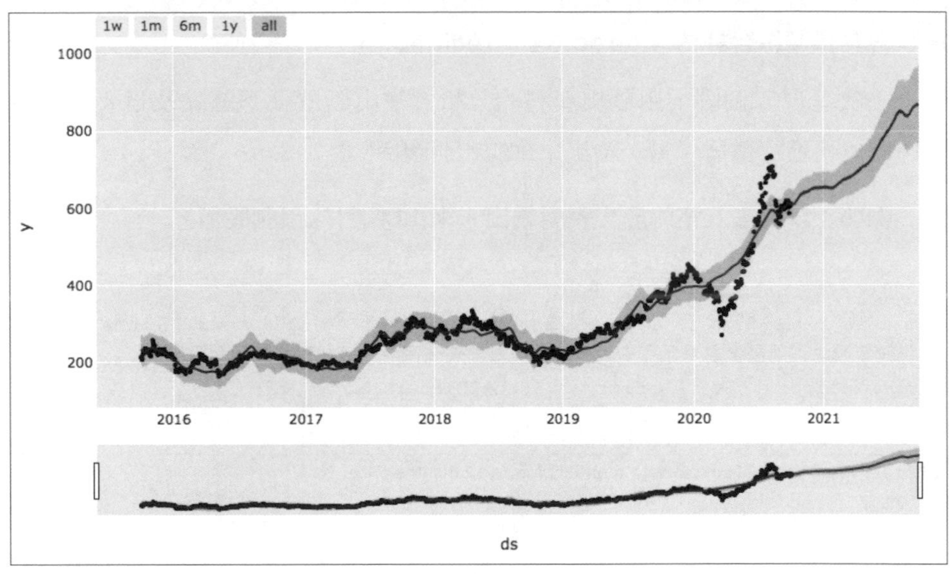

■ 季節 / 年度波動分析 Season_Prediction()

用至少三年歷史資料的分析，繪出季節 / 年度波動分析圖。由於數學演算法的時間序列有準確率的要求，至少要三年以上的歷史資料才能算出年度的波動分析。故第四個參數至少要用 3 以上的數字。

呈現出波動及誤差的統計結果，對長期穩定成長股票是非常重要的工具，也是大型機構法人每天必看的分析圖。

例如：以過去三年的歷史資料繪出台積電（2330.tw）的季節 / 年度波動分析。

```
#use at least 3 years Data to Draw yearly line
Target.Season_Prediction(StockID,start,end,3)
```

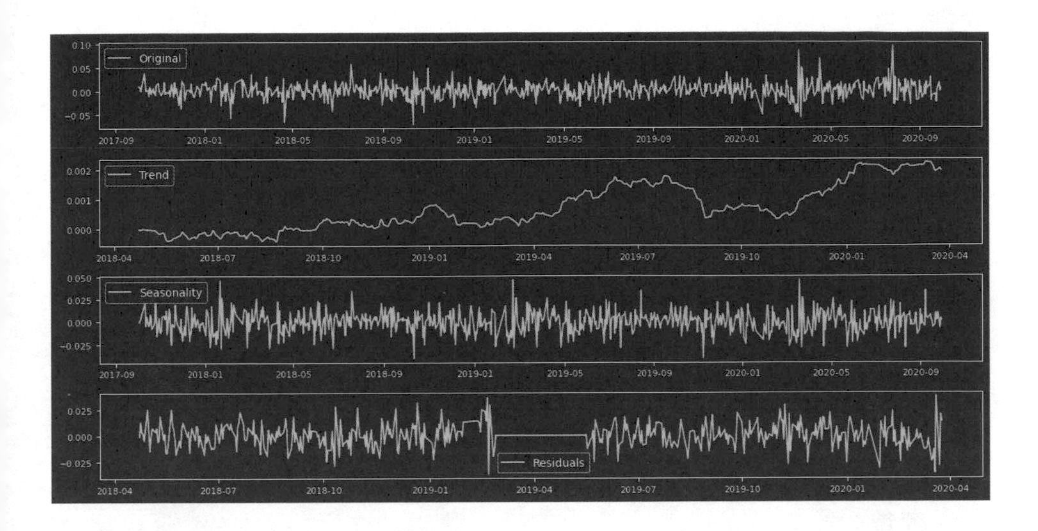

五、專案結論

在這裡，讀者的第一步，先使用前人的成果（FaceBook、Phophet、Stocker 團隊開發出來的程式庫）來預測長期穩定的股票。例如：台積電、鴻海等。這是認識人工智慧的第一步。

但在驗證過程中，筆者仍修改程式庫中的程式，以符合台灣股市的特性，分享本節的幾個技術面學習要點：

- 股票價格 / 運動預測是極其困難的工作，我認為不應將任何股票預測模型的結果視為理所當然，而去盲目地依賴結果去作判斷。模型只可能在大多數時間（並非總是）正確預測股價走勢。
- 不要被那些顯示與真實股價完全重疊的預測曲線的文章所迷惑，可以使用簡單的平均技術來複製它，實際上，那些都是沒有用的，更明智的做法是用人工智慧準確的將所有變數考慮進去，再去預測股價走勢。

■ 模型的超參數對結果極為敏感。因此，要做好超參數優化技術（例如：網格搜索 / 隨機搜索）。下面列出了一些最關鍵的超參數：

- 優化器的學習率。
- 層數和每層中的隱藏單元數。
- 優化器表現最好。
- 模型的類型，您可以嘗試帶有窺孔和評估性能差異的 GRU/Standard LSTM/LSTM。
- 在預測的實務經驗中，如果數據量很小！有經驗的人工智慧工程師，只好使用測試損失來降低學習率。

這會將測試集的資料間接洩漏到訓練過程中。

處理此問題的更好方法是擁有一個獨立的驗證集（除測試集外），並針對驗證集的性能降低學習率。

六、練習：

1. 用預測評估函式 Tevaluate_prediction()，畫出 US 蘋果公司（AAPL）的預測評估結果。

解答

```
StockID='AAPL'        #Apple
Target = Stocker(StockID,start,end)
Target.evaluate_prediction()
```

```
設定系統啟始資料庫，從 Yahoo Finance US 取得： AAPL 資料
取得日期：從 2019-01-01 到 2020-10-09
資料純化前（期間交易日數）：448
資料純化後（期間交易日數）：448
統計：448 個交易日，0.66 秒
The AAPL Stocker Initialized. Data covers 2018-12-31 00:00:00 to 2020-10-08 00:00:00.
預測區間： 2019-10-08 00:00:00 to 2020-10-08 00:00:00.
預測最大誤差： 2020-10-06 00:00:00 = $78.66.
```

```
實際價格： 2020-10-06 00:00:00 = $113.16.
人工智慧演算法評估 (Train Dateset)：MAE= 0.577850.
人工智慧演算法評估 (Test  Dateset)：MAE= 15.795813.
上漲準確率： 55.90%
下跌準確率： 40.00%.
在信心水準：  80.00% 下， 預測結果偏誤率 6.35%
在信心水準：  80.00% 下， 預測結果偏誤率 3.57%
```

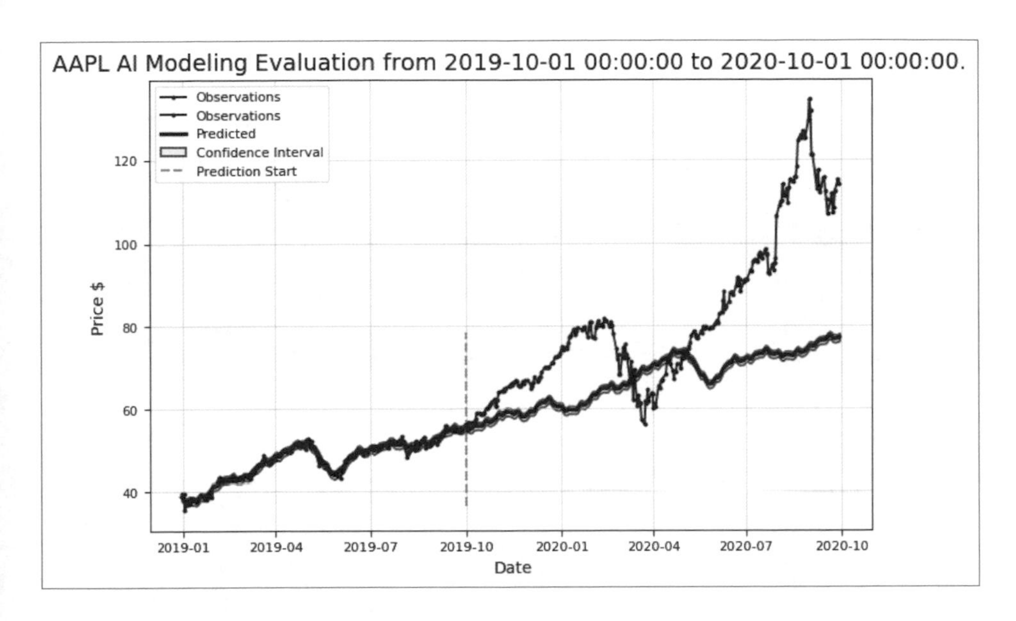

2. 用互動預測綜合評估函式 Interactive_Prediction()，呈現聯發科（2454.tw）的未來三個月的股價預測圖。

解答

```
StockID='2454.tw'         # 聯發科股票代號
Target = Stocker(StockID,start,end)
daily_seasonality=True
#use at least 5 years Data to predict future at least 3 months stock price
#準確率要求：用至少要 5 年歷史資料才能計算未來 3 個月的較為可信的預測股價
Target.Interactive_Prediction(StockID,start,end,5,3)
```

```
設定系統啟始資料庫，從 Yahoo Finance US 取得： 2454.tw 資料
取得日期：從 2019-01-01 到 2020-10-09
資料純化前 ( 期間交易日數 )：427
資料純化後 ( 期間交易日數 )：427
```

```
統計：427 個交易日 ,1.15 秒
The 2454.tw Stocker Initialized. Data covers 2019-01-02 00:00:00 to
2020-10-08 00:00:00.
在信心水準： 80.00% 下， 預測結果偏誤率 3.57%
```

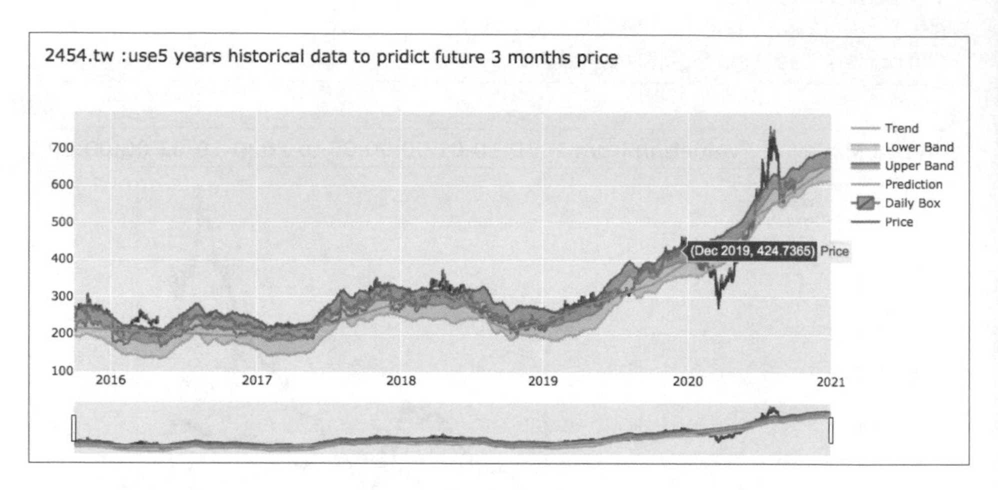

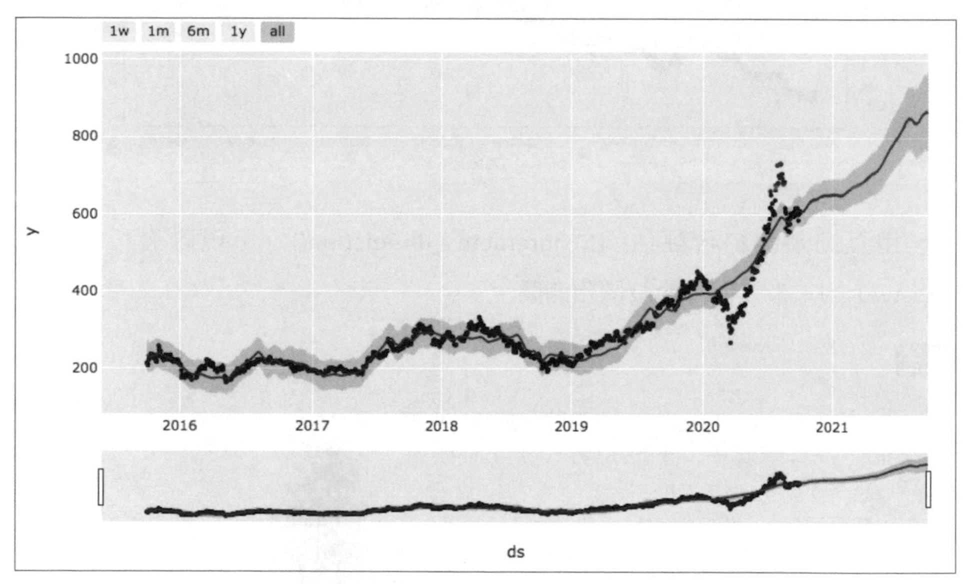

3. 用互動預測綜合評估函式 Interactive_Prediction()，呈現鴻海（2317.tw）的股價預測圖。

解答

```
StockID='2317.tw'          # 鴻海股票代號
Target = Stocker(StockID,start,end)
daily_seasonality=True
#use at least 5 years Data to predict future at least 3 months stock price
#準確率要求：用至少要 5 年歷史資料才能計算未來 3 個月的較為可信的預測股價
Target.Interactive_Prediction(StockID,start,end,5,3)
```

```
設定系統啟始資料庫，從 Yahoo Finance US 取得： 2317.tw 資料
取得日期：從 2019-01-01 到 2020-10-09
資料純化前（期間交易日數）：427
資料純化後（期間交易日數）：427
統計：427 個交易日 ,1.49 秒
The 2317.tw Stocker Initialized. Data covers 2019-01-02 00:00:00 to
2020-10-08 00:00:00.
```

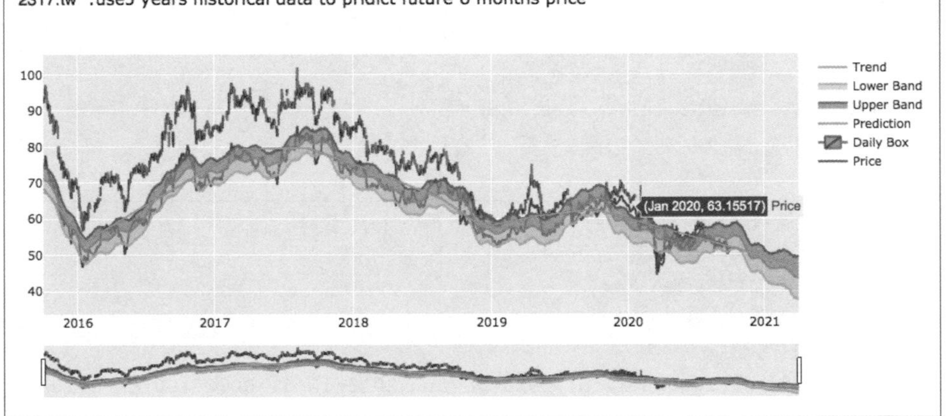

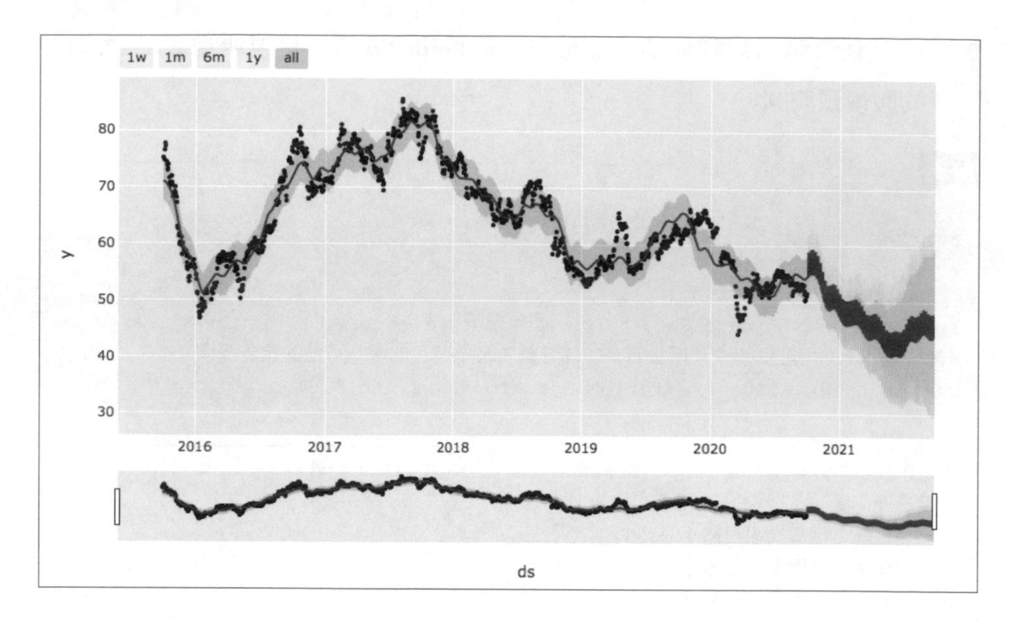

4. 用季節 / 年度波動分析函式 Season_Prediction()，呈現美股 IBM 的波動分析結果。

解答

```
StockID='IBM'          #IBM票代號
Target = Stocker(StockID,start,end)
Target.Season_Prediction(StockID,start,end,3)
```

```
設定系統啟始資料庫，從 Yahoo Finance US 取得： IBM 資料
取得日期：從 2019-01-01 到 2020-10-09
資料純化前（期間交易日數）：448
資料純化後（期間交易日數）：448
統計：448 個交易日，1.90 秒
The IBM Stocker Initialized. Data covers 2018-12-31 00:00:00 to 2020-
10-08 00:00:00.
```

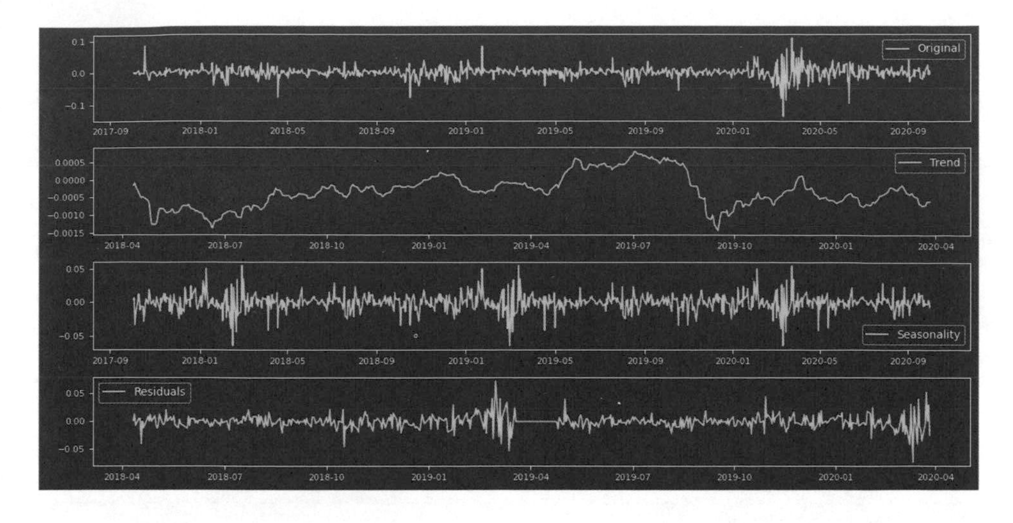

5. 用互動預測綜合評估函式 Interactive_Prediction()，呈現韓國三星（005930.KS）的股價預測圖。

解答

```
StockID='005930.KS'          #韓國三星股票代號
Target = Stocker(StockID,start,end)
daily_seasonality=True
#use at least 5 years Data to predict future at least 3 months stock price
#準確率要求：用至少要 5 年歷史資料才能計算未來 6 個月的較為可信的預測股價
Target.Interactive_Prediction(StockID,start,end,5,3)
```

```
設定系統啟始資料庫，從 Yahoo Finance US 取得： 005930.KS 資料
取得日期：從 2019-01-01 到 2020-10-09
資料純化前（期間交易日數）：436
資料純化後（期間交易日數）：436
統計：436 個交易日 ,1.36 秒
The 005930.KS Stocker Initialized. Data covers 2019-01-02 00:00:00 to
2020-10-08 00:00:00.
```

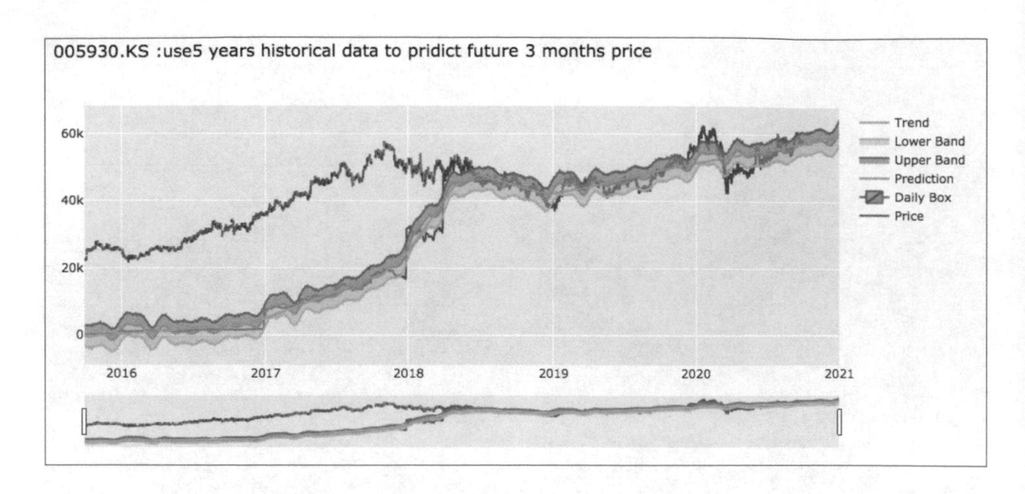
005930.KS :use5 years historical data to pridict future 3 months price
60k
40k
20k
0
2016
2017
2018
2019
2020
2021
Trend
Lower Band
Upper Band
Prediction
Daily Box
Price

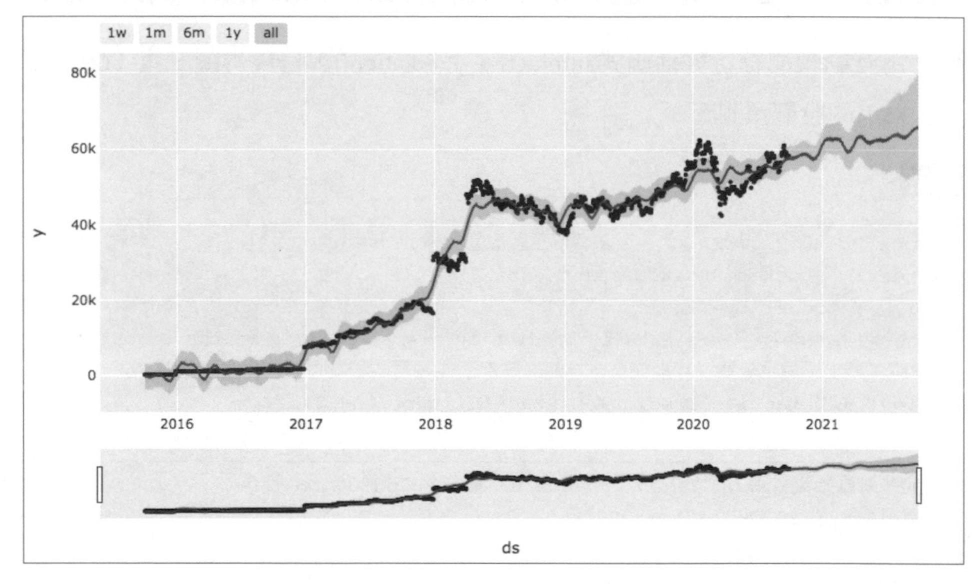
1w
1m
6m
1y
all
80k
60k
40k
20k
0
y
2016
2017
2018
2019
2020
2021
ds

6. 用季節 / 年度波動分析函式 Season_Prediction()，呈現新加坡航空（C6L.SI）的波動分析結果。

解答

```
StockID='C6L.SI'          # 新加坡航空股票代號
Target = Stocker(StockID,start,end)
Target.Season_Prediction(StockID,start,end,10)
```

```
設定系統啟始資料庫，從 Yahoo Finance US 取得： C6L.SI 資料
取得日期：從 2019-01-01 到 2020-10-09
資料純化前（期間交易日數）：447
資料純化後（期間交易日數）：447
統計：447 個交易日，1.00 秒
The C6L.SI Stocker Initialized. Data covers 2019-01-01 00:00:00 to
2020-10-09 00:00:00.
```

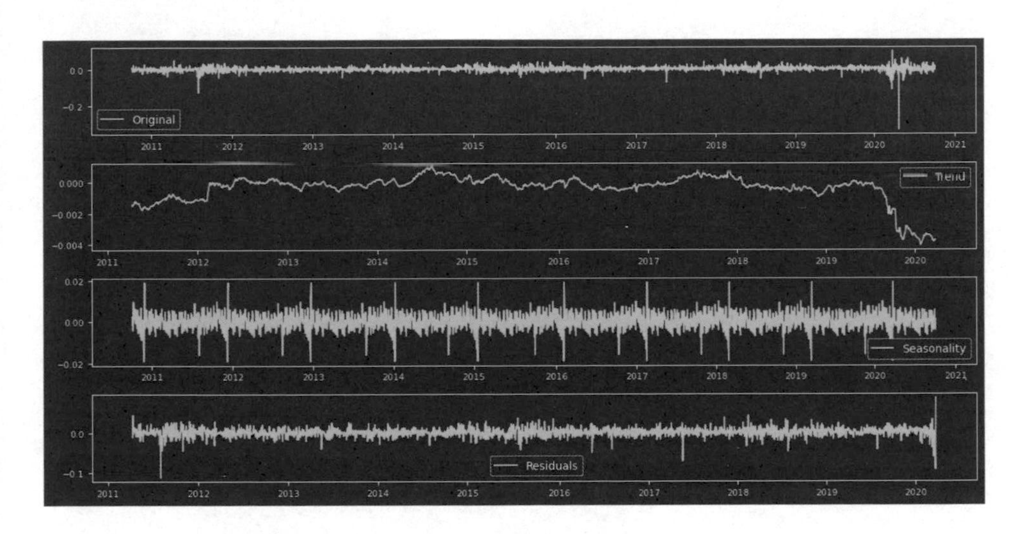

MEMO

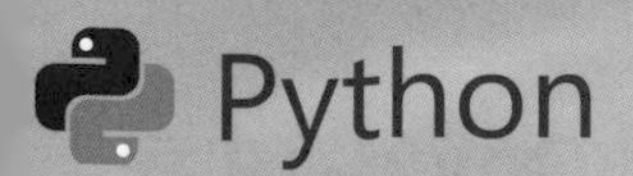

07 CHAPTER

9 天：AI 原理與實作

7-1 用 AI 及 Apple Mobility 預測 Covid-19 病毒擴散速度（附完整程式）

本節用目前最流行的 Covid-19 作為題目，講解 Machine Learning 是如何運作的，如果你是程式初學者，可以先略過數學理論的部分。

只要知道如何引用程式庫，及選擇最適當的程式庫或運算法。

一、專案背景

美國的 Apple 公司擁有全球上億的行動裝置使用者（包括 iPhone、iPad 及 Apple Watch），大部分的使用者也都會使用 Apple Maps 的導航功能。

Apple 公司的資料庫科學家及 AI 工程師在 2020 年四月，為了協助各國進行防疫工作，將 Apple Maps 資料庫進行一番整合後，再將這些資料庫以線上即時的方式，提供給各國的 CDC（防疫中心），這些資料的主要內容是：使用者的出行（Walking 步行、Driving 騎車、Transit 公共交通工具）之統計性資料。

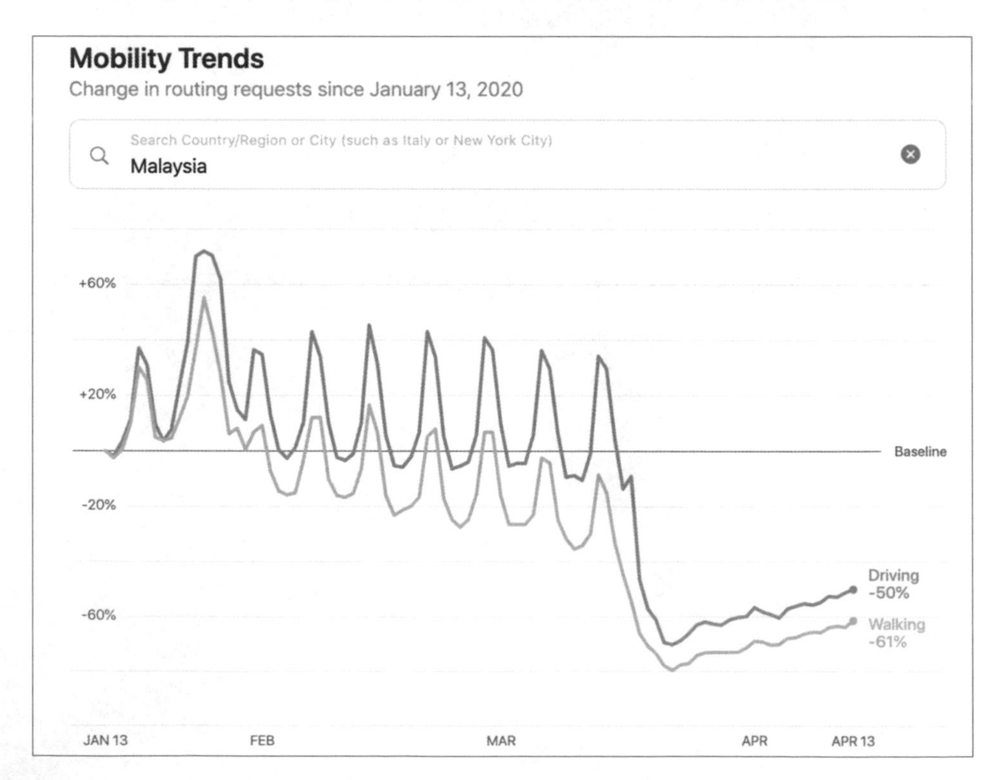

讓各國 CDC（防疫中心）經由行動裝置使用者之移動行為的數據分析及 AI 運算，找出防疫的有效對策。

Apple Maps 是全球最進步的移動性資料庫，Apple 以實際行動支援全球各國的防疫工作，希望能有效減輕 COVID-19 的傳播速度，有二個「資料特性」幫了 CDC 很大的忙。

- **即時性**：可協助防疫中心進行居家隔離管控，進而制定有效的公共衛生政策。
- **普遍性**：抽樣達百分之十五，在統計上已有絕對代性，Apple 為各國政府衛生當局提供了難得的行動大數據，得以分析病毒擴散速率並超前部署公佈有效的防疫命令，或提前調度負壓病床及醫療人員。例如步行，駕車或乘公共交通工具等使用不同行動方式的人們，其位移變化及移動頻率等大數據，在與病毒擴散速度進行相關性分析後，發現二者有密切關係，故防疫人員得以提前下令停止公車或火車的服務。
- **互動性**：蘋果公司同時製作了一個網頁，將 COVID-19 測試位置加到地圖服務中；防疫人員可以經由點擊網頁，在網頁上選擇 " 位置 "，將 CoVID-19 測試站點所收集位置資訊分享給第一線防疫人員，進行提前隔離或檢疫工作，可有效防堵病毒擴散。

本專案如何使用 Apple Maps 的即時移動數據：

- 根據 Google 和牛津大學研究人員的研究，CDC 可大數據預測病毒擴散路徑及確診人數，來預測新病毒熱點，提前隔離或關閉公共運輸系統，用隔離的方式大幅減少 Covid-19 的傳播。故本專案用相對性比對方式來重新整理資料，進行 AI 擴散預測。
- 根據 Apple Alphabet 部門和牛津大學的研究人員在美國進行的 AI 模擬，在 15％的人口使用 Apple Maps 的情況之下及使用 Apple 提供的完整數據，來追蹤病毒傳播人數預測，並提前在新熱點部署醫療資源；可以在二週後使 Covid-19 感染人數下降 15％，死亡人數下降 11％。故本專案亦用同樣方法進行預測，看看其他地區（巴西、印度、沙烏地阿拉伯等）結果是否一樣；甚至可改用不同模擬方法，看看結果是否更好。

■ 根據加拿大及英國的公衛研究人員用 Maps 資料庫進行了數個不同演算法的研究進行病毒擴散預測，在全民 15% 使用 Apple Maps 的比率下，訂出超前部署的防疫措施，使這些地區的感染率在二週內減少 8%，死亡人數也減少 6%。這結果振奮人心，故本專案也嘗試進行一樣模擬，看看結果是否一樣。

其他醫學中心亦有類似研究正在進行中，自 2020 年七月，陸續在美國十四個州和二十個其他國家 / 地區均有同步大規模使用此大數據資料，進行的各種實證研究；大家期望能更有效防止疫情擴散。期望新防疫措施在六週內（2020/8/1~2020/9/14）看到具體明顯的疫情控制成果。

以上研究人員是在美國，英國及加拿大等國家進行，對使用地圖應用程式的人們，進行了一個跨國專案名為「病原動力學說」的研究。針對辦公室，學校和社交聚會中的人們，依照各種移動方式（步行、騎車、公共運輸工具），模擬了 Covid-19 的擴散路徑，並和模擬後的二週與實際病毒傳播狀況進行比對。發現是否冠狀病毒病例已顯著減少，住院和死亡人數是否也同步減少。

由於各國地理狀況不同，如美國地廣人稀，而英國大部份地區人口稠密等等移動行為的差異很大；故會採取不同的模擬方法。如果最後仍得到類似的結果，表示實驗可信度高。

本實例亦以上述學說及研究方法為核心，進行簡化以便讓讀者較容易弄懂人工智慧的應用。

這是一個內部研究及外部分享二種用途的專案，主要用於定期醫學論壇，除了資料要每日最新，而分析工具及結果畫面，也要能在網頁上呈現。

二、專案目標

■ 根據 WHO 資料進行資料分析。

■ 適當的特徵工程逐步提高結果的一致性。

■ 使用機器學習的演算法及觀念，進行預測。

■ 找出更多特徵，除了原本資料上的特徵以外，嘗試在模型上建立經過調整的特徵。

三、專案分析

- 由於有一個巨量資料庫要呈現：除了歷史資料要匯整，當天即時資料要下載，我們將歷史資料先準備好，若下載失敗，可用現成的資料庫進行 Python 及 AI 的學習。
- 圖形部分用了至少十種類型，因為是學術會議報告用的，必須呈現高品質的視覺化結果。
- 呈現畫面中最重要的位置呈現最重要測試數據，以便使用者一次掌握全面性及最重要的資料。

四、AI 專業知識

- **數學演算法**
  - SVM（support vector machine）：「支援向量機器」在分類與迴歸分析中，SVM 屬於監督式學習模型與相關的學習演算法。即給一組訓練資料，每個訓練資料被標記為屬於兩個類別中的一個；SVM 訓練演算法會建立一個新的實例並分配給兩個類別之一的模型，使其成為非概率二元線性分類器。並將訓練組資料標示為空間中的點，這樣對映就使得單獨類別的實例，儘可能寬的明顯的間隔分開。然後，將新的訓練對映到同一空間，並基於它們落在間隔的哪一側來預測所屬類別。
  - Polynomial Regression Predictions：「多項式迴歸」即數據使用線性預測函數的使用，加入了在一些未知的參數（經由數據來估計出來）。這模型叫做多項式迴歸模型。由於線性迴歸在單一變數下有許多解釋能力，但無法處理過度擬合（Overfitting）現象，且線性迴歸曲線會被增加的變數給扭曲了。因每加入一個新的變數都會造成這條曲線有劇烈變動，這意味著同一條曲線拿去預測新的資料集，效力會越來越差，因此用多項式來避免過擬合的風險就特別需要，Covid-19 的預測，我們使用多項式迴歸預測做為跟簡單線性迴歸的比較。
  - Bayesian Ridge Regression：「貝葉斯線性迴歸」不僅可以解決估計中存在的過擬合的問題，這與 Covid–19 的資料內容相似，而且它對資料樣

本利用率是 100%，僅僅使用訓練樣本就可以有效而準確的確定模型的複雜度。在本例中，是最好的機器學習工具。

■ **機器學習模組 Scikit-learn**

用在 Python，主要用於 NumPy 及 SciPy 的搭配操作上，主要功能如下：

- 分類（Classification）– 識別對象屬於哪個類別
- 回歸（Regression）– 預測與對象關聯的連續值屬性
- 聚類（Clustering）– 將相似對象自動分組為集合。
- 降維（Dimensionality reduction）– 減少要考慮的隨機變量的數量。
- 模型選擇（Model selection）– 比較、驗證和選擇參數和模型。
- 預處理（Preprocessing）– 特徵擷取和模組化。

Scikit-learn 主要是用 Python 編寫的，廣泛使用在 numpy 高階線性代數和矩陣運算中。此外，也用 Cython 編寫了一些核心運算法來提高性能。Scikit-learn 與 Python 是結合在一起用的，例如：matplotlib 和 plotly 搭配用於繪圖，和 numpy 搭配用於 array vectorization、pandas DataFrame、scipy 等。

五、系統分析

■ 因為是論壇發表專案，除了統計部分使用最新的 Python 互動工具進行程式編寫。

■ 由於結果會呈現很多組圖表，故程式預設用 Anaconda/Jupter 來進行編寫。

■ 資料庫中資料累積到 1000 筆時，將資料轉成 Pandas，並進行上傳圖片並存在雲端。

六、程式說明（7-1.ipynb）

1. 程式庫及設定引用：

- 除了資料庫外，引入 matplotlib 圖形程式庫。

- 引入機器學習模組 Scikit-learn：這裡包含了五個數學演算法及一個分類法，二個錯誤判斷。有點經驗的讀者大概已經知道要做什麼了。沒有經驗的讀者，就從練習中熟習每一個演算法及模組了，多做幾個練習就熟悉了。
- 引入其他時間及預設視覺色系。

2. 資料擷取及初步查驗：匯整資料重點 : 日期時差的調整

- COVID-19 Global Database - Johns Hopkins Coronavirus Resource Center：讀取二天前資料。
- US CDC：讀取二天前資料。
- Apple Maps Application - mobility tracking：讀取二天前資料。

```
資料擷取，AI運算中.....
'https://raw.githubusercontent.com/CSSEGISandData/COVID-19/master/csse_covid_19_data/csse_covid_19_daily_reports/10-0
8-2020.csv'
存檔位置:/Users/stevensAir/Desktop/0INRisk/Python/Covid19-Prediction/10-08-2020.csv
完成了:共 3.49 秒
```

	FIPS	Admin2	Province_State	Country_Region	Last_Update	...	Recovered	Active	Combined_Key	Incidence_Rate	Case-Fatality_Ratio
0	NaN	NaN	NaN	Afghanistan	2020-10-09 04:23:59	...	33058	5088.0	Afghanistan	101.766474	3.710622
1	NaN	NaN	NaN	Albania	2020-10-09 04:23:59	...	9215	5273.0	Albania	517.721871	2.758574
2	NaN	NaN	NaN	Algeria	2020-10-09 04:23:59	...	36958	13917.0	Algeria	120.083803	3.386000

3 rows × 14 columns

```
資料擷取，AI運算中.....
'https://raw.githubusercontent.com/CSSEGISandData/COVID-19/master/csse_covid_19_data/csse_covid_19_daily_reports_us/1
0-08-2020.csv'
存檔位置:/Users/stevensAir/Desktop/0INRisk/Python/Covid19-Prediction/US_Medical-10-08-2020.csv
完成了:共 0.35 秒
```

	Province_State	Country_Region	Last_Update	Lat	Long_	...	Mortality_Rate	UID	ISO3	Testing_Rate	Hospitalization_Rate
0	Alabama	US	2020-10-09 04:30:36	32.3182	-86.9023	...	1.628029	84000001	USA	24162.049770	NaN
1	Alaska	US	2020-10-09 04:30:36	61.3707	-152.4044	...	0.666297	84000002	USA	67141.597578	NaN
2	American Samoa	US	2020-10-09 04:30:36	-14.2710	-170.1320	...	NaN	16	ASM	2904.333136	NaN

3 rows × 18 columns

```
資料擷取，AI運算中.....
'https://covid19-static.cdn-apple.com/covid19-mobility-data/2018HotfixDev19/v3/en-us/applemobilitytrends-2020-10-07.c
sv'
存檔位置:/Users/stevensAir/Desktop/0INRisk/Python/Covid19-Prediction/applemobilitytrends.csv
完成了:共 92.45 秒
```

	geo_type	region	transportation_type	alternative_name	sub-region	...	2020-10-03	2020-10-04	2020-10-05	2020-10-06	2020-10-07
0	country/region	Albania	driving	NaN	NaN	...	148.03	136.67	123.11	117.50	119.25
1	country/region	Albania	walking	NaN	NaN	...	166.40	130.23	168.27	140.04	154.46
2	country/region	Argentina	driving	NaN	NaN	...	71.69	38.69	55.99	59.95	62.76

3 rows × 275 columns

- 資料匯整：全球確診、死亡、復原資料庫、Global 統計、US CDC、Apple Mobility 共 6 個檔。
    - 3 個從 JHC 取得最新資料，3 個從上面先前存檔的本地資料。
    - 匯總美國各州統計資料庫：US CDC。
    - Apple 即時使用者行動路徑及移動距離，大數據統計結果資料庫。

```
資料擷取，AI 運算中 .....
1. Global Cofirmed Cases:266 筆資料，累計時間 7.40 秒 ....
2. Global Deaths Cases:266 筆資料，累計時間 8.00 秒 ....
3. Global Recovery Cases:253 筆資料，累計時間 11.09 秒 ....
4. Global Updated Cases:3955 筆資料，累計時間 11.12 秒 ....
5. US Medical Data:58 筆資料，累計時間 11.12 秒 ....
6. Apple Mobility Data:4691 筆資料，累計時間 11.43 秒 ....
匯整完成！共：9489 筆資料，總共時間 60.16 秒
```

- 資料擷取結果：看到擷取時間，可以想像資料複雜及數量龐大。

3. 資料純化及排序：進行空值填補，及移動平均插值，並依日期順序進行排序。

- 全球「確診統計」資料

  在前面程式中讀取資料後，為了龐大的運算需要，已轉存到 Local 電腦，現在只要用讀取函數（pd.read_csv）再度讀取即可。

    - 根據資料結構，國家數即列數再進行不重複篩選：

      confirmed_df['Country/Region'].nunique()

    - 統計資料起始用計算欄位項目（第 5 欄位）：

      confirmed_df.columns[5]

    - 統計資料最後一筆都是用欄位項目來計算：

      confirmed_df.columns[len(confirmed_df.columns)-1])

  執行結果如下：

```
Covid-19全球確診總數 即時資料:
轉存存檔位置:/Users/stevensAir/Desktop/0INRisk/Python/time_series_covid19_confirmed_global.csv
共有多少國家納入「哈佛大學公衛中心」統計：188
統計資料第一天：1/22/20
統計資料最後一天：9/9/20
共統計多少天：232
```

- 全球「死亡統計」資料

  在前面程式中讀取資料後，為了龐大的運算需要，已轉存到 Local 電腦，現在只要用讀取函數（pd.read_csv）再度讀取即可。

  - 根據資料結構，國家數即列數再進行不重複篩選：

    confirmed_df['Country/Region'].nunique()

  - 統計資料起始用計算欄位項目（第 5 欄位）：

    deaths_df.columns[5]

  - 統計資料最後一筆都是用欄位項目來計算：

    deaths_df.columns[len(deaths_df.columns)-1]

  執行結果如下：

```
Covid-19全球死亡總數 即時資料:
轉存存檔位置:/Users/stevensAir/Desktop/0INRisk/Python/Covid19-Prediction/time_series_covid19_re
covered_global.csv
共有多少國家納入「哈佛大學公衛中心」統計：188
統計資料第一天：1/22/20
統計資料最後一天：9/9/20
共統計多少天：232
```

- 全球「復原統計」資料

  在前面程式中讀取資料後，為了龐大的運算需要，已轉存到 Local 電腦，現在只要用讀取函數（pd.read_csv）再度讀取即可。

  - 根據資料結構，國家數即列數再進行不重複篩選：

    recoveries_df['Country/Region'].nunique()

  - 統計資料起始用計算欄位項目（第 5 欄位）：

    recoveries_df.columns[5]

  - 統計資料最後一筆都是用欄位項目來計算：

    recoveries_df.columns[len(recoveries_df.columns)-1]

執行結果如下：

```
Covid－19全球復原總數 即時資料:
轉存存檔位置:/Users/stevensAir/Desktop/0INRisk/Python/Covid19-Prediction/time_series_covid19_de
aths_global.csv
共有多少國家納入「哈佛大學公衛中心」統計：188
統計資料第一天：1/22/20
統計資料最後一天：9/9/20
共統計多少天：232
```

- 全球「WHO 最新更新」按國家排序

  前面從 WHO 讀取資料後，為了龐大的運算需要，已轉存到 Local 電腦，現在只要用讀取函數（pd.read_csv）再度讀取即可。

  執行結果如下：

```
Covid－19全球 最新 即時資料:
轉存存檔位置:/Users/stevensAir/Desktop/0INRisk/Python/Covid19-Prediction/09-08-2020.csv
共有多少國家納入「哈佛大學公衛中心」統計：188
```

- 美國「防疫指揮中心」統計資料，按各州資料進行排序

  在前面程式中讀取資料後，為了龐大的運算需要，已轉存到 Local 電腦，現在只要用讀取函數（pd.read_csv）再度讀取即可，資料描述如下：

  - 這是全球最詳細的資料庫，雖然美國疫情看似嚴重，但美國是全球資訊透明度最高的國家，資料中除了每天更新確診數、死亡數、復原數、檢驗數、檢驗比率、確診率、病床數及其他數字，為公衛防疫建立了非常好的資料來源。
  - 因確診數量龐大，得以全面進行各種大數據分析，趨勢分析及決策性的部署資源，都可一目了然。
  - 因資料庫數字精準且極少闕漏，沒有 NaN 空值，可見資料純化的功夫到家，讓資料科學家不必使用任何內插法或均值法等扭曲資料原意的數學方法，去進行資料整理。
  - 資料涵蓋 55 個州及 3 個美國屬地：薩摩亞群島（Samoa）、關島（Guam）、北馬里亞納群島（Northern Mariana Islands）共 58 個地區，如此大國同步作業，鉅細彌遺。

執行結果如下：

```
Covid－19美國55州＋3個美國屬地 最新 即時資料：
轉存存檔位置：/Users/stevensAir/Desktop/0INRisk/Python/Covid19-Prediction/US_Medical-09-09-2020.
csv
共有多少國家納入「哈佛大學公衛中心」統計：1
美國共有多少州納入「哈佛大學公衛中心」統計：58
```

- Apple Maps「全球使用者移動統計」資料庫

Apple 公佈之流動性（mobility）數據，主要是顯示使用者的社交隔離狀況。資料庫內容如下：

- 收集並統計使用者（iPhone、iPad and iPod touch）移動狀況。在美國使用 Apple 移動裝置，並且時常打開 Apple Map 應用程式並使用地圖導航者，佔全美人口 15%；在英國、日本、台灣甚至在非洲國家都有 12%~40%。這個數字已具有統計的代表性，不論做任何數據分析，都具有相當的準確性及在信賴區間範圍內。
- 移動方式分三類：步行（walking）、駕車（driving）、公共運輸（public transit）。這三種的移動速度不同，移動軌跡也不同。這是非常珍貴及精密的資料。可以準確得知該特定區域人們的移動狀況。對防疫工作非常有幫助。
- 關於 Apple COVID-19 移動趨勢內容，詳細說明如下（後續分析時要用）：
  - CSV 文件顯示了每個國家 / 地區或城市的人民移動距離的相對數量，與 2020 年 1 月 13 日的基準數量相比。

- 日期定義：太平洋時間午夜至午夜的日期，並非您所居在或做研究的日期。
- 城市定義：是指人口稠密每平方公里 500 人，經過長時間測試，應該是一個穩定的定義。
- 自 2020 年 1 月 13 日以後，在許多國家 / 地區和城市，相對移動距離都增加了，與 Apple Map 的季節性使用情況是一致的。所以使用此數據時，其中星期幾的影響對進行資料標準化時是很重要的根據。

Apple Maps 操作畫面如下：

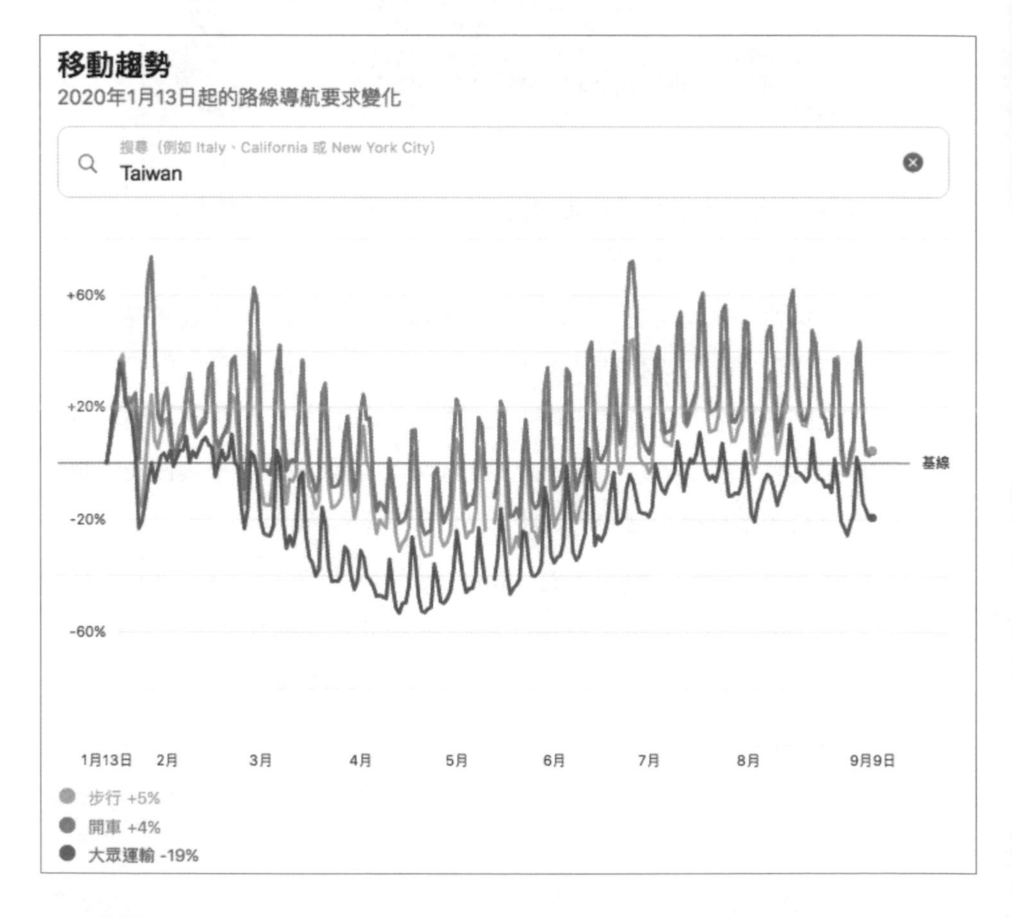

網址：https://covid19.apple.com/mobility

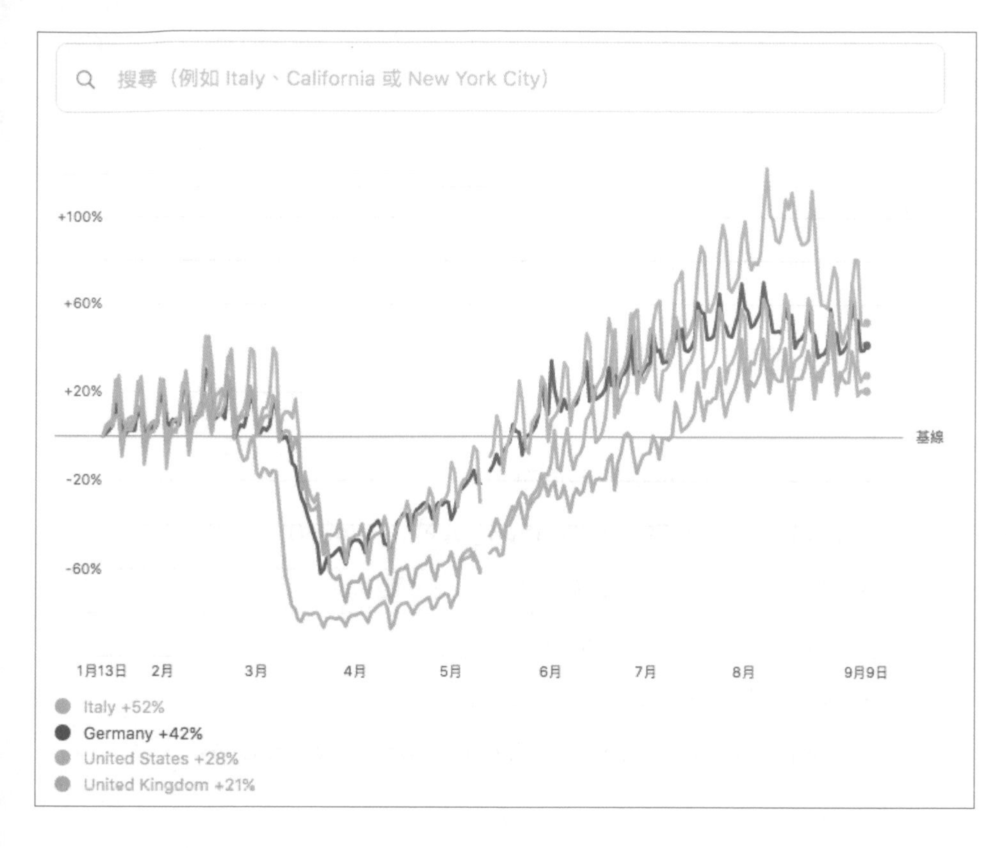

- 線上可查詢各國的移動狀況。
- 數字是用百分比來呈現：以 2020/01/13 的移動狀況為 100，超過 2020/01/13 的移動比率，例如 100.03，即用 3% 來呈現。故 Apple Mobility 為 3%。
- 亦可下載完整資料作為研究或 CDC 防疫決策的輔助工具。

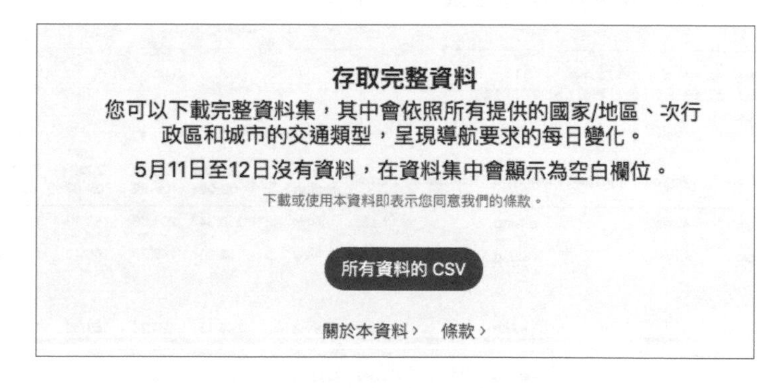

- 在 Apple Maps Mobility 資料庫在程式中引用。

在前面程式中讀取資料後，為了龐大的運算需要，已轉存到 Local 電腦，現在只要用讀取函數（pd.read_csv）再度讀取即可，資料描述如下：

- 資料中除了每天更新移動率，並區分國家，國家再細分成地區。
- 地區分類是依據地圖的座標方式區分，並不是我們熟悉的鄉鎮市來區分。所以在使用上要做一些轉換的工作，增加了一點麻煩；本來資料工程的工作，其知識領域就很廣泛，不論拿到什麼資料，都要能找到利用的價值。
- 資料結構：
    - 國家數即列數再進行不重複篩選：

      apple_mobility['transportation_type'].nunique()
    - 統計資料起始用計算欄位項目（第 5 欄位）：

      apple_mobility.columns[6]
    - 統計資料最後一筆都是用欄位項目來計算：

      apple_mobility.columns[len(apple_mobility.columns)-1]

執行結果如下：

```
Covid-19全球 最新 人員移動 即時資料：
轉存存檔位置：/Users/stevensAir/Desktop/0INRisk/Python/Covid19-Prediction/applemobilitytrends-2020-09-11.csv
共有多少國家+地區鄉鎮 納入「Apple Ability」統計：2325
共有多少國家 納入「Apple Ability」統計：47
共有多少州/地區 納入「Apple Ability」統計：162
共有多少種移動方式：3
統計資料第一天：2020-01-13
統計資料最後一天：2020-09-11
共統計多少天：242
美國共有多少州納入「哈佛大學公衛中心」統計：58
```

看一下 Apple Mobility 資料全貌。

```
pd.set_option('display.max_rows', 5)
pd.set_option('display.max_columns', 10)
apple_mobility
```

	geo_type	region	transportation_type	alternative_name	sub-region	...	2020-09-05	2020-09-06	2020-09-07	2020-09-08	2020-09-09
0	country/region	Albania	driving	NaN	NaN	...	210.34	201.66	183.13	171.18	171.54
1	country/region	Albania	walking	NaN	NaN	...	152.03	143.28	166.10	158.68	175.61
...	...	...	...	...	...	...	...	...	...	...	...
4689	county	Yuma County	driving	NaN	Arizona	...	146.13	124.25	161.52	122.71	121.49
4690	county	Yuma County	walking	NaN	Arizona	...	165.15	120.34	138.71	147.90	145.67

4691 rows × 247 columns

查看一下台灣的 Mobility 資料非常完整，可以做精準的機器學習預測的資料。

```
pd.set_option('display.max_rows', 10)
pd.set_option('display.max_columns', 11)
Listname = ['Taiwan']
apple_mobility[apple_mobility.country.isin(Listname)]
```

	geo_type	region	transportation_type	alternative_name	sub-region	...	2020-09-05	2020-09-06	2020-09-07	2020-09-08	2020-09-09
293	city	Changhua County	driving	彰化縣	NaN	...	172.19	139.81	114.30	109.67	114.20
294	city	Changhua County	walking	彰化縣	NaN	...	197.09	144.57	125.58	123.55	133.37
458	city	Hsinchu metropolitan area	driving	新竹都會區	NaN	...	145.75	124.41	109.59	108.91	111.78
459	city	Hsinchu metropolitan area	walking	新竹都會區	NaN	...	167.53	130.24	121.35	119.56	123.14
845	city	Taichung–Changhua metropolitan area	driving	臺中彰化都會區|台中彰化都會區	NaN	...	136.76	112.72	102.16	99.49	99.58
...	...	...	...	...	...	...	...	...	...	...	...
1870	sub-region	Tainan City	transit	台南市|臺南市	NaN	...	102.87	97.83	89.35	87.69	84.12
1871	sub-region	Taipei City	driving	台北市|臺北市	NaN	...	106.29	91.70	89.05	88.74	91.06
1872	sub-region	Taipei City	walking	台北市|臺北市	NaN	...	99.30	77.82	72.79	72.54	74.46
1873	sub-region	Taipei City	transit	台北市|臺北市	NaN	...	77.68	70.13	73.60	70.59	74.03
1879	sub-region	Taoyuan City	driving	桃園市	NaN	...	NaN	NaN	NaN	NaN	NaN

26 rows × 247 columns

查看一下中國和韓國的 Apple Mobility，有些國家不公佈行動資料。

```
pd.set_option('display.max_rows', 15)
pd.set_option('display.max_columns', 11)
Listname = ['Korea','China']
apple_mobility[apple_mobility.country.isin(Listname)]
```

geo_type	region	transportation_type	alternative_name	sub-region	...	2020-09-05	2020-09-06	2020-09-07	2020-09-08	2020-09-09

0 rows × 247 columns

查看一下美國的 Mobility。

```
pd.set_option('display.max_rows', 10)
pd.set_option('display.max_columns', 11)
Listname = ['United States']
apple_mobility[apple_mobility.country.isin(Listname)]
```

	geo_type	region	transportation_type	alternative_name	sub-region	...	2020-09-05	2020-09-06	2020-09-07	2020-09-08	2020-09-09
158	city	Akron	driving	NaN	Ohio	...	175.44	135.67	110.01	147.74	155.31
159	city	Akron	transit	NaN	Ohio	...	51.62	41.99	34.19	55.81	57.28
160	city	Akron	walking	NaN	Ohio	...	151.47	106.49	80.85	121.99	123.45
161	city	Albany	driving	NaN	New York	...	143.89	118.62	120.27	134.43	140.91
162	city	Albany	transit	NaN	New York	...	109.38	90.15	95.68	110.40	113.56
...	...	...	...	...	...	...	...	...	...	...	...
4686	county	York County	walking	NaN	Pennsylvania	...	226.57	181.16	158.51	188.07	205.25
4687	county	Young County	driving	NaN	Texas	...	237.26	183.94	174.12	163.41	130.96
4688	county	Yuba County	driving	NaN	California	...	194.16	166.30	153.49	175.40	188.77
4689	county	Yuma County	driving	NaN	Arizona	...	146.13	124.25	161.52	122.71	121.49
4690	county	Yuma County	walking	NaN	Arizona	...	165.15	120.34	138.71	147.90	145.67

3102 rows × 247 columns

美國資料非常精細，小到鄉鎮村莊的資料都有；在資料科學的分析上，美國技術領先全球各國，不是沒有原因的。

4. 特徵工程：在進行人工智慧的運算中，將資料整理成數字，便於決定樹狀決策及權重。這是很重要的工作。

A. 選取要用到的欄位。

B. 找出日期範圍：

- 存入 cols
- 將三個來自 WHO 的全球性資料整理成數字，以便後續使用。

```
confirmed = confirmed_df.loc[:, cols[4]:cols[-1]]
deaths = deaths_df.loc[:, cols[4]:cols[-1]]
recoveries = recoveries_df.loc[:, cols[4]:cols[-1]]
```

```
confirmed
```

	1/22/20	1/23/20	1/24/20	1/25/20	1/26/20	...	9/5/20	9/6/20	9/7/20	9/8/20	9/9/20
0	0	0	0	0	0	...	38324	38398	38494	38520	38544
1	0	0	0	0	0	...	10102	10255	10406	10553	10704
2	0	0	0	0	0	...	46071	46364	46653	46938	47216
3	0	0	0	0	0	...	1215	1215	1261	1261	1301
4	0	0	0	0	0	...	2935	2965	2981	3033	3092
...	...	...	...	...	...	...	...	...	...	...	...
261	0	0	0	0	0	...	25575	26127	26779	27363	27919
262	0	0	0	0	0	...	10	10	10	10	10
263	0	0	0	0	0	...	1983	1987	1989	1994	1999
264	0	0	0	0	0	...	12709	12776	12836	12952	13112
265	0	0	0	0	0	...	6837	6837	7298	7388	7429

266 rows × 232 columns

C. 計算各國死亡率及復原率：mortality_rate，recovery_rate

檢查計算結果：mortality_rate

```
mortality_rate
```

```
[0.030630630630630630,
 0.027522935779816515,
 0.02763018065887354,
 0.029288702928870293,
 0.026440037771482530,
 0.028015032456440004,
 0.023485120114736465,
 0.021569899448589037,
 0.020767549186300704,
 0.021458795083618778,
 0.021515201860774213,
 0.021564305712753917,
 0.021421028812792276,
 0.020587496861662065,
 0.020402995333335745,
 0.020583079020842804,
 0.020904201192033726,
 0.021708098790702686,
 0.022560322717199134,
```

D. 計算每日增加數，及移動平均。

E. 整合各資料庫的數據。

F. 計算死亡總數及復原總數。

5. 預測：採用下列演算法：

- SVM（support vector machine）:「支援向量機器」
- Polynomial Regression Predictions :「多項式回歸」
- Bayesian Ridge Regression :「貝葉斯線性迴歸」

將資料改為數字，再分割資料：訓練集、測試集。

三個預測模型之最佳化參數如下：

```
c = [0.01, 0.11, 1]
gamma = [0.012, 0.1, 1]
epsilon = [0.014, 0.1, 1]
shrinking = [True, False]
degree = [3, 4, 5]
svm_grid = {'C': c, 'gamma' : gamma, 'epsilon': epsilon, 'shrinking' :
shrinking, 'degree': degree}
svm = SVR(kernel='poly')
svm_search = RandomizedSearchCV(svm, svm_grid, scoring='neg_mean_
squared_error', cv=3, return_train_score=True, n_jobs=-1, n_iter=30,
verbose=1)
svm_search.fit(X_train_confirmed, y_train_confirmed)
```

- SVM「支援向量機器」
  - ◆ 使用最佳參數，執行演算，演算結果：

    MAE: 1479202.3475907801

    MSE: 2549266491926.5137
  - ◆「支援向量機器」SVM 與測試組比較，程式及繪圖結果如下：

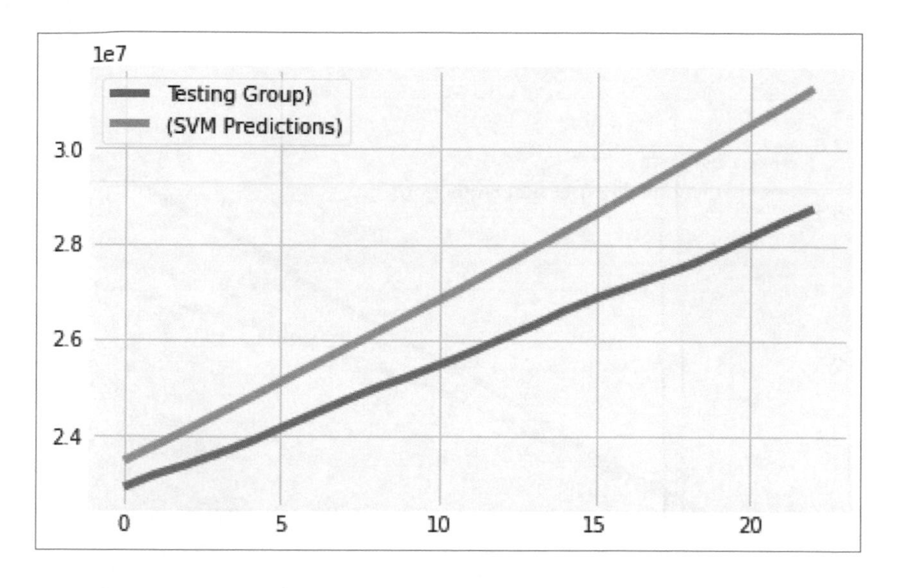

- polynomial regression「多項式迴歸演算」

  轉換資料以便進行多項式回歸演算，「多項式迴歸演算」完成，並顯示絕對平均誤差（MAE）及均方根誤差（MSE）：

  - 平均絕對誤差（MAE）：將每次測量的絕對誤差取絕對值後再求平均值（即平均絕對誤差）。
  - 均方根誤差（MSE）：測量值誤差的平方和取平均值的平方根，可以評價數據的變化程度。MSE 數學特性較好，使計算梯度時變得容易。

  「多項式迴歸演算」完成，執行結果如下：

  MAE: 854326.6730879908

  MSE: 1236365167760.654

  「多項式迴歸演算」相關性係數如下：

  [[1.57068033e+07 -8.49167501e+05 1.65173241e+04 -1.42947651e+02 5.94840945e-01 -9.22236941e-04]]

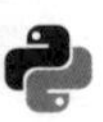

「多項式迴歸演算」與測試組比較，程式及繪圖結果如下：

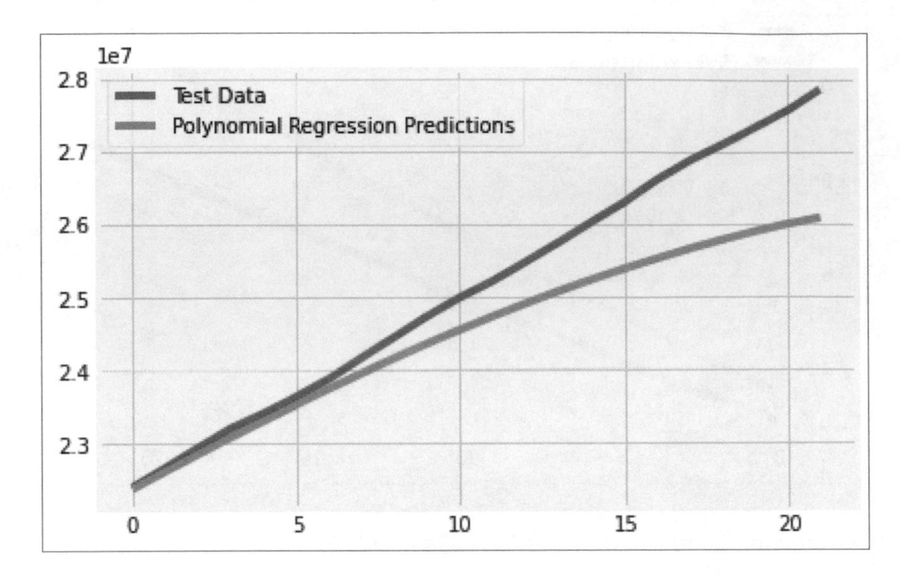

- Bayesian Ridge Regression「貝葉斯線性迴歸」，先用標準的參數來算。結果如下：

```
Fitting 3 folds for each of 40 candidates, totalling 120 fits
[Parallel(n_jobs=-1)]: Using backend LokyBackend with 4 concurrent
workers.
[Parallel(n_jobs=-1)]: Done  68 tasks      | elapsed:    2.4s
[Parallel(n_jobs=-1)]: Done 120 out of 120 | elapsed:    2.4s finished
RandomizedSearchCV(cv=3, estimator=BayesianRidge(fit_intercept=False),
    n_iter=40, n_jobs=-1,
    param_distributions={'alpha_1': [1e-07, 1e-06, 1e-05, 0.0001,0.001],
                         'alpha_2': [1e-07, 1e-06, 1e-05, 0.0001,0.001],
                         'lambda_1': [1e-07, 1e-06, 1e-05,0.0001, 0.001],
                         'lambda_2': [1e-07, 1e-06, 1e-05,0.0001, 0.001],
                         'normalize': [True, False],
                         'tol': [1e-06, 1e-05, 0.0001, 0.001,0.01]},
    return_train_score=True, scoring='neg_mean_squared_error',
    verbose=1)
```

「貝葉斯線性迴歸」最佳參數（HBR 的實證結果）。

```
bayesian_search.best_params_
```

```
{'tol': 0.01,
 'normalize': True,
 'lambda_2': 0.001,
 'lambda_1': 1e-07,
 'alpha_2': 1e-05,
 'alpha_1': 0.0001}
```

用最佳參數，再次運算結果如下：

MAE: 1541004.5894306453

MSE: 2898567724714.545

「貝葉斯線性迴歸」與測試組比較，程式及繪圖結果如下：

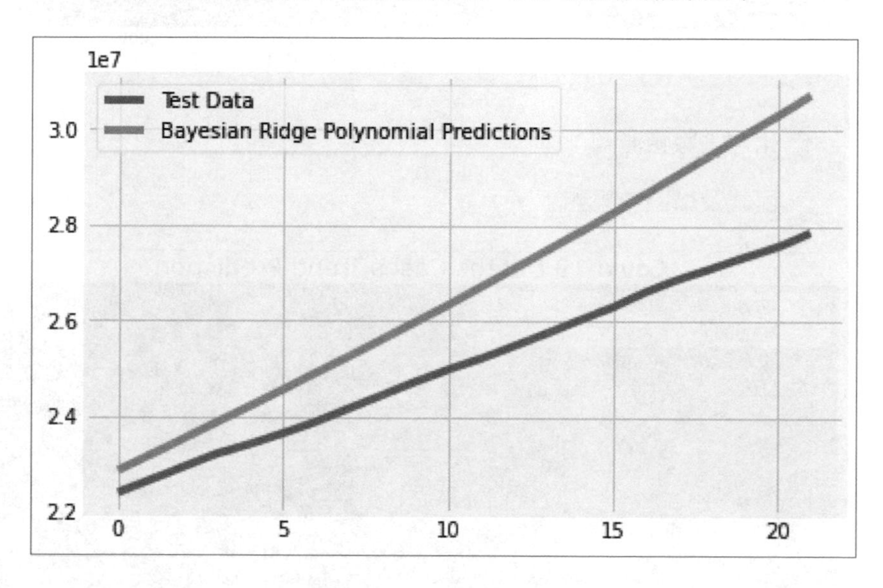

- 參數最佳化：迴歸運算後，用調整後的參數，分別畫出：確診人數預測圖、死亡人數預測圖、復原人數預測圖、治療中人數預測圖。

◆ 確診預測人數圖：

程式及續圖結果如下。

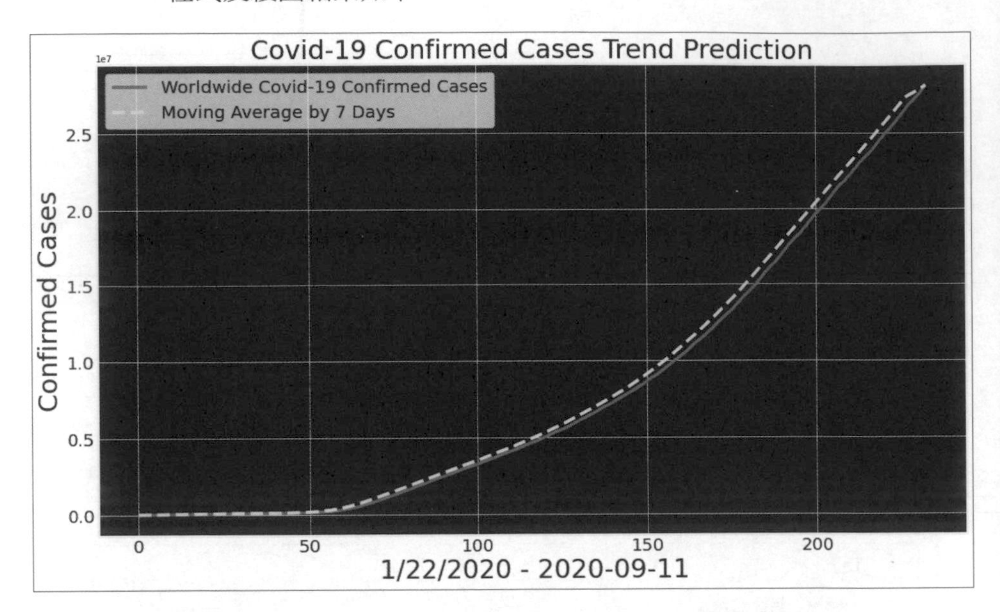

◆ 死亡人數預測圖：

程式及續圖結果如下。

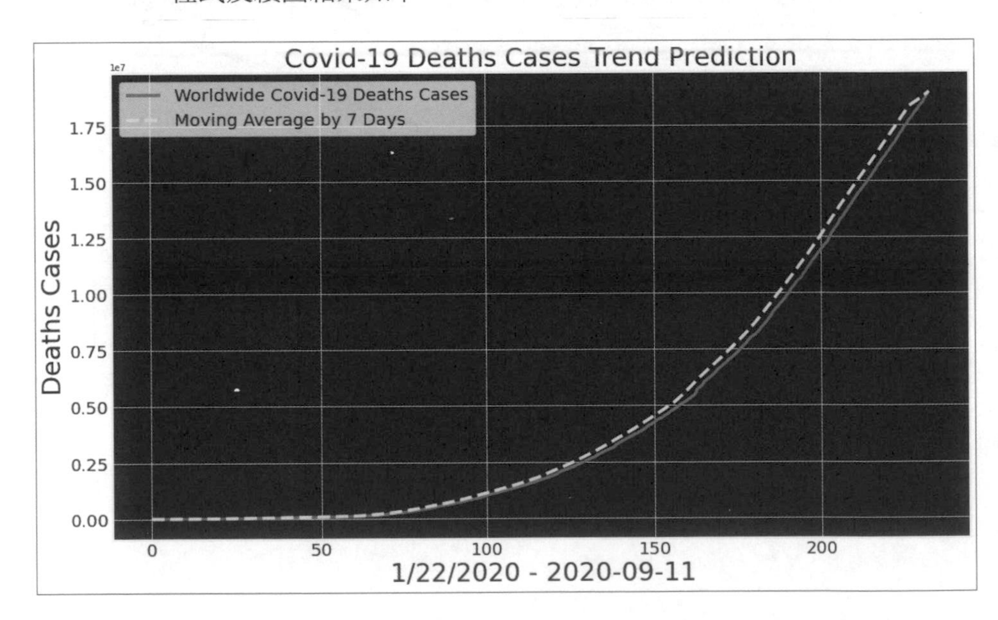

◆ 復原人數預測圖：

程式及續圖結果如下。

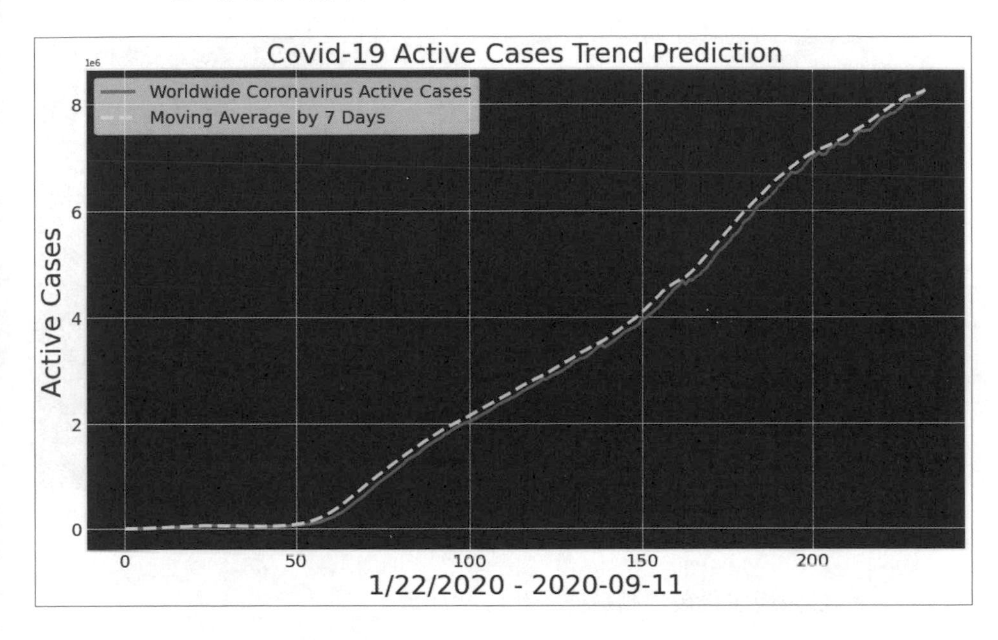

◆ 治療中人數預測圖：

程式及續圖結果如下。

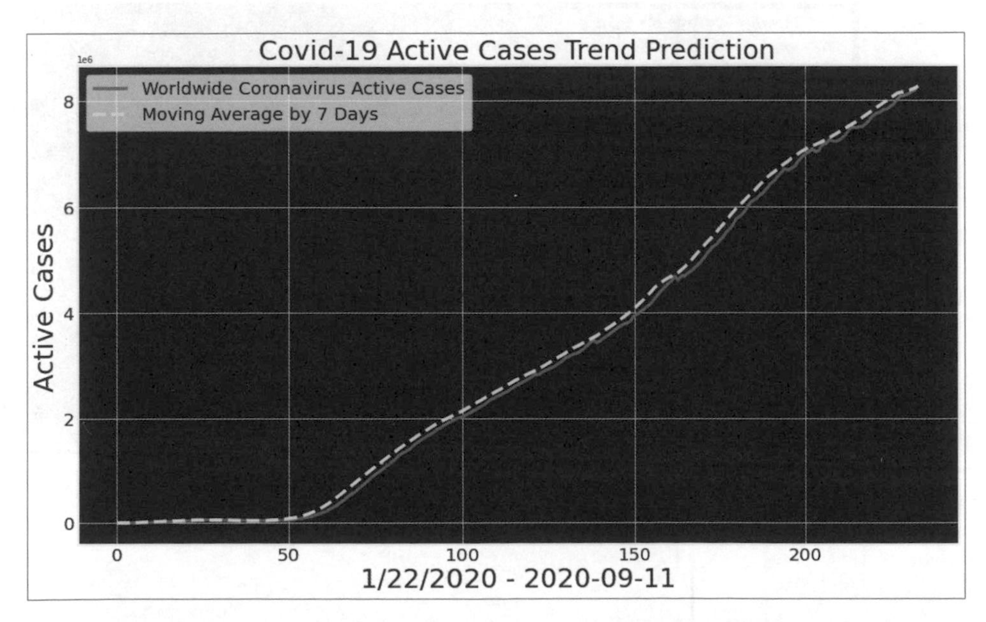

- 增加數的移動平均計算：
  - 參數最佳化後預測數據：確診增加數。

    加移動平均，程式及續圖結果如下：

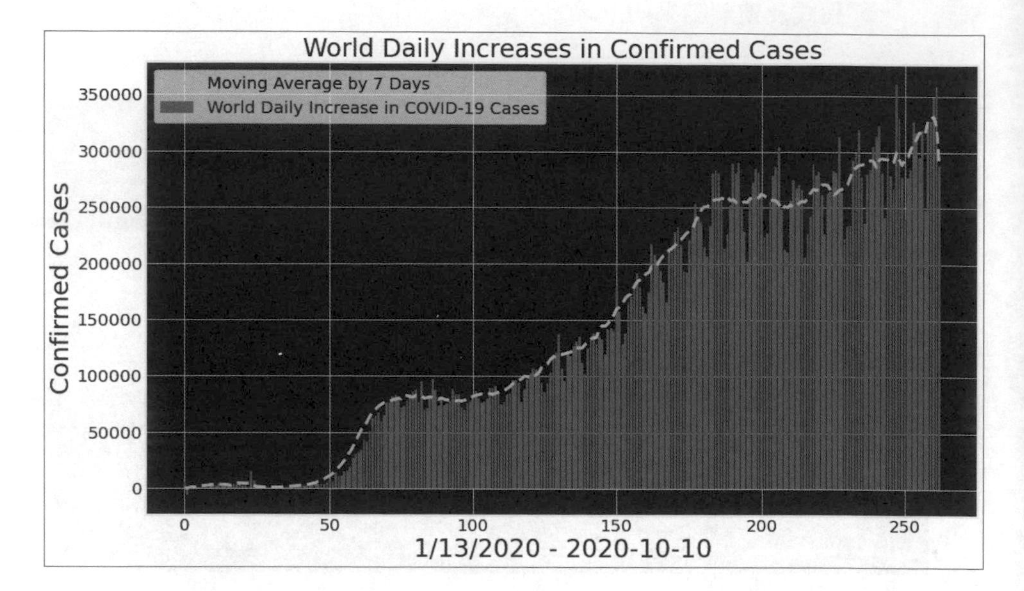

  - 參數最佳化後預測數據：死亡增加數。

    加移動平均，程式及續圖結果如下：

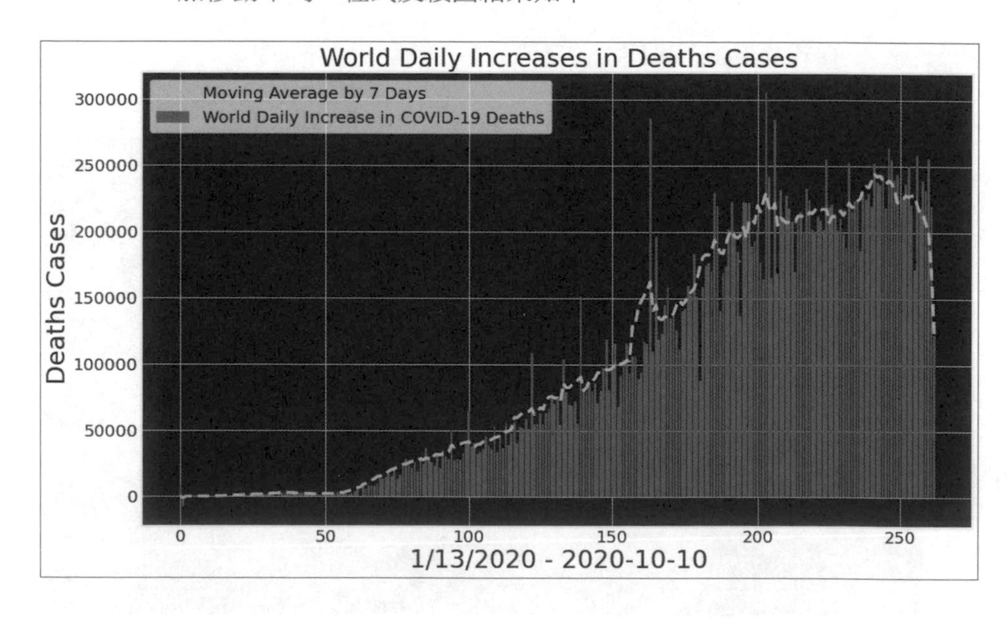

◆ 參數最佳化後預測數據：復原增加數。

加移動平均，程式及繪圖結果如下：

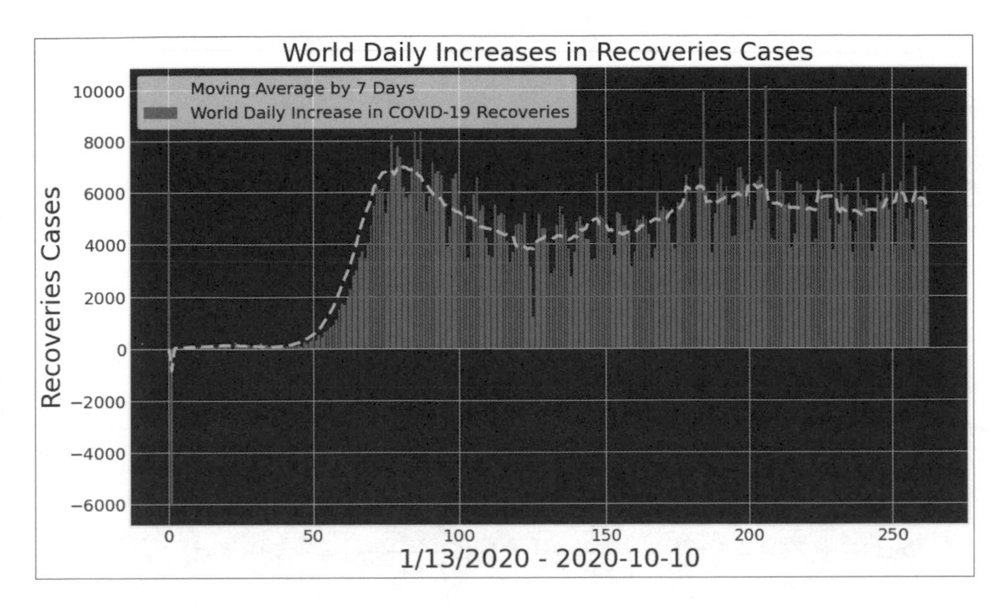

- 模型驗證：經過積極的防疫作為及超前部署後，會有效防止 Covid-19 的擴散，是否一如預期的下降，這是本實例最重要的部分，以是迴歸運算後，用調整後的參數，分別畫出新增確診人數預測圖，新增死亡人數預測圖，及新增復原人數預測圖。

  這樣做完運算後，有沒有問題？

  在這裡要解釋一下 LOG（對數）計算的細節，演算法公式如右：

$$P = \prod_{i=1}^{n} \beta_i X_i$$

  ◆ 在前面的迴歸運算中，當是 X 上升 % 會使得 Y 絕對量增加一個固定值的情形，以確診人數（X）與時間（Y）的關係進一步分析及解讀：隨著時間增加，能夠使用的醫療品質及新的防疫措施及資源同時對應地增加，可以預期這會是一個遞增的線型（未必是直線），用統計上的直線配適結果應該不會太差。

  ◆ 但問題是，直線模型中對所有 X（時間）斜率評價都相同，這忽略一個非常重要經濟上的基本原理：邊際效用遞減（The Law of Diminishing Marginal Utility），要如何補救這個謬誤？

舉例來說給窮人 1 萬元與給予富豪 1 萬元其價值是大大不同的，但在線性模型當中卻一視同仁（但未必表示線性配適不良）。這種統計上的解讀沒有說服力。很多時候我們可以聽到這種行銷上的比喻：窮的人買不起，有錢人都買過了…，那麼該賣給誰呢？

◆ 如果用線性模型來預測疫情爆發期塊與疫情控制期將產生很大的偏誤，不巧最重要的措施卻應該是在疫情末期，在數字分析上當然必須加以調整。若以效用來預測消費者購買行為的話，log 比起單純用直線更佳適合；同理 Covid － 19 屬同性質的分析。

◆ Log 轉換在迴歸模型的應用上，可將具有效用遞增或遞減性質的 X 進行對數轉換，本例採用演算法是：

$$log\big(g(X\theta)\big) = log\Big(\frac{1}{1+e^{-X\theta}}\Big) = log1 - log(1+e^{-X\theta}) = -log(1+e^{-X\theta})$$

$$log\big(1-g(X\theta)\big) = log\Big(1-\frac{1}{1+e^{-X\theta}}\Big) = log\Big(\frac{e^{-X\theta}}{1+e^{-X\theta}}\Big) = -X\theta - log(1+e^{-X\theta})$$

◆ 進行資料轉換，不只是為了迴歸分析，而是更有效率的比較兩組樣本間的加成效果。

LOG 分析結果如下：

◆ LOG 轉換後預測：確診人數。

程式及繪圖結果如下：

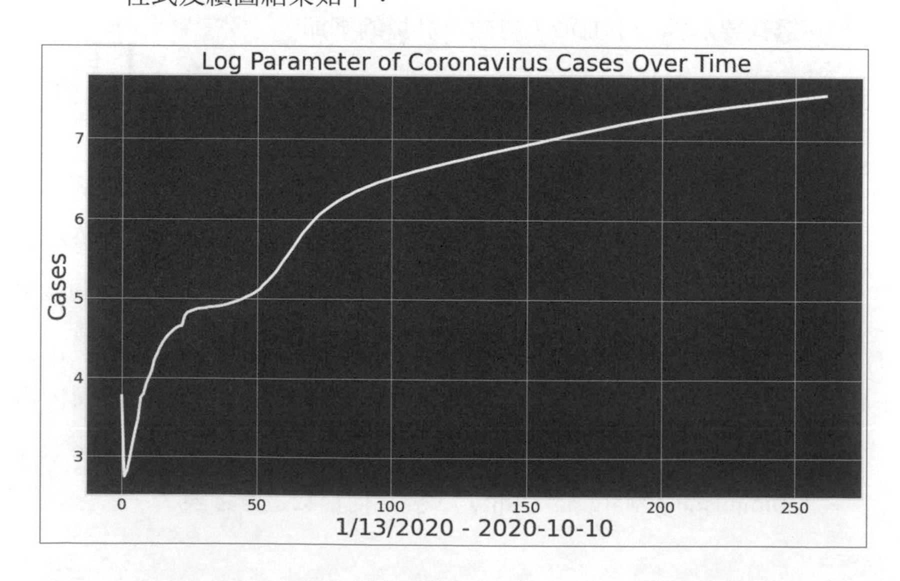

◆ LOG 轉換後預測：死亡人數。

程式及繪圖結果如下：

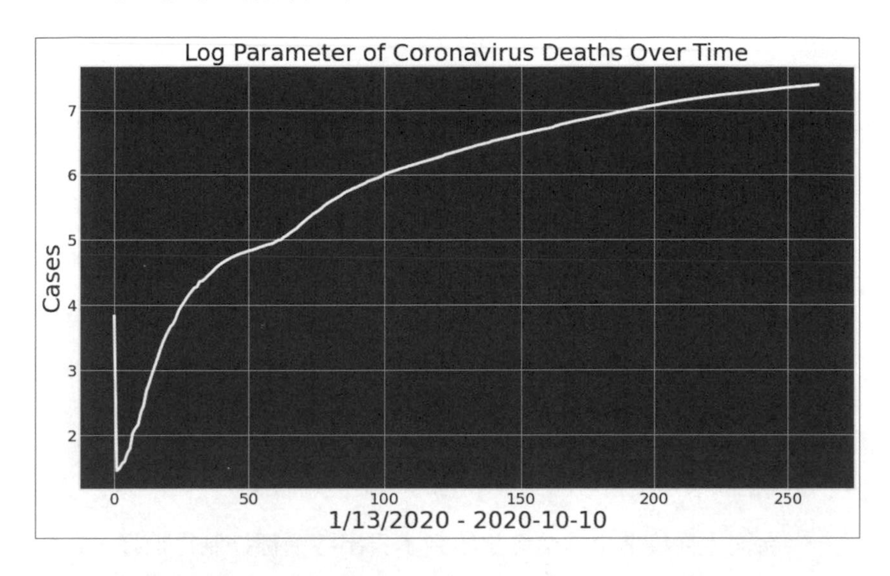

◆ LOG 轉換後預測：復原人數。

程式及繪圖結果如下：

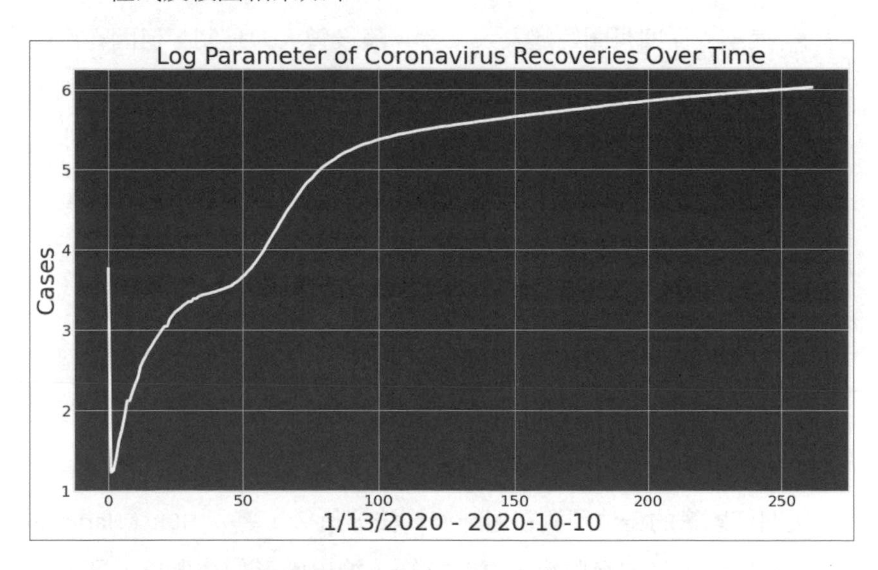

- 預測結果：經過上面的演算，重新把我們關心的幾個國家，重新根據最新 WHO 資料，預測一下未來確診數、死亡數、復原數等。程式如下：
  - ◆ 設定確診人數圖，及平均移動圖的各項參數。
  - ◆ 設定死亡人數圖，及平均移動圖的各項參數。
  - ◆ 設定繪圖子函數（country_visualization），用迴圈將數據資料擷取出來。
  - ◆ 將國家別用陣列存起來，再直接呼叫上面設好的函數。再分別依國家名繪出預測圖，這裡先列出三個國家（台灣、美國、印度）展示一下人工智慧的威力。

這四個國家是疫情發展完全不同的四個極端狀況：

- ◆ 台灣：從疫情全球暴發起始到本書出版前都控制得很好，在統計上由於一致性太高，沒有起伏波動，那麼用 AI 預測後是什麼結果，可想而知了。
- ◆ 美國：從四月開始進入大爆發，隨後曾大力控制，但因經濟因素而在二個月後開放經濟活，人口流動太多太快，雖然無法出國，但美國境內遼闊，國內班機完全沒有受影響，疫情根本無法控制。
- ◆ 印度：從七月開始大爆發，因醫療資源有限，在一個月就疫情失控了，在統計上也是非常態的，用線型迴歸演算法算出後又會呈現什麼結果。
- ◆ 日本：是早期疫情大爆發的國家之一，因鑽石公主號的大型交叉感染後，好不容易控制下來，但四個月但後卻開始第二波流行，是否可以如第一波一樣控制下來，仍在未定之天。

這四個國家的疫情預測在迴歸演算法分析後，導入 HBR（Harvard 大學公衛學院）最佳參數後，再計算後，繪出圖形如後所示，是否會出現有趣的結果，讓我們看下去。

台灣：

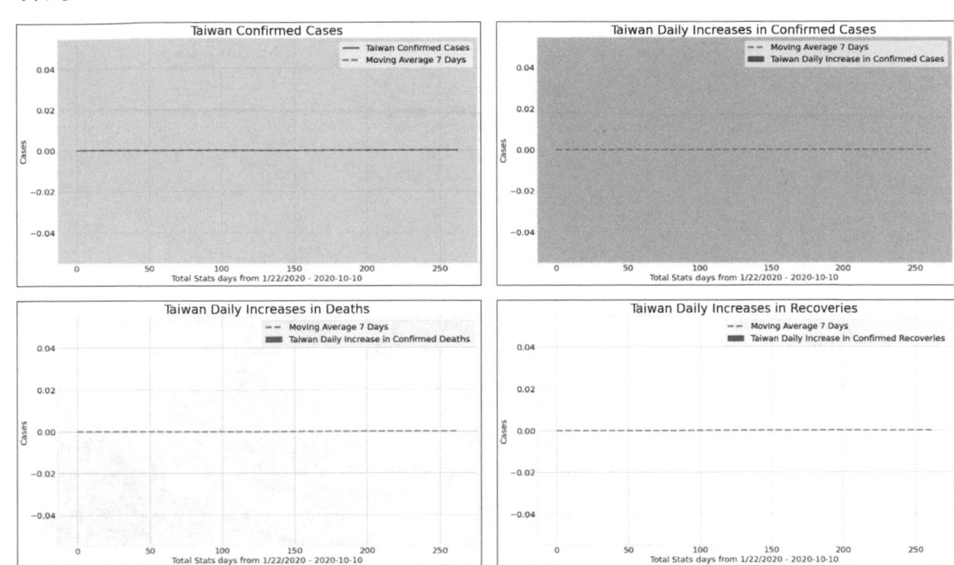

沒有起伏沒有波動，故預測結果也沒有意外。

美國：

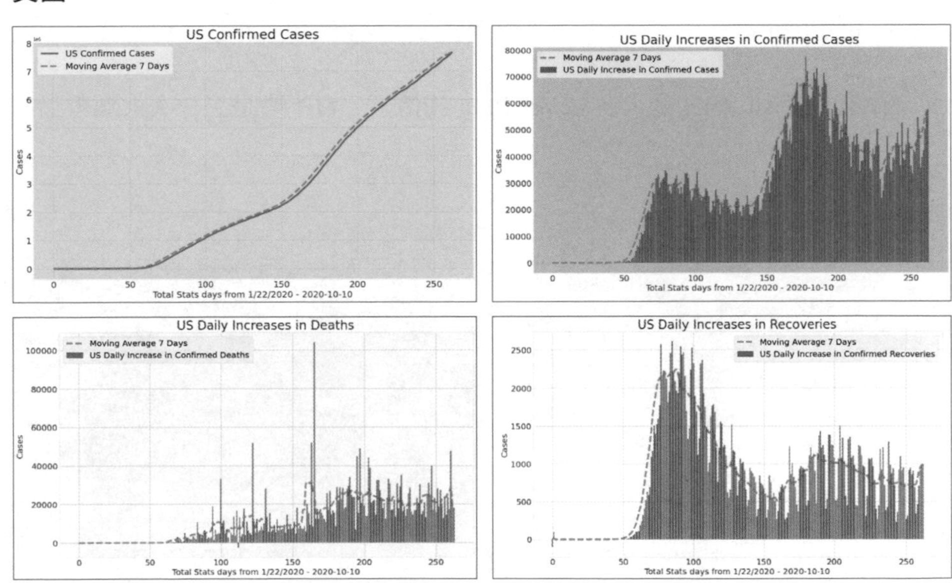

從圖形上看出，美國已面對二波流行，死亡人數驚人，從預測結果看來，仍看不到終點線；甚至死亡人數仍在緩慢增加中，醫療能量是否足以應付長期抗戰，真的只能禱告了。

印度：

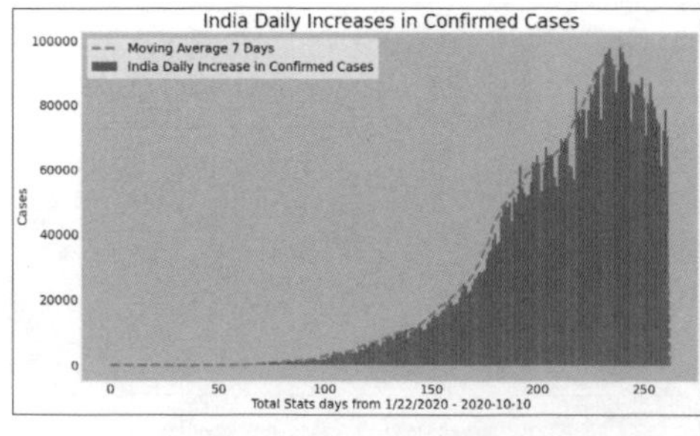

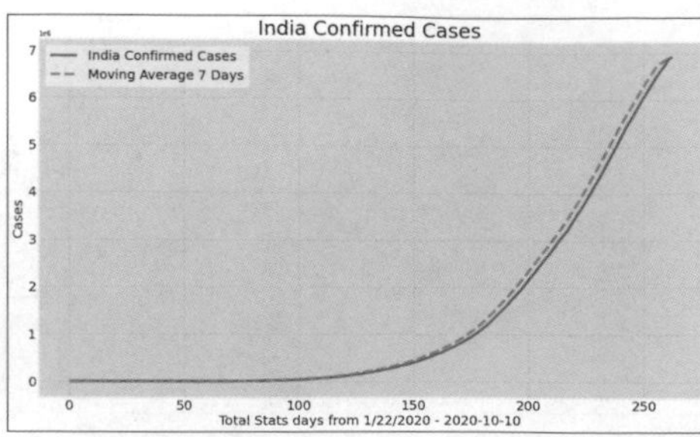

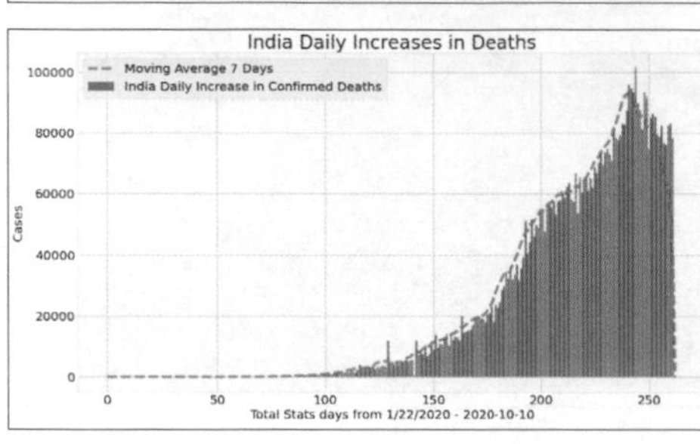

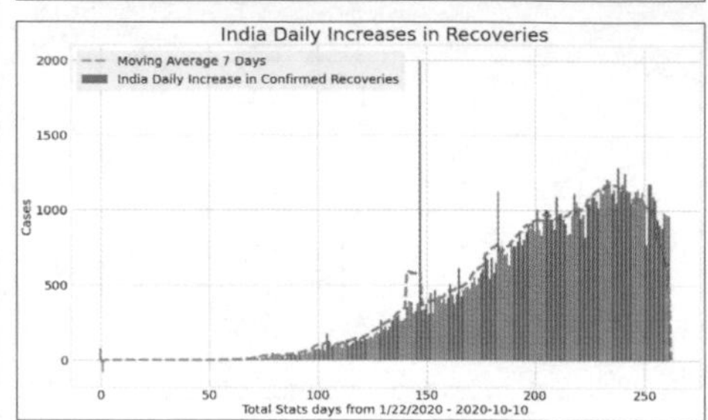

從圖形看來，只是在爬升段，不論確診或死亡人數均在快速增加中；本即後面加入移動率的預測數字，驚訝的發現，接下來印度還要面對陡升的確診和死亡人數。

有十四億人口的印度，在 Covid-19 的疫情下，會不會是另一次人類史上的大浩劫。

日本：

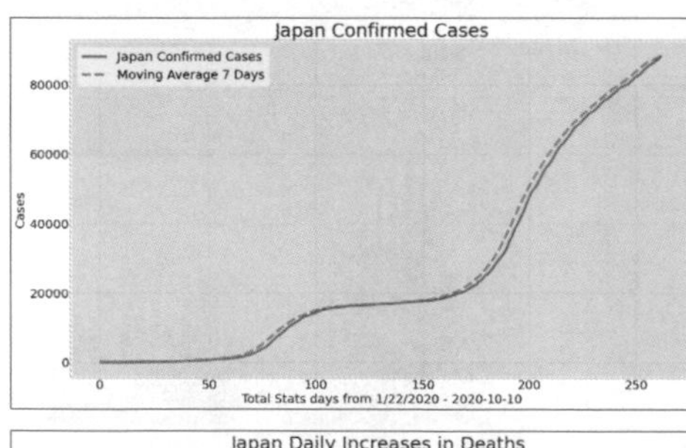

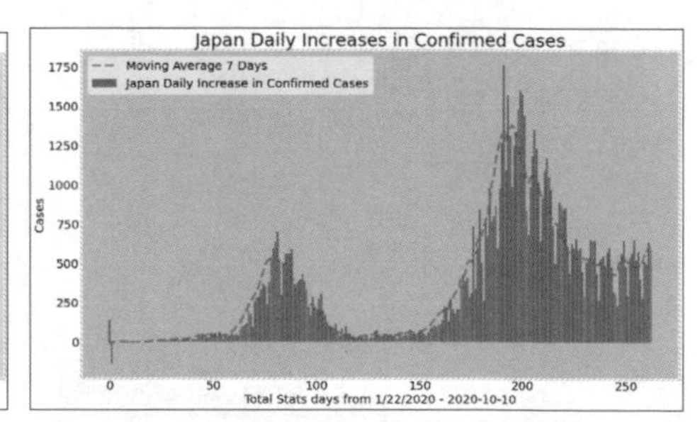

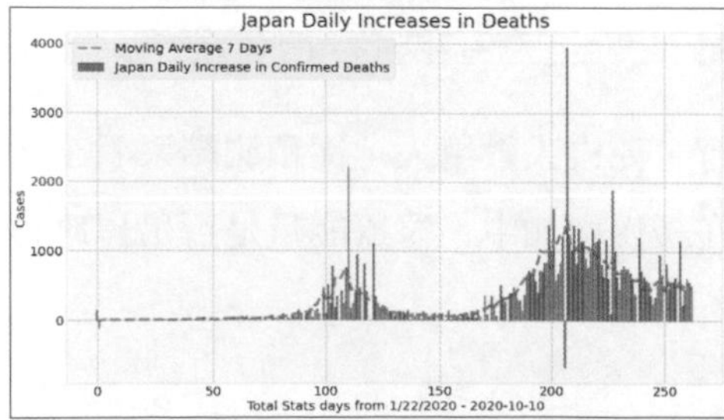

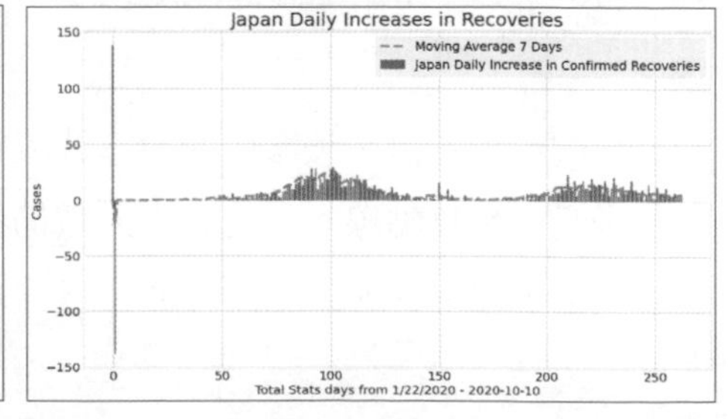

從圖形看來，日本由於國民衛生習慣良好，雖然第一波沒有守好，但隨後停辦奧運及國內社交活動凍結，使疫情好轉；雖然第二波疫情經濟活動開放而再次流行，但日本人練就一副好身手，不會該疫情再次大爆發。

從圖形上看來，還挺樂觀的。

6. 交叉驗證：將不同國家（美國、巴西、印度、俄羅斯、南非）放在一起看。程式及繪圖結果如下：

- 確診人數比較圖：

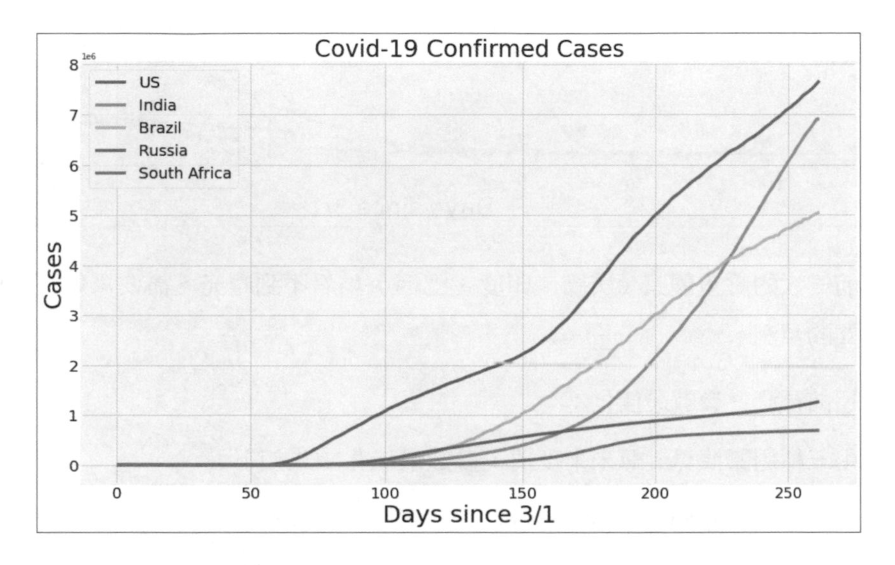

- 死亡人數比較圖：

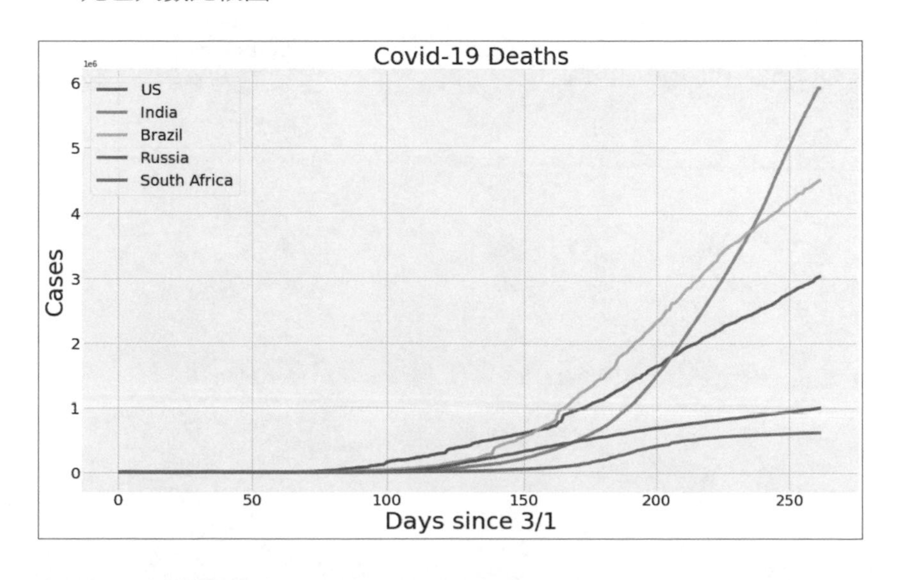

* 復原人數比較圖：

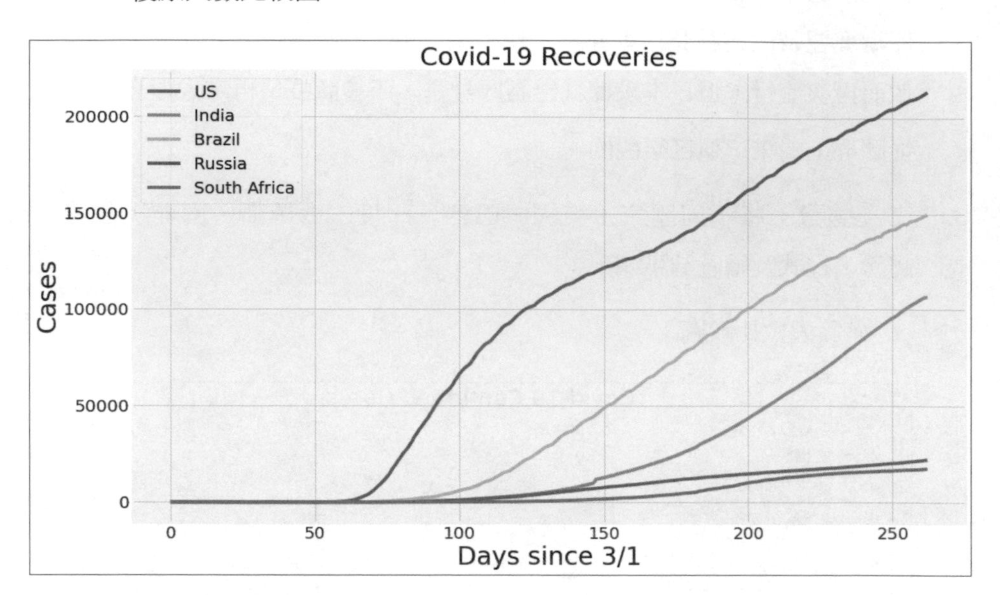

前三大的嚴重國家（美國、印度、巴西）均看不到曙光，需要再做更長時間的預測。

7. 超前預測－參數最佳化：

用三種迴歸演算計算未來疫情，參數最佳化函式如下：

* SVM（support vector machine）「支援向量機器」：

  預測全球 Covid-19 全球確診人數，程式和繪圖結果如下。

```
plot_predictions(adjusted_dates, world_cases, svm_pred, 'SVM
Predictions', 'purple')
```

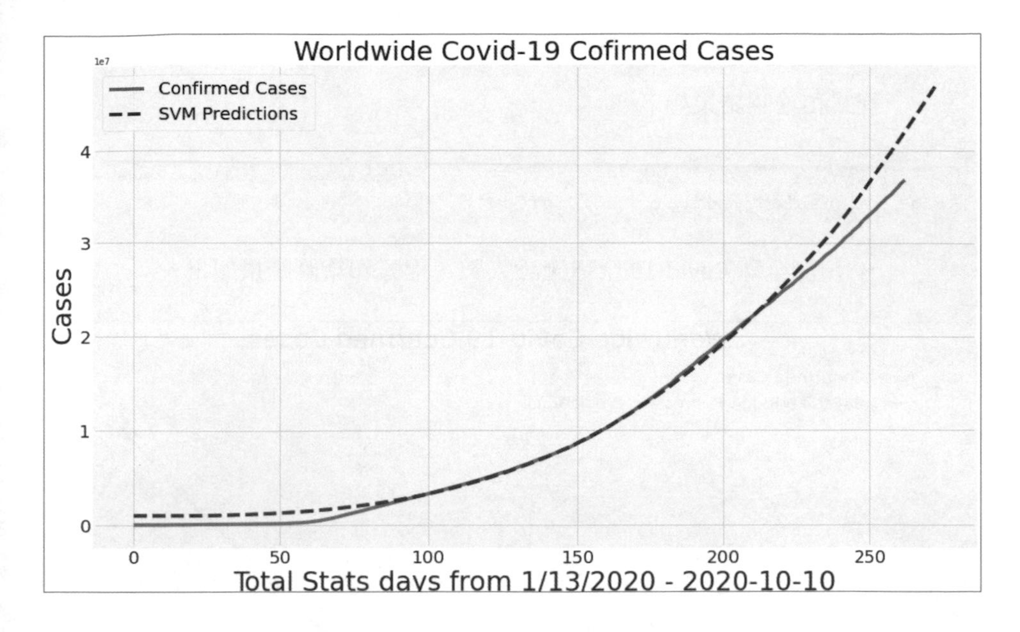

* Polynomial Regression Predictions「多項式回歸」：

  預測全球 Covid-19 全球確診人數，程式和繪圖結果如下。

```
plot_predictions(adjusted_dates, world_cases, linear_pred, 'Polynomial
Regression Predictions', 'orange')
```

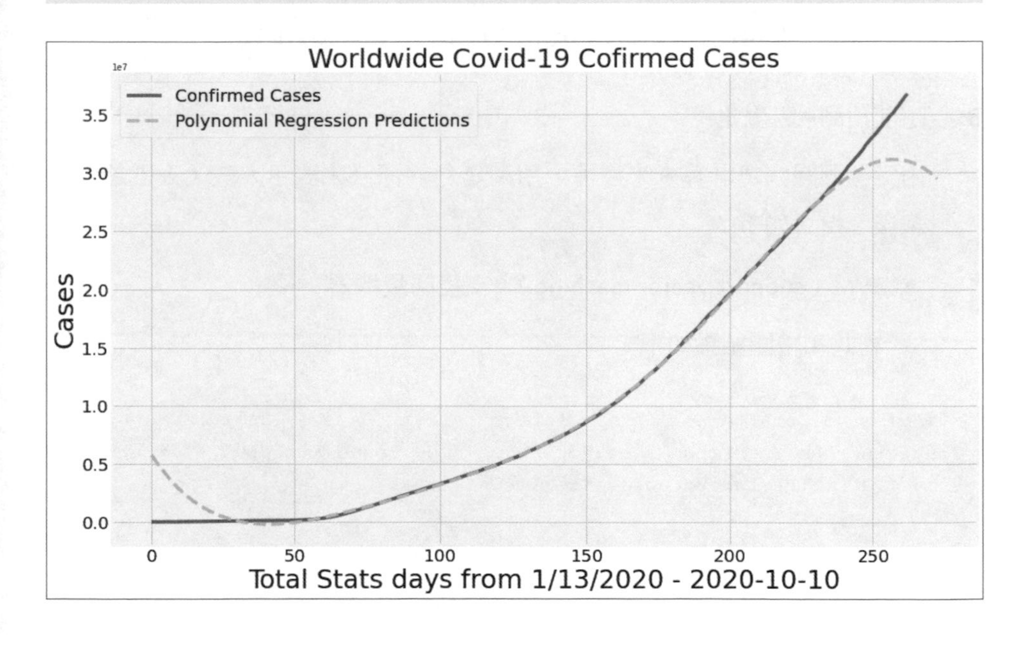

- Bayesian Ridge Regression「貝葉斯線性迴歸」:

  程式和繪圖結果如下。

```
plot_predictions(adjusted_dates, world_cases, bayesian_pred, 'Bayesian
Ridge Regression Predictions', 'green')
```

◆ 預測全球 Covid-19 全球確診人數，程式和繪圖結果如下。

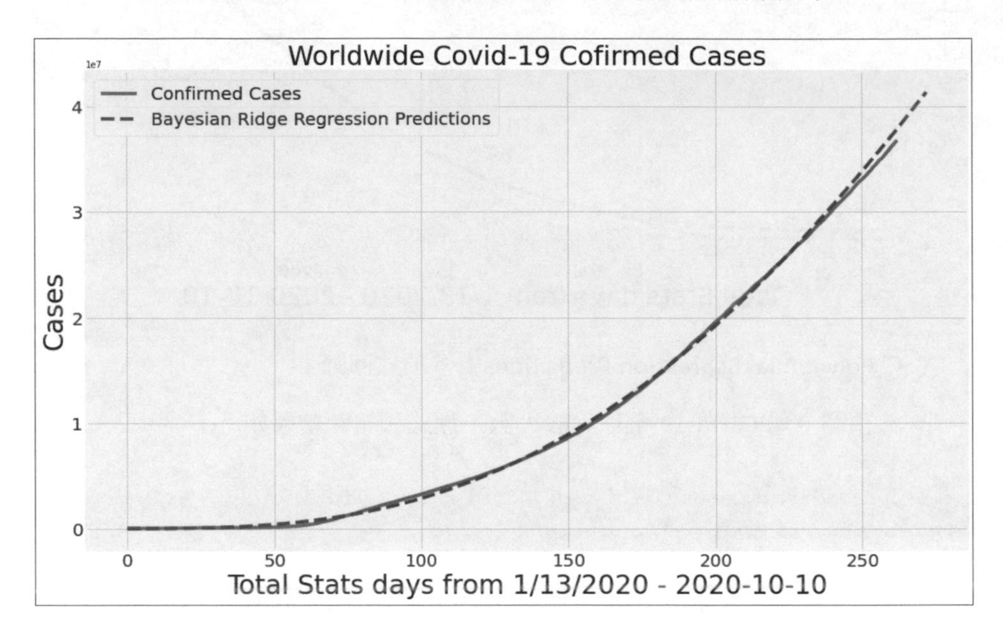

8. 超前預測 - 視覺化：

用三種迴歸演算計算未來疫情，用漸層色的深淺來表示人數，人數越多色越深，程式如下：

- SVM（support vector machine）「支援向量機器」:

  程式和繪圖結果如下。

```
svm_df = pd.DataFrame({'Date': future_forcast_dates[-10:], 'SVM
Predicted the Confirmed Cases Worldwide': np.round(svm_pred[-10:])})
svm_df.style.background_gradient(cmap='Blues')
```

	Date	[SVM] Predicted the Confirmed Cases Worldwide
0	09/04/2020	31290420.000000
1	09/05/2020	31681999.000000
2	09/06/2020	32076910.000000
3	09/07/2020	32475168.000000
4	09/08/2020	32876787.000000
5	09/09/2020	33281781.000000
6	09/10/2020	33690164.000000
7	09/11/2020	34101950.000000
8	09/12/2020	34517153.000000
9	09/13/2020	34935788.000000

- Polynomial Regression Predictions「多項式回歸」：

  程式和繪圖結果如下。

	Date	[Polynomial] Predicted Confirmed Cases Worldwide
0	09/04/2020	26287695.000000
1	09/05/2020	26324481.000000
2	09/06/2020	26346863.000000
3	09/07/2020	26354260.000000
4	09/08/2020	26346079.000000
5	09/09/2020	26321715.000000
6	09/10/2020	26280552.000000
7	09/11/2020	26221958.000000
8	09/12/2020	26145294.000000
9	09/13/2020	26049903.000000

- Bayesian Ridge Regression「貝葉斯線性迴歸」:

  程式和繪圖結果如下。

	Date	[Bayesian Ridge] Predicted Confirmed Cases Worldwide
0	09/04/2020	31769081.000000
1	09/05/2020	32203120.000000
2	09/06/2020	32642541.000000
3	09/07/2020	33087414.000000
4	09/08/2020	33537810.000000
5	09/09/2020	33993802.000000
6	09/10/2020	34455462.000000
7	09/11/2020	34922865.000000
8	09/12/2020	35396085.000000
9	09/13/2020	35875197.000000

9. 超前預測 - 全球總計：

用三種迴歸演算計算未來疫情

- 全球 Covid-19 確診後之死亡率，繪圖結果。

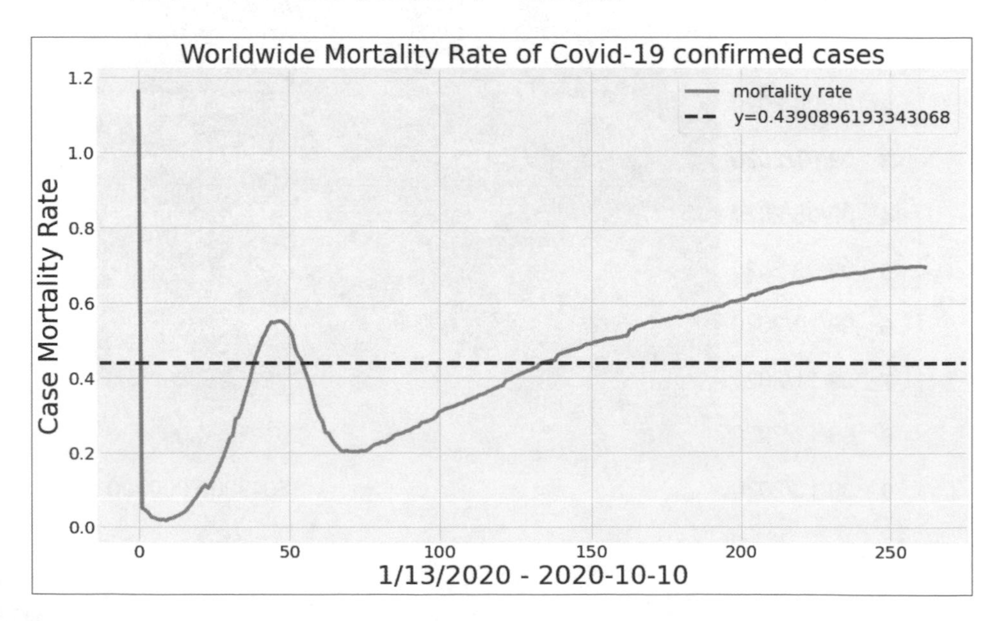

- 全球 Covid-19 確診後之復原率，繪圖結果。

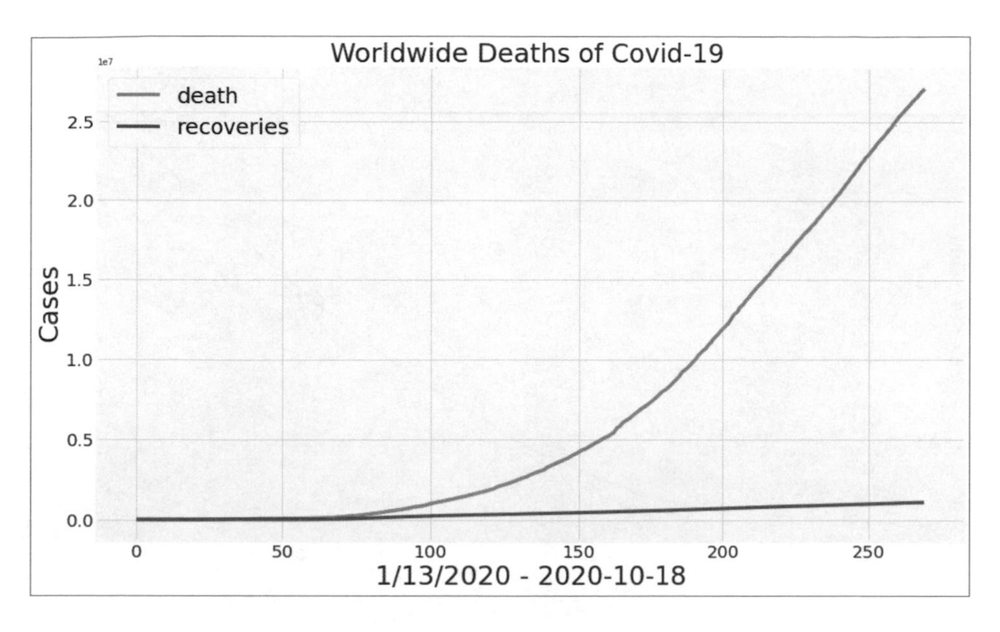

- 全球 Covid-19 死亡率及復原率比較圖，繪圖結果。

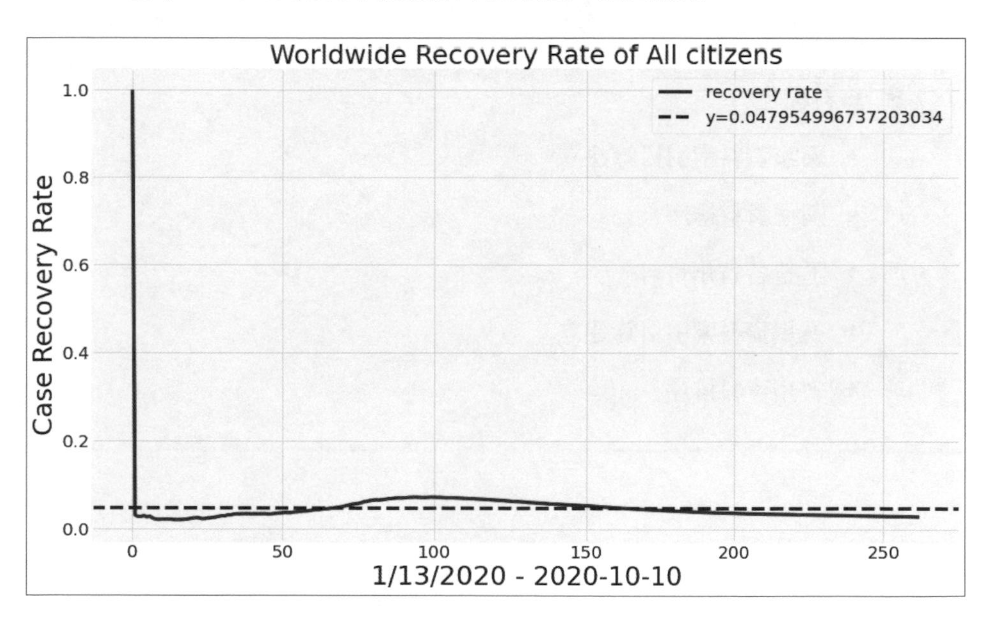

- 全球 Covid-19 死亡率及復原率比較圖，繪圖結果。

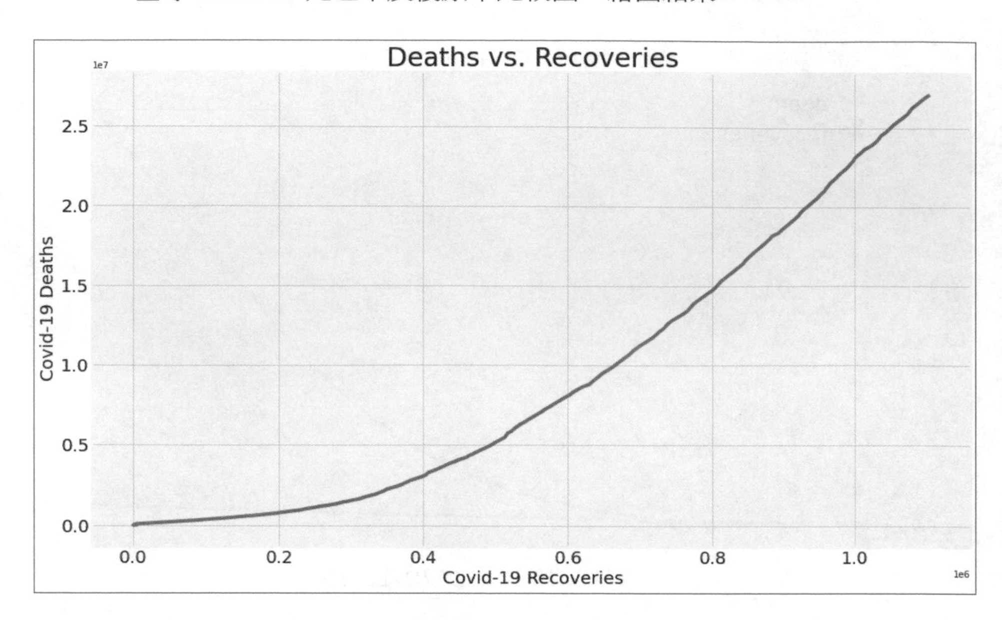

10. 匯總全球各國疫情：各國省州鄉詳細分析

- 匯整各國資料
- 資料純化
  - ◆ 國家資料索引目錄建立
  - ◆ 國家資料排序
  - ◆ 匯整各省州資料
  - ◆ 省州資料索引目錄建立
  - ◆ 省州資料排序

- 列表結果：

	Country Name	Number of Confirmed Cases	Number of Deaths	Number of Recoveries	Number of Active Cases	Incidence Rate	Mortality Rate
0	US	8048865	218575	3197539	4632642.000000	7359083.805448	0.027156
1	India	7432680	112998	6524595	795087.000000	26245.530392	0.015203
2	Brazil	5200300	153214	4526393	520693.000000	89865.005361	0.029463
3	Russia	1361317	23580	1051780	285957.000000	80449.278114	0.017321
4	Argentina	965609	25723	778501	161385.000000	2136.502709	0.026639
5	Colombia	945354	28616	837001	79737.000000	53878.605924	0.030270
6	Spain	936560	33775	150376	752409.000000	37068.271531	0.036063
7	France	876342	33325	108014	735003.000000	12851.492884	0.038027
8	Peru	859740	33577	769077	57086.000000	64487.975607	0.039055
9	Mexico	841661	85704	712250	43707.000000	21883.388447	0.101827
10	South Africa	700203	18370	629260	52573.000000	1180.607766	0.026235

- 列表結果：高階分析表

★☆★☆== 共188個國家，按今日(2020-09-13)全球Covid－19確診人數排名 ==☆★☆★

Country Name	Number of Confirmed Cases	Number of Deaths	Number of Recoveries	Number of Active Cases	Incidence Rate	Mortality Rate
US	6443743	192979	2417878	3832879.00	5045718.47	0.02995
India	4659984	77472	3624196	958316.00	15813.94	0.01662
Brazil	4282164	130396	3695158	456610.00	75569.17	0.03045
Russia	1048257	18309	865646	164302.00	60149.96	0.01747
Peru	710067	30344	544745	134978.00	51331.87	0.04273
Colombia	702088	22518	582694	96876.00	35538.41	0.03207
Mexico	658299	70183	547088	41028.00	17124.57	0.10661
South Africa	646398	15378	574587	56433.00	1089.89	0.02379
Spain	566326	29747	150376	386203.00	21571.71	0.05253

◆ 美國各州疫情一覽表（高階分析表）。

	State Name	Number of Confirmed Cases	Number of Deaths	Number of Active Cases	Incidence Rate	Mortality Rate
0	California	871253	16910	854234.000000	100230.598186	0.019409
1	Texas	843487	17375	826112.000000	628391.364985	0.020599
2	Florida	748437	15830	732607.000000	262537.528205	0.021151
3	New York	481107	33337	447770.000000	73111.555845	0.069292
4	Illinois	339757	9425	330332.000000	213249.428739	0.027740
5	Georgia	337850	7556	330294.000000	540503.157139	0.022365
6	North Carolina	241623	3910	237713.000000	234842.001757	0.016182
7	Arizona	229486	5806	223680.000000	48664.005328	0.025300
8	Tennessee	223493	2871	220622.000000	336436.806894	0.012846
9	New Jersey	217804	16202	201602.000000	45651.151775	0.074388
10	Pennsylvania	184165	8434	175731.000000	64740.017888	0.045796

◆ 美國各州疫情一覽表：高階分析表

★☆★☆== 美國57個 州 / 區，按今日(2020-09-13) Covid－19確診人數排名 ==☆★☆★

State Name	Number of Confirmed Cases	Number of Deaths	Number of Active Cases	Incidence Rate	Mortality Rate
California	754905	14230	740675.00	85977.35	0.01885
Texas	675034	14227	660807.00	483237.17	0.02108
Florida	658381	12502	645879.00	226011.57	0.01899
New York	442791	33019	409772.00	61657.03	0.07457
Georgia	290781	6246	284535.00	453881.67	0.02148
Illinois	259879	8505	251373.00	129626.74	0.03273
Arizona	207523	5288	202236.00	42887.18	0.02548
New Jersey	195888	16023	179865.00	40955.40	0.08180
North Carolina	182286	3023	179263.00	167157.50	0.01658
Tennessee	169859	2025	167834.00	236309.03	0.01192
Louisiana	156174	5202	150972.00	231300.08	0.03331
Pennsylvania	147703	7829	139874.00	46846.92	0.05301
Alabama	136703	2333	134370.00	185494.40	0.01707
Ohio	135326	4403	130923.00	80601.82	0.03254
Virginia	131571	2711	128860.00	192008.69	0.02060
South Carolina	129046	3028	126018.00	120884.94	0.02346
Massachusetts	123986	9180	114806.00	18059.30	0.07404
Michigan	122251	6900	115351.00	52665.91	0.05644
Maryland	114724	3828	110896.00	33804.10	0.03337

11. 美國與其他各國比較：程式與列表結果。

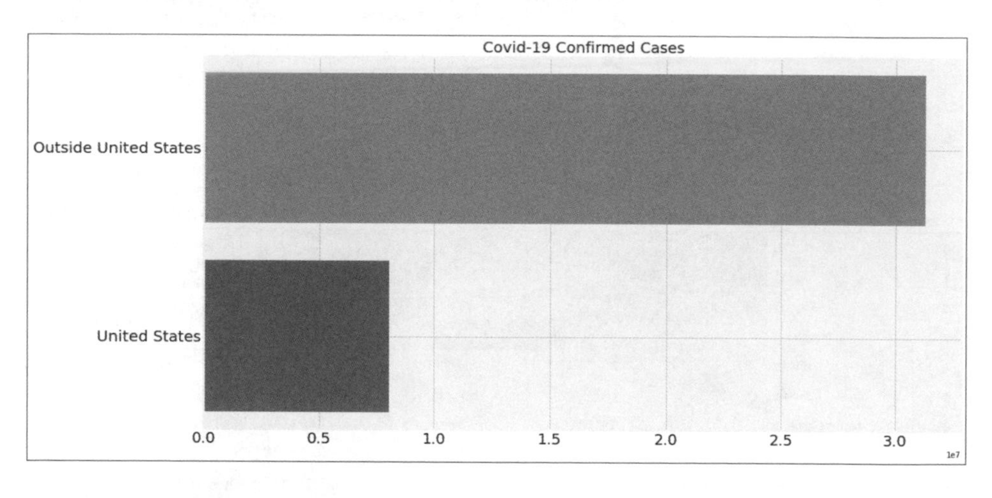

12. 前 15 大確診國家及其他地區加總比較。

- 資料合併及統計程式如下：

```
Outside United States 22037670 cases:
United States 6443743 cases
Total: 28481413 cases
```

• 繪圖如下：

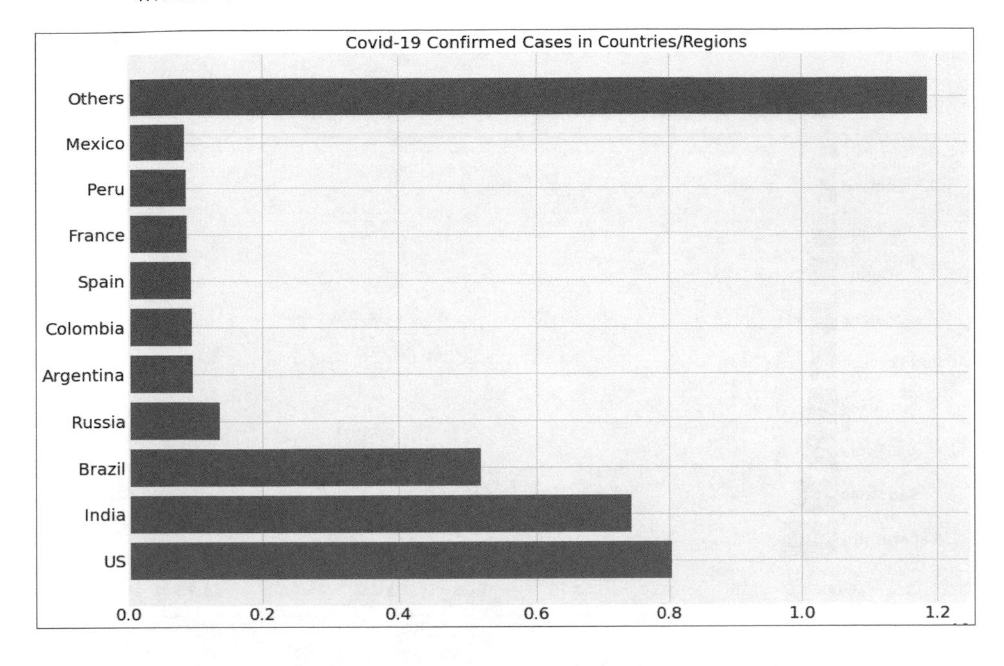

• 對資料進行對數（LOG）運算：

```
log_country_confirmed_cases = [math.log10(i) for i in visual_confirmed_cases]
plot_bar_graphs(visual_unique_countries, log_country_confirmed_cases, 'Common
Log : of Coronavirus Confirmed Cases in Countries/Regions')
```

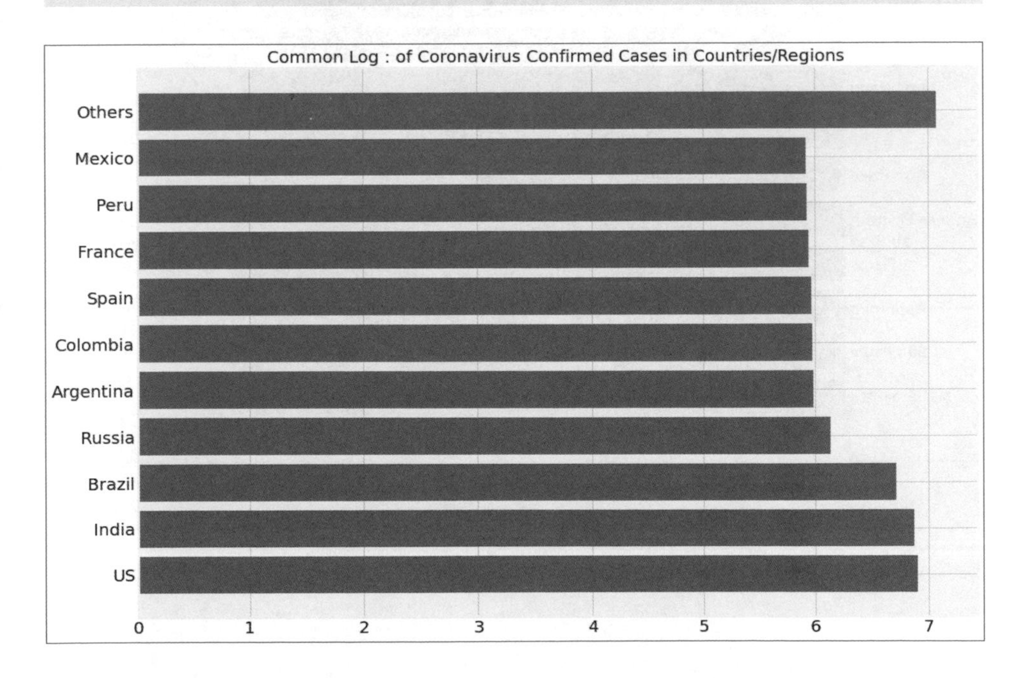

- 各國區域內各州或各省，疫情統計總表：

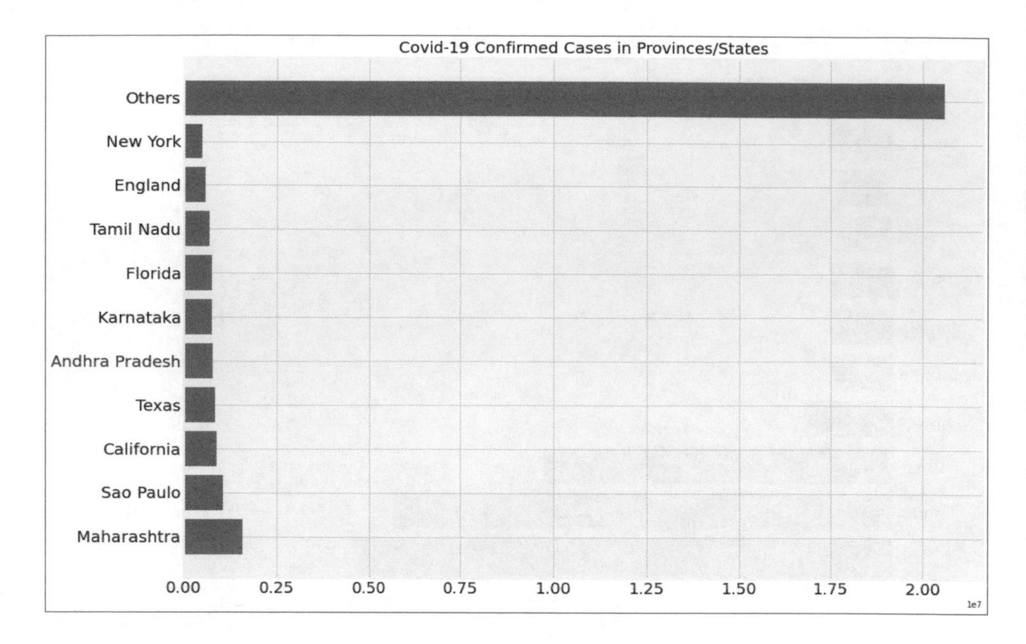

- 對資料進行對數（LOG）運算：

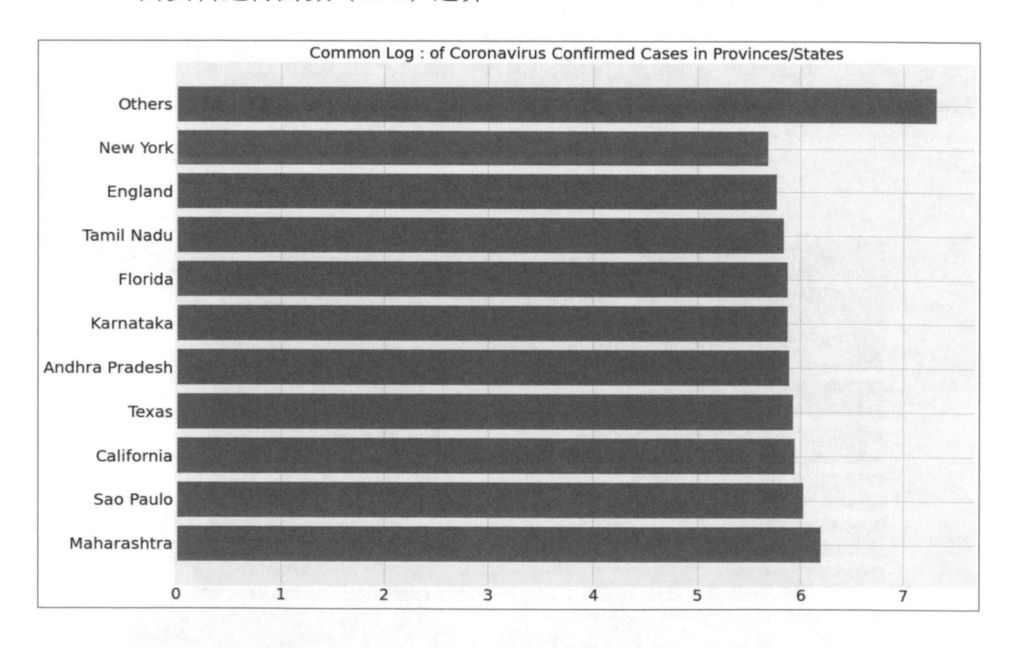

- 用另一種視覺呈現，全球 Covid-19 疫情：Pie Chart。

  資料合併及繪圖如下：

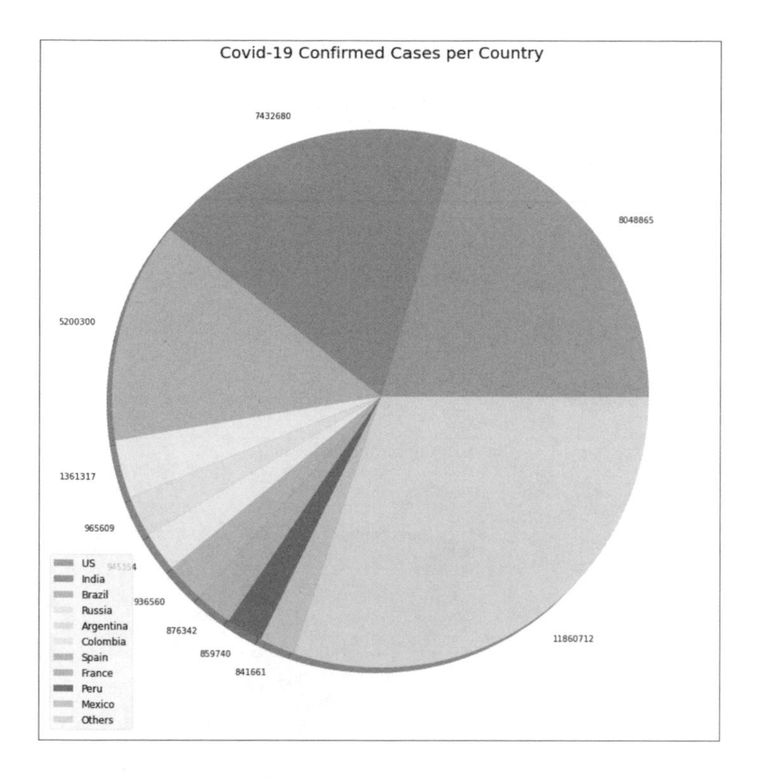

- 繪圖程式（全球區域性比較）：區域是以大國中的州 / 省 / 自治區 / 佔領區等做為比較單位。

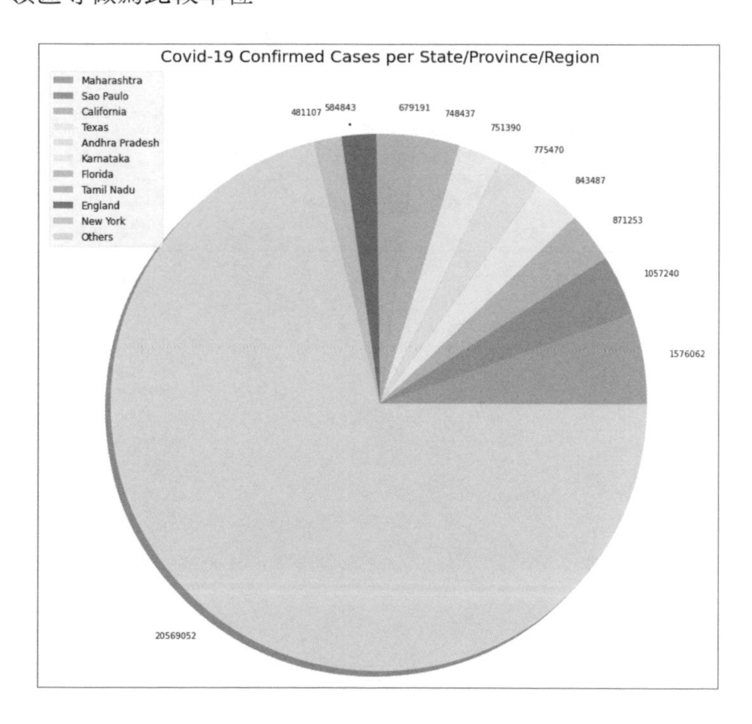

- 全球 Covid-19 疫情按大國中的區域性分析（僅列最嚴重的感染地區）：
  - 僅列該國最嚴重的五個感染地區，其他放入 Others 項目中。
  - 只列確診數大於零的資料。
  - 繪出各國圖形：WHO 有 21 個國家，資料精細到一級行政區（區、州、省、自治區、邦聯、佔領區、殖民區等），美國更精細到鄉鎮村（共 3270 個）。

美國分區疫情圖：

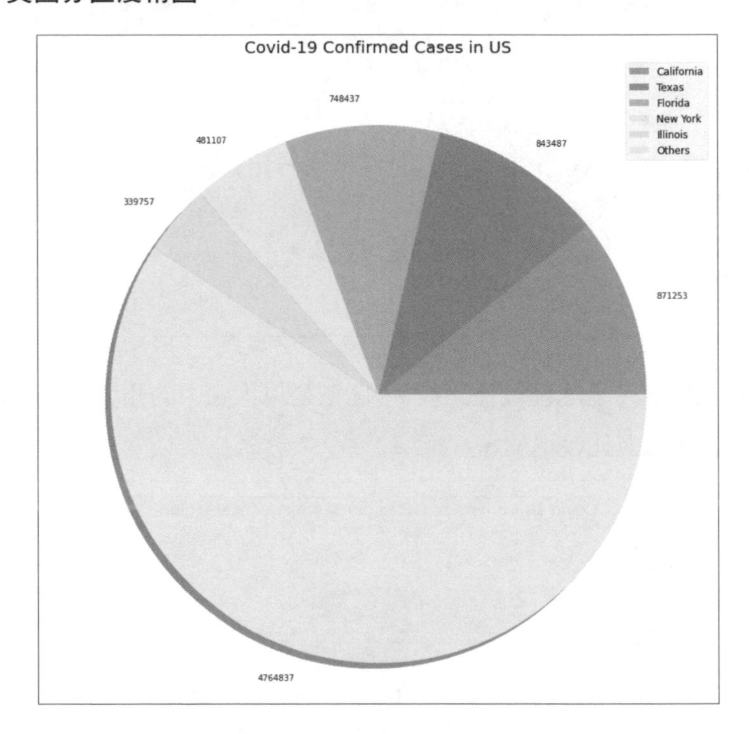

印度分區疫情圖：

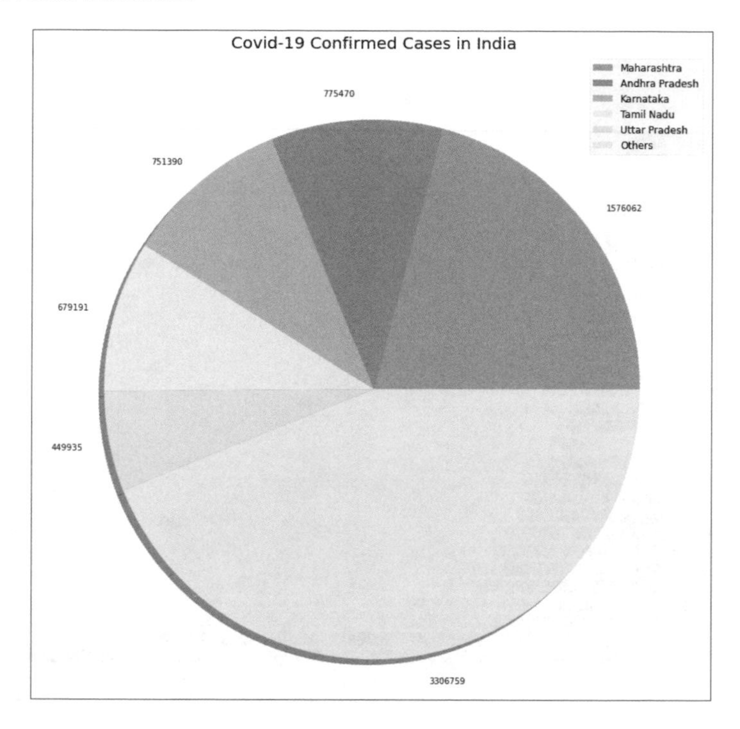

中國分區疫情圖：

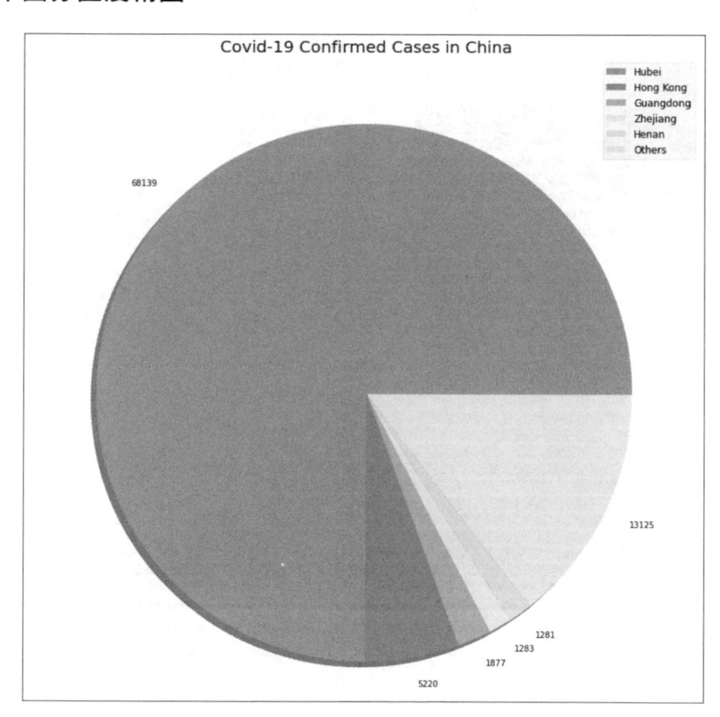

- 美國資料即時分析：進行資料純化及統計匯整，各州 Covid-19 檢驗數量即時圖。

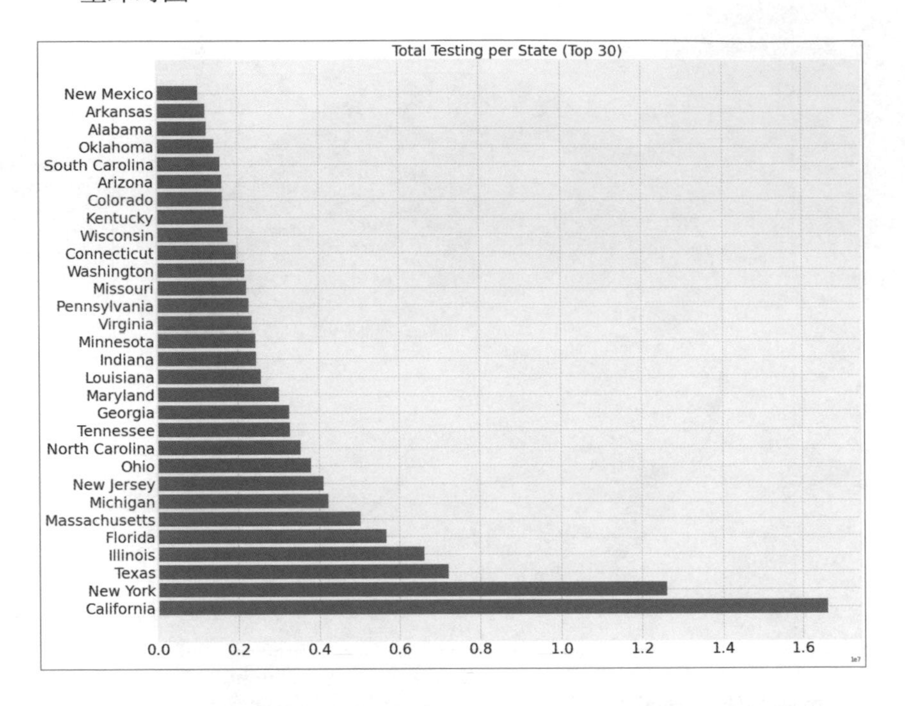

- 各州 Covid-19 檢驗比率即時圖：

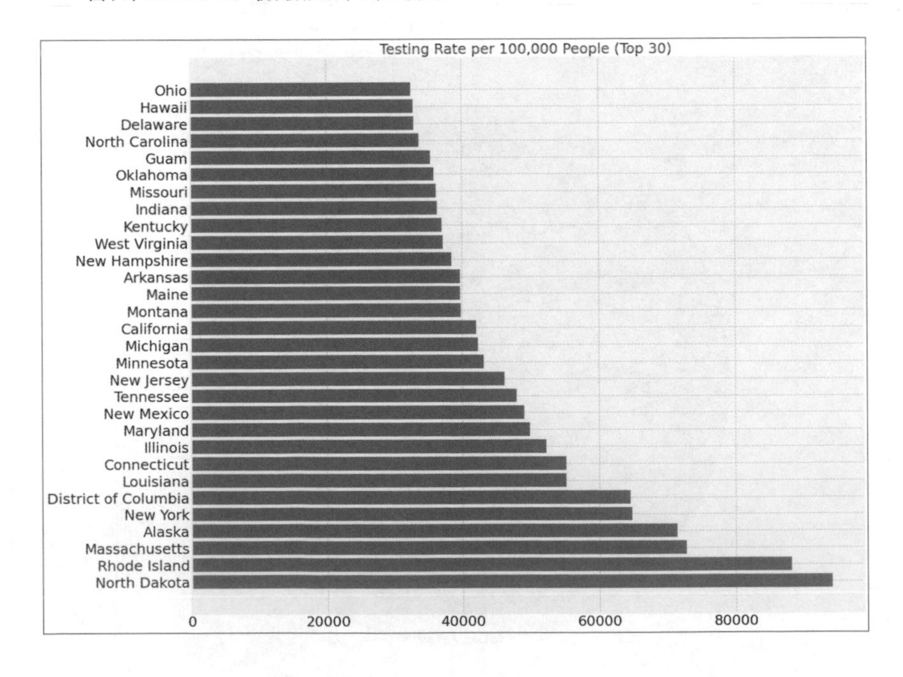

13. 各國人口移動即時資訊（Apple Mobility）：用 Apple 公司提供的大數據資料庫來分析下列二個重要趨勢。

- 人口移動是否頻繁和疫情有緊密的的關係。
- 人口移動是預測下一個爆發大流行的熱點區。

  統計程式如下：

  - 將檢驗數最多的 30 個州，與人口移動熱區進行資料整合。
  - 並進一步分析移動方式，將三種移動方式（步行 walking、駕車 driving、公共運輸工具 transit）分別進行統計。

- 建立一個子函數，計算美國各區域的三種移動方式之數據。

```
def get_mobility_by_state(transport_type, state, day):
    return apple_mobility[apple_mobility['sub-region']==state][apple_
mobility['transportation_type']==transport_type].sum()[day]
    plot_bar_graphs_tall(testing_states[:top_limit], testing_
number[:top_limit], 'Total Testing per State (Top 30)')
```

- 進行日期型態不同的檔案間的轉換：以符合 Apple Mobility（因為日後會天天從 Apple Maps 下載資料，為了省麻煩，將資料格式先統一）。

```
revised_dates = []
for i in range(1,len(dates)):
    revised_dates.append(datetime.datetime.strptime(dates[i],
'%m/%d/%y').strftime('%Y-%m-%d'))
```

- 將週末（Weekend）和週間（Weekday）的資料分別統計。

```
def weekday_or_weekend(date):
    date_obj = datetime.datetime.strptime(date, '%Y-%m-%d')
    day_of_the_week =  date_obj.weekday()
    if (day_of_the_week+1) % 6 == 0 or (day_of_the_week+1) % 7 == 0:
        return True
    else:
        return False
```

- 進行繪圖，僅列出四個州。
  - 疫情重災區的紐約州：

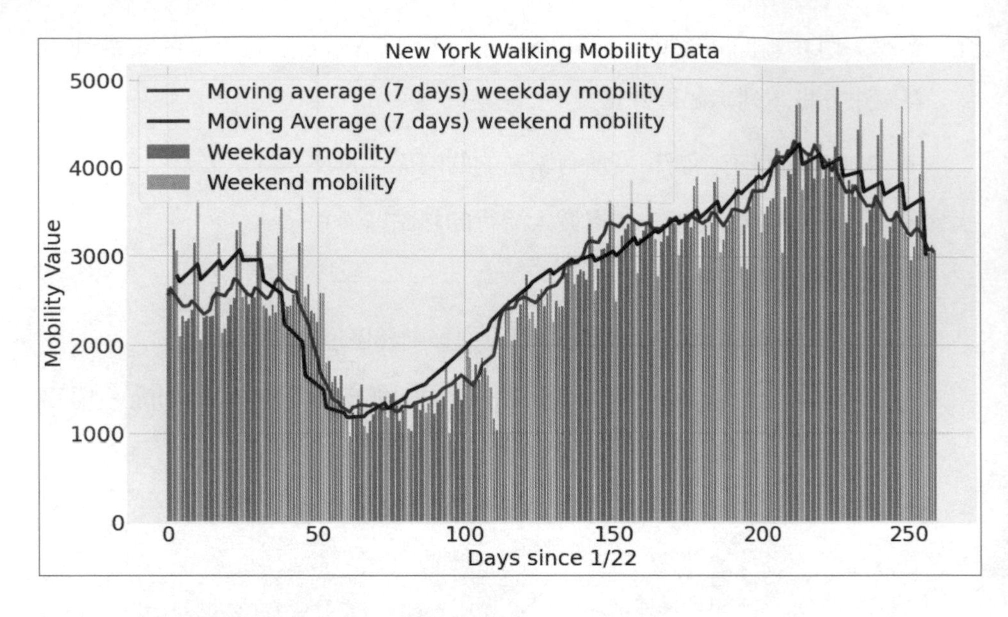

◆ 南方疫情最嚴重的佛羅里達州：

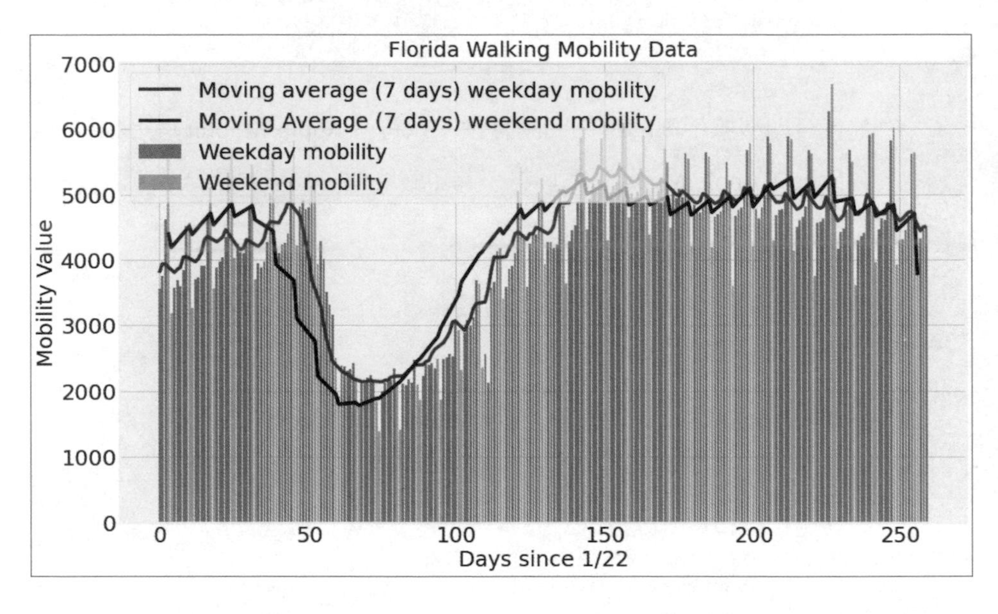

◆ 科技重鎮因經濟重啟而成 Covid-19 疫情重災區的德州，可以看出移動情況是疫情升溫的領先指標。

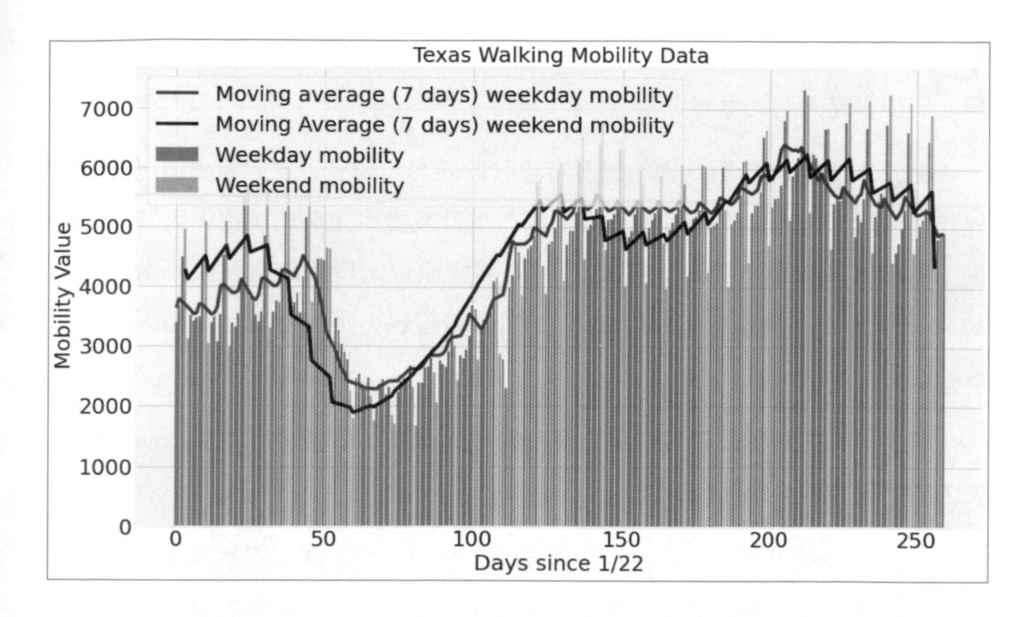

◆ 臨太平洋的加州，因亞洲活動人口多，在未及時關閉的情況下，Covid-19 疫情一發不可收拾。

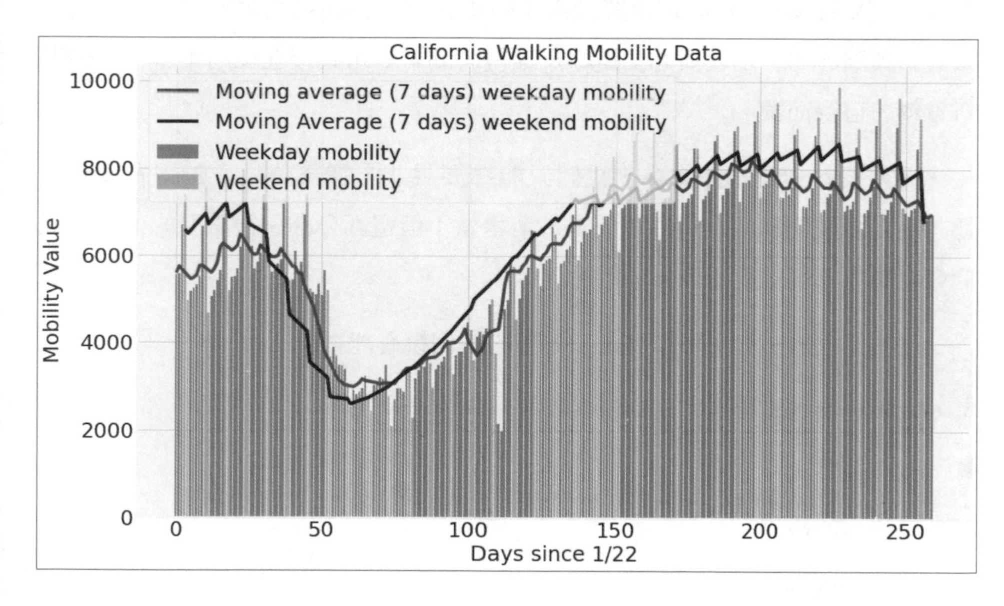

七、專案結論

這個「Covid-19 的分析及預測」是本書其中一位作者企劃的一個公衛專案，目的在協助美國 CDC 的科技防疫工作，該專案團隊員來自美學界及大型資

料庫公司，在本書付梓之前專案仍在進行中，內容齊全且對初級工程師來說，是一個很容易入門的專案。

由於本書是 AI 針對基礎的學習者設計的內容，讀者只要先要求自己能利用程式及模組來完成工作即可，不必拘泥於統計及數學預測的細節，因為這些都是工具而已，數學家及統計學家已用 20 年完成程式模組的測試及不斷改進，20 年來經成千上萬資料工程師及 AI 工程師驗證過，不可能有什麼錯誤，可以放心使用。

隨書附的完整程式碼，已足夠讓有興趣的讀者，繼續發展各種 Covid-19 的人工智慧研究或公衞防疫研究。

本書的程式說明中，簡化了二個部分：因為 WHO 官方網站流量太大，收集即時資料是從公開資源的免費平台取得，有點時間差，但不影響程式執行；我們只是要練習預測模型，且研究工作本來就不在乎 1-2 天的資料時差。當然如果一定要從 WHO 官網或研究機構（哈佛大學、約翰霍普金斯大學）直接下載最新資料亦可，那就要忍受斷線及等待時間了。可直接在使用本書程式讀取新資料，自行演練。

另外資料純化細節太多，我們只能擇要說明，這部分大多數讀者沒有興趣，佔太多說明篇幅，只會降低本書銷售量；但這部分卻是很重要的部分，我們會有專書來詳細說明資料純化的內容。

從本節內容，你可學習到人工智慧的四個核心能力：

- 大規模跨機構平台的即時資料的收集與整合能力。
- 資料純化。
- 子函數的應用。
- 科學視覺的活用。

接下來，可以進入更進階的部分了。

7-2 Airbnb 全球客戶 AI 分析系統（附完整程式）

經營一個企業或品牌時，最重要的是如何為投入的資金取得長期穩定的報酬。即建立長久持續的獲利模式（ROI）。

達成這目標的方法有二個關鍵指標：

- **客戶忠誠度 CLTV**：從每個客戶獲得最大價值，或是追求更高的客戶生命週期價值（CLTV）；用白話文說，即「為品牌發展忠實客戶」。
- **品牌指標 Brand Index**：建立客戶忠誠度的第一步是將品牌深植於消費者心中，稱為「品牌定位」。

「品牌定位」用白話文說，即是「消費者對品牌的感知」；而品牌指標是客戶對品牌的熟悉度。

提昇這二個指標有二個作法：

- **成為現有產品 / 服務類別的領導者**：品牌企業每年花費大量金錢，精力和時間，努力提昇品牌；有朝一日成為品牌領導者，就能帶領風潮，擁有話語權或市場分配權。
- **創建一個新利基市場**：如果市場中已有穩定的領導者（如咖啡連鎖店已有星巴克），這時新品牌就必須先為自己創造一個利基市場；創造利基市場是有方法的：首先要確定目標客戶，即選擇一個利基市場，不是大眾市場，而是小眾市場。使您的產品與眾不同，並佔領利基市場。即使利基市場佔整體市場很小一部分也沒有關係；細分市場越狹窄，整個公司就越容易集中精力並滿足特殊客戶的需求。一旦您成為利基市場的領導者，接下來再擴大市場，有朝一日也許可以回頭挑戰市場龍頭。

Airbnb 是一個專注利基市場的租屋公司，該品牌針對的對象是城市地區擁有可出租房間的房東，而不是擁有度假旅館的度假勝地的老闆。Airbnb 的房源中有 70%是公寓套房，且大多是一房或二房的公寓。為了和大型訂房網正面競爭，Airbnb 巧妙的發現市場有長期被忽略的一大塊商機，即便宜且長住的租房需求。2000 年（千禧年）世代前後出生的年輕人（30 歲以下），非常喜歡這種旅遊方式或度假方式。

Airbnb 提供了哪些價值？它們與其他品牌有何不同？

- **人文體驗**：建立不同於 Hotel 的體驗價值，並讓這些體驗直接反應在客戶滿意度。
- **高 CP 值**：注重成本。Airbnb 希望客戶在旅行和體驗上多花點錢，但在住宿上花少點錢。

Airbnb 的住房價格與折扣酒店差不多，但體驗值卻可與中高價位的酒店媲美。這個市場定位完全命中年輕人的需要，有兩個成功的關鍵目標：

- **體驗**：對千禧年代出生的年輕人具有吸引力的訴求，如親切的房東，有趣的深度探索或知性的內涵。
- **區隔**：使品牌形象與競爭對手區分開來，該消費者容易認同，同時伴隨共享經濟的概念在 2010 年後起飛，助長了 Airbnb 的氣勢。

本專案是作者在美國擔任顧問期間最成功的案例之一，作者用了二年時間，為這個新公司找到定位，並且在幾年後證明定位十分成功；在過程中用了外人不知道 AI 技術，精準分析客戶的喜好，並將分析結果用在行銷活動上，不斷滾動出新客戶，在 2020 年在美國，建立至少 300 萬忠誠度極高的客戶群。

為了學習人工智慧的技術，我們將這個專案的範本縮小一點，只針對紐約市的範圍來進行人工智慧的分析及消費行為的研究。

另外，在本節，首次對「指尖行為」進行巨量資料分析，「指尖行為」是網路聲量及關鍵字科學的延伸；目前（2021 年）全球有 95% 的人天天用行動裝置進行日常生活的食衣住行有關的活動，使用者用手指按下選擇鍵或滑過文字或圖形時都會產生寶貴的記錄或資料庫，人工智慧工程師再按照這些資料來進行分析或深度學習及資訊採礦的工作，經常能發現巨大的商業利益。

例如 Airbnb 發現 30 歲以下的年輕人，打開住房網的第一個動作大多是選擇房間型號，而不是查看價格或選擇地點，這非常有趣，難道年輕人不計較住房地點的交通便利性嗎？只在意晚上有沒有舒適的地方可睡嗎？從這項特徵（房型選擇）進行分析後，發現驚人的商機，只要商家將房間內裝潢的美美的，並拍照得美美的，就會吸引年輕人訂房。

千萬不要放上交通路線圖等不重要的資訊。

且住房價格由房型決定，年輕人不在乎有沒有冰箱或無線網路（未來 5G 時代，根本用不到 Hub）。

像這樣的 AI 特徵選取，及分析工具的使用，將是本章的重點。

一、專案背景

美國 Airbnb 公司全球擁有近千萬愛用者，大部分的使用者也都會在短期內再度使用 Airbnb 的服務，是客戶忠誠度很高的訂房品牌；該公司亦是使用 AI 技術的先驅者，十年前已開始使用人工智慧的各種工具，來發掘客戶習慣及市場動態，並利用 AI 技術滿足客戶的需求，使該公司一直維持很高的客戶滿意度。

例如：

- 從巨量資料分析主要客戶或常用客戶的消費金額、訂房次數，使用後的滿意度回饋；在下一次訂房時提出客戶有興趣的建議。
- 從客戶的消費單價及房型或其他特徵，來分析客戶行為取向，例如為何舊金山市的客單價遠低於路易斯安那州的那許維爾市（貓王的故鄉），是否 Airbnb 的年輕旅客們，更喜愛文化體驗遠超過都市的便利舒適；也就是說，年輕人寧可選擇有質感的地方度假也不願意去大都市逛百貨公司或去無聊的金門大橋。
- 從客戶使用的指尖行為找出關鍵的行銷焦點：例如重視網路品質的客戶是否會喜歡加州的偏遠地區住房？如何為這二個特徵找到對應關係，就可以為客戶創造價值。
- 從萃取出的資料特徵（例如住房的區域），分析未來經營房東的熱門區域：如像羅切斯特（Rochester）這種邊疆小鎮，是否未來重點區域嗎？是的，房東才是 Airbnb 經營重點。

以下就開始這個有趣的專案。

二、專案目標

- 從巨量資料檔中擷取重要特徵，進行資料分析及資料純化。
- 根據特徵進行分析並計算出行銷有用的結論，並分析結果的一致性。
- 使用機器學習的演算法及觀念，對客戶的「指尖行為」進行消費預測。
- 找出更多特徵（地點、房型等），並嘗試在模型上建立經過調整的特徵，以發揮 AI 力量。

三、專案分析

- 巨量資料庫的呈現：歷史資料要匯整，我們將歷史資料先準備好，進行 Python 及 AI 的學習。
- 圖形部分至少要十種類型，因為是客戶的最高經營會議要用的，必須呈現高品質的視覺化結果。
- 呈現畫面中最重要的位置呈現最重要測試數據，以便使用者一次掌握全面性及最重要的資料。

四、系統分析

- 因為這是公司法說會的報告，故使用最新的 Python 互動工具進行程式編寫。
- 由於結果會呈現很多組圖表，故程式預設用 Anaconda/Jupter 來進行編寫，再直接用 Jupter 來進行網頁化（Dash）。
- 資料庫中資料累積到 1000 筆時，將資料轉成 Pandas，並進行上傳圖片並存在雲端。

五、程式說明（7-2.ipynb）

1. 程式庫及設定引用：除了資料庫外，引入 matplotlib 圖形程式庫。
2. 讀取檔案並資料純化 airbnb.isnull().sum() 結果如下：

```
airbnb.isnull().sum()

id                                    0
name                                 16
host_id                               0
host_name                            21
neighbourhood_group                   0
neighbourhood                         0
latitude                              0
longitude                             0
room_type                             0
price                                 0
minimum_nights                        0
number_of_reviews                     0
last_review                       10060
reviews_per_month                 10061
calculated_host_listings_count        0
availability_365                      0
dtype: int64
```

缺失數據不需要太多特殊處理。

分析數據的性質，各欄位特徵處理如下：

- name 和 host_name：與我們的數據分析無關緊要。
- last_review 和 review_per_month：需要簡單的處理。

- last_review：是日期，如果客戶沒有對商品評論，日期根本不會存在。
- 此列無關緊要。
- review_per_month：為闕值補上 0.0。
- number_of_review：該列將為 0，按照此邏輯，總評論為 0，每月的評論率為 0.0。
- 繼續刪除不重要的欄位，並處理遺失的數據資料。
- 將「每月瀏覽次數」（reviews_per_month）資料，的空值用 "0" 補上。

  最後結果如下：

	name	host_id	neighbourhood_group	neighbourhood	latitude	longitude	room_type	price	minimum_nights	number_of_reviews	
0	Skylit Midtown Castle	2845	Manhattan	Midtown	40.75362	-73.98377	Entire home/apt	225	1	45	0
1	THE VILLAGE OF HARLEM....NEW YORK !	4632	Manhattan	Harlem	40.80902	-73.94190	Private room	150	3	22	0
2	Cozy Entire Floor of Brownstone	4869	Brooklyn	Clinton Hill	40.68514	-73.95976	Entire home/apt	89	1	270	4

3. 特徵工程：檢查一下待會要進行分析的標的，五大都會區（neighbourhood_group）這是第一個想到的資料特徵。

   找出民宿所在大城都會區域總數（neighbourhood_group），待會要進行分析的標的。

```
array(['Manhattan', 'Brooklyn', 'Queens', 'Staten Island', 'Bronx'],
      dtype=object)
```

   界定分析範圍：紐約市行政區、曼哈頓區、布魯克林區、皇后區、布朗克斯區和史泰登島區。

   查看民宿所在大城都會區域總數。

```
len(airbnb.neighbourhood.unique())
```

```
221
      dtype=object)
```

   查看房型，這可能是重要的資料特徵。

```
airbnb.room_type.unique()
```

```
array(['Entire home/apt', 'Private room', 'Shared room'], dtype=object)
      dtype=object)
```

4. EDA 探索性資料分析：分析統計數據，探索不同特徵之間的相關性。

- 找出重要客戶：hosts（IDs）是客戶分析的特徵，試著找出這類客戶的利基。

  列出十大訂房的民宿，分析其有何不同特徵。

```
top_host=airbnb.host_id.value_counts().head(10)
top_host
```

```
219517861    327
107434423    232
30283594      121
137358866    103
12243051        96
16098958        96
61391963       91
22541573       87
200380610     65
1475015         52
Name: host_id, dtype: int64
      dtype=object)
```

- 訂房最多次的民宿，狀況如何？

```
top_host_check=airbnb.calculated_host_listings_count.max()
top_host_check
```

```
327
      dtype=object)
```

- 分析前準備：改變欄位名稱以便容易解讀。

```
top_host_df=pd.DataFrame(top_host)
top_host_df.reset_index(inplace=True)
top_host_df.rename(columns={'index':'Host_ID', 'host_id':'P_Count'},
inplace=True)
top_host_df
```

```
Host_ID P_Count
0    219517861   327
1    107434423   232
2    30283594    121
3    137358866   103
4    12243051    96
5    16098958    96
6    61391963    91
7    22541573    87
8    200380610   65
9    1475015 52
       dtype=object)
```

■ 繪圖：重要民宿列表。

```
f,ax=plt.subplots(1,figsize=(18,6))
plt.subplots_adjust(hspace=0.4,wspace=0.4) # 圖形上下 (hspace) 左右 (wspace) 空隙

g=sns.set_context("paper",font_scale=2.0,rc={'xtick.labelsize':25,'ytick.
labelsize': 25,
                   'legend.fontsize': 25,'legend.title_fontsize': 25})
viz_1=sns.barplot(x="Host_ID", y="P_Count", data=top_host_df,
          palette='Blues_d')
viz_1.set_title('Hosts with the most listings in NYC')
viz_1.set_ylabel('Count of listings')
viz_1.set_xlabel('Host IDs')
viz_1.set_xticklabels(viz_1.get_xticklabels(), rotation=45)
# 大標題放在最後，所有的圖都完成才放大標題
plt.title('Pearson Correlation of Features', y=1.05, size=25)
plt.suptitle('Titanic Survived Prediction Final Concluson:Feature
Importance Ranking',y=1.08,fontsize=30)
plt.show()
```

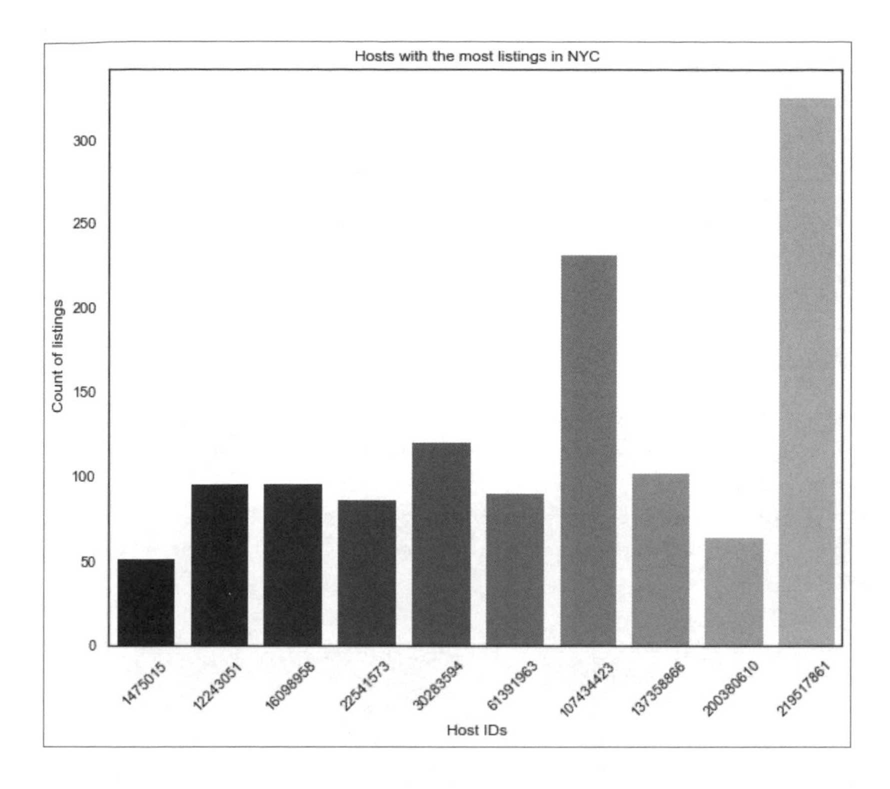

- 在紐約市的五個區（Brooklyn、Manhattan、Queens、Staten Island and Bronx），分別進行資料分組，以便後續分析用：

```
#Brooklyn
sub_1=airbnb.loc[airbnb['neighbourhood_group'] == 'Brooklyn']
price_sub1=sub_1[['price']]
#Manhattan
sub_2=airbnb.loc[airbnb['neighbourhood_group'] == 'Manhattan']
price_sub2=sub_2[['price']]
#Queens
sub_3=airbnb.loc[airbnb['neighbourhood_group'] == 'Queens']
price_sub3=sub_3[['price']]
#Staten Island
sub_4=airbnb.loc[airbnb['neighbourhood_group'] == 'Staten Island']
price_sub4=sub_4[['price']]
#Bronx
sub_5=airbnb.loc[airbnb['neighbourhood_group'] == 'Bronx']
price_sub5=sub_5[['price']]
#putting all the prices' dfs in the list
price_list_by_n=[price_sub1, price_sub2, price_sub3, price_sub4,
price_sub5]
```

```
#建立空檔案，為後面做價格比對時使用
p_l_b_n_2=[]
nei_list=['Brooklyn', 'Manhattan', 'Queens', 'Staten Island', 'Bronx']
#統計價格範圍資料
for x in price_list_by_n:
    i=x.describe(percentiles=[.25, .50, .75])
    i=i.iloc[3:]
    i.reset_index(inplace=True)
    i.rename(columns={'index':'Stats'}, inplace=True)
    p_l_b_n_2.append(i)
#讀入數據
p_l_b_n_2[0].rename(columns={'price':nei_list[0]}, inplace=True)
p_l_b_n_2[1].rename(columns={'price':nei_list[1]}, inplace=True)
p_l_b_n_2[2].rename(columns={'price':nei_list[2]}, inplace=True)
p_l_b_n_2[3].rename(columns={'price':nei_list[3]}, inplace=True)
p_l_b_n_2[4].rename(columns={'price':nei_list[4]}, inplace=True)
#匯整資料
stat_df=p_l_b_n_2
stat_df=[df.set_index('Stats') for df in stat_df]
stat_df=stat_df[0].join(stat_df[1:])
stat_df
```

	Brooklyn	Manhattan	Queens	Staten Island	Bronx
Stats					
min	0.0	0.0	10.0	13.0	0.0
25%	60.0	95.0	50.0	50.0	45.0
50%	90.0	150.0	75.0	75.0	65.0
75%	150.0	220.0	110.0	110.0	99.0
max	10000.0	10000.0	10000.0	5000.0	2500.0

- 統計分析如下：有部分極端值，為了視覺化的美觀做些處理。
  - 排除房價高於 500 元的資料。

```
#1.
sub_6=airbnb[airbnb.price < 500]
#2.
viz_2=sns.violinplot(data=sub_6, x='neighbourhood_group', y='price')
viz_2.set_title('Density and distribution of prices for each
neighberhood_group')
```

用提琴圖來表示房數和價格常態分配狀況。

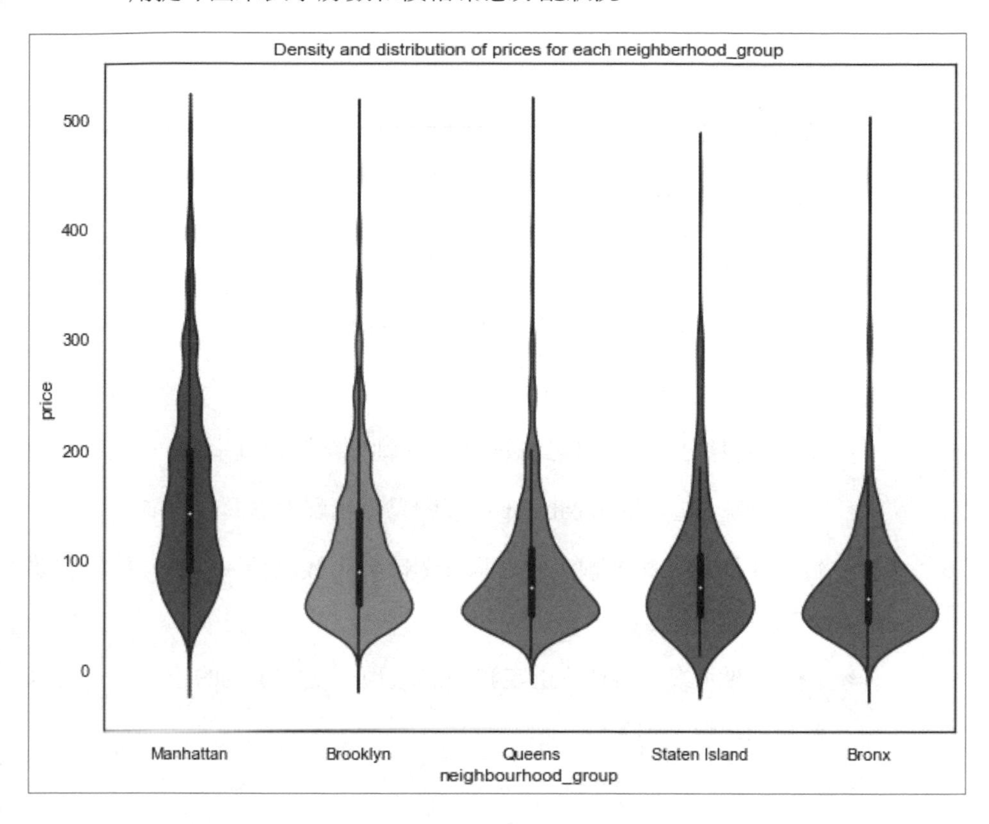

分析結果一：從統計表和小提琴圖，觀察紐約市區的 Airbnb 價格分佈。

- 曼哈頓的價格區間最高，平均價格為 150 美元，其次是布魯克林，每晚 $90。
- 皇后區和史泰登島的分佈似乎非常相似，布朗克斯是最便宜的。
- 價格分佈和密度似乎是完全預期中的；因為曼哈頓是世界上最昂貴的地方之一，這不是什麼秘密，而布朗克斯的生活水平較低。

列出住房前十名的鄉鎮：

```
airbnb.neighbourhood.value_counts().head(10)
```

```
Williamsburg            3920
Bedford-Stuyvesant      3717
Harlem                  2660
Bushwick                2467
Upper West Side         1973
Hell's Kitchen          1960
East Village            1854
Upper East Side         1800
Crown Heights           1564
Midtown                 1546
Name: neighbourhood, dtype: int64
```

- 將十大鄉鎮和房型進行分析：
  - 匯整資料用長條圖呈現比較結果（x 軸文字轉垂直呈現）。
  - 3 個子圖：這是使用 catplot 可以輕易看出屬性之間的分佈。
  - 每個子圖的 Y 和 X 軸完全相同，Y 軸表示觀測值，X 軸表示我們要計數的值。
  - 2 個重要元素：用欄位指定和色彩呈現。指定了列的色彩後，可以觀察並比較 Y 和 X。

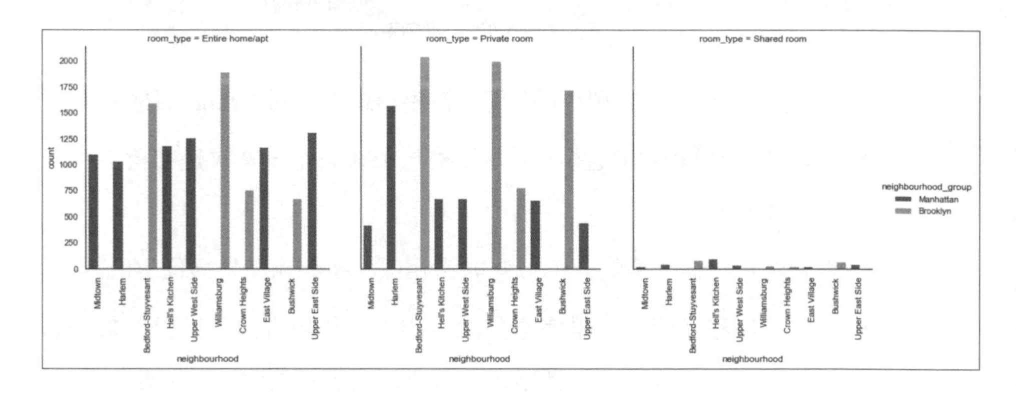

- 用另一特徵（地點位置）進行分析：用民宿的經緯度，呈現民宿的地圖分佈。

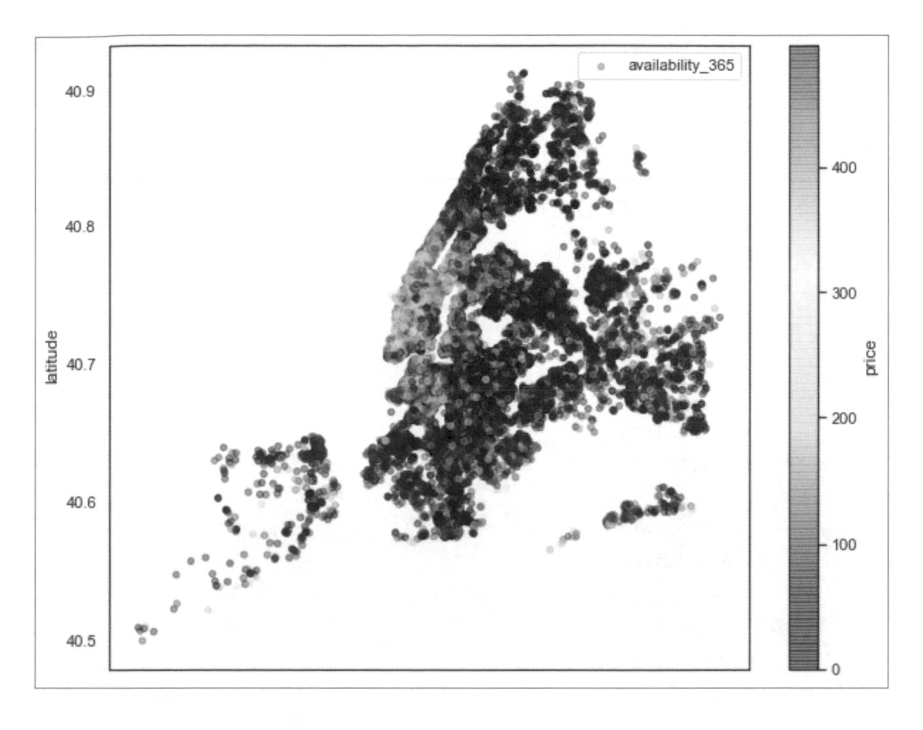
availability_365
40.9
40.8
40.7
40.6
40.5
latitude
price
400
300
200
100
0

接下來把地圖重疊上去。

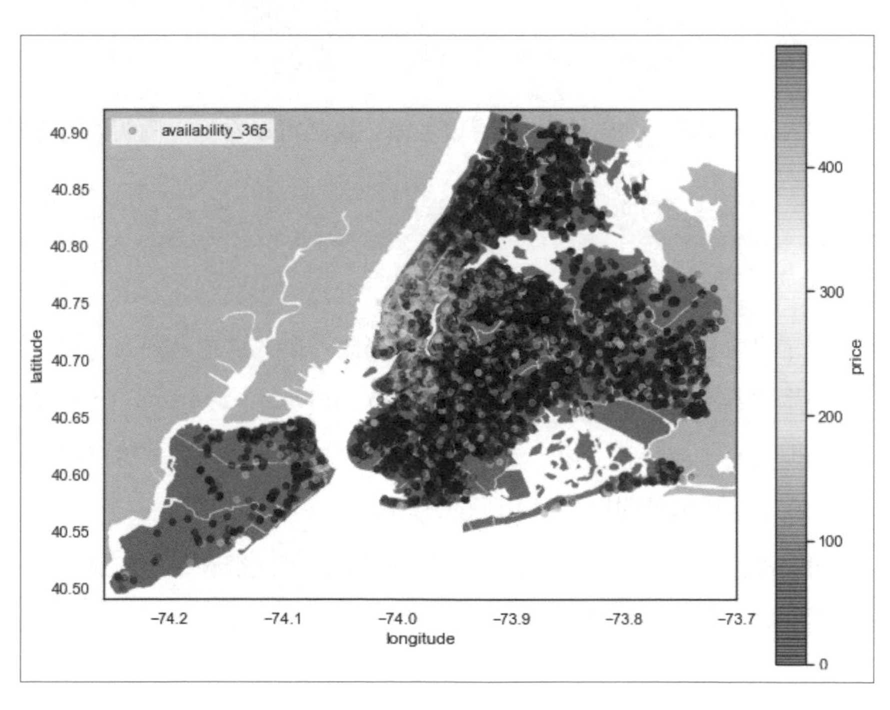
availability_365
40.90
40.85
40.80
40.75
40.70
40.65
40.60
40.55
40.50
latitude
−74.2
−74.1
−74.0
−73.9
−73.8
−73.7
longitude
price
400
300
200
100
0

散點圖可以搭配準確的緯度和經度點達到高級視覺效果。盡最大可能縮放圖像後，得到了一個非常身臨其境的熱圖。使用緯度和經度點可以視覺化所有紐約市列表。此外，我們根據價格，為地圖上的每個點添加了顏色。

5. 創意特徵：接下來根據另一特徵（name）欄位來進行分析，先進行資料匯整及型態統一。

```
#1. Name 欄位準備：
_names_=[]
#2. 加入資料：
for name in airbnb.name:
    _names_.append(name)
#3. 匯整資料
def split_name(name):
    spl=str(name).split()
    return spl
# 準備空白欄位
_names_for_count_=[]
# 加入資料
for x in _names_:
    for word in split_name(x):
        word=word.lower()
        _names_for_count_.append(word)
```

根據 Name 特徵，列出前 25 個房東名單，我們可以看到一個明顯的趨勢。

```
from collections import Counter
_top_25_w=Counter(_names_for_count_).most_common()
_top_25_w=_top_25_w[0:25]
```

它表示房東只是用非常具體的術語，以簡短的形式描述其列表，以便於由潛在旅行者搜索。例如：room、bedroom、private、apartment、studio。

這表明沒有「流行語」或「流行 / 趨勢」用於名稱的術語，房東用非常簡單的文字來描述房間以及列表所在的區域。

這項技術很重要，因為與多語種的客戶打交道可能很棘手，您肯定希望以簡潔明瞭的形式描述您的空間。

6. 「指尖行為」分析：找出十大使用者（number_of_reviews）的優先瀏覽項目。

	name	host_id	neighbourhood_group	neighbourhood	latitude	longitude	room_type	price	minimum_nights	number_of_reviews
11771	Room near JFK Queen Bed	47621202	Queens	Jamaica	40.66730	-73.76831	Private room	47	1	629
2043	Great Bedroom in Manhattan	4734398	Manhattan	Harlem	40.82085	-73.94025	Private room	49	1	607
2042	Beautiful Bedroom in Manhattan	4734398	Manhattan	Harlem	40.82124	-73.93838	Private room	49	1	597
2027	Private Bedroom in Manhattan	4734398	Manhattan	Harlem	40.82264	-73.94041	Private room	49	1	594
13507	Room Near JFK Twin Beds	47621202	Queens	Jamaica	40.66939	-73.76975	Private room	47	1	576
10635	Steps away from Laguardia airport	37312959	Queens	East Elmhurst	40.77006	-73.87683	Private room	46	1	543
1891	Manhattan Lux Loft.Like.Love.Lots.Look !	2369681	Manhattan	Lower East Side	40.71921	-73.99116	Private room	99	2	540
20415	Cozy Room Family Home LGA Airport NO CLEANING FEE	26432133	Queens	East Elmhurst	40.76335	-73.87007	Private room	48	1	510
4882	Private brownstone studio Brooklyn	12949460	Brooklyn	Park Slope	40.67926	-73.97711	Entire home/apt	160	1	488
483	LG Private Room/Family Friendly	792159	Brooklyn	Bushwick	40.70283	-73.92131	Private room	60	3	480

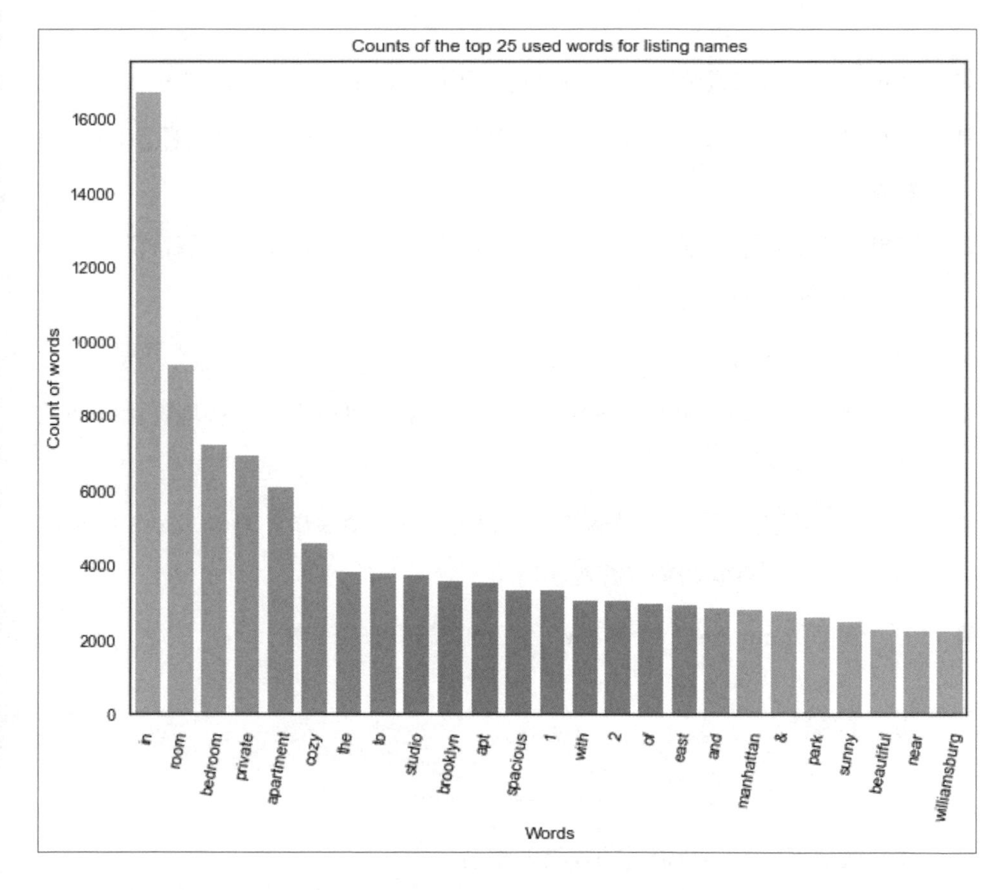

分析瀏覽數最多的客戶之消費行為：平均房價為 65.4。

執行結果：

```
Average price per night: 65.4
```

從此表可以觀察到最受關注的前 10 名，

Airbnb for NYC 上的掛牌價格平均為 65 美元，大多數掛牌價格低於 50 美元，其中 90% 是 " 私人房間 " 類型；有 629 條評論。

總結前述的分析並建議其他的有意義的特徵：

2019 年的 Airbnb（AB_NYC_2020）大數據，提供了許多重要的深度數據探索資料。

- 房東可充分利用 Airbnb 平台，提供最多的產品列表，頂級屋主擁有 327 清單。
- 鄉鎮市和鄰里民宿密度，以了解哪些地區比其他地區更受歡迎。
- 充分利用緯度、經度，創建一個根據商品價格來進行顏色標示的地理熱圖。
- 可針對姓名特徵，並且做編碼以便解析現有趨勢。以解析每個特徵並分析有關如何命名列表的現有趨勢。
- 房東最常用的指尖動作還有什麼。
- 最多評論的列表，加入許多其他的附加特徵，可以發現某些地區比其他地區更受歡迎。
- 為了數據探索目的，有幾個特徵，例如評分（0-5 星）評論或 0-5 星平均評論，有助于確定紐約受好評的房東。
- 另一個特徵 number_of_review，也是值得探索的特徵。

六、專案結論

從本節內容，你可學習到人工智慧的四個核心能力：

- 商業機構平台的即時資料的收集與整合能力。

- 消費行為資料特徵的指定，並經由分析方法解析消費者行為或潛在商機。
- 發掘新資料特徵－經由數學方法找到有用的資料索引，並進一步經由分析方法解析消費者行為或潛在商機。
- 利用 Google 地圖資料庫，強化視覺呈現。

7-3 檢驗－用 AI 預測飛機航班誤點的機率（附完整程式）

對於常出差或旅遊的人，飛機是常選擇的交通工具，幾乎每一個人都有遇到過飛機延誤起飛的經驗；很多人會購買旅遊保險，以因應飛機誤點時，所造成的可能損失。

也就是把風險轉嫁給保險公司，對旅遊者自己而言，到最後只是時間的損失而已。金錢損失就由保險公司來彌補，這些金錢損失包括下一航班的機票損失或行李風險，及精神補償金等都轉稼給保險公司。

而保險公司是如何數量化飛機誤點的風險值，以便決定要向客戶收取多少保險費呢？

本節所引用的專案，就是在計算客機誤點的風險值。

全球最大顧問公司（麥肯錫公司）在 2019 年接到這個來自保險公司的專案，決定用人工智慧的方式來分析飛機誤點的機率，並尋求降低航班誤點的機率，提昇保險公司獲利。並可進一步決定那個機場的保單不接（例如中東或戰亂地區，飛機起降不正常的地方），或那個國家的保單保險費要提高（例如因氣候因素而經常封鎖機場的地區）。

在專案開始前，先說明客機誤點的因素，並將因素分為五大類共 12 個參數，以便後續演算及分析：

- **天氣原因：**
  - 雷、雨、霧等導致航班延誤的現象最為多見。

- 出發地機場天氣狀況適不適宜起飛；目的地機場天氣狀況適不適宜降落；飛行航路上氣象狀況適不適宜飛行這三點進行綜合綜合分析。
- 飛機的起降和飛機的機型有很大的關係：有的飛機能飛，有的卻被告知需要延誤
- 機長對氣象及趨勢做出決策大不相同。當不能保證飛行安全時，機長有權拒絕飛行。

■ 航空管制

- 空中交通管制造成的航班延誤。
- 航班量急劇增加，但是相應的地面設施，導致設備、服務保障方面發展緩慢，航路結構不合理，無法適應當前高速發展的民航業，對空域實行嚴格限制進行流量控制；
- 空軍活動涉及國防機密，突然進行航空管制。

■ 飛機故障

- 臨時故障：為了確保安全，小故障如訊號異常或塔台通訊不良等，要徹底排除故障造成延誤
- 飛機故障：一時難以排除的故障，如漏油、機門訊號異常、空調異常會造成乘客身體不適。如果要臨時維修，調配其他飛機也需要較長時間。

■ 旅客原因

據統計因旅客原因導致的航班延誤佔不正常航班的 3%，和飛機故障造成的延誤數量相差無幾。有時候延遲幾分鐘就可能遇到天氣、航空管制等原因是航班延誤。

■ 航空公司原因

- 飛機調配：飛機晚到的原因，航空公司都會統稱為飛機調配。前一航班出現疏漏可能引發後續航班的連鎖反應，越到後面延誤時間越長。
- 地勤調配：現在的航空公司機隊規模都很小，加上航線、機場等配套不完善，導致航班運行整體效率偏低，目前尚無完善可行的協調機制來解決此類問題。

本節將上述 12 個誤點原因，進行參數（變數）設定，以便後續程式使用。再加上氣候，地點，及飛行距離等變數，總共有 21 個變數。

由於這部分屬於行業專業領域（Domain Knowhow），並不需要用太多時間研究。讀者只要把這些定為運算變數即可。

人工智慧應用在提昇飛航控制的準確率方面，有二個面向的作法：

■ **EDA**：探索資料的合理性，再運用交叉比對、樞紐分析等工具，對資料特徵及航空公司認為重點的項目一一進行分析；找出改進航班誤點的關鍵。

■ **AI（mL/DL）**：由於航班誤點的原因多而雜，本節只匡列 12 項，只是主要原因而已；為了讓讀者快速瞭解內容，我們先不做複雜變因的程式部分，用幾個常用的機器學習及深度學習程式來進行模擬。

為了學習人工智慧的技術，我們將這個專案的範本縮小一點，只針對 2019 年及 2020 年的美國各機場的航班資料進行解說。

人工智慧用於檢驗是目前最熱門的題目，在工商界也最容易被公司老闆們接受，因為花錢進行人工智慧專案，希望能很快看到成效；而檢驗的目的是找出問題以便對症下藥，效果很容易看到。

二、專案背景

美國最大保險集團（IMG）是美國旅遊保險的龍頭，但面對旅遊保險市場的挑戰，獲利逐年減少，故請來全球頂尖的人工智慧專家，進行大數據採礦及演算分析，本節內容擷取部分較容易入門的部分進行練習。

■ 從巨量資料分析主要航空公司是否有常態性的偏誤：例如是否有某航空公司比別家航空公司容易誤點，是管理問題還是航線問題等。

■ 不可控制因素的隔離分析：例如天氣、機場位置，是無法控制的因素，這部分就要仰賴 AI 進行演算分析。

■ 創造新的特徵，進行更有價值的人工智慧探索：例如抵達時間可能是可控制誤點之變因，說白一點，根據統計資料顯示，在下午 21:00 – 23:50

抵達芝加哥機場的確航班誤點率最低，因此我們創造一些新特徵（ARR_TIME_Zone）來進行演算，以便確定以上假設是否正確。

以下就開始這個有趣的專案。

二、專案目標

- 從巨量資料檔中擷取重要特徵，進行資料分析及資料純化。
- 根據特徵進行分析並計算出航空業有用的結論，並分析結果的一致性。
- 使用機器學習的演算法及觀念，對特殊且經常發生的現象進行解釋；例如為何每年 4 月 15 日就會發生航班大誤點，好像有什麼特殊的力量在這天發作，讓航班發大誤點。
- 找出更多特徵（飛機運量、機型等），並嘗試在模型上建立經過調整的特徵，以發揮 AI 的力量。

三、專案分析

- 巨量資料庫的呈現：歷史資料要匯整，我們將歷史資料先準備好，進行 Python 及 AI 的學習。
- 圖形部分至少要十種類型，因為是客戶的最高經營會議要用的，必須呈現高品質的視覺化結果。
- 呈現畫面中最重要的位置呈現最重要測試數據，以便使用者一次掌握全面性及最重要的資料。

四、AI 演算法

（若無統計及演算法基礎，這部分可跳過，直接套用程式庫即可）

1. 數學演算法：在進行大數據（特別是整合多種不同格式）的演算法時，引數的問題變得很重要，比如說：

   XGBoost 的引數大概在 20 個左右，GBDT 的引數個數也在同一個級數的數十個左右，所以調參變得十分重要。我們在本節使用 sklearn 裡的函式 GridSearchCV、RandomizedSearchCV 作調參的工具。二者優劣點詳述如下：

- GridSearchCV：即網格搜尋（GridSearch）和交叉（CV）驗證。網格搜尋的是引數，在指定的引數範圍，按步長依序調整引數，利用調整的引數訓練學習器，從所有的引數中找到在驗證集上精度最高的引數，是一個個迴圈和進行比較的運算過程。
- RandomizedSearchCV：可在參數空間上進行隨機搜索，其中參數的取值是從機率分布中抽樣取得的，這個機率分布描述了對應的參數的所有取值情況的可能性，這種隨機采樣機制與網格窮舉搜索相比，有兩大優點：
  - ◆ 相比於整體參數空間，可以選擇相對較少的參數組合數量。
  - ◆ 添加參數節點不影響性能，不會降低效率。

指定參數的采樣範圍和分布可以用一個陣列來完成，計算預算（要取樣多少參數組合或者疊代多少次）可以用參數 n_iter 來指定，針對每一個參數，既可以使用可能取值範圍內的機率分布，也可以指定一個離散的取值陣列。

所以建議採用 RandomizedSearchCV 隨機引數搜尋的方法。

2. 交叉驗證 K-fold CV：交叉驗證在機器學習上是用來驗證「你設計的模型」的好壞。

準備工作：

- 數據庫（database）先切割好「訓練資料（Training data）」和「測試資料（Testing data）」。
- 從「訓練資料（Training data）」找一組最合適參數。

K-fold CV：K-fold 是常用的交叉驗證方法。

做法：

- 是將資料隨機平均分成 k 個集合，然後將某一個集合當做「測試資料（Testing data）」剩下的 k-1 個集合做為「訓練資料（Training data）」。

- 重複進行直到每一個集合都被當做「測試資料（Testing data）」為止。
- 最後的結果（Predication results）在和真實答案（ground truth）進行成效比對（Performance Comparison）。
- Note：這個隨機分 k 個集合要考慮資料的類別，也就是說 K-fold 是從每一類都隨機分割成 k 個集合。

程式：

- 將訓練資料集劃分為 K 份，K 一般為 10。
- 依次取其中一份為驗證集，其餘為訓練集訓練分類器，測試分類器在驗證集上的精度。
- 取 K 次實驗的平均精度為該分類器的 AP（平均精度）。

判斷：

用 K-fold CV 或是 Holdout CV 來驗證模型時，不要只執行一次當做最後結果，因有可能在抽樣時，沒有抽得公平。所以通常會重複執行 n 次，一般是 100 次，將這 n 次的 performance 最後的平均和標準差；這個平均值即模型的 performance。

而標準差表示模型的穩定度，標準差太大代表模型的穩定度不好，在做 generalized model 的時候這個方法就不合適。

- 行為樹（Modelling a tree）：
  - ◆ 是一種數學模型，使用在機器人技術，控制系統社會科學人工智慧的運算中。它是以模組化的方式描述運算任務之間的轉換。
  - ◆ 行為樹的優勢在於由簡單任務組成為非常複雜的任務的能力。
  - ◆ 行為樹的運算不易出錯且易於理解，在遊戲開發中非常流行。
- 機器學習模組 Scikit-learn：用在 Python，主要用於 NumPy 及 SciPy 的搭配操作上，主要功能如下：
  - ◆ 分類（Classification）：識別對象屬於哪個類別。
  - ◆ 迴歸（Regression）：預測與對象關聯的連續值屬性。
  - ◆ 聚類（Clustering）：將相似對象自動分組為集合。

- 降維（Dimensionality reduction）：減少要考慮的隨機變量的數量。
- 模型選擇（Model selection）：比較，驗證和選擇參數和模型。
- 預處理（Preprocessing）：特徵擷取和模組化。

Scikit-learn 主要是用 Python 編寫的，廣泛使用在 numpy 高階線性代數和矩陣運算中。此外，也用 Cython 編寫了一些核心運算法來提高性能。Scikit-learn 與 Python 是結合在一起用的，例如：matplotlib 和 plotly 搭配用於繪圖，numpy 搭配用於 array vectorization、pandas DataFrame、scipy 等。

五、數學模型

本節使用線性分類「邏輯斯迴歸（Logistic Regression）」來進行機器學習，理由如下：

1. Perceptron：一般分類大多使用我們熟悉的 Perceptron，便能達成二元分類（將資料分成二類），只能預測結果是 A 或是 B，無法算出 A、B 的機率各是多少。例如說我們要根據今天溫度來預測明天的天氣，需要知道明天是晴天機率及雨天機率。但使用 Logistic Regression 可以進一步算出機率。

2. Logistic Regression（邏輯斯迴歸）：並非迴歸的模型，而是分類模型。和 Perceptron 類似，Perceptron 是根據多項式函式 >0 或≤ 0 來分類成 A 或 B，而 Logistic Regression 是一個平滑的曲線，當多項式函式越大時判斷成 A 的機率越大，越小時判斷成 A 的機率越小。由於是二元分類，判斷成 A 的機率越小，則 B 的機率就越大。

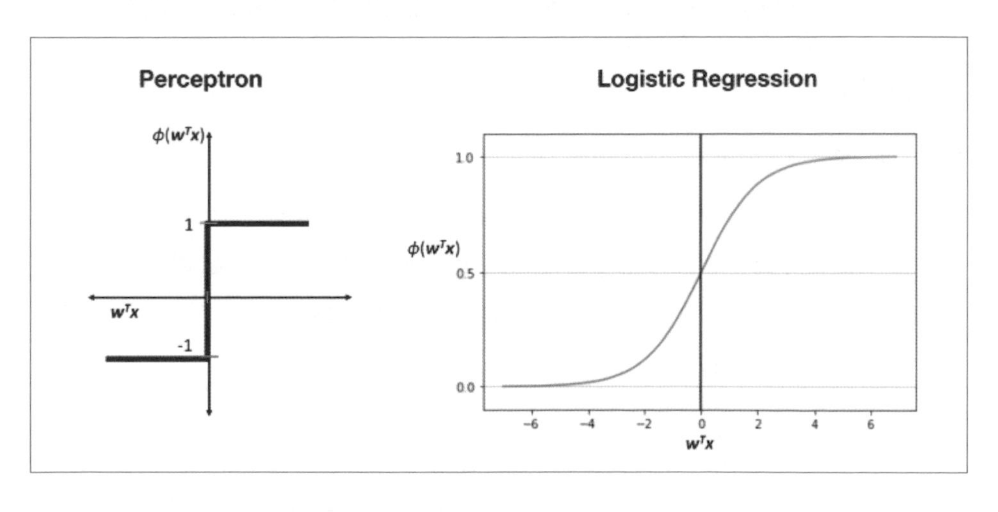

- 邏輯斯迴歸（Logistic Regression）的使用方式：
  - 使用 Logistic Regression 前，先對資料做特徵縮放。
  - 用 sklearn 中的 model_selection 函式將資料分為兩群 tarin、test，以便使用 test 資料來檢驗分類模型的效果。
  - 將資料放進 Logistic Regression 進行訓練。
  - 訓練後可看出最後產生一條線將資料分為兩類。
- Logistic Regression 優點：
  - 資料是呈現為線性分佈亦可進行分類。
  - 可以算出 A 跟 B 的機率。
  - 執行速度快。
- Logistic Regression 缺點：

  有時 Logistic Regression 線的切法不完美，二邊並未呈現我們想要各佔一半或近似一半（可用 SVM 解決二類資料不平衡的問題）。

3. 行為樹（Modelling a tree）：

- 是一種數學模型，使用在機器人技術，控制系統社會科學人工智慧的運算中。
- 它是以模組化的方式描述運算任務之間的轉換。
- 行為樹的優勢在於由簡單任務組成為非常複雜的任務的能力。
- 行為樹的運算不易出錯且易於理解，在遊戲開發中非常流行。

六、評估方式

1. ROC 曲線（Receiver operating characteristic curve）

使用 ROC 曲線（Receiver operating characteristic curve）評估分析成果。最早用在 1941 年的珍珠港事件，用來偵測日軍（飛機、船艦）位置，原理係利用雷達上的信號強弱設定閾值，以作為判斷依據，並發展成信號偵測理論（Signal Detection Theory）。

1950 年開始應用在心理學領域。此後的數十年，ROC 分析被用於無線電、生物學、犯罪心理學領域中。2010 年後在機器學習（machine learning）和數據採礦（data mining）領域開始大量使用。在醫學上，廣泛應用在疾病診斷。

2005 年後應用在流行病學、實證醫學研究、放射技術、社會科學的研究。

在臨床上因檢驗方法較複雜、耗時、有侵入性、結果需要有經驗者才能準確判讀等因素，而利用 ROC 曲線發展出更簡易操作的檢驗替代方案。與臨床認定的黃金標準（Gold standard）作比較，例如以癌症的切片檢查作為黃金標準，該標準將病人判定為罹癌與未罹癌，以鑑定新的診斷工具替代黃金標準的可行性。

本節範例，要檢驗飛機誤點率與醫學道理相似，屬不連續資料的測試。故使用 ROC 曲線來進機器學習後的模型檢驗。

七、系統分析

- 因為這是公司內部的報告，故使用最新的 Python 互動工具進行程式編寫，結論用 Anaconda 下的 Jupter 呈現。
- 由於會呈現很多組圖表，故程預設用 Anaconda/Jupter 來進行編寫。
- 資料庫中資料累積到 1000 筆時，將資料轉成 Pandas，並進行上傳圖片並存在雲端。

八、程式說明（7-3.ipynb）

1. 程式庫及設定：

- 引入程式庫及參數
- 除了資料庫外，引入 matplotlib 圖形程式庫。
- 建模與驗證。

2. 定義問題：

預測特定航班是否會延遲：根據 2019 年 1 月 19 日至 2020 年 1 月 20 日的航班數據，預測下一時期（2020 年）一月份的航班是否會延誤。

- 二進制分類問題。
- 每個數據集有 21 個變數。
- 數據集包含 1 月 19 日至 1 月 20 日的航班。

變數說明：

- DAY_OF_MONTH：當月的某天。
- DAY_OF_WEEK：星期幾。
- OP_UNIQUE_CARRIER：唯一的運輸代碼。
- OP_CARRIER_AIRLINE_ID：唯一的航空操作者代碼。
- OP_CARRIER：IATA 代碼。
- TAIL_NUM：尾號。
- OP_CARRIER_FL_NUM：航班號碼。
- ORIGIN_AIRPORT_ID：出發機場的 ID。
- ORIGIN_AIRPORT_SEQ_ID：出發機場 ID-SEQ。
- ORIGIN：出發機場。
- DEST_AIRPORT_ID：目的地機場的 ID。
- DEST_AIRPORT_SEQ_ID：目的地機場 ID-SEQ。
- DEST：目的地機場。
- DEP_TIME：航班起飛時間。
- DEP_DEL15：出發延遲指示器。
- DEP_TIME_BLK：應出發時間但被延遲的時間（小時）。
- ARR_TIME：航班到達時間。
- ARR_DEL15：到達延遲指示器。
- CANCELLED：航班取消指示器。
- DIVERTED：航班是否已改道指示器。
- DISTANCE：機場之間的距離。

3. 匯整資料：

統一型態及資料格式，將 2019 年及 2020 年二組資料進行整合，以便於全面性的分析數據。

- 初始數據：選擇將要用於發現數據模式的變數。

  刪除了 "OP_CARRIER_FL_NUM" 以外的所有識別符號，並將其轉換為數據庫的索引，因識別符號與分析無關。

- 資料純化及離散化：
  - 閾值補充：閾值低於 2.5 %，採取從數據庫中逐行剔除它們的策略。由於數據類型是分類變數，所以轉換下列變數 DISTANCE、ARR_TIME、DEP_TIME、CANCELED、DIVERTED、DEP_DEL15、ARR_DEL15 改為 dtype。
  - 離散化：將 DISTANCE 變數改為距離分類，減少訓練某些演算法時的處理時間和搜索空間。

	unicos	missing	tipo
DAY_OF_MONTH	31	0.0	category
DAY_OF_WEEK	7	0.0	category
ORIGIN	353	0.0	object
DEST	353	0.0	object
DEP_TIME	1440	0.0	float64
DEP_DEL15	2	0.0	category
DEP_TIME_BLK	19	0.0	object
ARR_TIME	1440	0.0	float64
ARR_DEL15	2	0.0	category
CANCELLED	1	0.0	category
DIVERTED	1	0.0	category
DISTANCE	1511	0.0	float64
year	2	0.0	int64
DISTANCE_cat	4	0.0	category

- 探索性資料分析（EDA），探討下列問題：
  - 航班出發和抵達的延遲，是否集中在某一時段或某些特定機場？
  - 航班出有多少取消或轉場航班是因「抵達目的誤點」？
  - 延遲航班的改道比率？
  - 延遲原因是日期魔咒 - 誤點是否和星期幾（day_of_week）或每月幾號（day_of_month）有關係？
  - 延遲原因是否為離場時間延遲（DEP_TIME_BLK）？如大部分的誤點發生在下午（4:00 pm and 7:00 pm）。
  - 奧瑞根州的哪一個機場最會延遲？目的地的哪一個機場最會延遲？

航班出發和抵達的延遲，是否集中在某一時段或某些特定機場？

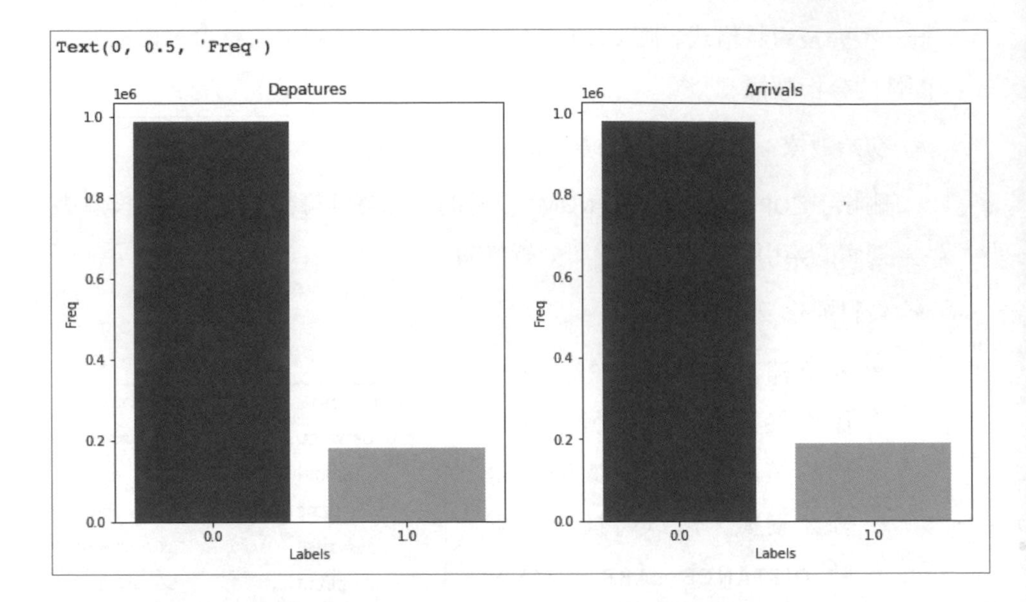

從圖表可以看到航班及時的出發和抵達，變數比例非常的相似。

有多少航班取消或轉場（Diverted）是因「抵達目的誤點」（DEP_DEL15）？

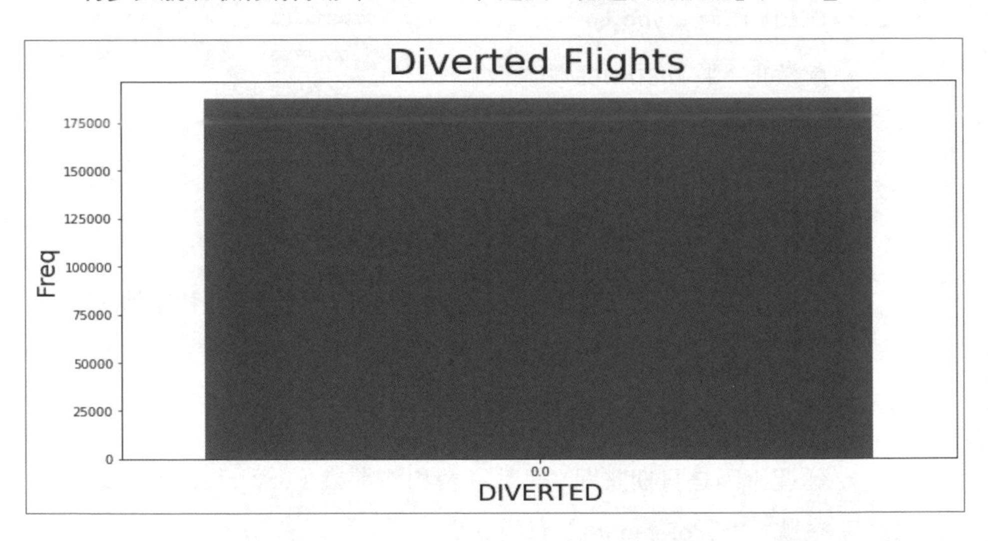

航班取消或轉場航班（Diverted）和「抵達目的誤點」（DEP_DEL15）毫無關係。即所有 DEP_DEL15 ＝ 1 者，DIVERTED 均為 0。

延遲航班的改道比率？

表示機場無法服務非常嚴重誤點的航班，在機場調度上，由於下一航班即將進場，已沒有原航班進場的空間。

根據上圖把航班是否延遲（DEP_DEL15）和飛機是否改道（Diverted）沒有關係。

分析結果 1：

是否及時出發，對於預測延遲到達的預測模型非常重要。延遲原因是日期魔咒 - 誤點是否和星期幾或每月幾號有關係？

```
>> Delayed flights by weekday<<
             ARR_DEL15  PERCENTUAL
DAY_OF_WEEK
4              34414.0   18.353448
5              30724.0   16.385522
3              27485.0   14.658119
1              25291.0   13.488030
7              23988.0   12.793122
6              23084.0   12.311007
2              22521.0   12.010752
```

```
>> Delayed flights by monthday <<
              ARR_DEL15  PERCENTUAL
DAY_OF_MONTH
24               8594.0    4.583296
2                8009.0    4.271307
23               7810.0    4.165178
18               7717.0    4.115580
3                7523.0    4.012117
17               7518.0    4.009450
16               7252.0    3.867589
11               6959.0    3.711328
4                6942.0    3.702262
21               6877.0    3.667596
31               6820.0    3.637198
6                6418.0    3.422806
13               6299.0    3.359341
25               6254.0    3.335342
1                6094.0    3.250012
10               6088.0    3.246812
27               6086.0    3.245745
5                5924.0    3.159349
22               5683.0    3.030820
12               5660.0    3.018554
30               5563.0    2.966823
20               5548.0    2.958823
14               5299.0    2.826028
28               5010.0    2.671900
19               4760.0    2.538572
7                4626.0    2.467108
15               4555.0    2.429243
8                4209.0    2.244716
29               3921.0    2.091122
26               3876.0    2.067123
9                3613.0    1.926861
```

分析結果 2：每週各日及每月各日發生延遲機率差異不大，並沒有「日期魔咒」的現象。

延遲原因是否為離場時間延遲（DEP_TIME_BLK）？如大部分的誤點發生在下午（4:00 pm and 7:00 pm）。

進一步分析每月第 24 天和第 2 天，是否會發生最高的誤點率？

DEP_TIME_BLK	ARR_DEL15	PERCENTUAL
1700-1759	14875.0	7.933037
1800-1859	14020.0	7.477054
1600-1659	13292.0	7.088802
1500-1559	12760.0	6.805079
1900-1959	12640.0	6.741082
1400-1459	12618.0	6.729349
1200-1259	11761.0	6.272299
1100-1159	11181.0	5.962977
1300-1359	11101.0	5.920312
1000-1059	10708.0	5.710720
2000-2059	10682.0	5.696854
0800-0859	10060.0	5.365133
0900-0959	9375.0	4.999813
0700-0759	8938.0	4.766755
0600-0659	8334.0	4.444634
2100-2159	6438.0	3.433472
2200-2259	4291.0	2.288448
0001-0559	3279.0	1.748735
2300-2359	1154.0	0.615444

每週的第四天（星期三）發生延誤的可能性最高。

雖然每個月的分布較廣，但每個月的第 24 天和第 2 天，卻也都比較會出現延誤的現象，大多數延遲都發生在下午較晚些時候的 4:00 pm 和 7:00 pm 之間。

針對起飛機場，誤點次數及比率最高的機場？

將原定出發時間（ORIGIN）和誤點出發（DEP_DEL15）進行比對，並計算百分比，做參考。

針對起飛機場，誤點次數及比率最高的機場是（如右圖）：

DEST	ARR_DEL15	PERCENTUAL
ORD	10170.0	5.423798
DFW	8667.0	4.622227
ATL	7263.0	3.873455
LGA	7077.0	3.774259
SFO	6114.0	3.260678

奧瑞根州的哪一個機場最會延遲？

針對起飛機場分析結果，誤點次數及比率最高的機場是：

- ORD 芝加哥歐海爾機場（O'Hare International Airport）。
- DFW 德州達拉斯機場（Dallas/Ft Worth,TX,USA-Dallas Ft Worth International）。

DEST	ARR_DEL15	PERCENTUAL
ORD	10170.0	5.423798
DFW	8667.0	4.622227
ATL	7263.0	3.873455
LGA	7077.0	3.774259
SFO	6114.0	3.260678

針對降落機場，誤點次數及比率最高的機場。

EDA 分析結果：ORD（芝加哥俄亥俄國際機場）和 DFW（美國德克薩斯州達拉斯沃思堡國際）機場是延誤最多的機場。

有趣的是，出發延誤時間最長的同一機場也是在目的地機場延誤最多的飛機。

起飛機場的誤點情況，竟然和降落機場的情況一致。

4. 建立模型：

- 在建模階段，我們可以執行 OneHotEncoder 並且僅維護 3 至 5 個最大的機場，以避免過高的範圍。
- 排除極端值的機場放入矩陣模擬訓練及測驗的龐運算中；因為這些高誤點機場，原因並不是航班因素，而是機場因素。將極端值放入 AI 訓練及測驗中，沒有人工智慧上的意義。

- 建模準備：將時間軸做分類

```
def arr_time(x):
    if x >= 600 and x <= 659:return '0600-0659'
    elif x>=1400 and x<=1459:return '1400-1459'
    elif x>=1200 and x<=1259:return '1200-1259'
    elif x>=1500 and x<=1559:return '1500-1559'
    elif x>=1900 and x<=1959:return '1900-1959'
    elif x>=900 and x<=959:return '0900-0959'
    elif x>=1000 and x<=1059:return  '1000-1059'
    elif x>=2000 and x<=2059:return '2000-2059'
    elif x>=1300 and x<=1359:return '1300-1359'
    elif x>=1100 and x<=1159:return '1100-1159'
    elif x>=800 and x<=859:return '0800-0859'
    elif x>=2200 and x<=2259:return '2200-2259'
    elif x>=1600 and x<=1659:return '1600-1659'
    elif x>=1700 and x<=1759:return '1700-1759'
    elif x>=2100 and x<=2159:return '2100-2159'
    elif x>=700 and x<=759:return '0700-0759'
    elif x>=1800 and x<=1859:return '1800-1859'
    elif x>=1 and x<=559:return '0001-0559'
    elif x>=2300 and x<=2400:return '2300-2400'    return '2300-2400'
```

5. 特徵工程：

由探索性分析的第一個圖，我們了解到航班起飛的延誤（DEP_DEL15），可以幫助我們對航班到達的延誤（ARR_DEL15）進行建模。

這樣可以創建如下相關變數：

- ARR_TIME_BLOCK。
- DEP_TIME_BLK。
- DEP_DEL15 per ORIGIN。

ARR_TIME_BLOCK：

將時間軸做分類分析不同時間區間，分析誤點情況如何。即在不同時間區間，進行航班誤點的運算。

ORIGIN	DEST	DEP_TIME	DEP_DEL15	DEP_TIME_BLK	ARR_TIME	ARR_DEL15	CANCELLED	DIVERTED	DISTANCE	year	DISTANCE_cat	ARR_TIME_BLOCK
GNV	ATL	601.0	0.0	0600-0659	722	0.0	0.0	0.0	300.0	2019	(30.999, 368.0]	0700-0759
MSP	CVG	1359.0	0.0	1400-1459	1633	0.0	0.0	0.0	596.0	2019	(368.0, 641.0]	1600-1659
DTW	CVG	1215.0	0.0	1200-1259	1329	0.0	0.0	0.0	229.0	2019	(30.999, 368.0]	1300-1359
TLH	ATL	1521.0	0.0	1500-1559	1625	0.0	0.0	0.0	223.0	2019	(30.999, 368.0]	1600-1659
ATL	FSM	1847.0	0.0	1900-1959	1940	0.0	0.0	0.0	579.0	2019	(368.0, 641.0]	1900-1959

DEP_TIME_BLK：

離場時間長度，根據降落機場不同進行分析。

DEP_TIME_BLK	ARR_TIME	ARR_DEL15	CANCELLED	DIVERTED	DISTANCE	year	DISTANCE_cat	ARR_TIME_BLOCK	quant_dep_time_blk	count_later_origin
0600-0659	722	0.0	0.0	0.0	300.0	2019	(30.999, 368.0]	0700-0759	8334.0	114.0
0600-0659	734	0.0	0.0	0.0	294.0	2019	(30.999, 368.0]	0700-0759	8334.0	114.0
0600-0659	655	0.0	0.0	0.0	300.0	2019	(30.999, 368.0]	0600-0659	8334.0	114.0
0600-0659	718	0.0	0.0	0.0	300.0	2019	(30.999, 368.0]	0700-0759	8334.0	114.0
0600-0659	723	0.0	0.0	0.0	294.0	2019	(30.999, 368.0]	0700-0759	8334.0	114.0

DEP_DEL15：

根據降落機場不同進行分析「離場是否延誤，15 分鐘以上即視為延誤」。

	OP_CARRIER_FL_NUM	DAY_OF_MONTH	DAY_OF_WEEK	ORIGIN	DEST	DEP_TIME	DEP_DEL15	DEP_TIME_BLK	ARR_TIME	ARR_DEL15	CANCELLED
0	3280	1	2	GNV	ATL	601.0	0.0	0600-0659	722	0.0	0.0
1	3831	1	2	GNV	MIA	621.0	0.0	0600-0659	734	0.0	0.0
2	3426	2	3	GNV	ATL	546.0	0.0	0600-0659	655	0.0	0.0
3	3426	3	4	GNV	ATL	555.0	0.0	0600-0659	718	0.0	0.0
4	3831	3	4	GNV	MIA	619.0	0.0	0600-0659	723	0.0	0.0

亦可根據最終機場不同進行分析：

	OP_CARRIER_FL_NUM	DAY_OF_MONTH	DAY_OF_WEEK	ORIGIN	DEST	DEP_TIME	DEP_DEL15	DEP_TIME_BLK	ARR_TIME	ARR_DEL15	CANCELLED
0	3280	1	2	GNV	ATL	601.0	0.0	0600-0659	722	0.0	0.0
1	3426	2	3	GNV	ATL	546.0	0.0	0600-0659	655	0.0	0.0
2	3426	3	4	GNV	ATL	555.0	0.0	0600-0659	718	0.0	0.0
3	3426	4	5	GNV	ATL	544.0	0.0	0600-0659	703	0.0	0.0
4	381	5	6	GNV	ATL	605.0	0.0	0600-0659	730	1.0	0.0

6. 二次特徵工程：

   氣候影響，看看氣候因素是否要列入新變數。

   在查看了受龍捲風影響的區域後，ALT 和 CLT 是取消航班最多的機場，位於龍捲風的高風險區域內。

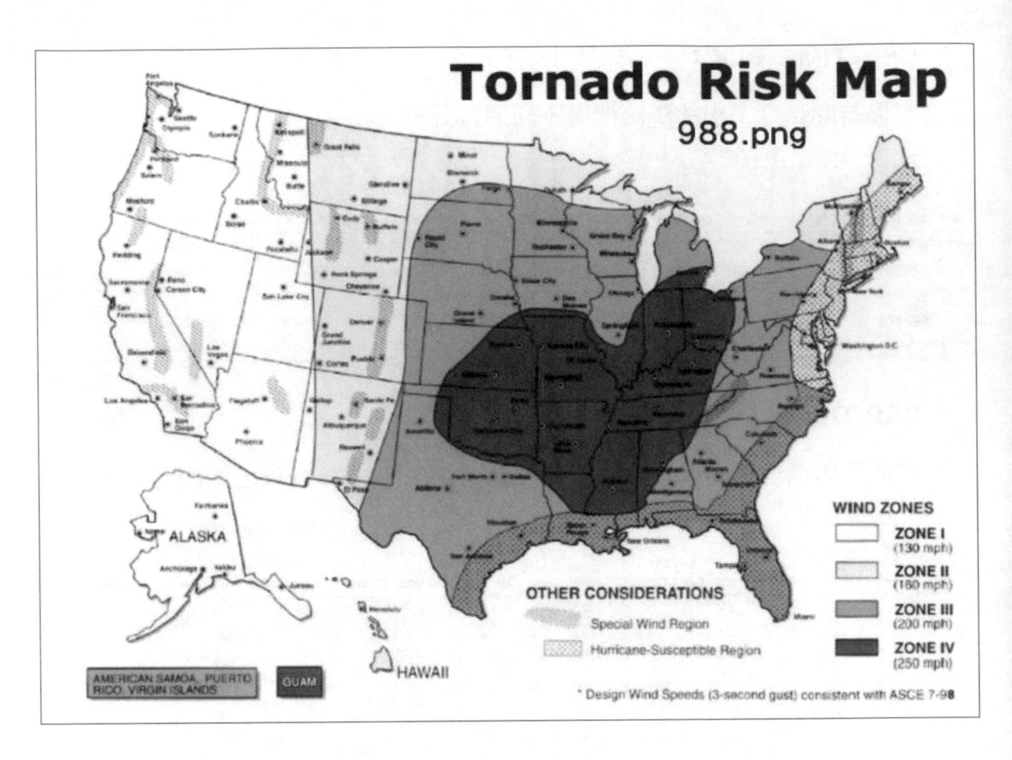

- 每月取消的狀況是否與氣候因素有關：

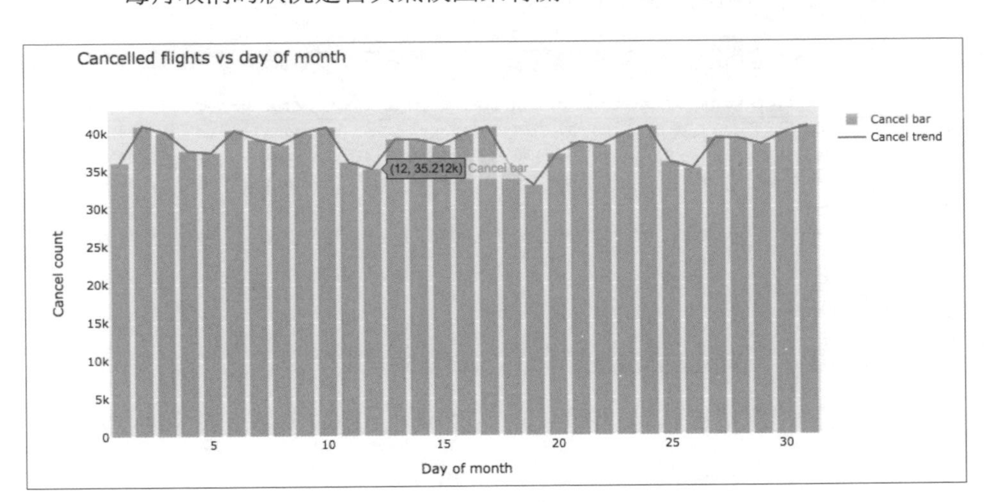

- 轉場（改降落機場）的狀況是否與氣候因素有關：

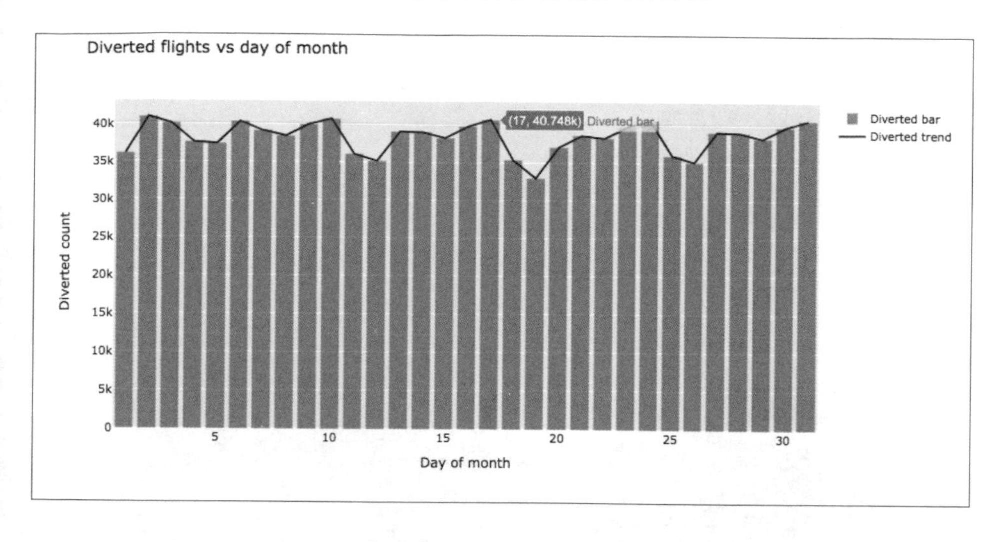

每月 1,15,12 日是最少取消航班的日子。而 2,11,18 日是最多取消航班的日子。

```
import calendar
yy = 2020
mm = 1
print(calendar.month(yy, mm))
```

```
    January 2020
Mo Tu We Th Fr Sa Su
       1  2  3  4  5
 6  7  8  9 10 11 12
13 14 15 16 17 18 19
20 21 22 23 24 25 26
27 28 29 30 31
```

將上述結果對照月曆，發現週期因素固定取消之型態是存在的：

- 週六是最少取消航班的日子。
- 週一及週五是最多取消航班的日子。

將二圖（989,990）進行比對，相似度 100%：取消降落即表示轉場，是絕對的氣候因素。

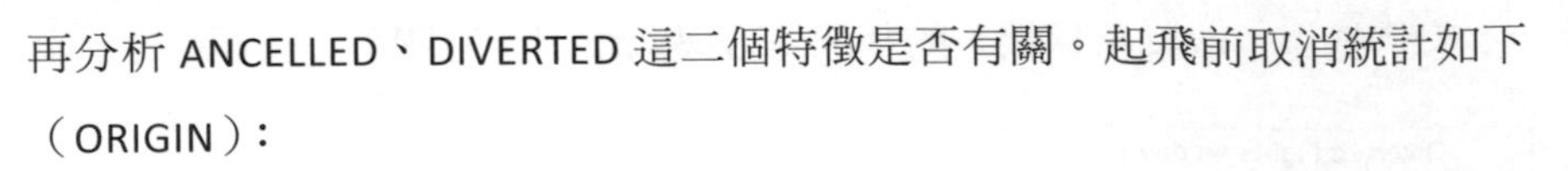

再分析 ANCELLED、DIVERTED 這二個特徵是否有關。起飛前取消統計如下（ORIGIN）：

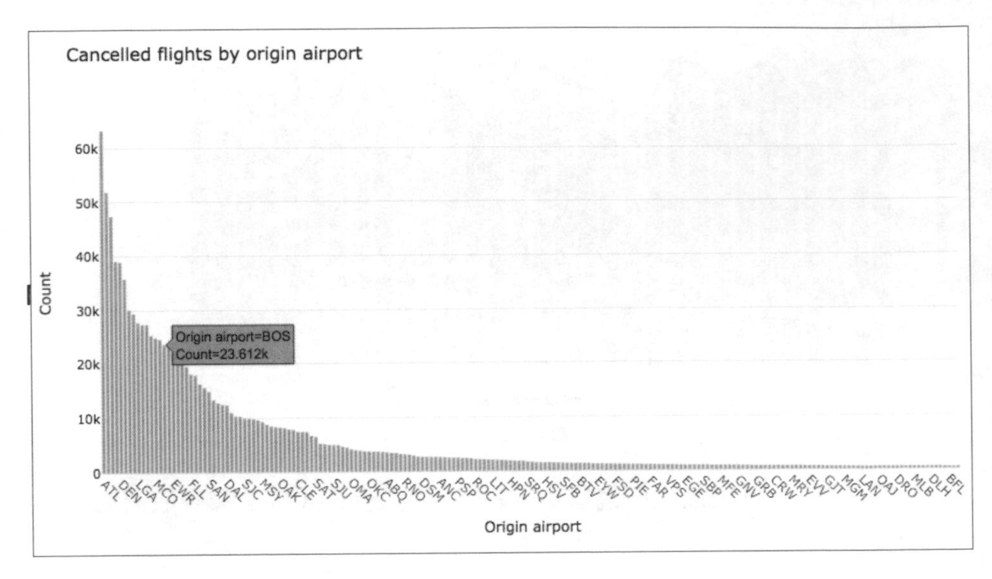

降落前取消（DEST）：

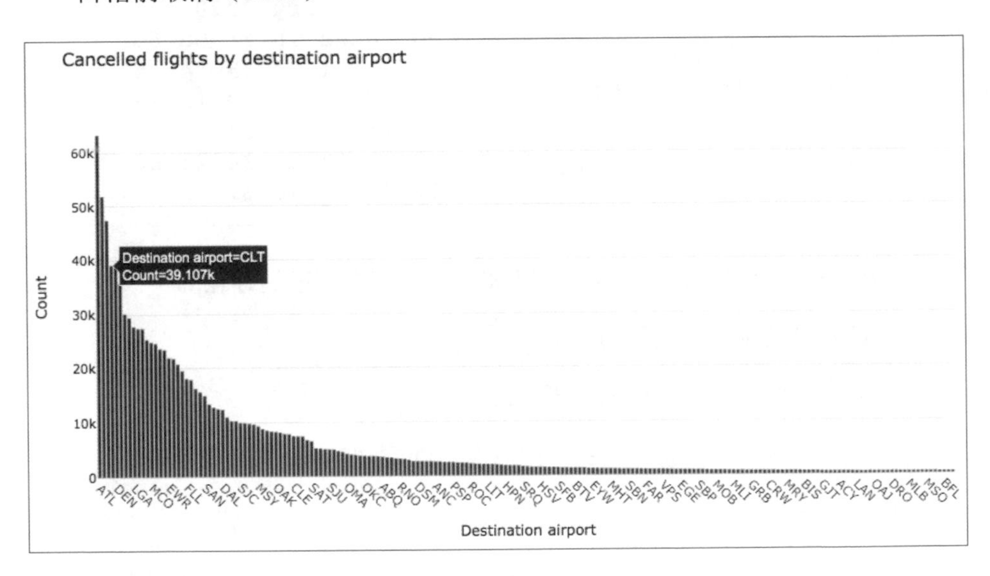

起飛前及降落前取消總計（ORIGIN）：

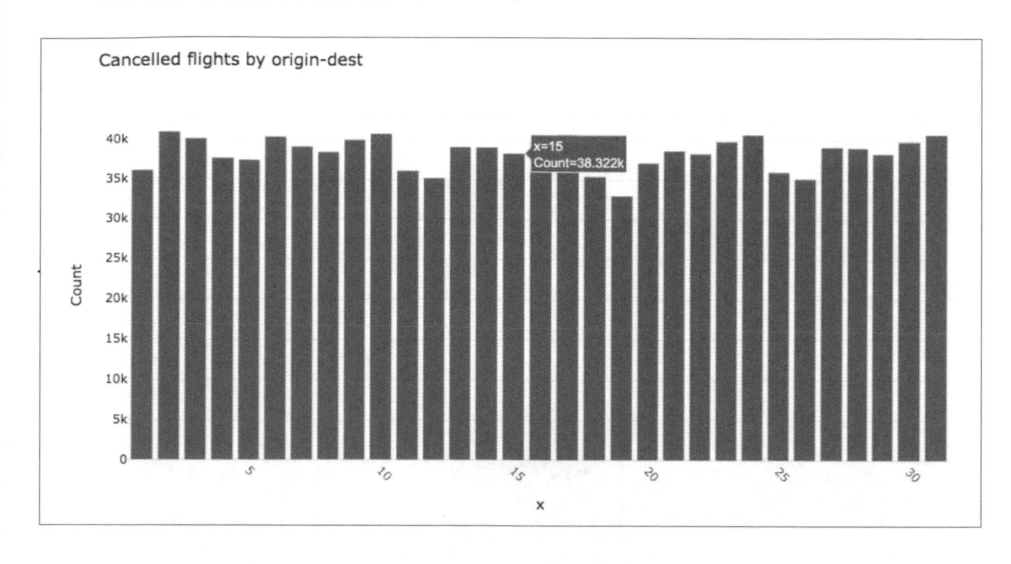

由上面三個圖分析結論：以次數論，起飛前及降落前取消的機場，均是最忙碌的機場，並不是氣候最差的機場。

從這裡得到重要結論，氣候因素取消航班的機率非常小，屬極端的因素，故不列入模型的特徵中。

再分析貨機（OP_CARRIER）是否列入誤點模型特徵之中：OP_CARRIER、DEP_DEL15 二者是否明顯關聯。

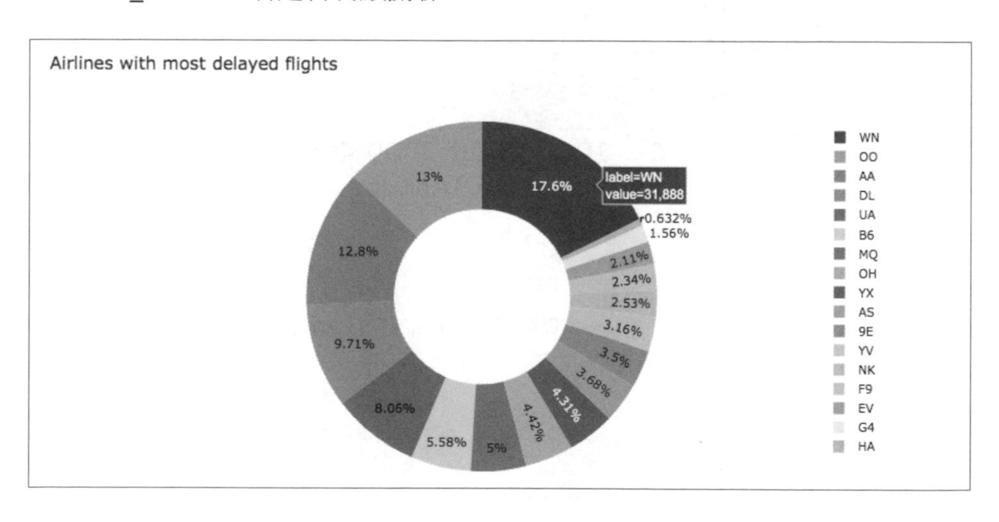

分析貨機（OP_CARRIER）是否列入誤點模型特徵之中：OP_CARRIER、DISTANCE 二者是否明顯關聯。

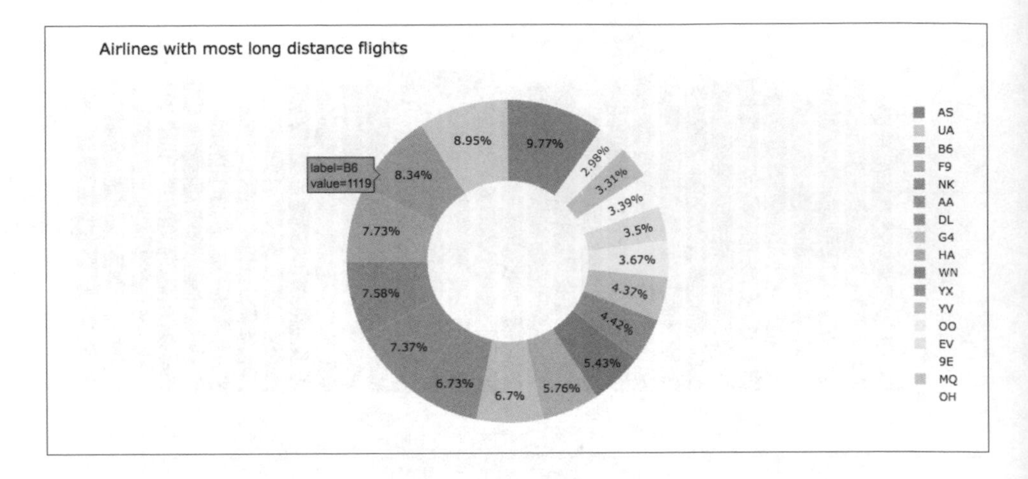

用常態分配曲線來看會非常清楚：航班取消與飛行距離沒有關聯。

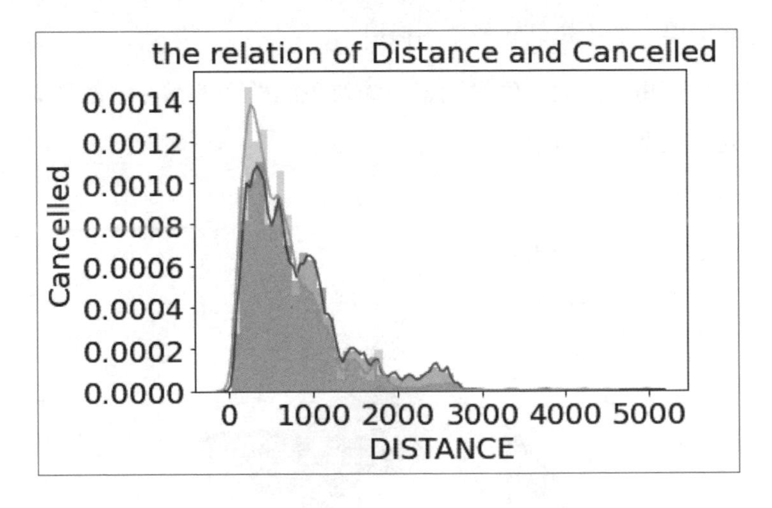

7. 訓練模型：

以 2019 年數據來進行訓練模型的設計，並使用 2020 年數據進行驗證。

```
base_final = data3.copy()
base_final.drop(['DEP_TIME','ARR_TIME','OP_CARRIER_FL_NUM'],
inplace=True, axis=1)
base_final.set_index('year',inplace=True)
```

因為二組資料的時間軸一致，可合理的進行驗證（validation）-The number of delays ARR_DEL15 per DEST。

由於我們有每年一月份的數據，並且我們可以預測第二年一月，即將呈現2021年1月的預測資料 - 每個 DEST 的延遲次數 ARR_DEL15。

設定參數：並為訓練集、驗證集、測試集分割以下欄位：arget、numeric and categorical variables 'ORIGIN'、DEST。

邏輯斯迴歸（Logistic Regression）：

- 資料分為二類：training and test data（2019-training、2020-testing）。
- 啟動模型：Instantizing Model。
- 進行訓練：training（程式執行時耗時數小時）。

這個部分程式執行時會花費一些時間，有時會耗時數小時。

```
[Parallel(n_jobs=-1)]: Using backend LokyBackend with 4 concurrent
workers.
[Parallel(n_jobs=-1)]: Done   1 out of   1 | elapsed:  2.4min finished
LogisticRegression(n_jobs=-1, random_state=154, verbose=1)
```

8. 驗證模型 Evaluation of the Final Model：

- 訓練數據的平均 AUC 為 0.89（2019~2020），我們的控制指標提高了很多。
- 對測試數據集，AUC 略微下降了 0.88，這數字非常好，表明沒有受到過度擬合的困擾。
- Rcall = 0.73: 在所有 " 延遲 " 事件中，我們正確地將其分類至目標類別的 73%。在分類目標類別時，取得更好的表現是非常重要的（例如疾病分類）。
- 評估臨界值，更喜歡召回率而不是精準度；可以開始對不會延遲的航班進行分類，將能更正確的處理大多數延遲的航班。

程式如下：

```
# 算出平均值，下限值，上限值：
cv = StratifiedKFold(n_splits=3, shuffle=True)
result = cross_val_score(lr_model_final,cat_vars_ohe_2019_
final,target_2019_final, cv=cv, scoring='roc_auc', n_jobs=-1)
print(f'mean: {np.mean(result)}')
print(f'Inferior Limit: {np.mean(result)-2*np.std(result)}')
print(f'Superior Limit: {np.mean(result)+2*np.std(result)}')
```

程式執行結果：

```
mean: 0.8939850480008872
Inferior Limit: 0.8911822313285234
Superior Limit: 0.896787864673251
```

9. 對「測試集」進行預測：

```
pred = lr_model_final.predict(cat_vars_ohe_2020_final)
pred_prob = lr_model_final.predict_proba(cat_vars_ohe_2020_final)

# print classification report
print("Classification Report Average:\n",
      classification_report(target_2020_final, pred, digits=4))

# print the area under the curve
print(f'AUC: {roc_auc_score(target_2020_final,pred_prob[:,1])}')
```

```
A média: 0.8939850480008872
Limite Inferior: 0.8911822313285234
Limite Superior: 0.896787864673251
```

```
Classification Report Average：
Relatório de Classificação:
               precision    recall  f1-score   support
        0.0       0.9580    0.9614    0.9597    516983
        1.0       0.7521    0.7354    0.7436     82285

    accuracy                          0.9304    599268
   macro avg      0.8551    0.8484    0.8517    599268
weighted avg      0.9298    0.9304    0.9301    599268

AUC: 0.8802252715380758Limite Superior: 0.896787864673251
```

10. ROC 曲線檢驗模型結果，程式執行結果如下：

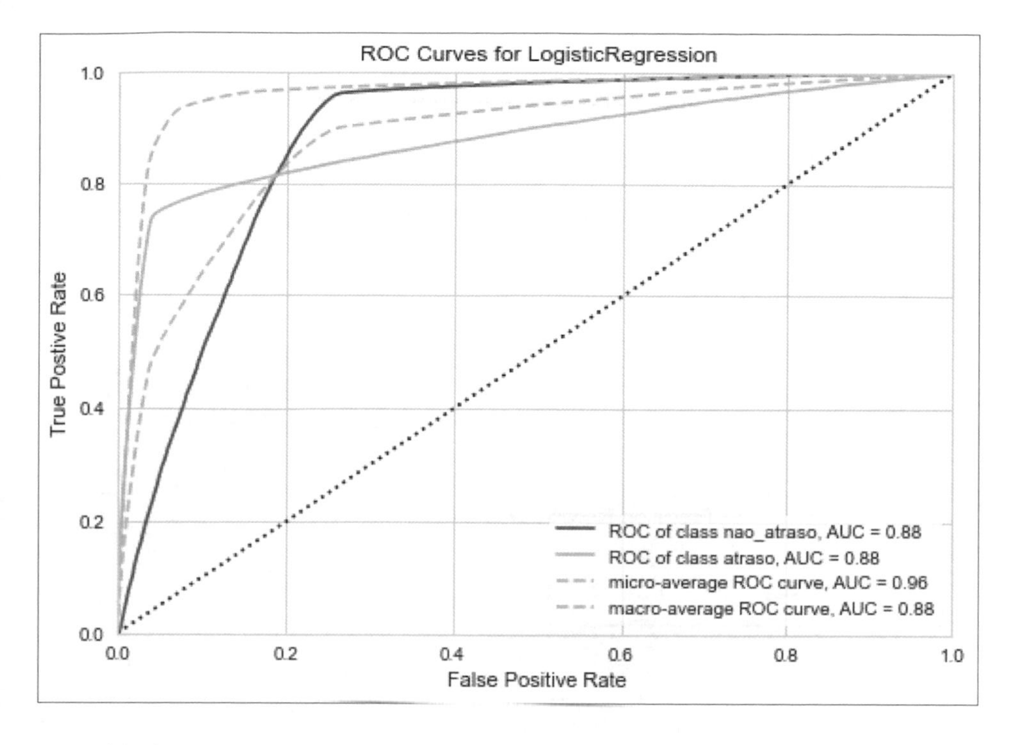

分析如下。

ROC 曲線：度量不同臨界值分類問題的性能。

- 從 ROC 曲線，我們可以看到，對于 0.0 類，我們的模型總体上具有比目標類別更高的正比率。
- 在低臨界值的情況下，目標類別的 TPR 較高而 FPR 較低，也就是說，在較低的臨界值下，我們的模型更成功的區別正向分類。

從 ROC Curve 來看出哪個模型表現較好。

已知（0,1）這個點特異度（Specificity）及敏感度（Sensitivity）為 1，即完美預測的點，因此曲線越往（0,1）上凸表示該模型整體有較好的表現，如果 ROC Curve A 曲線整體大於或包含 ROC Curve B，那麼 A 算法可以說是表現優於 B 算法。

利用 AUC 來概略地衡量模型整體表現，根據這篇文章指出：

AUC = 0.5（no discrimination 無鑑別力）

0.7 ≦ AUC ≦ 0.8（acceptable discrimination 可接受的鑑別力）

0.8 ≦ AUC ≦ 0.9（excellent discrimination 優良的鑑別力）

0.9 ≦ AUC ≦ 1.0（outstanding discrimination 極佳的鑑別力）

11.「PR 曲線」檢驗模型結果：

```
from yellowbrick.classifier import precision_recall_curve
viz = precision_recall_curve(lr_model_final, cat_vars_ohe_2019_final,
target_2019_final, cat_vars_ohe_2020_final, target_2020_final)
```

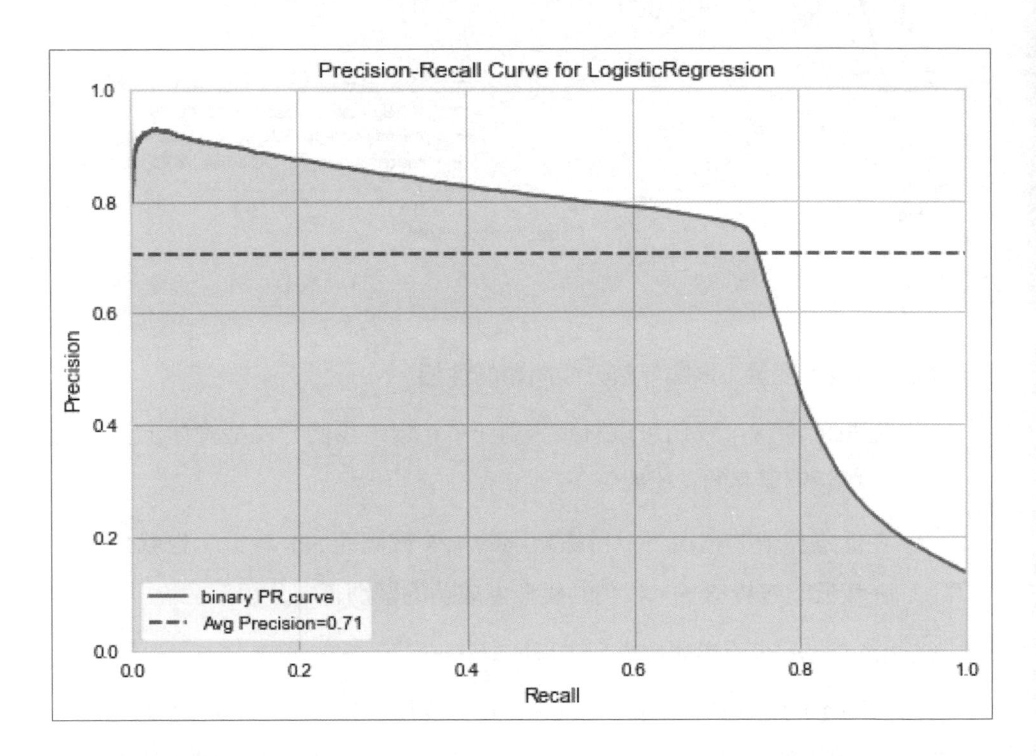

「PR 曲線」分析：

- 上圖顯示了精準度和召回率之間的權衡
- 如果我們為了有利於正向分類，而尋求更大的召回率，則將會犧牲精準度。

- 操縱臨界值使分類器使用 Decision_function 生成正向分類得分，或 predict_proba 函數來計算正向分類的概率。
- 如果分數或概率高于臨界值，則選擇肯定類別，否則，選擇否定類別。
- 在本例中，我們操縱臨界值，將 -3 的值與由 Decision_function 生成（到等概率的 " 超平面 " 的距離類別）的得分相比較，得出：召回率為 0.94，也就是說，我們僅以 18%的精準度，却將達到 94%的正向分類。

PR 曲線檢驗模型結果：

以 Recall 為 X 軸，Precision 為 Y 軸，每一個點代表設定不同的門檻值所得到的不同的 Recall 及 Precision，最後繪製成一條曲線。

Recall 及 Precision 都適合用於類別不平均的資料集，因為在算式中並沒有考慮 True Negatives（TN），只專注於正確判斷正樣本，因此，就算資料集中負樣本的數目遠大於正樣本，Recall 及 Precision 仍是有效的參考指標。反之，FPR 則會受到影響，當我們負樣本很多，模型若全部預測為負樣本，會得到 FPR=0，但這樣的模型並非好的模型。

AUC vs. F-measure 分析：

- 和 ROC 及 AUC 一樣，曲線下面積可以代表該模型整體在各門檻下的表現，而 F-measure 則是針對特定某個門檻值的 Recall 及 Precision 所計算出來的調和平均數。
- （1,1）完美預測：（1,1）代表 Precision，Recall = 1 也就是完美預測，因此我們的 PR 曲線越往右上角凸起則代表更好的模型表現，反之越平則代表越差。
- 將不同門檻值所算出來的值計算 F1-score。

12. ROC、PR 分析結論：

- ROC 曲線同時考慮了正例以及負例，因此適用於評估分類器整體的效能，而 PR 曲線則專注於正例，若是在類別平均且正例及負例的判斷都重要的情況下，ROC 曲線是不錯的選擇。

- 由於 ROC 曲線的 X 軸使用到了 FPR，在類別不平均的情況下（負樣本較多），使得 FPR 的增長會被稀釋，會導致 ROC 曲線呈現出過度樂觀的結果，因此在類別不平均的情況下，PR 曲線會是較好的選擇。

13. 驗證結論：

- 變數 DEP_DEL15 與延遲抵達目的地航班最為相關，應對到航班延誤出發的原因，已經可以防止任何延遲了。
- 僅使用分類變數來進行建模測試的 AUC 為 0.88。

九、專案結論

以上藉由操縱模型的臨界值，設定以非延遲代替延遲的情況下，在正向分類部份，可以達到 94%的準確度。

7-4 用機器學習協助提昇航班準點率（附完整程式）

經過 7-3 的學習，接下來要進入深水區，人工智慧到此為止仍然沒有幫上忙；因為真正實務上，並不是你我想像的那樣；本書作者之一長期在美國顧問公司服務，因而有機會接觸到美國航空業的管理階層，發展了一套準點提昇系統；為了讓讀者身歷其境的瞭解人工智慧的力量，我們將資料庫大幅度整理後，放在本節，並詳列程式向讀者說明並給讀者練習。

首先要先讓讀者多瞭解一些航空業的 Domain-Knowhow。

在 1970 年代，從紐約飛往洛杉磯的客機航行時間 5 個小時，而從紐約到華盛頓特區只要 45 分鐘。但到了 2020 年，同樣航班則分別需要 6.1 小時和 73.4 分鐘；而實際上，二個機場間的距離沒有增加。為什麼 50 年來在科技大躍進後，對飛航時間並沒有幫助？

這是航空公司不願讓你知道的秘密……

航空公司在做你我很難想像的事，不斷巧妙的拉長航班時間。即航空業所謂的「拉長航班時間表」或「填補空餘時間」。

空餘時間是航空公司給自己的班機從 A 飛往 B 的額外多餘時間。如上一節中分析的資料中，某些航班一直誤點，為了改善航班準點率，航空公司並不去思考改進航班運營，而是將航班平均延誤時間「填補」式塞進時刻表中。

對乘客來說，其實是無傷大雅。即使你的航班起飛晚了，你也會因為準時到達目的地而感到高興，甚至你我都曾因此多塞點小費給空服人員。

這是普遍在全球航空公司的趨勢，但是這樣做，實際上會產生很大的問題：

1. 不僅你的飛行旅程花費了更長的時間，產生準點的錯覺，數以百萬的小費錯給了空服人員或機長。
2. 航空公司沒有壓力去提高飛行效率，航空業成了真正的沒有效率的傳統產業，長久下來，全球各航空公司幾乎都不賺錢。
3. 天空大塞車或機場不斷加蓋航站及停機坪以容納無法準時昇空的飛機。各國政府都以加蓋機場為政績，花大錢蓋機場或增加跑道來做為經濟成長的領先指標；大大誤導了政府預算方向，使窮困國家沒有錢買食物卻花大錢蓋機場。
4. 碳排放狀況將持續惡化，飛機滯留空中時間拉長，直接增加碳排放量，各國政府及環保團體，一味要求減少機車數量，卻放任飛機毫無節制的在天上逛大街。

美國前十名的航空顧問公司在 2020 年九月的專家會議中，以美國運輸部發佈的航空報告為根據指出：「即使填補了空餘時間後，每天仍有平均 29.9% 以上航班誤點 15 分鐘以上。」這個數字在二十年前是 40%。真實的情況是航空公司只是以填補空餘時間來愚弄大家。

如果航空公司嘗試去解決運營問題，客戶及全球環境將會直接受益；說白話一點，如果航空公司改善飛行效率，成本就會下降，對生態環境和乘客票價都有好處。

航空公司其實知道乘客重視準時，根據美國交通部的數據，為了確保航班準時，有不少航空公司付出很大的努力，達美航空公司（Delta Airline）就是其中之一。達美航空將航班準點歸功於用了 20 億美元投資在新飛機、艙室和機場設施上，因為「航班準時」是提高票價的最重要驅動因素。

如果準時到達對乘客和航空公司都有好處，為什麼航空公司不提高效率而是拉長飛行時間呢？

再多補充說明一個基本行業知識：誤點多久算是誤點？

航空公司的最終目標是「A0」，即完全準時到達機場停機口。真實的情況是，如果航班提前或是晚到，都會影響到其他事項，如可用的停機口和機場容量等。

任何超過準點 A0 的延遲都會以航班抵達停機口的延誤分鐘來計算；舉本書的實例來說明：A15，即意味著飛機遲到了 15 分鐘。但是 A0 到 A14 之間的任何延遲都不會被美國交通部（DoT）認為是晚點，航空公司就是用填補空餘時間讓達到 A0 成為可能。

表示航空公司有餘裕時間段來達到「準時」，而不是要求一個非常確切的抵達時間點，否則可能會導致天空大塞車。空中交通管制容許這種彈性的準時，因為要是同一時間到達的飛機太多，機場根本不堪負荷。因此，空中交通管制擴大了飛機的抵達進場時間，減緩了抵達率。

根據美國航空運輸協會的數據，全球的航空公司已經投入了數十億美元在飛行技術的發展上以實現更有效的飛行路徑。但這並沒有改變飛行時間延長的趨勢，拖延率仍停留在 30% 左右的水平上。

另一個很重要的題目是「保險費」。

「航空公司設法讓乘客難以獲得合格的索賠，而拉長航班時間表的策略，能減少乘客提出索賠。」

在航空行業生態中，人工智慧在最近幾年成為航空公司另一個解決問題的法寶：

- 計算出未來可能誤點的航班，利用臨時性航班合併時消滅該航班。

  你可能有經驗，在你提前到達機場時，櫃檯人員突然建議你改搭前班航班，甚至讓從未買過頭等艙機票的你，享受可能是一生一次的頭等艙經驗。其實那只是消滅航班的手法之一。當然你可能會被要求改搭晚一點的航班，櫃檯人員甚至暗示你晚一點的航班是新飛機，會比較安全舒適。在安全的大帽子下，一般人很難想出反對的理由；就這樣一番運作下，一個常誤點的航班就被消滅了。

■ 計算出在何種天氣及那一個機場最容易誤點，立即調整保單來因應可能發生的誤點。

這種情況常發生在中國及週邊國家的機場，因天候或軍事因素而關閉機場是常有的事；你可能有經驗，看過數十架飛機在香港機場的跑道上排隊起飛，可是卻很長的時間沒有看到飛機起降；那就是臨時關閉機場。換算成保險費，就表示保險公司因機場臨時關閉而荷包大失血了；所以近年保險公司用人工智慧算出那些機場常無預警關閉，就直接在保險單註明，直接排除這些機場的保險理賠，不要以為付了保費就一定可以拿到保險理賠，保險公司顯然比你我聰明多了，因為保險公司有一大批人工智慧工程師。下次記得用放大鏡看清楚保險單上面一大堆很小很小的附註說明文字。

■ 對可能誤點的航班，施行不同的地勤措施，如關閉貴賓室使用權或提前登機以避免旅客因素增加誤點的可能性。

如果可以提前用人工智慧算出，得知這班航班可能會誤點，航空公司就可告知乘客要提前登機，直接消滅乘客去免稅店採購的機會。

你可能有經驗，登機後竟然發現同機的數百位乘客都是模範學生，都不約而同的提前登機，甚至時間未到就關機門準備起飛。

人工智慧工程師甚至可以算出這班機上有多少乘客來自落後國家或不守時間的民族，而臨時對地勤人員下命令去執行提前登機作業。

有趣吧，人工智慧在你我不知道的時候及地點，正大規模的影響你我的生活。不論你是否贊成，人工智慧都在進攻你我的私領域，大大的改變你我的生活。

本書及後續著作，會有數百個這樣影響你我實例，讓大家可以一窺未來世界的面貌。

一、專案背景

美國最大保險集團（IMG）是美國旅遊保險的龍頭，但面對旅遊保險市場的挑戰，獲利逐年減少，故請來全球頂尖的人工智慧專家，進行大數據採礦及演算分析，本節內容擷取部分較容易入門的部分進行練習。

- 從巨量資料分析主要航空公司是否有常態性的偏誤：例如是否有某航空公司比別家航空公司容易誤點，是管理問題還是航線問題等。
- 不可控制因素的隔離分析：例如天氣、機場位置，是無法控制的因素，這部分就要仰賴 AI 進行演算分析。
- 創造新的特徵，進行更有價值的人工智慧探索，以便確定以上假設是否正確。

以下就開始這個有趣的專案。

二、專案目標

- 從巨量資料檔中擷取重要特徵，進行資料分析及資料純化。
- 根據特徵進行分析並計算出航空業有用的結論，並分析結果的一致性。
- 使用機器學習的演算法及觀念，對特殊且經常發生的現象進行解釋；例如為何每年 4 月 15 日就會發生航班大誤點，好像有什麼特殊的力量在這天發作，讓航班發大誤點。
- 找出更多特徵（飛機運量、機型等），並嘗試在模型上建立經過調整的特徵，以發揮 AI 的力量。

三、專案分析

- 巨量資料庫的呈現：歷史資料要匯整，我們將歷史資料先準備好，進行 Python 及 AI 的學習。
- 圖形部分至少要十種類型，因為是客戶的最高經營會議要用的，必須呈現高品質的視覺化結果。

- 呈現畫面中最重要的位置呈現最重要測試數據，以便使用者一次掌握全面性及最重要的資料。

四、AI 演算法

（若無統計及演算法基礎，這部分可跳過，直接套用程式庫即可）

超參數調整用到的演算法介紹：

- **Randomized Search CV 隨機搜索超參數**：
  - 是用於擬合和計分的方法。
  - 主要在進行預測、決策功能、變換和逆變換。

  經由對參數設定，來進行交叉驗證的搜索，並進而優化參數。與 GridSearchCV 相比，並非所有參數值經過試驗，而是從指定的分佈中採樣了固定數量的參數來進行 Test。Test 的參數之數目由 n_iter 決定。

  用法如下：

  - 如果所有參數均以列表形式顯示，則執行不重覆的取樣。
  - 如果給定至少一個參數作為分佈，則使用替換抽樣。
  - 強烈建議對連續參數使用連續分佈來演算。

- **GridSearchCV**：

  GridSearchCV 的名字其實可以拆分為兩部分，GridSearch 和 CV，即網格搜索和交叉驗證。說明如下：

  網格搜索：

  - 搜索的是參數，即在指定的參數範圍內，按步長依次調整參數，利用調整的參數訓練學習器，從所有的參數中找到在驗證集上精度最高的參數，其實是一個循環和比較的過程。
  - GridSearchCV 可以保證在指定的參數範圍內找到精度最高的參數，但是這也是網格搜索的缺陷所在，它要求遍尋所有可能參數的組合。

- 在面對大數據集和多參數的情況下，非常耗時。這也是通常不使用 GridSearchCV 的原因，一般會採用後一種 RandomizedSearchCV 隨機參數搜索的方法。

■ **交叉驗證 K-fold CV**：

- 將訓練數據集劃分為 K 份，K 一般為 10。
- 依次取其中一份為驗證集，其餘為訓練集訓練分類器，測試分類器在驗證集上的精度。
- 取 K 次實驗的平均精度為該分類器的平均精度。

網格搜索就是利用交叉驗證的形式比較每一個參數下訓練器的精度的，但是交叉驗證也要求大量的計算資源，加重了網格搜索的搜索時間。

關於網格搜索的參數說明：評分參數 "scoring"，需要根據實際的評價標準設定，設定的是 'neg_log_loss'。

以上二個演算法在使用上的考量：

- RandomizedSearchCV 的使用方法和 GridSearchCV 一樣的，但以隨機在參數空間中採樣的方式代替了 GridSearchCV 對於參數的網格搜索。
- 在對於有連續變量的參數時，RandomizedSearchCV 會將其當作一個分佈進行採樣這是網格搜索做不到的，它的搜索能力取決於設定的 n_iter 參數。
- 所以在本範例建議還是使用隨機的搜索。

■ **統計驗證**：分類問題的評價指標是準確率，那麼迴歸演算法的評價指標就是 MSE、RMSE、MAE、R-Squared，整理如下。

均方誤差 MSE（Mean Squared Error）：為測試集上真實值 - 預測值。

- 這裡的 y 是測試集上的。
- 真實值 - 預測值 然後平方之後求和平均。
- 就是線性迴歸的損失函式。
- MSE 目的是讓這個損失函式最小，簡單直觀。

$$\text{MSE}=\frac{1}{m}\sum_{i=1}^{m}(y_i-\hat{y}_i)^2$$

均方根誤差 RMSE(Root Mean Squard Error)、RMSE=sqrt(MSE)：

- 就是 MSE 開個根號麼。
- 其實實質是一樣的。不過用於資料更好的描述。
- 例如：要做房價預測，每平方是萬元（真貴），我們預測結果也是萬元。那麼差值的平方單位應該是 千萬級別的。那我們不太好描述自己做的模型效果。
- 我們的模型誤差是多少千萬？於是乾脆就開個根號就好了。
- 我們誤差的結果就跟我們資料是一個級別的可，在描述模型的時候就說，我們模型的誤差是多少萬元。

$$\text{RMSE}=\sqrt{\frac{1}{m}\sum_{i=1}^{m}(y_i-\hat{y}_i)^2}$$

- 平均絕對誤差 MAE（Mean Absolute Error）：

$$\text{MAE}=\frac{1}{m}\sum_{i=1}^{m}\left|(y_i-\hat{y}_i)\right|$$

以上各指標，根據不同業務，會有不同的值大小，不具有可讀性，因此還可以使用以下方式進行評測。

判定係數 R2（R-Square）：

$$\text{R2}=1-\frac{\sum_i(\hat{y}_i-y_i)^2}{\sum_i(\bar{y}_i-y_i)^2}$$

- 分子部分表示真實值與預測值的平方差之和，類似於均方差 MSE；分母部分表示真實值與均值的平方差之和，類似於方差 Var。
- 根據 R-Squared 的取值，來判斷模型的好壞，其取值範圍為 [0,1]：

  如果結果是 0，說明模型擬合效果很差。

  如果結果是 1，說明模型無錯誤。
- 一般而言，R-Squared 越大，表示模型擬合效果越好。R-Squared 反映的是大概有多準，因為，隨著樣本數量的增加，R-Square 必然增加，無法真正定量說明準確程度，只能大概定量。

校正判定係數（Adjusted R-Square）：

其中，n 是樣本數量，p 是特徵數量。Adjusted R-Square 抵消樣本數量對 R-Square 的影響，做到了真正的 0~1，越大越好。

這裡把判定係數特別說明，因為這是用最多的，95% 的 Machine Learning 用 R Square（判定係數）作為模型的決定依據。

判定係數 R 平方（R square），迴歸模型的總變異中可被解釋之百分比，數值越大迴歸模型的配適度越好。一般而言，判定係數大於 0.5 就算不錯了。

判定係數，又叫決定係數，是指在線性回歸中，回歸可解釋離差平方和與總離差平方和之比值，其數值等於相關係數 R 的平方。

判定係數是一個解釋性係數，在回歸分析中，其主要作用是驗證回歸模型對因變量 y 產生變化的解釋程度，也即判定係數 R 平方是驗證迴歸模型好壞的指標。

R 平方取值範圍也為 0~1，通常以百分數表示。

比如回歸模型的 R 平方等於 0.7，那麼表示，此回歸模型對預測結果的可解釋程度為 70%。

模型會顯示下列統計資料：

- 平均絕對誤差（MSE）：絕對誤差的平均值。 誤差是指預測值與實際值之間的差異。

- 均方根誤差（RMSE）：對測試資料集所做之預測的平方誤差的評分根平均值。
- 相對絕對誤差（MAE）：相對於實際值與所有實際值之平均值之間的絕對差異的絕對誤差平均值。
- 判定係數（R^2）：也稱為 R 平方值，這是一個統計計量，可指出模型對於資料的適用程度。

針對每個誤差統計資料，越小越好。 值越小，表示預測越接近實際值。就決定係數而言，其值愈接近一 (1.0)，預測就愈精準。

程式碼如下：

MSE

```
mse_test=np.sum((y_preditc-y_test)**2)/len(y_test) # 和上面的公式一樣
```

RMSE

```
rmse_test=mse_test ** 0.5
```

MAE

```
mae_test=np.sum(np.absolute(y_preditc-y_test))/len(y_test)
```

R Squared

```
1- mean_squared_error(y_test,y_preditc)/ np.var(y_test)
```

scikit-learn 中的各種衡量指標：

```
from sklearn.metrics import mean_squared_error # 均方誤差
from sklearn.metrics import mean_absolute_error # 平方絕對誤差
from sklearn.metrics import r2_score#R square
# 呼叫函式：
mean_squared_error(y_test,y_predict)
mean_absolute_error(y_test,y_predict)
r2_score(y_test,y_predict)
```

本節範例，要檢驗飛機誤點率，使用上述四個檢驗方式進機器學習後的模型檢驗。

五、系統分析

- 因為這是公司內部的報告，故使用最新的 Python 互動工具進行程式編寫，結論用 Anaconda 下的 Jupter 呈現。
- 由於會呈現很多組圖表，故程預設用 Anaconda/Jupter 來進行編寫。
- 資料庫中資料累積到 1000 筆時，將資料轉成 Pandas，並進行上傳圖片並存在雲端。

六、程式說明（7-4.ipynb)

1. 讀取巨量資料庫：是個很大數據，這是一個近陸佰萬筆航班的巨量資料。（美國本土一年的所有航班）

	YEAR	MONTH	DAY	DAY_OF_WEEK	AIRLINE	FLIGHT_NUMBER	TAIL_NUMBER	ORIGIN_AIRPORT	DESTINATION_AIRPORT	SCHEDULED_DEPARTUR
5819074	2015	12	31	4	B6	688	N657JB	LAX	BOS	235
5819075	2015	12	31	4	B6	745	N828JB	JFK	PSE	235
5819076	2015	12	31	4	B6	1503	N913JB	JFK	SJU	235
5819077	2015	12	31	4	B6	333	N527JB	MCO	SJU	235
5819078	2015	12	31	4	B6	839	N534JB	JFK	BQN	235

5 rows × 31 columns

檢查大數據的基本統計：

	DEPARTURE_TIME	DEPARTURE_DELAY	AIR_TIME	DISTANCE	ARRIVAL_TIME	ARRIVAL_DELAY	DIVERTED	CANCELLED
count	63997.000000	63997.000000	63821.000000	65499.000000	63928.000000	63821.000000	65499.000000	65499.000000
mean	1331.042361	19.535697	119.245107	845.799646	1455.300447	17.980320	0.002046	0.023573
std	513.120595	45.571907	74.998644	614.473383	550.233834	48.178227	0.045185	0.151715
min	1.000000	-39.000000	10.000000	31.000000	1.000000	-65.000000	0.000000	0.000000
25%	903.000000	-3.000000	63.000000	393.000000	1040.000000	-8.000000	0.000000	0.000000
50%	1326.000000	3.000000	100.000000	682.000000	1459.000000	4.000000	0.000000	0.000000
75%	1747.000000	25.000000	153.000000	1085.000000	1917.000000	27.000000	0.000000	0.000000
max	2400.000000	1380.000000	676.000000	4983.000000	2400.000000	1384.000000	1.000000	1.000000

2. 資料純化：學習用圖形一目瞭然的檢查空值狀況

這是非常專業的圖形，從圖中一目瞭然資料缺陷及空值。由於這是個大數據資料庫，所以只能判斷如何進行欄位取捨及程式補缺，不可能進行手動人工方式的補缺工作。

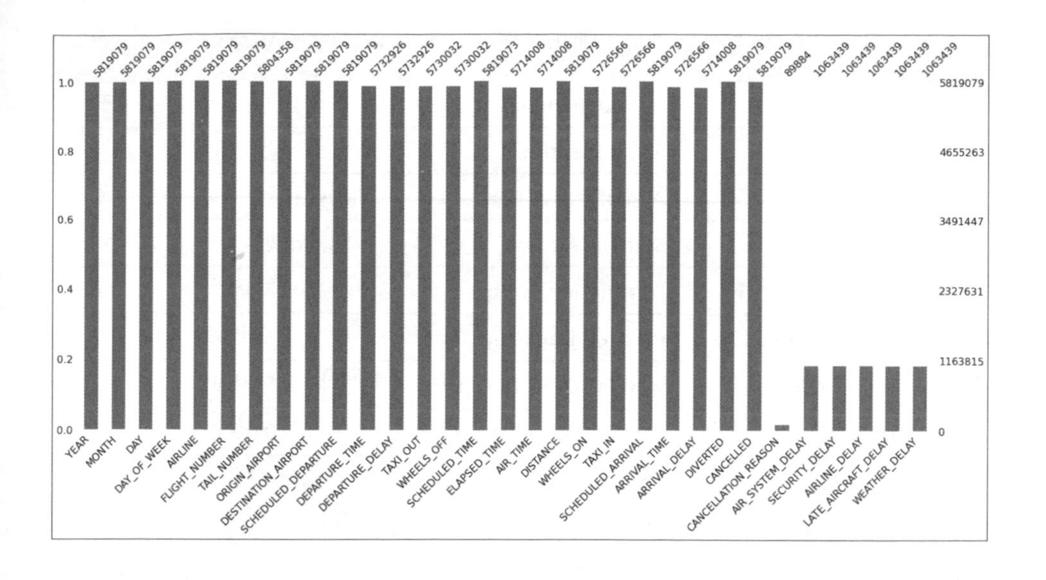

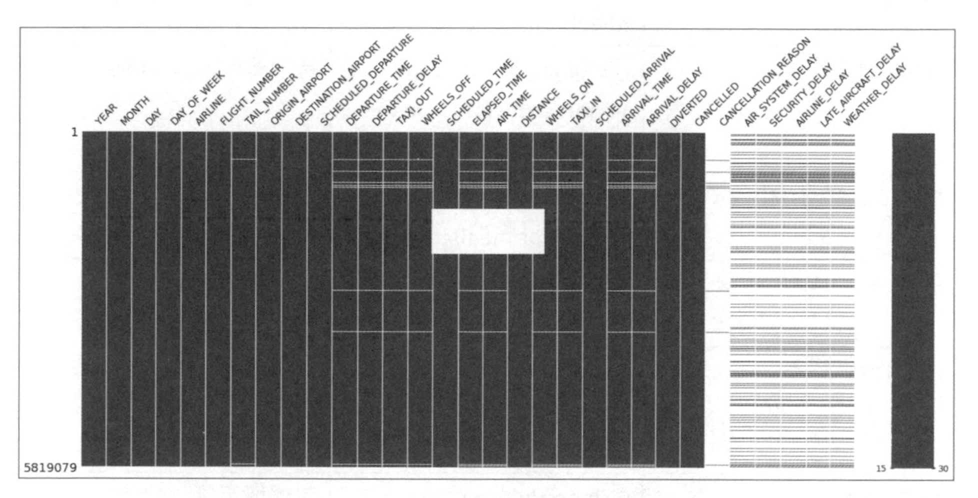

3. 特徵工程：欄位說明如下：根據這些欄位，進行人工智慧演算法的「特徵工程」－決定特徵。

Raw Variables	Raw Variables (English)	Raw Variables (Chinese)
YEAR	Year of the Flight Trip	航班時間－年
MONTH	Month of the Flight Trip	航班時間－月
DAY	Day of the Flight Trip	航班時間－日
DAY_OF_WEEK	DAY_OF_WEEK: Day of week of the Flight Trip	航班時間－星期

Raw Variables	Raw Variables (English)	Raw Variables (Chinese)
AIRLINE	Airline Identifier	航空公司代號
FLIGHT_NUMBER	Flight Identifier	航班代號
TAIL_NUMBER	Aircraft Identifier	飛機代號
ORIGIN_AIRPORT	Starting Airport	起飛機場
DESTINATION_AIRPORT	Destination Airport	目的地機場
SCHEDULED_DEPARTURE	Planned Departure Time	原訂起飛時間
DEPARTURE_TIME	WHEEL_OFF - TAXI_OUT	實際起飛時間
DEPARTURE_DELAY	Total Delay on Departure	起飛誤點時間
TAXI_OUT	The time duration elapsed between departure from the origin airport gate and wheels off	離場時間－完成起飛前消耗時間
WHEELS_OFF	The time point that the aircraft's wheels leave the ground	起飛離地前消耗時間
SCHEDULED_TIME	Planned time amount needed for the flight trip	原訂飛行時間
ELAPSED_TIME	AIR_TIME + TAXI_IN + TAXI_OUT	總飛行時間
AIR_TIME	The time duration between wheels_off and wheels_on time	空中飛行時間
DISTANCE	Distance between two airports	二機場距離
WHEELS_ON	The time point that the aircraft's wheels touch on the ground	機輪觸地時間
TAXI_IN	The time duration elapsed between wheels-on and gate arrival at the destination airport	飛機進場時間
SCHEDULED_ARRIVAL	Planned arrival time	原訂到達時間
ARRIVAL_TIME	WHEELS_ON + TAXI_IN	觸地時間＋進場時間

Raw Variables	Raw Variables (English)	Raw Variables (Chinese)
ARRIVAL_DELAY	ARRIVAL_TIME - SCHEDULED_ARRIVAL	抵達誤差時間
DIVERTED	Aircraft landed on airport that out of schedule	算著地起算延誤時間
CANCELLED	Flight Cancelled (1 = cancelled)	航班取消 (1= 取消)
CANCELLATION_REASON	Reason for Cancellation of flight: A-Airline/Carrier;B-Weather; C - National Air System; D-Security	取消理由：A- 航空公司，B- 天候，C- 國際飛航系統，D- 安全
AIR_SYSTEM_DELAY	Delay caused by air system	取消理由 - 國際飛航（誤點代號）
SECURITY_DELAY	Delay caused by security	取消理由 - 安全
AIRLINE_DELAY	Delay caused by the airline	取消理由 - 航空公司
LATE_AIRCRAFT_DELAY	Delay caused by aircraft	取消理由 - 飛機
WEATHER_DELAY	Delay caused by weather	取消理由 - 天候

檢查大數據空值的狀況：

- 很多的欄位，有非常多的空值。
- 超過 50% 資料是空值，只好刪除。
- 其中部分欄位的空值比率低，用迴歸演算找近似值補充。

查看 CACCELLATION __ REASON，以決定是否是關鍵特徵：

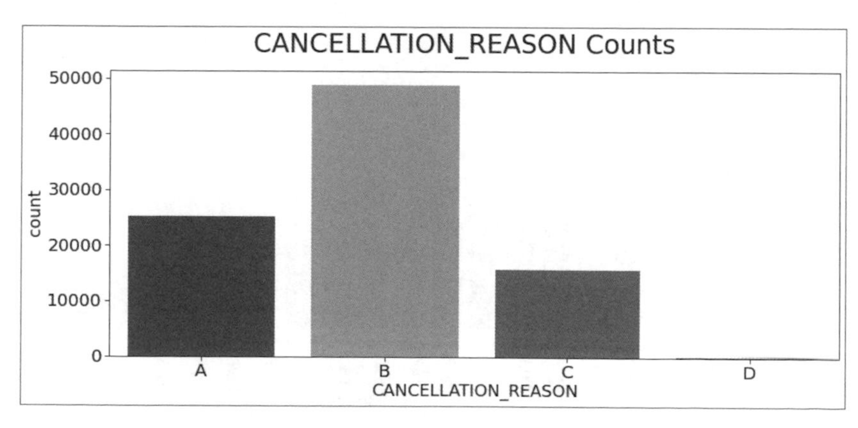

- 天候因素 (B) 佔比率最高，而真正乘客最在意的飛機問題（D：安全問題）卻佔很少。
- 再查看每個月的取消原因分佈：前半年比後半年取消多。

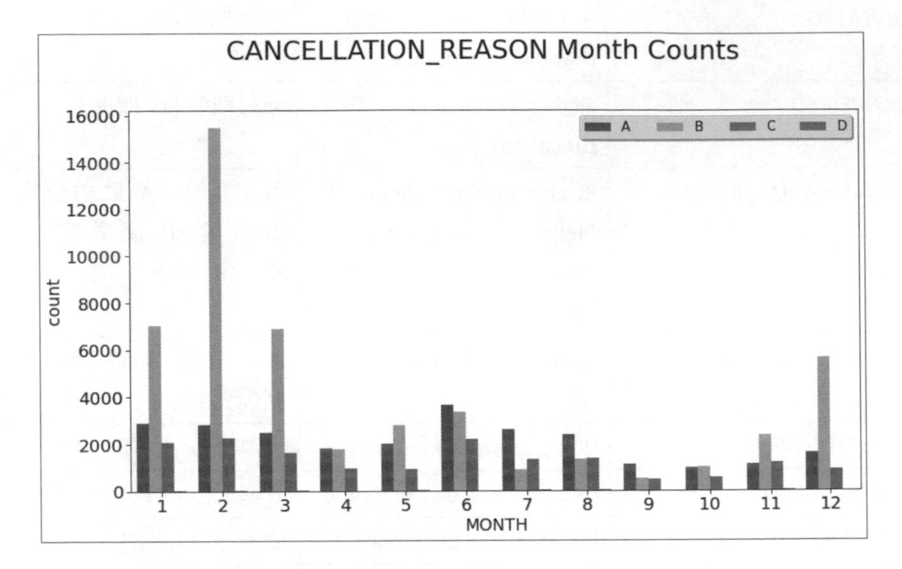

  - 前三個月是取消最多的月份。
  - 和前面的觀察一樣，仍是天候因素佔最多。

CACCELLATION_REASON 顯然是飛機誤點的重要原因（在資料工程稱重要特徵），故無可置疑的將 CACCELLATION_REASON 列為演算法特徵。

再查看「ORIGIN_AIRPORT」（起點機場）在資料特徵方面的重要性：

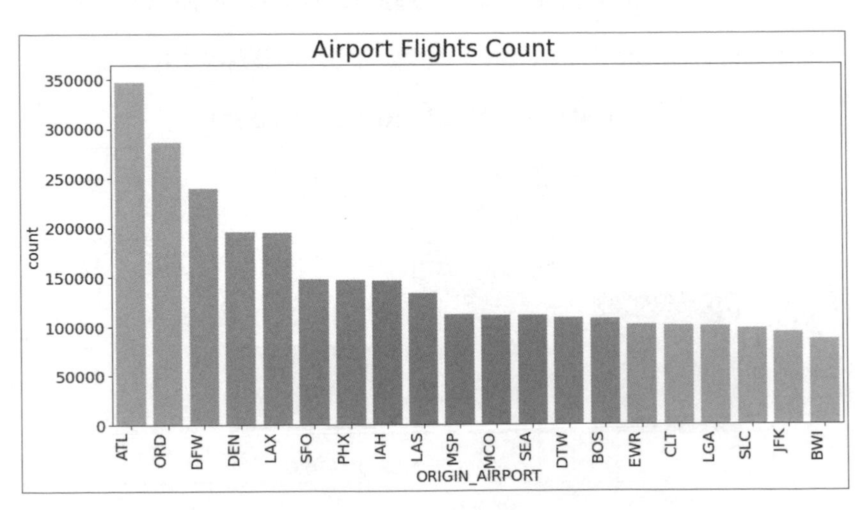

- 前五大機場佔全美 15% 的航班數。
- 美國有兩萬多個機場是世界前三十個國家總和，其中 3000 個是可停大型客機的通用機場。可見美國人真的把飛機當公車用。

OIRIGIN_AIRPORT 顯然是飛機誤點的重要原因（在資料工程稱重要特徵），故無可置疑的將 OIRIGIN_AIRPORT 列為演算法特徵。

再查看「ARRIVAL_DELAY」（抵達誤差時間）在資料特徵方面的重要性：

ARRIVAL_DELAY=ARRIVAL_TIME-SCHEDULED_ARRIVAL

即原訂時間和實際抵達時間的差距。

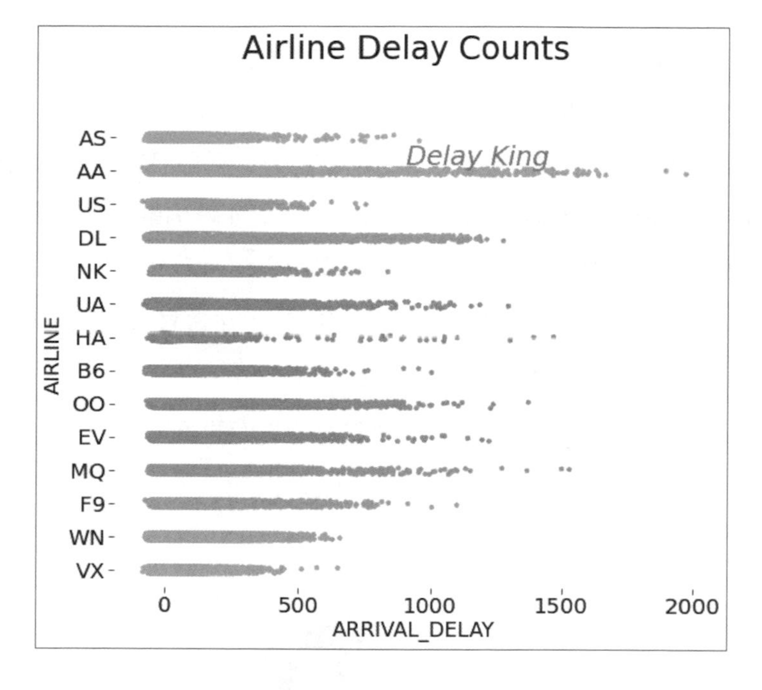

以航班數而言：AA 是誤點王。

在國際飛航資料，飛機起飛至少就有 4 種不同的數字：

- 表定出發時間。
- 實際「閘口」出發時間。
- 實際「跑道」出發時間。
- 「機長報告」出發時間。

只要在表定出發時間過 15 分鐘內離開閘口就不算誤點了，因此越來越多航空公司喜歡把旅客先收上飛機，然後在跑道上等。飛機看起來是準點了，但實際上您得在飛機上枯等 30 分鐘以上，不但不能上廁所，還沒有免稅店可以逛。你輸，保險公司、機場、航空公司！

全球哪些機場最準點呢？根據提供航班即時動態的 app【Blay-fly n chat】的全球資料庫統計，以準點率 80% 的機場列為 A 段班，名單包括：

- 日本羽田機場
- 美國亞特蘭大機場
- 新加坡樟宜機場
- 美國丹佛機場
- 美國洛杉磯機場

稍低於 80% 的機場曼谷機場以及歐洲轉機大戶阿姆斯特丹機場。至於桃園機場的準點率呢？大約 73~75% 左右，代表每 4 班桃園機場出發的航班，就會有一班超過表定時間 15 分鐘才離開閘口。

ARRIVAL_DELAY 顯然是飛機誤點的重要原因（在資料工程稱重要特徵），故無可置疑的將 ARRIVAL_DELAY 列為演算法特徵。

再查看「AIRLINE」（航空公司）在資料特徵方面的重要性：

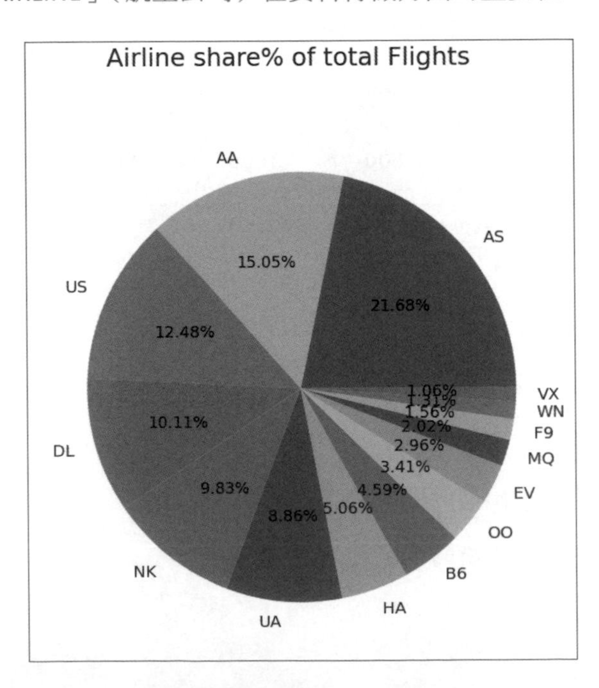

- 以航班數而言：AS、AA 是美國本土航班最多的航空公司。作為全球第一大航空市場，美國在歷經幾次航空公司的重組後，主要由三大的航空公司：美國航空、美聯航以及達美航空（Delta Air Lines、DAL-US）；中型航空公司：西南航空（Southwest Airlines、LUV-US）、阿拉斯加航空、捷藍航空等，低成本航空公司及超低成本航空公司所組成。
- 航班誤點為何與航空公司有關：大型航空公司的準點率不佳，這與航線有關，因為大型航空公司專飛熱點（大都市），較少飛偏鄉城鎮，故誤點率高。

綜合查看所有欄位的相關係數，以發掘還有那些欄位在資料特徵方面有重要性：

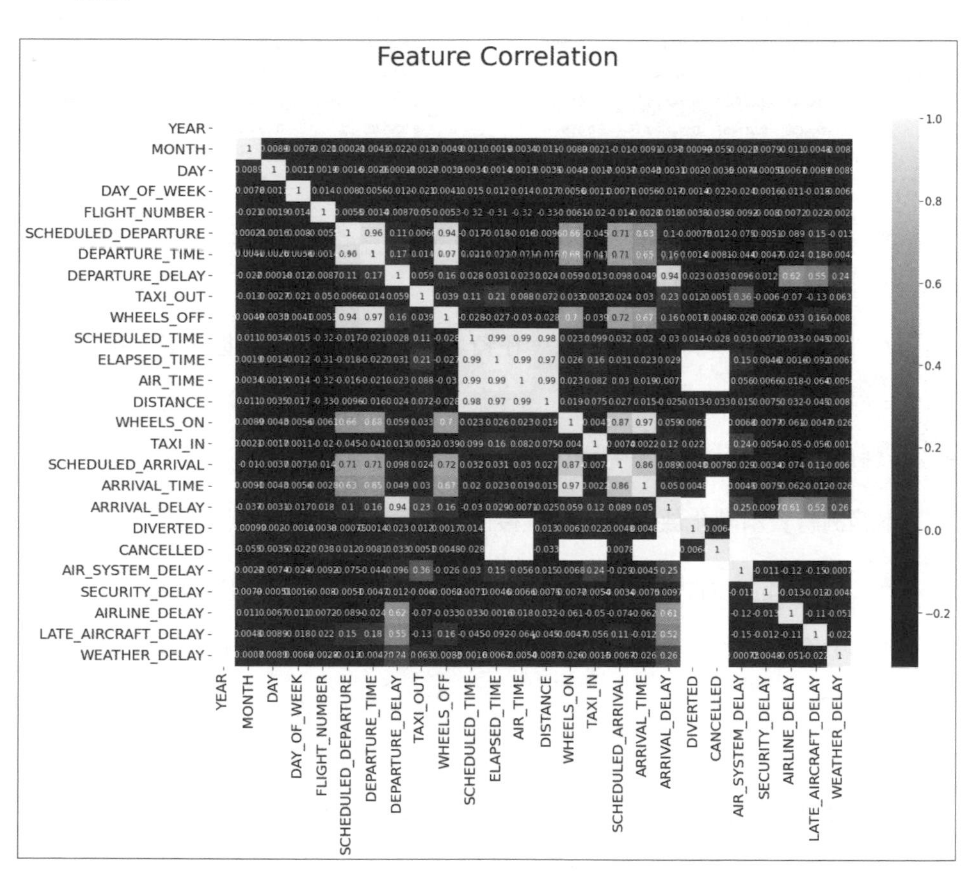

與「ARRIVAL_DELAY」相關性最高的欄位：

- DEPARTURE_DELAY（起飛誤點時間）：0.955
- AIRLINE_DELAY（取消理由－航空公司）：0.631
- LATE_AIRCRAFT_DELAY（取消理由 - 飛機）：0.579
- AIR_SYSTEM_DELAY（取消理由 - 國際飛航系統代號）：0.236
- WEATHER_DELAY（取消理由 - 天候）：0.165

縮小範圍再分析最相關的幾個特徵：

	MONTH	DAY	DAY_OF_WEEK	SCHEDULED_DEPARTURE	DEPARTURE_DELAY	DISTANCE	ARRIVAL_DELAY
MONTH	1.000000	0.008874	-0.007847	0.000207	-0.021994	0.011437	-0.036793
DAY	0.008874	1.000000	0.001111	-0.001647	-0.000176	0.003529	-0.003097
DAY_OF_WEEK	-0.007847	0.001111	1.000000	0.008007	-0.011510	0.016516	-0.017027
SCHEDULED_DEPARTURE	0.000207	-0.001647	0.008007	1.000000	0.110149	-0.009572	0.100220
DEPARTURE_DELAY	-0.021994	-0.000176	-0.011510	0.110149	1.000000	0.024106	0.944672
DISTANCE	0.011437	0.003529	0.016516	-0.009572	0.024106	1.000000	-0.025444
ARRIVAL_DELAY	-0.036793	-0.003097	-0.017027	0.100220	0.944672	-0.025444	1.000000

- 「Arrival Delay」和「Departure Delay」二者之有極高的正相關，顯示到達誤點幾乎決定於起飛誤點。
- 以上是初步可判斷的特徵，在資料純化之後，還會進行第二次特徵工程。

4. 資料純化（詳見程式 7-4.ipynb）：

本範例將資料純化放在特徵工程後面作，原因如下：

- 太多欄位，且大多是無用的欄位，去繁化簡；先做簡單的工作。
- 再來分析留下來的欄位要如何處理，所以可能待會還要進行一次特徵工程。

刪除用不到的欄位：

航班數據（Flights.csv）只留下 10 個欄位：MONTH、DAY、DAY_OF_WEEK、AIRLINE、ORIGIN_AIRPORT、DESTINATION_AIRPORT、SCHEDULED_DEPARTURE、DEPARTURE_DELAY、DISTANCE、ARRIVAL_DELAY。

MONTH	DAY	DAY_OF_WEEK	AIRLINE	ORIGIN_AIRPORT	DESTINATION_AIRPORT	SCHEDULED_DEPARTURE	DEPARTURE_DELAY	DISTANCE	ARRIVAL_DELAY
1	1	WEDNESDAY	AS	ANC	SEA	5	-11.0	1448	-22.0
1	1	WEDNESDAY	AA	LAX	PBI	10	-8.0	2330	-9.0
1	1	WEDNESDAY	US	SFO	CLT	20	-2.0	2296	5.0
1	1	WEDNESDAY	AA	LAX	MIA	20	-5.0	2342	-9.0
1	1	WEDNESDAY	AS	SEA	ANC	25	-1.0	1448	-21.0

整合二個外部資料：航空公司資料檔及機場資料檔（詳見程式 7-4.ipynb）。

- 航空公司資料檔
    - 用 Airport.csv 的資料，更正 Flights.csv 中機場欄位（ORIGIN_AIRPORT，DESTINATION_AIRPORT）的資料。
    - 再整理一下資料，把少部分有空值的檔清理掉。到此已不用再考慮空值資料的影響，因為比率非常低了。
- 機場資料檔：全美國可起降大型客機（747 或 A300 以上）的機場。

'全美國可起降大型客機（747或A300以上）的機場共：322 個機場資料'

	IATA_CODE	AIRPORT	CITY	STATE	COUNTRY	LATITUDE	LONGITUDE
0	ABE	Lehigh Valley International Airport	Allentown	PA	USA	40.65236	-75.44040
1	ABI	Abilene Regional Airport	Abilene	TX	USA	32.41132	-99.68190
2	ABQ	Albuquerque International Sunport	Albuquerque	NM	USA	35.04022	-106.60919
3	ABR	Aberdeen Regional Airport	Aberdeen	SD	USA	45.44906	-98.42183
4	ABY	Southwest Georgia Regional Airport	Albany	GA	USA	31.53552	-84.19447

更正資料：

- 用 Airport.csv 的資料，更正 Flights.csv 中機場欄位（ORIGIN_AIRPORT，DESTINATION_AIRPORT）的資料。
- 用 Airport.csv 的資料，將 Flights.csv 中機場欄位（ORIGIN_AIRPORT，DESTINATION_AIRPORT）闕值的資料改為「OTHER」。

5. 探索性資料分析（EDA）：根據起飛誤點（DEPARTURE_DELAY）和到達誤點（ARRIVAL_DELAY），分析延遲導因於起飛前還是起飛後。

	DEPARTURE_DELAY	ARRIVAL_DELAY
AIRLINE		
Alaska Airlines Inc.	1.718926	-0.976563
American Airlines Inc.	8.826106	3.451372
American Eagle Airlines Inc.	9.967187	6.457873
Atlantic Southeast Airlines	8.615598	6.585379
Delta Air Lines Inc.	7.313300	0.186754
Frontier Airlines Inc.	13.303352	12.504706
Hawaiian Airlines Inc.	0.469918	2.023093
JetBlue Airways	11.442467	6.677861
Skywest Airlines Inc.	7.736083	5.845652
Southwest Airlines Co.	10.517183	4.374964
Spirit Air Lines	15.883101	14.471800
US Airways Inc.	6.081000	3.706209
United Air Lines Inc.	14.333056	5.431594
Virgin America	8.993486	4.73770

根據加總整年的數字，ARRIVAL_DELAY 均小於 DEPARTURE_DELAY，表示在機長的控制下，雖然班機延遲起飛卻可以準點抵達。

用長條圖區分正負值來找出航空公司對準點的控制能力：

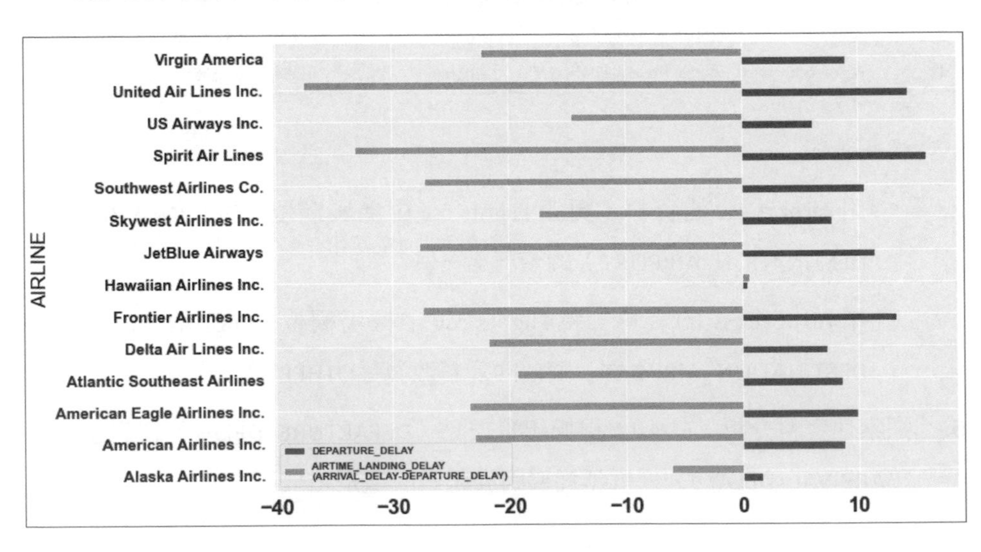

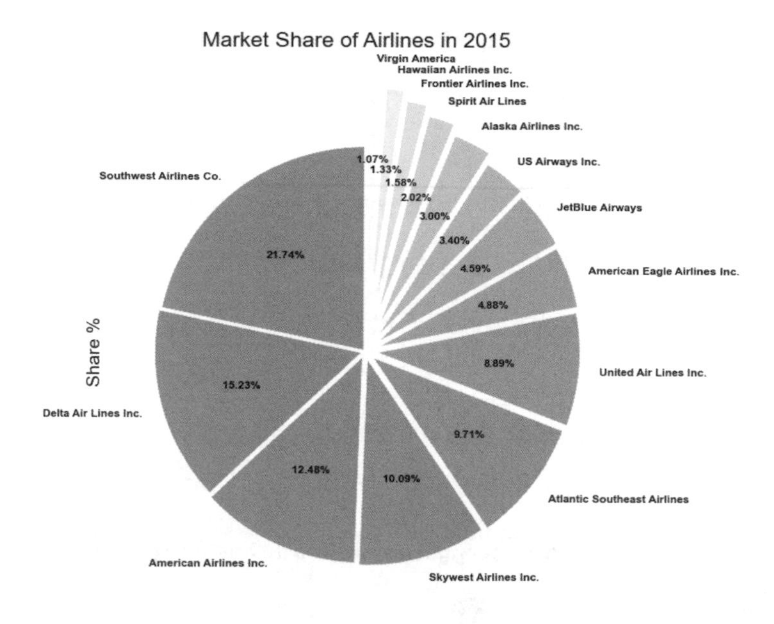

航空公司的航班數的市佔率（自訂函式方式來繪圖），分析高市佔率是否會使誤點率降低。呼叫函式繪出圖形：airline_marketshare()。

如圖所示，高市佔率的航空公司並沒有發揮規模優勢，有效的使誤點率降低。

各航空公司的誤點統計與誤點時間範圍：分析機長在飛行過程中是否有控制誤點的能力。

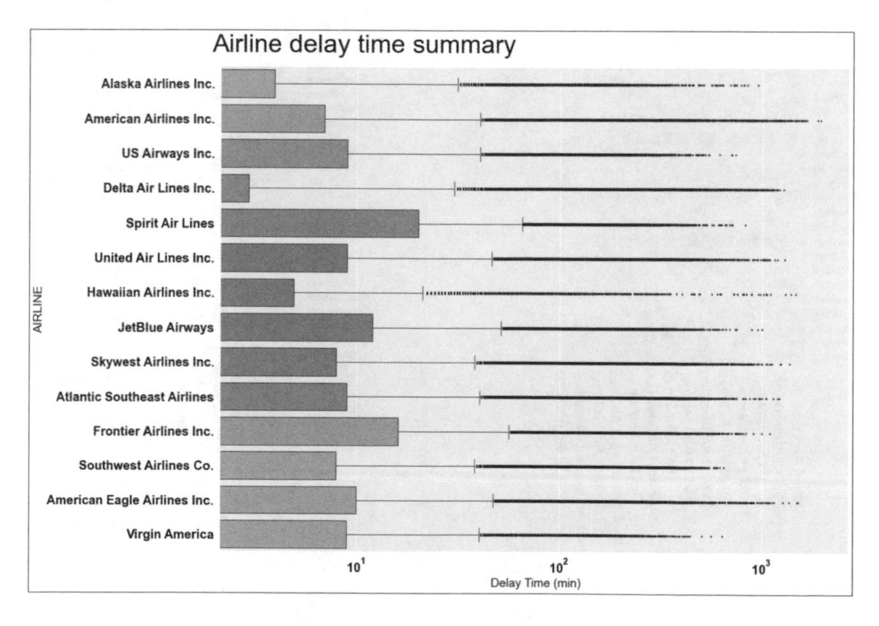

從上圖得知，航空公司基本上都能控制在準點到達目的地（總平均）。

分析航空公司在各機場的地勤部署圖（Delay），是否航點多表示調度能力好，使誤點率降低。

機場部署圖用熱力圖來呈現，視覺化的程式有點複雜，說明如下：

- 分左右二部分呈現，二邊各 50 個機場。
- 以全美國前 100 個機場的每天起飛（航班數為顏色，顏色越深表示起降航班越多）。

這裡只列全美國誤點最嚴重的 100 個機場，但大致可以看出航空公司在機場及航權的總體情況。繪圖程式執行結果如下：

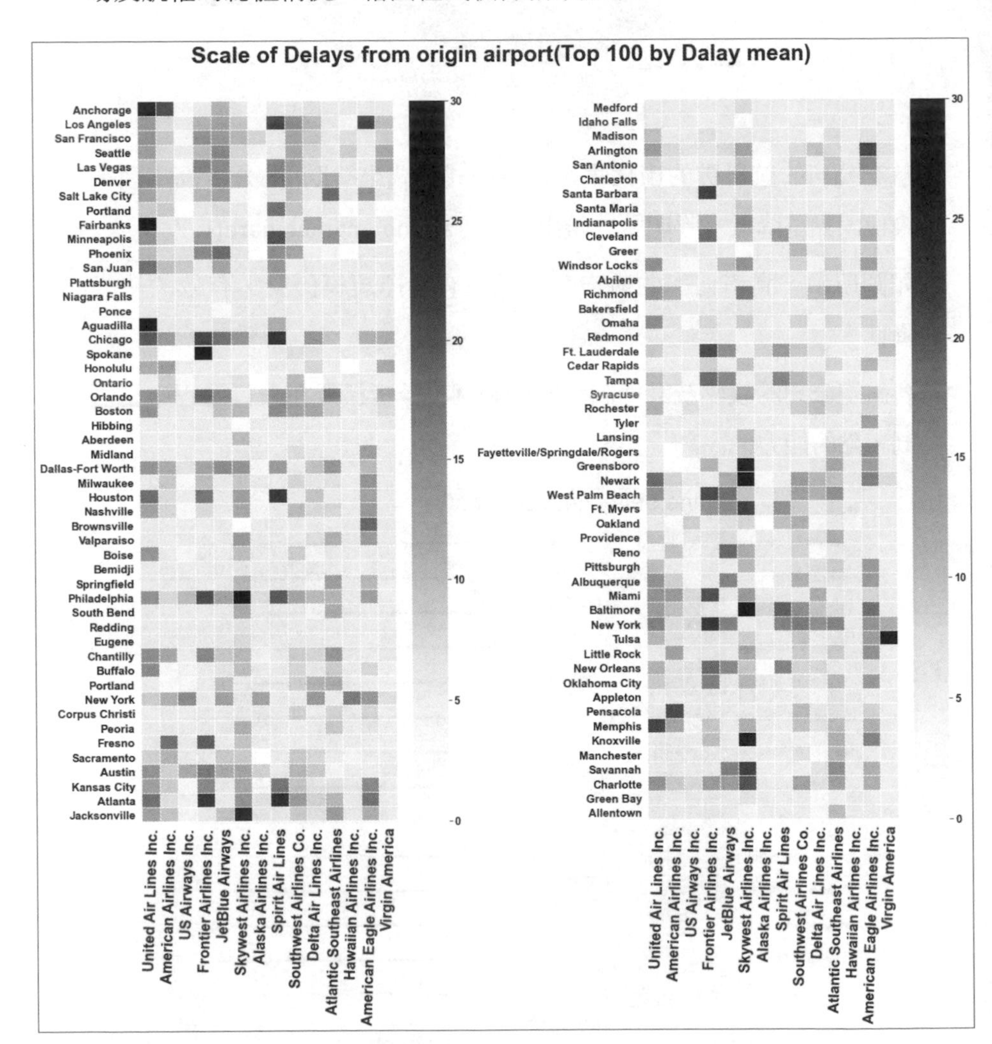

分析上圖：

- 這當中並沒有大城市的大型機場，可見機場大小與誤點沒有直接關係。
- 「Hawaiian Airlines Inc.」、「Virgin America」這二家航空公司，在所有的機場幾乎都沒有誤點，是多年來全美國誤點最低的航空公司。
- 小機場有可能因為是末端航點，可能也累積前面航點的誤點時間，而造成數字上的迷思，這個部分需要更多資料才能分析。
- 西南航空（Southwest）的各機場航班部署最為完整，每年一百二十萬架次排名第一。
- 達美航空、AA、Skywset 在航班數量不多的情況下，保持很低的取消航班比率，算是合理的結果。
- 美鷹（American Eagle）航空取消航班比率最高，約 5%，表示合併航班控制誤點時間也最為積極。
- 飛機改降比率（divertation rate）和航班數量多寡正相關，全美是低於 1% 的水準，表示美國航空管制在 911 事件之後是極端不允許飛機改降的。（Divert or diverting or diversion 飛機改降 DIV(ICAO) or DVT）

更精確的算出各航空公司的總平均誤點時間（分），起飛誤點和抵達誤點：

- NK（Spirit Air Lines）、F9（Frontier Airlines Inc.）、B6（JetBlue Airways）這三家航空公司的誤點時間與 15 分鐘接近，應該是全美最嚴重的三家航空公司。
- UA（United Air Lines Inc.）的機師可以用各種方法縮短飛行時間，以有效率的將起飛誤點和到達目的地的實際誤點時間大幅縮小。

綜合分析上述圖表：為何某些航空公司誤點較為嚴重？這些誤點原因在航空公司的分佈非常不平均，從 IATA（國際航空協會）誤點原因的五大分類來看：

AIR_SYSTEM_DELAY	Delay caused by air system	取消理由 - 國際飛航（誤點代號）
SECURITY_DELAY	Delay caused by security	取消理由 - 安全
AIRLINE_DELAY	Delay caused by the airline	取消理由 - 航空公司
LATE_AIRCRAFT_DELAY	Delay caused by aircraft	取消理由 - 飛機
WEATHER_DELAY	Delay caused by weather	取消理由 - 天候

- SECURITY_DELAY：安全因素並非主要誤點原因（只佔誤點原因的 0.5%），在以下的分析及預測演算中將這個特徵移除。
- weather delay：所有航空公司都很平均，並沒有特別高的航空公司，可見天候因素對所有航空公司都一樣。

所以誤點原因最主要只有三個：late aircraft delay、airline delay、air system delay。分析結果如下：

- late aircraft delay：佔誤點原因的 33%，而最嚴重的西南航空（Southwest Airlines）在這個誤點原因中佔了一半。
- airline delay：佔誤點原因的 25~33%，夏威夷航空（Hawaiian Airlines）在這個誤點原因中獨佔鰲頭的 58%。
- air system delay：佔誤點原因的 20~30%，精靈航空（Spirit Airlines）在這個誤點原因中佔了絕大部分，而夏威夷航空（Hawaiian Airlines）只佔 1.8%。

6. 進階探索性資料分析（EDA）：

看看是否真的機師會在飛行期間加快飛行速度，以彌補起飛誤點的時間。

在離場和進場時間是否也有值得探索的價值，這雖然只是十分鐘的時間，因為只要 15 分鐘就由 IATA 認定為誤點，所以只好計較這十分鐘了。

首先看看各航空公司的取消率（cancellation_rate）和轉場率（divertion_rate），這個數字最能表達嚴重的誤點情況：

- 計算取消率（cancellation_rate）和轉場率（divertion_rate），程式執行結果如下：

	AIRLINE	flight_volume	flight_pcnt	cancellation_rate	divertion_rate
0	Virgin America	61903	0.010638	0.008626	0.001955
1	Hawaiian Airlines Inc.	76272	0.013107	0.002242	0.000787
2	Frontier Airlines Inc.	90836	0.015610	0.006473	0.001739
3	Spirit Air Lines	117379	0.020171	0.017073	0.001551
4	Alaska Airlines Inc.	172521	0.029647	0.003878	0.002394
5	US Airways Inc.	198715	0.034149	0.020466	0.002139
6	JetBlue Airways	267048	0.045892	0.016012	0.002734
7	American Eagle Airlines Inc.	294632	0.050632	0.050996	0.002770
8	United Air Lines Inc.	515723	0.088626	0.012745	0.002691
9	Atlantic Southeast Airlines	571977	0.098293	0.026629	0.003486
10	Skywest Airlines Inc.	588353	0.101108	0.016929	0.002684
11	American Airlines Inc.	725984	0.124759	0.015040	0.002934
12	Delta Air Lines Inc.	875881	0.150519	0.004366	0.002035
13	Southwest Airlines Co.	1261855	0.216848	0.012714	0.002700

從這個表看來，各航空公司的取消率（cancellation_rate）和轉場率（divertion_rate）並沒有顯著差異；而取消率（cancellation_rate）和轉場率（divertion_rate）是屬於嚴重誤點造成的結果。實務上嚴重誤點非常少，因為嚴重誤點與龐大的賠償金有關，航空公司都竭力防止發生意外取消及臨時轉場的狀況。

接下來看，離場時間（Taxi-out Time）、進場時間（Taxi-in）：

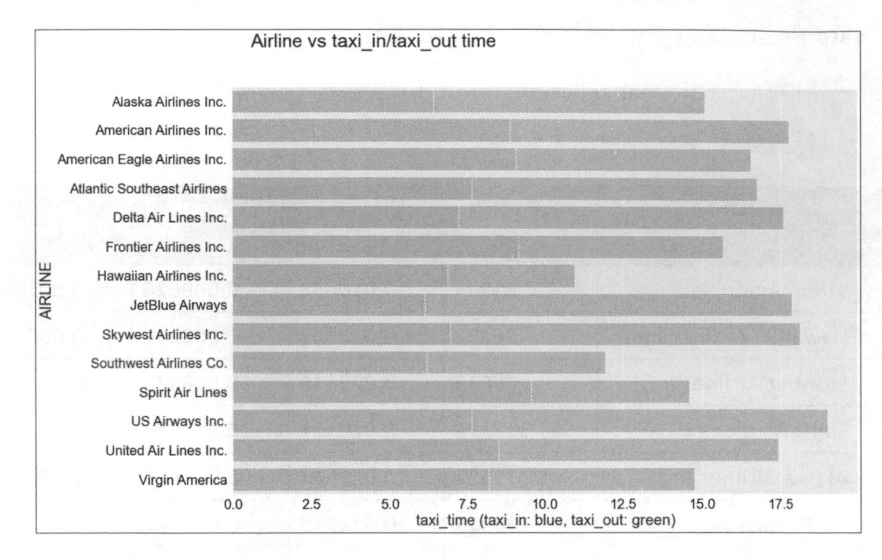

根據上圖分析：

- 所有航班的進場滑行時間都比離場滑行時間少。
- 所有航班的進場滑行時間都少於 10 分鐘。
- 所有航班的離場滑行時間都大於 10 分鐘。
- 有趣的是：西南航空的進場滑行時間和離場滑行時間都是最短的（以大飛機而言），是否因西南航空的閘口都安排在跑道旁邊，較少被機場安排在很遠的臨時閘口。

依百分比來看，離場時間（Taxi-out Time）、進場時間（Taxi-in），不必列入誤點特徵。

Airline Flight Speed (miles/hour) 探討：是否某些航空公司的機師加速飛以降低誤點率？機師是否會為了降低誤點率而在飛行時間加速？統計並繪出各航空公司的航班平均速率，根據上圖推斷是否有速度異常狀況：

- 所有航空公司的飛行速度都在 400-450miles 之間，以誤點率最低的夏威夷航空也是如此。
- 因每家航空公司的航線之航行距離不同，用平均值計算無法看出機師是否刻意加速飛行以降低誤點率。

- 長程飛機在平流層飛行，速度可達 800miles，所以 UA 的平均速率較高，而夏威夷航空的平均速率較低。

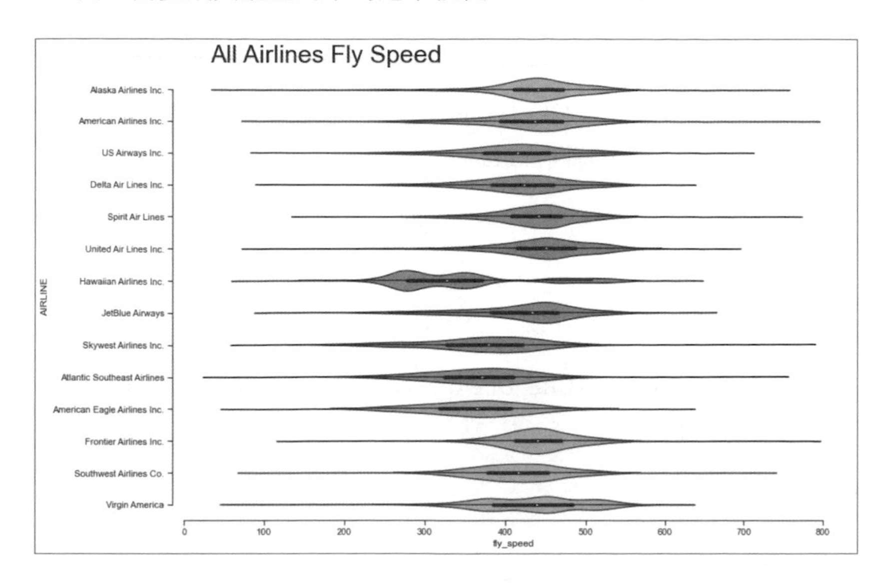

夏威夷航空，因航點不同呈現速率兩極化的現象。

這個部分很專業，因為航點間距離不同，用平均速率來推斷是否有刻意加速並不客觀。所以平均速率不列入機器學習演算的特徵。

計算取消率（cancellation_rate）和轉場率（divertion_rate），程式執行及繪圖結果如下：

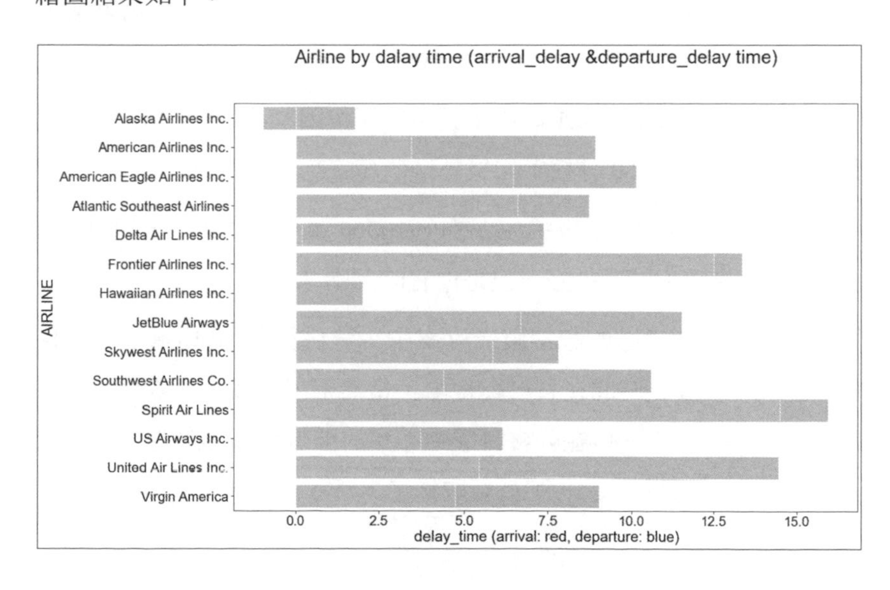

依上圖，所有航空公司的統計：

- 每家航空公司都有起飛誤點及抵達誤點，除了夏威夷航空（Hawwaiian Airlines）。直覺上，所有航班都會加快度以彌補誤點的時間。
- 精靈航空（Spirit Airlines）和前衛航空（Frontier Airlines）在起飛誤點及抵達誤點時間，時間都最長。
- 阿拉斯航空（Alaska Airlines）在抵達誤點是負值，表示比預訂時間早抵達。
- 這是加總運算的結果，只能看出整體情況。

所以起飛誤點（DEPARTURE_DELAY）和抵達誤點（ARRIVAL_DELAY）將列入機器學習的演算中。

7. 機器學習：

資料匯整

- 星期資料。
- 捨棄用不到的欄位。
- 捨棄用不到的欄位。
- 合併成一個檔案。
- 最重要的一步：取樣本數。從大數據資料庫中，取樣一萬筆樣本進行後面非常龐大的運算：即 n=10000。

在練習時先設 1000 筆或 10000 筆就可以了，因為運算一次 1000 筆花 5 分鐘，而 10000 筆花 50 分鐘；如果是一佰萬筆花 4 － 5 天時間。

而 1000 筆的預測準確率 91% 左右，10000 筆可達 92%，一佰萬筆可達 98%；當然準確率越高越好。但是你有時間嗎？

實務經驗是，在工廠的智慧製造專案中，資料量在 10 萬筆以下，且資料乾淨一致不需要花時間在資料純化上，當然不用取樣全部拿來運算，反正就是一個小時而已。但在社會科學中，探討聲量或知名度等，資料量達百萬等級（和本範例一樣），那就要取樣了。

取樣多少是個藝術，太少沒有代表性，會直接反應在準確率上，如本範例取樣 1000 筆時，準確率是 91%；說實在的，91% 準確率太低，如果是個非常嚴謹的專案，就取樣一佰萬筆吧。讓人工智慧運算發揮它原本的強大運算功能吧。

最後取樣的檔案（final_data）做為進行人工智慧運算的母體。

分離測試集：另建立一個 Y 作為測試比對資料用。

分割母體檔案成訓練集和測試集，二組資料

```
from sklearn.model_selection import train_test_split, cross_val_score,
cross_val_predict
X_train, X_test, y_train, y_test = train_test_split(X, Y, test_
size=0.2, random_state=0)
```

ML 隨機森林迴歸分類（RandomForestRegressor）

這是一個非常花時間的部分，以十萬筆而言約 2-3 小時，如果你只是練習，就到前面去修改取參數 (n=1000)，改為 1000 的話約花 5 分鐘，即可完成這個部分的運算

執行結果：

- 呈現運算過程及時間：

```
RandomForestRegressor(bootstrap=True, ccp_alpha=0.0, criterion='mse',
                      max_depth=None, max_features='auto', max_leaf_nodes=None,
                      max_samples=None, min_impurity_decrease=0.0,
                      min_impurity_split=None, min_samples_leaf=1,
                      min_samples_split=2, min_weight_fraction_leaf=0.0,
                      n_estimators=100, n_jobs=None, oob_score=False,
                      random_state=None, verbose=0, warm_start=False)
```

- 重要的數學模型參數：
  - 'n_estimators': 100
  - 'min_samples_split': 2
  - 'min_samples_leaf': 1
  - 'max_features': 'auto'
  - 'max_depth': None

如果你不是要去做模型優化的工作，那這部分不用浪費時間去理解。這是數學家的工作，在實務上根本沒有人在意這個部分。因為數字好壞對準確率沒有差多少。但對科學性的研究有很大的影響：例如疫苗有效性，藥品附加作用的嚴重性，飛彈命中目標的準確性等，都是在計較 0.01 的準確率的。

- 隨機森林演算結果：

```
y_pred = reg_rf.predict(X_test)
reg_rf.score(X_train,y_train)
```

```
0.9894739639440061
```

從這裡開始的數字會每次執行略有不同，因為參數是會隨每次運算的模型自由選取最佳參數，而每次都不會選一樣的參數。人工智慧的奇妙之處就在這裡，看似有理性的思考脈絡，這其中的奧妙，在進階版再詳述吧。

RandomForestRegressor 評價指標（MAE、MSE、RMSE）

分類問題的評價指標是準確率，那麼迴歸演算法的評價指標就是 MSE、RMSE、MAE、R-Squared。

- MAE（平均絕對誤差）：太簡單就不多解釋了（可參閱本節四：AI 演算法）。
- 均方誤差（MSE, Mean Squared Error）叫做均方誤差。看公式這裡的 y 是測試集上的。「真實值 - 預測值」然後平方之後求和平均。就是線性迴歸的損失函式。目的就是讓這個損失函式最小。模型做出來，把損失函式丟到測試集上去看看損失值。簡單直觀
- 均方根誤差（RMSE, Root Mean Squard Error）均方根誤差。 就是 MSE 開個根號麼。 其實實質是一樣的。不過用於資料更好的描述。 例如：要做房價預測，每平方是萬元（真貴），我們預測結果也是萬元。那麼差值的平方單位應該是 千萬級別的。那我們不太好描述自己做的模型效果。 我們的模型誤差是多少千萬？於是乾脆就開個根號就好了。

我們誤差的結果就跟我們資料是一個級別的，可在描述模型的時候就說，我們模型的誤差是多少萬元。

- R Squared 上面的幾種衡量標準針對不同的模型會有不同的值。比如說預測房價那麼誤差單位就是萬元。數字可能是 3、4、5 之類的。那麼預測身高就可能是 0.1、0.6 之類的。沒有什麼可讀性，要根據模型的應用場景來。 看看分類演算法的衡量標準就是正確率，而正確率又在 0 ～ 1 之間，最高百分之百。最低 0。如果是負數，則考慮非線性相關。不同模型一樣的。那麼線性迴歸有沒有這樣的衡量標準，就是 R Squared 也就 R 方。

```
MAE: 5.9984895
MSE: 102.064235115
RMSE: 10.102684549910483
```

- RandomForestRegressor 評價指標（R square）：

```
pp=pd.DataFrame({'Actual':y_test,'Predicted':y_pred})
pp.head(10)
```

```
0.9267631392508735
```

本節開頭的 AI 演算法已詳述過 MAE、MSE、RMSE、R Square 的意義，在此不再重複；基本上這些數字是對沒有統計概念的人證明模型不是隨便亂算的而已。

因為大部分的人沒有大數據統計的觀念；在 Covid-19 防疫期間不是一大堆無知的人要求全民普篩一樣，完全不懂數學，不懂統計，更不懂人工智慧。

不過筆者的實務經驗中，很多大老闆人看了這些驗證（MAE、MSE、RMSE、R Square）數字後仍然問了一個很幼稚的問題：到底班機會不會誤點？

全世界沒有人有能力告訴保險公司的大老闆，班機會不會誤點。只能告訴老闆們，預測結果的可信度是：0.9894739639440061；這是 reg_rf.score 要表達的。

- RandomForestRegressor 預測結果：各航班在下一年度的起飛誤點時間（DEPARTURE_DELAY）。

```
pp=pd.DataFrame({'Actual':y_test,'Predicted':y_pred})
pp.head(10)
```

```
0.9267631392508735
```

這是航班預測結果，即下年度同一時間該航班的最可能狀況；可提供給航空公司做事前準備，看看是要取消航班還是做其他調整。

如果誤點情況嚴重者如上表中的預測誤點 111.61 分鐘，那會出大事的，除了一大筆「旅遊不便險」要賠，還有地勤機場的額外費用，客艙人員緊急調度，及櫃檯前抗議等公關事件要處理。

在航空界，很多航班會習慣性誤點，讓外人匪疑所思，摸不著頭腦。其實該航空公司的內行人都見怪不怪，該航班會習慣性誤點是很多原因夾雜在一起造成的，例如：航班都在機場最繁忙的時段起降、該航空公司在該時段沒有額外的人員可支援該時段地勤工作、大量郵務信件都會在那個時候上飛機、某固定旅行社的團體客人會固定搭那個航班、造成旅客因素誤點等等。只要有二三個理由就會造成該航段習慣性誤點。

這時候就需要人工智慧了，經由人工智慧運算，預測結果提前部署，可大大改善品質及獲利狀況。

- 超參數搜尋：Randomized Search CV 隨機搜尋。

通常情況下，有很多參數需要手動指定，稱之為超參數。調整參數的用意是希望 model 所表現的預測效果越好，但手動過程繁雜，所以需要對模型預設幾種超參數組合，且每組超參數都採用交叉驗證來進行評估，最後選出最優的參數組合建立模型當同一個演算法，超參數不止一個時會進行交叉測試：

使用 sklearn.model_selection.GridSearchCV（網格搜索並同時交叉驗證）

能夠幫助我們同時調整一個模型的多個參數的技術返回最優參數的組合。

- 建立隨機網格（random grid）
- 訂定參數
- 進行演算

```
rf_random.fit(X_train,y_train)
```

```
Fitting 5 folds for each of 10 candidates, totalling 50 fits
max_depth=10, total=  17.7s
[CV] n_estimators=148, min_samples_split=5, min_samples_leaf=5, max_
features=sqrt, max_depth=10
max_depth=15
[CV] n_estimators=44, min_samples_split=100, min_samples_leaf=5, max_
features=auto, max_depth=15
[CV] n_estimators=61, min_samples_split=5, min_samples_leaf=5, max_
features=auto, max_depth=15
[CV] n_estimators=113, min_samples_split=5, min_samples_leaf=10, max_
features=auto, max_depth=20
[CV] n_estimators=113, min_samples_split=15, min_samples_leaf=1, max_
features=auto, max_depth=20
[CV]  n_estimators=113, min_samples_split=15, min_samples_leaf=1, max_
features=auto, max_depth=20, total= 6.0min
[Parallel(n_jobs=1)]: Done  50 out of  50 | elapsed: 91.3min finished
```

這段約費時 20~100 分鐘（取樣十萬筆以下），才會完成運算。這部分只是在算時間及演算過程，除了數學家，不用花時間去理解其中意義，反正最後是算出結果了。

但下面這個部分要特別注意一下了：

```
RandomizedSearchCV(cv=5, error_score=nan,
           estimator=RandomForestRegressor(bootstrap=True,
                                           ccp_alpha=0.0,
                                           criterion='mse',
                                           max_depth=None,
                                           max_features='auto',
                                           max_leaf_nodes=None,
                                           max_samples=None,
```

```
                                         min_impurity_decrease=0.0,
                                         min_impurity_split=None,
          iid='deprecated', n_iter=10, n_jobs=1,
          param_distributions={'max_depth': [5, 10, 15, 20, 25, 30],
                               'max_features': ['auto', 'sqrt'],
                               'min_samples_leaf': [1, 2, 5, 10],
                               'min_samples_split': [2, 5, 10, 15,
                                                     100],
                               'n_estimators': [10, 27, 44, 61, 79, 96,
                                                113, 130, 148, 165,
                                                182, 200]},
          pre_dispatch='2*n_jobs', random_state=42, refit=True,
          return_train_score=False, scoring='neg_mean_squared_error',
          verbose=2)
```

如果有經驗的人工智慧工程師會看參數調整結果，再去回頭做演算。直到得出更佳的預測結果。(如果你有時間或有興趣的話可多做幾次)

得出最佳參數如下：

```
rf_random.best_params_
```

```
{'n_estimators': 61,
 'min_samples_split': 5,
 'min_samples_leaf': 5,
 'max_features': 'auto',
 'max_depth': 15}
```

通常情況下，很多超參數需要調節，但是手動過程非常繁雜，實務上是對模型預設幾種超參數組合，每組超引數都採用交叉驗證來進行評估。最後選出最優引數組合建立模型。

n_estimators、max_features、max_depth、min_samples_split min_samples_leaf 分別設定。程式如下：

RandomizedSearchCV 預測結果：

```
p=rf_random.predict(X_test)
```

```
{'n_estimators': 61,
 'min_samples_split': 5,
 'min_samples_leaf': 5,
 'max_features': 'auto',
 'max_depth': 15}
```

RandomizedSearchCV 評價指標：MAE、MSE、RMSE

```
mprint('MAE:', metrics.mean_absolute_error(y_test,y_pred))
print('MSE:', metrics.mean_squared_error(y_test,y_pred))
print('RMSE:', np.sqrt(metrics.mean_squared_error(y_test,y_pred)))
```

```
MAE: 5.908055198788918
MSE: 95.86769278816654
RMSE: 9.791204869073393
```

RandomizedSearchCV 評價指標：R Square

```
metrics.r2_score(y_test,p)
```

```
0.9275918860237169
```

- 列出 RandomizedSearchCV 預測值：

```
zz=pd.DataFrame({'Actual':y_test,'Predicted':p})
zz.head(10)
```

這是經過超參數調整後的預測結果，和前面的略有不同，筆者一一比對過資料，有少部分差異很大，所以超參數調整對預測結果有影響的。有經驗的人工智慧工程師是不會忽略這個過程的。

當然為了讓預測結果有說服力，照例還是要再做評價指標，以說服那些有統計概念的客戶們，至於那些堅持普篩的人就不用去說服了吧。

為了讓讀者有全面性理解，再用另一模型（Gradient Boosting Regressor）做超參數調整，在 Gradient Boosting Regressor 模型中，有一些參數最好是手動調整。

- ML 用 GradientBoostingRegressor 進行演算：

```
from sklearn.ensemble import GradientBoostingRegressor
gbr=GradientBoostingRegressor(random_state=0)
GBR=gbr.fit(X_train,y_train)
pre =GBR.predict(X_test)
```

GradientBoostingRegressor 評價指標（MAE、MSE、RMSE）：

```
print('MAE:', metrics.mean_absolute_error(y_test,pre))
print('MSE:', metrics.mean_squared_error(y_test,pre))
print('RMSE:', np.sqrt(metrics.mean_squared_error(y_test,pre)))
```

```
MAE: 6.05859077786123
MSE: 99.64208771006474
RMSE: 9.98208834413244
```

GradientBoostingRegressor 評價指標（R Square）：

```
metrics.r2_score(y_test,pre)
```

```
0.9299256277804498
```

GradientBoostingRegressor 預測結果，各航班在下一年度的起飛誤點時間：

```
gg=pd.DataFrame({'Actual':y_test,'Predicted':pre})
gg.head(10)
```

	Actual	Predicted
1027838	-7.0	-7.269487
3360309	35.0	20.157203
3650343	-1.0	-3.344573
3302028	-4.0	9.994039
3723382	-4.0	-1.386725
758619	74.0	70.938500
2483376	0.0	-0.234645
5439529	190.0	195.584462
2075034	-4.0	-2.922771
2627899	163.0	234.117323

- 自定函數進行預測：

```
predict(5,6,1515,328,-8.0,'AIRLINE_OO','ORIGIN_AIRPORT_
PHX','DESTINATION_AIRPORT_ABQ','DAY_OF_WEEK_TUESDAY')
```

```
-4.17745466418434
```

七、專案結論

■ 人工智慧的技術部分

本例進行了二次超參數調整，但 R Square 的評估結果看來差異不大，原因如下：

- 本範例的資料一致性高，在龐大的資料庫中，幾乎沒有什麼異常的資料缺陷。
- 資料量大到誤差可直接用最簡單的演算法降低到幾乎看不到。
- 航空業的特性是高強度管理，極小化風險係數，極大化安全係數。所有的流程都要在計劃中，不允許任何理由變更流程。所以所有數字看起來都很有規律，都沒有意外的數字，因為如果有個航班有意外數字在其中，那個航班應該已經早已失事了。

預測演算是迴歸分析的延伸，所以沒有黑天鵝事件（911 事件、Covid-19 大爆發等）的因素在估計值之中。科學是在探索規律的事物，如果探索的是沒有規律的事物，其實不需要數學家，統計學家，也不需要人工智慧科學家。因為沒有規律的事務無法算出預測結果。

有許多學生問我，人工智慧演算法常會預測不準……

是的，人工智慧預測不可能 100% 準確，以本範例而言，92% 已足夠航空公司進行全面防止意外及突發事件提前部署的工作了。

在 2016-2019 年間，人工智慧預估系統為航空公司及保險公司節省數十億美元的支出，怎麼有人會認為人工智慧無用呢？

- 航空公司及保險公司的營運部分

  ◆ 保險公司的營運策略

  人工智慧演算結果告訴我們，買旅遊不便險用處不大，只是安心用的，用來安慰自己的旅遊不安全感。在所有誤點班機中，不便旅客中真正得到理賠的不到百分之一，大部分發生不便的旅客都會向航空公司直接要求誤點餐費，轉機交通費及精神安慰金等。這筆金錢遠比保險金多呢。大部分的情況是，乘客在櫃檯前吵鬧一陣之後，櫃檯經理就會出面用錢擺平所有的抗議，因為這比支付保險費便宜多了。

  筆者曾經在香港機場因班機故障而延遲 18 小時起飛，飛機上乘客中有一堆知名演員及大企業家，這些人聲量很大，除了對客艙服務人員大吵大鬧以外，他們聘請的律師也都打電話來關心。不是很多人都有旅遊不便險嗎？是的，我也有保險，但打電話給保險公司後，所有狀況全都被保險公司預料到了。

  後來得知飛機並不是故障，是因飛機老舊而在跑道滑行時（Taxi-Out）有異常聲音，因此有個大企業家覺得生命可貴，不願冒險當場在飛機上打電話給航空公司總部，要求換飛機。

  就這樣在香港機場進行了原地二次檢修，乘客二次上下飛機等待檢查人員完成檢修。

  為什麼是二次，因為第一次檢修完，大家上飛機準備起飛時，有更多人注意異音，不知道是大家太敏感還是精神病發作，很多人都聲稱聽到異音，所以共進行二次跑道拉回停機坪檢修。

  二個小時的檢修後，再也沒有人相信這架飛機是安全的了，終於引發全機所有人集體抗議。

  在一番折騰後，所有乘客都不願再登機。此時地勤人員告知大家這是旅客因素造成誤點並不在保險範圍內，要我們回台北再依申訴程序辦理，大家都預想得到了，既然要求走申訴管道就是沒有保險理賠金了。

航空公司在極端不願意下，去調度其他飛機來接走乘客，做這件事要花 16 小時。等到 16 小時後，終於登上不知從那裡調度來的飛機，並且真的要正式起飛了，所有乘客也都繫好安全帶，卻發生軍事演習香港機場臨時管制（這種情況在香港機場常有），數十架飛機在跑道上排隊等待起飛，一等就是二小時。

最後回到台北，所有乘客在機場櫃檯前大吵一陣後，已是深夜三點了。人群漸漸散去，我耐心等待經理出來善後（因為經理本來就有預算可以進行善後）。最後航空公司經理當場對少數有耐心或是知道門道的極少數乘客（留在現場的乘客只有五人）；經理發放了慰問金及誤餐費，並找來計程車（因深夜已沒有排班計程車了）送我回到家中；我拿到上述金額，遠超過保險理賠金額。當然我必須簽一份自願放棄保險理賠聲明書。

◆ 航空公司營運策略部分

以上這個真實的過程，背後都是人工智慧演算出來的。

香港機場是個特殊機場，因靠近軍事管制區並經常有軍事演習等管制，是保險公司有條件理賠的特殊機場。這個機場並不是所有誤點都理賠的，我仔細看一下保單最後面的備註欄，果然有詳細的警告說明－保險公司早已有告知喔。

人為（旅客）因素造成誤點很難進行理賠，因為理賠義務對象不是航空公司而是那個造成誤點的旅客，是那位旅客要賠所有遭受損失的旅客，不是保險公司或航空公司。在事後進行理賠審核時會被退件的，我在香港滯留時的 18 個小時中，打電話給保險公司確認權益時，已被告知了。

飛機故障是沒有證據的，所有地勤人員都三緘其口不會證實是否有故障這件事，這在理賠認定是沒有任何勝算的。

這個航班原訂是由北京飛香港再到終點站台北，台北是後段航程，且航程使用 737 老飛機，是人工智慧運算中的誤點率高的航班，所以售票人員不會賣這種機票給轉機旅客，也不會賣這航班機票給團體客，所以是團體客極少的航班。大大降低發生誤點而理賠的機會，這也是人工智慧算出並要求售票人員提前部署的。

你相信嗎？登機旅客中的有買旅遊不便險的乘客不多，這也是航空公司答應換飛機前早已知道的事。因為人工智慧系統早已將資訊顯示在地勤應變人員的手機上了。儘管那位大聲吵鬧的企業家如何聲明自己的權益，都改變不了保險公司及航空公司的策略。

除了航班誤點的認定非常不利乘客，機師也有很大的餘裕來縮短飛行時間，大大降低誤點機率。主要原因並不是機師的績效，而是機師本來就有餘裕來調整飛航時間，而且很容易辦到。從前面的 EDA 分析，在美國沒有任何一家航空公司超出 15 分鐘的誤點認定（總和統計不是各航班單獨統計）就可以知道答案。

分析保險公司及航空公司的營運策略，背後都是人工智慧運算的結果；航空協會、航空公司、機場航空管制人員、地勤人員、保險公司都是人工智慧的受益者。

誰說人工智慧無用。

7-5 用機器學習預測全球幸福指數（附完整程式）

前章已將幸福指數做了非常詳細 EDA（探索性資料分析），本節將進行難度較高的機器學習部分。

在前面進行幸福指數的運算過程中，有四個重要的發現：

- **指標的迷思**：許多經濟學家及社會學家認為，一般人對生活狀況的主觀想法會超過收入方面的直覺，而不是真正的幸福數值的表達。例如哥倫比亞在 2018 年世界幸福指數中排名第 37 位，但在日常情感體驗上排名第 1 位。

2012年蓋洛普（Gallup）對最幸福國家的調查的名單完全不同（與世界幸福指數相比），首先是巴拿馬，其次是巴拉圭、薩爾瓦多和委內瑞拉。同樣，皮尤（Pew）在2014年對43個國家（不包括歐洲大部分地區）進行的調查顯示，墨西哥、以色列和委內瑞拉分別排名第一、第二和第三。這些結果十分分歧，沒有定論。

從心理學角度分析，這個排名結果是違反直覺的，例如：如果自殺率被用作衡量不幸福感（幸福感的對立面）的指標，最幸福的20個國家也是世界上自殺率最高的20個國家。

- **變數間的交叉影響**：使用這些變數來建立排名時，可以看到其中幾個變數與幸福分數高度相關，但這些變數的一致性太高是否導致幸福指數偏誤太高。
- 幸福指數在使用指標變數中，會將某一個國家的幸福分數與假設的最差分數進行比較，以進行該國的排名，這樣做本身有什麼科學根據？
- **如果這些指標是最合適的幸福指數的成分**：為了強化這些變數的合理性，我們再使用這些變數，構建線性迴歸模型，幫助我們預測155個國家 / 地區的未來的幸福分數。然後將預測分數與實際分數進行比較，以觀察模型的準確性如何。

本範例是社會科學的數據資料，目的是引導讀者－用AI的方法來解析社會科學的現象，所以在模型使用上必須麻煩一點，要去進行幾種演算法交叉使用，在最後綜合比對後才能驗證模型是否合用。

本節重點是建立一個預測模型，以幫助我們使用多個變量演算法預測幸福分數。

另一重點是，AI特徵選取：選出相關性最高的特徵是第一步，但如果最後經模型驗證後分數不高（表示這些變數並不適合），那我們有其他的辦法嗎？這時就要發揮創意了，想法子創造新的變數，這些變數如果經過驗證是可用的，那麼就算你的創意成功了。以下我們就來試試看。

本節範例，介紹如何使用 Python 實作社會科學題目的機器學習。

機器學習是讓演算法能夠自我學習的電腦科學，讓機器能夠透過觀察已知的資料，學習預測未知的資料。

在社會科學上，機器學習應用在：

- 概念學習（Concept learning）
- 函數學習（Function learning）
- 預測模型（Predictive modeling）
- 分群（Clustering）
- 找尋預測特徵（Finding predictive patterns）

機器學習的目標：讓電腦能夠自行提升學習能力，預測未知資料的「準確性」並隨著已知資料的增加而提高「準確性」，節省人工調整不斷 Try and Error（從錯中學）的時間。

在本範例中，機器學習結合工具有下列幾項：

- 知識發掘（Knowledge Discovery）
- 資料採礦（Data Mining）
- 人工智慧（Artificial Intelligence, AI）
- 統計（Statistics）

要成為一個優秀的資料科學家，機器學習是不可或缺的技能，本節介紹如何使用 Python 來實作機器學習，示範如何使用一些非監督式與監督式的機器學習演算法。

一、專案目標：

「全球幸福指數的預測」：這是社會科學領域的 AI 分析，要先進行資料庫的整合；2012-2016 年的格式及項目與 2017-2020 年以後的資料不同。

- 巨量資料的匯整及資料純化。

■ 幸福指數的來源指標之間的相關性分析。

■ 二次特徵（經數學方或合理性分析得出的特徵）的比對，並分析結果的一致性。

二、專案分析：

■ 巨量資料庫的呈現。

■ 圖形部分至少要十種類型，呈現高品質的視覺化結果。

■ 本範例，機器學習架構：

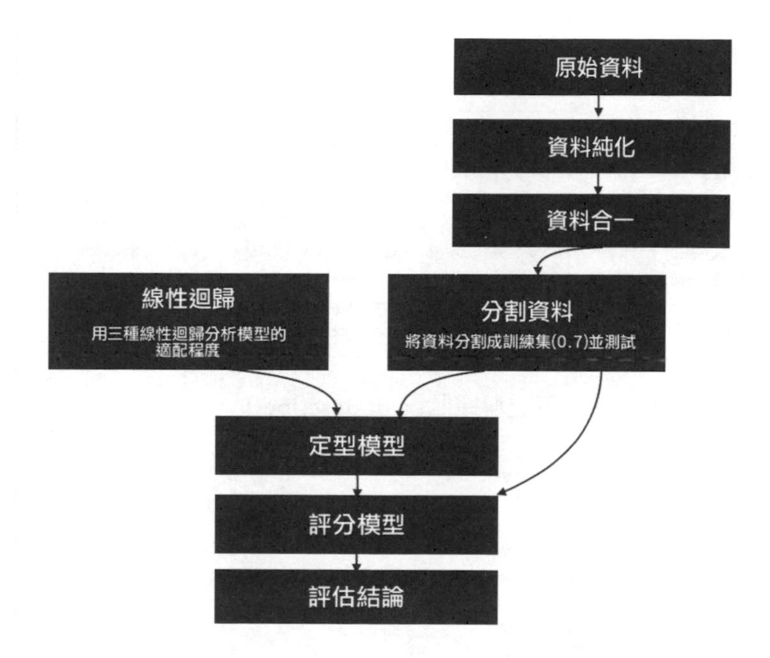

三、系統分析：

■ 使用最新的 Python 互動工具進行程式編寫。

■ 由於結果會呈現很多組圖表，故程預設用 Anaconda/Jupter 來進行編寫。

■ 資料庫中資料累積到 1000 筆時，將資料轉成 Pandas，並進行上傳圖片並存在雲端。

四、程式說明（7-5.ipynb）：

1. **讀取巨量資料庫**：World happiness 指數是由美國 LS Alliance 科技公司，聯合國社會規範和政府政策來衡量制定出來。由「PromptCloud」的方案建立的數據資料庫。

	Country	Ladder	SD	Positive	Negative	Social	Freedom	Corruption	Generosity	Log of GDP\nper capita	Healthy life\nexpectancy
0	Finland	1	4	41.0	10.0	2.0	5.0	4.0	47.0	22.0	27.0
1	Denmark	2	13	24.0	26.0	4.0	6.0	3.0	22.0	14.0	23.0
2	Norway	3	8	16.0	29.0	3.0	3.0	8.0	11.0	7.0	12.0
3	Iceland	4	9	3.0	3.0	1.0	7.0	45.0	3.0	15.0	13.0
4	Netherlands	5	1	12.0	25.0	15.0	19.0	12.0	7.0	12.0	18.0

2. **資料純化**：df = df.fillna(method = 'ffill')

	Ladder	SD	Positive	Negative	Social	Freedom	Corruption	Generosity	Log of GDP\nper capita	Healthy life\nexpectancy
count	156.000000	156.000000	156.000000	156.000000	156.000000	156.000000	156.000000	156.000000	156.000000	156.000000
mean	78.500000	78.500000	77.814103	78.025641	77.897436	77.935897	75.891026	78.025641	76.506410	75.083333
std	45.177428	45.177428	44.803918	44.744861	44.762049	44.750877	42.661998	44.744861	43.849669	43.319661
min	1.000000	1.000000	1.000000	1.000000	1.000000	1.000000	1.000000	1.000000	1.000000	1.000000
25%	39.750000	39.750000	39.750000	39.750000	39.750000	39.750000	39.750000	39.750000	38.750000	37.750000
50%	78.500000	78.500000	77.500000	78.500000	77.500000	77.500000	76.500000	78.500000	76.500000	75.500000
75%	117.250000	117.250000	116.250000	116.250000	116.250000	116.250000	113.250000	116.250000	114.250000	112.250000
max	156.000000	156.000000	155.000000	155.000000	155.000000	155.000000	148.000000	155.000000	152.000000	150.000000

3. **基本統計分析**：看一下資料庫狀況 df.describe()

```
Country                       0
Ladder                        0
SD                            0
Positive                      1
Negative                      1
Social                        1
Freedom                       1
Corruption                    8
Generosity                    1
Log of GDP\nper capita        4
Healthy life\nexpectancy      6
dtype: int64
```

再看一下各統計結果的相關性：

	Ladder	SD	Positive	Negative	Social	Freedom	Corruption	Generosity	Log of GDP per capita	Healthy life expectancy
Ladder	1.00	0.54	0.49	0.52	0.82	0.55	0.17	0.50	0.81	0.82
SD	0.54	1.00	0.08	0.62	0.60	0.25	0.23	0.39	0.62	0.61
Positive	0.49	0.08	1.00	0.39	0.39	0.68	0.19	0.35	0.29	0.33
Negative	0.52	0.62	0.39	1.00	0.62	0.43	0.13	0.34	0.52	0.50
Social	0.82	0.60	0.39	0.62	1.00	0.45	0.10	0.44	0.76	0.74
Freedom	0.55	0.25	0.68	0.43	0.45	1.00	0.34	0.49	0.38	0.41
Corruption	0.17	0.23	0.19	0.13	0.10	0.34	1.00	0.23	0.15	0.11
Generosity	0.50	0.39	0.35	0.34	0.44	0.49	0.23	1.00	0.47	0.44
Log of GDP per capita	0.81	0.62	0.29	0.52	0.76	0.38	0.15	0.47	1.00	0.84
Healthy life expectancy	0.82	0.61	0.33	0.50	0.74	0.41	0.11	0.44	0.84	1.00

再看一下資料中「正面情緒」特徵和「負面情緒」特徵的比對圖：

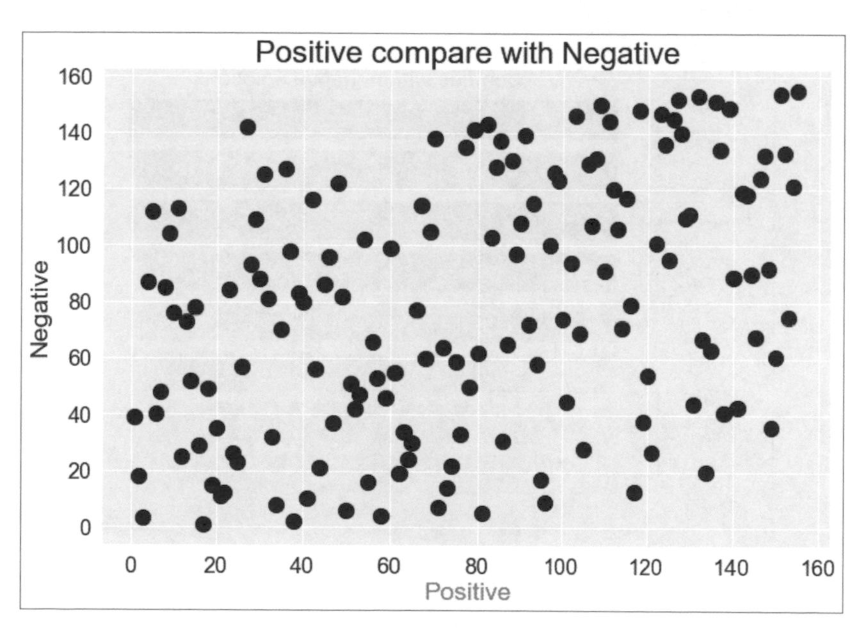

分佈平均，看來每個國家之「正負面情緒」對「幸福指數」各指標都有一致的影響。表示這些指數是受訪者在穩定可信度高的情況下完成問卷的。

再看不同國家正面情緒之統計：

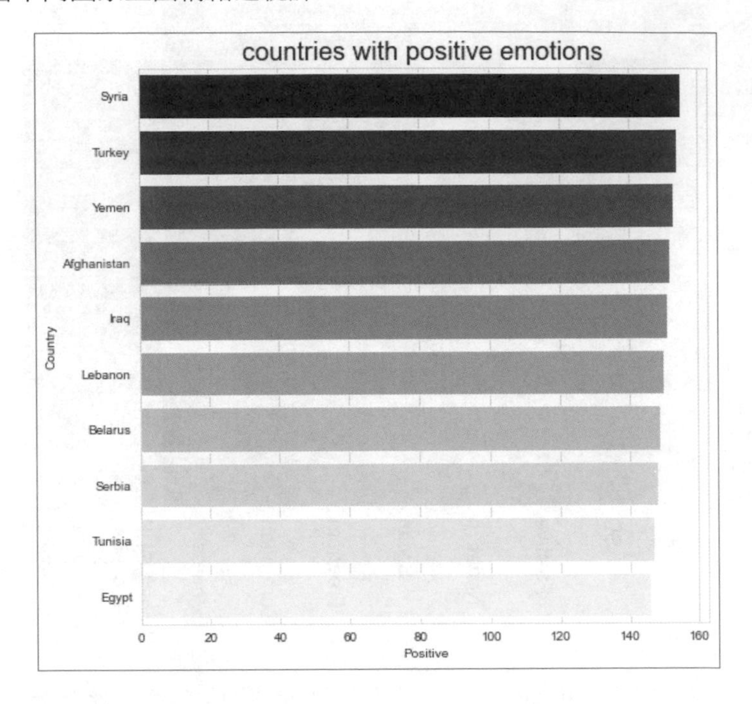

再看不同國家負面情緒之統計：

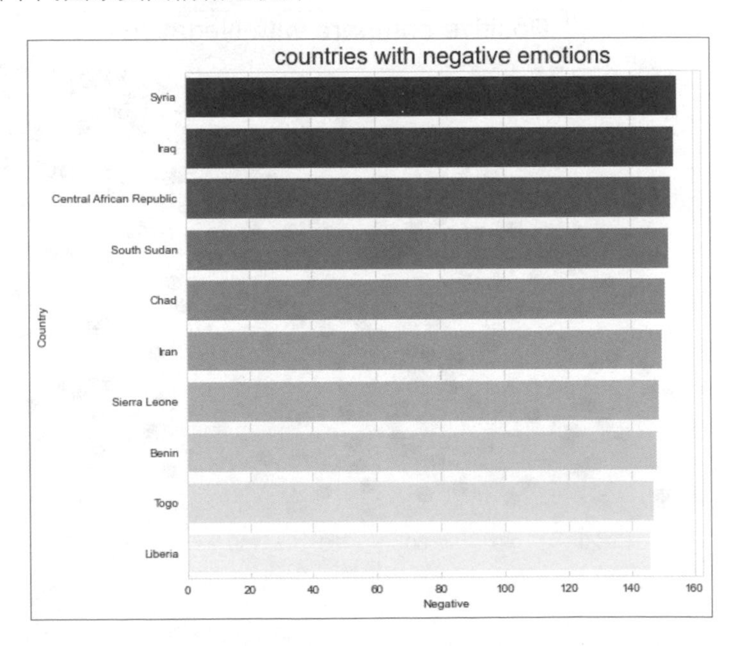

将最高，平均，最低做成三個等級來分類，看看正面及負面情感的分佈狀況。

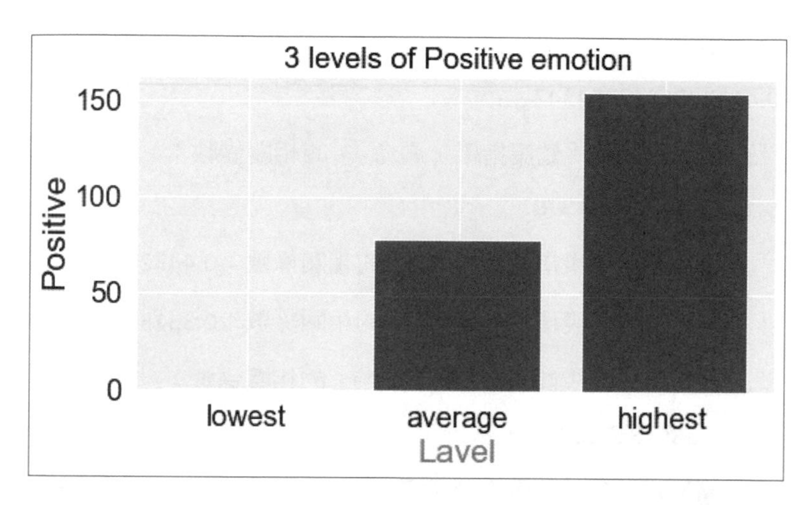

正面指數和負面指數，是否對幸福指數的評估過程中具有什麼影響力，到目前還未有答案。

4. 特徵工程：

分析健康指標（壽命）是否適合用於幸福指數的驗證（從相關係數來分析）：

相關係數在迴歸分析中的作用主要有四點：

- 判斷自變數與因變數的關係，以確定該自變數有沒有納入迴歸方程的必要（如果是一元迴歸，就是有沒有做迴歸分析的必要）。
- 一般情況下，如果 R 低於 ±0.5，則這個自變數不需要納入迴歸方程。
- 用迴歸分析預測，對實際值與預測值進行相關分析，相關係數代表著迴歸方程的精度，即迴歸方程的擬合程度。
- 迴歸分析是因果預測常用方法之一，但兩個變數之間有相關關係，並不一定有因果關係，因果關係只是相關關係的一種。
- 針對「健康指標（壽命）」的各項比對如下：
- 「幸福指數」和「健康指標（壽命）」的相關係數：

  0.8175170075564949

- 「社會支援」和「健康指標（壽命）」的相關係數：0.7369996599021204
- 「自由選擇生活方式」和「健康指標（壽命）」的相關係數：0.4133055540754347
- 「政治腐敗」和「健康指標（壽命）」的相關係數：0.10787141968349791
- 「慷慨」和「健康指標（壽命）」的相關係數：0.4432066520296971
- 「經濟」和「健康指標（壽命）」的相關係數：0.3315186481726775
- 「正面情緒」和「健康指標（壽命）」的相關係數：0.3315186481726775
- 「負面情緒」和「健康指標（壽命）」的相關係數：0.49864839554822293

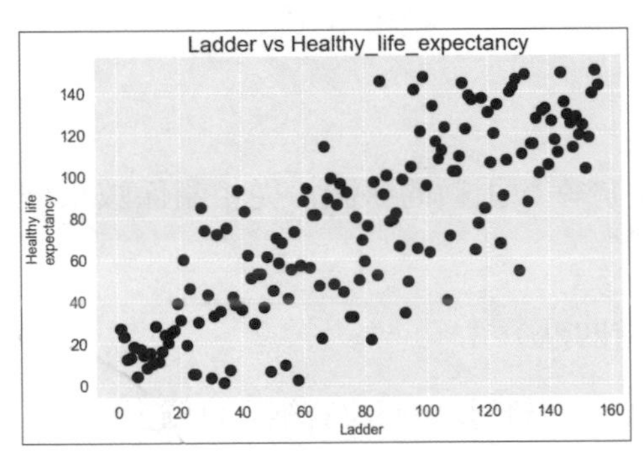

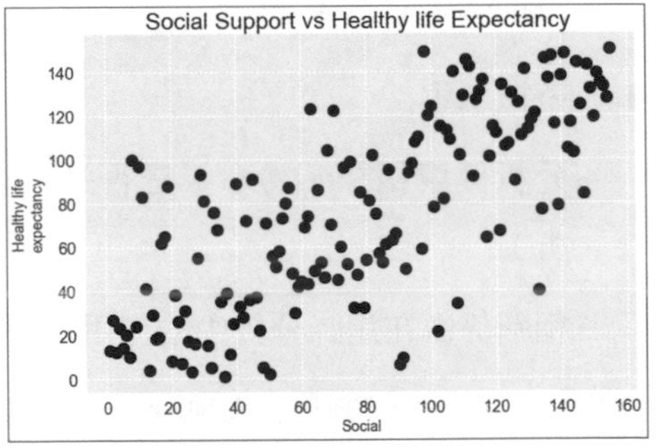

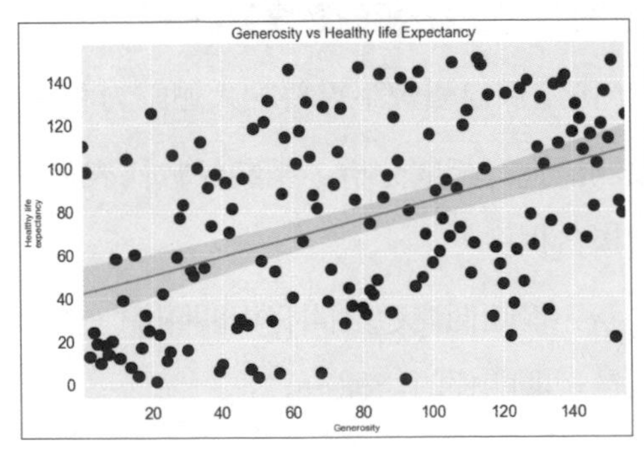

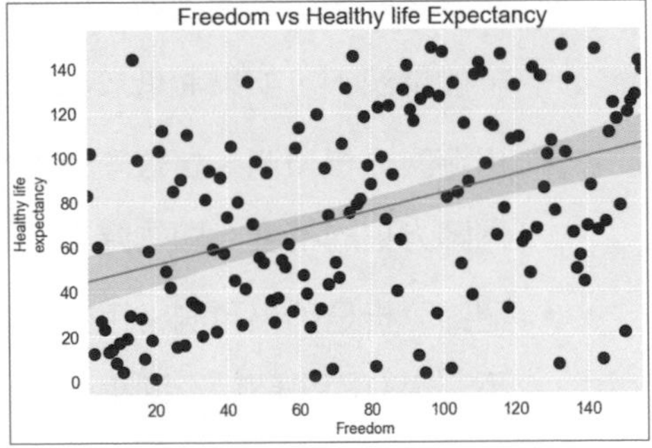

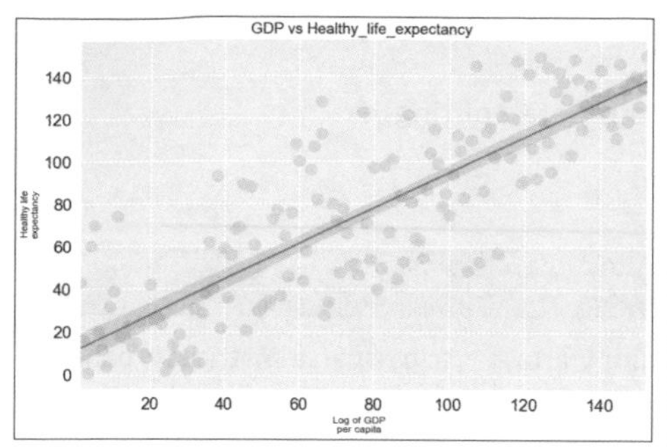

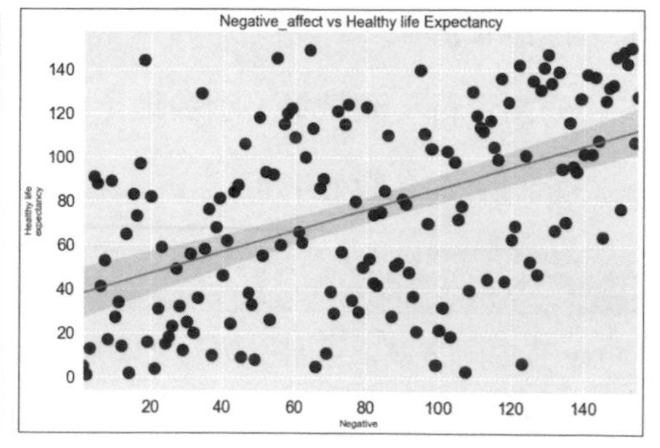

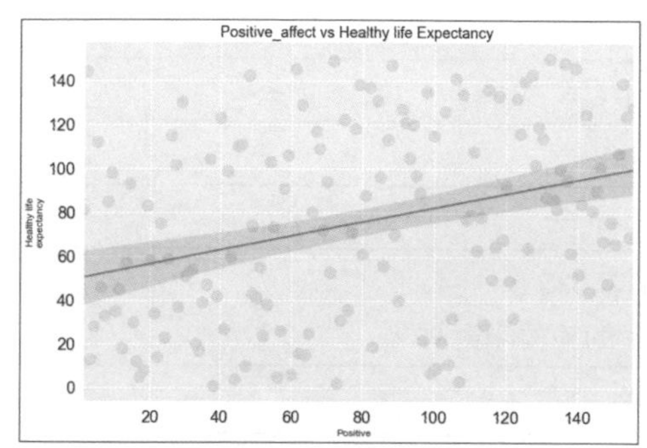

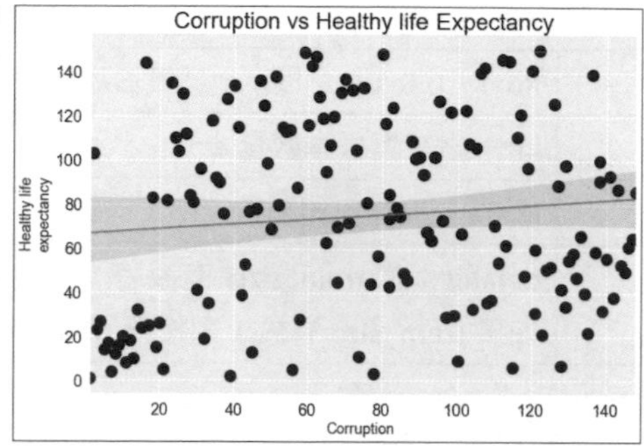

6. 相關係數分析結論：

- 「健康指標」是「幸福指數」的重要指標之一，相關係數達高度相關的 0.8175。
- 與「健康指標」相關性最高的是「社會援助指標」。其他指標雖與「健康指標」相關係數都未達 0.5，表示是獨立於其他指標之外的評估「幸福指數」之工具。
- 以上分析，可以看出六大指標對於「幸福指數」都是獨立性且代表性。初步可以判斷，「幸福指數」的敘述完整性很高，即每年三月公布的「幸福指數」可信度很高。
- 「經濟指標」與「幸福指數」的相關係數亦高達 0.81，卻與「健康指標」相關係數只有低相關性的 0.3315。
- 亦同時證明「經濟指標」是獨立於其他指標之外的評估「幸福指數」之工具。

6. 機器學習：

分割資料：測試集、訓練集（Test Train data spliting）。

分割函式參數如下：

<table>
<tr><th colspan="2">def train_test_split(*arrays, **options)</th></tr>
<tr><td colspan="2">array 有相同長度或可索引陣列：如 lists、numpy arrays、scipy-sparse matrices、pandas dataframes。</td></tr>
<tr><td colspan="2">test_size：float ／ int ／ None，非必要參數。</td></tr>
<tr><td></td><td>float：0.0-1.0 之間 , 測試集占總資料的比率。</td></tr>
<tr><td></td><td>int：測試集樣本數量。</td></tr>
<tr><td></td><td>None：訓練集的補數。</td></tr>
<tr><td></td><td>default：當 train_size 有設時，預設值為 .25。
如果 train_size 有設，則按照 train_size 的補值來計算。</td></tr>
<tr><td colspan="2">train_size：float ／ int ／ None。</td></tr>
<tr><td></td><td>float：0.0-1.0 之間，代表訓練集占總資料的比率。</td></tr>
<tr><td></td><td>int：訓練集樣本數量。</td></tr>
<tr><td></td><td>None：test_size 的補值。</td></tr>
<tr><td></td><td>default：預設值為 None。</td></tr>
<tr><td colspan="2">random_state：int ／ randomstate instance ／ None。</td></tr>
<tr><td></td><td>int：是隨機產生器的種子。</td></tr>
<tr><td></td><td>None：隨機產生器使用了 np.random 的 randomstate。</td></tr>
<tr><td colspan="2">種子相同，產生的隨機數就相同。
種子不同，即使是不同的範例，產生的種子也不相同。</td></tr>
<tr><td colspan="2">shuffle：布林值，非必要參數。
預設值是 None。
在畫分數據之前先打亂數據。
如果 shuffle=FALSE，則 stratify 必須是 None。</td></tr>
<tr><td colspan="2">stratify：array-like ／ None，預設值是 None。</td></tr>
<tr><td></td><td>None：畫分出來的測試集或訓練集中，其類標籤的比率也是隨機的。</td></tr>
<tr><td></td><td>array-like：用數據的標籤將數據分層畫分。
畫分出來的測試集或訓練集中，其類標籤的比率同輸入的數組中類標籤的比率相同，可以用於處理不均衡的數據資料。</td></tr>
</table>

程式如下：分割比為，訓練集 70%、測試集 30%。

```
from sklearn.model_selection import train_test_split
x = df.drop(['Country', 'Healthy life\nexpectancy', 'SD'], axis=1)
y = df['Healthy life\nexpectancy' ]
x_train,x_test,y_train,y_test = train_test_split(x,y,test_size=0.3,
random_state = None)
```

- 在 RandomForest 迴歸模型中擬合數據，程式如下：

  n_estimators（估計器）=200

  決策樹在演算時經常會遇到擬合的問題，而在隨機森林演算法中，因為 forest 是由多個 Trees 所組成，所以對隨機森林反而目標是計算速度快速，不追求單一 tree 擬和的情形。

  是以可組合多個過度擬合估計器以減少過度擬合對 forest 的影響。

  在 SKlearn 中的 BaggingClassifier 利用平行估計器的集合，將每個估計器都過度擬合數據，再對數據求平均值以找到更好的分類。

  模型演算執行結果如下：

  程式詳見 7-5.ipynb。

```
coefficient of determination R^2 of the prediction.: 0.9998451629499093
Mean squared error: 2.452662
Test Variance score: 0.998580
```

統計驗證：分類問題的評價指標是準確率，那麼迴歸演算法的評價指標就是 MSE，RMSE，MAE、R-Squared。（7-4 已詳細說明過，在此不再重複）

- MSE 為方差的幾何平方，反映數據集內每個個體間的離散程度。
- MSE（均方差）= mean（（預測值 - 測試值）^2）
- 是非負值，模型越好 MSE 越接近零。

MSE 結果如下，程式詳見 7-5.ipynb：

```
1. Social         :MSE of Social Index:0.411628
2. Economy     :MSE of Economy Index:0.448529
3. Health         :MSE of Economy Index:0.424387
4. Freedom     :MSE of Economy Index:0.840922
5. Trust           :MSE of  Trust Index:1.183420
6. Generosity :MSE of Generosityl Index:0.911852
7. Positive      :MSE of Positive Index:0.930786
8. Negative    :MSE of Negative Index:0.885433
```

- 預測之迴歸線：結果如下，程式詳見 7-5.ipynb。

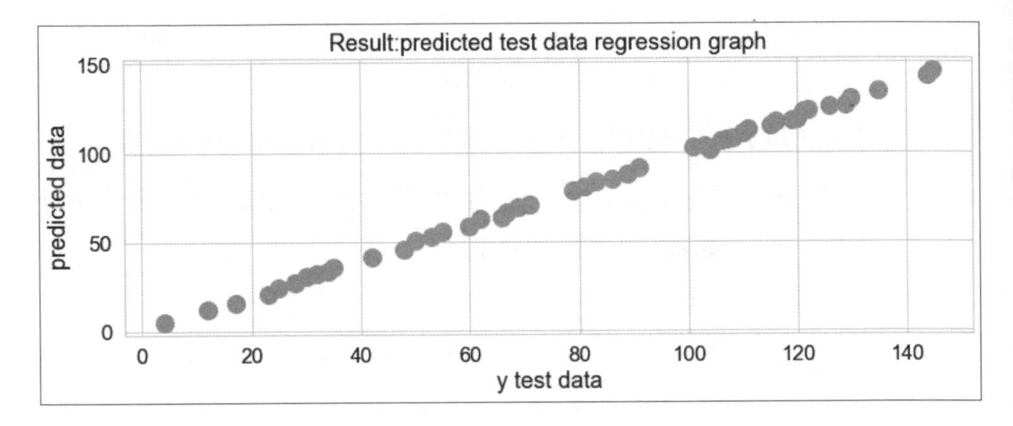

- 三種迴歸一次學完：
  - 線性迴歸（Linear Regression）程式詳見 7-5.ipynb。執行結果：

```
MSE: 542.8564444392496
RMSE: 23.299279912461877
MAE: 18.755598069980035
r2 score: 0.7821763830719988
Adjusted_R2: 0.7703220365725157
```

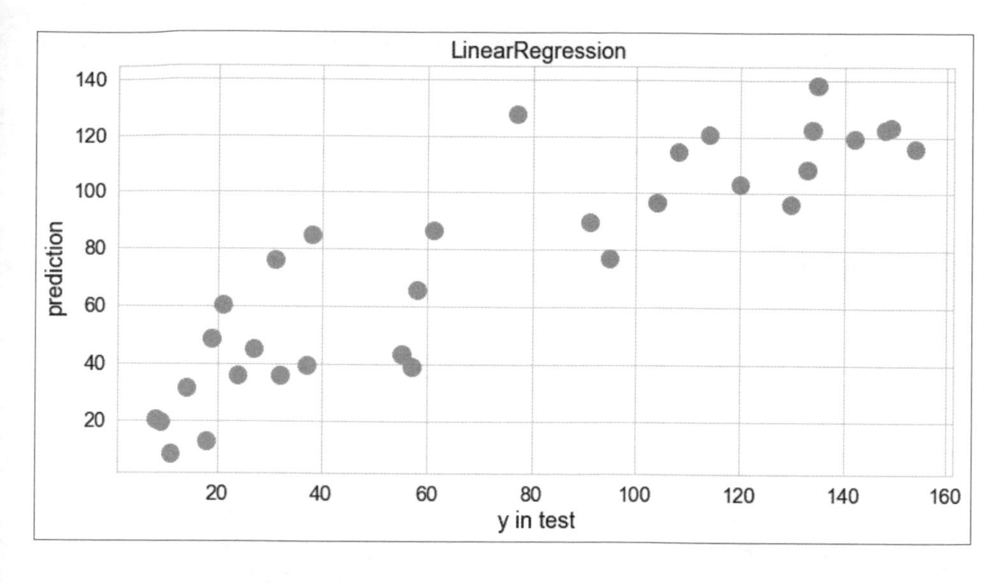

◆ 隨機森林迴歸（Random Forest Regression）程式詳見 7-5.ipynb。執行結果：

```
MSE: 542.8564444392496
RMSE: 23.299279912461877
MAE: 18.755598069980035
r2 score: 0.7821763830719988
Adjusted_R2: 0.7703220365725157
```

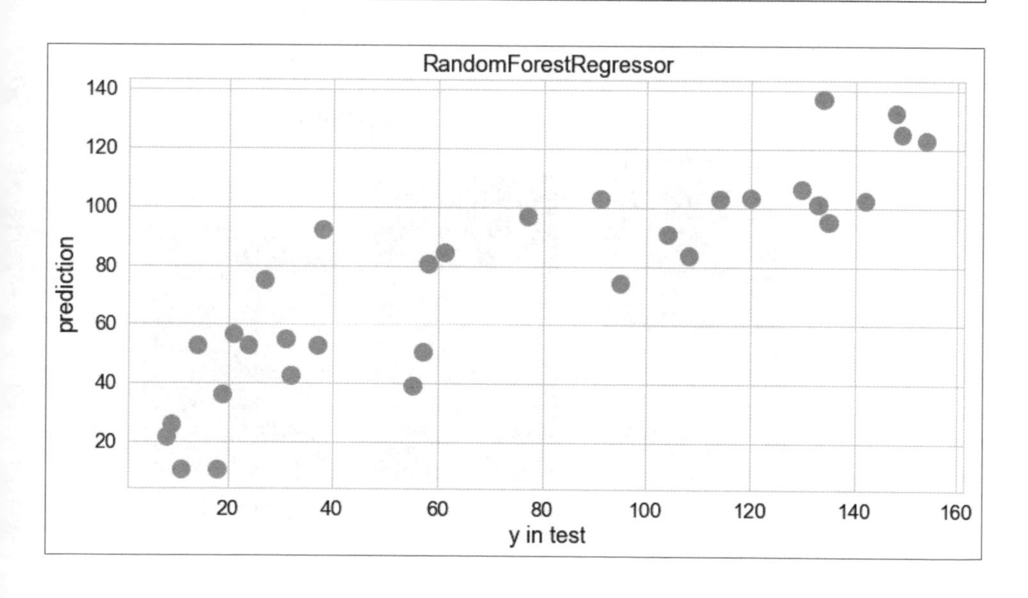

- 決策樹迴歸（Decision Tree Regression），程式詳見 7-5.ipynb。執行結果：

```
MSE: 951.65625
RMSE: 30.848926237391147
MAE: 23.40625
r2 score: 0.6181436021059594
Adjusted_R2: 0.5973623015402973
```

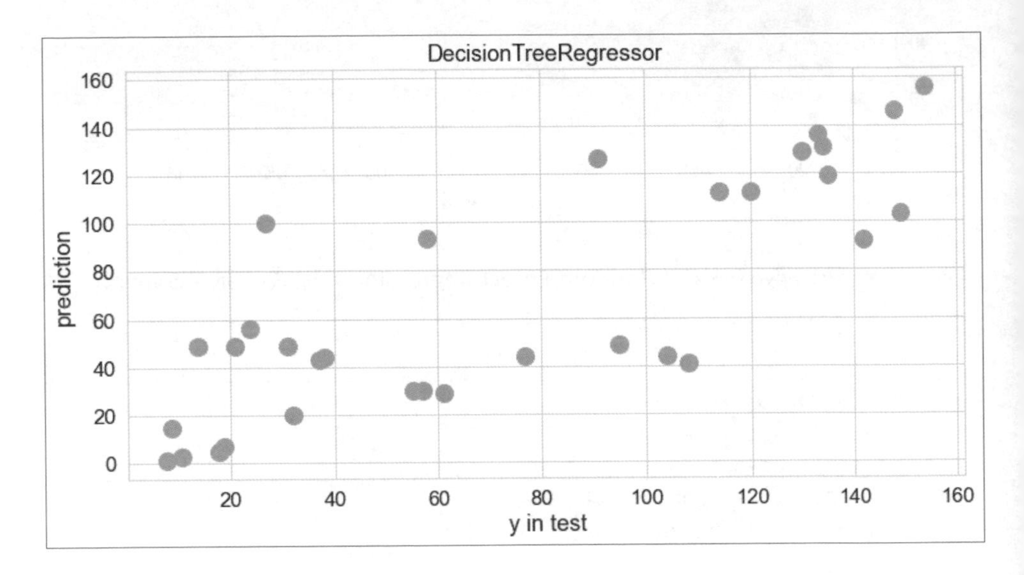

- 三種迴歸綜合比較：

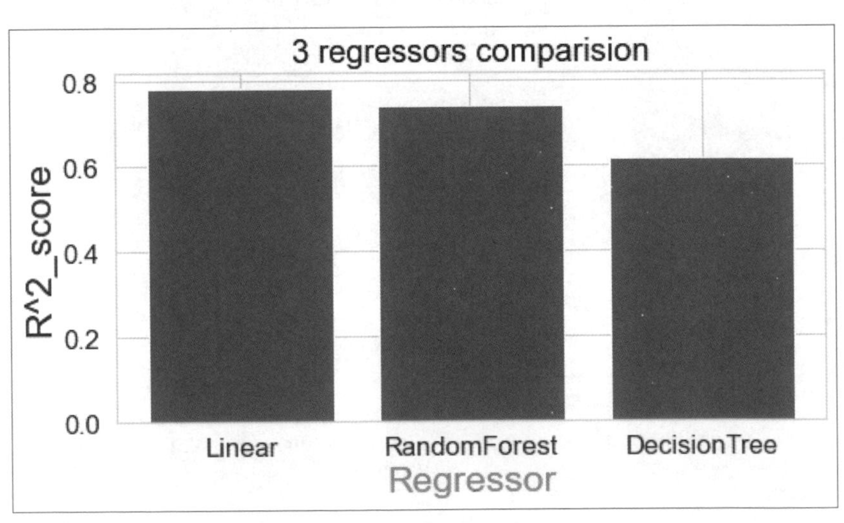

五、專案結論

經由使用 sklearn，我們已經建立了初步的機器學習工具，使用上面的模型來預估世界幸福的幸福分數的運算模型。可以幫助我們產生國家 / 地區分數，分數越高該國的幸福等級越高。當然，總會有其他工具和分析，可以對此模型做進一步的處理，以使其更準確，更好地使用。在我們的未來範例中將進一步探討三年期間（例如 2015-2017 年的資料來預估 2018 年）的比較有建設性的，並進一步查看次各大州之間的比較。我們已有一個很好的開始，以便進一步成為專業的人工智慧工程師。

從最後的結果看，線性迴歸的平均 R 平方為近 0.70。即模型具 70% 的解釋性。以上分析並理解了數據內含，訓練好模型並進行驗證，最後對模型感到滿意。證明機器學習模型不是黑盒子。在不知不覺中，已學會了 Machine Learning 重要技巧：

- 建立「創新特徵」工程的技術：
- 先進的迴歸技術，例如隨機森林和梯度增強。

7-6 鐵達尼號的生存機率預測（附完整程式）

前面的章節已將鐵達尼號的資料做了非常詳細 EDA（探索性資料分析），本節將進行難度較高的機器學習部分。「鐵達尼號事件」在前面章節進行的運算過程後，有幾個難以解釋的重要的問題。

回到 1912 年的場景如下：

1912 年 4 月 10 日，號稱「世界工業史上的奇蹟」的豪華客輪鐵達尼號開始了自己的處女航，從英國的南安普頓出發駛往美國紐約，4 月 14 日晚，鐵達尼號在北大西洋撞上冰山而傾覆，1502 人葬生海底，705 人得救。造成了當時在和平時期最嚴重的一次航海事故，也是迄今最著名的海難。38 歲的查爾斯．萊特勒是鐵達尼號二副，他是最後一個從冰冷的海水中被拖上救生船、職位最高的生還者。

在他寫的回憶錄中，有幾個讓事後調查及研究人員困惑的問題：

1. 生存機率和性別有關？
2. 生存機率和票價有關？
3. 生存機率和年齡有關？
4. 生存機率和登船地點有關？
5. 生存機率和姓名有關？
6. 生存機率和是否有別人同行有關？

除了那些當時在船上掙扎求生存的乘客有身歷其境的經驗以外，以上問題就只能用人工智慧來解答了。

在解答上述問題之前，先瞭解「特徵工程」及「模型融合學習」的技巧，因為這個範例有許多變數，變數之間也會互相影響，可能有正相關，也可能負相關；有點複雜；可能有意想不到的變數會影響生存機率，例如姓名，在那一個港口登船都可能影響生存率 ....。

要成為一個優秀的資料科學家，機器學習是不可或缺的技能，本節除了介紹如何使用 Python 來實作機器學習，因為面對較複雜的範例，加入新的機器學習技巧－「創新特徵工程」及「合奏」(模型融合學習）的技術在本節中。

並示範如何使用最新技術進行非監督式與監督式的機器學習演算法。

一、專案目標

研究鐵達尼號在船難發生時，若各種求生手段都儘量使用的情形下，算出最佳生存率為何：

- 根據乘客的基本條件（性別、年齡等）進行演算。
- 根據乘客的創意特徵（姓名中的文字、年齡層、登船港口、是否有人同行等特徵）進行演算。
- 根據上述問題，建立二次特徵（用數學方法或合分析方法建立新的特徵）的比對，並分析結果的一致性。

- 闕值的樣本適中（30%~60%），而該屬性非連續值特徵屬性（如分類屬性），就把 NaN 作為一個新類別，加到分類特徵中。
- 用 scikit-learn 中的 RandomForest 來擬合一下缺失的年齡資料（注：RandomForest 是一個用在原始資料中做不同取樣，建立多顆 DecisionTree，再進行 average 等等來降低過擬合現象，提高結果的機器學習演算法）。

二、專案分析：

1. 資料純化：根據統計學的描述數據（平均值、中位數等）來最合理的填補闕值。
   - 年齡缺失和填補：使用多重插補法。對因子變數（factor variables）因子化，然後再進行多重插補法。例如用登船港口及票價比對，找出該乘客最可能的年齡層，填入該乘客的年齡空值。
   - 票價的缺失處理：票價缺失個數為 1。因港口和艙位資料是完整的，故根據相同的港口和相同的艙位來估計該乘客的票價，取這些類似乘客的中位數來替換缺失的值。作法如下：找到　位從港口 Southampton（'S'）登船出發的三等艙乘客票價為 65 元，與該乘客一樣，就用 65 作為該乘客的票價。
   - 「登船港口」的缺失處理：缺失的個數為 2，找到相同艙位等級（passenger class）和票價（Fare）的乘客，同樣有相同登船港口位置 embarked，他們支付的票價分別為：($ 80,$ 80）同時他們的艙位等級分別是（ 1 和 1)；從港口 C 出發的頭等艙票價的中位數為 80。因此頭等艙且票價在 $80 的乘客 62 和 830 的出發港口缺失值替換為 C。

   完成了參數缺失值的處理，數據更加完整，接下來根據新的數據集創建出新的特徵工程。
2. 闕值處理：遇缺值常見的處理方式。
   - 如果闕值的樣本佔總數比例極高（60% 以上），就直接捨棄該欄位吧。如果當作特徵加入演算法中，可能反而帶入 noise，影響最後的結果。

- 闕值的樣本適中（30%~60%），而該屬性非連續值特徵屬性（如分類屬性），就把 NaN 作為一個新類別，加到分類特徵中。
- 如果缺值的樣本適中，而該屬性為連續值特徵屬性，有時考慮給一個 step（比如本例中的 age，我們可以考慮每隔 2 ～ 3 歲為一個步長），然後把它離散化，之後把 NaN 作為一個 type 加到屬性類目中。
- 有些欄位闕值個數不多，可以試著根據已有的值，擬合一下資料補上即可。
- 用 scikit-learn 中的 RandomForest 來擬合一下缺失的年齡資料（注：RandomForest 是一個用在原始資料中做不同取樣，建立多顆 DecisionTree，再進行 average 等等來降低過擬合現象，提高結果的機器學習演算法）。

  本例中，有用到後兩種處理方式，我們先擬合補全（若沒有特別多的背景可供我們擬合，不一定是個好的選擇）。

3. 特徵工程：本章使用多種特徵工程技巧，可以達到最佳的預測模型。一個成功的人工智慧專案，不僅選取最好的演算法，還要儘可能的從原始數據中獲取更多的資訊。而挖掘或建立更好訓練用數據，就是特徵工程建立的過程。

本範例有 1309 條數據，每一條數據有 12 個相關變量；活用這些變數，根據已知存活情況的數據建立分析模型來預測其他一部分乘客的存活情況。

資料欄位說明：

- Survived：是否存活（0= 否；1= 是）。
- Pclass：艙等／旅客等級（1=1st；2=2nd；3=3rd）。
- Nmae：乘客名字（Name）中，有一些顯著的特點：乘客頭銜每個名字當中都包含了具體的稱謂或者說是頭銜，將這部分信息提取出來後可作為有用一個新變數，幫助我們進行預測。而頭銜的類別很多，部分頭銜出現的頻率很低，可將這些類別進行合併。可根據乘客的名字劃分成一些新的變數，做新的家庭變數。

- Sex：性別。
- Age：年齡。
- Sibsp：兄弟姐妹 / 配偶人數、旁系親屬同行人數、兄弟姐妹 / 配偶數量。
- Parch：兒童 / 父母數量，即直系親屬同行人數為家庭規模變數。
- Ticket：票號 Ticket Number（隨機產生）。
- Fare：票價。
- Cabin：客艙位置應是和存活相關且有價值的變數，如客艙層數 deck，但這個變數的闕值太多，要想出辦法來補闕才能使用這個變數。
- Embarked：登船港口。（C= 瑟堡（Cherbourg）；Q= 皇后鎮（Queenstown）；S= 南安普敦（Southampton））。

選出相關性最高的特徵是第一步，但如果最後經模型驗證後分數不高（表示這些變數並不適合），那我們有其他的辦法嗎？這時就要發揮創意了，想法子創造新的變數，這些變數如果經過驗證是可用的，那麼就算你的創意成功了（在程式中說明）。

4. 融合模型 Ensemble Learning（多重辨識器、模型融合學習、合奏）：

Ensemble 稱為多重辨識器，就是同時用很多個辨識器，將成功率提昇的機器學習技術，其概念其實就是「三個臭皮匠勝過一個諸葛亮」。

如果單個分類器表現的很好，那麼為什麼不用多個分類器一起使用呢？

既然稱為多重辨識器或模型融合學習，顧名思義就是要產生很多個分類器，學習目標放在如何產生多個分類器。

為了增加準確率或模型的績效（Performance of a model），組合成一個新模型來建立一個強大的模型。

以買手機為例，有的人認為要省電、有人認為要畫質好、有人認為要便宜。以上三個參數都可視是判斷買手機的模型，何不把三個模型放在一起，看看是否可以買到便宜又畫質好且省電的手機呢。這就是 Ensemble 的作法。目標是要找到最佳產品。

使用 Ensemble Learning 基本條件：

- 每個分類器之間應該要有差異，每個分類器準確率需大於 0.5。如果用的分類器沒有差異，那只是用很多個一樣的分類器來分類，結果合成起來是沒有差異的。
- 如果分類器的精度 p<0.5，隨著 ensemble 規模的增加，分類準確率不斷下降；如果精度大於 p>0.5，那麼最終分類準確率可以趨向於 1。
- 模型融合中的所有模型通常都具有相同的良好性能。

Voting Classifier、Bagging、Boosting 和 AdaBoost（Adaptive Boosting）都是 Ensemble learning（模型融合學習）的方法（手法），產生多個分類器的手法。

分述如下：

- Voting Classifier：

  投票合奏或稱「多數投票模型融合」，是將來自多個模型的預測組合在一起的模型融合機器學習。

  是常用的改善模型性能的技術，理想情況下可達成比任何單一模型更好的性能。通過組合多個模型的預測來工作，它也可以用於分類或迴歸。

  - 在迴歸的情況下，從模型計算預測的平均值。
  - 在分類的情況下，對每個標籤的預測求和，並預測具有多數表決權的標籤。

  當您有兩個或多個在預測建模任務上表現良好的模型時，「投票合奏」是適合的。模型融合中使用的模型必須與他們的預測基本一致。

  在以下情況下使用投票合奏：

  - 合奏中的所有模型通常都具有相同的良好性能。
  - 合奏中的所有模型大都已經同意。

  當投票系統中使用的模型預測清晰的類別標籤時，硬投票是合適的。當投票系統中使用的模型預測類成員的概率時，軟投票是合適的。

軟投票可用於無法自然預測成員資格機率的模型；儘管在融合模型中使用投票合奏之前，可能需要對它們的機率分數進行校準（例如：支持向量機、k 最近鄰和決策樹）。

- 硬投票適用於預測班級標籤的模型。
- 軟投票用於預測班級成員資格機率的模型。

不能保證「投票合奏」會提供比該合奏中使用的任何單個模型更好的性能。如果合奏中使用的任何給定模型的性能都優於「投票合奏」，則可能就只要使用該模型代替投票合奏；實務上並非每個專案都如此好運。

「投票合奏」可以為各個模型提供較低的預測差異。從「投票合奏」學習可以看出，通常比迴歸任務的預測誤差較小。

在面對分類任務的準確度較低的資料庫差異較為明顯中。這種較低的方差可能會導致整體的平均表現較低，鑑於模型的較高穩定性或可信度，「投票合奏」是合乎需要的。

- Bagging：每一次的訓練集是隨機抽取（每個樣本權重一致），抽出可放回，以獨立同分布選取的訓練樣本子集訓練弱分類器。

  Bagging 概念很簡單，從訓練資料中隨機抽取（取出後放回，n<N）樣本訓練多個分類器（要多少個分類器自己設定）。每個分類器的權重一致最後用投票方式（Majority vote）得到最終結果，而這種抽樣的方法在統計上稱為 bootstrap。Bagging 的精神在於從樣本中抽樣這件事情，如果模型不是分類問題而是預測的問題，分類器部份也可以改成 regression。最後投票方式改成算平均數即可，如果是用 Bagging 會希望單一分類器能夠是一個效能比較好的分類器。

  Bagging 的優點在於原始訓練樣本中有噪聲資料（不好的資料），透過 Bagging 抽樣就有機會不讓有噪聲資料被訓練到，所以可以降低模型的不穩定性。每一次的訓練集不變，訓練集之間的選擇不是獨立的，每一是選擇的訓練集都是依賴上一次學習得結果，根據錯誤率（給予訓練樣本不同的權重）取樣。

Boosting 算法是將很多個弱的分類器（Weak classifier）進行合成變成一個強分類器（Strong classifier）和 Bagging 不同的是分類器之間是有關聯性的，是透過將舊分類器的錯誤資料權重提高，然後再訓練新的分類器，這樣新的分類器就會學習到錯誤分類資料（misclassified data）的特性，進而提升分類結果。

將舊的分類器在訓練有些資料落在 confusion area，如果再用全部的 data 下去訓練，錯的資料永遠都會判錯，因此我們需要針對錯誤的資料去學習（將錯誤的資料權重加大），那這樣新訓練出來的分類器才能針對這些錯誤判讀的資料得到好的結果。

由於 Boosting 將注意力集中在分類錯誤的資料上，因此 Boosting 對訓練資料的噪聲非常敏感，如果一筆訓練資料噪聲資料很多，那後面分類器都會集中在進行噪聲資料上分類，反而會影響最終的分類性能。

對於 Boosting 來說，有兩個關鍵，一是在如何改變訓練資料的權重；二是如何將多個弱分類器組合成一個強分類器。

Boosting 的缺陷：Boosting 分類算法要求預先知道弱分類器識別準確率的下限。

- AdaBoost 是改進的 Boosting 分類算法。

  方式是提高被前幾個分類器線性組合的分類錯誤樣本的權重，這樣做可以讓每次訓練新的分類器的時後都聚焦在容易分類錯誤的訓練樣本上。每個弱分類器使用加權投票機制取代平均投票機制，準確率較大的弱分類器有較大的權重，反之，準確率低的弱分類器權重較低。

  不論用哪種方式都是把多個分類器整合出一個結果，只是整合的方式不一樣，最終得到不一樣的效果。

三、程式架構

1. 探索性數據分析（EDA）：

特徵分析。

探討多種特徵的關係或趨勢。

探索性數據分析 Exploratory Data Analysis（EDA）重點：

- 視覺化：
  - 利用不同元件調整視覺化的外觀與添加資訊。
  - 調整畫布的佈景主題（theme）是視覺化立即改頭換面的捷徑，佈景主題涵蓋：背景顏色、字型大小與線條樣式等整體外觀的調整。
  - 在 Python 可以查看 pyplot 的 style.available 屬性，瞭解能夠使用哪些佈景主題。
  - magic 函數：來設定下面單一執行的設定，以免影響程式中其他對視覺的設定。
  - magic 函數是用前符號用 "%" 標註，例如在系統中使用命令行時的形式一樣，例如在 Mac 中就是你的用戶名後面跟著 "$"。
  - "%" 後面就是 magic 函數的參數了，但是它的參數是沒有被寫在括號或者引號中來傳值的。
  - 單元型 magic 函數是由兩個 "%%" 做前綴的，它的參數不僅是當前 "%%" 行後面的內容，也包括了在當前行以下的行。
  - 注意：既然是 IPython 的內置 magic 函數，所以在 Pycharm 中不支持。

特徵工程（Feature）和資料純化（Data Cleaning）：

- 添加新特徵－二次特徵、創意特徵。
- 刪除冗餘特徵。
- 將特徵轉換為適合建模型式的型態。

ML 預測性建模：

- 運行基本算法。
- 交叉驗證。
- 融合模型運算。
- 重要特徵提取排序並作成結論。

2. 程式編輯：由於結果會呈現很多組圖表，故程式預設用 Anaconda/Jupter 來進行編寫。

3. 資料轉檔：資料庫中資料累積到 1000 筆時，將資料轉成 Pandas，並進行上傳圖片並存在雲端。

四、程式說明（7-6.ipynb）：

1. 資料程式庫引入及視覺背景設定：

取出當年鐵達尼號的乘客資料庫，資料庫經美國 UC Davis 大學整理後 EDA 研究用數據資料庫。

	PassengerId	Survived	Pclass	Name	Sex	Age	SibSp	Parch	Ticket	Fare	Cabin	Embarked
0	1	0	3	Braund, Mr. Owen Harris	male	22.0	1	0	A/5 21171	7.2500	NaN	S
1	2	1	1	Cumings, Mrs. John Bradley (Florence Briggs Th...	female	38.0	1	0	PC 17599	71.2833	C85	C
2	3	1	3	Heikkinen, Miss. Laina	female	26.0	0	0	STON/O2. 3101282	7.9250	NaN	S
3	4	1	1	Futrelle, Mrs. Jacques Heath (Lily May Peel)	female	35.0	1	0	113803	53.1000	C123	S
4	5	0	3	Allen, Mr. William Henry	male	35.0	0	0	373450	8.0500	NaN	S

2. 資料純化：

缺陷資料如年齡、客艙甲板層（登船時客人對居住的甲板層可有選擇，所以這部分資料因船難發生情況混亂而遺失而付之闕如）。登船港口也有二位乘客未記錄。

```
PassengerId      0
Survived         0
Pclass           0
Name             0
Sex              0
Age            177
SibSp            0
Parch            0
Ticket           0
Fare             0
Cabin          687
Embarked         0
dtype: int64
```

資料異常值分析：

- 統計量分析。

	PassengerId	Survived	Pclass	Age	SibSp	Parch	Fare
count	891.000000	891.000000	891.000000	714.000000	891.000000	891.000000	891.000000
mean	446.000000	0.383838	2.308642	29.699118	0.523008	0.381594	32.204208
std	257.353842	0.486592	0.836071	14.526497	1.102743	0.806057	49.693429
min	1.000000	0.000000	1.000000	0.420000	0.000000	0.000000	0.000000
25%	223.500000	0.000000	2.000000	20.125000	0.000000	0.000000	7.910400
50%	446.000000	0.000000	3.000000	28.000000	0.000000	0.000000	14.454200
75%	668.500000	1.000000	3.000000	38.000000	1.000000	0.000000	31.000000
max	891.000000	1.000000	3.000000	80.000000	8.000000	6.000000	512.329200

- 箱型圖分析 Ql+/-1.5QL。

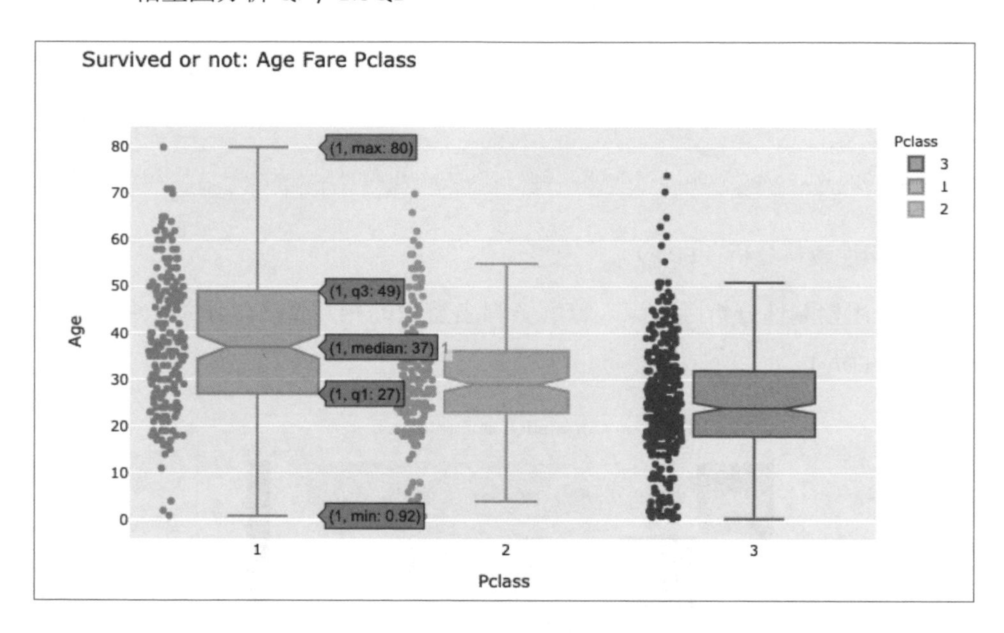

- 3sigma 原則：一組測定值中與平均值的偏差超過 3 倍標準差的值。

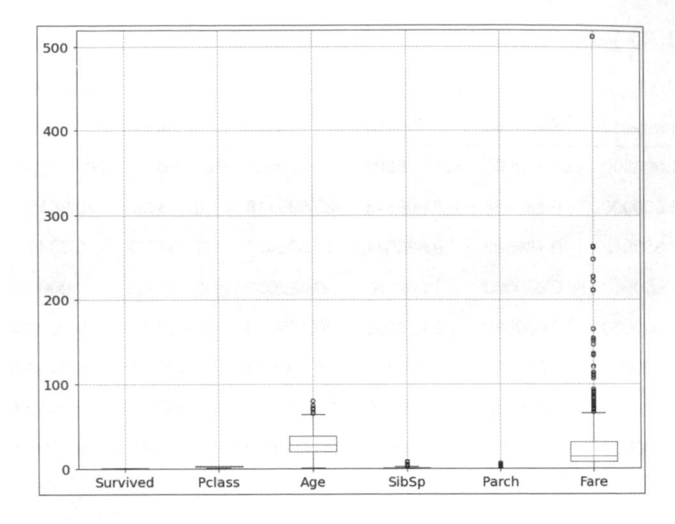

對異常值及閾值進行資料純化：

```
# 對於 Fare
data['Fare'] = data['Fare'].fillna(data['Fare'].mean()) # median()
# 對於 Embarked
data['Embarked'] = data['Embarked'].fillna(data['Embarked'].mode()[0])
```

3. 探索性資料分析（EDA）：

- 用相關性分析圖來深入瞭解資料各特徵的相關性，以便選取特徵進行 EDA：

Pearson Correlation of Features

	Survived	Pclass	Age	SibSp	Parch	Fare
Survived	1.0000	-0.3385	-0.0772	-0.0353	0.0816	0.2573
Pclass	-0.3385	1.0000	-0.3692	0.0831	0.0184	-0.5495
Age	-0.0772	-0.3692	1.0000	-0.3082	-0.1891	0.0961
SibSp	-0.0353	0.0831	-0.3082	1.0000	0.4148	0.1597
Parch	0.0816	0.0184	-0.1891	0.4148	1.0000	0.2162
Fare	0.2573	-0.5495	0.0961	0.1597	0.2162	1.0000

每個特徵之間沒有什麼明顯相關性，可以將每個特徵做獨立分析。

特徵歸類（Categorical Features）：

- 可篩選特徵：例如性別有二種或二種以上變數：男（male），女（female）。
- 可排序特徵：亦即有順序（Ordinal）的特徵，如身高分（分為 Very Tall,Tall,Medium,Short）是有序特徵。本例中 PClass（票價等級）是可排序特徵。
- 連續性特徵：（Continous Feature）是可以用最大最小來區分，在同一欄位可進行數值比較。本例中 PClass（年齡）是連續性特徵。
- 離散性特徵：離散特徵是不連續的，並且具有明確的特徵邊界。例如，道路具有寬度和長度，並且在地圖上表示為線。土地所有權圖顯示了各個宗地之間的邊界。

就「可篩選特徵」進行分析：倖存者 Survived

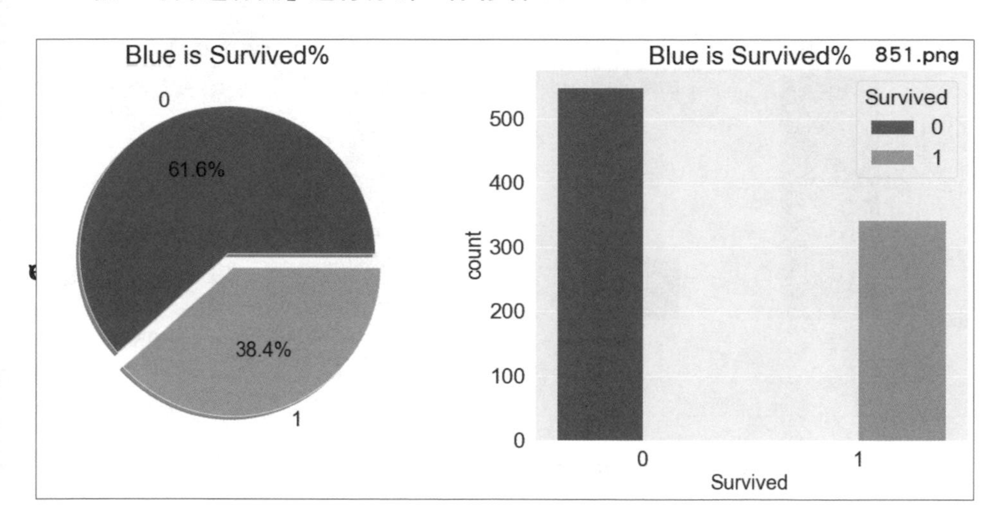

分析結果一：

- 倖存的乘客並不多。
- 訓練集檔案中的 891 名乘客中，只有 350 名倖免於難，即只有 38.4% 倖免於難。我們需要進一步挖掘，以便從數據中獲得更好的見解，並查看哪些類別的乘客倖存下來，哪些沒有倖存。

- 使用數據集的不同功能來檢查生存率。一些特徵包括性別、登船港口、年齡等。

就「可篩選特徵」進行分析：性別 Sex

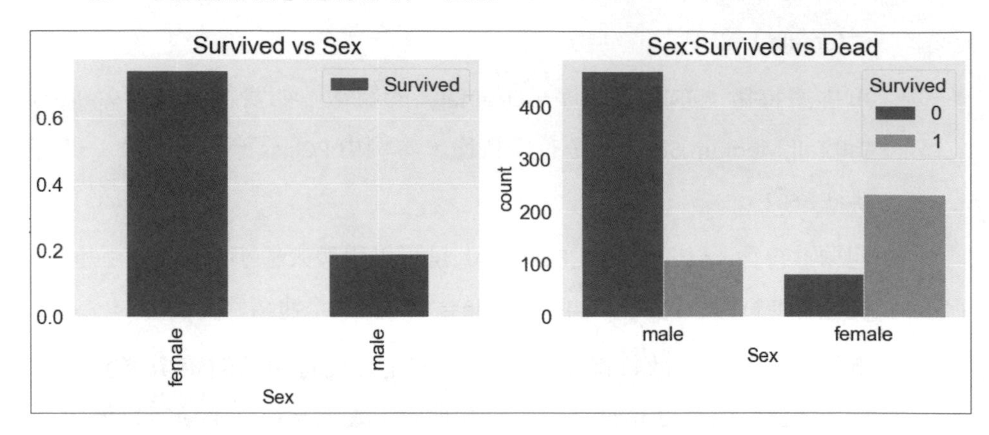

分析結果二：看出重要資訊，男性死亡人數遠大於女性，可能是登船時男性本來就佔 66%, 但男性死亡率近 81%，而女性只有近 25% 死亡率。

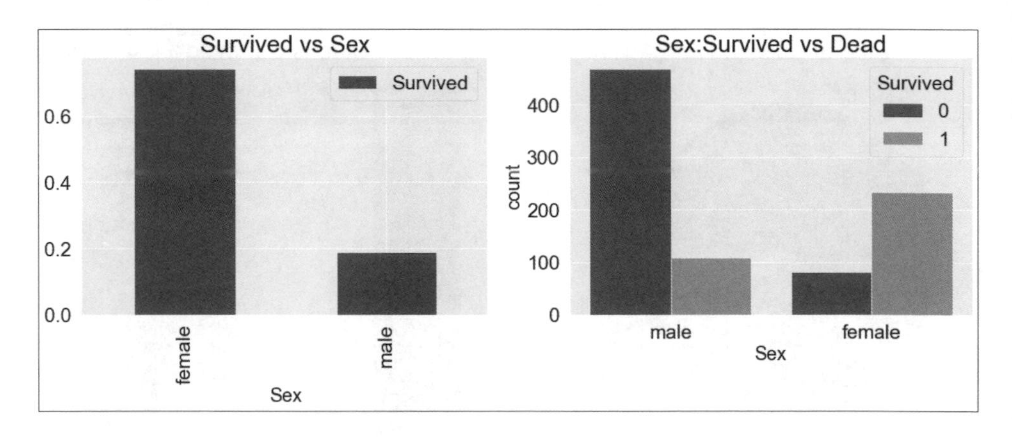

就「可排序特徵」進行分析：票價 Fare

```
data.groupby(['Sex','Survived'])['Survived'].count()
```

	PassengerId	Survived	Pclass	Name	Sex	Age	SibSp	Parch	Ticket	Fare	Cabin	Embarked
258	259	1	1	Ward, Miss. Anna	female	35.0	0	0	PC 17755	512.3292	NaN	C
679	680	1	1	Cardeza, Mr. Thomas Drake Martinez	male	36.0	0	1	PC 17755	512.3292	B51 B53 B55	C
737	738	1	1	Lesurer, Mr. Gustave J	male	35.0	0	0	PC 17755	512.3292	B101	C

Fare>300（付得起高票價的乘客）部分資料的最後都是存活，可推測 fare 值越高存活率越高。

再看看票價和存活率的統計圖，這裡對於 Ticket 屬性，每張團體票都是相同的票價，推測由於團購票的存在，因此每個團體票中的個人取平均值：

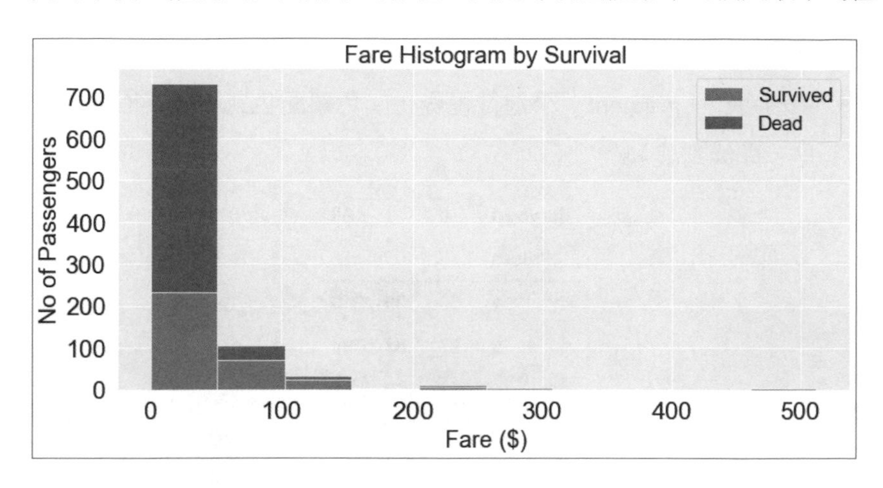

超過 300 元票價就存活率 100% 了，不過只有三個人，是否具代表性。

再將票價圖和存活狀況放在一起看，可看出票價在所有乘客中的分佈是多麼不平均：

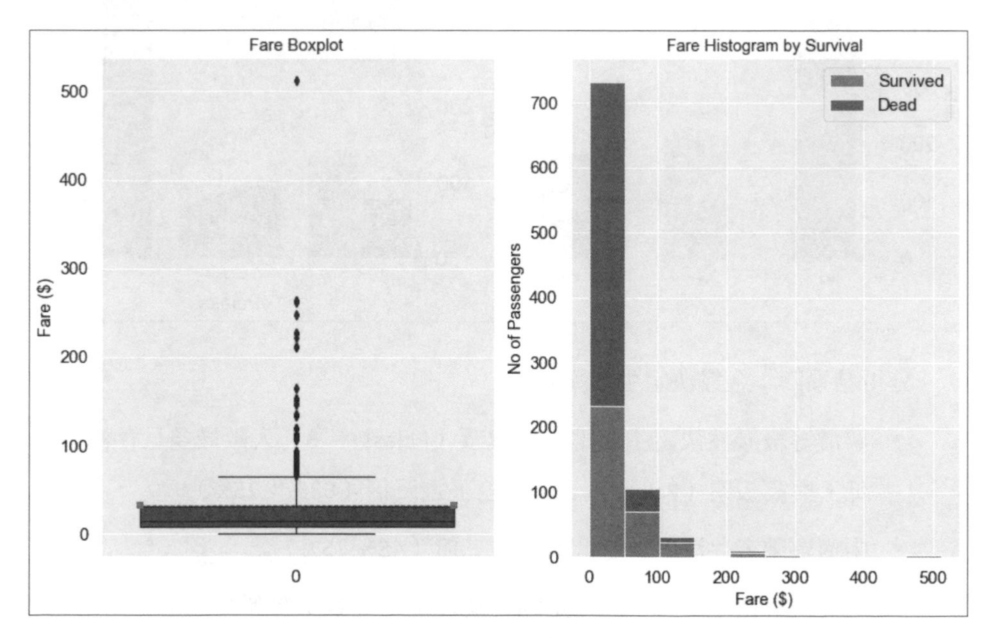

分析結果三：證明 Fare 越低，存活率越低。最好能買到最貴的票，可保證船難發生時，可以活命。

就「可排序特徵」進行分析：票價等級 Pclass

- 用交叉表進行分析，並進行統計（Margins=True），統計結果在行及列均顯示出來（All）。
- 用漸層色（gradient）來進行視覺化。色票配色為 spring（_r 為反轉色序，即淡到濃）。

Survived	0	1	All
Pclass			
1	80	136	216
2	97	87	184
3	372	119	491
All	549	342	891

將上表畫成圖表如下：

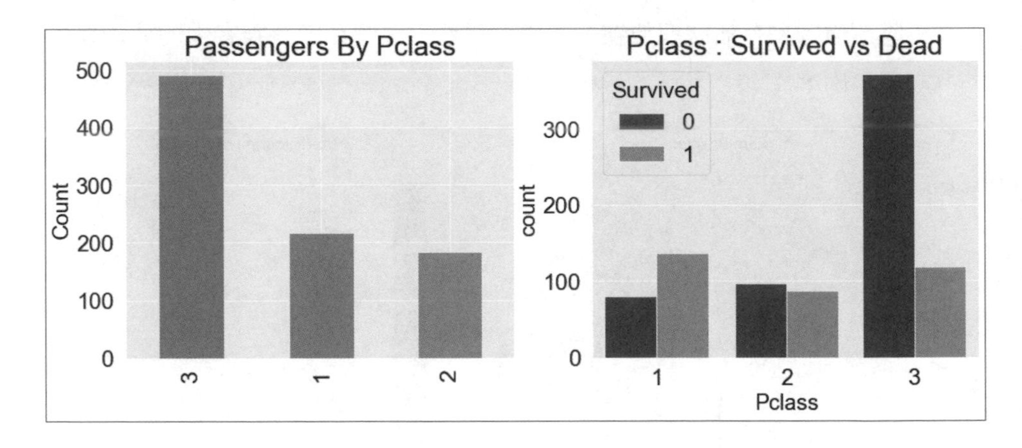

分析結果四：金錢決定生存率嗎？

- 票價等級顯然決定生存率，低價票（Pclass = 3）人數最多且存活率最低。與高級票（Pclass = 1）相差了近三倍（63%：25%）。
- 中價票乘客存活率也是低價票的二倍（48%:25%）。
- 男性及女性顯然大不同。是因為女性優先上救生艇嗎？

Sex	Survived	Pclass 1	2	3	All
female	0	3	6	72	81
	1	91	70	72	233
male	0	77	91	300	468
	1	45	17	47	109
All		216	184	491	891

再看一下曲線圖，男性及女性顯然大不同。是因為女性優先上救生艇嗎？

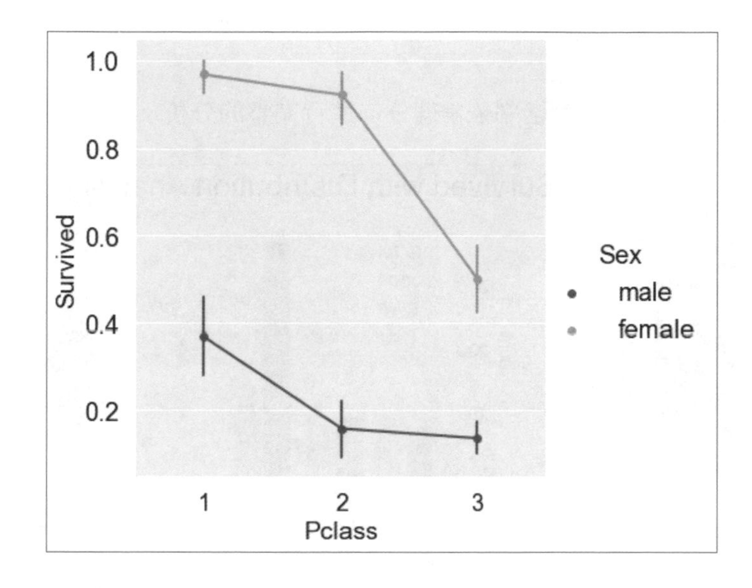

分析結果五：

用變因表分析如下：不同特徵類別對性別的數據可輕易看出來。

- 女性且高價票的存活率高達 96%，只有三位死亡。
- 男性且高價票的存活率卻低。

就「連續性特徵」進行分析（年齡 Age）：

- 最高齡死亡者：80.0 Years
- 最年輕死亡者：0.42 Years
- 死亡平均年齡：29.69911764705882 Years

再將年齡，性別與存活率進行分析：

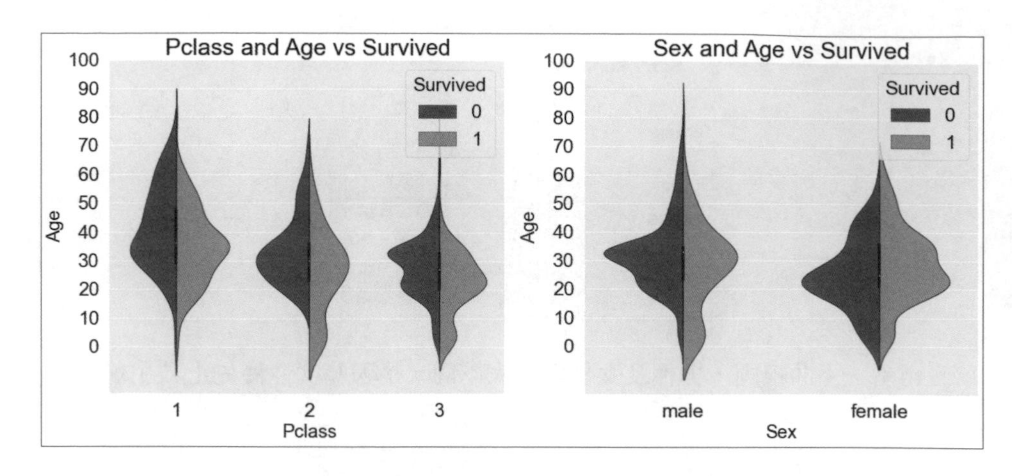

再將年齡、性別與存活率依常態分佈進行完整的分析：

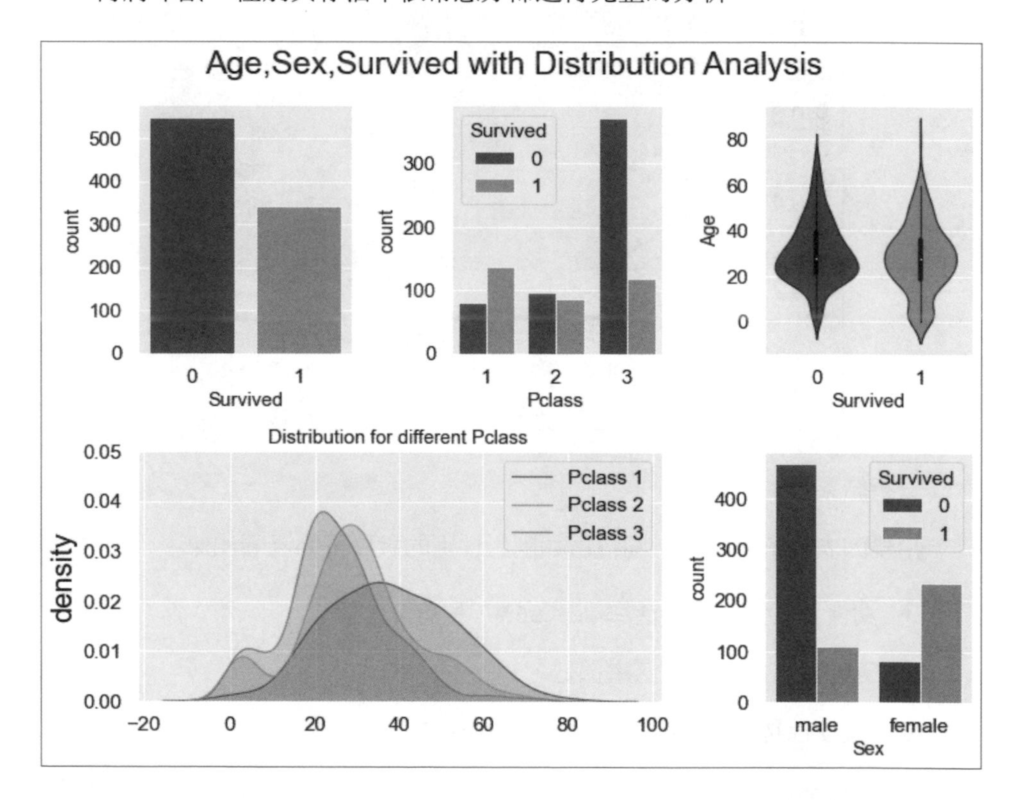

分析結果六：

- 年輕人在低價票的死亡率較高價票高出很多，證明低價票的年輕人較多。

- 在年齡 18-55 歲的範圍，高價票（Pclass1）存活率較低價票（Pclass3）高，而男性比女性明顯。
- 對男性而言，年齡越高存活率越低，而女性則不明顯，表示在危險狀況時，女性上救生艇確實有優先權。

在本例中，我們對年齡欄中是空值的 177 人的部分，有做資料純化處理，即用平均值來取代。

這樣做有失真的危險：

- 因為事後調查至少三位 0-3 歲孩童，卻用平均年齡 29.6991 來取代。
- 死亡中至少有二位年長者，卻用平均年齡 29.6991 來取代。

就「連續性特徵」進行分析（增加「initial」欄位，即「稱謂」欄位）：

如：姓名中有稱謂者，整理好稱謂欄後，再進行年齡資料純化。

如：姓名中有稱謂（Mr.、Miss、Mrs、Doctor…）者。

姓名字串處理作法，是姓名比對後增加稱謂欄，再依稱謂進行年齡空值的填補。

再看看文字提取的結果，仍有一些問題：Mme、Mlle（是 Miss 的意思）等不是正確的稱謂，使用 Miss 取代之。

Initial	Master	Miss	Mr	Mrs	Other
Sex					
female	0	186	1	127	0
male	40	0	528	0	9

再檢查「年齡」欄是否還有闕值：年齡欄位已沒有闕值了！

	PassengerId	Survived	Pclass	Name	Sex	Age	SibSp	Parch	Ticket	Fare	Cabin	Embarked	Initial
881	882	0	3	Markun, Mr. Johann	male	33.0	0	0	349257	7.8958	NaN	S	Mr
882	883	0	3	Dahlberg, Miss. Gerda Ulrika	female	22.0	0	0	7552	10.5167	NaN	S	Miss
883	884	0	2	Banfield, Mr. Frederick James	male	28.0	0	0	C.A./SOTON 34068	10.5000	NaN	S	Mr
884	885	0	3	Sutehall, Mr. Henry Jr	male	25.0	0	0	SOTON/OQ 392076	7.0500	NaN	S	Mr
885	886	0	3	Rice, Mrs. William (Margaret Norton)	female	39.0	0	5	382652	29.1250	NaN	Q	Mrs
886	887	0	2	Montvila, Rev. Juozas	male	27.0	0	0	211536	13.0000	NaN		Rev
887	888	1	1	Graham, Miss. Margaret Edith	female	19.0	0	0	112053	30.0000	B42	S	Miss
888	889	0	3	Johnston, Miss. Catherine Helen "Carrie"	female	NaN	1	2	W./C. 6607	23.4500	NaN	S	Miss
889	890	1	1	Behr, Mr. Karl Howell	male	26.0	0	0	111369	30.0000	C148	C	Mr
890	891	0	3	Dooley, Mr. Patrick	male	32.0	0	0	370376	7.7500	NaN	Q	Mr

稱謂欄

再查看稱謂的分析結果：

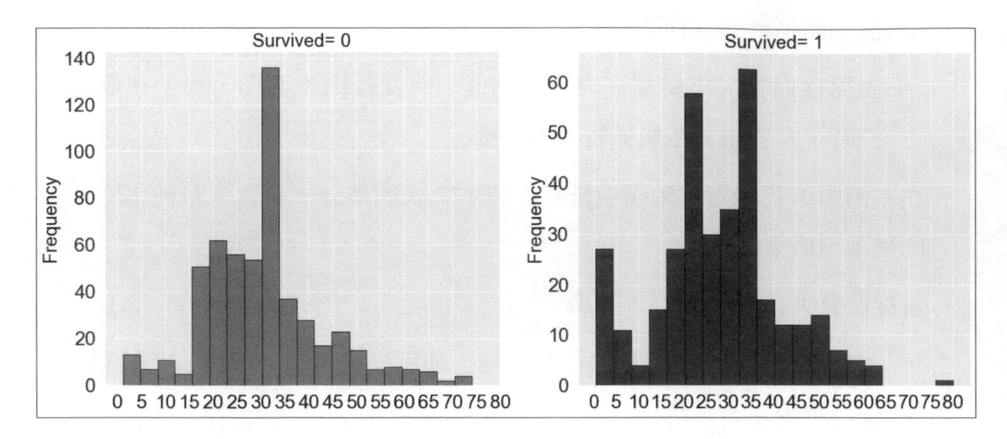

分析結果七：

- 幼兒（小於 5 歲）大量存活下來，主因是船公司的《婦女和兒童優先政策》。
- 最老的乘客（80 歲）是第一批上救生艇的幸運者。
- 但其他眾多高齡長者並沒有存活，故無法說明長者存活率高。
- 最大死亡人數似乎集中在 30-40 歲年齡（青壯年齡層），但仔細分析上圖，死亡其實並未集中在青壯年齡層，因為倖存者也是以青壯年齡居多。
- 而本來乘客中的年齡分佈就是如此，故以老人優先上救生艇而使青壯年齡層的乘客多無倖存的說法並不正確。
- 死亡最多的年齡層是 30-40 歲者（210/317=66.25%），其中又有 145 位是低價票乘客。故只能說明低價票乘客死亡率高（並非年齡層問題）。

這部分因進行稱謂整理，而回頭進行年齡的資料補闕工作，使年齡分析呈現較準確的結果。

再深究各種不同稱謂是否與存活有關，稱謂來自對地位的尊重，二十世紀初當時的歐洲人通常不會對經濟型乘客（便宜票價）使用稱謂；但名單上出現稱謂，也可能只是售票人員對客戶的服務態度，並不能代表乘客就一定是有地位人仕。

本範例所創造的新資料分析特徵「稱謂」，屬於創意想法，也許並不實際；但對一百多年來許多算命者或神論者提出的各種證據，都指向鐵達尼號上有地位的人士（在各種場合使用稱謂）存活率較高，我們在後面的章節可以用統計方法及人工智慧的方式來求證一下。

在字串中找到稱謂：extract	
2 個方法說明如下：	
Series.str.replace	將 Series 中指定字符串替換；
Series.str.extract	通過正則表達式提取字符串中的數據信息；
常用方法如下：	
	1. 用 replace 將 "." 替換為 ""，即為空。
	2. 用 3 個正則表達式（分別對應 city、state、zip）
	3. 用 extract 對數據進行了提取，並由原來的 Series 數據結構變為了 DataFrame 數據結構。
常用的屬性和方法還有 .rstrip、.contains、split 等，通過下面代碼查看一下 str 屬性的完整列表：	
	[i for i in dir（pd.Series.str）if not i.startswith（'_'）]
本範例用法如下，（[A-Za-z]+）\.：在文字 A-Z,a-z 中出現 "."（dot），即提取後出前面的文字串：	
從字串 Braund, Mr. Owen Harris 提取 "." 之前的文字 Mr 。	

最後針對各種「稱謂」與艙等之「存活率」分析如下：

Initial	
Master	40
Miss	186
Mr	529
Mrs	127
Other	9
Name: Age, dtype: int64	

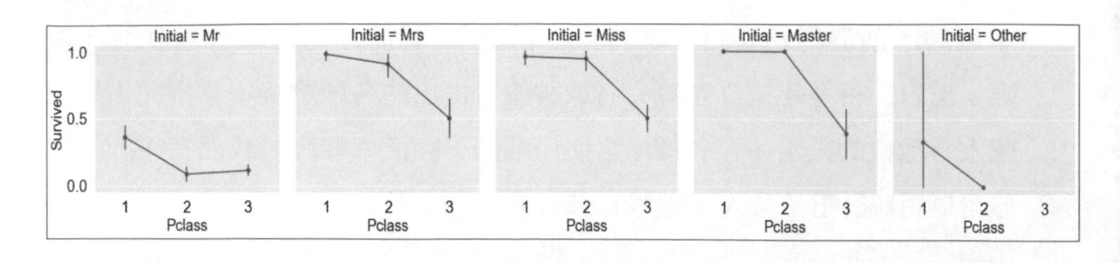

分析結果八：

稱謂為 Mr，共 40 人，明顯列亡率偏高。而 Mrs、Miss、Master 偏低；可見稱謂特徵明顯是決定生存率的特徵之一。

就「可篩選特徵」進行分析（出發城市 Embarked）：

是否不同城市的乘客會有不同的存活率？

這個特徵主要是探討人格屬性問題，如台北人是否在面對災難時，會比花蓮人積極尋求生存機會？真的很有創意，以下就進行探索。

用變因圖來探討登船城市。

統計如下：

	Sex	female		male		All
	Survived	0	1	0	1	
Embarked	Pclass					
C	1	1	42	25	17	85
	2	0	7	8	2	17
	3	8	15	33	10	66
Q	1	0	1	1	0	2
	2	0	2	1	0	3
	3	9	24	36	3	72
S	1	2	46	51	28	127
	2	6	61	82	15	164
	3	55	33	231	34	353
All		81	231	468	109	889

C = Cherbourg；Q = Queenstown；S = Southampton

視覺化分析如圖：

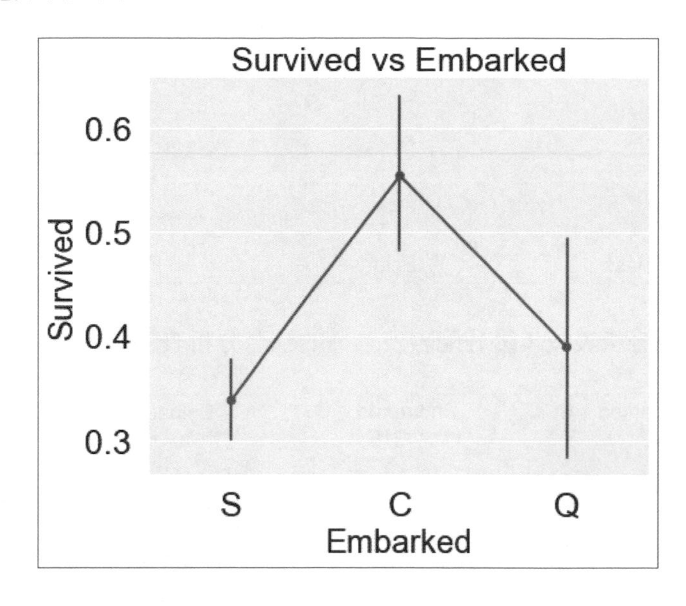

存活機率：C 最高 55%，S 最低 34%

再用綜合總表來分析：

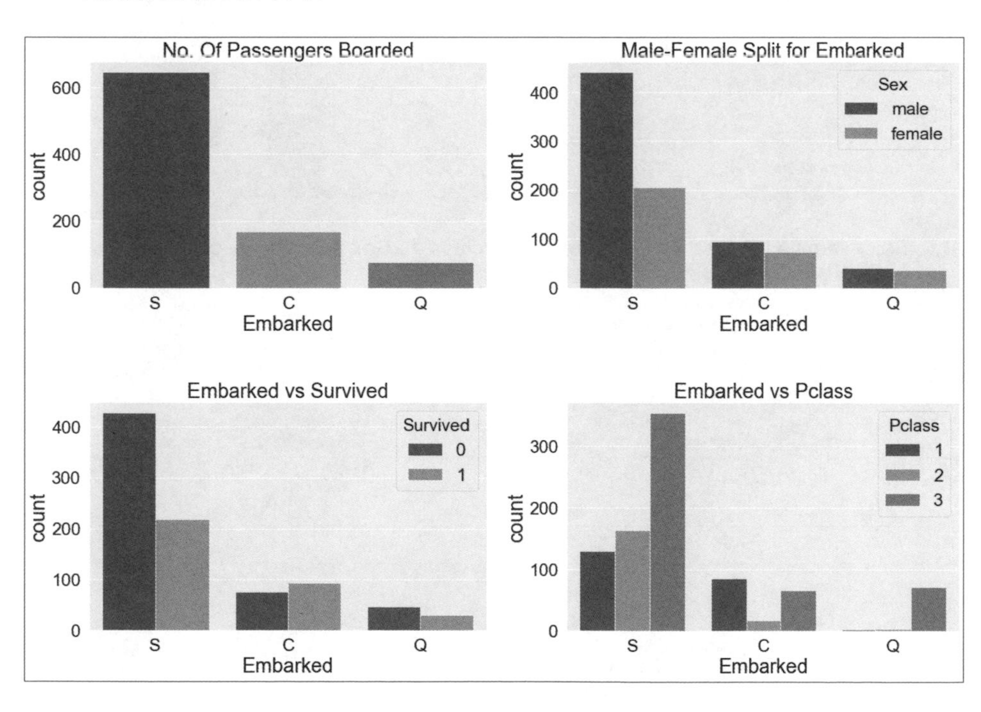

再用變因分析圖來分析：

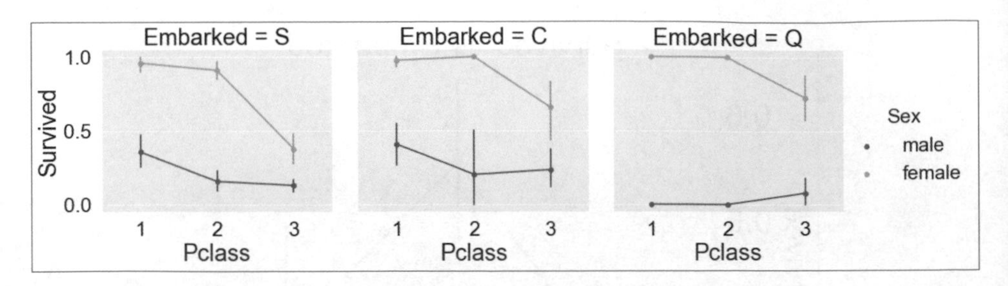

再用變因分析表及年齡分配表及票價的綜合分析表：

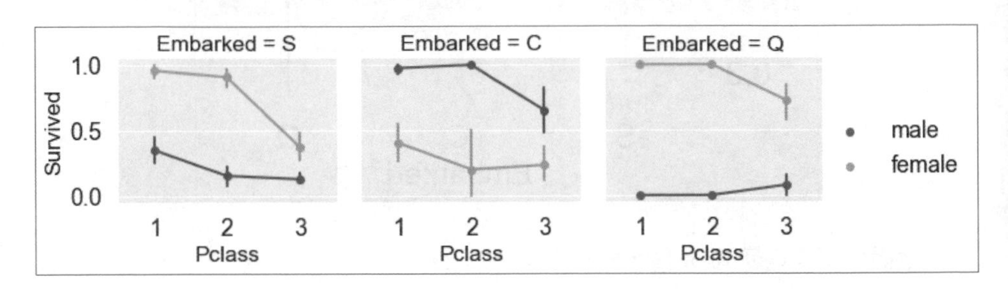

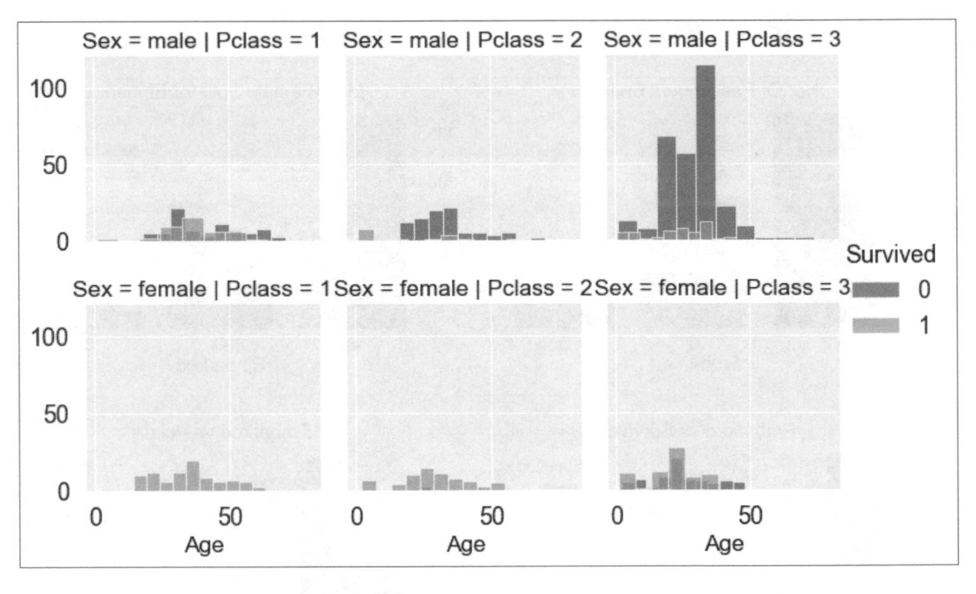

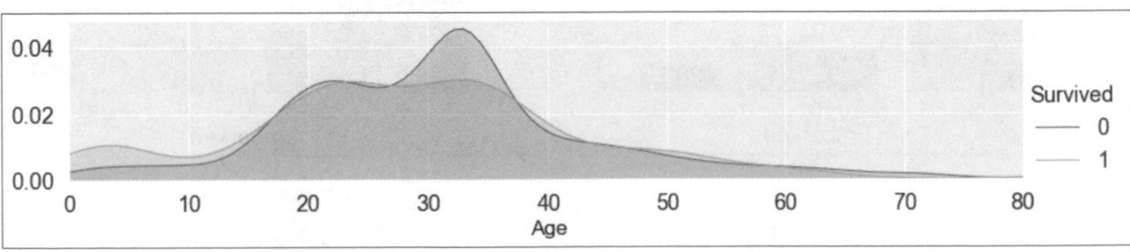

分析結果九：

- 來自 S（Southampton）人數最多，但存活率只有 19%，且男性是其中最不幸（大部分買低價票）。
- 來自 C（Cherbourg）的乘客最幸運，存活率達（93/168=55.36%）最高的。主要原因仍是票價等級，因為來自 C 的乘客多是 Pclass 為 1 或 2 的乘客（68/93）。
- 來自 Q（Queenstown）人數最少，95% 是低價票乘客（Pclass3）（72/77），存活率為（30/77=42.85%）。
- 來自南漢普敦的乘客存活率低於 33%（平均存活率）是唯一低於平均存活率登船港口；但有可能並非因為來自南漢普敦，而是因為購買低價票（住在較差艙等中或沒有登救生艇的優先權）。所以這個特徵並沒有分析資料的鑑別力。

就「離散性特徵」進行分析（同行人數「SibSp」）：

離散性特徵是不連續的，並且具有明確的特徵邊界。例如，道路具有寬度和長度，並且在地圖上表示為線。土地所有權圖顯示了各個宗地之間的邊界。

在本範例中是表示獨自旅行或有家人同行：

- Sibling = brother, sister, stepbrother, stepsister（兄弟、姐妹、繼兄弟、繼姐妹）
- Spouse = husband, wife（丈夫、老婆）

Survived	0	1
SibSp		
0	398	210
1	97	112
2	15	13
3	12	4
4	15	3
5	5	0
8	7	0

畫成柱狀田圖及提琴圖更為清楚：

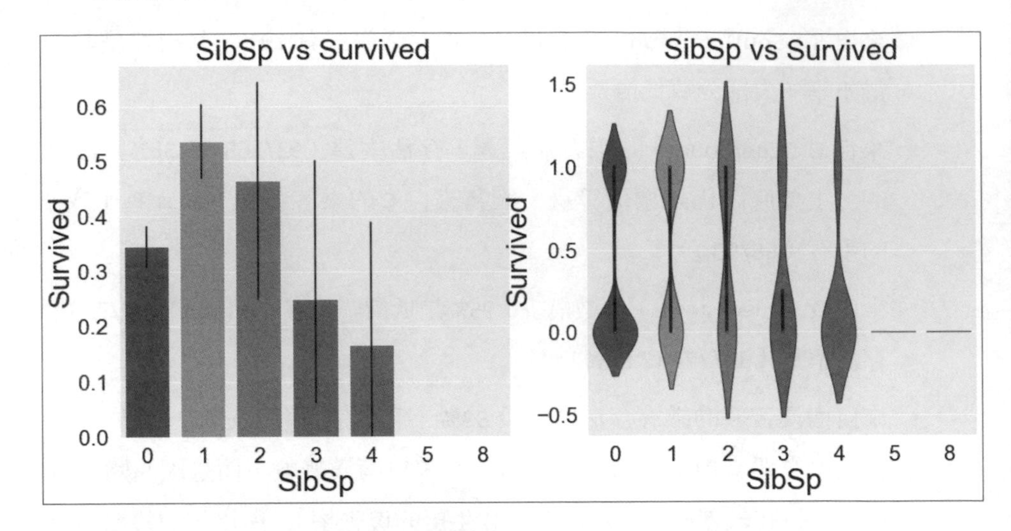

將同行旅行者和票價等級進行分析。

分析結果十：

- 單獨乘客（無兄弟姐妹）有 34.5% 存活率，與平均存活率相同。但這其中有部分與夫妻關係重疊。
- 照常理，同行者應會全力救援自己同行的親友；但另人驚訝的是，有 5-8 人同行的乘客存活率是 0%，但仔細分析，這死亡的七人都買低價票。
- 從上圖看，SibSp>3 都是買低價票。意即幾乎所有 Pclass3（>3）中的大家族都會死亡。

Pclass	1	2	3
SibSp			
0	137	120	351
1	71	55	83
2	5	8	15
3	3	1	12
4	0	0	18
5	0	0	5
8	0	0	7

就「離散性特徵」進行分析（同行人數「Parch」）：

Pclass	1	2	3
Parch			
0	163	134	381
1	31	32	55
2	21	16	43
3	0	2	3
4	1	0	3
5	0	0	5
6	0	0	1

由交叉分析表分析大家庭乘客都是買低價票（Pclass3）：

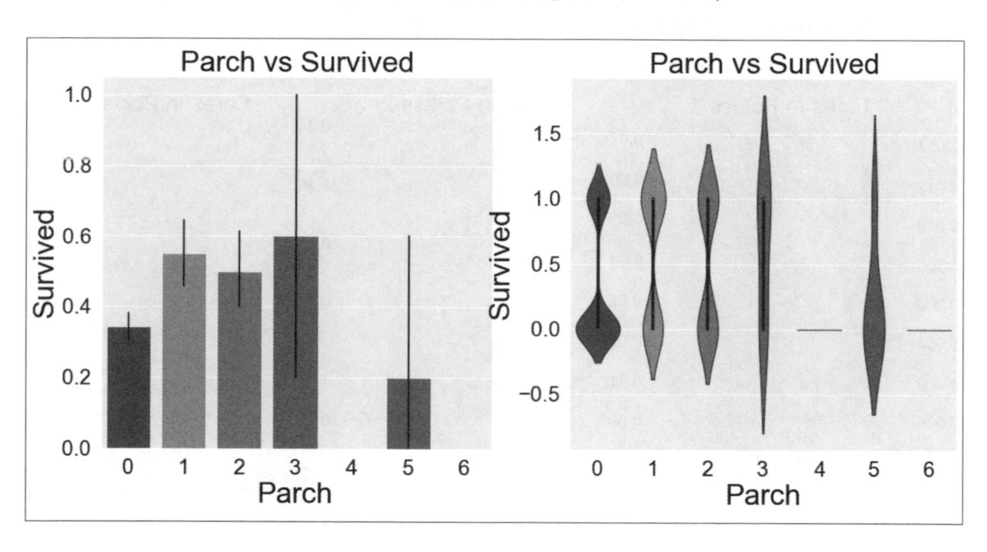

分析結果十一：

- 和親友（SibSp）的分析非常相似。攜帶父母的乘客有較大的生存機會。但是隨著人數增加生存率會減少。
- 當船上有 1-3 個父母的人來說，生存的機會是好的。獨自一人也被證明是致命的
- 當船上有 4 個以上的直系親屬（父母，岳父母，祖父母等）時，生存機會大為降低。

就「連續性特徵」進行分析（票價「Fare」）：

最高票價：512.3292

最低票價：0.0

平均票價：32.204207968574636

票價（Fare）和三種套裝等級的交叉比較表：

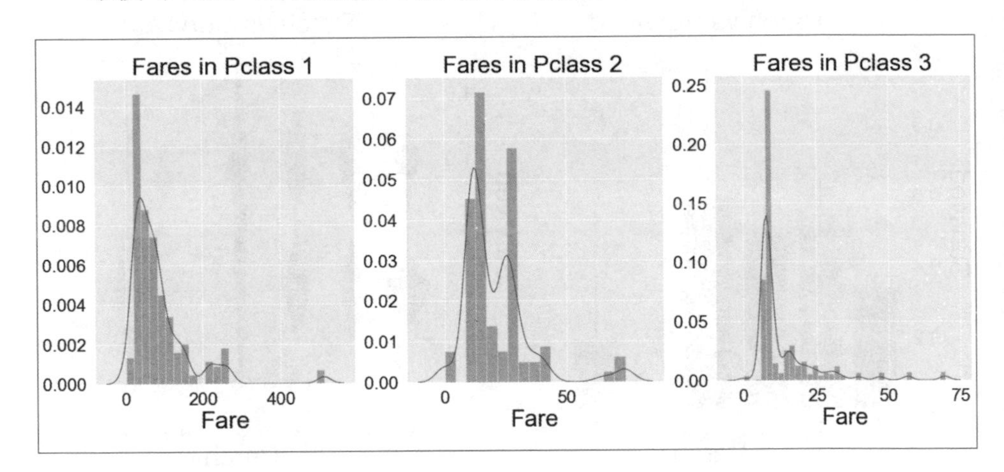

分析結果十二：

Pclass1 乘客中高票價比率最高。

Pclass2 和 Pclass3 高票價比率最少。

因為 Fare 也是連續的，所以我們可以用離散值特徵來分析。

就「所有原始特徵」進行相關係性分析：

	PassengerId	Survived	Pclass	Age	SibSp	Parch	Fare
PassengerId	1	-0.005	-0.035	0.042	-0.058	-0.0017	0.013
Survived	-0.005	1	-0.34	-0.091	-0.035	0.082	0.26
Pclass	-0.035	-0.34	1	-0.34	0.083	0.018	-0.55
Age	0.042	-0.091	-0.34	1	-0.27	-0.2	0.089
SibSp	-0.058	-0.035	0.083	-0.27	1	0.41	0.16
Parch	-0.0017	0.082	0.018	-0.2	0.41	1	0.22
Fare	0.013	0.26	-0.55	0.089	0.16	0.22	1

1.0
0.8
0.6
0.4
0.2
0.0
−0.2
−0.4

解釋相關性分析圖：

- 首先注意的是，以上只是比較數字性值的特徵，因為很明顯我們尚未建立文字之間的關聯性（英文字母或字串）。
- 在解釋相關性分析圖之前，讓我們看看確切的相關性是什麼。
    - 正相關：如果特徵 A 的增息加導致特徵 B 的增加，則它們是正相關的。A 值 1 表示完全正相關。
    - 負相關：如果特徵 A 的增加導致特徵 B 的減少，則它們為負相關。A 值為 -1 表示完全負相關。
- 如果說兩個因素（特徵）是高度相關或完美相關，表示一個要素的增加會導致另一個要素同步的增加。這意味著這兩個功能都包含高度相似的資訊，甚至很少或根本沒有資訊差異。這被稱為多共線性

（MultiColinearity），因為它們兩者都包含幾乎相同的資訊。其中之一是多餘的。在製作或訓練模型時，應該嘗試消除多餘的特徵，因為它減少了機器學習或深度學習的訓練時間並帶來許多分析上的優勢。

- 從上面的相關性分析圖中，我們可以看到這些特徵之間的相關性不高。最高相關性是在 SibSp 和 Parch 之間（0.41），而 0.41 並不是高度相關。

因此，我們可以繼續使用所有特徵進行後面的機器學習。

分析結果十三：

綜觀所有特徵分析。

- Sex（性別）：女性的生存機會比男性高。
- Pclass（艙位等級）：有一個明顯的趨勢，那就是船公司會為頭等艙乘客您提供更好的生存機會。Pclass3 的生存率非常低。對於女性而言，
- 從 Pclass1 生存的機會幾乎是 100%，Pclass2 的生存完全無法相比。金錢萬能！
- Age（年齡）：5-10 歲以下的兒童有很高的生存機會。而 15 至 35 歲年齡段的乘客死亡明顯高出平均很多。

  C=Cherbourg（瑟堡）；Q=Queenstown（皇后鎮）；S =Southampton（南安普敦）
- 登船港口（Embarked）：來自 Cherbourg（瑟堡）的生存機會似乎比，大多數來自 Southampton（南安普敦）的乘客（Pclass1）高很多。來自 Queenstown（皇后鎮）的乘客幾乎全是（Pclass3）。
- Parch+SibSp（直系親屬＋旁系親屬）：擁有 1-2 個兄弟姐妹，船上配偶或 1-3 個父母，會有較大的生存機率。而不是一個人或有一個大家庭陪伴您。

二次特徵工程：

- 不是所有特徵都很重要，有些多餘的特徵應排除。但也可用以下方式獲取或添加新特徵，觀察或從其他特徵中提取資訊，如前述範例使用（Name）姓名特徵獲取 Initals 特徵。

- 是否可以獲得其他新特徵或消除不需要的特徵。
- 我們要將現有的相關特徵轉換為適用於預測建模的形式。

新增「年齡層」特徵（Age_band）：

年齡（Age）特徵有個問題：Age 是連續性特徵所以是連續變數型式出現在機器學習模型中，例如要針對性別（Sex）進行群組或交叉比對時，可以輕鬆地將它們分開。

但是如果要按年齡分組，那將如何做？

如果有 30 個人，可能有 30 個年齡值。這在分析上是沒有意義的。所以在分析中，我們需經由 Binning 或 Normalization 將這些連續值轉換為分類值（categorical values），使用分級，將年齡範圍分組到分級中，或為它們分配一個數值。例如乘客最大年齡是 80 歲。所以將範圍從 0-80 分成 5 個容器（bins）。因此 80/5=16（bins=16）。

產生新的欄位（Age_band），當作新特徵使用。

	PassengerId	Survived	Pclass	Name	Sex	Age	SibSp	Parch	Ticket	Fare	Cabin	Embarked	Initial	Age_band
0	1	0	3	Braund, Mr. Owen Harris	male	22.0	1	0	A/5 21171	7.2500	NaN	S	Mr	1
1	2	1	1	Cumings, Mrs. John Bradley (Florence Briggs Th...	female	38.0	1	0	PC 17599	71.2833	C85	C	Mrs	2
2	3	1	3	Heikkinen, Miss. Laina	female	26.0	0	0	STON/O2. 3101282	7.9250	NaN	S	Miss	1
3	4	1	1	Futrelle, Mrs. Jacques Heath (Lily May Peel)	female	35.0	1	0	113803	53.1000	C123	S	Mrs	2
4	5	0	3	Allen, Mr. William Henry	male	35.0	0	0	373450	8.0500	NaN	S	Mr	2
5	6	0	3	Moran, Mr. James	male	33.0	0	0	330877	8.4583	NaN	Q	Mr	2
6	7	0	1	McCarthy, Mr. Timothy J	male	54.0	0	0	17463	51.8625	E46	S	Mr	3
7	8	0	3	Palsson, Master. Gosta Leonard	male	2.0	3	1	349909	21.0750	NaN	S	Master	0
8	9	1	3	Johnson, Mrs. Oscar W (Elisabeth Vilhelmina Berg)	female	27.0	0	2	347742	11.1333	NaN	S	Mrs	1
9	10	1	2	Nasser, Mrs. Nicholas (Adele Achem)	female	14.0	1	0	237736	30.0708	NaN	C	Mrs	0

新特徵 →

Age_Bend 的分佈：

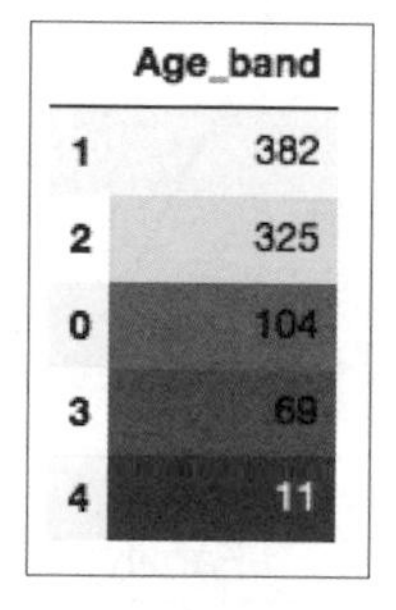

	Age_band
1	382
2	325
0	104
3	69
4	11

變因交叉圖如下：

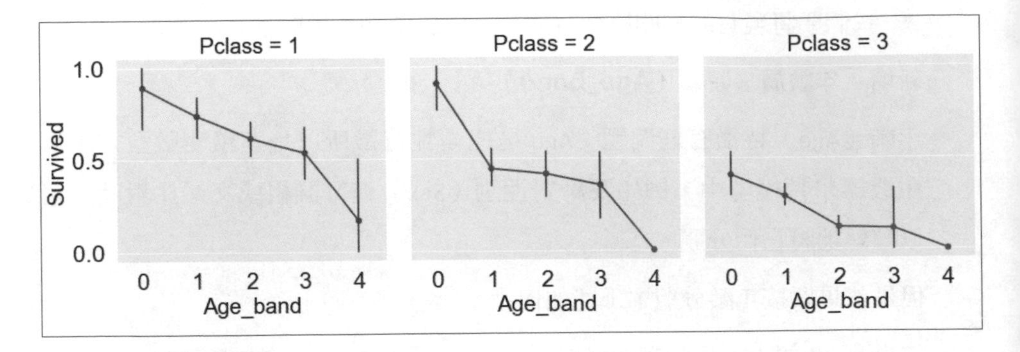

分析結果十四：在所有的艙等中，年齡層越大生存率越低。

新增「家庭大小」及「單獨旅遊」特徵（Family_Size、Alone）：

- Family_Size ＝ Parch+SibSp，前面已做過單獨分析，現在看看將二者相加成一個新特徵是否發掘新資訊。
- Alone=0（不是單獨）和 1（單獨）。

新增二個特徵，程式如下：

```
data['Family_Size']=0
data['Family_Size']=data['Parch']+data['SibSp']#family size
data['Alone']=0
data.loc[data.Family_Size==0,'Alone']=1#Alone
```

「家庭大小」特徵分析（Family_Size）：

交叉比對

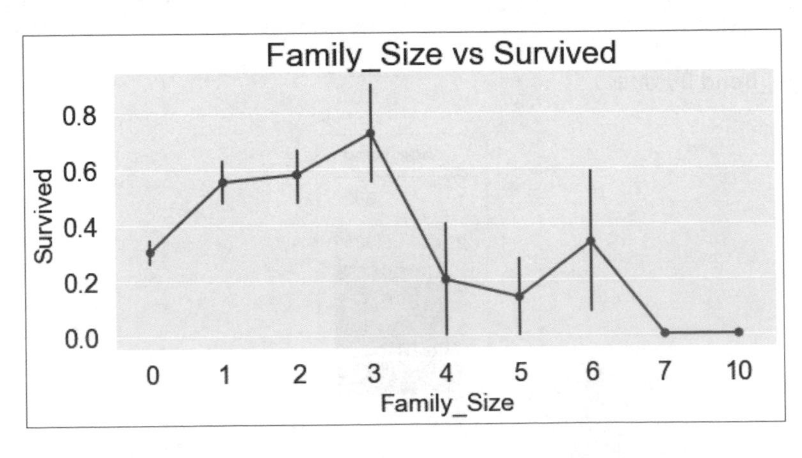

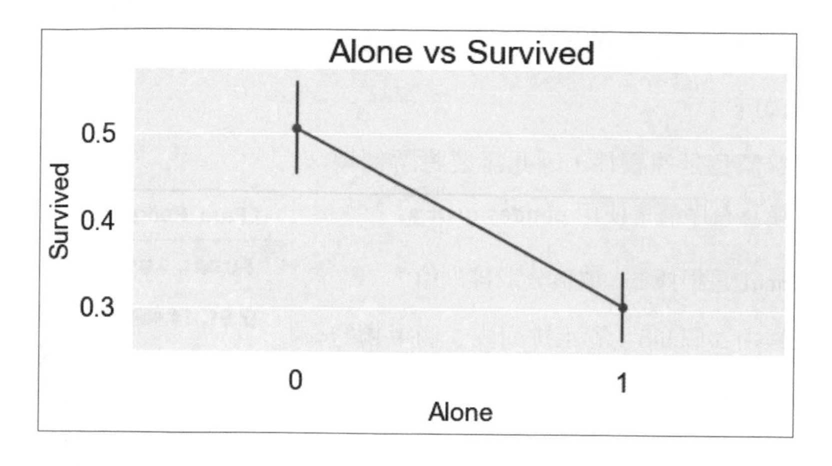

分析結果十五：

- Parch+SibSp（直系親屬＋旁系親屬）：擁有 1-2 個兄弟姐妹，船上配偶或 1-3 個父母，會有較大的生存機率。而不是一個人或有一個大家庭陪伴您。
- Family_Size=0 即 Alone=1，生存率非常低。
- Family_Size>4，生存機率也大幅降低。

所以 Family_Size 是個判斷生存機率的重要特徵。

針對「單獨旅遊」特徵分析：Alone

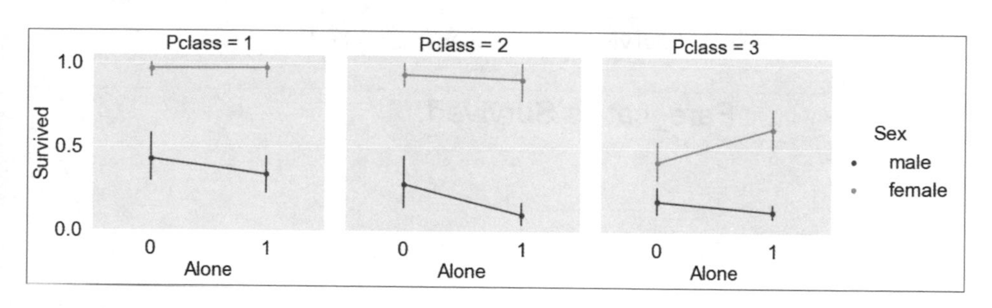

分析結果十六：

除了 Pclass3 之外，不論性別或 Pclass，單獨旅行都是危險的。而上圖顯示單獨旅行且是女性的人數比有家人陪同旅行的女性人數多。

新增「票價等級」特徵（Fare_Range,Fare_cat）：

作法如下：

- 票價也是連續性，因此需要將票價轉換為有序值，使用 pandas.qcut。
- qcut 是根據 bin 值拆分或排列值。
- 經由 5 個 bin，等距排列成 5 個單獨的 bin 值。

建立 Fare_Range 結果如下：

Fare_Range	Survived
(-0.001, 7.91]	0.197309
(7.91, 14.454]	0.303571
(14.454, 31.0]	0.454955
(31.0, 512.329]	0.581081

很明顯的，票價等級越高，存活機率越高，所以 Fare_Range 是重要特徵之一，但因後面還有進行二次特徵的建立，會將 Fare_Range 再轉成分類格式。

將 Fare_Range 轉成單一分類值（Fare_cat），程式如下：

```
data['Fare_cat']=0
data.loc[data['Fare']<=7.91,'Fare_cat']=0
data.loc[(data['Fare']>7.91)&(data['Fare']<=14.454),'Fare_cat']=1
data.loc[(data['Fare']>14.454)&(data['Fare']<=31),'Fare_cat']=2
data.loc[(data['Fare']>31)&(data['Fare']<=513),'Fare_cat']=3
```

將 Fare_cat 和存活（Survived）進行比對，畫成圖形：

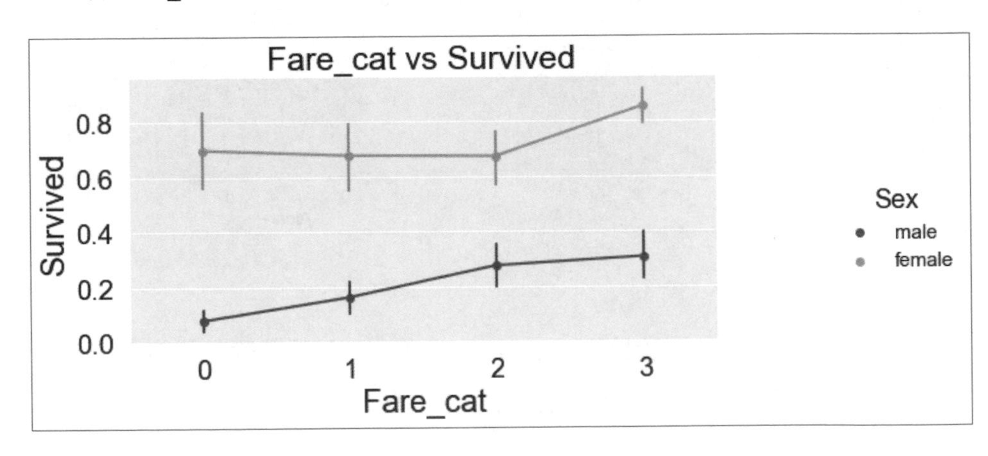

分析結果十七：

很明顯，票價分類值越高，存活機率越高，不論性別為何。所以 Fare_cat 是重要特徵之一。

4. 機器學習準備工作：

- 特徵值標準化：將不是數字的特徵全部進行數字化；文字資料是無法進行機器學習的演算法，所以將下列三個特徵之資料（Sex、Embarked、Initial）轉成數字，程式如下：

```
data['Sex'].replace(['male','female'],[0,1],inplace=True)
data['Embarked'].replace(['S','C','Q'],[0,1,2],inplace=True)
data['Initial'].replace(['Mr','Mrs','Miss','Master','Other'],[0,1,2,3,
4],inplace=True)
```

- 特徵項目精簡化：將下列欄位刪除。
  - Nam：無法進行轉換成分類值，也無法進行二次特徵分析或進行創意特徵處理。
  - Age：已新建二次特徵 Age_band。
  - Ticket：只是隨機代號，無法進行二次特徵分析或進行創意特徵處理。
  - Fare：已新建二次特徵 Fare_cat。
  - Cabin：是乘所住的甲板層次，除了有許多空值無法用來進行大型演算法，多位乘客可共用一個甲板層，無法進行有意義的分類及二次特徵分類。
  - Fare_Range：已新建二次特徵 Fare_cat。
  - PassengerId：只是隨機代號，無法進行有意義的分類及二次特徵分類。

```
data['Sex'].replace(['male','female'],[0,1],inplace=True)
data['Embarked'].replace(['S','C','Q'],[0,1,2],inplace=True)
data['Initial'].replace(['Mr','Mrs','Miss','Master','Other'],[0,1,2,3,
4],inplace=True)
```

用相關係數圖來檢視所有特徵：

	Survived	Pclass	Sex	SibSp	Parch	Embarked	Initial	Age_band	amily_Size	Alone	Fare_cat
Survived	1	-0.34	0.54	-0.035	0.082	0.11	0.43	-0.11	0.017	-0.2	0.3
Pclass	-0.34	1	-0.13	0.083	0.018	0.046	-0.047	-0.31	0.066	0.14	-0.63
Sex	0.54	-0.13	1	0.11	0.25	0.12	0.63	-0.15	0.2	-0.3	0.25
SibSp	-0.035	0.083	0.11	1	0.41	-0.06	0.29	-0.26	0.89	-0.58	0.39
Parch	0.082	0.018	0.25	0.41	1	-0.079	0.31	-0.2	0.78	-0.58	0.39
Embarked	0.11	0.046	0.12	-0.06	-0.079	1	0.12	0.024	-0.08	0.018	-0.091
Initial	0.43	-0.047	0.63	0.29	0.31	0.12	1	-0.39	0.35	-0.32	0.24
Age_band	-0.11	-0.31	-0.15	-0.26	-0.2	0.024	-0.39	1	-0.27	0.2	0.025
Family_Size	0.017	0.066	0.2	0.89	0.78	-0.08	0.35	-0.27	1	-0.69	0.47
Alone	-0.2	0.14	-0.3	-0.58	-0.58	0.018	-0.32	0.2	-0.69	1	-0.57
Fare_cat	0.3	-0.63	0.25	0.39	0.39	-0.091	0.24	0.025	0.47	-0.57	1

有些特徵與生存機率是正相關，有些是負相關（SibSp、Family_Size、Parch、Alone）。

如果你把前面章節的「深圳最大製造廠」範例來重做一次，計算出良率的預測，結果會出乎意料，會用很多時間在調整參數及進行演算法運算（每次 3-4 小時）。

從下圖矩陣分析看得更清楚（矩陣圖程序如下，圖形多運算很久才顯示圖形）：

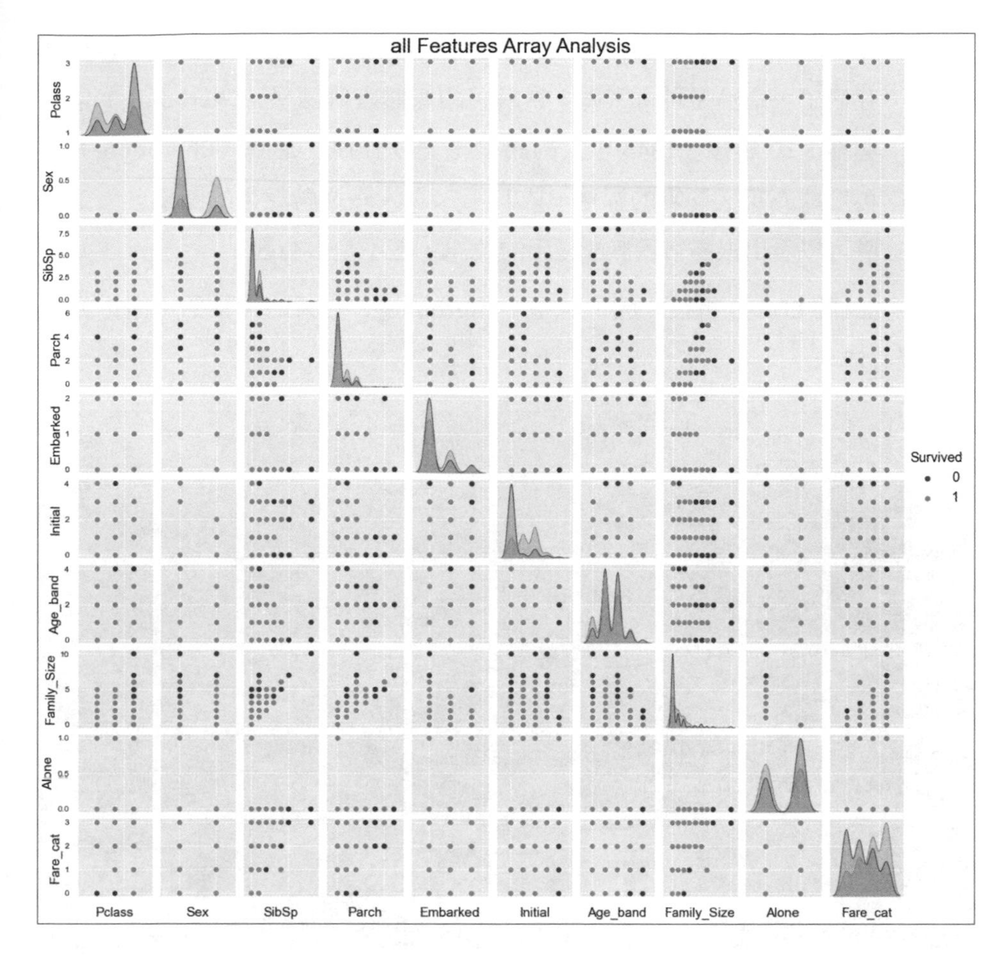

分析結果十八：

- 從對角線的分佈圖，可以看出每個特徵對另一特徵的偏向：如 Age_band 的五個年齡層中，獨自搭船的長者都死了（對照 Alone）；因為都沒有同伴通知獨居長者災難發生了，或沒有人協助獨居長者上救生艇。
- 從 Initial 這行來分析，有許多資訊可以判斷出來：有稱謂的乘客（代表重視頭銜的人，自我感覺良好的人會希望服務人員用敬語抬頭等），果然存活機會大很多。
- 同樣從 Initial 這行來分析：具有稱謂的乘客，在每個艙等存活機率都超過 50%。

- 從 Embarked 這行來分析：從瑟堡（Cherbourg）登船的單身乘客全都存活了，這算是神奇密碼，當時英國媒體盛傳瑟堡（Cherbourg）是個福地。30 年後（1944 年）的諾曼地登陸作戰，瑟堡（Cherbourg）又再度成為英美聯軍的福地，成為第二次大戰逆轉結果的關鍵。人工智慧可以看出很多常識無法讀出的資訊，是不是很有趣？

在冗長的 EDA 分析後，放上瑟堡（Cherbourg）今天的美景照，與你分享好心情一下：

5. 機器學習－預測模型：

先建立基礎模型，然後進行模型融合。

我們已進行深入的 EDA 工程，對所有特徵已有一定了解；但目前仍然無法告訴任一個乘客是生還是死。

基礎模型：將使用各種演算法來預測存活率。

- Logistic Regression
- Support Vector Machines（Linear and radial）
- Random Forest
- K-Nearest Neighbours

- Naive Bayes
- Decision Tree
- Logistic Regression

資料準備：進行各種演算，以求得最佳的 Survived（Y 值）。

特別深入介紹 Radial Support Vector Machines（幾乎 90% 的機器學習會用到 SVM）：

SVM 演算法是要創造一條線來分隔二種東西（如圖紅，藍二組數字），要怎麼得到那條很好的線呢？以直線來說，首先紅色的線會創造兩條黑色平行於紅色線的虛線，並讓黑線平移碰到最近的一個點，紅線到黑線的距離稱為 Margin，而 SVM 就是去找 Margin 最大的那個紅線，來找最好的線讓 Margin 最大。

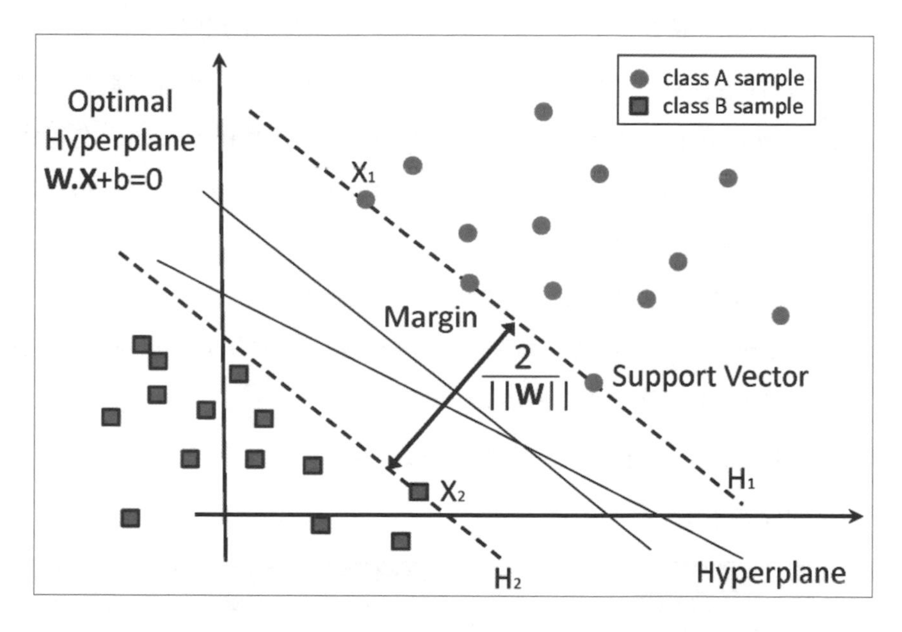

稍微深入探討 SVM（非工程科系或應用機器學習的讀者可跳過）：

ML 近年興起，但 SVM 技術已累積了半世紀以上，有兼顧實用與深厚理論的基礎根基，相關的主題窮究數月也探討不完。

1963 年，Vladimir Vapnik 和 Alexey Chervonenkis 最早提出 SVM 理論，到了 1992 年，Guyon、Boser 和 Vapnik 在其論文「A training algorithm for optimal margin classifiers」中，首度用 Kernel trick 來架構 non-linear classifiers，1993 年 3 月，Cortes 和 Vapnik 更提出論文「Support-vector networks」探討 soft margins，被視為 SVM 方法的延伸，也是今天大量使用 SVM 作為電腦科學資料分析的原因，而本書作者之一當年剛好正在同一機構服務。

原理如下：

- 在一群如上圖的紅藍資料組中，將二組資料清楚分開（分類器），就如同判斷鐵達尼追求的答案一樣（死亡或倖存）。
- 該線距離兩邊最近資料點的距離都是最遠的。這是一種最佳化問題的求解，當我們在找這條線時，可考慮這條線附近的點，依序在距離這些點最遠處畫出該線，這些附近的點，就稱為 vectors（如上圖標示）。
- 最重要的是要理解，就是在其最近的資料點 vector 附近，建構一個距離每一點最遠距離的超平面（如上圖雙箭頭拉開的平面）。
- 如圖紅藍資料在 2D 平面中無法被直線所明確劃分的資料群組，運用「Kernel trick」在 3D 或更高維度的世界裏使用 Hyperplane 進行完美的劃分，請看影片：https://www.youtube.com/watch?v=3liCbRZPrZA。這個技術被稱作 trick。
- 2D 維度中無法劃分的資料集，在高維度世界裏，就能找到一個 Hyperplane 平面來區分資料集，再轉換回 2D 的 non-linear separable 資料集，這個轉換過程稱為 Kernel。
- 用新的資料集取代原先資料集來訓練 SVM 模型。

SVM 整理如下：

SVM 的基本概念
分隔超平面：將數據集分割開來的直線叫做分隔超平面。
超平面：如果數據集是 N 維的，那麼就需要 N-1 維的某對象來對數據進行分割。 該對象叫做超平面，也就是分類的決策邊界。
間隔：
一個點到分割面的距離，稱為點相對於分割面的距離。
數據集中所有的點到分割面的最小間隔的 2 倍，稱為分類器或數據集的間隔。

最大間隔：SVM 分類器是要找最大的數據集間隔。
支持向量：坐落在數據邊際的兩邊超平面上的點被稱為支持向量
為什麼要求最大間隔：
是因為幾何間隔與樣本的誤分次數間存在關係：誤分次數圖片描述 $\leqslant \left(\frac{2R}{\delta}\right)^2$
其中的 δ 是樣本集合到分類面的間隔，R=max ||xi|| i=1,⋯,n，即 R 是所有樣本中（xi 是以向量表示的第 i 個樣本）向量長度最長的值（代表樣本的分佈有多廣）。 先不必追究誤分次數的具體定義和推導過程，只要記得這個誤分次數一定程度上代表分類器的誤差。 而從上式看出，誤分次數的上界由幾何間隔決定！（樣本是已知）
sklearn.svc 參數
sklearn 中的 SVC 函數是基於 libsvm 實現的，參數設置上有很多相似的地方。(PS: libsvm 中的二次規劃問題的解決算法是 SMO)。
對於 SVC 函數的參數解釋如下。(翻譯 sklearn 文件)

SVC 函數的參數解釋如下：

C（錯誤項的懲罰係數）	**float 參數默認值為 1.0**
C 越大，即對分錯樣本的懲罰程度越大，在訓練樣本中準確率越高，但是泛化能力降低，也就是對測試數據的分類準確率降低。 相反，減小 C，容許訓練樣本中有一些誤分類錯誤樣本，泛化能力強。	
對於訓練樣本帶有噪聲的情況，一般採用後者，把訓練樣本集中錯誤分類的樣本作為噪聲。	
kernel（核函數）	**str 參數默認為 'rbf'，可選參數如下：**
linear	線性核函數
poly	多項式核函數
rbf	徑像核函數 / 高斯核函數
sigmod	sigmod 核函數

precomputed	核矩陣 precomputed 表示已提前計算好核函數矩陣，這時算法內部就不再用核函數去計算核矩陣，而直接用你給的核矩陣。核矩陣為如下形式： $$K=\begin{bmatrix} k(x_1,x_1) & \cdots & k(x_1,x_j) & \cdots & k(x_1,x_m) \\ \vdots & \ddots & \vdots & \ddots & \vdots \\ k(x_i,x_1) & \cdots & k(x_i,x_j) & \cdots & k(x_i,x_m) \\ \vdots & \ddots & \vdots & \ddots & \vdots \\ k(x_m,x_1) & \cdots & k(x_m,x_j) & \cdots & k(x_m,x_m) \end{bmatrix}$$
圖片描述	除了上面限定的核函數外，還可以給出自己定義的核函數，即自己定義的核函數來計算核矩陣。
degree	int 默認為 3，只對多項式核函數有用，是指多項式核函數的階數 n。 如果給的核函數參數是其他核函數，則會自動忽略該參數。
gamma	核函數係數，float 默認為 auto，只對 rbf、poly、sigmod 有效。 如果 gamma 為 auto，代表其值為樣本特徵數的倒數，即 1/n_features.
coef0	核函數中的獨立項，float 默認為 0.0，只有對 poly 和 sigmod 核函數有用，是指其中的參數 c。
cache_size	float 默認為 200，指定訓練所需要的內存，以 MB 為單位，默認為 200MB。
class_weight：字典類型或者 'balance' 字符串。默認為 None	給每個類別分別設置不同的懲罰參數 C，如果沒有給，則會給所有類別都給 C=1，即前面參數指出的參數 C。 如果給定參數 'balance'，則使用 y 的值自動調整與輸入數據中的類頻率成反比的權重。
verbose：bool 參數默認為 False	是否啟用詳細輸出。 此設置利用 libsvm 中的每個進程運行時設置，如果啟用，可能無法在多線程上下文中正常工作。 一般情況都設為 False。
max_iter	int 參數默認為 -1，最大迭代次數；如果為 -1，表示不限制。
random_state：int 型參數默認為 None	偽隨機數發生器的種子，在混洗數據時用於概率估計。

★ fit() 方法：用於訓練 SVM，具體參數已經在定義 SVC 對象的時候給出了，這時候只需要給出數據集 X 和 X 對應的標籤 y 即可。
★ predict() 方法：基於以上的訓練，對預測樣本 T 進行類別預測，因此只需要接收一個測試集 T，該函數返回一個數組表示個測試樣本的類別。
★ 屬性有哪些：
svc.n_support_：各類各有多少個支持向量
svc.support_：各類的支持向量在訓練樣本中的索引
svc.support_vectors_：各類所有的支持向量

不要被前面大串的參數設定及理論嚇到了，使用上只有四行程式。

以 rbf-SVM 為例，程式如下，其他分類器亦同：

```
model=svm.SVC(kernel='rbf',C=1,gamma=0.1)
model.fit(train_X,train_Y)
prediction1=model.predict(test_X)
print('Accuracy for rbf SVM is：' ,metrics.accuracy_
score(prediction1,test_Y))
```

結果如下：

	CV Mean	Std
Linear Svm	0.793471	0.047797
Radial Svm	0.828290	0.034427
Logistic Regression	0.805843	0.024061
KNN	0.813783	0.041210
Decision Tree	0.809226	0.029126
Naive Bayes	0.801386	0.028999
Random Forest	0.813733	0.031568

進一步更改 KNN Model 的 n-neighbours（初始值），來看看準確率如何：

KNN（K- 近鄰演算法）深入介紹：

- 在機器學習領域，特別是用在具有完整資料型態（在鐵達尼號的資料已經過純化到無瑕疵）及圖型識別領域中。所以 KNN 的缺點是對資料的局部結構非常敏感。

- 用於分類和回歸的無母數統計之演算法。可計算出：輸入包含特徵空間（Feature Space）中的 k 個最接近訓練樣本。
- 在 k-NN 分類中，輸出是一個分類族群。一個物件的分類是由其鄰居的「多數表決」確定的，k 個最近鄰居（k 為正整數，通常較小）中最常見的分類決定了賦予該物件的類別。若 k = 1，則該物件的類別直接由最近的一個節點賦予。這與社會科學中的物以類聚是一樣的思維。
- 在 k-NN 回歸中，輸出是該物件的屬性值。該值是其 k 個最近鄰居的值的平均值。
- 用向量空間模型來分類，概念是相同類別的案例因彼此的相似度高，藉由計算與已知類別案例之相似度，來預估未知類別案例可能的分類。
- K-NN 是一種基於實例的學習，或者是局部近似和將所有計算推遲到分類之後的惰性學習。k- 近鄰演算法是所有的機器學習演算法中最簡單的之一。
- 無論是分類還是回歸，衡量鄰居的權重都非常有用，使較近鄰居的權重比較遠鄰居的權重大。例如，一種常見的加權方案是給每個鄰居權重賦值為 1/d，其中 d 是到鄰居的距離
- 鄰居都取自一組已經正確分類（在回歸的情況下，指屬性值正確）的物件。雖然沒要求明確的訓練步驟，但這也可以當作是此演算法的一個訓練樣本集。

執行結果如下：

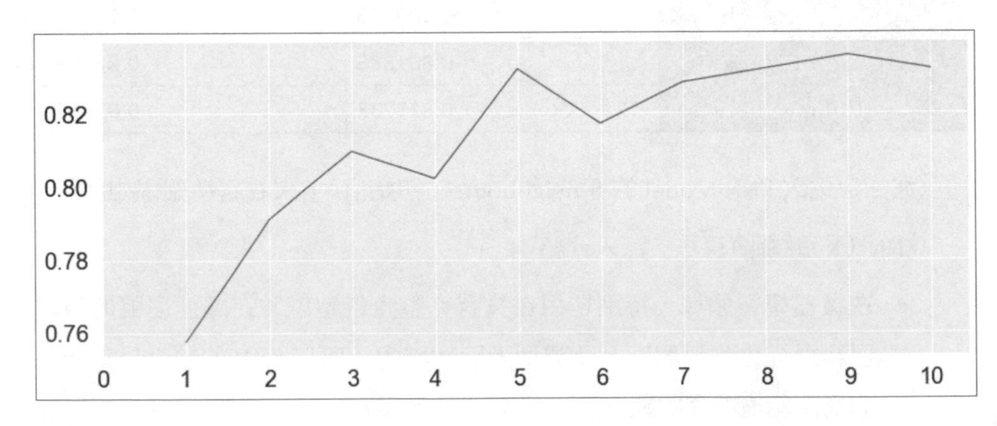

Accuracies for different values of n are: [0.75746269,0.79104478,0.8097014 9,0.80223881 0.83208955,0.81716418,0.82835821,0.83208955,0.8358209,0. 83208955]

with the max value as 0.835820895522388

模型的準確性不是決定分類器適用性的唯一因素：

- 分類器是根據訓練數據（train）進行訓練的，並根據測試數據（test）進行測試的，只能達準確度為 90%。
- 對於分類器來說這似乎是非常好的準確性，但是我們只是可以確認它將達到 90%，但對所有出現的新測試集？答案是否定的，因為我們無法確定哪個分類器將用來訓練自身的所有實例。
- 隨著訓練和測試數據的變化，準確性也會改變。
- 它可能增加或減少，稱為模型方差。
- 為了克服這個問題並獲得通用的（一體適用）模型，我們使用交叉驗證（Cross Validation）。

6. 交叉驗證（Cross Validation）

在絕大部分的實例中，不會像鐵達尼號的資料如此完美，數字分佈如此平衡。在數據不平衡的實例中，有可能大量的 class1 實例，但是其他類實例很少的。因此，我們應該對每一個演算法進行訓練和測試數據集。我們再進行對數據集中所有的數據集精度取平均值。這就是交叉驗證。最常使用的交叉驗證法是－ K 折交叉驗證（K-Fold Cross Validation）。

K 折交叉驗證（K-Fold Cross Validation），用法如下：

- 首先將數據集劃分為 k 個子集。
- 假設將數據集分為（k=5）個部分。保留 1 個部分進行測試，並在其他 4 個部分中進行訓練演算法。
- 每次迭代（iteration）中更改測試部分。然後將準確度和錯誤值（errors）取平均值，以獲得演算法的平均準確性。

- 對某些訓練數據，演算法可能無法完全擬合數據集，有時還會過度擬合其他訓練集。

用交叉驗證，可以找到通用模型。K 折交叉驗證（K-Fold Cross Validation）執行結果如下：

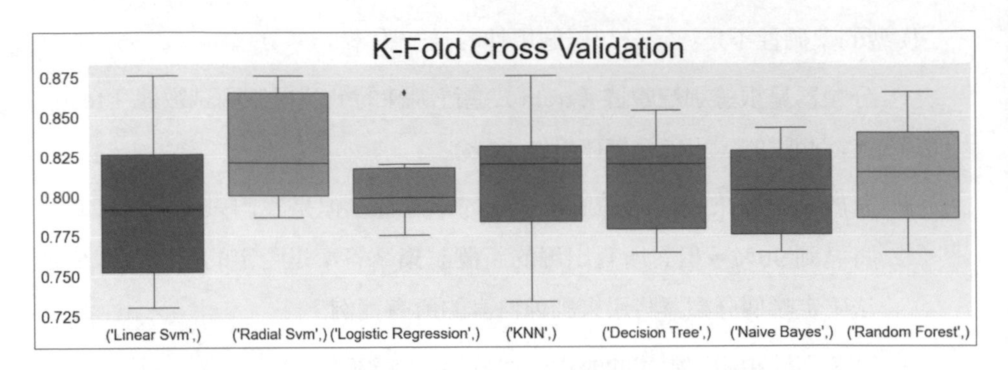

將 K 折交叉驗證（K-Fold Cross Validation）結果畫成柱狀圖，會非常容易理解：

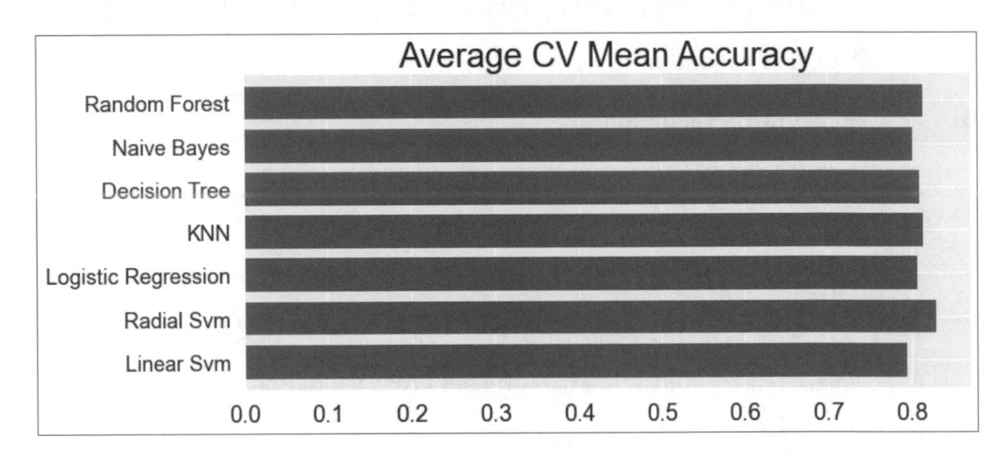

7. 混淆矩陣 Confusion Matrix：

由於資料分佈的不平衡，有時分類準確性可能會產生誤導。我們可以用混淆矩陣 confusion matrix 的幫助下獲得一個匯總結果，該結果顯示模型出了問題的地方，或者模型預測了哪一類錯誤。

- 如何解決機器學習中數據不平衡問題：

  數據不平衡原因：演算法都有一個基本假設，就是數據分佈是均勻的。當我們把這些演算法直接應用於實際數據時，大多數情況下無法取得理想結果。

  因為實際數據往往分佈得很不均勻，都存在「長尾現象」，也就是所謂的「二八原理」：嚴格地講，任何數據集上都有數據不平衡現象，這往往由問題本身決定的，但我們只關注那些分佈差別比較懸殊的；另外，雖然很多數據集都包含多個類別，但只著重考慮二分類，因為解決了二分類中的數據不平衡問題後，推而廣之就能得到多分類情況下的解決方案。

  如何解決二分類中正負樣本差兩個及以上數量級情況下的數據不平衡問題：不平衡程度相同（即正負樣本比例類似）的兩個問題，解決的難易程度也可能不同，因為問題難易程度還取決於我們所擁有數據有多大。

  在實際預測問題中，雖然數據不平衡，但每個檔的數據量都很大，最少的類別也有幾萬個樣本，這樣的問題通常比較容易解決；但如果在癌症診斷的實例中，因為患癌症的人很少，數據不但不平衡，樣本數還非常少，這樣的問題就非常棘手。

  可以把問題根據難度從小到大排個序：大數據 + 分佈均衡 < 大數據 + 分佈不均衡 < 小數據 + 數據均衡 < 小數據 + 數據不均衡。對於需要解決的問題，拿到數據後，首先統計可用訓練數據有多大，然後再觀察數據分佈情況。

  經驗顯示，訓練數據中每個類別有 5000 個以上樣本，數據量是足夠的，正負樣本差一個數量級以內是可以接受的，不太需要考慮數據不平衡問題（這是經驗，沒有理論依據）。

- 如何解決：

  解決這一問題的基本想法是讓正負樣本在訓練過程中擁有相同的權重 weighting，比如利用採樣與加權等方法。為了方便，我們把數據集中

樣本較多的那一類稱為 " 大眾類 "，樣本較少的那一類稱為 " 小眾類 "。

- 採樣

  採樣方法是通過對訓練集進行處理使其從不平衡的數據集變成平衡的數據集，大部分情況下會提升對最終結果。

  採樣分為上採樣（Oversampling）和下採樣（Undersampling），上採樣是把小種類複製多份，下採樣是從大眾類中剔除一些樣本，或者說只從大眾類中選取部分樣本。

  隨機採樣最大的優點是簡單，但缺點也很明顯。上採樣後的數據集中會反復出現一些樣本，訓練出來的模型會有一定的過擬合；而下採樣的缺點顯而易見，那就是最終的訓練集丟失了數據，模型只學到了總體模式的一部分。

  上採樣會把小眾樣本複制多份，一個點會在高維空間中反復出現，這會導致一個問題，那就是運氣好就能分對很多點，否則分錯很多點。為了解決這一問題，可以在每次生成新數據點時加入輕微的隨機擾動，經驗表明這種做法非常有效。

  因為下採樣會丟失數據，如何減少數據的損失呢？

  第一種方法叫做 EasyEnsemble：利用模型融合的方法（Ensemble），多次下採樣（放回採樣，這樣產生的訓練集才相互獨立）產生多個不同的訓練集，進而訓練多個不同的分類器，通過組合多個分類器的結果得到最終的結果。

  第二種方法叫做 BalanceCascade：利用增量訓練的思想（Boosting），先通過一次下採樣產生訓練集，訓練一個分類器，對於那些分類正確的大眾樣本不放回，然後對這個更小的大眾樣本下採樣產生訓練集，訓練第二個分類器，以此類推，最終組合所有分類器的結果得到最終結果。

  第三種方法叫做 NearMiss：是利用 KNN 試圖挑選那些最具代表性的大眾樣本，這類方法計算量很大。

◆ 數據合成

數據合成方法是利用已有樣本生成更多樣本，這類方法在小數據場景下有很多成功案例，比如醫學圖像分析等。其中最常見的一種方法叫做 SMOTE，它利用小眾樣本在特徵空間的相似性來生成新樣本。

從它屬於小眾類的 K 近鄰中隨機選取一個樣本點生成一個新的小眾樣本，是隨機數。根據數據分佈情況為不同小眾樣本生成不同數量的新樣本。首先根據最終的平衡程度設定總共需要生成的新小眾樣本數量，確定個數後再利用 SMOTE 生成新樣本。

◆ 加權

除了採樣和生成新數據等方法，我們還可以通過加權的方式來解決數據不平衡問題，即對不同類別分錯的代價不同。橫向是真實分類情況，縱向是預測分類情況，C（i,j）是把真實類別為 j 的樣本預測為 i 時的損失，我們需要根據實際情況來設定它的值。

這種方法的難點在於設置合理的權重，實際應用中一般讓各個分類間的加權損失值近似相等。當然這並不是通用法則，還是需要具體問題具體分析。

◆ 一分類

對於正負樣本極不平衡的場景，我們可以換一個完全不同的角度來看待問題，把它看做一分類（One Class Learning）或異常檢測（Novelty Detection）問題。這類方法的重點不在於捕捉類間的差別，而是為其中一類進行建模，經典的工作包括 [One-class]、[SVM] 等。

- 如何選擇

解決數據不平衡問題的方法有很多，上面只是一些最常用的方法，而最常用的方法也有這麼多種，如何根據實際問題選擇合適的方法呢？

在正負樣本都非常之少的情況下，應該採用數據合成的方式；在負樣本足夠多，正樣本非常之少且比例及其懸殊的情況下，應該考慮一分

類方法；在正負樣本都足夠多且比例不是特別懸殊的情況下，應該考慮採樣或者加權的方法。採樣和加權在數學上是等價的，但實際應用中效果卻有差別。尤其是採樣了諸如 Random Forest 等分類方法，訓練過程會對訓練集進行隨機採樣。在這種情況下，如果計算資源允許上採樣往往要比加權好一些。

另外，雖然上採樣和下採樣都可以使數據集變得平衡，並且在數據足夠多的情況下等價，但兩者也有區別。實際應用中，我的經驗是如果計算資源足夠且小眾類樣本足夠多的情況下使用上採樣，否則使用下採樣，因為上採樣會增加訓練集的大小進而增加訓練時間，同時小的訓練集非常容易產生過擬合。對於下採樣，如果計算資源相對較多且有良好的並行環境，應該選擇融合模型（Ensemble）方法。

- 混淆矩陣 Confusion Matrix 結果如下：

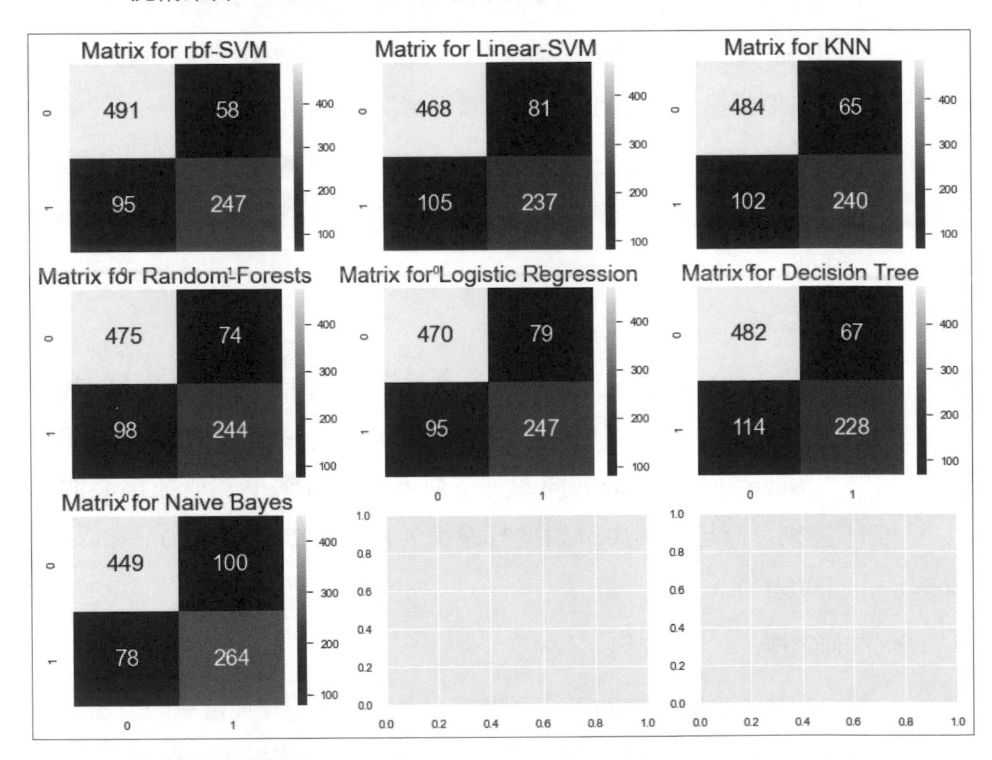

分析混淆矩陣結果：以 rbf-SVM 為例，左對角線顯示每個類別的正確預測數，而右對角線顯示顯示錯誤數量。正確的預測：是 491（死

亡）+ 247（存活），平均 CV 準確度為（491 + 247）/ 891 = 82.8%，這確實是我們早先獲得的。但數字湊不起來，891-（491+247）＝ 153，剩下的 153 到底是死是活？

錯誤的預測：錯誤地將 58 名死者歸為倖存者，而 95 名死者為死者。因此，經由預測死亡倖存者而犯了更多的錯誤。查看所有矩陣，rbf-SVM 可正確預測死亡的乘客，而 NaiveBayes 可正確預測倖存的乘客。

8. 超參數調整：

機器學習模型就像一個黑匣子。此黑匣子有初始值，但可以對其進行調整或更改以獲得更好的模型。

像 SVM 模型中的 C 和 gamma 以及用於不同分類器的類似參數一樣，它們被稱為超參數，我們可以對其進行調整以更改算法的學習率並獲得更好的模型。這稱為超參數調整。

我們針對 2 個最佳分類器（即 SVM 和 RandomForests）調整超參數。

- 針對分類器（SVM）調整超參數。程式如下：

```
from sklearn.model_selection import GridSearchCV
C=[0.05,0.1,0.2,0.3,0.25,0.4,0.5,0.6,0.7,0.8,0.9,1]
gamma=[0.1,0.2,0.3,0.4,0.5,0.6,0.7,0.8,0.9,1.0]
kernel=['rbf','linear']
hyper={'kernel':kernel,'C':C,'gamma':gamma}
gd=GridSearchCV(estimator=svm.SVC(),param_grid=hyper,verbose=True)
gd.fit(X,Y)
print(gd.best_score_)
print(gd.best_estimator_)
```

- 針對分類器（RandomForests）調整超參數。程式如下：

```
n_estimators=range(100,1000,100)
hyper={'n_estimators':n_estimators}
gd=GridSearchCV(estimator=RandomForestClassifier(random_state=0),param_
grid=hyper,verbose=True)
gd.fit(X,Y)
print(gd.best_score_)
print(gd.best_estimator_)
```

所有分類器，經超參數調整後，得到了最佳準確率結果：

Rbf-Svm:　　　score is　82.83%　with C=0.05 and gamma=0.1

RandomForest: score is　81.93%　with n_estimators=900

9. Ensemble learning（模型融合、模型合奏、多重辨識器、集成學習）：

在10年前稱為多重辨識器，就是有很多個辨識器。其概念就是「三個臭皮匠勝過一個諸葛亮」，如果單個分類器表現的很好，那麼為什麼不用多個分類器呢？

既然稱為多重辨識器或模型融合學習，顧名思義就是要產生很多個分類器，目標要放在怎麼產生多個分類器，用不同手法就可以產生不同的分類器。

為了增加準確率或模型的績效（Performance of a model），組合不同的單一模型來建立一個強大的模型。

以買手機為例，有的人認為要省電，有人認為要畫質好，有人認為要便宜。以上三個參數都可視是判斷買手機的模型，何不把三個模型放在一起，看看是否可以買到便宜又畫質好且省電的手機呢。這就是Ensemble的作法。目標是要找到最佳產品。

使用Ensemble Learning基本條件：

- 每個分類器之間應該要有差異，每個分類器準確率需大於0.5。如果用的分類器沒有差異，那只是用很多個一樣的分類器來分類，結果合成起來是沒有差異的。
- 如果分類器的精度 $p<0.5$，隨著Ensemble規模的增加，分類準確率不斷下降；如果精度大於 $p>0.5$，那麼最終分類準確率可以趨向於1。
- 模型融合中的所有模型通常都具有相同的良好性能。

Voting Classifier、Bagging、Boosting和AdaBoost（Adaptive Boosting）都是Ensemble learning（模型融合）的方法。分別介紹如下：

- Voting Classifier（投票法）
- Bagging（包裹法）

- Boosting（奇襲法）
- AdaBoost（突擊法）
- Xboost（轟炸法）

用這些中文名來命名，很像立法院在法案攻防的名字。解釋起來比較容易聽懂。

Voting Classifier（投票法）

將來自多個模型的預測組合在一起的模型融合機器學習模型。用於改善模型性能的技術，理想情況下可實現比集合中使用的任何單個模型更好的性能。

投票組通過組合來自多個模型的預測來工作。它可以用於分類或回歸。

在回歸的情況下，從模型計算預測的平均值。在分類的情況下，對每個標籤的預測求和，並預測具有多數表決權的標籤。

當有兩個或多個在預測建模任務上表現良好的模型時，投票法是合適的。模型融合中使用的模型必須與他們的預測基本一致。

以下情況下使用投票法：

- 這是組合來自許多不同的簡單機器學習模型的預測的最簡單方法。
- 它基於所有子模型的預測給出平均預測結果。
- 子模型或基本模型都是不同的類型。

Bagging（包裹法）

每一次的訓練集是隨機抽取（每個樣本權重一致），抽出可放回，以獨立同分布選取的訓練樣本子集訓練弱分類器。

Bagging 概念很簡單，從訓練資料中隨機抽取（取出後放回，n<N）樣本訓練多個分類器（要多少個分類器自己設定）。

每個分類器的權重一致最後用投票方式（Majority vote）得到最終結果。而這種抽樣的方法在統計上稱為 bootstrap。

Bagging 的精神在於從樣本中抽樣這件事情，如果模型不是分類問題而是預測的問題，分類器部份也可以改成 regression，投票法改成算平均數

即可。如果是用 Bagging 會希望單一分類器能夠是一個效能比較好的分類器。

Bagging 的優點在於原始訓練樣本中有噪聲資料（不好的資料），透過 Bagging 抽樣就有機會不讓有噪聲資料被訓練到，所以可以降低模型的不穩定性。

Boosting（奇襲法）

每一次的訓練集不變，訓練集之間的選擇不是獨立的，每一是選擇的訓練集都是依賴上一次學習得結果，根據錯誤率（給予訓練樣本不同的權重）取樣。

Boosting 算法是將很多個弱的分類器（Weak classifier）進行合成變成一個強分類器（Strong classifier），和 Bagging 不同的是分類器之間是有關聯性的，是透過將舊分類器的錯誤資料權重提高，然後再訓練新的分類器，這樣新的分類器就會學習到錯誤分類資料（Misclassified data）的特性，進而提升分類結果。

將舊的分類器在訓練有些資料落在 confusion area，如果再用全部的 data 下去訓練，錯的資料永遠都會判錯，因此我們需要針對錯誤的資料去學習（將錯誤的資料權重加大），那這樣新訓練出來的分類器才能針對這些錯誤判讀的資料得到好的結果。

由於 Boosting 將注意力集中在分類錯誤的資料上，因此 Boosting 對訓練資料的噪聲非常敏感，如果一筆訓練資料噪聲資料很多，那後面分類器都會集中在進行噪聲資料上分類，反而會影響最終的分類性能。

對於 Boosting 來說，有兩個關鍵，一是在如何改變訓練資料的權重；二是如何將多個弱分類器組合成一個強分類器。

而 Boosting 有個重大的缺陷：該分類算法要求預先知道弱分類器識別準確率的下限。

AdaBoost（突擊法，調整型 Boosting）

AdaBoost 是改進的 Boosting 分類算法。

方式是提高被前幾個分類器線性組合的分類錯誤樣本的權重，這樣做可以讓每次訓練新的分類器的時後都聚焦在容易分類錯誤的訓練樣本上。

每個弱分類器使用加權投票機制取代平均投票機制，只的準確率較大的弱分類器有較大的權重，反之，準確率低的弱分類器權重較低。

不論用哪種方式都是把多個分類器整合出一個結果，只是整合的方式不一樣，最終得到不一樣的效果。

Xboost（轟炸法，改良型 Boosting）

XGBoost 是 boosting 演算法的其中一種。Boosting 算法是將許多弱分類器集合在一起形成為強分類器。因 XGBoost 是提升樹模型，是將許多樹模型集合在一起，形成一個很強的分類器。而所用到的樹模型是 CART 迴歸樹模型。

XGBoost 的優點，之所以 XGBoost 廣泛用於數據科學和工業界，優點如下：

- 用許多策略防止過擬合，如：正則化項、Shrinkage and Column Subsampling 等。而目標函數優化利用損失函數的待求函數的二階導數。
- 支援並行化，這是 XGBoost 的亮點，在資料科學上，樹與樹之間是成串平行關係，但是同層級節點可並行。對某個節點，節點內選擇最佳分裂點，候選分裂點計算增益是用多線程並行，所以訓練速度快。
- 增加了對稀疏數據的處理。
- 交叉驗證時，當預測結果已經很好時，可以提前停止建樹，加快訓練速度。
- 支援設置樣本權重，該權重在一階導數和二階導數，經調整權重可強化一些樣本。

以上，不論用哪種模型融合方式都是把多個分類器整合出一個結果，只是整合的方式不一樣，最終得到不一樣的效果。

Voting Classifier（投票法）

程式執行結果如下：

```
The accuracy for ensembled model is: 0.8246268656716418
The cross validated score is 0.8249188514357053
```

Bagging（包裹法）

Bagging 是一種通用的模型融合方法。通過將類似的分類器應用到 dataset，然後取所有預測的平均值。由於使用平值運算所以方差減小。與表決分類器不同，Bagging 使用類似的分類器。

Bagging（包裹法）分為二種：

- Bagged KNN：最適合具有高方差的模型。例如決策樹或隨機森林。我們可以將 KNN 的 n_neighbours 的值設為 n_neighbours 的小值。

  程式執行結果如下：

```
The accuracy for bagged KNN is: 0.835820895522388
The cross validated score for bagged KNN is: 0.8160424469413232
```

- Bagged DecisionTree：適用於樹狀分類法進行高方差的模型。程式執行結果如下：

```
The accuracy for bagged Decision Tree is: 0.8208955223880597
The cross validated score for bagged Decision Tree is: 0.8171410736579275
```

Boosting（奇襲法）

Boosting 是一種綜合技術，是使用分類器的順序學習模式。這是弱分類器模型的逐步增強版。

Boosting 的工作方式如下：一個模型首先在完整的數據集上訓練後，立即更正錯誤的實例。並在下一次迭代（iteration）中，學習者將更專注於錯誤預測的實例或給更多的重視，嘗試更正預測的錯誤。在連續迭代後，將新的分類器加到模型中，直到達到精度達極限為止。Bagged DecisionTree 程式執行結果如下：

```
The cross validated score for Gradient Boosting is: 0.8115230961298376
```

Bagging 和 Boosting 的差別：

- Bagging：每一次的訓練集是隨機抽取（每個樣本權重一致），抽出可放回，以獨立同分布選取的訓練樣本子集訓練弱分類器。
- Boosting：每一次的訓練集不變，訓練集之間的選擇不是獨立的，每一是選擇的訓練集都是依賴上一次學習得結果，根據錯誤率（給予訓練樣本不同的權重）取樣。

AdaBoost（突擊法）

是調整型 Boosting。在鐵達尼號的例子中，更改弱分類學習模型估計參數（estimator）就形成一個決策樹（Decsion Tree）。

但是我們可以將 base_estimator 初始值更改為我們選擇的任何算 AdaBoost 程式執行結果如下：

```
The cross validated score for AdaBoost is: 0.8249188514357055
```

XGBoost（轟炸法）

是調整型 Boosting。XGBoos 程式執行結果如下：

```
Fitting 5 folds for each of 120 candidates, totalling 600 fits
[Parallel(n_jobs=1)]: Using backend SequentialBackend with 1 concurrent
workers.
[Parallel(n_jobs=1)]: Done 600 out of 600 | elapsed: 13.6min finished
0.8293892411022534
AdaBoostClassifier(learning_rate=0.1, n_estimators=100)
```

The maximum accuracy we can get with AdaBoost is 83.16% with n_estimators =200 and learning_rate=0.05

五、專案結論

最後得到準確率最高的融合模型「AdaBoost」結果是：

```
AdaBoost is 82.94% with n_estimators=100 and learning_rate=0.1
```

再將最佳融合模型「AdaBoost」進行 Confusion Matrix 分析一下，以便作結論敘述。

程式執行結果如下：

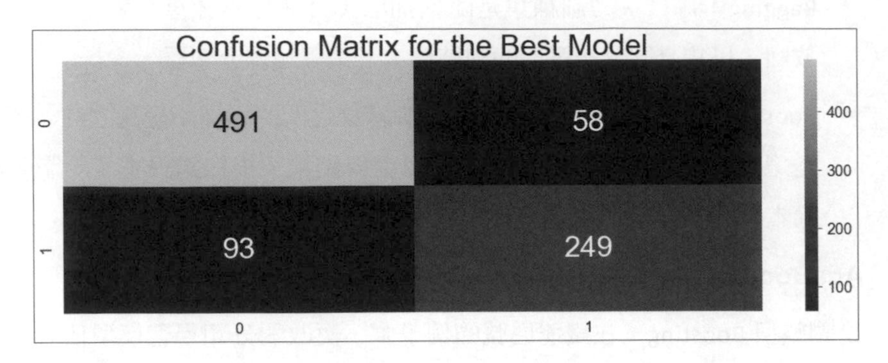

根據前面四個融合模型的結果，以特徵排名依序列出影響結果的重要性。程式執行結果如下：

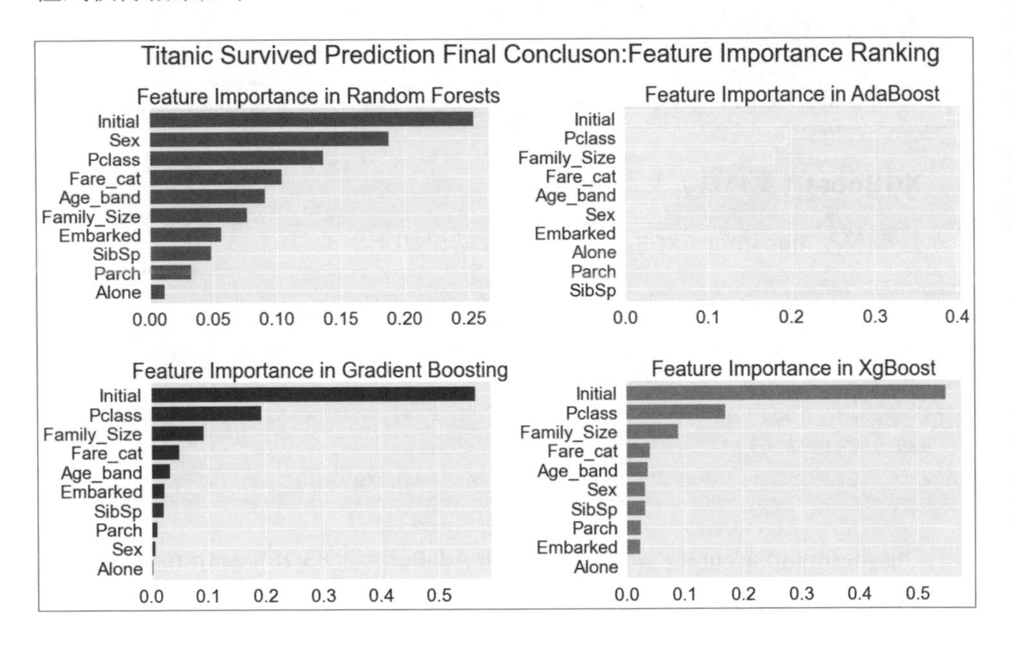

最後結論：機器學習是用模型來告訴我們結論，結論還得由看懂的人來分析。在實務上，分析結論大多由資料科學家或人工智慧總監來親自分析，原因如下：

■ 要有足夠的人工智慧知識。

■ 要有充分的行業知識。

■ 要用老闆們聽得懂的話術。

按照機器學習的結論，如果能用時間旅行的方式，讓你回到 1912 年；你在 1912 年登上當時全球最大的遊輪「鐵達尼號首航之旅」，你應該要做到下列事項，在船難發生時，你將能掌握至少 83.94% 的生存機會：

■ 在登記購買船票時，你應該強烈要求將名字前放上稱謂：要放上 Mr 或 Miss 的稱謂並不重要，根據人工智慧算出只要有頭銜或稱謂就會增加船難發生時的存活機率。這非常匪疑所思，我只是根據人工智慧的演算做結論而已，也許那只是巧合而已。

■ 要堅持在 Cherbourg（法國知名渡假聖地港口，瑟堡）登船：因為歷史證明 Cherbourg 是個福地，根據人工智慧算出在 Cherbourg 登上鐵達尼號，會大大增加船難發生時的存活機率。這個結論也非常匪夷所思，我只是根據人工智慧的演算結論而已，也許只是巧合而已。

■ 不要計較票價，要儘量買頭等艙，最好買超過 300 元的最高艙等（也許稱總統套房）：根據人工智慧算出買超過 300 元的最高艙等的票，船難發生時的存活機率是 100%。

■ 如果可以，要邀請家人一同登船旅遊，且為每個家人都買頭等艙；但同行的家人不要超過 4 人，根據人工智慧算出家人超過 4 人，船難發生時的存活機率是零。

■ 不要獨自旅行，根據人工智慧算出獨自旅行，船難發生時的存活機率只有 20%。

■ 根據人工智慧演算結論：存活機率與性別無關，與年齡無關。不要以為有人會讓救生艇給老人或女人。根據人工智慧算出，存活機率與性別無關，與年齡無關。

■ 還有發生船難時要搶到第一批救生艇，因為你在二十一世紀時，看過十次以上鐵達尼號電影。

■ 因為你在二十一世紀時，看過十次以上鐵達尼號電影，所以你再怎麼急著去美國，都不要搭鐵達尼號。

分析到這兒，我還可以作更多的結論，但不重要了，因為只要做到前面三點，存活機率已達到 100% 了。

這是個有趣的範例，並不只是鐵達尼號的故事另人驚心動魄，而是機器學習的過程非常有趣。不是嗎？

機器學習的結論是不是與你原來的想像不一樣呢。

真實的情況是：

沒有人用時間旅行，穿越時空到 1912 年告訴大家鐵達尼號會在首航時發生船難。

1912 年時全球經濟大蕭條，到處是無家可歸的人，年輕人為了打工填飽肚子，一聽到美國很容易賺錢，就爭先恐後的去美國，沒有多少人在乎是搭什號去美國的。當時大家為了省錢，1400 人中竟然只有三人花超過 300 元買票，300 元是平均票價的五倍。這三人其中有二人是夫妻，而這對夫妻住了三間大套房；另人好奇的是，只有二人卻住了三間房，真的是很有錢，且年齡只有 35 及其 36 歲。有可能這對夫妻是來自二十一世紀的時空旅行者。因為根據機器學習分析的結果，其他頭等艙的乘客並沒有因為多花了一點錢而買到生存機會，除了最高票價的三個人以外。

對有錢人而言，這點錢根本沒有什麼，當時二三個人在小餐館吃一桌小吃大約一塊錢，所以 300 元大約是二十一世紀的台幣三萬元，真的不算很多錢。但只有短短五天行程，好像也沒有必要花錢住三間套房。據事後調查，這對夫妻是在度新婚蜜月，並且正要移民到美國，還帶了大批貴重的家當所以要住三間套房。部分貴重物品在 2017 年打撈上岸並在拍賣會上拍賣，有支貴重的懷錶，經過整理還能繼續正常使用，最後在 2018 年的拍賣會上以二萬美金賣出。

當時鐵達尼號上的乘客，其實老人並不多，除了船長及船上員工，老人真的很少。並不像電影那樣，有一大堆養尊處優的有錢老人。死亡人數中大部分是年輕人，是因為年輕人的乘客本來比率就高。根據人工智慧分析，年齡並不是決定生死的重要特徵。

當鐵達尼號撞上冰山時，很少人發現有什麼不對勁，所以沒有人去搶救生艇，在第一個小時內，根本沒有人在搶救生艇，直到船身傾斜才開始拼命求生存。根據人工智慧分析，年輕力壯的人並沒有佔到便宜，因為直到警覺事情大條時，已經來不及了。

雖然女人及小孩有優先權（登救艇），但人工智慧分析後，女人及小孩存活率並沒有與平均數差太多，原因是在經濟艙中未及時搶到救生艇的女人小孩更多。

本範例證明「機器學習模型」或「人工智慧分析」不是黑盒子。在不知不覺中，您已學會了 Machine Learning 重要技巧：

- 建立「二次特徵」工程的技術。
- 建立「創新特徵」的思維方法。
- 先進的迴歸演算技術，例如隨機森林和梯度增強。
- 建立「融合模型」的技術，用多重分類器彌補統計學上的不足。
- 在電腦速度大幅提昇的二十一世紀，使機器學習演算成為輕鬆達成的工具。

面對機器學習專案，經常會耗費絕大部分的時間在資料分析與特徵工程上，而模型的選用及調整參數是不太需要花時間的，但選錯模型用錯方法或放錯參數會浪費很多時間，且常因大量運算，最終仍無法計算出來。

因此，一個專案要能順利進行，除需具備熟練的程式語言外，該領域的專業知識及實務經驗（Domain Knowhow）更是一大關鍵因素。

因為我一直沒有告訴你為何「AdaBoost」的參數「n_estimators」是用「100」，因為這與資料型態及資料離散特性有關。所以人工智慧專案，要配合你對那個行業的瞭解程度。社會科學和自然科學的參數設定完全不同。在進階版的書中，我們再來深究資料結構和人工智慧的關係。

如果你把前面的範例－「深圳最大製造廠的良率」範例來進行機器學習運算，要計算出良率的預測，結果可能會出乎意料；那真的是一個大工程，會用

很多時間在調整參數及進行演算法運算（每次 3-4 小時），做完這種智慧製造的專案，你真的會想向郭董收很貴的人工智慧專案費用。

7-7 AI 在自然科學應用－聽聲音辨別性別（附完整程式）

這是一個自然科學的真實範例，用前面所練習過的機器學習及交叉驗證也可以去預測自然科學的結果－只要資料的規律性存在。

從這個觀點來看，自然科學的人工智慧應用其實比社會科學簡單多了：

- 沒有龐大無止境且天天更新的大量資料。
- 沒有行為科學的變異性。
- 沒有社會科學常見的資料異常及空值。

所以 AI 的演算法在自然科學領域更能發揮循環運算的長處，很少案例是無法算出預測值或找不到最佳參數的。

這個用聲音來辨別男性或女性是個實用的例子，美國 FBI 早就拿來作犯罪偵查用。

語音識別有獨特的生物識別密碼，近十年發展快速，成了生物及商業領域的新趨勢，而人工智慧的進步也是近十年的事，剛好二個科學領域在近十年成了躬逢其盛並相輔相成的新科技，說明如下：

人類語音的辨識是動態性質，會隨著時間而不斷變化，因此，需要很長的採樣週期（從幾十秒到幾分鐘不等）才能創建統計上有意義的說話者模型。與其他生物特徵識別方法（例如指紋、虹膜、面部、DNA、SMT 等）相比，語音更耗時。更需要大數據的資料分析技術。

人類語音的脆弱性，容易受到不同的錄製環境和用於捕獲的設備的影響。需要大數據的資料純化技術輔助才能成為可用資訊。

人類語言的易感性，會受不同的情緒狀態或不同的講話方式影響。說話者識別的研究人員非常了解這些挑戰，並且已經用人工智慧技術解決了其中一些挑戰。

語音識別具有不可否認的優勢。說話人自動識別是一個紮實的數學和統計基礎，是一個高度科學的取證過程。將語音與其他模式融合以創建多模式生物識別數據庫方面不會出現任何嚴重的問題。聯邦調查局（FBI）刑事司法和信息服務部的 BCOE 在 2013 年起，開啟了收集包括面部、虹膜、面部、指紋和語音在內的多模式生物識別數據。

聯邦調查局的下一代身份識別（NGI 項目）研究：

美國政府機構間合作在 2009 年 3 月開始，在美國國防部機構（例如陸軍、空軍、海軍等）中，基於身份管理，部隊保護或反恐目的，在各種語音生物識別技術計劃和項目中都看到了聲音識別應用。

在商業領域，語音識別技術的應用將超過語音生物識別技術。語音生物識別技術將在政府和軍隊中作為調查或情報工具得到最佳利用，而在商業世界中則很因為隱私問題不如其他方式（例如指紋、DNA、虹膜和面部）流行，但由於興趣的增長和其他因素（如語音交易記錄與嚴格的語音生物特徵學研究相關的增量成熟度），預計與其他方式的差距縮小。

本專案將儘量引用所有在自然科學領域中，常用的機器學習工具及超參數調整等工具，一次而完整的呈現；看完本章所有相關的生物辨識產品開發要用的人工智慧技術，都可一次學完，讓你立即在這些領域自在工作。

一、領域專業知識

■ 聲音信號（acoustic signal）

聲音信號不是由單個頻率組成，而是由幾赫茲到幾千赫茲的頻譜組成。由於人們的聽力可能已經發展為適應人類的語言，因此人類的聽力範圍由幾赫茲到大約 20 kHz 的頻率。

人耳的靈敏度在大約 3 kHz 處達到峰值，人的聽力範圍如圖所示：

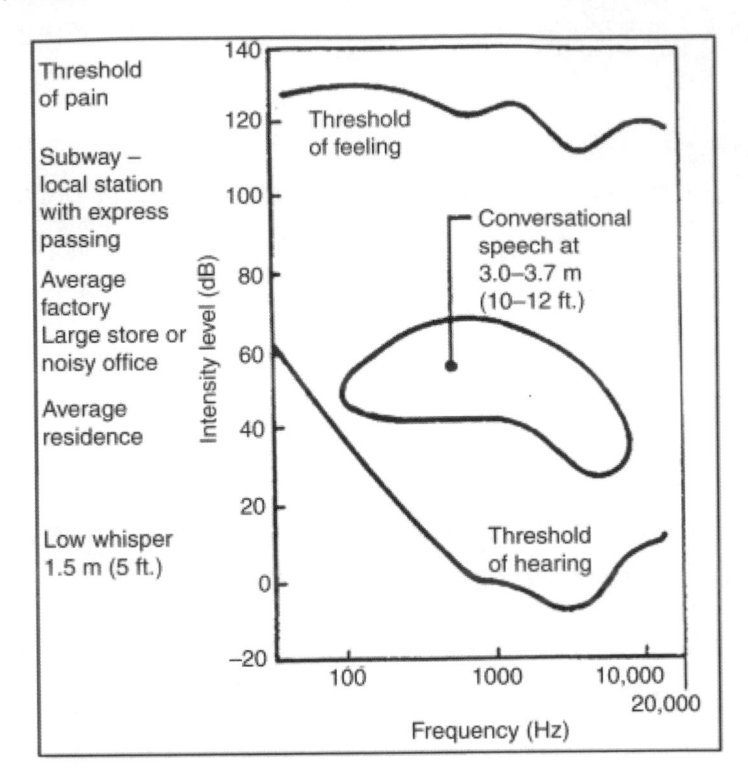

■ 聲音取樣

以本範例為例子，每個聲音取樣時都存為 .WAV 檔，然後使用 WarbleR R 包中的 specan 函數對其進行預處理，以進行聲學分析 。頻譜儀在提供開始和結束時間的聲學信號上測量 22 個聲學參數。

預處理的 WAV 文件存到 CSV 文件中，該文件包含 3168 行和 21 列（每個要素 20 欄位，包含一個標籤列記錄男性或女性）。

檔案中的聲音特徵是由不同聲音屬性的三千多位演講者收集而來，經由聲音波形分析器在頻率範圍 0-280hz 用取樣方式記錄下來。

檔案說明，有 22 個欄位：

■ Meanfreq：平均頻率

■ mean frequency（in kHz）

- sd：聲音頻率標準差
- median：聲音頻率中間值（in kHz）
- Q25：前端 25% 平均值 first quantile（in kHz）
- Q75：後端 25% 平均值 third quantile（in kHz）
- IQR：中段 50% 平均值 interquantile range（in kHz）
- skew：偏度 skewness（統計分佈的描述）
- kurt：峰度 kurtosis（統計分佈的描述）
- sp.ent：頻譜功率分佈（spectral entropy）
- sfm：頻譜平坦度（spectral flatness）
- mode：頻率模式 mode frequency
- centroid：頻率質心 frequency centroid（see specprop）
- peakf：峰值頻率
- meanfun：基礎頻率的平均值
- minfun：基礎頻率的最小值
- maxfun：基礎頻率的最大值
- meandom：聲音訊號的平均值
- mindom：聲音訊號的最小值
- maxdom：聲音訊號的最大值
- dfrange：聲音訊號主頻範圍
- modindx：模組索引（modulation index.），以基本頻率除以頻率範圍計算為相鄰測量之間的累計絕對差。

二、專案目標

從「聲音特徵大數據」來分析聲音是男性還是女性。用機器學習的各種技術進行分析中，再對照真實的資料，看看準確率有多少。

三、AI 演算法及系統分析

■ 「單變量分析」(univariate analysis)

在計量方法中，只針對單一變數進行分析的方法稱為「單變量分析」(univariate analysis)，例如用直方圖去分析某班學生英語的期末考成績的分布)。

■ 「雙變量分析」(bivariate analysis)

同時分析兩個變數的方法稱為「雙變量分析」(bivariate analysis)，這類方法很多，如用關聯性分析（correlation）去探討中學生的身高與體重的關係；用簡單迴歸（simple regression）或 t-test 去比較小學生的身高有沒有因為性別（男女兩組）不同而不一樣。

在大數據中進行單變量分析，單變量描述統計就是 " 用最簡單的常態分配的形式呈現出大數據資料的基本資訊。

在資料分析時，方法如下：

■ 確定頻數分佈與頻率分佈

- 頻數分佈：是在各類別中分佈的數據個數，而將各類別及其相應的頻數一一列出來，就是頻數分佈。通常情況下，頻數分佈是以頻數分佈表的形式出現的。
- 頻率分佈：是在一組數據中，不同取值的頻數相對於總數的比率分佈情況，通常用百分比表示。
- 與頻數分佈一樣，頻率分佈也是以頻率分佈表的形式出現的。
- 頻率分佈表是不同的類別在總體中的相對比重，頻數分佈表則是不同的類別在總體中的絕對比重。

■ 進行集中趨勢分析

- 用一個代表值對一組數據的一般水準進行呈現，或是對這組數據向這個代表值或典型值集中的情況進行呈現。
- 由於集中趨勢分析對大量數據的共性進行了科學抽象，能夠對被研究對像在具體條件下的一般水平進行說明，因而在單變量描述統計中的應用非常廣泛。

- 進行集中趨勢分析時，可以通過計算眾數、中位數和平均數三種方式來呈現。

■ 進行離散趨勢分析

是用一個特別的數值將一組數據相互之間的離散程度呈現出來。離散趨勢分析可以經由計算全距、異眾比率、標準差和離散係數等方式來呈現。

在人工智慧的「特徵工程」中用「單變量推論統計」，來決定特徵是否要捨棄。單變量推論統計」的實務作法，在實際的社會科學或自然科學的調查中，普查的方式使用很少，通常是使用抽樣調查的方式。而單變量推論統計的目的，就是經由樣本調查所得到的資料，對總體的狀況進行推斷。可以從區間估計和假設檢驗兩個步驟來進行。

■ 進行區間估計：區間估計是指在一定的標準差範圍內設立一個置信區間，然後聯繫這個區間的可信度將樣本統計值推論為總體參數值。它的實質是在一定的置信度下，用樣本統計值的某個範圍來 " 框 " 住總體的參數值，即以兩個數值之間的間距來估計參數值。

■ 進行假設檢驗：假設檢驗就是先對總體的某一參數作假設，然後用樣本的統計量去進行驗證，以決定假設是否為總體所接受。

在大數據中進行特徵標準化和歸一化：

■ 歸一化：將訓練集中在某一列數值特徵（假設是第 7 行）的值縮放到 0 和 1 之間。方法如下所示：

$$\frac{x_i - \min(x_i)}{\max(x_i) - \min(x_i)}$$

■ 標準化：將訓練集中在某一列數值特徵（假設是第 7 行）的值縮放成均值為 0，且方差為 1 的狀態。如下所示：

$$\frac{x_i - \bar{x}}{sd(x)}$$

歸一化和標準化的相同點都是對某個特徵（column）進行縮放（scaling）而不是對某個樣本的特徵向量（row）進行縮放。

標準化 / 歸一化的理由：

- 提升模型精度：
  - 在機器學習演算法，目標函數是假設所有的特徵都是零均值並且具有同一階數上的平方差。如果某個特徵的平方差比其他特徵大幾個數量級，那麼它就會在學習算法中佔據主導位置，導致學習器無法如期望從其他特徵中學習。
  - 數據歸一化處理主要包括數據同趨化處理和無量綱化處理兩種：

    數據同趨化處理主要解決不同性質數據問題，對不同性質指標直接加總不能正確反映不同作用力的綜合結果，須先考慮改變逆指標數據性質，使所有指標對測評方案的作用力同趨化，再加總才能得出正確結果。

    數據無量綱化處理主要解決數據的可比性。

    經過標準化處理，原始數據均轉換為無量綱化指標測評值，即各指標值處於同一個數量級別上，才可以進行綜合測評分析。
  - 歸一化是讓不同維度之間的特徵在數值上有比較性，可以大幅提高分類器的準確性。
- 提升收斂速度
  - 對於線性 model 來說，數據歸一化後，最優解的尋優過程明顯會變得平緩，更容易正確的收斂到最優解。
  - 沒有經過歸一化的，在梯度下降的過程中，路徑更加的曲折，而歸一化的明顯歸一化的路徑更加平緩，收斂速度更快。
  - 對於神經網絡模型，避免飽和是另一重要因素，通常參數的選擇決定於輸入數據的大小範圍。

標準化 / 歸一化的對比分析，在機器學習中，標準化是更常用的手段，歸一化的應用場景是有限的。

原因：

- 標準化更好保持了樣本間距。當樣本中有異常點時，歸一化有可能將正常的樣本「擠」到一起去。當用梯度下降來做分類模型訓練時，模型會需要更長的時間收斂，而標準化在這方面就做得很好，它不會將樣本「擠到一起」。
- 標準化更符合統計學假設。對一個數值特徵來說，很可能是常態分佈的。標準化其實是基於這個隱含假設，只不過將這個常態分佈調整為均值為 0，方差為 1 的標準常態分佈而已。

邏輯回歸是否進行標準化，取決於邏輯迴歸是否用 L1、L2 正則（即算歐式距離）。如果不用正則，標準化並不是必須的，如果用正則，那麼標準化是必須的。做標準化最大注意事項，就是先拆分出 test 集，不要在整個數據集上做標準化，因為那樣會將 test 集的信息引入到訓練集中。

需要標準化數據的算法：

■ PCA、SVM、SGD、linear/logistic regression、Kmeans、KNN、NN（如果有用 L1/L2 regularization）涉及到距離有關的算法，或聚類算法：要先做標準化的。

■ DecisionTree、0/1 取值的特徵：基於平方損失的最小二乘法 OLS，不需要歸一化。

探索性數據分析（EDA）：

■ 特徵分析。

■ 探討多種特徵的關係或趨勢。

- 探索性數據分析 Exploratory Data Analysis（EDA）重點。
- 視覺化分析結果：利用不同元件調整視覺化的外觀與添加資訊。調整畫布的佈景主題（theme）是視覺化立即改頭換面的捷徑，佈景主題涵蓋：背景顏色、字型大小與線條樣式等整體外觀的調整。

.

特徵工程（Feature）和資料純化（Data Cleaning）：

■ 添加新特徵－二次特徵，創意特徵。

■ 刪除冗餘特徵。

■ 將特徵轉換為適合建模型式的型態。

ML 預測性建模（本範例用了十個模型）：

■ 運行基本算法。

■ 交叉驗證。

■ 重要特徵提取排序並作成結論。

超參數調整（GridSearchCV）：

1. 最強的能力在自動調整參數，只要把參數輸入，就能得出最優化的結果和參數。
2. GridSearchCV 是以系統性地遍歷多種參數組合，再經交叉驗證以確定最佳參數。
3. 但是 GridSearchCV 適合小數據（5000 筆以下），數據的量級上去，會很難算得出結果。此時就要腦筋急轉彎了：數據量級較大時可用「坐標下降」。它是一種捷徑算法：拿當前對模型影響最大的參數來調整優化，直到最優化；再拿下一個影響最大的參數調優，如此做下去，直到所有參數調整完為止。這方法的缺點是可能會調到局部最優而不是全局最優，但是省時省力，后續可再拿 bagging 再優化。
4. GridSearchCV 參數：
   - estimator：所使用的分類器，例如：estimator=RandomForestClassifier（min_samples_split=100,min_samples_leaf=20,max_depth=8,max_features='sqrt',random_state=10），並且傳入除需要確定最佳的參數以外的其他參數。每一個分類器都需要一個 scoring 參數，或者 score 方法。param_grid：值為 Dictionary 或者 List，即需要最優化的參數值，param_grid =param_test1，param_test ={'n_estimators':range（10,71,10）}。

- scoring：準確率評價標準，初始值為 None，這時需要用 score 函數；或者如 scoring='roc_auc'，根據所選的模型不同，評價準則不同。字串（函數名），或是可調用對象，需要其函數形如：scorer（estimator, X, y）；如果是 None，則使用 estimator 的誤差估計函數。

  scoring 參數如下：參考網址：http://scikit-learn.org/stable/modules/model_evaluation.html

- cv：交叉驗證參數，初始 None，使用三折交叉驗證。指定 fold 數量，初始為 3，也可以是 yield 訓練 / 測試數据的生成器。

- refit：初始為 True，程序將會以交叉驗證訓練集得到的最佳參數，重新對所有可用的訓練集及開發集進行，作為最終用於性能評估的最佳模型參數。即在搜索參數結束後，用最佳參數結果再次 fit 一遍全部數據集。

- iid：初始為 True 時，初始為各樣本 fold 機率分佈一致，誤差估計為所有樣本之和，而非各 fold 的平均。

- verbose：標籤冗長度，int：冗長度，0：不輸出訓練過程，1：偶爾輸出，>1：對每個子模型都輸出。

- n_jobs：併行數，int：個數，-1：跟 CPU 核數一致，1：初始值。

- pre_dispatch：指定總共分發的併行任務數。當 n_jobs 大於 1 時，數據將在每個運行點進行複製，這可能導致 OOM，而設置 pre_dispatch 參數，則可以預先劃分總 job 數量，使數據最多被複製 pre_dispatch 次 。

■ 使用方法：

- grid.fit()：進行網格搜索

- grid_scores_：算出不同參數情況下的評價結果

- best_params_：描述了已取得最佳結果的參數的組合

- best_score_：分類器成員提供優化過程期間觀察到的最好的評價分數。

模型評估指標：分迴歸評估，分類評估二種指標，說明如下：

■ 迴歸評估指標：

- MSE（Mean Squared Error）：均方誤差是指樣本真實值與預測值之差平方的期望值；MSE 可以評價資料的變化程度，MSE 的值越小，說明預測模型描述實驗資料有更好的精確度。
- RMSE：均方根誤差是均方誤差的算術平方根。
- MAE（Mean Absolute Error）：平均絕對誤差是樣本真實值與預測值差值的絕對值的平均值，平均絕對誤差能更好地反映預測值誤差的實際情況。
- MAPE（Mean absolute percentage error）：相對百分誤差絕對值的平均值 MAPE，可以用來衡量一個模型預測結果的好壞，計算公式如下：MAPE=sum（|y-y|100/y）/n，其中 n 是樣本量，y 是實際值，y* 是預測值。
- R Square：表達迴歸直線的擬合程度；取值範圍在 [0,1] 之間 R^2 越趨近於 1，說明迴歸方程擬合的越好；R^2 越趨近於 0，說明迴歸方程擬合的越差。公式：迴歸平方和 / 總平方和。

■ 分類評估指標：統計表達方式。

- AUC：ROC 曲線下方的面積，AUC 值是一個機率值，當隨機挑選一個正樣本及一個負樣本，分類演算法會根據計算得到的 Score 值，並將正樣本排在負樣本前面的機率就是 AUC 值。AUC 值越大，分類演算法越可能將正樣本排在負樣本前面，即算能夠更好的分類。AUC 能夠更好的排斥正負樣本不均衡的情況，使演算結果更準確。
- ROC：橫軸 FPR，縱軸 TPR，模型在測試集上得到每個樣本屬於正樣本的 Score 值（概率），將 Score 值作為閾值 threshold，當測試樣本屬於正樣本的概率大於或等於這個 threshold 時，我們認為它為正樣本，否則為負樣本。

■ 分類評估指標：大數據表達方式。

在機器學習（ML）、自然語言處理（NLP）、信息檢索（IR）等領域中，最後評估（Evaluation）是一個重要的工作，評價指標有以下幾點：

- 準確率（Accuracy）
- 精確率（Precision）
- 召回率（Recall）
- F1-score：F1-score 兼顧精確率和召回率，是精確率和召回率的調和平均數（各變數值倒數的算術平均數的倒數，因而也稱為倒數平均數）。

程式編輯：由於結果會呈現很多組圖表，故程式預設用 Anaconda/Jupter 來進行編寫。

資料轉檔：資料庫中資料累積到 1000 筆時，將資料轉成 Pandas，並進行上傳圖片並存在雲端。

四、程式說明（7-7.ipynb）

在進行程式工作之前的準備工作：

1. 程式庫引入：分為五個部分引入程式庫。
   - 資料程式庫。
   - 人工智慧運算用程式庫（第一組運算）。
   - 人工智慧運算用程式庫（第二組運算）。
   - 模型融合程式庫及驗證模型程式庫。
2. 視覺化設定。
3. 資料庫引入：voice=pd.read_csv（'voice_recognition/voice.csv'）
4. 資料庫檢查：voice.info()
5. 資料純化：學習用長條圖及 msno，一目瞭然的檢查空值狀況。

```
import missingno as msno
msno.bar(voice,labels=True,fontsize=20, log=False,color=(0.65, 0.45, 0.15))
msno.matrix(voice.sample(50), filter='sd', n=10, p=0.9,
sort='ascending')
msno.bar(voice,label=True)
msno.matrix(voice)
```

長條圖如下：一目瞭然資料缺陷及空值。

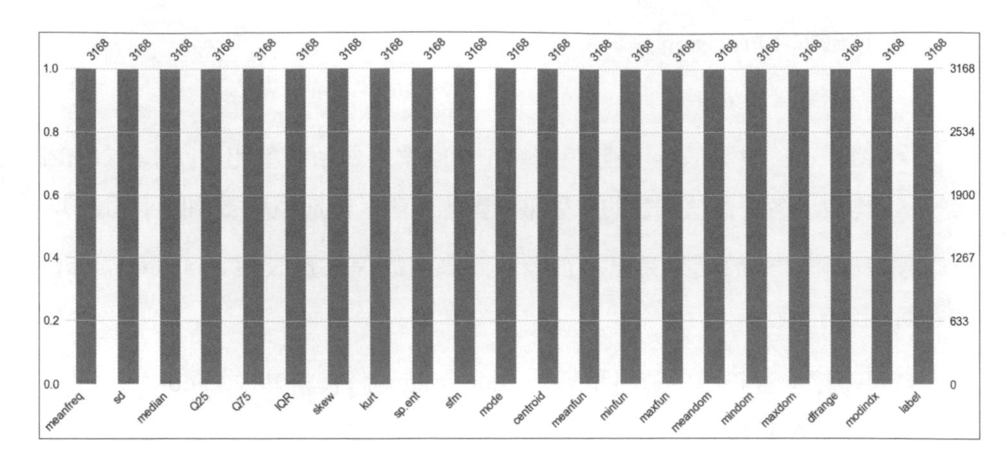

Msno 圖形如下：

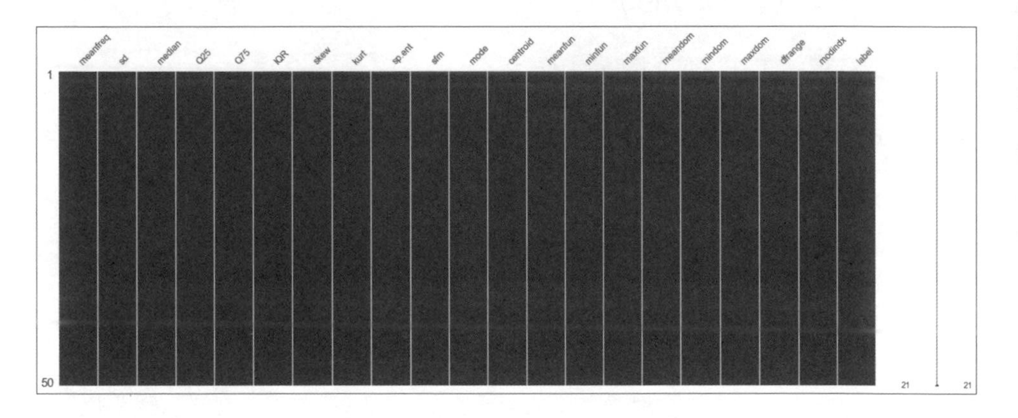

6. 資料庫分析 voice.describe()：

	meanfreq	sd	median	Q25	Q75	IQR	skew	kurt	sp.ent	sfm	
count	3168.000000	3168.000000	3168.000000	3168.000000	3168.000000	3168.000000	3168.000000	3168.000000	3168.000000	3168.000000	3168.000000
mean	0.180907	0.057126	0.185621	0.140456	0.224765	0.084309	3.140168	36.568461	0.895127	0.408216	0.165282
std	0.029918	0.016652	0.036360	0.048680	0.023639	0.042783	4.240529	134.928661	0.044980	0.177521	0.077203
min	0.039363	0.018363	0.010975	0.000229	0.042946	0.014558	0.141735	2.068455	0.738651	0.036876	0.000000
25%	0.163662	0.041954	0.169593	0.111087	0.208747	0.042560	1.649569	5.669547	0.861811	0.258041	0.118016
50%	0.184838	0.059155	0.190032	0.140286	0.225684	0.094280	2.197101	8.318463	0.901767	0.396335	0.186599
75%	0.199146	0.067020	0.210618	0.175939	0.243660	0.114175	2.931694	13.648905	0.928713	0.533676	0.221104
max	0.251124	0.115273	0.261224	0.247347	0.273469	0.252225	34.725453	1309.612887	0.981997	0.842936	0.280000

7. 單變量分析（Univariate Analysis）

在本節中，特別使用了單變量分析，因為所有欄位是 " 數字 "；而在視覺上 繪製最合理的方法是「直方圖（histogram）」及「箱線圖（boxplot）」。

- 單變量分析對於異常值檢測很有用。
- 編寫二個小型實用函數，該函數可以協助判斷是否要刪除其離群值 outliers。
- 為了檢測異常值，使用標準的 1.5 InterQuartileRange（IQR）規則，該規則規定，任何小於「第一四分位數 -1.5 IQR」或大於「第三四分位數 +1.5 IQR」的觀測值都是異常值。

直方圖（histogram）及箱線圖（boxplot），如下：

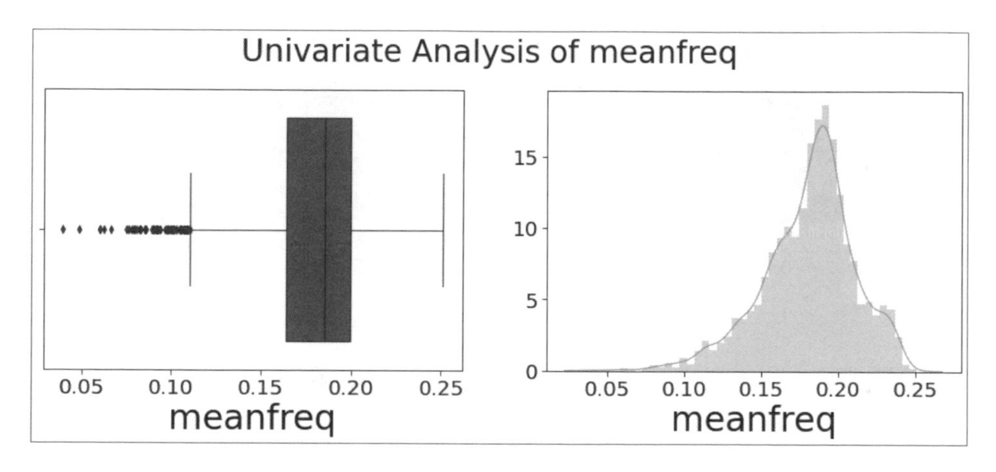

分析：從 meanfreq、centroid 的單變量分析圖，在這 3168 個不同人的聲音中，聲音的特性略為高頻，可能是因為在演講時的錄音，這部分會不造成人工智慧演算上的偏誤，後續演算過程要特別注意。

centroid、sd、median、Q25、IQR、skew 等其他特徵的單變量分析圖：

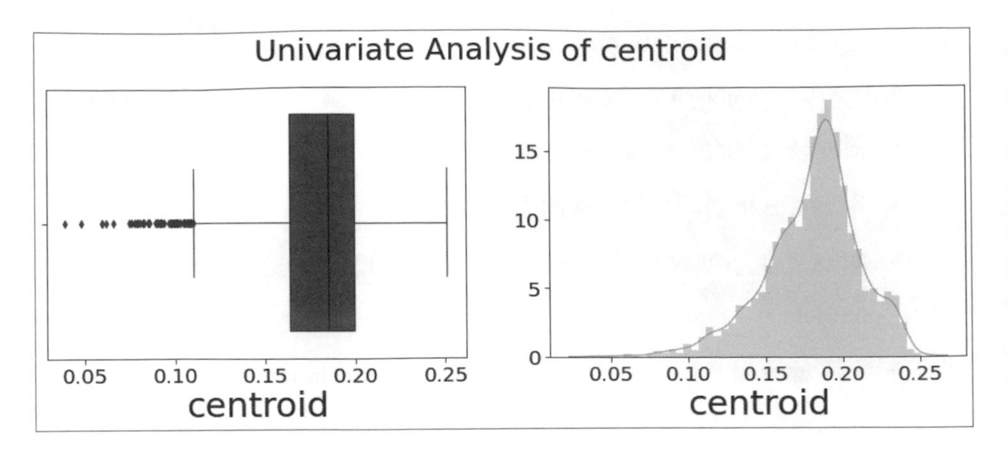
Univariate Analysis of centroid
0.05
0.10
0.15
0.20
0.25
centroid
0
5
10
15
0.05
0.10
0.15
0.20
0.25
centroid

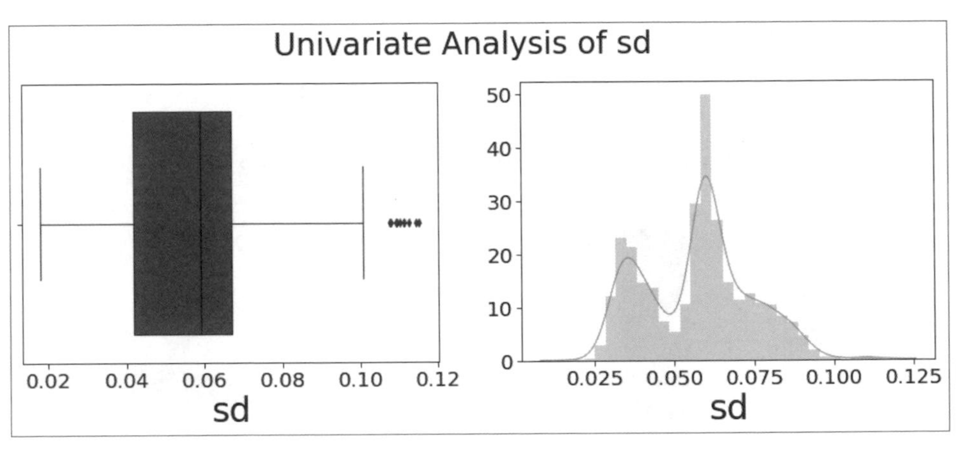
Univariate Analysis of sd
0.02
0.04
0.06
0.08
0.10
0.12
sd
0
10
20
30
40
50
0.025
0.050
0.075
0.100
0.125
sd

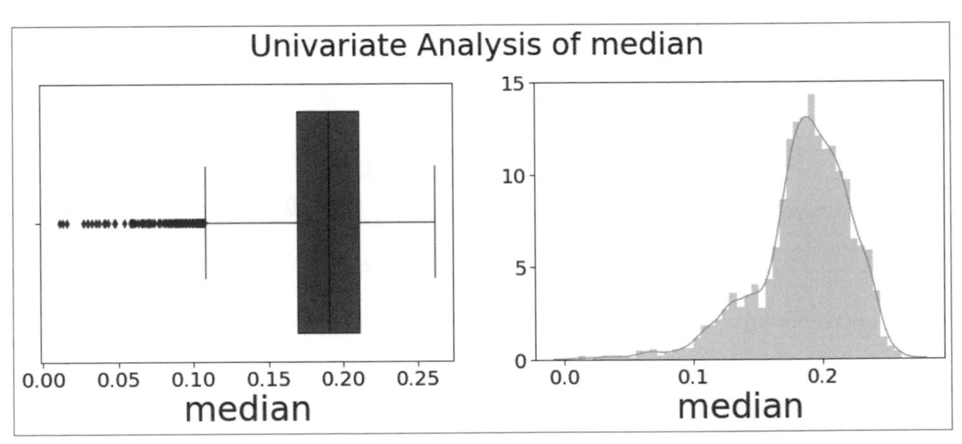
Univariate Analysis of median
0.00
0.05
0.10
0.15
0.20
0.25
median
0
5
10
15
0.0
0.1
0.2
median

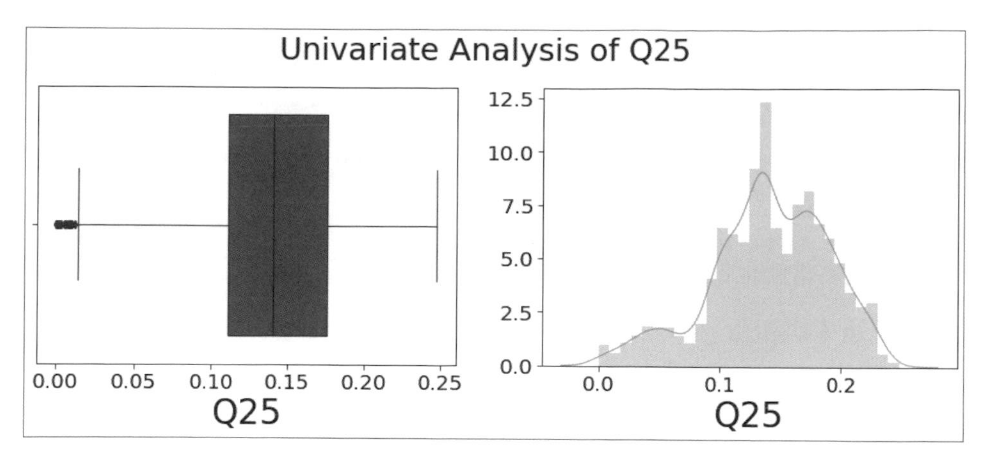

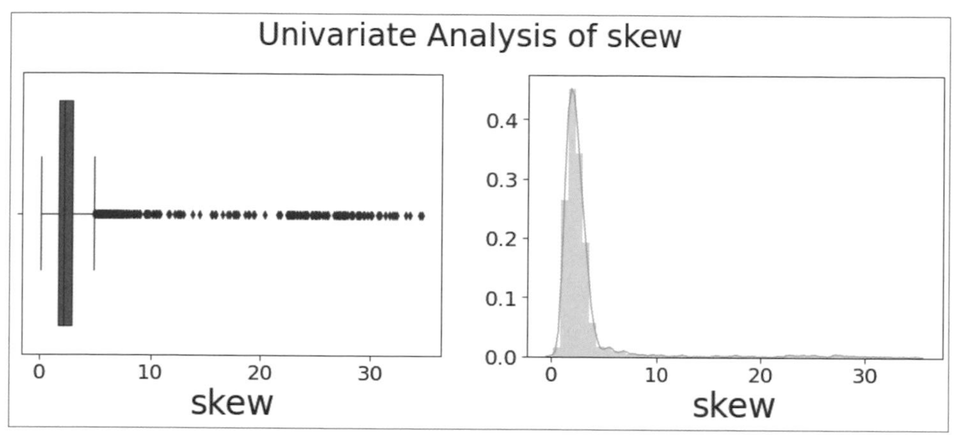

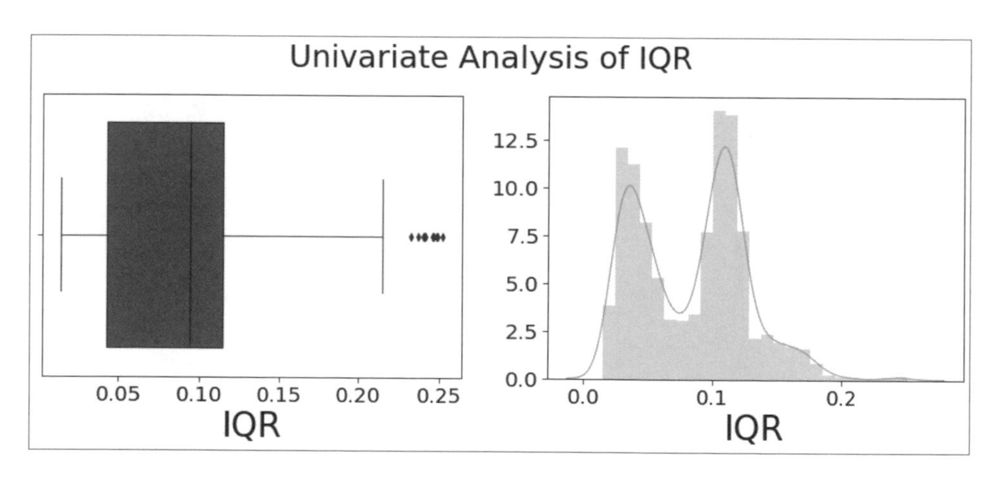

單變量分析結論：

- 分佈不均：skew、kurt。

- 離散數太多：centroid、media。
- 在演算前先進行分佈歸一化。

8. 特徵工程：分三個部分進行（程式請見 7-7.ipynb）。

- 目標特徵（label）編碼。
- 資料常態化。
- 運算並繪出「編碼及常態化」後的男性女性聲音特徵分佈圖形。

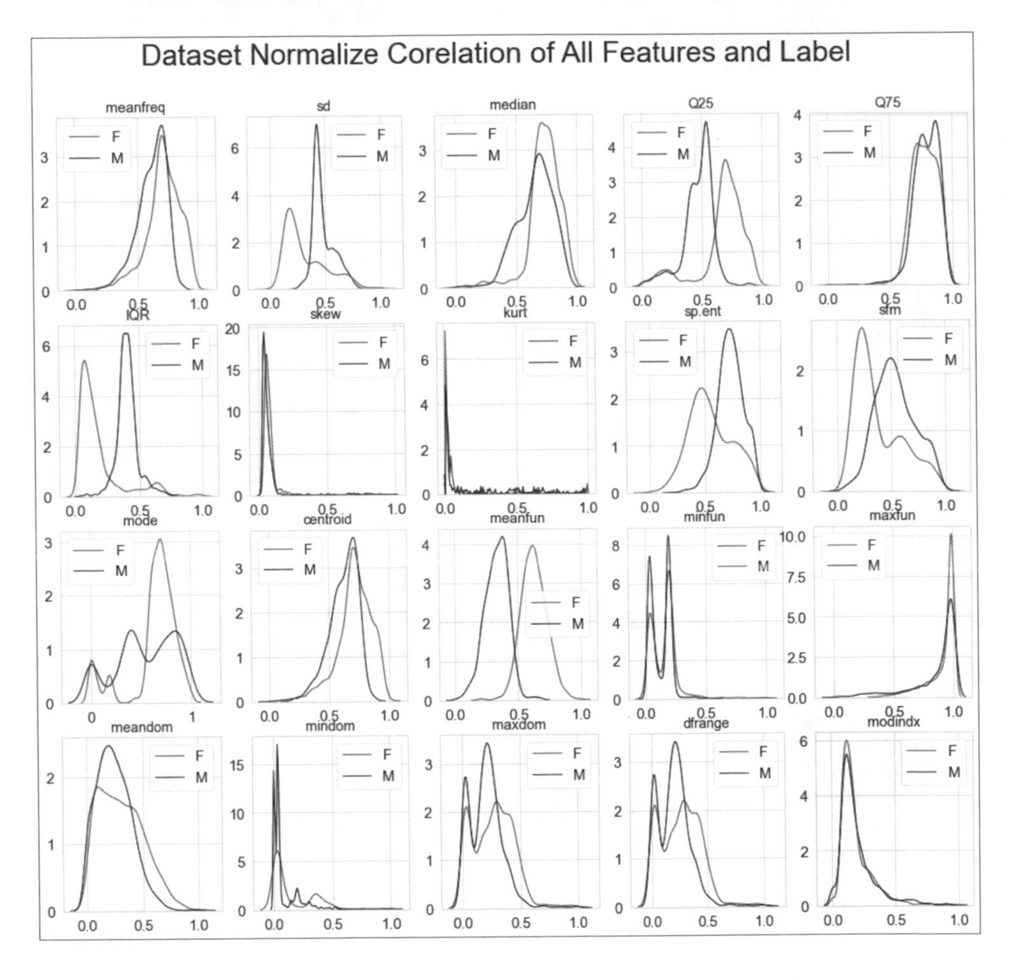

如上圖，特徵常態化後，可看出左右離散情況，可以再根據「離散情況」捨棄不合用的特徵，即捨棄不利於 AI 運算的特徵。在此要特別強調，並不是所有特徵都與你要的答案有關；例如要考取大學的預測，「體育成績」就該被捨棄，因為在決定是否錄取該學生的所有成績中（即 AI 資料工程中的特徵），「體育成績」不影響最後錄取結果。

9. 目標特徵「label」：性別分佈，在男女性數量是各佔一半，分佈是平衡的。

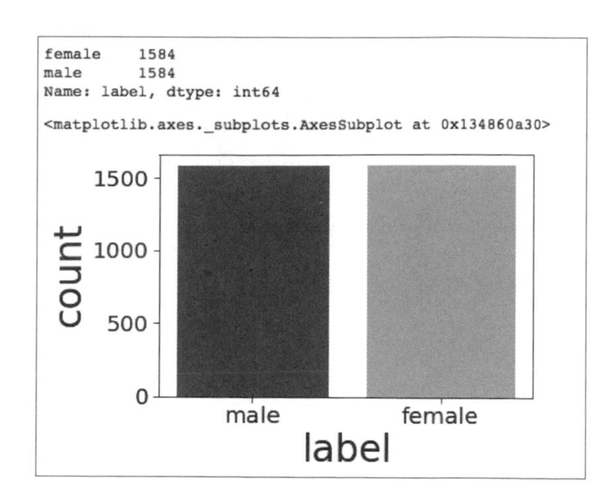

10. 雙變量分析（Bivariate Analysis）：分析不同特徵之間的相關性。繪製「熱圖（Heat map）」，呈現不同特徵之間相關性。

所有特徵之相關係數圖：

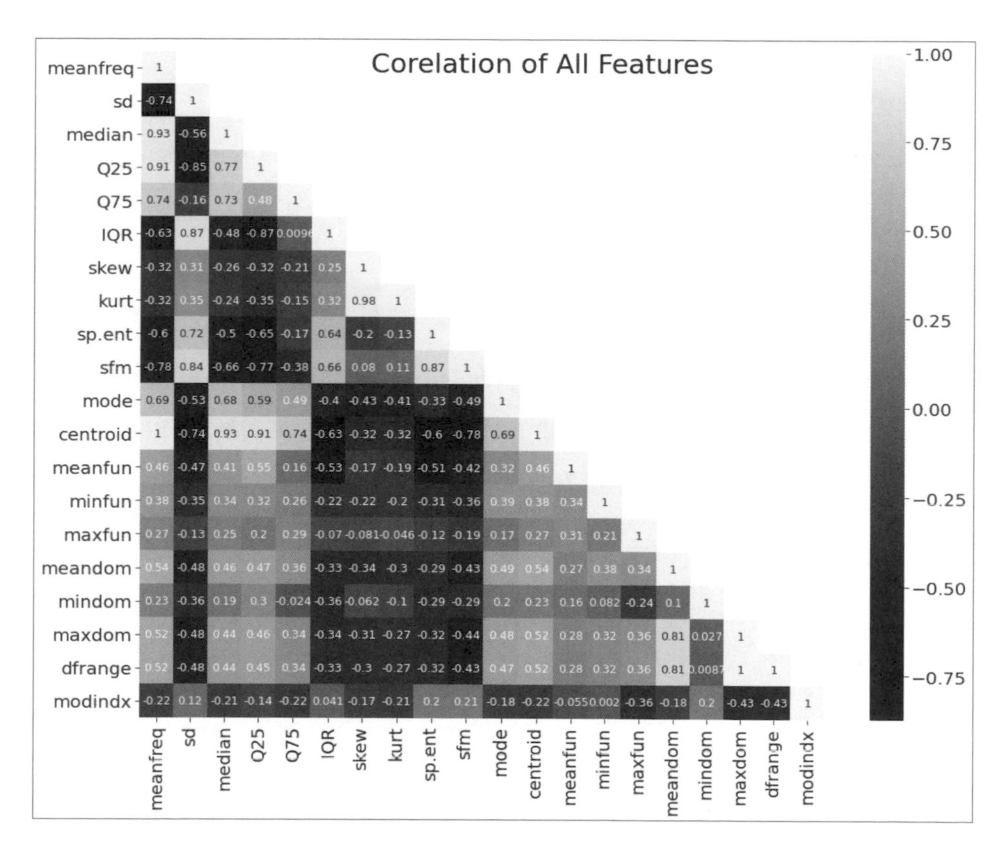

11. 雙變量分析（Bivariate Analysis）結論，所有特徵的相關性分析結果：

- Meanfreq：和 label 適度相關。
- IRQ、label：具有強烈的正面相關性
- Spectral entropy：與 label 高度相關，而 sfm 與標籤相關性中等
- Skewness、kurtosis：與 label 關係不大。
- Meanfun：與 label 高度負相關。
- Centroid、median：如公式所示，具有很高的正相關性。
- MEANFREQ、CENTROI：根據參數的公式和值，這二個特徵完全相同。因此，相關性是 1，在這種情況下，可以刪除其中一個欄位。
- sd：與 sfm 高度相關，因此與 sd 相關。
- kurt、skew：高度相關。
- meanfreq：與 medaina 以及 Q25 高度相關。
- IQR：與 sd 高度相關。

12. 特徵微調工程，有二種作法：

- 刪除一些高度相關的欄位，可增加計算時的冗餘度（redundancy）。
- 對高度相關的欄位，用降維技術（例如主成分分析 Principal Component Analysis PCA）減少特徵。

作法如下：

- 自定函式：進行變量分析。針對 "label" 繪製特徵變量分析圖：寫了一個程序函數，該函數在框圖上繪製了 "label" 與各個特徵作變量分析圖。更容易看到相應特徵對 "label" 的影響。

```
def plot_against_target(feature):
    sns.factorplot(data=EDA2,y=feature,x='label',kind='box')
    fig=plt.gcf()
    fig.set_size_inches(7,7)
```

繪出圖形：

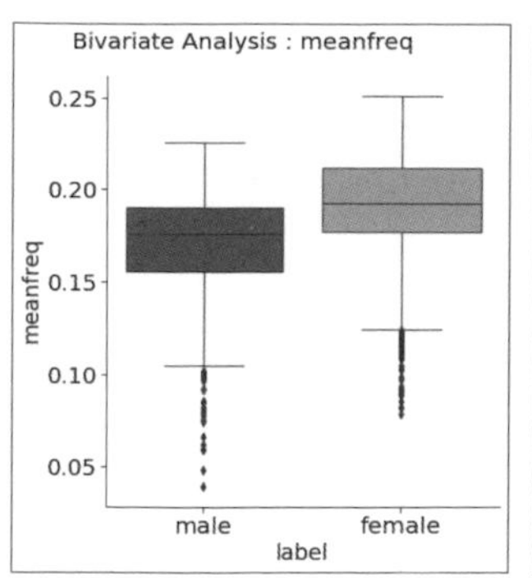

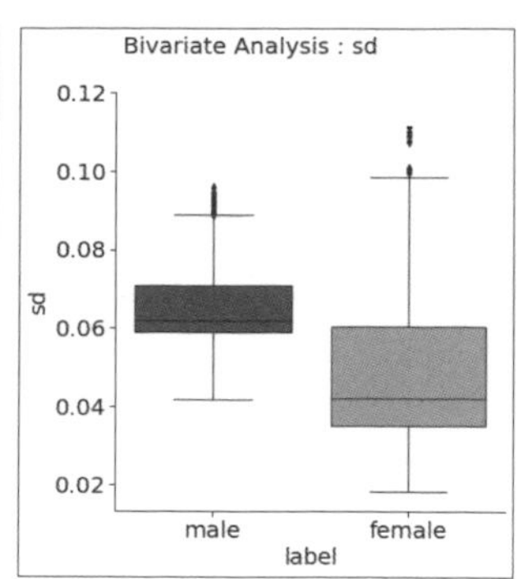

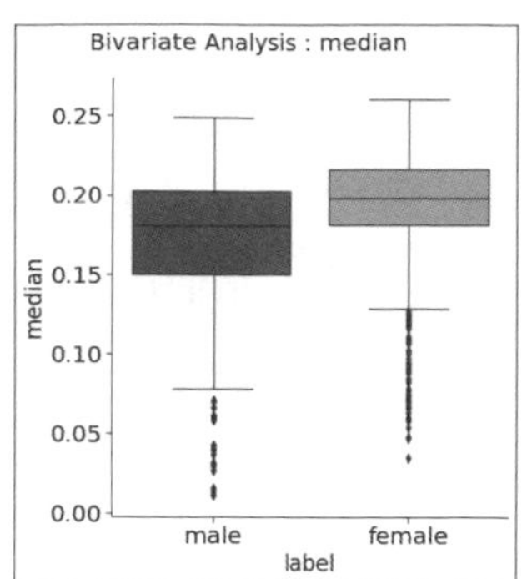

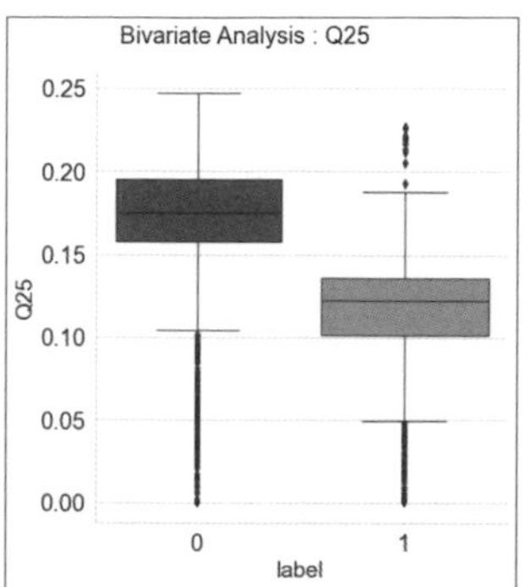

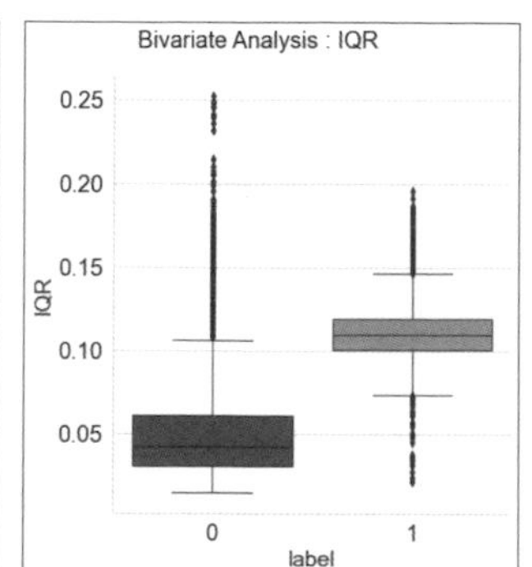

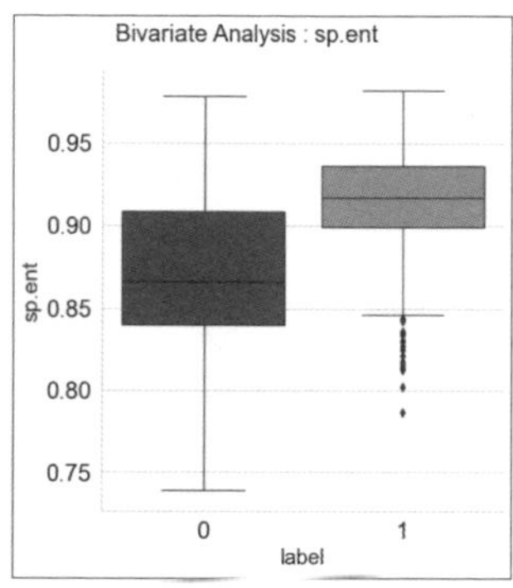

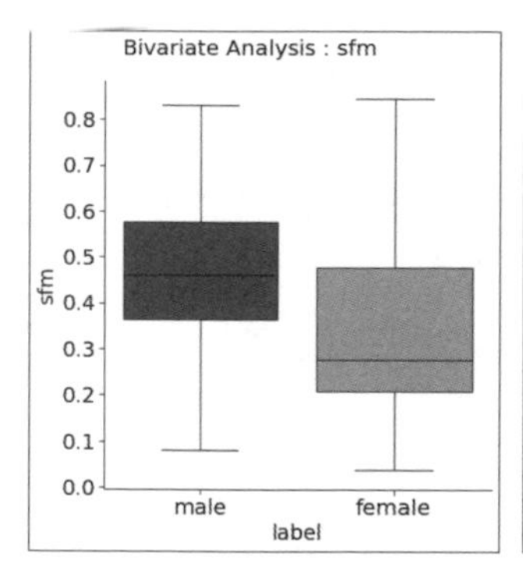

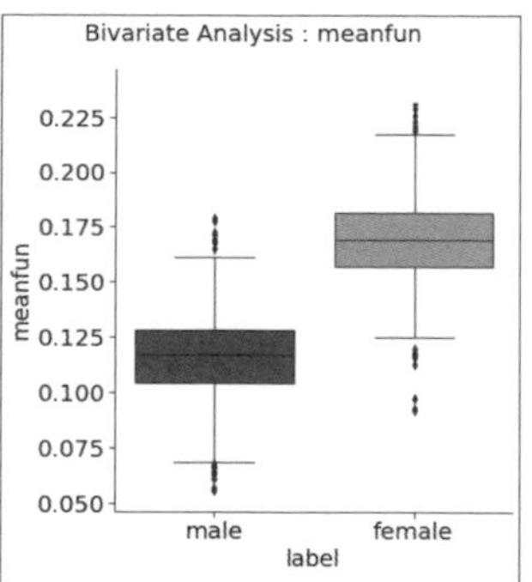

以上根據目標特徵（label）繪製特徵變量分析，推論：

- 分析箱形圖（boxpot）：一般女性的平均頻率要高於男性男性，這只是普遍接受的事實。
- 男女性別之間的四分位數間距存在明顯差異，可從前面的熱圖中的 label 和 IQR 之間的強烈關係中看出。
- 其他特徵也可以得出類似的推論。

- 女性和男性的高差異意味著基本頻率。從熱圖可以明顯看出，該圖清楚地表明了均值樂趣和標籤之間的高度相關性。
- 開始成對分析不同特徵。由於所有特徵數據都是連續性的，最合理的方法是繪製每個要素對的散點圖。我在同一圖上也區分了男性和女性，這使得比較兩個類中特徵變化容易一些。

13. 利用「特徵微調」，整理出最後 8 個特徵：meanfreq、sd、median、Q25、IQR、sp.ent、sfm、meanfun。

14. 8 個特徵的矩陣比對，矩陣比對繪圖如下：

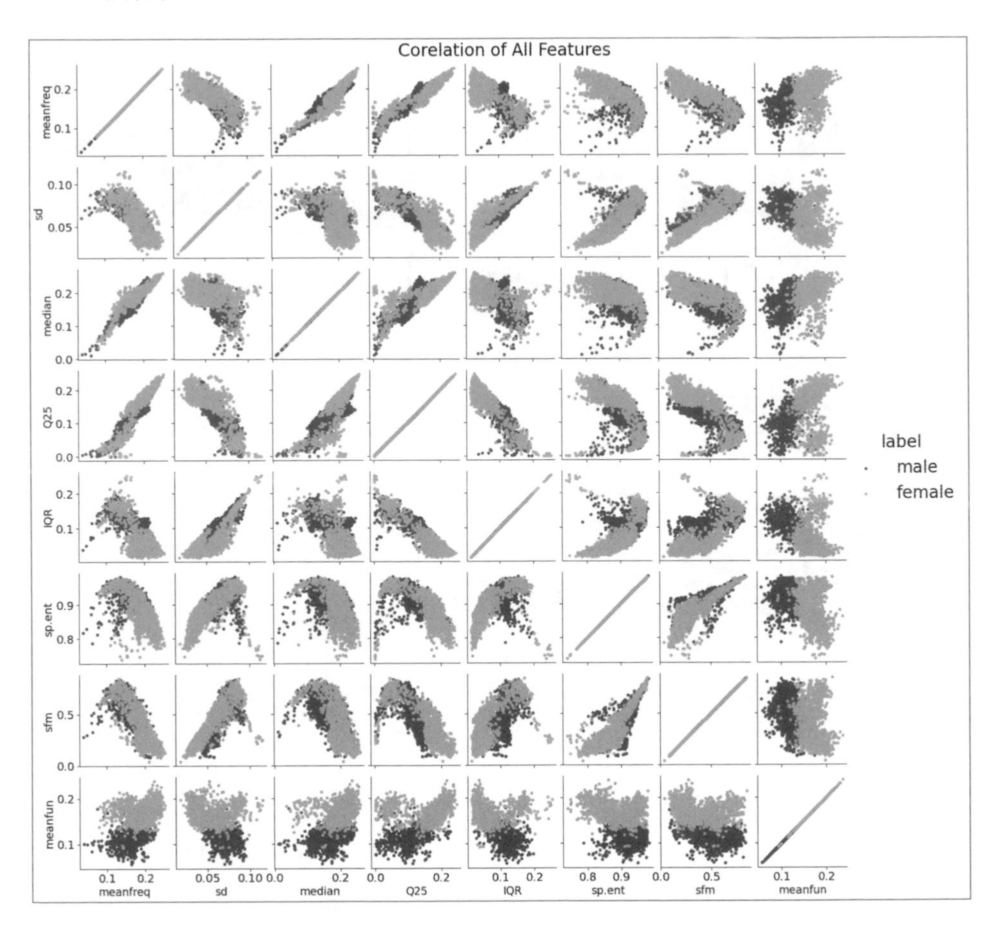

15. 離群值處理：在「單變量分析」中發現潛在的異常值。要刪除這些離群值，以刪除相應的數據點，或使用其他統計量，例如中位數（對離群值的穩健性）進行估算。重點是，刪除所有與所有特徵都不相符的觀測值或數據點。將大幅減少了數據集的大小。捨棄離群值偏左及偏右的資料：

```
temp_df.drop(['skew','kurt','mindom','maxdom'],axis=1,inplace=True)
```

資料的大小如下：(1636, 16)，即只剩下 1636 筆資料，而每筆資料有 16 個欄位。

16. 創建新特徵：

- 將 meanfreq、median 及 mode 符合標準關係：3Median=2 x Mean+Mode。在 median（中位數）欄位中調整數值，如下所示。再更改其他欄位（meanfreq）再看看結果有何不同。新的「Median」和 label 雙變量分析如下（右方為之前舊的特徵之變量分析）：

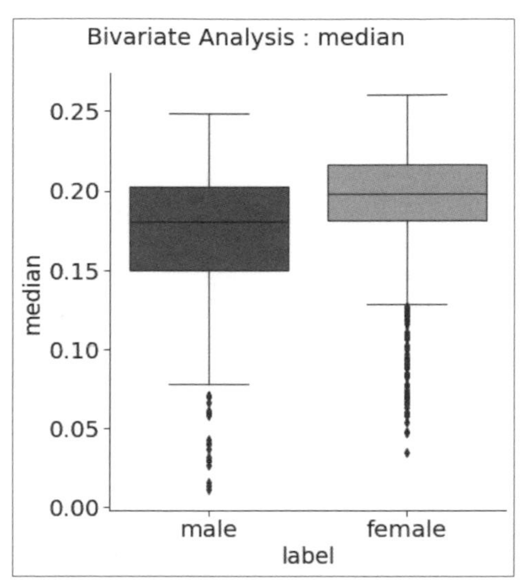

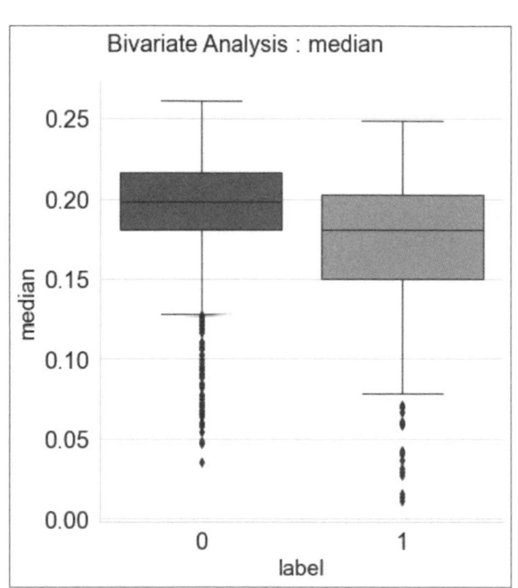

- 另一個新特徵是測「偏斜度」的新特徵，使用「卡爾 ‧ 皮爾森相關係數」，計算公式：

$$r = \frac{\sum(X-\overline{X})(Y-\overline{Y})}{\sqrt{\sum(X-\overline{X})^2}\sqrt{(Y-\overline{Y})^2}}$$

Where, $\overline{X}$ = mean of X variable
$\overline{Y}$ = mean of Y variable

皮爾森相關係數 =（平均 - 模式）/ 標準偏差用本範例的特徵：(meanfreq-mode/sd

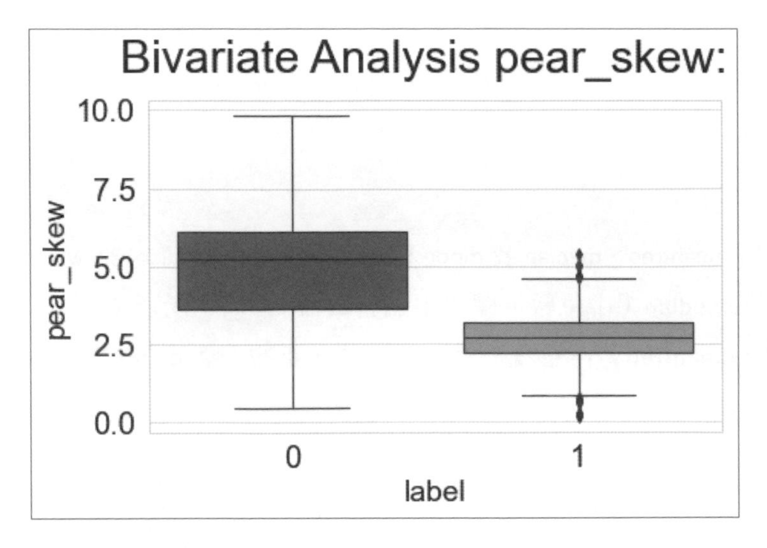

還可嘗試其他係數，並查看其與目標（即 label 列）的關係。

17. 機器學習（單特徵）：十個常用模型大拼場。比較各種機器學習模型演算法的結果：將所有模型的結果合併到一個數據資料庫，然後使用 barplot 進行繪製。

	Modeling Algorithm	Accuracy
0	LogisticRegression	0.981707
1	LinearSVM	0.984756
2	SVM-linear	0.981707
3	SVM-rbf	0.990854
4	SVM-poly	0.975610
5	KNearestNeighbors	0.981707
6	RandomForestClassifier	0.984756
7	DecisionTree	0.948171
8	GradientBoostingClassifier	0.978659
9	GaussianNB	0.966463

用 barplot 進行繪圖：

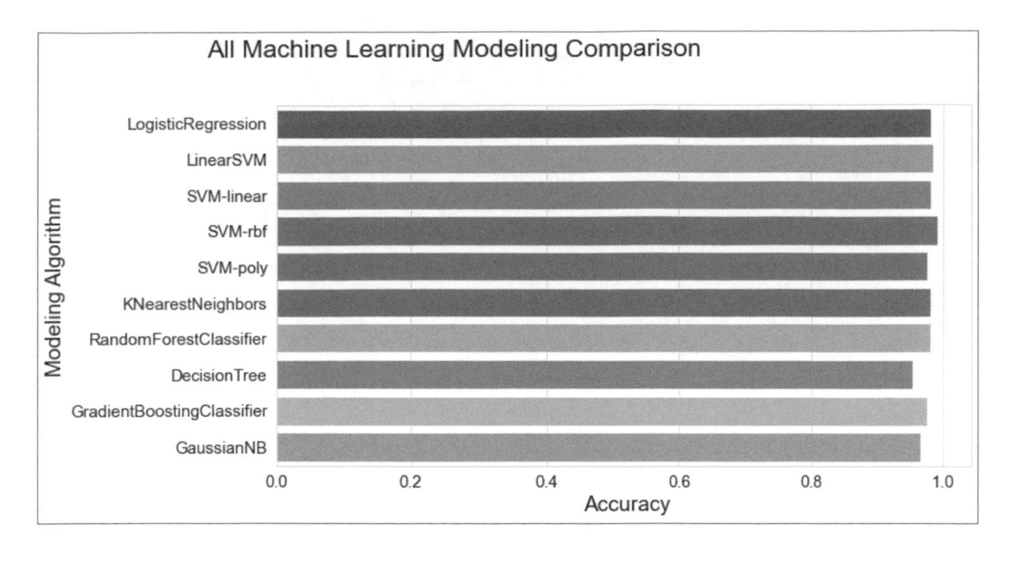

18. 超參數調整（Parameter Tuning）：網格搜尋及校正（GridSearchCV）對 SVM 分類器來調參數。

調整運算並列出用調參後的超參數，演算結果如下：

```
最佳模型之評估分數 (clf.best_score_)   :0.9824192601291838
SVC 最佳參數 (clf.best_params_)       :{'C': 1, 'gamma': 0.1, 'kernel': 'rbf'}
最佳模型之準確率 (accuracy_score)      :0.9908536585365854
最佳模型之精度 (precision_score)       :0.9946236559139785
```

五、結論

對 SVM 調整參數之後，得到非常驚人的準確率 99.1 %，用這些機器學習模型（經過十個模型的結果評比）：

- 以分類器模型：SVM － rbf 準確率最高（0.990854）。
- 對正例的精度（precision_score）達 99.46%。
- 如果加入更多其他演講者的聲音信號，用本套模型演算，可非常非常精準的判斷是男性還是女性（99.46%）。
- 當然可再用其他超參數模型再進行參數調整，甚至其他機器學習分類器模型進行實測，也許會有更好的準確率（相信已很難超越了）。

MEMO

讀者回函

GIVE US A PIECE OF YOUR MIND

感謝您購買本公司出版的書，您的意見對我們非常重要！由於您寶貴的建議，我們才得以不斷地推陳出新，繼續出版更實用、精緻的圖書。因此，請填妥下列資料(也可直接貼上名片)，寄回本公司(免貼郵票)，您將不定期收到最新的圖書資料！

購買書號： **書名：**

姓　　名：________________

職　　業：□上班族　□教師　□學生　□工程師　□其它

學　　歷：□研究所　□大學　□專科　□高中職　□其它

年　　齡：□10~20　□20~30　□30~40　□40~50　□50~

單　　位：________________ 部門科系：________________

職　　稱：________________ 聯絡電話：________________

電子郵件：________________

通訊住址：□□□ ________________

____

您從何處購買此書：

□書局 ______ □電腦店 ______ □展覽 ______ □其他 ______

您覺得本書的品質：

內容方面：□很好　□好　□尚可　□差

排版方面：□很好　□好　□尚可　□差

印刷方面：□很好　□好　□尚可　□差

紙張方面：□很好　□好　□尚可　□差

您最喜歡本書的地方：________________

您最不喜歡本書的地方：________________

假如請您對本書評分，您會給(0~100分)：______ 分

您最希望我們出版那些電腦書籍：

請將您對本書的意見告訴我們：

您有寫作的點子嗎？□無　□有　專長領域：________________

歡迎您加入博碩文化的行列哦！

✂請沿虛線剪下寄回本公司

Give Us a Piece Of Your Mind

博碩文化網站　http://www.drmaster.com.tw

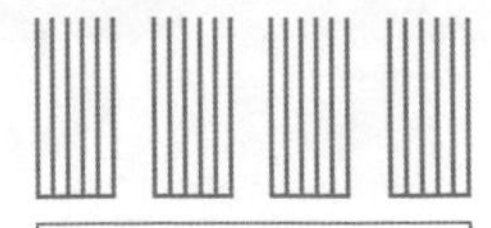

廣　告　回　函
台灣北區郵政管理局登記證
北台字第4647號
印刷品・免貼郵票

221

博碩文化股份有限公司 產品部

新北市汐止區新台五路一段112號10樓A棟

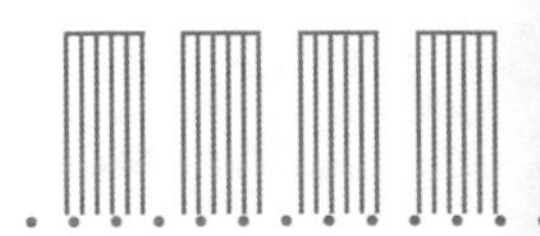

如何購買博碩書籍

全省書局

請至全省各大書局、連鎖書店、電腦書專賣店直接選購。

（書店地圖可至博碩文化網站查詢，若遇書店架上缺書，可向書店申請代訂）

信用卡及劃撥訂單（優惠折扣85折，未滿1,000元請加運費80元）

請於劃撥單備註欄註明欲購之書名、數量、金額、運費，劃撥至

帳號：17484299 戶名：博碩文化股份有限公司，並將收據及

訂購人連絡方式傳真至(02)26962867。

線上訂購

請連線至「博碩文化網站 http://www.drmaster.com.tw」，於網站上查詢

優惠折扣訊息並訂購即可。

DrMaster

深度學習資訊新領域

http://www.drmaster.com.tw 

博碩文化

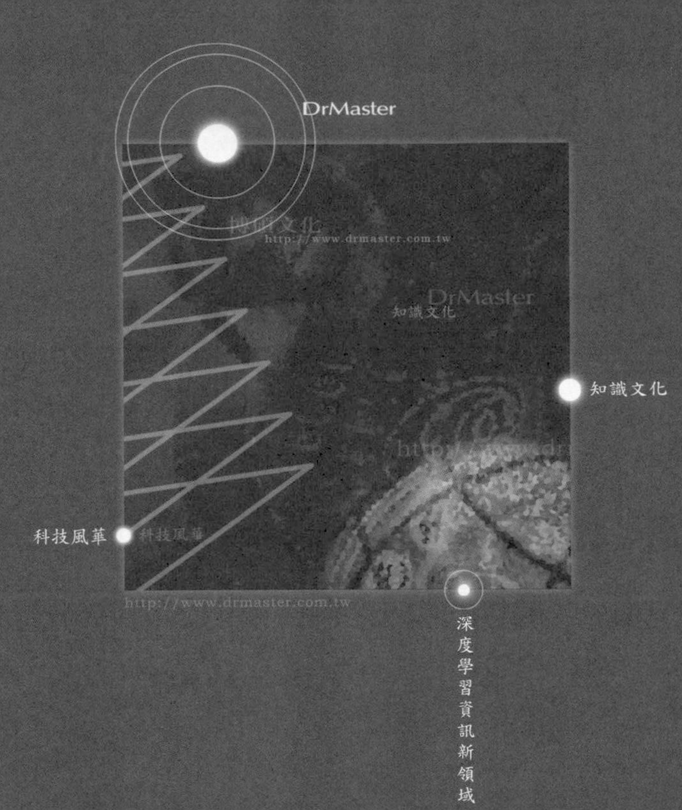
DrMaster
博碩文化
http://www.drmaster.com.tw
DrMaster
知識文化
知識文化
科技風革
科技風革
http://www.drmaster.com.tw
深度學習資訊新領域